JN440137

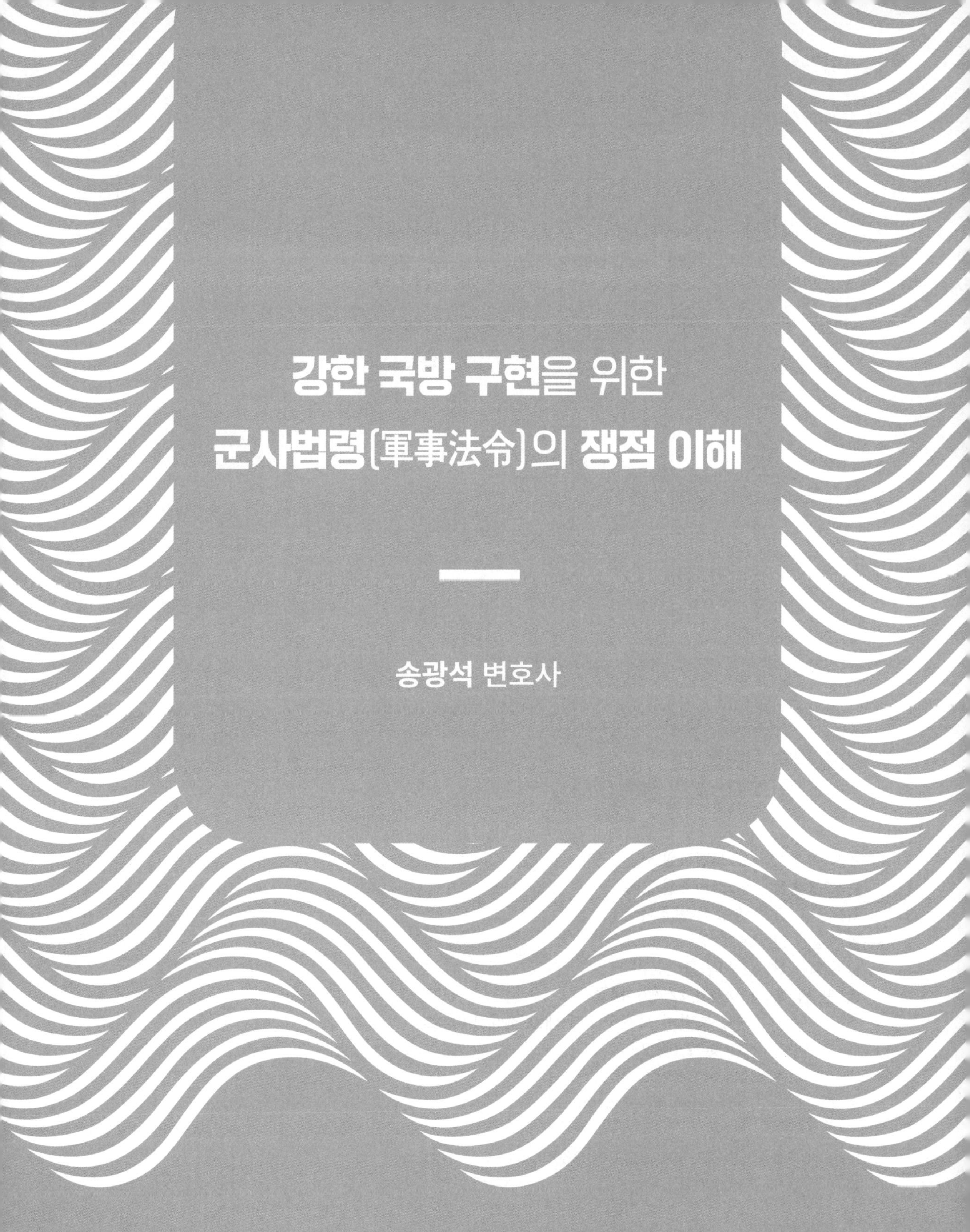

강한 국방 구현을 위한 군사법령(軍事法令)의 쟁점 이해

송광석 변호사

법률신문사

강한 국방 구현을 위한

군사법령(軍事法令)의 쟁점 이해

초판1쇄 발행 2024년 4월 5일
초판2쇄 발행 2024년 8월 20일
저 자 송광석 변호사
발 행 인 이수형
발 행 처 (주)법률신문사
출 판 등 록 1980.4.22 제6-46호
주 소 서울특별시 서초구 서초대로 396, 1402호
대 표 전 화 02-3472-0602~5
팩 스 02-3472-0606
홈 페 이 지 www.lawtimes.co.kr

ISBN 979-11-5919-023-0(93390)
정 가 38,000원

서문

과거에 군대를 지휘했던 군의 지휘관들이나 혹은 현장의 용사로서 근무한 많은 분들은 자신들이 경험한 군대를 소위 "라떼말이야"의 정서를 가지고 추억하는 일은 매우 흔한 경우이다. 이들은 자신들이 경험한 과거의 군대를 무척이나 불합리하고 때로는 초법적인 조치를 서슴치 않았으나 주어진 임무는 수단과 방법을 가리지 않고 완수해 낼 수 있는 일응의 기능수행력을 갖춘 조직으로 기억하고 있다. 그러면서 한편으로는 현새의 군대를 어떠한 상황에서도 수단과 방법을 가리지 않고 부여된 임무를 완수해야 한다는 측면에서 군대의 본질을 잃어버린 나약한 구성원들로 이루어져 전시 임무 수행이 불가능한 조직으로 폄하하기도 하고 때로는 걱정하는 목소리를 높이기도 한다. 특히, 언론이나 정파적인 견해에 따라 군을 비난하는 목소리는 매우 극단적인 경우도 있다.

그러나 과거의 군대가 열악한 환경 속에서 많은 국가적 안보 위협과 위기 상황에서 주어진 임무를 훌륭하게 완수해 온 이면에는 군사작전을 포함한 군의 제반 활동에서 법치주의 구현과 군내 장병의 인권보장 측면에서 많은 문제점을 노정시키고 국민적 비난의 대상이 되었던 것도 부인할 수 없다. 그러한 문제점들은 다양한 방식의 군의 불법적인 정치개입, 각종 군사력 건설과 전력 유지를 위한 방위사업과 군수조달사업 과정에서 불거지는 부정부패와 비리사건, 진급, 선발, 보직 등 인사 분야에서의 불법행위 등으로 아직까지 국민적인 불신과 분열의 주요한 원인으로 작용하고 있다. 그리고 윤일병 사건과 임병장 사건으로 대별되는 장병의 인권보장 측면에서의 문제점들과 JSA 소대장의 사망사고 등 각종 의문사와 군내 각종 사건처리 과정의 불투명성으로 인한 군내 사법제도(司法制度)에 대한 불신 등 군사작전을 포함한 제반 군사·안보 활동의 다양한 영역에서 문제점들로 드러났다.

저자는 1990년 1월 약관의 나이에 육군사관학교 기초군사훈련 과정에 가입교하면서 군복을 입기 시작하여 2023년 3월 31일부로 전역하기까지 33년이라는 세월을 군복무를 하면서 군이 변화하는 모습을 현장에서 경험했다. 특히, 저자는 1994년 보병 소위로 임관하여 소대장, 중대장 등의 직책을 마치고 2001년 서울대 법대에서 위탁교육을 받고 2004년 사법시험에 합격한 후 2005년부터 법무병과로 전과하여 전역할 때까지 법무장교로서 근무한 특이한 경력을 가지고 있다.

이러한 저자의 경험을 바탕으로 보면 적어도 과거의 강한 군대가 현재는 나약한 군대로 변모하고 있다는 비난에 절대 동의할 수 없다. 오히려 현재의 군대는 법과 인권, 그리고 적법성이라는 기준에서 물리적인 장비와 화력 등 하드파워 측면 뿐 아니라 정신전력과 합법적인 부대 지휘·운영이라는 소프트파워 측면에서 지속적으로 강한 군대로 발전하고 있다. 그리고 그 중심에는 법을 통해 군을 지휘하고 운영하려는 지휘관들과 참모들 그리고 이러한 적법한 명령에 대해서는 최선을 다해 임무를 완수하고자 하는 장병들이 있다.

과거의 군대가 불합리하고 불법적인 행위들을 당연시하던 관행들은 현재의 군대에서는 상상할 수조차 없는 용인될 수 없는 행위들이 되었다. 이러한 단적인 예를 개인적인 체험했던 소위 “소대장 길들이기”라는 악습이다. 저자가 소위로 임관한 1994년은 군대 내에 초임 소위들을 소대원들이 경례를 하지 않는 등 집단으로 상관으로 예우를 하지 않고 무시하면서 소외시키거나 극단적으로 독립소초에서 밥을 굶기는 등 “소대장 길들이기”라는 악습이 만연해 있었다. 당시 초임 소위로 이러한 부조리가 만연했던 육군 제53사단의 해안 소초에 소대장으로 배치되었던 저자의 임관 동기들인 육사 50기와 학군 32기 장교 2명은 부대 내에서 고참병들로부터 무시를 당하던 하사 1명과 함께 수류탄과 소총, 실탄을 들고 부대 내에 만연한 문제점을 폭로하기 위해 무장탈영이라는 극단적인 방법을 선택했다.

사건이 발생한 후 당시 많은 선배 장교들은 ‘라떼 말이야’라는 의식으로 탈영으로 문제를 해결하려 했던 초임장교들의 나약함을 비난했다. 그러나 소대장은 40여명의 부하들을 힘으로 제압하고 임명된 것이 아니다. 오히려 엄정한 군법 질서에 따라 부대를 지휘할 적법한 권한을 국가로부터 부여받았기 때문에 부하들은 소대장의 경험이나 육체적인 완력에 상관없이 당연히 그 지휘에 복종해야 하는 것이다. 이러한 기본적인 군기·군법 질서조차 확립되지 않은 부대의 상황을 초래한 선배 장교들이 과연 초임 소대장들을 비난할 자격이 있는지 의구심이 들었다.

더욱이 이처럼 소대원들의 집단적인 폭력과 반항이 이어지는 어처구니없는 현실에서 초임 소위들은 당시 군인 복무규율에 명시된 대로 지휘계통에 따른 문제해결을 시도했었다. 그러나 법령에 규정된 이상적인 지휘계통에 의한 문제해결 방식은 오히려 사태를 숨기고 쉬쉬하며 처리하려는 등 제대로 작동하지 않았고 결국 소대장들은 무장 탈영이라는 극단적인 방법을 선택할 수밖에 없었다.

이후 군대에서는 신임 소대장들의 권위가 단기간에 비약적으로 확립되는 등 많은 변화가 일어났다. 이후에도 군대 내의 과거의 불법적인 관행을 타파하는 많은 변화들은 여러 가지 불행한 사건들을 반복적으로 겪으면서 이어졌다. 이처럼 저자의 개인적인 경험들에 비추어 봐도 군내 법치주의 구현과 장병 인권보장을 바탕으로 한 진정한 강한 군대라는 방향으로 바람직한 변화는 과거의 군대에서 현재의 군대로 지속적으로 이어지고 있다.

진정한 강한 군대와 튼튼한 국방은 헌법과 법률 그리고 국제법에 따라 모든 장병의 인권이 보장된 가운데 군사력 건설과 군의 인력·장비·물자의 운용은 물론 전·평시 제반 군사작전이 이루어질 때 가능한 것이다. 아무리 강력한 지휘권의 행사라도 후일 그 행위가 위법한 것으로 판명되고 오히려 그 명령을 내린 지휘관이나 이를 이행한 부하들이 형사처벌을 당하는 지경에 이른다면 무슨 의미가 있겠는가? 이러한 측면에서 현재 지휘관들과 참모들 사이에 군의 작전 수행을 포함한 제반 활동 간 법령 준수 측면에서 작전법 준수에 대한 관심이 크게 증대되고 있는 것은 매우 고무적인 현상이다.

진정한 강한 국방을 구현하기 위해서는 헌법을 정점으로 한 대한민국의 전체 법률체계와 전쟁을 포함한 각종 군사 활동을 규율하는 국제법 질서 속에 부합하는 국방 관련 법률관계를 정확히 이해하고 이에 따라 군을 건설하고 훈련하고 운영해 나가야 한다. 또한 변화하는 국내·외의 작전환경에 적응하기 위한 지속적인 군사 개혁을 추진해 나가는 과정에서도 법과 제도적인 측면에서 필요한 개선과 발전 방안이 동시에 모색되어야 한다. 이처럼 법을 통한 강한 국방 구현을 위한 접근방법을 모색하기 위해서 고민하는 국방을 책임지는 지위에 있는 사람들 뿐 아니라 군내 법치주의 실현에 관심이 있는 많은 분들에게 국방 법률지원 실무에 있어서 주요 쟁점들에 대해서 심도 있는 고찰을 통해서 현재 존재하는 국방 법률관계를 이해하는 기회를 제공하고 더 나아가 현존하는 국방 법률관계에서의 문제점을 분석하고 법에 의해 뒷받침되는 강력한 국방을 구현하는 방향을 가늠해 보는 자료를 제공하기 위해서 이 책을 발간하게 되었다.

국방 분야에서 고려되어야 하는 법률문제는 다양한 국방 관련 분야만큼이나 복잡하고 다양한 체계와 내용으로 이루어져 있다. 따라서 국방 관련 법률지원 분야를 모두 하나의 책으로 모두 제시하고 고찰해 본다는 것은 불가능한 작업이라고 생각한다. 하지만 저자가 19년의 기간 동안 군법무관으로 재직하면서 각종 국방관련 법률지원업무나 수사 등을 수행하는 현장에서 맞닥뜨렸던 군사 법령의 핵심 쟁점들에 대한 경험을 공유하는 것은 전체 국방 관련 법률체계의 윤곽을 이해하고 각 분야별로 심도 깊은 문제점의 인식과 제도와 법령의 발전 방향을 잡아나가는데 매우 유용할 것으로 확신한다.

전체 국방 관련 법률체계를 관통하는 주요 쟁점들은 현재 지휘관들을 중심으로 가장 관심의 대상이 되고 있는 작전법 분야, 그리고 작전법의 가장 중요한 분야의 하나인 전쟁을 규율하는 국·내외 법률체계인 국제법규들과 그 중요 주제 중의 하나인 전쟁법 분야, 그리고 지휘권을 보장하여 군내 법치주의 구현과 법률에 따른 작전 수행을 위해서 작전법 지원 업무를 수행하는 법무병과의 운영과 관련된 쟁점 등으로 크게 나누어 분야별 쟁점들을 연구한 논문들을 통해서 전체를 이해하는 방향으로 책을 구성하였다.

아무쪼록 이 책에 제시된 강한 국방을 위한 군사법령의 쟁점들을 통해서 진정한 강한 국방을 구현하고자 하는 군내의 리더십을 발휘해야 하는 인원들 뿐 아니라 세계적인 수준의 임무수행력을 갖춘 선진 군대로서 대한민국 군대의 모습을 바라는 많은 일반 국민들과 이러한 분야에 관심을 가지고 있는 학자 여러분들에게 발전적이고 건설적인 고민을 해볼 수 있는 기회를 제공할 수 있기를 바라마지 않는다. 그래서 진정한 강한 국방을 구현하기 위해서 필요한 군내 법치주의의 구현과 장병 인권보장을 통해 더욱 강력한 지휘권이 보장되고 주어진 임무를 국내외 법령에 부합하는 방식으로 수행하는 선진 군대로서의 역량을 갖춘 대한민국 국군의 모습을 갖추어 나가는데 국방관련 공무원 뿐 아니라 모든 관심있는 국민들의 역량이 결집될 수 있는 작은 계기가 되었으면 한다.

송광석

법무법인(유) 율촌 변호사

목차

PART 1 _ 작전법 분야의 쟁점

PART 2 _ 국제법 분야의 쟁점

PART 3 _ 법무병과 운영 분야의 쟁점

PART 1

작전법 분야의 쟁점

작전법(Operational Law)은 평시 또는 적대행위 시 군사작전 계획과 시행에 영향을 주는 국내법 및 국제법의 총체를 지칭하는 개념이다.[1] 미군은 작전법을 전시 작전법, 전쟁법(Law of War)뿐 아니라 평시 및 전쟁 이외 작전(Military Operations Other Than War : MOOTW)을 포함한 다양한 작전 수행에 영향을 미치는 관련법까지 포괄하는 개념으로 사용한다.[2]

작전법 적용의 대상이 되는 군사작전이란 군사적 목적을 달성하기 위하여 군 조직이 수행하는 제반활동으로 공격, 방어, 전투수행기능 운용, 훈련, 행정 등을 포함한다.[3] 세부적으로는 전·평시에 전쟁과 전투를 준비하고 시행하는 활동을 망라하고, 전투지원부대와 전투근무지원부대, 지속지원 기능 등에서 수행하는 활동, 군사역사(軍事歷史)에 관한 활동을 포함하는 것으로 기술하여 작전의 의미와 관련하여 비군사 활동을 제외한 군사작전을 작전과 동의어로 사용하고 있다.[4]

지난 2023년 2월 7일 서울중앙지법 민사68단독 박진수 부장판사는 베트남인 응우옌 티탄(63)씨가 대한민국을 상대로 낸 손해배상 청구 소송에서 "당시 해병 제2여단 1중대 군인들이 원고 집에 이르러 실탄과 총으로 위협하며 원고 가족들로 하여금 밖으로 나오게 한 뒤 총격을 가했다"며 "이

---

1) 美 육군 야전교범 1-04 육군 작전에 대한 법무지원, 2013(이하 "미 야교 1-04")에서는 작전법을 "작전수행에 영향을 미치는 군사법의 모든 관련 측면을 포함(Operational law encompasses all relevant aspects of militaru law that affect the conduct of operations and is now recognizes as a core legal discipline)"하는 것으로 기술한다.

2) 미 야교 1-04,5-20; 육군본부 법무실, 미 국방부 전쟁법 매뉴얼, 22쪽, "전쟁법이 작전법의 전부는 아니지만 중요한 부분이다. 작전법은 전체 무력충돌 범위를 아우르는 군사력 활동과 구체적으로 연관되어 있는 국내법, 외국법, 국제법으로 구성된다. 작전법은 「군사법원법」 「행정법」 「민법」 법률 지원, 「조달법」 「국가보안법」 전쟁법과 같은 다양한 법규를 포함한다."

3) 기준교범 3-0『전술』(육군본부, 2017.), 1-11쪽 참조.

4) 작전의 정의에 포함된 군사(軍事)는 "군대, 군비 및 전쟁 등에 관한 일"로서 일반적인 비군사(非軍事)와 구분할 때 사용하는 표현이다. 따라서 군사작전은 작전과 같은 의미로 사용한다. 자세히는 전게서 참조.

로 인해 원고의 가족은 현장에서 사망했고 원고 등은 심각한 부상을 입은 사실이 인정되며 이 같은 행위는 명백한 불법 행위에 해당한다"고 했다.[5]

베트남 참전용사들에게는 매우 유감스러운 판결이었음에도 불구하고 이 소송을 대응하는 과정에서 베트남전 수행 당시 국방부는 작전법을 준수한 적법한 작전이 이루어졌다는 점을 입증할만한 결정적인 자료를 제시하지 못했다. 이처럼 전쟁법을 준수하여 작전을 수행하고 작전 수행 경과를 명확한 전사자료(戰史資料)로 축적하지 못한 작전법을 준수하지 못한 작전수행의 과오는 오랜 시간이 지난 이후에도 과거 성공적으로 수행한 작전의 성과와 의의를 한순간에 몰각시킬 수 있으며 더 나아가 작전을 수행한 장병들에게 불명예스러운 치명적 오점을 남기는 결과가 될 수 있다.

따라서 강한 국방 구현을 위해서 작전법을 준수한 작전수행의 개념에 대한 명확한 이해는 지휘관과 참모뿐 아니라 제반 군사작전 활동에 관련된 정부기관의 공무원들에게도 매우 필요한 부분이다. 이하에서는 작전법과 관련하여 1. 군사작전과 연계한 작전법의 이해, 2. 평화협정 체결과 유엔군사령부의 지위와 역할에 대한 검토, 3. 전시 군사법원 운영에 관한 연구 4. 해외파병관련 법규에 관한 연구라는 4개의 논문을 통해 관련 쟁점을 살펴보고자 한다.

먼저 「군사작전과 연계한 작전법의 이해」에서는 작전법의 명확한 이해를 도모하기 위해서 군사작전과 연계하여 작전법을 이해할 필요성을 제시한 논문을 살펴보겠다. 다음으로 「평화협정 체결과 유엔군사령부의 지위와 역할에 대한 검토」에서는 우리 군의 작전 지휘체계의 근간이 되는 미군과의 연합방위 체계와 유엔군사령부에 의한 정전체계를 이해하고 장차 평화협정이 체결될 경우 유엔군의 지위와 역할에 대해서 깊이 있게 고민을 해볼 수 있는 기회를 제공하려고 한다.

다음으로는 「전시 군사법원 운영에 관한 연구」를 통해서 2021년 군사법원법이 개정되면서 전·평시 군사법원의 운영방식을 확연하게 구분하여 규정하고 있는데 전시 군의 기능수행력 발휘를 위한 지휘권보장의 핵심적인 기능을 수행하는 군사법원의 전시운영에 관한 바람직한 방안을 고찰해보고자 한다. 작전법 분야 마지막으로는 「해외파병관련 법규에 관한 연구」라는 논문을 통해서 현재 국제평화유지를 위한 국제사회의 일원으로서 역할을 충실히 수행하기 위한 대한민국 국군의 해외파병 임무 수행과정에서 문제가 되는 실질적인 쟁점들에 대해서 저자가 이라크평화재건사단 법무참모로서 경험한 사례들을 중심으로 제시해 보았다.

---

5) 법원, '베트남전 민간인 학살' 韓정부 배상책임 첫 인정(종합2보), 연합뉴스, 2023-02-07 16:16 최종수정, https://www.yna.co.kr/view/AKR20230207108352004 참조.

군사작전과 연계한 작전법의 이해

(Understanding of Operational Laws in relation to Military Operations)

요 약

모든 국가작용에서의 법치주의 실현의 요구는 지휘관과 참모들에게 관련 법령과 군사교리를 통해서 다양한 군사작전 간에 관련된 작전법을 준수하여 합법적인 작전활동을 하여야 한다는 의무를 부여하고 있다. 이러한 적법한 작전수행의 요구의 증대에 따라 법무장교들에게 작전법 지원업무가 가장 중요한 과업으로 대두되고 있다. 그러나 현재 법무조직은 작전활동 과정에서의 작전법 적용과 지원에 관한 명확한 개념 설정 및 관련 정보의 축척이 이루어지지 않고 있다. 그 이유는 그간 교과서 방식의 관련 지식을 단편적으로 나열하는 작전법 연구와 관련 서적들을 발간하면서 구체적인 작전활동과 연계하여 작전법 개념 정립과 작전법 적용과 지원의 내용과 절차 및 방법을 도출하려는 시도가 없었기 때문이다. 이러한 문제점을 해결하기 위해서는 구체적인 작전활동과 여기에 적용되는 군사교리와 연계하여 작전수행 과정에서 지휘관과 전투참모단의 일원으로서 법무장교의 작전법 지원과 관련된 임무와 역할을 식별해내는 노력이 필요하다. 이를 위해 합동교리에서 각 군의 교리로 이어지는 교리체계와 교범체계를 이해하고 이에 부합하는 작전법 지원에 대한 연구와 교리발전 체계의 정립이 필요하다.

주제어

작전법, 전쟁법, 무력충돌법, 전시인도법, 군사작전, 지상작전, 작전법 적용, 작전법 지원, 전략, 작전술, 전술, 군사교리, 야전교범 체계

군사작전과 연계한 작전법의 이해[6]

(Understanding of Operational Laws in relation to Military Operations)

목 차

I. 서 론

모든 국가작용에서 법치주의를 실현해야 하는 당위성은 교리적으로도 군사작전에 있어서 작전법을 적용한 적법한 작전수행이 반드시 구현되어야 한다는 인식으로 확립되어 있다. 합동교범 3-0『합동작전』에는 합동작전의 원칙으로 적법성을 포함하고 있다.[7] 또한 육군 야전교범인

6) 2021년 저자가 종합행정학교 법무교육단장으로 재직하면서 작전법을 적용하여 작전을 지휘해야 하는 지휘관과 참모들과 이를 전문적으로 지원해야 하는 법무장교들의 작전법 지원역량을 기를 수 있는 효율적인 작전법의 교육체계와 관련 교재가 매우 미흡한 상황을 개선하기 위해서 작전법을 연구하는 교관들과 고민한 결과를 논문으로 작성한 것이다.

7) 기준교범 1(초안)『지상작전』(육군본부, 2021), 1-23~1-25쪽, 부록 #5 합동작전의 원칙 각 참조.

기준교범 1(초안) 『지상작전』에서 결정적 통합작전의 기반으로 전쟁법 준수를 제시하고 있다.[8] 합동작전의 원칙인 적법성과 육군의 결정적 통합작전의 기반으로 전쟁법 준수는 교리에 반영되기 이전에 이미 법률에 따라 요구되는 법적 의무이며, 각종 법령[9]에도 전쟁법 준수방침이 명시되어 있다.

이러한 법령과 교리의 요구사항을 구현하기 위해서 법무병과의 주요한 임무 중 항상 최우선 거론되는 것이 제반 작전 수행과정에서의 작전법 지원업무이다. 그런데 정작 작전 수행 간의 작전법 적용이나 작전법 지원이 무엇을 의미하고, 법무장교들이 작전법 지원 임무를 성공적으로 수행하기 위해서는 작전법 담당 법무장교들에게 어떠한 지식과 능력이 요구되며, 이러한 지식과 능력을 갖추기 위해서는 어떠한 교육이나 연구 등이 이루어져야 하는지에 대한 명확한 개념 설정이나 체계적인 접근 그리고 이와 연계된 교육과 직무수행에 필요한 실전적인 작전법 이론의 축적 등이 이루어지고 있지 않다.

육군 뿐 아니라 국방부 내의 유일한 교육기관인 육군 종합행정학교의 작전법 교육과정을 통해서 위에서 제시한 문제들에 대해서 정확한 해법을 제시하기에는 부족한 것이 현실이다. 이러한 문제점들은 육군 종합행정학교의 작전법 교육과정을 설계하면서 야전에서 작전법 지원 소요에 대한 정확한 정보와 그 간 작전법 지원 실전 사례의 연구 등을 바탕으로 세부적인 교육내용이 결정된 것이 아니라는 문제가 있다. 또한 교육이 이루어지는 과정에서도 야전에서 요구되는 작전법 지원을 위해 필요한 능력과 지식을 갖추기 위해 어떠한 교육이 필요한 것인가에 대한 야전과 교육기관 간의 주기적인 상호작용도 이루어진 바가 없다는 점에서 그 원인을 찾을 수 있다.

위에서 제시한 문제들의 해답을 찾기 위해서는 작전법이란 무엇이고 작전수행 간 작전법 적용이나 작전법 지원이란 구체적으로 무엇을 의미하는가에 대한 정확한 이해를 바탕으로 지휘관과 법무장교들에게 구체적으로 어떠한 지식을 전달하고 어떠한 임무수행 방법을 체득하도록 해야 하는가를 규명하는 작업이 필요하다. 그런데 기존의 작전법 관련 자료들을 찾아보면 국내 자료는 물론이고 우리가 작전법 관련 자료를 확보하기 위해 항상 최우선으로 참고하는 미군의 각종 작전법 관련 자료들을 살펴보아도 한국의 전장 환경에 적용 가능한 구체적인 작전법 관련 정보들과 각 제

---

8) 육군은 결정적 통합작전의 기반은 임무형지휘, 주도권 장악·유지·확대, 제병협동, 전쟁법 준수이다(전게교범, 2-18쪽 이하 참조). 전쟁법 준수는 교리원칙인 결정적 통합작전의 기반이기 이전에 각종 조약과 법률에 근거한 법적 의무이다. 따라서 육군이 작전수행 개념인 결정적 통합작전을 수행하기 위한 기초와 토대로서 전쟁법 준수를 포함시킨 것은 매우 당연하고 바람직한 것이다.

9) 「군인의 지위 및 복무에 관한 기본법」 제37조, 「전쟁법 준수를 위한 훈령」 등 참조.

대별로 수행하는 다양한 유형의 작전에 대한 작전법 적용과 작전법 지원을 위한 개념 설정이 쉽게 도출되지 않는다.

지휘관과 법무장교들이 작전법의 적용과 지원에 관한 명확한 개념을 정립하지 못한 것은 제반 작전활동 과정에서 적용이 필요한 법률체계로서 작전법을 이해하기 위한 선결조건으로 한국의 전장 환경에서 수행되는 각종 작전활동에 대한 이해를 바탕으로 작전활동과 연계되는 작전법 적용과 지원의 요소들을 찾아 나가는 방식의 접근을 시도하지 않았기 때문이다. 작전법 적용과 지원의 대상이 되는 구체적인 작전 활동에 대한 이해가 바탕이 되지 않는다면 작전법 적용에 관한 모든 논의는 실제 작전 활동에 필요한 작전법 적용 가능성과 지원소요를 고려하지 않는 공허한 논의가 될 수밖에 없기 때문이다.

따라서 지휘관과 참모들은 물론 법무장교들도 구체적으로는 제반 작전 활동에 적용되는 각종 교리와 이를 바탕으로 수립된 작전계획을 구현하기 위해서 작전법 지원이 이루어져야 한다는 접근방식이 요구된다. 이를 위해서 모든 법무장교들은 작전이 이루어지는데 기준과 원칙을 제공하는 각종 교리들과 각급 부대별 작전계획에 대해서 작전을 직접 수행하는 지휘관과 참모들에게 적절한 작전법 지원이 가능한 수준으로 충분한 지식의 공유와 이해가 필요하며 작전법 지원을 요구하는 지휘관과 참모들도 법무장교들이 이러한 능력을 갖추도록 관심을 가져야 한다.

구체적인 작전활동과 교리 등과 연계한 작전법 적용과 작전법 지원의 명확한 개념 정립 방안을 제시하기 위해서 먼저 기존의 작전법에 대한 이해를 제공하는 각종 문헌들의 구성방식과 제한사항을 확인할 필요가 있다. 다음으로 구체적인 작전활동과 연계된 작전법 지원의 고려 요소에 대한 식별을 통해 작전법 적용과 지원의 개념을 정립해야 한다. 그리고 군사작전과 연계한 작전법의 이해를 위한 핵심 요소로서 육군의 교리에 대한 이해와 이를 구현하기 위한 작전법 지원역량을 구비하기 위한 교육체계와 법무장교들 뿐 아니라 지휘관과 참모들에게 실전에 활용 가능한 법무 교리 문헌 연구 방향을 제시하고자 한다.

Ⅱ. 본 론

1. 작전법 개념에 대한 이론적 접근

가. 작전법의 개념

작전법(Operational Law)은 평시 또는 적대행위 시 군사작전 계획과 시행에 영향을 주는 국내법 및 국제법의 총체를 지칭하는 개념이다.[10] 미군은 작전법을 전시 작전법, 전쟁법(Law of War)뿐 아니라 평시 및 전쟁 이외 작전(Military Operations Other Than War : MOOTW)을 포함한 다양한 작전 수행에 영향을 미치는 관련법까지 포괄하는 개념으로 사용한다.[11]

작전법을 작전에 적용되는 국·내외 법률의 총체라고 이해할 때 작전법 적용의 대상이 되는 군사작전이라는 활동에 대한 명확한 범주설정이 우선되어야 한다. 군사작전이 무엇인가는 교리 문헌 상의 정의규정에 따르면 작전이란 군사적 목적을 달성하기 위하여 군 조직이 수행하는 제반활동으로 공격, 방어, 전투수행기능 운용, 훈련, 행정 등을 포함한다. 세부적으로는 전·평시에 전쟁과 전투를 준비하고 시행하는 활동을 망라하고, 전투지원부대와 전투근무지원부대, 지속지원 기능 등에서 수행하는 활동, 군사역사(軍事歷史)에 관한 활동을 포함하는 것으로 기술하여 작전의 의미와 관련하여 비군사 활동을 제외한 군사작전을 작전과 동의어로 사용하고 있다.[12] 그러나 현대적 의미의 안보 개념에는 자연재해, 감염병, 환경오염 등 비군사적 위협에 대한 대응도 당연히 포함되므로 비군사적 위협에 따른 각종 군사작전 및 활동에 적용되는 법률들도 작전법의 범주에 포함된다.

결론적으로 작전법은 어떠한 개별 법률로 존재하는 것이 아니라 위에서 언급한 군사 혹은 비군사적인 모든 작전 활동과 관련된 국내법과 전쟁 혹은 무력 충돌과 관련하여 헌법에 따라 우리나라

---

10) 美 육군 야전교범 1-04 육군 작전에 대한 법무지원, 2013(이하 "미 야교 1-04")에서는 작전법을 "작전수행에 영향을 미치는 군사법의 모든 관련 측면을 포함(Operational law encompasses all relevant aspects of militaru law that affect the conduct of operations and is now recognizes as a core legal discipline)"하는 것으로 기술한다.

11) 미 야교 1-04, 5-20; 육군본부 법무실, 미 국방부 전쟁법 매뉴얼, 22쪽, "전쟁법이 작전법의 전부는 아니지만 중요한 부분이다. 작전법은 전체 무력충돌 범위를 아우르는 군사력 활동과 구체적으로 연관되어 있는 국내법, 외국법, 국제법으로 구성된다. 작전법은「군사법원법」,「행정법」,「민법」, 법률 지원,「조달법」,「국가보안법」, 전쟁법과 같은 다양한 법규를 포함한다."

12) 작전의 정의에 포함된 군사(軍事)는 "군대, 군비 및 전쟁 등에 관한 일"로서 일반적인 비군사(非軍事)와 구분할 때 사용하는 표현이다. 따라서 군사작전은 작전과 같은 의미로 사용한다. 자세히는 전게서 참조.

가 가입한 국제조약과 일반적으로 승인된 국제관습법 등 국제법 등을 포함한 법률의 총체라고 정의할 수 있다.

나. 구별개념

작전법과 구별되는 개념으로 군사관계법, 전쟁법, 그리고 전쟁법과 관련하여 무력충돌법, 국제인도법, 국제인권법 등이 주로 거론된다. 먼저 군사관계법은 군사와 관련된 일체의 업무수행에 관련된 각종 법률들을 나열한 것이다.[13] 군사관계법은 「군인사법」, 「병역법」 등 군행정과 관련된 모든 법률과 「군사법원법」, 「군형법」 등 군사법(軍司法)절차 관련 법률, 그리고 방위사업법령 등 군의 군사력 건설 관련 법률들도 포괄하는 것으로 일반적으로 작전법보다는 광범위한 분야를 포함한다. 군사관계법에는 「군인사법」이나 「병역법」과 같은 군사행정작용 법률 가운데 전시특례 규정처럼 작전 수행 중에 적용되는 규정을 포함하고 있다. 이에 비해 작전법은 군작전 수행에 관련된 법률을 각 작전 활동과 연계하여 입체적으로 접근해야 하는 점에서 차이가 있다.[14]

전쟁법은 기본적으로 평시 국제법과 구별되는 개념으로 국가 간의 전쟁이 발발하였을 경우 교전국 사이의 관계를 규율하는 전통적인 국제공법을 말한다. 전쟁법은 작전법의 핵심구성 분야로 무력충돌의 수단을 규제하는 헤이그 법계와 전쟁희생자 보호에 관한 제네바 법계로 분류한다. 그러나 작전법은 무력충돌 이외에 각종 평시 작전과 재난대응 등 정부 및 민간 지원 작전에 적용되기도 하므로 전쟁법보다 더 광범위하며 전쟁법은 작전법의 일부라고 볼 수 있다.[15]

한편 무력충돌법은 전쟁법과 동일한 개념으로 이해할 수 있으며 현대적인 국제법 체계에서는 UN 헌장 제2조에 의해 모든 유형의 전쟁이 포괄적으로 금지됨에 따라서 불법의 법이라는 의미를 내포하는 전쟁법이라는 모순된 명칭보다는 국가와 비국가 단체를 포함한 국제법상 특정 집단 간의 각종 무력충돌에 적용되는 국제규칙이라는 의미로 '무력충돌법'(the Law of Armed Conflict)이라는 명칭을 더 선호하고 있다.

국제인도법(International Humanitarian Law)과 국제인권법(International Human rights Law)은 전쟁법과의 관계에서 주로 논의되며 역시 작전법의 중요한 부분을 구성한다. 먼저 국제인도법은 전쟁에서 인도주의 구현을 위해 전쟁방법과 수단을 규제하는데 중점을 둔 국제법을 지칭

13) 법무감실, 작전법 개설, 2002, 8쪽; 종합행정학교, 작전법, 21. 6, 5쪽.

14) 법무감실, 전게서; 종합행정학교, 전게서.

15) 국방부, 전쟁법 해설서, 2013, 21쪽.

하는 개념으로 사용되었다. 그러나 현재는 국제법적으로 무력충돌법과 국제인도법은 거의 동일한 의미로 통용된다.[16]

한편, 국제인권법은 전·평시 개인의 인권을 국제적 차원에서 보호하기 위한 국제법으로서 전쟁에서의 인권 보호라는 목적을 구현하기 위해서 무력충돌 간에 적용될 수 있다.[17] 대표적인 전쟁법인 제네바협약 제1추가의정서[18]나 제2추가의정서[19]에는 인권보호의 개념이 포함되어 있으며, 아동의 권리에 관한 협약에서는 교전 당사자에게 15세 미만 인원의 무력충돌 참여를 금지하도록 하는 것처럼 무력충돌법의 영역에 지대한 영향을 미친다. 특히 국제형사재판소에 관한 로마규정에는 국제인권법상 금지규정을 개인의 전쟁범죄로 규정하고 있다.

다. 작전법의 법원

작전법은 특정한 작전상황에서 이를 수행하는 주체인 개인들에게 적용되는 법령이다. 따라서 작전법의 법원(法源)은 각종 작전상황과 연계하여 작전수행 주체를 구속하는 법률질서 속에서 구체적인 작전활동을 규율하는 법령들을 알아내는 방식으로 식별할 수 있다. 지휘관과 참모를 포함한 모든 국군 장병들은 국내 혹은 국외에서 다양한 형태의 작전을 수행하면서 대한민국 국민으로서 대한민국 헌법을 정점으로 하는 국내법 질서에 의해서 그 효력이 인정되는 작전 관련 법령을 준수해야 한다.

한편, 「헌법」 제6조 제1항에 따라 헌법에 의하여 체결·공포된 조약과 일반적으로 승인된 국제법규는 국내법과 동일한 효력을 가지므로, 육군 장병들은 작전수행에 적용되는 대한민국이 당사자인 무력충돌 관련 국제조약과 국제관습법에 대해서도 국내법과 동일하게 준수할 의무를 가진다. 따라서 작전법은 헌법을 정점으로 한 국내법 질서에 따라 헌법상 작전법의 근거가 되는 조항, 이에 따라 제정된 법률과 시행령(대통령령), 시행규칙(총리령, 부령), 행정규칙 그리고 헌

---

16) 국방부, 전게서, 22-23쪽, 종행교, 전게서, 6-7쪽.

17) 국방부, 전게서, 24쪽 참조.

18) 1949년 8월 12일자 제네바협약에 대한 추가 및 국제적 무력충돌의 희생자 보호에 관한 의정서(이하 "제네바협약 제1추가의정서", Protocol Additional to the Geneva Conventions of 12 August 1949, and Relating to the Protection of Victims of International Armed Conflicts, Protocol 1)

19) 1949년 8월 12일자 제네바협약에 대한 추가 및 비국제적 무력충돌의 희생자 보호에 관한 의정서(이하 "제네바협약 제2추가의정서", Protocol Additional to the Geneva Conventions of 12 August 1949, and Relating to the Protection of Victims of Non-International Armed Conflicts, Protocol II)

법에 따라 체결·공포된 조약과 국제사회에서 일반적으로 승인된 국제관습법에서 그 근거를 찾을 수 있다.

헌법은 국내법 질서에서 최고의 효력을 가지며 국회가 제정하는 모든 법률의 근거가 되는 규범으로 작전법의 중요한 법원(法源)이 된다.[20] 헌법은 전문의 평화적 통일의 사명으로부터 헌법 제5조의 국군의 의무와 사명, 제74조의 군통수권과 국군 조직의 법률주의, 제76조 내지 제77조의 전시 국가긴급권 및 계엄선포권 등에서 개별 작전법을 제정할 법적 근거를 찾을 수 있다.

한편 헌법 제74조에 따른 대통령의 국군통수권에 따른 지휘체계와 군사작전을 수행하는 조직과 이를 지휘하는 조직 및 권한의 구성이 어떻게 이루어져 있는가에 관련된 법령은 작전법의 주요한 법원(法源)이다. 국군조직법에서는 합동참모의장, 각 군 참모총장 및 예하 부서장의 권한과 합동참모본부 및 각 군 본부의 설치에 대해 정하고 있다. 또한, 대통령령인 국방조직 및 정원에 관한 통칙, 합동참모본부직제, 육군본부직제, 작전사령부령, 군단사령부령, 사단사령부령 등에서는 구체적인 지휘계통의 기관, 편성, 임무 등에 관해서 정하고 있다.[21]

---

20) 헌법상의 작전법 근거는 다음 도표와 같다.

조문	헌법상 작전법의 법적 근거
헌법 전문	평화 통일의 사명, 항구적 세계평화 이바지
헌법 제5조 제1항	국제평화주의
헌법 제5조 제2항	국군의 의무와 사명
헌법 제23조 제3항	작전으로 인한 재산권 제한 시 정당한 보상(→국가배상법)
헌법 제34조 제6항	재해 등 안보 위협 예방 및 국민 보호 책임
헌법 제37조 제2항	작전으로 인한 기본권 제한 시 법률유보 원칙
헌법 제39조	국방의 의무(→병역법, 예비군법)
헌법 제60조 제2항	국회의 선전포고·국군파견·외국군 주류 동의권
헌법 제74조 제1항	군통수권(→국군조직법)
헌법 제74조 제2항	국군의 조직(→국군조직법)
헌법 제76조 제1항	긴급재정·경제명령권(→전시 긴급 재정·경제명령(안))
헌법 제76조 제2항	긴급명령권(→전시긴급명령(안))
헌법 제77조	계엄선포권(→계엄법)
헌법 제89조	선전·강화 등 군사 관련 국무회의 심의 절차
헌법 제110조	특별법원으로서 군사법원의 설치(→군사법원법)
헌법 제126조	국방 등 필요로 인한 사영기업 국유화 등

21) 육군의 여단급 이하의 부대 또는 기관, 해군의 전단·사단급 이하의 부대 또는 기관, 공군의 비행단급 이하의 부대 또는 기관은 국방부장관이 설치할 수 있고, 각 군 참모총장에게 설치를 위임할 수 있는 부대 또는 기관의 단위는 중대급 이하의 부대이다(국방조직 및 정원에 관한 통칙 제5조 제2항, 제4항)

전시관계법령은 현대 전쟁의 특징인 국가총력전의 개념에 따라 효율적인 전쟁의 수행을 위하여 국가 위기 및 전시에 물적·인적 자원의 동원과 전시 국가조직 및 기능, 전시예산 등과 관련하여 적용되는 주로 전시 작전 지원의 근거가 되는 특별한 법규로 그 내용은 전시에 추가로 제한되는 기본권, 평시와 다르게 적용되는 국가 운영과 관련된 사항을 포함한다.[22] 전시관계법령은 국가 위기 및 전시에 대비하여 물적·인적 자원을 평시부터 지정·관리하고 유사시에 동원하는 절차와 관련된 전시대비법령과 전시에 적용되는 전시특례법 및 전쟁법 등을 포함한다.[23] 먼저 전시대비법이란 국가 위기 시 또는 전시대비를 위하여 필요한 사항을 정한 법규로서 「통합방위법」, 「비상대비자원 관리법」, 「병역법」, 「예비군법」, 「민방위기본법」 등으로 이루어져 있다.

전시특례법은 전시에 필요한 조치를 할 수 있도록 특별히 규정한 법률과 법률의 효력을 가진 명령들을 말한다. 전시특례법에는 「징발법」, 대통령의 긴급조치권인 긴급명령, 긴급재정경제명령, 「계엄법」에 따른 계엄사령관 포고령, 「병역법」상 전시특례, 「군인사법」상 전시특례, 「군형법」, 「군사법원법」 등 군형사법상 전시특례, 전시대기 특례법안을 포함한다.[24] 특히, 계엄사령관 포고령은 계엄사령관의 특별조치로서 직접적으로 헌법상 국민의 기본권을 일시 제한하는 효력을 가지며 동시에 직·간접적으로 국가기관에도 구속력이 생기는 헌법상 국가긴급권에 따른 명령 조치다.

전시대기특례법안은 전시 또는 국가 위기 시 공포·시행이 예정되어 있는 법안을 의미하며, 평시에는 국무회의 심의, 국무총리·국무위원의 부서까지 이미 완료된 법률(안)이나 대통령 긴급명령·긴급재정경제명령(안)으로 준비되어 있다. 법제처는 전시관계법령을 담은 전시관계법령집을 비밀문건으로 각 기관에 배부하여 전시를 대비하고 있으며, 육군에서는 작전사령부, 군단, 사단 법무참모부 및 군수·동원관련 부서에 배부되어 있다.

헌법에 따라 국내법 질서로 편입된 전쟁법, 즉 무력충돌과 관련된 국제조약과 국제관습법은

---

22) 합동참모본부, 작전법 실무서, 2016, 56쪽 참조.

23) 육군종합행정학교, 작전법, 11쪽

24) 「병역법」상 전시특례로 병력동원소집, 전시근무소집, 징병 및 복무 등이 규정되어 있는데 병력동원소집은 전시·사변 또는 동원령이 선포된 경우에 부대편성이나 작전수요를 위하여 예비역이나 교육소집복무를 마친 보충역 등에 대하여 실시하고, 전시근무소집은 전시·사변 또는 동원령이 선포된 경우에 군사업무를 지원하기 위하여 전시근로역에 대하여 실시할 수 있다. 이외에도 전시에는 상근예비역 등이 현역으로 전환되며, 징병검사연령의 변경, 징병검사 연기의 정지, 복무기간의 연장 등에 대하여 특례가 적용된다.「군인사법」상 전시특례로서 의무복무기간, 현역정년 등의 규정이 적용되지 않으며, 임시계급의 부여 등을 할 수 있다. 「군형법」상 전시특례에는 전시에 범죄로 성립되는 경우(지휘관의 불법진퇴, 명령 등의 허위 전달)와 형이 가중되는 경우가 있고, 「군사법원법」상 전시특례에는 민간인에 대한 군사법원 재판권의 확대와 비상계엄 하 단심제 규정 등이 있다.

국내법과 동일하게 반드시 준수하여야 한다. 한편 헌법에 의하여 체결·공포된 조약을 이행하기 위한 국내 이행법률을 제정하는 경우가 있는데, 이 경우는 조약보다는 이행 입법된 국내법률에 따른 권리·의무 관계가 우선하게 된다.

라. 이론적 접근의 한계

작전법을 이론적인 측면에서 전·평시 군사작전에 적용되는 일련의 국제법과 국내법을 포함하는 법률체계로 이해를 하고 구별개념과 작전법의 법원이 될 수 있는 헌법을 정점으로 한 일련의 법률들을 식별하는 과정을 거쳐서 작전법의 일반적인 개념을 파악할 수는 있다. 그러나 이러한 접근 방식을 통해서 작전법의 적용대상이 되는 작전의 범주와 유형들에 대한 아무런 정보를 획득할 수 없기 때문에 단편적이고 실용적이지 못한 이해에 그치게 된다.

다양한 작전활동에 적용되는 법률체계로서 작전법의 범주를 정확하게 이해하고 실제로 작전수행 간 필요한 작전법 적용과 작전법 지원의 개념을 파악하기 위해서는 작전법의 적용대상인 작전의 개념과 범위에 대한 선행적인 이해와 범주의 설정이 필요하다. 그리고 이러한 작전수행 과정에서 작전법을 적용하는 지휘관과 참모의 임무와 역할과 이를 지원하는 법무장교의 임무와 역할이 명확해질 때 작전법과 관련된 지휘관과 참모 그리고 법무장교들의 구체적인 과업들과 필요한 지식과 능력에 대한 실질적으로 필요한 정보들이 도출될 수 있을 것이다.

이하에서는 이론적인 접근방법의 한계를 극복하는 방안을 찾기 위한 일환으로 기존의 작전법 관련 문헌들을 통해서 구체적인 작전활동과 연계하여 지휘관과 참모 그리고 법무장교들에게 구체적으로 작전활동 간에 작전법을 적용하고 작전법 지원을 제공하는 것이 어떠한 법령 관련 정보들을 이용하여 어떠한 과업들을 수행해야 하는 것인가를 파악할 수 있는 실제 작전현장에서 적용 가능한 작전법의 개념을 파악할 수 있는 정보들을 발견할 수 있는지 확인하도록 하겠다.

2. 기존 문헌들을 통한 작전법의 이해

가. 개 요

지금까지 언급한 작전법 개념에 대한 이론적인 접근은 구체적인 작전 수행 간 지휘관과 참모 그리고 법무장교에게 요구되는 작전법의 적용과 지원에 대한 실제적인 지식을 제공하는데 한계가 있음을 발견했다. 그래서 먼저 우리가 발견할 수 있는 기존의 작전법 관련 문헌들을 통해서 실제 작전 간 바로 활용이 가능한 작전법과 이를 지원하기 위해 법무장교들이 숙지해야 할 정보들이 무엇인가를 명확히 이해할 수 있는가를 검토해 보고자 한다.

먼저 국내 문헌으로는 국방부의 전쟁법 해설서(2013), 합동참모본부의 작전법 실무서(2016)[25] 그리고 종합행정학교 보충교재인 작전법(2021)의 구성방식과 내용을 살펴보고, 다음으로 국외문헌으로 미 육군 법무관 학교의 작전법 핸드북(2018), 미 야전교범 1-04 작전 육군에 대한 법률지원(Legal Support to the Operational Army)(2013)의 구성과 내용을 살펴보도록 하겠다.

나. 전쟁법 해설서

국방부에서는 2003년부터 전쟁법 해설서를 발간하였고 계속해서 개정작업을 해오고 있다. 가장 최근에 개정된 전쟁법 해설서는 2013년 1월에 발간된 전면개정판이다. 전쟁법 해설서는 제네바 협약 제1추가의정서 제83조, 「군인의 지위 및 복무에 관한 기본법」제34조(전쟁법 준수의 의무)와 같은 법 시행령 제22조(전쟁법 교육), 전쟁법 준수를 위한 훈령 제7조 내지 제10조 등 국제조약과 법령에 따른 국방부의 전쟁법 교육 의무를 이행하고 작전을 수행하는 장병들에게 전쟁법을 준수하면서 임무를 수행하도록 할 목적으로 발간된 자료이다.[26]

책의 제목에서 알 수 있듯이 전쟁법 해설서는 작전법의 중요한 부분을 차지하는 전쟁법과 관련된 내용을 중심으로 기술되어 있다. 전쟁법 해설서에서는 작전법을 전쟁법과 구별하면서 작전법은 국제법인 전쟁법 뿐 아니라 각종 국내법과 전쟁법 이외의 국제법이 포함되므로 전쟁법보다 광의의 개념이며 전쟁법을 작전법의 일부라고 보고 있다.[27]

세부적인 내용을 살펴보면 전쟁법 총론에서 전쟁법의 개념, 전쟁법 준수의 필요성, 전쟁법의 적용 범위 등을 소개하고, 다음으로 무력사용의 근거와 교전규칙, 한반도의 상황과 북한의 법적지위, 전쟁법상 공격목표와 보호대상, 포로의 자격과 대우, 공격수단과 방법의 규제, 전쟁범죄의 처벌, 국군의 해외활동 등 다양한 전쟁법 관련 쟁점들을 다루고 있다. 그리고 마지막으로 작전법 관련 분야라는 장에서 한미상호방위조약 등 한·미간의 주요협정, 통합방위법, 계엄법 등 위기관련 법령과 관련문제로 유사시 도로망 확보의 법적 근거 등을 검토하고 있다.

---

25) 합동참모본부, 작전법 실무서, 2016.

26) 국방부, 전쟁법 해설서, 2013년 발간사 참조.

27) 국방부 전게서, 21쪽.

전쟁법 해설서에서 작전법에 관한 내용을 많이 포함하고 있지만 전쟁법 해설서라는 명칭을 유지한 이유에 대해서는 우리 군이 전통적으로 전쟁법과 작전법을 구별하지 않고 사용하고 있으며, 전쟁법 준수를 위한 훈령에서도 작전법이라는 명칭을 사용하고 있지 않고, 전쟁법이라는 용어가 작전법이라는 용어보다 군에 익숙하기 때문이라고 설명하고 있다.[28]

그러나 작전법은 전쟁법과 구별되는 개념으로 분명히 이해할 필요가 있으며, 현재 지휘관과 참모들은 작전법의 중요성을 잘 인식하고 전쟁법과 구분되는 작전법 지원에 대한 요구가 매우 클 뿐 아니라, 전쟁법과 작전법의 명확한 구분을 바탕으로 법무관들이 작전법을 이해하고 연구할 필요성이 있다는 측면에서 위 용어를 혼용하거나 같은 의미로 이해할 수는 없을 것이다.

국방부 전쟁법 해설서는 전쟁법에 대한 전반적인 이해를 제공하는 교과서 방식의 서술을 기본으로 하면서 다양한 실무적 쟁점들에 대해서도 해답을 제공하기 위해서 노력을 하여 전쟁법 이론서로서는 매우 훌륭한 자료라고 보인다. 그러나 전쟁을 포함한 그 이외의 다양한 작전 활동에 적용되는 각종 교리와 이론들과 연계성을 유지하지 않은 전쟁법에 대한 연구만으로는 실제적인 작전 현장에서의 적용 측면에서 지휘관과 참모, 그리고 법무장교들 모두에게 작전법 적용과 지원에 관한 명확한 개념 정립과 실제 상황의 적용을 어렵게 할 우려가 매우 크다는 점에서 전쟁법 해설서를 통한 구체적인 작전 수행 과정에서 적용되는 법률체계로서 작전법의 개념을 정확하게 이해하는 것은 한계가 있다고 보인다.

다. 작전법 실무서

작전법 실무서는 합동참모본부 법무실에서 2016년 2월에 발간한 작전법 관련 서적이다. 합동참모본부는 군령보좌기관이자 최상위 작전지휘 제대로서 실무에서 논의되는 작전법 관련 사안들을 직접 다룰 기회가 많을 뿐 아니라 작전 현장에서 요구되는 작전법 지원 소요들에 대응하기 위한 자료들을 발굴할 수 있는 가장 좋은 여건을 갖추고 있다.[29] 이러한 점들을 반영하여 기존의 작전법 관련 참고자료들이 이론적인 논의와 기본적인 법률 지식을 주로 다루고 있는 점에 대한 아쉬움을 해소하고 복잡한 작전 현장에서의 법적 쟁점들을 구체화하고 발전시킨 내용을 포함하고 있다. 특히, 합동참모본부의 특성에 따라 합동성을 고려한 육·해·공군의 고유한 작전법적 쟁점들을 종합적으로 다룬 점이 특징이다.

28) 전게서, 26쪽.

29) 전게서, 서문 발간사 참조.

합참 작전법 실무서의 내용 구성을 살펴보면 군사작전의 국내법적 근거로 헌법과 국군조직법을 소개하고, 자위권과 관련된 논의로 행사요건, 행사의 효과와 선제적 자위권에 대한 논의, 교전규칙과 적성 선포 등을 소개하고 있으며, 국제인도법 소위 전쟁법 관련 내용으로 민간인과 전투원의 구별, 합법적 공격목표의 개념, 전시관계법 등 기존에 전통적인 논의 내용을 소개하고 있다.

합참의 작전법 실무서는 우리 군의 작전상황에서 발생하는 구체적 작전상황과 관련된 실무적이고 실용적인 법적 쟁점들을 많이 소개하고 일정한 부분 답을 제공하고 있다는 점에서 기존의 이론적인 논의들에서는 진일보한 측면이 분명히 존재한다. 그러나 작전법과 작전과의 관계를 각종 전술교리와 연계하여 유기적으로 이해하면서 합동참모본부로부터 예하부대 작전제대에서 수행하는 다양한 작전활동에 직접적으로 기여하는 작전법 지원업무를 수행하기 위한 개념을 정립하기에는 여전히 단편적인 논의에 그치고 있다는 한계를 가지고 있다. 이렇듯 합참 작전법 실무서를 통해서는 작전법 지원업무를 수행하는 법무장교로서 지휘관과 참모조직과 연계된 작전지휘 현장에서의 실효적인 작전법 지원을 위한 법무장교의 역할을 정립하고 작전법 교육 소요를 체계적으로 수립하기 위한 개념을 명확히 하기에는 부족함을 느끼게 된다.

라. 종합행정학교 작전법 보충교재

육군 종합행정학교에서 작전법 교육에 활용되는 작전법 보충교재는 2019년에 야전에서 요구되는 작전법에 대한 개념 정립과 실질적인 작전법 지원 능력을 배양하기 위한 교재 작성을 위해서 대대적인 개편작업을 계획하였다. 그러나 2018년 종합 행정학교 조직진단 결과 법무학처의 교관이 8명에서 5명으로 대폭 삭감하는 조치가 이루어지면서 전문성 있는 연구가 이루어지지 않아 이러한 요구사항을 보충교재에 모두 담아내는 것은 '지상작전 시 작전법 적용'이라는 교육참고 발간을 통해서 달성하기로 하되 기존 교재 편성을 가능한 범위에서 개선하는 것으로 목표를 수정하여 2021년까지 지속적인 개편작업을 해왔다.

작전법 보충교재는 기본적으로 법무장교들의 야전에서 작전법 지원능력을 배양하기 위한 교육자료로 작성되었음에도 불구하고 실제로 보충교재를 통해 야전에서 요구되는 작전법 지원능력이 무엇인지를 손에 잡히도록 제공하고 있지는 못하다. 그 이유는 기본적으로 기존 작전법 교재의 교과서 방식의 이론적인 논의 위주의 편성 체제와 내용을 유지하면서 위와 같은 목적을 달성하기에는 한계가 있기 때문이다.

비록 국제형사재판소 관할 범죄의 처벌등에 관한 법률(이하에서는 '국제형사범죄법'이라 한다.)

에 대한 구체적인 정보를 수록하고,[30] 표적처리와 관련된 일부 내용에는 육군의 표적처리 절차와 관련된 교리를 반영하는 등 기술내용을 법무장교를 포함한 지휘관과 참모들이 실무적으로 활용이 가능한 방향으로 대폭 개선하였으나 기본적으로 교과서적인 지식과 내용의 전달을 주로 하고 있다는 점에서 법무장교들에게 야전의 지휘통제실에서 작전법을 적용하는 지휘관과 참모들에게 바로 실질적인 작전법 지원을 제공하기 위한 역할과 과업을 명확히 식별하는데 활용하는 자료로서는 내재적인 한계를 가지고 있다.

더욱이 해당 보충교재를 가지고 지휘관과 참모들이 작전법을 이해하고자 할 경우에는 실제 자신들이 수행해야 할 작전의 유형이나 작전에 적용되는 교리들과 무관하게 다양한 전·평시 작전 활동에 일반적으로 적용되는 국내법과 국제법 이론 소개 위주로 이루어진 내용을 통해서는 손에 잡히는 작전법 적용이나 지원을 요구하는 소요를 파악하는 데는 제한사항이 분명히 존재한다. 이러한 방식의 작전법에 대한 자료들은 오히려 지휘관과 참모들에게 작전법이란 작전현장의 작전수행 절차나 방식과는 거리가 있는 복잡한 국제법 이론의 나열들이라는 잘못된 인식을 제공할 우려조차 존재한다.

마. 미 법무관학교(TJAGLCS) 작전법 핸드북(Operational Law Handbook)

미 법무관학교 작전법 핸드북은 야전에서 작전법 실무를 담당하는 미 육군 법무장교들에게 작전을 수행하는 과정에서 직면하는 문제들에 대한 작전법적 해결방안을 식별하고, 분석하며, 해결을 위한 방법을 제공하는 참고서로서 다양한 법적이고 실무적인 이론을 담고 있는 자료를 표방하고 있다.[31] 비록 미군의 공식적인 법적 견해를 담고 있는 자료는 아니지만 미 법무관학교에서 진행하는 1달 과정의 작전법 전문과정의 교과서로 사용되며 비문을 제외한 많은 실전을 통해 정립되고 실제 적용되는 법적 이론과 실무를 포함하고 있다.[32]

이 자료에서는 작전법이 무엇인가에 대한 이론적인 논의를 생략하고 바로 무력사용에 대한 법적인 근거를 소개하고 전쟁법과 관련된 이론을 무력충돌법(Law of Armed Conflict)이라는 명칭으로 기술하고 있다. 그리고 작전환경에서 적용되는 국제인권법적 논의와 국제적 혹은 비국제적 무력분쟁에 적용되는 법률체계, 교전규칙 등 일반적인 국제적 무력분쟁 과정에서 연합작전을 주

30) 종합행정학교, 작전법, 2021, 149쪽 이하 참조.

31) 미 법무관학교(The Judge Advocate General's Legal Center & School:TJAGLCS), 작전법 핸드북(*Operational Law Handbook*), 2018, 서문(Preface) 참조.

32) *Id.*

로 수행하는 미군들이 이해해야 할 기본적인 정보를 제공하고 있다.

이러한 내용에 이어서 미군이 국내 및 해외에서 수행하는 다양한 개별 작전별로 요구되는 작전법적 문제들을 식별, 분석하고 해결을 위한 다양한 기존의 미군 작전과정에서 축적된 이론들과 실무적인 해결방안을 제시하고 있다. 구체적으로는 정보 및 심문작전 적용 법률, 국제적인 협약과 주둔군 지위협정(SOFA), 사이버 공간에서의 작전, 정보작전, 비전투원 후송작전(NEO), 해상·공중·우주 작전, 억류작전, 국내 작전, 예비군 및 동원관련 작전, 재무업무 관련 법령, 비상시 및 해외전개 시 계약법, 해외 인도적 지원 작전 등 미군이 수행하는 각 개별작전에 대한 작전법적인 쟁점들과 실제 법률검토를 위한 서면과 절차 등을 실용적으로 제공하고 있다.

미 법무관학교의 작전법 핸드북은 한국 법무장교들이 작전법과 관련된 검토를 할 경우 거의 모두가 참고로 하는 주요한 자료이며 육군 교육사에서 번역본이 나왔을 정도로 작전업무를 수행하는 합동참모본부 등 상위제대의 일반 장교들도 작전법에 관심이 있다면 한 번 정도 접해보았을 정도로 대표적인 작전법 관련 참고자료이다. 미 작전법 핸드북에 포함된 내용들은 미군이 전 세계에서 실전을 포함한 다양한 실제 작전을 수행하면서 직접 체험을 통해서 획득한 수많은 작전법적 쟁점들과 실무적인 해결방안들이 수록되어 있어 매우 유용한 자료임에는 틀림이 없다.

그러나 이 자료를 통해서 한국 법무장교들에게 한국 전구에서 수행되는 다양한 작전 활동과 관련된 작전법에 대한 개념을 정립하고 실무에 바로 적용 가능한 손에 잡히는 이론과 실무를 반영한 작전법 지식을 발견하는 것은 어려움이 있다. 미 작전법 핸드북은 미군의 작전활동 간 획득된 정보를 기초로 하여 미군의 교리와 작전수행 체계에 맞추어 작성되었기 때문에 한국군에 바로 적용하기에는 여러 가지 이론적이고 실무적인 차이점이 존재하기 때문이다. 특히 한국군의 작전 수행체계와 기본적인 작전환경, 그리고 그 속에서 법무관들이 수행하고 있는 구체적인 임무와 법무관의 편성 등에서 많은 차이를 고려할 때는 우리가 직면하고 있는 작전상황과 관련하여 직접적인 해결책을 발견하기 어려울 수도 있다.

더욱이 많은 작전법이나 전쟁법과 관련된 실체법적인 문제나 법률의 해석·적용에 관한 법적 견해에 있어서 미군과 한국군은 다른 입장을 취하고 있다는 점에서 미 작전법 핸드북에 제시된 내용을 그대로 받아들이고 적용하는 것은 바람직하지 않다. 특히, 전쟁법과 관련하여 제네바 협약 제1, 2 추가의정서와 같은 핵심적인 국제조약에 있어서도 한국이 체약국인 반면 미국은 비준을 거부하고 있는 것처럼 미군과 한국군 사이에 견해의 차이가 존재하는 부분이 있으므로 더욱 조심스러운 접근이 필요하다.

바. 미 육군 야전교범 1-04(FM 1-04) 육군 작전에 대한 법무지원
(Legal Support to Operational Army)

미 야교 1-04는 미 육군 법무병과원들에게 육군의 작전수행에 대해서 원칙에 기반을 두고 임무에 초점을 맞춘 법무 지원을 제공하는 기초를 제공하기 위한 정식 교리문헌으로 다양한 제대의 법무참모부에서 근무하는 법무관들에게 지휘관과 부대에 대한 법적 지원을 제공하는 역할과 책임에 대한 이해를 확립하기 위한 목적으로 발간되었다.[33] 이 교범은 지속적인 분쟁의 시대에 직면하는 개별적인 작전영역에서 지휘관과 법무관들이 법무 지원에 대한 임무와 책임을 할당하는 것을 지원하기 위한 것이다.[34]

모든 작전은 특유의 법적인 지원을 필요로 하고 지휘관과 법무관들은 과업에 부합하는 법무 지원을 통해 임무를 완수하기 위해 공동의 노력을 기울여야 한다.[35] 미 야교 1-04는 다양한 작전에 대한 법적인 지원을 위한 교리와 특정 형태의 작전에 대한 법적 지원을 위한 규정들을 제공하는데 목적이 있다. 이를 위해 제1장에서는 작전법 지원에 대한 전체적인 개요를 제시하고 작전법의 발전과정과 작전을 지원하기 위한 법무병과가 수행하는 다양한 역할을 소개한다.

제2장에서는 작전법 지원을 위해 기초가 되는 미 육군 교리의 기본원칙들을 소개하면서 통합지상작전과 결정적인 행동, 전투수행기능, 작전수행 절차를 설명한다. 제3장에서는 군 개혁의 일환으로 규격화된 부대(Modular Force) 전반에 대한 법적 지원 요소를 논의한다. 즉 법무관은 규격화된 부대의 어느 분야에 배치되며 작전법 지원을 위해 필요한 물적요소들에 대해서 소개한다.

제4장에서는 작전을 수행하는 부대에 배치된 법무조직과 병과원들의 임무, 책임, 그리고 임무수행 관계에 대해서 설명하면서 다양한 제대의 법무조직과 법무장교들의 교리적 임무를 제시한다. 이를 통해 여단급 법무장교와 사단 법무참모부의 상호 업무관계를 기술한다. 또한 법무병과 전체의 인력구조와 작전부대에 배치되는 법무병과원들의 훈련 지원 체계를 설명하고 있다.

제5장에서는 법무병과의 핵심 법무지원 분야인 군사법제도, 국제법 및 작전법, 행정 및 민사법, 계약 및 재정법, 손해배상, 법무지원 등에 대해서 기술하고 있다. 제6장에서는 작전계획 단계에서 법무장교의 역할을 소개하고 군사적 결심수립절차를 간단하게 소개한다. 제7장부터 제11장까지

---

33) 미 야교 1-04, 서문(introduction) 참조.

34) 전게서.

35) 전게서.

는 개별적인 작전법 관련 주제들을 설명하면서 교전규칙과 무력사용수칙 및 표적처리, 역류작전, 안정화 작전에 대한 작전법 지원, 법치주의 확립을 위한 법적 고려사항, 민사부대에서의 작전법 지원 등의 주제와 관련된 문제들을 다루고 있다.

미 야교 1-04는 교리문헌으로서의 목적을 달성하기 위해서 법무장교들의 법무 지원을 위한 세부적인 법적인 논의를 진행하기 이전에 육군의 작전수행의 기초를 제공하는 교리들을 소개하면서 이를 기본적으로 이해하고 작전계획을 수립하는 단계부터 작전수행을 위한 각 단계별로 부대의 임무완수를 위해서 공동의 노력을 기울여야 하는 지휘관과 참모 그리고 법무장교들에게 각자의 임무와 역할을 이해하고 구체적인 작전법 지원을 위한 과업을 식별하기 위한 기초를 제공하려고 노력했다는 점에서 기존의 작전법 자료들과는 차별되는 면이 발견된다.

이러한 부분들은 우리가 앞으로 작전법 지원과 관련된 교리문헌을 축적해 나가는 과정에서 반드시 고려해야 할 요소이며 뒤에서 더욱 자세히 논의하도록 하겠다. 다만 우리 군이 한국 전구에서 수행하는 다양한 작전유형과 교리와 구별되는 미군 교리와 군구조와 연계된 기술로 이루어져 있기 때문에 우리 군의 작전법 적용과 작전법 지원에 관하여 바로 적용 가능한 지식들을 발견하기에는 제한 사항이 있다. 또한 작전법 지원을 전체 법무지원 중의 한 분야로 구분하고 다양한 임무와 관련된 법무지원 전체를 논의하고 있다는 점에서 작전법 관련 자료로서보다는 장차 육군의 운용 1-2 법무업무 교범을 최신화하는 경우에 참고할만한 편성방식이라고 보인다.

사. 검토

기존의 작전법 관련 자료들을 분석한 결과 지휘관과 참모 그리고 법무장교들에게 명확한 작전법의 개념과 다양한 작전활동 간에 작전법 적용의 의미와 방법, 그리고 지휘관과 참모들과 법무기능의 임무와 역할에 대한 개념을 정립하는 것에는 한계가 있다는 점을 발견했다. 국방부 전쟁법 해설서와 합동참모본부 작전법 실무서의 경우에는 작전법과의 관계에서 작전활동 과정에서 적용되는 각종 교리와 이론들과 연계성을 유지하지 않은 상태에서의 각종 이론들을 주제별로 나열하는 교과서적인 편성을 통해 작전법과 관련된 이론적이고 단편적인 논의에 그치고 있다는 한계를 가지고 있다.

육군 종합행정학교의 작전법 보충교재 역시 기존 작전법 교재와 마찬가지로 교과서 방식의 이론적인 논의 위주의 편성 체제와 내용을 유지하고 있어 법무장교들에게 야전의 지휘통제실에서 현실의 작전 수행 간 작전법 지원을 위한 역할과 과업을 명확히 식별하는데 활용하는 자료로서는 내재적인 한계를 가지고 있다. 특히, 작전법 적용의 한축인 지휘관과 참모들이 작전법을 이해하고자 할 경우에 국내법과 국제법 이론을 다양한 주제별로 소개하는 방식의 자료는 작전법이란 작전현장의 작전수행 절차나 방식과는 거리가 있는 복잡한 국제법 이론의 나열들이라는 잘못된 인식을 제공할 우려가 있다.

법무장교들뿐 아니라 직접 작전임무를 수행하는 많은 일반 장교들도 가장 많이 활용하는 미 법무관학교의 작전법 핸드북은 미군의 작전활동간 획득된 정보를 기초로 하여 미군의 교리와 작전수행 체계에 맞추어 작성되었기 때문에 실전적이고 실용적인 이론적 논의와 작전활동에 활용가능한 정보들이 포함되어 있다. 그러나 한국군의 작전 수행 체계와 기본적인 작전환경, 그리고 양국의 작전법 이론들에 대한 법률적인 견해 차이 등을 고려할 때 해당 자료에 제시된 내용을 그대로 받아들이고 적용하는 것은 바람직하지 않다.

한편 미 야교 1-04는 미 육군의 작전수행의 기초를 제공하는 교리들에 대한 이해를 바탕으로 지휘관과 참모 그리고 법무장교들에게 각자의 임무와 역할을 분석하고 구체적인 작전법 지원을 위한 과업을 식별하는 방식을 취하고 있다는 점에서 새로운 접근 방식이며 우리가 작전법 관련 교리문헌을 작성할 때 반드시 반영되어야 할 부분이라고 생각된다. 하지만 미군 교리와 군구조와 연계하여 작성되었다는 점에서 군의 구조나 교리적으로 차이가 존재하는 우리 군에 관련 내용을 바로 적용할 수는 없다는 한계는 반드시 고려해야 한다.

이상의 문제점들을 종합하면 법무장교 뿐 아니라 지휘관과 참모를 포함한 작전법의 개념을 정립하고 실제 작전 수행 간 적용될 작전법의 내용과 법무장교와 지휘관과 참모의 역할 및 책임을 명확히 하기 위해서는 새로운 방식의 작전법에 대한 이해와 연구가 필요하다는 것이 분명해진다. 그러한 방향성의 대략적인 내용을 도출해보면 다양한 작전유형별 수행방식과 작전수행 교리의 이해가 우선적으로 이루어진 상황에서 전쟁법을 포함한 전·평시 작전수행 과정에 적용되는 다양한 국·내외 법령의 내용을 포함하여 작전법의 법원을 명확히 해야 한다. 또한, 미군을 비롯한 외국의 발전된 작전법 자료들을 참고하여 필요한 연구방향을 잡아나가면서도 한국의 작전수행 환경과 교리, 법무장교를 포함한 전체 군대의 편성 등을 반드시 반영하여 우리의 작전환경에 부합하는 작전법 이론들을 정립해 나가야 하는 것이다.

3. 군사작전과 연계한 작전법의 이해

가. 개 요

작전법은 군사작전 시 적용되는 국·내외 법의 총체이므로 작전법 지원을 제공하는 법무장교들이 작전법이 무엇이고 언제, 어떤 작전법 지원을 제공해야 하는지 정확하게 이해하려면 먼저 작전의 개념에 대한 이해가 선행되어야 한다. 한편, 지휘관과 참모는 자신이 수행하는 작전에 어떠한 작전법이 적용되어야 하며, 어떤 부분에 대해서 작전법 지원을 요청해야 하는지를 이해하기 위해서 작전수행절차상 작전법 지원이 요구되는 국면을 식별하고 적극적으로 법무장교에게 작전법 정보제공을 요청하여야 한다.

지휘관과 참모 그리고 법무장교들이 실전적이고 실용적인 작전법 적용을 이해하고 실제 작전 간 적용하기 위해서는 우리 군이 실전에서 수행하는 다양한 형태의 군사작전과 연계하여 작전법에 대한 이해를 도모해야 한다. 이를 위해서 먼저 육군의 작전법 지원과 관련된 실태와 문제점을 살펴보고, 작전법의 개념과 연계된 지휘관과 참모의 작전법 적용과 법무참모의 작전법 지원활동을 의미적으로 명확하게 구분한 이후 작전법 적용과 관련된 법무병과의 역할과 기능을 살펴보도록 하겠다.

나. 육군의 작전법 지원 실태

현재 육군 법무장교의 임무는 작전 활동에 대한 작전법 지원업무를 주요한 업무요소로 파악하고 있기는 하나 실제 주된 법무장교의 업무영역은 군사재판, 군검찰 등 군사법 업무, 각종 징계 절차의 진행과 계약 및 법제 업무 위주로 이루어져 있다. 그러나 최근 국가 공권력 작용의 전 분야에서 국민의 권리보호와 법치주의에 대한 요구가 증대되었고, 군내에서도 장병 인권보장과 조화된 지휘권 행사와 적법한 군사작전 수행 필요성이 나날이 증가하고 있다. 나아가 전 세계적으로 인권보장과 인도주의 원칙이 확대됨에 따라 전쟁을 비롯한 군의 작전 수행 간 국제법의 준수를 비롯한 법의 지배(Rule of Law)를 실현하려는 요구가 커지고 있다.[36)]

---

36) 2023. 베트남 민간인 학살사건의 위법성을 정면으로 인정하여 손해배상 책임을 선언한 최근 국내 민사법원의 판결과 같이 과거의 작전 수행의 적법성이 현재의 시점에서 문제 제기가 되어 국내외적으로 심각한 갈등의 빌미를 제공하는 사태가 발생했다는 측면에서도 제반 작전활동 작전법을 준수해야 한다는 명제의 중요성은 법무장교는 물론이고 실제 작전을 수행하는 모든 지휘관과 참모들은 더욱 무겁게 받아들이고 깊이 이해해야 할 것이다. 위 판결에 대한 자세한 기사내용은 법률신문, 2023. 2. 7., "[판결] '베트남전 한국군 민간인 학살' 韓 정부 배상책임 첫 인정" https://www.lawtimes.co.kr/Legal-News/Legal-News-View?serial=185147 참조.

따라서 과거 합목적성이 강조되던 무력행사, 작전지휘 등 다양한 전·평시 작전 활동에 대한 적법성 요구가 증대됨에 따라 군사작전 영역에서도 법치주의가 강조되고 있다. 작전 활동을 포함한 모든 군사분야 공권력 작용이 사법심사 대상이 되고 있으며, 관련 작전법령을 위반한 작전활동은 국내 사법심사의 결과 무효 혹은 취소가 되거나 형사처벌 혹은 국제적 비판의 대상이 되기도 한다. 이러한 환경은 법무장교의 전반적인 작전활동에 대한 작전법 지원 요구를 지속적으로 증가시키고 있다.

하지만 일반적으로 법무장교는 작전을 수행하는 지휘관과 참모와 작전수행 과정에 대한 전술교리 등에 대해 동일한 수준의 이해가 부족하다. 더욱이 실제 작전계획 수립·실시, 훈련 간 법무장교들이 작전수행 절차를 이해하고 필요한 국면에서 작전법 지원 활동을 할 수 있는 역량을 개발할 수 있는 교육과정이나 법무병과 혹은 지휘관과 참모에 의한 야전에서의 직무교육 등이 매우 미흡한 것이 현실이다.

여기에 더하여 한국작전전구(KTO)에서 주된 위협인 북한의 위협에 대비한 작전수행이 준비태세와 위기대응 단계가 격상되거나 전면전 상황으로 발전할 경우 한미 연합방위체제에 의해서 연합군사령관이 작전 통제하도록 되어있다는 점도 법무장교들의 작전법 지원역량 발전을 저해하는 중요한 이유가 되고 있다. 현재 전략적 혹은 작전전 수준의 한국작전전구(KTO)에 대한 작전계획의 수립부터 정전 시 위기관리 및 교전규칙의 작성, 전면전 시 교전규칙을 포함한 각종 연합·합동 표적처리 등 무력행사 방법과 형식 등의 결정이 연합사령부 주도로 이루어지면서 위기 시 및 전시 작전활동과 관련된 제반 작전법 검토도 주로 미군 법무장교에 의해 제공되어 왔기 때문에 상대적으로 우리 법무장교가 각종 작전계획 수립 등 과정에 관여하거나 관심을 가질 기회나 여건이 미흡했던 것이 현실이다.

그러나 육군이 합동군의 일원으로 혹은 독자적으로 지상 작전을 수행하는 상황은 국지도발작전 등 위기대응 작전 시 분명히 존재한다. 더욱이 전시작전통제권 전환을 추진하고 있는 현 상황에서 한국군 주도의 연합작전 수행을 위해서는 모든 지상작전 수행과 관련하여 지휘관과 참모는 제반 작전수행 간 작전법을 준수하고 필요시 법무장교를 적극 활용하여 작전법 지원을 요구하는 관행을 확립해야 하며, 법무장교도 실전적 작전법 지원 능력의 구비를 위한 노력이 절실하다.[37]

---

37) 현재 육군 법무실은 법무장교들이 야전 작전수요에 충분히 부응하는 작전법 지원역량을 갖출 수 있도록 하기 위하여 다양한 노력을 기울이고 있다. 구체적으로는 미 국방부 전쟁법 매뉴얼 번역 발간(2020), 연합지휘소훈련 간 실질적인 작전법 지원소요 도출, 지상작전 시 작전법 지원 교육참고 발간 등 적극적인 노력을 경주하면서 육군 종합행정학교 법무교육단의 작전법 연구역량을 강화하기 위한 편제 보강과 장기 계획으로 육군 작전법센터 신설 등을 추진하고 있다.

다. 작전법 적용과 관련된 법무의 역할·기능

(1) 작전법 적용의 의의

작전활동에 작전법을 적용하는 것과 관련하여 작전법 적용과 작전법 지원 등 다양한 용어들이 사용되고 있는데 군사작전에 작전법을 적용한다는 의미를 명확히 하기 위해서는 이러한 용어들을 명확히 하고 과연 작전법 적용이나 작전법 지원과업을 수행하는 주체는 누구이고 그 활동은 구체적으로 무엇을 의미하는지가 명확히 정의되지 않는 것이 현실이다. 이러한 문제점을 해결하기 위해서 작전법 적용과 작전법 지원의 의미를 주체와 활동 측면에서 다음과 같이 구분해 보았다.

작전법 적용은 넓은 의미에서는 평시부터 전쟁에 이르는 분쟁의 연속체 속에서 수행하는 군사작전 범위에 포함된 다양한 작전 간 지휘관과 참모들이 관련 작전법령을 적용하여 과업을 수행하는 활동과 법무장교들이 지휘관과 참모의 작전법 적용을 위해서 전문적인 법령정보를 제공하여 작전수행 과정을 지원하는 참모활동을 포함하는 개념으로 이해해야 한다. 즉 작전법 적용은 법무장교들의 업무영역이 아니며 지휘관을 중심으로 구성된 전투참모단 뿐 아니라 실제 현장에서 작전을 수행하는 모든 작전병력들에게 까지도 요구되는 활동이자 과업이라고 하겠다.

한편, 좁은 의미의 작전법 적용이란 다양한 유형의 작전을 수행하면서 작전상황에 따라 적용이 요구되는 국내·외 관련법령을 식별하고 이를 적용하여 작전유형별 과업을 수행하는 지휘관과 참모의 활동만을 지칭하는 것으로 법무장교의 작전법 지원과 구분하여 지칭할 수 있을 것이다. 작전법 적용을 통한 적법한 작전 수행은 지휘관과 참모에게 국가공권력 행사에 있어서 요구되는 법치주의를 군사작전 활동에 구현하기 위하여 부여된 헌법을 정점으로 한 법률체계를 구성하는 각종 조약과 법률에 근거한 법적 의무이다.

따라서 좁은 의미의 작전법 적용의 주요한 주체는 지휘관과 참모라고 할 수 있다. 지휘관과 참모는 자신이 수행하는 작전유형과 작전 수행 절차에 따라 언제 어떠한 작전법이 적용되어야 하는지를 사전에 숙지하여야 하며, 상황변화 등을 고려하여 필요한 경우 법무장교에게 전문적인 작전법 지원을 위한 관련 정보제공을 적극적으로 요청하여야 한다.

한편, 작전법 지원이란 구체적·개별적인 작전활동과 관련하여 필요한 작전법에 관한 정보를 지휘관과 참모들의 요구에 따라 혹은 법무장교들이 자발적으로 작전활동간 식별된 작전법 지원 요소를 착안하여 적시에 제공함으로써 작전수행을 원활하게 하는 법무장교의 참모활동을 말한다. 이미 설명한 바와 같이 넓은 의미의 작전법 적용은 이러한 법무장교들의 작전법 지원활동을 포함한다.

따라서 넓은 의미에서 작전법 적용의 주체는 작전법을 적용하여 작전을 수행하는 지휘관과 참모, 그리고 이러한 작전수행과정에 전문적인 작전관련 국·내외 법령에 대한 정보를 제공하여 지휘관과 참모의 작전법 적용을 지원하는 법무장교를 모두 포함하는 것이다. 이하에서 작전법 적용이라고 하면 법무장교의 작전법 지원활동을 포함한 넓은 의미의 작전법 적용을 의미하며 법무장교의 작전법 지원활동을 언급할 경우에만 별도로 작전법 지원이라는 용어를 사용하도록 하겠다.

(2) 작전법 적용과 법무의 역할과 기능

법무참모를 포함한 법무장교들은 지휘관과 참모가 작전법을 적용하여 작전을 수행할 수 있도록 작전 관련 법령 정보를 제공하는 작전법 지원을 통하여 작전활동의 적법성을 보장하는 역할을 수행한다. 법무장교는 현행작전실, 장차작전실, 지속지원실 등에서 작전계획의 수립, 준비, 실시, 평가 등 작전수행과정 전체에 걸쳐서 전투력의 요소를 구성하는 리더십, 정보, 전투수행 기능 등이 관련 법령과 국제적 양심과 관행에 따라 보편적으로 인정된 전쟁에 관한 국제관습법의 기준을 충족시키면서 정당하고 적법하게 발휘될 수 있도록 지속적인 작전법 지원을 제공해야 한다.

효과적인 작전법 지원을 위해서 법무장교는 법적인 정보에 더하여 작전법 지원을 제공받는 지휘관과 참모와 동일한 수준의 작전수행 교리를 포함한 제반 군사 지식을 공유하고, 실제 작전은 물론 연습·훈련 등에 적극적으로 참여하여 실효적인 작전법 지원 능력을 구비해야 한다. 즉 법무장교는 부대가 수행하는 다양한 유형의 작전에 적용되는 작전법을 숙지해야 하는 것은 물론 작전계획, 교전규칙 및 국제법 등에 대해서도 충분한 지식을 보유하고 있어야 한다. 또한 작전이 수행되는 전 기간 전장정보를 실시간으로 공유하여 적시에 필요한 작전법 지원을 제공 해야 한다.

군사작전 수행과 관련된 작전법 적용에 있어서 법무의 주요기능은 작전법 지원을 통한 작전의 적법성 보장이다.[38] 작전의 적법성 보장을 위한 작전법 지원은 작전수행과정에서 지휘관과 참모에 대한 작전법 정보 관련 전문적인 정보제공, 작전 수행 인원들에 대한 전쟁법을 포함한 작전법에 대한 교육 및 훈련 시 지원, 작전법 위반 행위에 대한 조사 및 징계, 형사처벌을 통한 작전기강 유지 등의 활동을 통해서 이루어 진다.

---

38) 운용교범 1-2『법무업무』(육군본부, '16. 6.) 참조.

법무장교가 군사작전을 위해서 주요하게 검토해야 할 사항은 전쟁의 기본원칙 준수, 전쟁방법과 수단의 적법성, 표적처리의 적법성, 무력사용의 적법성과 자위권 행사, 교전규칙의 준수여부와 전쟁범죄의 구성요건 및 처벌 등이다.[39] 위 사항들은 무력을 행사하는 모든 군사작전을 수행하는 과정에서 반드시 고려되어야 할 공통적인 작전법 관련 검토사항들로 작전법 적용의 기본요건과 원칙을 충족하여 지휘관과 참모들에게 정보가 제공되거나 장병들에게 교육되어야 할 사안들이다.

따라서 법무장교들은 위의 주제들에 대해서 관련 국·내외 법령들과 해석기준의 발전 등을 추적하여 숙지하고 있어야 할 뿐 아니라 언제든지 작전활동 중에 관련 이슈가 발생하였을 경우 현행 작전상황과 부합하게 관련 법령과 이론들을 적용하여 가장 적법한 대응방책을 건의할 수 있는 능력을 갖추어야 한다. 또한 위에서 언급한 주제들에 대해서는 현재 자신이 지원하고 있는 부대의 전장상황과 부합한 내용을 지휘관을 포함한 전 장병에게 교육할 수 있는 능력도 구비하고 있어야 한다.

4. 지상작전 시 작전법 적용을 위한 고려 요소

가. 개 요

구체적인 작전활동과 연계하여 작전법을 적용하는 경우 고려요소는 지휘관과 참모가 작전수행 과정에서 필요한 작전법을 직접 식별하여 적용하고 법무장교가 지휘관과 참모의 작전법 적용을 지원하는 활동을 통해서 부여된 작전 임무를 완수하는 과정에서 고려되어야 할 요소들이다. 이러한 요소들은 실제 작전환경에 부합하는 작전법을 실질적으로 식별하여 적용하는 경우 뿐 아니라 작전법과 관련된 연구를 하는 과정에서도 실용적이고 논리적인 사고를 통한 실전에 적용가능한 작전법 관련 정보들을 축적하기 위해서도 고려가 되어야 할 요소들이다.

작전법 적용을 위한 고려요소는 지상, 해상, 공중, 우주, 사이버 영역 등에서 작전활동을 수행하면서 적용할 수 있는 작전법 적용의 개념을 정립하고 적법한 작전수행을 위한 실질적이고 실용적인 작전법 지식을 축적하고 활용하기 위한 과학적인 접근방법이라고 할 수 있다. 이하에서는 이러한 육군이 수행할 지상작전을 중심으로 작전법을 적용하는 경우 고려되어야 할 요소들을 도출해 보고자 한다. 이러한 고려요소들은 지상작전 교리와 연계한 접근, 육군의 군사적 역할 구현, 작전수행과정에 직접 적용, 전투력 발휘를 보장하여야 한다는 4가지 측면에서 살펴볼 필요가 있다.

39) 전게 교범 참조.

나. 지상작전 교리와 연계

(1) 교리의 의의와 역할

군사교리는 군부대나 그 구성원이 작전을 수행하는데 적용해야 할 공식적으로 승인된 군사행동의 기본 원리와 전술, 전기, 절차, 용어 및 부호들로 권위는 있으나 적용 시에는 판단이 요구된다. 교리는 승인권자의 공식적인 승인이 필요하고 이러한 승인은 군의 중심적 사고방식과 전투수행 방법으로 공인되었다는 것을 의미하므로 육군 교리의 경우 각급 부대가 작전 및 훈련 시 적용할 것과 학교의 양성 및 보수과정에 교육되어야 한다. 한편 교리는 맹목적으로 따라야 하는 교조(dogma)가 아니므로 대부분의 경우에 판단을 통해서 적용되어야 한다는 특징을 갖는다.

교리는 과거의 전쟁과 전투, 현재의 작전 및 교육훈련으로부터 입증된 최상의 사례와 교훈을 찾아내어 작전 수행을 위한 공통의 참조의 틀을 제공하여 부대 내에서 그리고 부대 간에 있어서 행동의 통합성을 제공한다. 또한 부대와 부대원들에게 많은 정보를 신속하고 간결하게 전달할 수 있는 수단을 제공하여 간명하고 정확한 의사소통을 보장한다.

교리는 전쟁과 전투경험을 통해 입증된 영속적인 원리를 토대로 군 구성원들이 올바르게 사고하고 행동하는 방향과 지침을 제공하여 군 구성원들의 바람직한 품성과 자질 함양을 촉진하고 결국 변화하는 환경 속에서 군의 역할을 완수하기 위하여 변화의 방향을 어떻게 싸울 것인가에 중심을 두고 추진하도록 하는 군의 변화를 촉진하는 도구로서 역할도 한다.

한편 교리의 대외적 역할은 연합군에게 자기 나라 군의 군사기풍과 전투방식을 이해시키는데 기여하고, 민간분야에 전쟁에 대한 국가의 접근방식에 관하여 합법적인 통찰력을 제공하며, 적에 대하여는 군사대비태세를 현시함으로써 전쟁을 억제하는데 기여한다. 국가별로 교리의 대외적 역할의 비중에 대한 차이로 인하여 교리의 대외 공개수준이 발생하는데 미국의 경우에는 거의 모든 교리 문헌을 공개하고 있으나 우리 군을 포함한 많은 국가들은 적에게 작전수행방법의 노출 등 부작용을 우려하여 공개를 제한하고 있다.[40]

---

40) 이러한 교리의 제한된 공개는 오히려 군내 인원들까지 보안을 이유로 교리에 대한 접근을 꺼리는 역효과를 낳고 있다. 따라서 교리문헌의 경우 매우 핵심적인 내용을 제외하고는 전면적으로 공개하거나 혹은 적어도 군 내부에서라도 평문으로 자유롭게 유통되도록 하는 방안에 대해서 적극적인 검토가 필요하다.

(2) 지상작전 교리와 연계된 작전법 적용

지상작전 시 작전법을 '육군의 군사적 역할을 구현하기 위한 다양한 지상작전의 수행과 관련된 국내법과 국제법의 총체'라고 일반적·추상적으로 정의할 경우 이러한 정의로부터 지휘관과 참모가 전·평시 다양한 지상 작전 수행 간 적용할 작전법령의 구체적 내용을 식별하는 것은 매우 제한된다.

다양한 형태의 지상작전 수행 간 작전법 적용에 대한 지휘관, 참모 그리고 법무장교들의 명확한 이해를 통해 결정적 통합작전 구현에 기여하기 위해서는 구체적인 작전수행과 교육훈련을 인도하는 원리와 지침을 포함한 지상작전 교리와 연계하여 작전상황별로 교리를 구현하기 위해서 요구되는 구체적인 작전법 적용요소를 식별하는 것이 필요하다.

지상작전 교리와 연계하여 작전법 적용이 필요한 이유는 첫째, 작전법은 실제 다양한 군사작전의 계획, 준비, 실시, 평가 과정에서 지휘관, 참모 그리고 전투원들이 적용하여야 하는 실용적인 법률체계이다. 따라서 지상작전을 수행하는 지휘관과 참모, 전투원들은 지상 작전의 교리의 요구사항을 구현할 수 있도록 작전법을 적용할 수 있는 능력이 필요하며, 법무장교의 작전법 지원 활동도 이와 같은 맥락에서 지상작전 교리 구현에 기여할 수 있도록 수행되어야 한다.

특히 법무장교는 지상작전의 특징, 전투편성, 수행개념, 결정적 통합작전의 원칙, 기반, 작전의 구조 등 지상작전 교리와 관련된 개념과 용어를 지휘관과 참모와 동일한 수준으로 이해하고, 지휘관과 참모의 작전수행절차에 필수적으로 참여하여 필요한 작전법 지원 소요를 식별하고 지상작전 교리상 절차와 방법에 따라 다양한 정보를 신속하고 간결하게 전달할 수 있는 수단을 제공하여 간명하고 정확한 의사소통을 보장하는 교리상 용어를 사용하여 작전법 지원을 할 수 있어야 한다.

둘째로 작전법 적용은 육군의 교리상 작전수행개념의 구현에 기여할 수 있어야 한다. 따라서 지휘관과 참모는 지상작전의 범주와 유형별로 관련 교리와 연계하여 이를 구현하기 위해서 적용되어야 할 작전법을 식별하고 법무장교에게 전문적인 작전법 지원을 요구할 수 있어야 한다. 법무장교 역시 다양한 작전유형별로 지휘관과 참모의 작전법 지원 요구에 적시적으로 부응하기 위해서는 지상작전 교리를 구현하기 위해서 요구되는 작전법 지원소요를 식별할 수 있어야 한다.

셋째, 작전법 적용은 지휘관과 참모 그리고 전투원들이 지상작전을 계획, 준비, 실시, 평가하는 각 단계별 필요한 시기와 절차에 맞추어 지속적으로 이루어져야 한다. 따라서 지휘관과 참모는 구체적인 작전수행과정별 적용이 필요한 작전법을 계획단계 또는 작전실시 간 식별할 수 있어야 하며 전문적인 작전법적 조언이 필요한 경우 교리상 절차에 따라 법무장교에게 지원을 요구해야 한다.

한편, 법무장교는 지상작전 교리와 연계하여 작전수행 절차와 단계별로 요구되는 작전법 지원 소요를 식별하고 있어야 작전 수행 간 지휘관과 참모와 단일체를 이루어 작전 수행의 모든 단계에 있어 적시적이고 능동적인 작전법 지원을 제공할 수 있을 것이다.

다. 육군의 군사적 역할 구현

육군은 합동작전에 기여하기 위해 지상작전 교리에 따른 작전을 수행하여 육군의 군사적 역할을 구현한다. 따라서 지휘관과 참모의 작전법 적용도 육군의 군사적 역할 구현에 기여하는 목적을 달성하도록 이루어져야 한다. 육군의 군사적 역할은 군사작전 범위 안에서 수행되는 육군의 다양한 활동을 목적에 따라 구분한 것이다.

육군의 군사적 역할 구현을 위한 작전법 적용 및 지원은 각 역할에 따른 주요 군사작전 및 활동별로 적용되는 작전법을 식별하여 수행된다. 육군의 역할에 따른 군사작전과 활동들은 순차적인 단계를 거쳐 진행되는 것은 아니며 작전상황에 따라 비중의 차이를 두고 동시에 수행되어야 한다. 따라서 각 작전법 적용도 비중에 차이가 있을 수는 있으나 동시에 고려되어야 한다.

라. 작전수행과정에 적용

작전법은 작전수행과정에서 적용되는 법률체계이므로 지휘관과 참모는 작전수행과정 전체에 걸쳐서 작전법 적용을 고려하여야 한다. 법무장교는 현행작전과 장차작전 그리고 전투지속지원을 포함한 모든 작전수행과정에 적극적으로 참여하여 절차에 따라 지속적인 작전법 지원을 제공해야 한다.

지휘관과 참모는 작전실시 간 평가-결심-행동으로 이어지는 일련의 과정에서 기존 계획에 따라 작전법을 적용하여 작전을 실시하면서 예상치 못한 위협에 대응하여 계획을 변경하는 경우에도 적시적으로 필요한 작전법을 적용할 수 있어야 한다. 법무장교는 작전 실시간 지속적인 작전환경 변화를 확인·분석하여 지휘관의 결심 혹은 행동 중에라도 작전법 측면에서 예상치 못한 사태로 인해 새로운 결심이나 행동이 필요한 경우에는 적극적으로 관련 작전법 정보를 제공하여 전체 작전수행과정의 적법성과 민첩성을 보장해야 한다.

마. 전투력 발휘 보장

전투력은 각급 부대가 작전을 수행함에 있어서 나의 의지를 실현하는 직접적인 수단으로 전투력과 작전의 수단과 활동의 관계이다. 지휘관과 참모는 원활한 작전 수행을 위한 작전법 적용에 있어서 작전수행의 수단인 전투력 발휘를 최대한 보장할 수 있도록 하여야 한다. 지휘관이 작전을 수행하는 수단으로서 제반 역량들인 전투력 요소는 리더십, 정보(Info.), 전투수행기능(지휘통제, 정보(INT.), 기동, 화력, 방호, 지속지원)을 포함한다. 전투력 요소 중 특히 적법한 작전 수행을 위한 기능 발휘를 보장하기 위해 특히 법무장교의 작전법 지원이 필요한 역량들은 리더십, 전투수행기능 중 지휘통제, 정보, 기동, 지속지원 등이 있다.

작전수행을 위한 전투력 운영 간 작전법 준수는 리더십 발휘에 막대한 영향을 미친다. 법령에 반하는 지휘권 행사와 작전수행은 사후적으로 위법한 평가를 받고 때로는 지휘관이나 참모가 처벌되는 경우가 발생할 수 있으므로 그 권위와 정당성이 훼손되고 종국적인 임무완수에 부정적 영향을 미치게 된다. 따라서 지휘관은 리더십을 발휘하는 모든 활동에서 적용되어야 할 작전법을 준수하여야 한다. 법무장교는 모든 전투력 운영과정에서 지휘관의 리더십 행사에 적극적이고 능동적인 작전법 지원을 통해 위법요소를 사전에 제거하여 강력한 리더십이 적법하게 행사될 수 있도록 보장한다.

한편, 모든 전투수행기능은 지휘통제 기능에 의해서 통합되고 운용되며 전투력을 운용하는 과정에서 지휘관과 참모의 모든 지휘통제 과업은 전쟁법을 포함한 제반 작전법에 부합하도록 이루어져야 한다. 지휘통제에 있어서 임무형 지휘를 통한 예하부대 지휘관의 자율적이고 창의적인 작전수행 여건을 보장하는 경우에도 전쟁법 등 엄격한 작전법 준수가 요구되는 사항에 대해서는 명확한 지휘관 지침을 하달하고 필요시 지휘통제기능을 활용하여 위법한 작전수행을 방지한다.

위법한 작전수행의 책임은 지휘통제를 수행한 지휘관과 참모에게 부여될 수 있다. 작전수행 간 전쟁법을 위반하는 경우에는 「군형법」, 「국제형사범죄법」 등 국내법 뿐 아니라 국제형사재판소설립에 관한 로마규정 등 국제법상 처벌규정도 존재하고 있고, 전쟁범죄를 방지하지 못한 지휘관에게는 지휘관 책임에 따른 형사처벌이 뒤따른다.

지휘관은 지휘통제 전투수행기능의 운용과정에서 적법성을 확보하기 위해서 인원, 과정, 네트워크, 지휘소에 항상 법무장교를 위치시키거나 상급부대 법무장교의 지원을 받으려는 노력을 기울여야 한다. 법무장교는 모든 작전수행 간 항상 지휘통제실에 위치하여 다른 지휘관과 참모들과 군사적 단일체를 이루어 지휘통제 전투수행기능의 핵심적인 역할을 수행한다는 인식을 가져야 한다.

전투수행기능 중 정보와 관련하여서는 먼저 모든 정보수집 행위는 전쟁법에 부합하는 방법으로 이루어져야 한다. 법무장교는 정보수집 행위는 물론 수집된 정보의 처리과정에서도 적법성이 보장되도록 작전법 지원을 제공해야 한다. 특히 표적처리 과정에서 법무장교는 정보상황실에 위치하여 표적개발을 통해 전쟁법 상 공격이 금지되거나 부수적 피해가 예상되는 목표물에 대해서는 사전에 명확한 적법성 평가가 이루어지도록 해야 한다.

지속지원은 작전의 융통성과 종심을 보장하는 매우 중요한 기능으로 지휘관과 참모는 지속지원과 관련된 군수·동원·인사 기능 발휘에 있어서 필요한 제반 작전법을 적용하여 적법하게 임무를 수행해야 한다. 법무장교는 군수, 인사와 관련하여 전장 상황에 따라 군내·외 자원의 동원·징발과 연합 전력의 자원의 상호지원을 이용한 원활한 지속지원이 가능하도록 국내·외 법령에 대한 적시적 지원을 제공해야 한다.

한편, 법무장교는 지속지원실 내 인사지원 분야에서 병력의 물리적 유지, 군기 및 사기 등 군기강과 군법 질서의 유지를 담당한다. 따라서 법무장교는 작전의 계획, 준비 등 적절한 시기에 군법, 인권교육을 실시하여 장병의 기강 확립과 적법한 작전수행 여건을 보장해야 한다. 또한 전장군기와 기강 위반행위에 대해서는 엄정한 군사법 제도와 징계절차를 운영하여 군 기강과 지휘권이 확립된 가운데 작전이 수행되도록 한다.

5. 군사교리와 연계한 작전법 연구

가. 개 요

군사교리는 군부대나 그 구성원이 작전을 수행하는데 적용해야 할 공식적으로 승인된 군사행동의 기본 원리와 전술, 전기, 절차, 용어 및 부호들로 군의 중심적 사고방식과 전투수행 방법으로 공인되었다는 것을 의미하므로 육군 교리의 경우 각급 부대가 작전 및 훈련 시 적용할 것과 학교의 양성 및 보수과정에 교육할 것을 요구된다.

따라서 기존의 작전이나 교리 등과 연계성을 유지하지 않는 이론 위주의 작전법 연구에서 벗어나서 작전법의 연구 및 관련 교리의 발전도 기존의 교리와 교리발전 체계에 대한 연계성을 유지한 가운데 이루어져야 한다는 의식의 전환이 필요하다. 기존 교리와 연계성을 유지하여 작전법 연구 및 작전법 관련 교리의 발전이 이루어지면 기존 교리체계의 틀 속에서 작전 및 훈련에 적용되고 학교의 양성 및 보수과정에서 교육시킬 필요가 있는 작전법 체계가 더욱 명확하게 정립될 수 있을 것이다.

교리의 내부적 역할을 고려할 때도 작전법의 연구에 있어서도 교리와 연계하여 이루어질 필요가 있다. 이를 통해서 교리상에 요구되는 작전과 교육훈련의 원리와 지침을 구현할 수 있는 작전법 적용을 위해서 어떠한 법률지원 능력을 갖추어야 하는지에 대한 구체적인 지침을 발견할 수 있기 때문이다.

또한 교리는 작전수행을 위한 공통의 참조의 틀을 통해 행동의 통합성을 제공하고 또한 많은 정보를 신속하고 간결하게 전달할 수 있는 수단을 제공하여 간명하고 정확한 의사소통을 보장한다. 따라서 교리상에 요구되는 의사소통을 위한 용어와 부호들을 작전법 적용을 위한 절차에서 충실하게 반영하여 지휘관과 참모들이 작전법을 적용하고 법무장교들이 전문적으로 작전법 적용을 지원하는 수단과 방법으로 연계하여 발전시킬 필요성이 있다.

한편 교리는 군 구성원들이 올바르게 사고하고 행동하는 방향과 지침을 제공하여 군 구성원들의 바람직한 품성과 자질 함양을 촉진하고 결국 변화하는 환경 속에서 군의 역할을 완수하기 위하여 군의 변화를 촉진하는 도구로서 역할도 한다. 교리를 통한 군 구성원들의 행동방향과 지침을 제공하고 변화를 촉진하는 도구로서 역할을 하는 측면은 합동작전의 원칙에 포함된 합법성이나 지상작전의 기반으로 전쟁법 준수를 명시하고 있는 것처럼 작전법을 적용한 적법한 제반 작전 수행의 요구가 이미 교리적으로 명시되어 있다는 점에서 실전적인 작전법 적용을 위한 연구에 교리와의 연계성을 유지하여야 할 필요성을 강화한다.

군사교리와 연계된 작전법 연구를 위해서는 교리를 구성하는 원리, 전술, 전기, 절차, 용어와 부호 등 교리의 내용과 연계된 작전법 내용의 발전이 필요하고, 교리의 근거와 출처가 되는 군사사상, 군사이론 등과 연계를 유지하는 것도 고려해야 한다. 또한 교리를 반영하여 수립된 작전계획의 수립, 준비, 시행, 평가 등의 과정 간에 작전법 지원을 위한 과업들을 식별하고, 교리의 제대 수준과 용병술 체계를 고려한 구성과 연계하여 전략, 작전술, 전술 수준의 교리와 관련된 작전법 지원 요소를 도출하여야 한다. 그리고 교리문헌 체계와 교리발전 업무의 틀 안에서 작전법 관련 교리를 발전시켜 나가는 체계적인 접근방법도 정립되어야 한다. 이하에서는 이러한 측면들을 고려하여 교리와 교리발전 체계에 대한 이해를 바탕으로 교리와 연계된 작전법 연구의 방향에 대해서 세부적으로 살펴보도록 하겠다.

나. 교리의 내용과 연계

교리의 구성요소는 원리, 전술, 전기, 절차, 용어와 부호의 다섯가지 요소를 포함한다. 원리는 조직이나 기능이 작전수행을 위해 어떻게 접근하고 사고하는가를 인도하는 포괄적이고 근본적인 원칙, 준칙, 규칙들로 군이 국가적인 목표를 지원함에 있어 행동을 인도하는 근거를 형성하며 한 예로는 '모든 군사작전은 명확하고 결정적이며 달성가능한 목표를 지향하라'는 '목표의 원칙'이 있다.

교리의 내용을 이루는 원리 중 '목표의 원칙'과 관련하여 작전법 혹은 전쟁법의 측면에서 적법한 군사목표의 선정과 목표달성을 위한 수단과 방법의 선정에 관련된 문제는 반드시 고려되어야 한다. 이처럼 교리의 구성요소와 관련된 작전법적 검토와 연구는 실질적인 작전법의 개념과 체계의 정립을 위해서 반드시 필요하다.

한편, 전술은 전투 시 부대 또는 전투력의 운용이며 전투력을 운용하는 과학과 술(術)로 잠재적 전투력을 결정적 성과로 전환하기 위해 부대, 적 및 지형의 상관관계를 고려하면서 부대들을 질서있게 배열하고 기동하는 것을 포함한다. 한편, 전기는 임무 또는 과업을 수행하기 위해 인원, 장비, 화기 등을 사용하는 창의적이고 비규범적 방식 또는 방법을 말하며 전투기술과 같은 의미를 가진다.

전술과 전기와 관련된 교리분야는 작전법 적용에 있어서 다소 융통성이 있는 비규범적이고 술(術)의 영역에 해당할 수 있다. 그러나 전투력을 운용하고 또한 전투기술을 발휘하는 경우에도 전쟁법의 일반원칙인 구별의 원칙, 비례의 원칙, 불필요한 고통 금지의 원칙 등을 준수할 의무는 당연히 내포되어 있는 것이므로 전술, 전기와 관련된 교리의 구현과정에서도 작전법 지원요소를 도출해 낼 수 있을 것이다.

절차는 특정 과업을 수행하기 위한 규범화되고 표준화된 과정이나 순서 또는 단계를 의미하고 용어와 부호는 군사작전에 사용되는 언어 및 도식을 말한다. 절차나 용어와 부호는 규범적인 것으로 상황의 변화와 무관하게 표준화된 과정과 순서를 따라야 하며, 특히 용어와 부호는 작전수행 간 의사소통을 위해 사용되는 공통의 언어를 제공한다는 측면에서 규정된 대로 사용해야 한다. 특히 절차와 용어의 사용에 있어서 포로의 획득절차, 공격으로부터 보호가 필요한 특정한 시설물에 대한 표식 등 전쟁법적으로 반드시 준수해야할 법적인 의무를 포함하는 경우에는 이를 오남용하거나 절차를 준수하지 않는 경우가 있어서는 안된다는 측면에서 반드시 관련 작전법에 대한 연구가 병행되어 작전실시 및 교육훈련 간 반영되어야 한다.

이처럼 교리를 올바르게 이해하고 작전법 적용과 관련된 부분을 식별하기 위해서는 강행 규범적 성격의 교리, 훈시 규범적 성격의 교리, 비규범적 성격의 교리를 명확히 구분해야 한다. 전쟁법, 헌법, 각종 군사관련 법령을 준수하기 위한 교리나 용어, 부호 등의 정확한 사용 등은 규범적 성격의 교리를 구성한다. 그러나 규범적 성격의 교리를 위반하였다고 바로 법적인 책임으로 연결되는 것은 아니며 규범적 성격의 교리가 법률적인 의무위반을 포함하는 경우에는 별도의 책임을 부여하는 법령에 의해서 법적인 책임이 부여되는 것이며 이러한 교리는 강행규범적 교리라고 분류할 수 있을 것이다. 이러한 차이점들에 대해서 교리를 적용할 지휘관과 참모들이 명확하게 이해하기 위해서는 교리와 연계된 작전법 연구가 정확하고 세밀하게 병행되어야 한다.

그러나 전기, 전술 등은 규범적인 성격의 교리가 아니며 주어진 상황과 여건을 고려하여 판단을 통한 적용이 허용되며 맹목적인 교리의 적용이 요구되는 것이 아니다. 오히려 상황에 대한 신중한 판단과 창의력을 가지고 교리를 적용하여 주어진 임무와 목표를 여하한 상황 하에서도 달성할 수 있도록 하는데 주안을 두어야 하며 많은 전술교리들은 이러한 측면에 더 중점을 두고 있다. 하지만 이미 위에서 언급한 바와 같이 비규범적 교리라고 해도 그 적용상황과 방식에 따라서는 반드시 법적인 금지의무를 위반하는 상황이 발생하지 않도록 하는 작전법적 검토와 연구가 병행되어야 하는 것이다.

다. 교리의 근거와 출처와 연계

군사교리를 구성하는 교리의 근거와 출처를 이해하기 위해서는 군사라는 용어의 개념을 이해해야 하는데 군사란 군대, 군비 및 전쟁 등에 관한 일로서 전쟁을 전제로 하여 평시에는 군사력을 건설, 유지 및 관리하고 유사시에는 준비된 군사력을 효율적으로 사용하여 당면한 국가적 위협을 제거하거나 국가목표를 달성하는 위기관리 기능을 말한다. 군사라는 용어와 연계하여 군사작전의 개념이 도출되고 이러한 개념들에 대한 명확한 이해를 바탕으로 군사작전 시 적용되는 법률체계로서 작전법의 법원과 적용 시기 및 방법 등도 구체적이고 실질적으로 파악될 수 있을 것이다.

한편 군사사상은 국가목표를 달성하기 위해서 어떻게 전쟁을 준비하고 수행할 것인가에 대한 사고체계를 말하며, 군사이론은 전쟁을 효율적으로 수행하기 위한 평시 군사력 건설, 건설된 군사력의 전시 운용에 대한 귀납적 법칙을 이끌어내는 논리적인 지식체계를 말한다. 교리는 이러한 군사사상과 군사이론을 한 국가의 국가이익과 국가목표, 전쟁환경 등 특정 상황과 조건에 맞도록 구체화하여 실질적인 군사행동의 지침으로 공식화한 실천적 차원의 행동체계를 말한다. 즉 군사사상이 이론적으로 체계화되면 군사이론이 되고 이 군사이론을 군사적 행동지침으로 공식화하면 교리가 되는 것이다.

군사작전과 연계한 작전법의 이해라는 측면에서 접근을 한다면 군사사상과 군사이론이 군사적 행동지침으로 교리로 발전되고 또한 상호 간의 계속적인 상호작용을 통해서 교리의 발전이 이루어지는 과정과 연계하여 작전법적인 측면에서 군사사상과 군사이론의 법률 적합성 부분에 대한 검토가 지속적으로 병행되어야 한다. 이러한 과정을 거쳐서 실질적인 행동체계인 교리적인 측면에서도 작전법에 부합한 공식적인 군의 사고와 행동체계가 수립될 수 있으며 실질적이고 구체적인 작전수행 과정에서 적용이 필요한 작전법 체계의 발전도 이루어질 수 있다.

교리는 현재 활용을 목표로 하고 전쟁에 대비하여 교리를 교육훈련에 적용하며 지금 전쟁이 발발할 경우 이를 적용하여 전쟁을 수행하기 위한 현재의 군사력 활용에 대한 행동지침이다. 그러나 교리에 담길 내용은 과거의 경험과 현재, 미래의 교리발전 요소를 망라하고 미래의 작전환경 변화에 대비하기 위해 정립된 미래 작전개념을 구현하기 위하여 발전시켜야 한다. 따라서 교리는 과거의 전쟁과 전투에서 경험을 반영하고 현행 작전과 훈련결과에 따른 교훈을 통한 새로운 교리발전의 소요를 도출하여야 할 뿐 아니라 미래에 어떻게 싸울 것인가와 어떠한 능력이 요구되는가를 반영한 미래 작전개념으로부터도 교리발전을 위한 요구사항들을 도출하여야 한다.

작전법 측면에서도 과거의 작전활동 과정에서 발생했던 적법한 작전활동은 물론 위법한 작전활동에 대해서도 면밀한 전훈 분석을 통해서 작전법적 지원소요를 도출하고 현행 작전에 적용 가능한 작전법 체계를 확립해야 할 것이다. 또한 미래의 교리발전을 위한 미래 작전 개념에 대해서도 새로운 무기체계나 전략, 전술의 적용에 있어서 기존의 작전법 및 전쟁법 체계에 따라 미래 작전개념의 구현 가능성을 검토하는 것은 물론 기존의 작전법 이론으로 해결이 불가능한 부분들에 대해서는 어떻게 작전법과 전쟁법 체계에 부합하는 형태로 미래 작전을 수행할 것인지에 대해서도 지속적인 연구를 통해서 미래 작전환경에 따른 실효적인 작전법 지원능력을 발전시키는 노력이 필요하다.

라. 작전계획과 교리의 관계

교리는 작전을 인도하는 원리와 지침으로 작전계획 수립 시 공인된 원리, 전술, 전기, 절차 등을 제공하여 임무, 적, 지형 및 기상, 가용부대, 가용시간, 민간요소 등 특정한 상황적 요소가 고려된 상황에서 수행될 작전계획의 선행적, 상위적 역할을 한다. 교리는 일반적인 상황에서 보편적 원리와 지침을 제공하는데 작전계획은 전술적 고려요소를 구체적으로 반영하여 부족한 정보에 대해서는 가정을 설정하여 계획을 수립하여 상황변화가 없다는 전제에서는 계획대로 시행된다는 점에서 구속력을 갖는다는 점에서 교리와의 차이가 있다.

이처럼 작전계획은 교리적으로 요구되는 작전변수(PMESII-PT)[41]와 임무변수(METT-TC)[42]를 분석하여 부여받은 작전지역의 작전환경과 임무와 관련된 정보를 구체화하고 여기에 교리 상의

41) 작전변수 (PMESII-PT)는 정치, 군사, 경제, 사회, 정보, 사회기반시설, 물리적 환경, 시간 등 8가지 요소를 의미하며, 작전환경을 이해하기 위해 사용하는 일련의 포괄적 정보들이다.

42) 임무변수 (METT-TC)는 임무, 적, 지형 및 기상, 가용부대, 가용시간, 민간요소 등 6가지 요소를 의미하며, 지휘관과 참모가 작전을 수행하는데 필요한 구체적인 정보들이다.

원리와 원칙, 전술, 전기, 절차 등을 적용하여 구체적으로 실행 가능하도록 수립하게 된다. 법무장교가 각 작전지역별 작전형태에 따른 작전변수와 임무변수에 대한 고려요소들을 작전법적 측면에서 어떻게 분석하고 법적인 분석을 여하히 반영하여 작전계획 수립에 대한 작전법 지원을 제공할 것인지 식별하기 위해서는 교리적인 측면에서 요구되는 사항들을 선행적으로 이해하고 이에 따른 법적인 고려요소들을 함께 도출해내는 노력이 필요한 것이다.

마. 교리의 구성을 고려한 작전법 연구 방향

(1) 교리의 유형

교리는 합동작전을 수행하기 위해 각 군에 공통적으로 적용되는 합동교리와 각 군의 교리로 구분된다. 각 군 교리발전의 지침과 근거가 되는 합동교리는 군사기본교리와 합동기준교리, 합동운용교리로 구성된다. 군사기본교리는 군사전략목표를 달성하기 위한 군사력 운용의 기본원리와 지침을 제공하기 위하여 작성되는 최상위 교리이다. 합동기준교리는 인사, 정보, 작전, 군수, 기획, 지휘통신 등 합동참모기능체계에 따른 교리로서 군사기본교리를 근거로 작성된다. 합동운용교리는 군사작전의 형태 또는 지원기능 분야에 따른 교리로서 군사기본교리와 합동기준교리를 근거로 작성한다.

각 군 교리는 합동교리를 기반으로 육군, 해군, 공군의 각 군별 특성을 고려하여 발전된 교리로서 각 군의 기본교리와 하위교리로 구성된다. 이 중 육군 교리는 지상작전 수행을 위한 군사력 운용에 관한 기본원리와 전술, 전기, 절차 등으로 기본교리, 기준교리, 운용교리로 구성된다. 기본교리는 육군의 사고와 행동에 대한 기준과 지상작전의 기본이 되는 지상작전 수행개념을 구현하기 위한 육군의 최상위 교리를 말하고, 기준교리는 기본교리를 근거로 참모분야별 기능과 제병과 통합전투를 수행하는데 필요한 원칙과 지침을 제시한 교리이며, 운용교리는 기본 및 기준교리를 근거로 참모분야 및 병과운용, 부대운용, 장비운용 등에 대한 구체적인 전술, 전기, 절차를 제시한 교리이다.

이처럼 교리는 합동교리로부터 각군 교리로 단계적 위상을 가지고 구성되어 있는데 이러한 위계구조는 국가안보목표를 달성하기 위하여 국가통수기구로부터 전투부대에 이르기까지 군사력을 운용하는 군사전략, 작전술, 전술의 계층적 연관체계인 용병술 체계와 연계하여 전략적, 작전적, 전술적 수준의 교리로 구분할 수 있다.[43] 전략적 수준의 교리는 군사력 건설 및 운용에 관한 가

---

43) 국가목표로부터 국가전략에서 군사정책, 군사전략, 작전술, 전술로 이어지는 전략체계에 대한 자세한 내용은 박창희, 군사전략론, 플래닛미디어, 2019,107-115쪽 참조..

장 기본적인 원리와 지침으로 전쟁을 기획하고 지도하며 자원과 수단을 준비하고 군사력 운용을 지도하는 내용을 제시한다.

작전적 수준의 교리는 전략적 수준의 원리와 연계하여 주어진 환경 속에서 전역 또는 주요작전을 계획하고 수행하는 군사력 운용지침에 관한 것으로 합동작전과 연합작전, 민·관·군·경 통합방위 작전 등의 활동을 제시한다. 전략적·작전적 수준의 교리는 합동교리인 군사기본교리가 이에 해당한다.

이러한 전략적 수준의 교리들에서 요구되는 사항들을 전략지시나 군사전략기획문서 등에 구현하는 과정에서도 작전법적인 검토가 필요한 요소들을 식별할 수 있을 것이다. 이를 위해서는 법무장교들도 합동교리에서 각 군 교리로 이어지는 일련의 관계 속에서 교리에서 요구되는 원리와 원칙, 군사력 운용지침, 합동 및 연합작전을 수행하는 과정에서 요구되는 교리적 내용들에 대해서 지휘관과 참모들과 동일한 수준의 이해를 하도록 노력할 필요가 있다.

전술적 수준의 교리는 세부 군사목표 달성을 위한 전투력 운용의 원리와 전기 및 절차와 특정무기체계의 운용방법 등을 제시하는 전투와 교전에 관한 군사행동에 대한 것으로 육군 교리의 대부분은 전술적 수준의 교리이다. 전술적 수준의 교리에 대해서도 전투력 운용의 원리와 전기 및 절차, 특정 무기체계의 운용방법에 있어서 요구되는 작전법적인 요구사항들을 교리와 연계하여 연구할 필요가 있다.

예컨대 특정 무기체계의 운용과 관련해서는 교리적인 요구사항을 구현하면서도 전쟁법상 요구사항인 불필요한 고통의 금지 원칙에 부합하도록 군사목표물에 대해서 군사적인 목적을 달성하는 것 이외에 부수적이거나 불필요한 고통을 유발하는 방식이나 수단으로서의 사용을 금지하도록 무기를 운용하는 절차와 방식을 제한할 수 있을 것이다.

한편, 한반도에서의 전시 작전은 한국군과 미군의 작전수행 능력을 통합한 한·미 연합작전이 될 것이며 교리의 상호운용성이 매우 중요할 것이다. 이러한 상호운용성을 향상시키기 위해서는 연합교리를 작성하는 것이 최선의 방법이지만 현재 한·미 양국은 연합교리를 작성하지 않고 한·미 연합사령관은 연합사령부 야전예규의 성격을 가진 「연합작전시행지침서」를 작성하여 작전에 적용하고 있다. 위 지침서는 양국 교리를 참고하여 작성되었고 연습을 통해 변경이 필요한 내용을 양국교리에 선택적으로 반영하는 등 양국 교리와의 상호연동을 통해 잠정적인 연합교리의 역할을 수행하고 있다.

이러한 연합작전시행지침서는 작전법 지원을 제공하려는 법무장교들에게는 반드시 숙지하고 있어야 할 교리적 내용이다. 법무장교는 연합작전시행지침서를 통해서 구체적인 작전활동과 관련된 작전법 지원소요와 지원의 시기, 방법 등을 예측할 수 있을 것이고, 실제로 작전을 수행하는 과정에서도 적시적인 작전법 지원이 가능하도록 부대의 임무와 관련된 구체적인 과업에 따른 작전법 지원 소요를 도출할 수 있어야 한다.

(2) 육군의 교리문헌과 연계한 작전법 교리연구

교리문헌은 교리와 교리적 참고자료를 기술한 간행물로 군에서 작전수행과 교육훈련을 위해 사용하는 군의 교과서이자 교재를 말한다. 교리문헌은 교범, 교육회장, 교육참고로 각 분리된다. 교범은 군사행동에 관한 원리, 전술, 전기, 절차 등에 관한 내용과 정비, 검사 등에 관한 참고사항을 기술한 교리문헌을 말하며, 권위있는 기관인 육군본부와 교육사령부에 의해 승인된 군사력 운용에 대한 기본 원리와 전술, 전기, 절차 등을 담고 있다. 교범은 다시 야전교범, 기술교범, 야전교범(초안)으로 분류하고 있었는데 새로운 야전교범체계에서는 기준교범, 운용교범, 기능교범으로 분류하고 한다.

야전교범은 교범의 성격과 수준을 고려하여 수직적 분류체계와 전투수행기능을 고려한 수평적 분류체계를 가지고 있다. 야전교범의 수직적 분류체계는 교범에 기술되는 원리, 전술, 전기 및 절차 등 교리의 수준을 고려하여 기본교범, 기준교범, 운용교범, 참고교범으로 분류하여 왔다.

기본교범은 합동교범 군사기본교리와 합동작전에 근거를 두고 육군의 정체성 확립과 나아가야 될 방향에 대한 정신적 기준과 육군의 지상작전 수행개념을 구현하기 위한 지상작전 원리와 방향을 제시하는 교범으로 육군, 교리입문, 지상작전, 군사용어, 군대부호, 육군일반과업목록이 있다.

기준교범은 기본교범을 근거로 참모 분야별 기능과 제병과 통합전투를 수행하는데 필요한 원리와 전술을 제시한 교범이며, 운용교범은 기본 및 기준교범을 근거로 제병협동작전, 참모분야 및 병과운용, 부대운용 등에 대한 구체적인 전술, 전기, 절차를 제시한 교범이다. 참고교범은 기본교범, 기준교범, 운용교범의 적용과 이해를 위해 교리를 실무에 적용하는데 필요한 세부 수행절차, 방법, 제원, 기술적 사용요령 등에 관한 내용을 제시한 교범이다.

이러한 교범체계에 따른 기본교범과 기준교범은 기본적으로 법무장교들도 주요한 내용을 숙지하고 있어야 한다. 특히 육군의 지상작전의 근간을 이루는 원리와 원칙, 전술과 용어 및 부호 등을 포함하고 있는 육군, 지상작전, 교리, 군사용어 등의 소위 새로운 교범 분류체계 상의 기준교범들에 대해서는 깊은 이해를 바탕으로 해당 교리들을 적법하게 구현하기 위한 작전법 지원소요를 교범에 연계하여 연구하는 것이 필요하다.

교리와 연계한 작전법 연구를 통해서 실제 작전현장에서 필요로 하는 구체적인 작전법 적용 요소들을 도출해 낼 수 있을 것이고 도출된 작전법 요소들은 작전법 교육과 훈련에 반영되어 실제로 법무장교들이 야전에서 필요한 작전법 지원 개념과 지원 능력을 개발하는 교육훈련 체계를 명확하게 정립할 수 있을 것이다.

교육회장이란 잠정적인 성격의 교육지시, 방침, 신교리 및 개선교리를 공포하는 회람형식의 교리문헌으로 신속한 전파가 요구되는 경우 발간되어 수정을 거쳐 영구적인 교리로 채택되거나 부적합시에는 폐기된다. 교육참고는 학교교육 및 부대훈련을 위한 참고교재로 활용할 목적으로 야전교범, 야전교범(초안), 교육회장에 수록되어 있는 원리, 전술, 전기 등의 내용을 알기 쉽게 편집한 교육훈련용 교리문헌이다.

교리문헌의 작성은 교육사령부 교리발전부와 각 병과학교 및 교리연구 기능이 편제된 부대와 육군대학에서 담당한다. 교육사령부 교리발전부에서는 기본교범과 기준교범 및 운용교범 등 각 제대교범을 담당하고, 각 학교부대는 병과교범을 담담한다. 법무병과의 경우에는 교육사령부 예하 육군 종합행정학교 법무교육단에서 교리업무를 수행해야 하며 현재 운용교범 1-2『법무업무』(육군본부)가 있다.

지금까지 설명한 육군의 교리문헌과 교리업무 수행 체계를 이해하고 이와 연계해서 작전법 관련 교리연구가 진행되어야 구체적인 육군의 작전수행에 직접적으로 적용 가능한 작전법의 내용과 작전법을 작전수행 간 적용하고 지원하는 방식을 비로소 교리적으로 확립할 수 있을 것이다.

이를 위해서 종합행정학교 법무교육단에서는 현재 육군에서 새로 발간작업을 진행하고 있는 기준교범 1『지상작전』과 연계하여『지상작전 시 작전법 적용』이라는 교육참고를 작성하고 있다. 이러한 시도는 육군의 기존 교리와 연계한 작전법에 대한 이해와 연구를 통해서 실제 육군이 수행하는 다양한 유형의 작전활동 과정에 실질적으로 적용가능한 작전법의 실체적인 내용과 절차적인 지원방법을 구체적으로 도출해 내려는 의도를 가지고 진행되고 있다.

이러한 방식의 연구는 국지도발대비작전, 후방지역작전, 안정화작전 등 육군의 개별 작전활동과 관련된 교범들과 연계된 작전법 연구로 이어져야 하며 교육참고에서 교육회장, 그리고 육군의 승인절차를 거친 정식 교범발간 절차까지 진행될 수 있도록 진화적으로 진행되어야 한다.

이를 위해 종합행정학교의 법무교육단의 작전법 교리발전 업무를 위한 인력이 보강될 필요가 있으며 장기적으로는 작전법 센터를 설립하여 전문적인 작전법 교리의 연구와 이러한 연구결과를 실무 법무장교뿐 아니라 지휘관들에게까지 전파할 수 있는 체계를 수립할 필요가 있다. 이미 언급한 바와 같이 작전법 적용의 주체는 적법한 작전수행을 위한 합동교리의 합법성과 지상작전 수행의 기반인 전쟁법 순수의 교리를 구현할 의무가 있는 지휘관과 모든 참모들이기 때문이다.

Ⅲ. 결 론

적법한 작전수행에 대한 요구는 지휘관과 참모를 포함한 모든 장병들이 비단 전투작전 시 전쟁법의 준수 뿐 아니라 전쟁 이외에 감염병, 재해재난, 테러와 사이버 공격에 대한 대응 등 각종 비전통위협에 대한 대응을 포함한 모든 작전활동에서 관련된 작전법을 준수하여야 한다는 법령상의 의무와 교리상의 규범적 요구로 확립되어 있다. 따라서 법무장교들에게 군이 수행하는 모든 군사작전에 있어서 적법성을 보장할 수 있는 시의적절하고 정확한 작전법 지원 능력은 매우 중요한 요소로 부각되고 있다.

그럼에도 불구하고 현재 우리 법무조직 내에서 작전법이란 어떠한 법률체계를 의미하는가에 대해서 모든 작전활동에 적용되는 국·내외 법률의 총체라고 하는 이론적이고 일반적인 개념 이외에 실제 작전활동 간 적용 가능한 실용적이고 구체적인 작전법 개념이 정립되어 이를 활용한 법무장교의 작전법 지원 업무 관련 과업이 명확히 식별되어 각종 교육훈련 및 학교교육 과정에서 교육이 이루어지고 또한 작전법 지원관련 교리를 발전시키기 위한 교리발전체계가 확립되어 있다고 말하기는 어려운 것이 현실이다.

이러한 현실에도 불구하고 우리 주변에는 지휘관과 참모들을 포함하여 법무병과 내부에서도 법무 업무에 있어서 작전법 지원능력의 중요성을 강조하는 모습을 쉽게 발견할 수 있지만 실제로 현행 작전환경에 적용되어야 할 작전법의 구체적인 내용과 범위는 무엇이며 작전활동에 작전법을 적용한다는 개념과 법무장교가 작전수행 간 작전법 지원업무를 하는 경우 구체적인 과업을 정확하게 설명하고 관련 연구를 진행하려는 노력이나 시도를 발견하는 것은 매우 어렵다.

구체적으로는 이러한 현상의 원인을 분석하자면 먼저 모든 작전활동의 계획, 준비, 실시, 평가 간 지휘관과 참모들이 업무를 수행하면서 법무장교들의 적극적인 참여를 요구하지 않을 뿐 아니라 법무장교들도 스스로 이러한 상황을 개선하고 적극적으로 작전활동에 기여하려는 노력이 부족하다는 지휘관과 참모업무 관행과 절차 상의 문제점이 존재한다는 점을 지적하지 않을 수 없다.

다음으로 현재 한반도 전구에서 시행되는 작전계획 등의 수립 및 시행, 연습 등에 있어서 한·미 연합방위체제 하에서 작전법의 적용 및 검토 등의 업무가 미군 법무장교들을 중심으로 세밀하게 이루어지고 있는 반면, 한·미연합사와 합동참모본부를 비롯한 전시 작전계획 수립에 책임이 있는 상급 제대에 근무하는 한국 법무장교들은 주도적으로 한반도 전구에서의 작전계획 수립과 관련된 작전법 지원을 위한 능력의 구비와 현실적인 지원업무를 수행하기 위한 노력을 크게 기울이지 않고 있다는 점도 또 하나의 주요한 원인을 제공하고 있다.

다른 한편으로는 우리 법무조직 내에서도 작전법과 관련된 연구와 참고 문헌들을 발간하고 활용하는 과정에서도 실제 수행되는 군사작전과 작전수행 과정에서 적용되는 교리와의 연계성을 유지하기 위한 시도를 하지 않고 단순한 작전법 관련 쟁점들에 대해서 이론적인 논의들을 중심으로 대부분 비슷한 내용과 주제들에 대해서 중복적으로 검토가 이루어지고 또한 교과서 형태의 참고 문헌들이 만들어져 활용되고 있다는 측면도 손에 잡히는 작전활동과 연계된 구체적이고 실용적인 작전법의 개념과 작전법 지원을 위한 과업과 지원절차 등이 정립되고 교육되지 못하는 중요한 원인으로 지적할 수 있다.

실제로 합동참모본부나 각 군의 작전사령부를 중심으로 현행 작전 수행과 관련된 많은 작전법 관련 쟁점과 지원업무가 이루어지고 있지만 이러한 내용들은 일반적으로 군사비밀보호와 관련된 업무상 비밀로 취급되어 관련 내용을 수집하고 정리하여 작전법 관련 자료로 전파되기에는 제한사항이 있다. 더욱이 현행 작전 수행 간 소중한 실전적인 작전법 지원과 관련된 지식과 정보들은 실무자들의 빈번한 교체과정에서 유의미한 자료로 축적되기보다는 개인적으로 활용되고는 사장되는 현상이 반복되다 보니 실제로 현행 작전을 수행하는 전략적 혹은 작전적 수준의 부대에 근무 경험이 있는 인원들의 경험들이 체계적으로 정리되어 전수되지 못하고 있다.

이러한 현실의 문제점들의 근본에는 작전법과 관련된 제반 연구와 업무수행이 실제 작전활동과의 연계성을 유지하지 못하고 있다는 점이 자리하고 있다. 작전활동에 적용되는 작전법의 실질적이고 구체적인 개념은 작전활동이 무엇을 의미하는지에 대한 개념이 확실히 정립되고 그 작전활동을 위해서 어떠한 법령정보들이 어떻게 활용되고 적용되어야 하는지가 명확해 질 수 있는 것이다. 법무장교 뿐 아니라 지휘관과 참모를 포함한 작전법의 개념을 정립하고 실제 작전 수행 간 적용될 작전법의 내용과 법무장교와 지휘관과 참모의 역할 및 책임을 명확히 하기 위해서는 새로운 방식의 작전법에 대한 이해와 연구가 필요하다.

작전법은 이론적이고 사변적인 법률체계에 대한 연구를 통해서는 실제 상황에 적용가능한 개념으로 정립하고 이해될 수 없다. 작전법은 법무장교들만 이해하고 알아야 하는 법률체계가 아니고 오히려 작전을 수행하는 지휘관과 참모를 포함한 모든 장병들이 작전수행 과정에서 필요한 상황과 절차에 따라 직접 준수하고 적용하여야 할 실제 작전활동에 활용되어야 하는 지극히 실용적인 법률체계이다.

따라서 실제 작전활동을 하는 지휘관과 참모들이 작전 수행간 준수하여야 하는 절차에 따라 지휘관과 참모들이 이해할 수 있는 용어들을 사용하여 실제로 적용될 수 있어야 하며 이러한 절차를 촉진시키고 작전상황에 부합하는 정확하고 전문적인 작전법 정보를 제공하는 것이 법무장교들의 임무가 되어야 할 것이다.

그러한 방향성의 대략적인 내용을 도출해보면 다양한 작전유형별 수행방식과 작전수행 교리에 대한 깊은 이해가 우선적으로 이루어진 상황에서 전쟁법을 포함한 전·평시 작전수행 과정에 적용되는 다양한 국·내외 법령의 내용을 포함하여 작전법의 법원과 이러한 법원들을 적용한 작전수행 간 작전법 적용 및 작전법 지원의 개념을 명확히 해야 한다. 또한, 미군을 비롯한 외국의 발전된 작전법 자료들을 참고하여 필요한 연구방향을 잡아나가면서도 한국의 작전수행 환경과 교리, 법무장교를 포함한 전체 군대의 편성 등을 반드시 반영하여 우리의 작전환경에 부합하는 작전법 이론들을 정립해 나가야 하는 것이다.

먼저 작전활동과 연계된 작전법의 이해를 위해서는 군사교리를 중심으로 이를 구현하기 위한 작전법 적용과 지원이 무엇인지를 파악하려는 노력이 요구된다. 군사교리는 군부대나 그 구성원이 작전을 수행하는데 적용해야 할 공식적으로 승인된 군사행동의 기본 원리와 전술, 전기, 절차, 용어 및 부호들로 군의 중심적 사고방식과 전투수행 방법으로 공인된 것이다. 또한 모든 교리는 각급 부대가 작전 및 훈련 시 적용할 것과 학교의 양성 및 보수과정에 교육되어야 하는 것이므로 이러한 군사교리는 법무장교들이 군사작전과 연계한 작전법의 개념을 확립하는데 반드시 선행적으로 연구되고 이해되어야 하는 것이다.

이러한 측면에서 군사작전과 연계한 작전법의 이해를 위해서 육군의 지상작전 수행 간 작전법을 적용하는 경우 고려해야 할 요소들을 도출해 본다면 지상작전 교리와 연계성을 유지해야 하며, 교리상 육군의 군사적 역할을 구현하는데 기여할 수 있어야 하며, 교리에 따른 작전수행과정의 절차에 따라 시의적절한 시기 지속적으로 작전법이 적용되어야 하고, 마지막 전투력 발휘를 위한 전투수행 기능, 리더십, 정보 등의 요소들이 원활하게 조화를 이룰 수 있도록 필요한 작전법 적용과 지원이 이루어져야 한다는 것으로 요약할 수 있다.

결론적으로 군사작전과 연계한 작전법의 이해와 구체적인 연구는 군사교리와 연계성을 유지하여 이루어져야 한다. 군사교리를 구성하는 근거와 출처로서 군사의 개념, 군사사상, 군사이론과의 상호작용을 이해하고 군사사상과 군사이론이 교리로 발전되어 가는 과정에서 적용가능한 작전법들을 도출해 낼 수 있을 것이다.   또한 주어진 작전지역에서 작전변수와 임무변수 등의 전장상황 등을 고려하고 교리상의 원리와 전술 등을 반영하여 수립되는 작전계획에 있어서도 작전변수와 임무변수의 분석과정, 작전계획의 수립과정, 실제 작전계획에 따른 제반 작전의 준비, 실시, 그리고 평가 과정에서 적용되어야 할 작전법들에 대해서 교리와 연계하여 분석이 될 때 실효적이고 구체적 상황에서 적용될 수 있는 작전법 개념들이 정립될 수 있을 것이다.

교리는 적용되는 제대와 용병술 체계 개념의 수준에 따라 전략적·작전적·전술적 교리와 합동 교리 및 각 군교리로 나누어 지며 이러한 교리들을 수록한 군의 교과서인 교범들도 이러한 교리의 수준에 따라 교범체계를 갖추어 발간되고 있다. 따라서 작전법의 연구도 선행적으로 교리와 교범체계에 대한 충분한 이해와 지식을 바탕으로 진행되어야 하며 작전법 교리문헌도 교범, 교육회장, 교육참고로 이어지는 교범체계와 연계성을 갖추어 개발되고 발전되어야 한다.

이를 위해서 작전활동과 연계한 작전법을 이해하는 관행이 조속히 확립되어야 하며 실제적으로는 합동 교리에서 각 군 교리로 이어지는 교리와의 연계성을 유지한 가운데 작전법에 대한 연구와 교리발전 업무가 추진되고 관련 교리문헌들이 지속적으로 작성되어 축적되어야 한다. 그리고 이렇게 축적된 군사작전과 연계된 작전법 이론들은 모든 법무장교들은 물론이고 작전활동 간 작전법을 적용하여야 하는 지휘관과 참모들에게도 실제 작전활동 간은 물론이고 각종 연습과 훈련절차와 학교교육을 통한 과정에서도 활발하게 교육되고 발전되어야 할 것이다.

이미 여러 번 강조한 바와 같이 법무장교들이 작전법에 대한 개념을 명확하기 이해하기 위해서는 작전의 개념에 대한 이해가 선행되어야 하며 작전에 대한 이해의 근저에는 각급 부대가 수행하는 구체적인 작전활동과 이를 준비하고 계획하는 절차인 작전계획의 수립단계 등이 어떠한 근거와 절차를 가지고 이루어지는지에 대한 이해가 선행되어야 한다는 것이다. 이러한 이해를 위해서는 용병술 체계와 제대별 군사전략 및 작전계획 수립을 위한 기획 및 계획 업무와 작전술, 전술로 이어지는 교리적인 개념의 이해가 우선되어야 한다. 즉 군사작전을 구성하는 군사의 개념, 작전의 개념과 각각의 개념이 도출되는 상위의 절차와 근거들에 대한 이해가 우선되어야 실제 작전활동에 적용가능한 작전법 체계에 대한 손에 잡히는 지식체계를 정립할 수 있다는 것이다.

이러한 방식을 통해서 법무장교들과 지휘관과 참모들이 숙지해야할 작전법 관련 지식과 정보들이 무엇인지를 각 작전형태별, 단계별로 식별해 낼 수 있을 것이며 이렇게 식별될 실전적인 정보들은 교리발전체계를 이용하여 작전법 관련 교리체계로 발전시키고 필요한 야전 교육훈련과 학교교육절차를 통해서 전파되고 숙지될 수 있도록 하여야 한다. 이를 위해서는 먼저 지휘관과 참모들에게 작전법의 필요성과 직접적인 적용능력의 중요성을 전파하고 이해시키기에 앞서서 법무장교들이 우선적으로 군사작전 수행과 관련된 교리적인 이론과 개념들에 대해서 계급과 직책에 상응하는 수준의 이해를 달성할 수 있도록 노력을 경주하여야 한다.

그리고 모든 작전활동 과정에서 적극적이고 주도적인 참여를 통해 전투참모단의 일원으로 실제 작전활동에 기여하기 위한 작전법 지원업무를 식별하고 필요한 절차와 방법으로 시의적절한 작전법 지원을 제공할 수 있는 역량의 개발을 위해 지속적으로 노력해야 할 것이다.

참고 문헌

- 합동교범 10-2『합동·연합작전 군사용어사전』(합동참모본부, '20. 7. 14.)
- 기준교범 0-3『군사용어』(육군본부 '17. 5. 31.)
- 야전교범 0-1『교리입문』(육군본부, '16. 12. 30.)
- 기준교범 1(초안)『지상작전』(육군본부, '21. 9.)
- 기준교범 3-0『전술』, (육군본부, '17.)
- 기준교범 5-0(초안)『작전수행과정』(육군본부 '21. 9.)
- 운용교범 1-2 법무업무 (육군본부, '16. 6.)
- 박창희, 군사전략론, 플레닛미디어, 2019.
- 법무감실, 작전법 개설, 2002.
- 국방부, 전쟁법 해설서, 2013.
- 합동참모본부, 작전법 실무서, 2016.
- 육군종합행정학교, 작전법, 2021.
- 미 육군 야전교범 1-04(FM 1-04) 육군 작전에 대한 법무지원(Legal Support to Operational Army), 2013.
- 미 법무관학교(The Judge Advocate General's Legal Center & School:TJAGLCS), 작전법 핸드북 *(Operational Law Handbook)*, 2018.

MEMO

평화협정 체결과 유엔군사령부의 지위와 역할에 대한 검토

(Review on the Role and Status of United Nations Command Korea and Making Peace Treaty)

요 약

한국 유엔군사령부는 1950. 6. 25. 북한의 남침이라는 평화의 파괴행위에 대한 유엔 강제조치로 편성된 군사동맹으로서 북한의 남침을 격퇴하고 정전협정 이후 정전체제를 관리하는 책임기관으로 한반도의 평화와 안전을 보장해 왔다. 최근 4. 27. 판문점 선언과 북미 정상회담 등 급격한 한반도 정세 변화와 함께 정전체제를 평화협정으로 전환하는 문제가 공식적으로 논의되고 있다. 이러한 변화과정에서 유엔군사령부의 역할과 위상은 어떻게 변화될 것인가? 한국전쟁 발발 당시, 정전협정 체결과정과 정전체제, 그리고 평화협정 체제로의 이행에 따라 각 단계별 유엔군사령부에 대한 법적인 성격과 역할에 대한 입장은 한반도를 둘러싼 각 당사자별로 첨예하게 대립한다. 정전체제의 남측을 대표하는 이행기관으로 유엔군사령부는 평화체제로의 전환과정에서 그 위상과 역할에 변화가 올 수밖에 없고 또 일부 견해처럼 해체할 수도 있을 것이다. 하지만 한반도 평화체제를 유엔의 관여 하에 유지․관리하고 군사정전위원회와 중립국 감시위원회를 운영한 경험과 노력을 발전적으로 활용하기 위해서 그 기능과 역할을 변화시켜 존속시키는 것도 고려할 수 있다.

주제어

국제연합(UN), 총회, 안전보장이사회, 상임이사국, 유엔군, 유엔군 사령부(UNC), 정전협정, 평화협정, 군사 정전위원회, 중립국 감시위원회

평화협정 체결과 유엔군사령부의 지위와 역할에 대한 검토

(Review on the Role and Status of United Nations Command Korea and Making Peace Treaty)

목 차

I. 서 론

한국 국제연합군사령부(이하 '유엔군사령부'라 함)는 1950. 6. 25. 새벽 북한의 기습남침으로 시작된 한국전쟁의 과정에서 국제연합(이하 '유엔'이라 함)이 북한군의 기습 남침을 국제평화의 파괴행위로 규정하고 미국을 중심으로 통합군 사령부를 편성하여 북한의 남침을 격퇴하고 한반도의 평화와 안정을 회복하기 위해 채택한 안전보장이사회(이하 '안보리'라고 함)의 결의 제82, 83, 84호에 의해서 창설되었다. 즉 유엔의 유엔군사령부 창설을 통한 한국전쟁의 개입은 안보리 결의에 따른 강제조치의 일환이었다. 또한 유엔군사령부는 1953. 7. 27. 체결된 정전협정의 체결과정에서 대한민국과 16개 참전 국가를 대표하여 정전협정을 협상하고 체결하는 역할도 수행하였고, 정전협정 체결 이후에는 한반도 정전체제를 관리하는 배타적 기관으로 북한 측과 함께 군사정전위원회와 중립국감시위원회를 통해 정전체제 이행과 협정 위반사항에 대한 처리를 협의하고 (한미연합사 창설이후에는 한미연합사를 통해)한국군의 정전체제 유지를 감독하면서 한반도의 평화와 안전을 보장해 왔다.

한국 유엔군사령부의 합법성과 역할, 기능에 대해서는 국·내외적으로 그동안 많은 논란이 있었지만 정전체제 하에서 유엔군사령부의 역할은 매우 필요하고 중요하다는 것이 국내의 통설적 견해이다. 그러나 최근 역사적인 남북정상회담에 이은 4. 27. 판문점 선언과 6. 12. 북미 정상회담 등 급격한 한반도 정세 변화는 유엔군사령부의 지위와 역할에 대해서 국제법적으로 새로운 판단을 요구하게 되었다. 양 회담에서 한국과 미국 그리고 북한은 현재의 정전체제를 종식시키고 이를 영구적인 평화체제로 전환하기 위해 평화협정을 체결하는 문제를 공식적으로 논의하였다. 이처럼 한반도를 둘러싼 안보환경의 급격한 변화를 고려할 때 기존 유엔군사령부의 역할과 위상에 대해 살펴보고 현재의 한반도 정세변화와 관련해서 어떤 변화가 있을 수 있는지 검토할 필요성이 있다고 보인다.

이하에서는 먼저 한국 유엔군사령부가 법적으로 어떠한 지위와 역할을 수행하고 있는지에 대해서 한국전쟁 발발이후, 정전협정 체결 및 정전체제를 유지하는 과정으로 나누어 살펴보도록 하겠다. 이를 통해서 유엔군사령부의 창설과정과 정전체제 하에서 정전협정을 유지·감독하는 기관으로서 유엔군사령부의 법적인 지위와 역할을 명확히 할 수 있을 것이다. 다음으로는 현재 논의되는 정전협정을 평화협정으로 전환하는 과정과 그 이후 평화체제를 유지하는 과정에서 유엔군사령부의 지위와 역할이 무엇인지, 또 한반도 평화체제가 정착되는 과정에서 유엔군사령부의 해체가 필요한 것인지 아니면 새로운 평화체제의 이행 및 감독기관으로 역할을 계속 수행할 수 있는 방안이 있는지 등을 검토해 보도록 하겠다.

Ⅱ. 본 론

1. 한국 유엔군사령부의 법적성격

가. 유엔군의 개념

유엔군이란 유엔 헌장 상에 정의규정은 존재하지 않지만 유엔 헌장 제7장 제43조 내지 제45조에서 유엔군의 구성에 대한 기본규정을 두고 있다.[44] 즉 유엔은 국제평화와 안전의 파괴행위에 대한 신속한 대응을 위하여 그 가맹국의 군대로 구성된 병력을 소유할 능력이 있으며, 이러한 유엔군은 군사참모위원회의 보조를 받는 안보리의 전략적 지침과 책임 하에 있다.[45] 따라서 본래적 의미의 유엔군은 가맹국과 안전보장이사회간에 체결되는 특별협정에 의해 가맹국이 제공한 병력과 장비로 구성되고 안전보장이사회의 전략적 지시를 받는 군대를 말한다.[46]

그러나 안보리는 상임이사국 간의 이해충돌에 따른 거부권행사로 정상적인 기능발휘가 불가능하여 헌장에 규정된 유엔군 구성을 위한 특별협정은 체결된 바가 없고 헌장의 규정에 부합하는 유엔군을 구성한 예를 찾아볼 수 없으며 가까운 미래에 구성될 가능성도 현실적으로 희박하다.[47] 따라서 현실적 의미의 유엔군은 유엔에 의해서 구체적으로는 안보리의 결의나 유엔총회(이하 '총회' 라고 함)의 결의에 의해서 실제적으로 창설되는 군대라고 할 수 있다.[48]

나. 한국 유엔군사령부의 창설 경과

제2차 세계대전 이후 일본의 식민지에서 벗어난 한국의 정부수립 등 복잡한 문제를 1946년 이래 미소공동위원회(The Joint U.S. Soviet Commission)를 통해 해결하려는 노력이 미국과 소련 양측의 심각한 대립으로 좌절되자 미국은 1947. 9. 17. 유엔에 이 문제를 회부했다.[49] 그러나

---

44) 김명기, 국제법원론(下), 박영사,1997, 1201-1202쪽.

45) 전게서

46) 김명기, 전게서, 1202쪽.

47) 전게서

48) 이러한 광의 유엔군에는 유엔의 경비원들도 포함된다고 보인다. 자세히는 김명기, 전게서.

49) 유병화, 국제법Ⅱ, 민영사, 1998, 726쪽.

유엔 안보리 상임이사국인 미국과 소련의 의견일치가 어려운 상황에서 유엔을 통한 한국 문제 해결은 불가능한 것이었다. 한국문제의 유엔회부는 결과적으로 남한 지역에서만 유엔 감시 하에 총선거를 실시하고 소련은 총선거에 반대하여 북한에도 단독정부가 수립되어 결과적으로 한반도에 두 개의 정부가 수립되는 제도적 분단이 확립되었다.[50)]

한반도에 두 개의 정부가 수립된 이후 남한정부는 총회결의 195에 의해서 합법정부로 인정받고 다수 유엔회원국으로부터 승인을 받았으므로 합법성과 정당성면에서는 소련과 일부 국가의 승인을 받은 북한정부에 비해서는 우세하였다.[51)] 그러나 군사력에 있어서는 500여대의 탱크와 200여대의 소련제 야크 전투기 등 중무장된 18만명의 군대를 가진 북한이 10만명 정도의 경찰력에 불과한 무장을 갖춘 한국에 비해서 압도적으로 우세하였으며, 소련과 중국의 후원 아래 무력통일을 준비하던 북한은 애치슨라인에서 한국을 배제한 미국의 모호한 한국정책에 고무되어 1950. 6. 25. 새벽 4시 38분을 기해 전면 무력남침을 감행하였다.[52)]

미국은 북한의 남침에 대응하여 유엔사무총장 트리그브 리(Trygve Lie)에게 안보리 소집을 요구하고 워싱턴시각으로 1950. 6. 25. 14시에 안보리가 개최되었는데 소련 대표가 1950. 1. 10. 안보리 상임이사국을 대만에서 중국으로 교체하자는 결의안이 1. 13. 부결되자 불만을 표시하고 안보리를 떠난 뒤 계속 불참 중이었던 관계로 미국이 제의한 '한반도 유일 합법정부인 한국을 북한이 무력으로 침략한 북한의 행위를 평화의 파괴로 비난하고 북한은 군대를 철수시키도록 요구'하는 결의안이 찬성 9표, 기권 1표(유고), 결석 1표(소련)으로 안보리 결의 82호로 채택되었다.[53)]

안보리 결의 82호에도 불구하고 북한군은 남한전역을 석권하려는 작전을 더욱 가속화하였고 안보리는 6. 27. 두 번째 회의를 열어 미국의 제안으로 모든 회원국들은 침략자를 격퇴하고 한반도 평화를 회복하기 위한 필요한 원조를 한국정부에 제공하도록 권고하는 안보리 결의 83호를 찬성 7표, 반대 1표(유고), 기권 1표(이집트), 결석 1표(소련)로 채택하였다.[54)]

---

50) 전게서.

51) UNGA Resolution 195(Ⅲ), 12 December, 1948; 한국정부는 1980년까지 30여 국가의 승인을 받았고 북한은 소련, 중국, 몽고, 폴란드, 체코, 헝가리, 루마니아 등 11개국의 승인을 받았다. 자세히는 유병화, 전게서, 726-727 참조.

52) 유병화, 전게서, 727-728쪽.

53) NSCR 82, 25 June 1950; 유병화, 전게서, 728쪽; 육군본부 법무실, 전쟁법 기본 법규집(2009), 924쪽.

54) UNSCR 83, 27, June, 1950; 육군본부 법무실, 전게서, 926쪽; 안보리결의 83에 대한 유엔회원국들의 반응은 매우 긍정적이었으며 당시 59개 회원국 중 53개국의 호의적인 답을 유엔사무총장에게 보내왔다. 자세히는 유병화, 전게서, 728-729쪽 참조.

안보리 결의 83호에 대한 회원국들의 호응이 매우 긍정적이었으므로 각 회원국의 원조를 통합·조정하고 군사행동을 통일적으로 수행하기 위한 군사령관의 임명 등의 문제를 유엔 헌장 제47조의 유엔군의 설치 및 운용을 위한 군사참모위원회가 설치되어 있지 않은 상황에서 해결하기 위하여 영국과 프랑스의 제안에 따라 유엔결의안 84호가 찬성 7표, 기권 3표(이집트, 인도, 유고), 결석 1표(소련)로 채택되었다.[55] 결의 84호의 내용은 유엔 회원국들은 미국이 주관하는 통합사령부에 군대를 보낼 것, 미국은 군사령관을 임명할 것, 참가하는 유엔 회원국은 작전 간 자국기와 유엔기를 사용할 수 있으며, 미국은 작전수행에 관한 보고서를 유엔안보리에 제출하도록 하는 것이었다.[56]

안보리 결의 이행을 위해서 1950. 7. 8. 미국의 트루만 대통령은 맥아더 장군을 유엔군 사령관으로 임명하였고, 7. 24. 유엔군사령부가 일본 동경에서 창설되어 한국전에 전투 병력을 파견한 16개 국가와 같은 해 7. 18.부로 이승만 대통령으로부터 작전지휘권을 인수한 한국군을 작전지휘 하여 한국전쟁을 수행하였다.[57] 이후 유엔군이 인천상륙작전에 성공하여 북한의 남침을 격퇴하고 1950. 10. 1.부로 38선 이북으로 진격을 개시하자 총회는 같은 달 7일에 한반도 통일 민주정부를 수립하기 위하여 필요한 한도에서 유엔군은 한국의 어느 지역에도 잔류할 수 있다는 내용의 이른바 북진결의를 하게 된다.[58]

다. 한국전쟁 당시 유엔군사령부의 법적성격

(1) 국내의 입장

한국전쟁에 참전한 유엔군의 군사행동은 북한의 기습남침을 국제사회의 평화와 안전을 파괴하는 행위로 규정하고 이에 대한 유엔헌장 제7장에 따른 강제조치를 취하기로 결의한 안보리의 결의 83과 84에 따라 이루어진 것이므로 유엔 헌장에 의한 강제조치로서 안보리에 의해서 창설된 유엔군이라는 것이 국내의 다수설이다. [59] 즉 한국 유엔군사령부는 1950. 6. 27. 안보리 결의

55) 유병화, 전게서, 729쪽.

56) UNSCR 84, 7 July 1950.; 육군본부 법무실, 전게서, 927쪽.

57) 합동참모본부, 군사정전위원회 편람 제8집(2010), 3-4쪽; 한국전에 전투부대를 지원한 국가는 오스레일리아, 벨기에, 카나다. 콜롬비아, 에티오피아, 프랑스, 그리스, 룩셈부르크, 네델란드, 뉴질랜드, 필리핀, 남아프리카 공화국, 태국, 터키, 영국, 미국이다. 전게서, 9쪽.

58) UNGA Resolution 376, 7 October 1950.

59) 유병화, 전게서, 742쪽; 김명기, 전게서, 1203쪽; 합동참모본부, 전게서, 3쪽; 유엔군사령부에 대해서 실질적으로 미군으로 국제적으로 유엔군사령부를 유지할 명분이 없고 해체되어야 한다는 국내 견해로 이시우, 유엔군사령부, 도서출판 들녘, 2013. 참조.

83에 따라 유엔회원국들이 제공한 군대로서 같은 해 7. 7. 안보리 결의 84에 따라 미국 주관 하에 통합사령부를 구성하여 헌장 제7장의 강제조치인 군사행동을 수행한 기관이므로 안보리가 창설한 보조기관이라는 것이다.[60]

이를 좀 더 세부적으로 분류해 보면 한국전쟁 당시 국제연합군은 창설기관의 측면에서는 안보리에 의해 창설되었으며, 기능을 기준으로 보면 북한의 기습남침이라는 평화의 파괴행위에 대응하여 사후적, 진압적으로 국제평화와 안전의 유지·회복을 위한 강제조치의 실천자로서 사후적·진압적 유엔군이며, 법적으로는 안보리의 보조기관으로 자체의 법인격은 없고 그 행위의 효력은 법인격을 가진 유엔에게 귀속된다고 보고 있다.[61] 한국전쟁에 대한 이러한 유엔의 대응은 헌장이 본래 예정한 체제가 작동하지 않는 상황에서 평화에 대한 파괴가 발생한 이상 안보리가 무능력하게 방관하지 않겠다는 의지의 표현이며 유엔 헌장 제43조의 체제가 갖추어져 있지 않더라도 국제평화와 안전을 위협하는 사태가 발생한 경우 안보리가 회원국에 권한을 부여하는 방식으로 대처한 선례라는 것이다.[62]

(2) 북한의 입장

북한은 유엔군이나 유엔군사령부는 유엔이 파견한 군대가 아니라 미국이 유엔의 모자를 씌운 미국의 군대이며 조선전쟁시기 북침야망을 실현하고 남조선 강점을 위한 불법적인 침략기구라고 주장한다.[63] 유엔사가 국제법적으로 위법한 침략기구라는 근거는 먼저 안보리 상임이사국인 구 소련과 당시 대륙을 석권한 중화인민공화국을 표결에 참여시키지 않았고, 당시 결의의 당사국인 북한을 결의에서 참가하여 의견을 제시할 기회를 주지 않았기 때문에 유엔헌장에 규정된 안보리의 표결절차를 위반한 위법이 있다는 것이다.[64]

다음으로 유엔군사령부가 불법기구인 이유는 유엔군의 조직, 파견, 지휘에 관한 유엔헌장의 규범을 완전히 무시하고 미국의 지휘아래 조선전쟁에 참가한 15개 추종국가 군대들은 북한에 대한 무력침공을 감행하고 강점지역의 주민들을 학살하는 등 전쟁범죄를 저질러 국제평화와 안전을 유

60) 유병화, 전게서, 743쪽;

61) 자세히는 김명기, 전게서, 1203-1207쪽 참조.

62) 정인섭, 신국제법강의, 박영사, 2014, 1035-1036쪽.

63) 임동춘, <<유엔군사령부>>는 국제법에 어긋나는 강도적인 침략<<기구>>, 김일성종합대학학보:력사법학, 제52권 제2호(2006), 55쪽; 이규창, 북한의 국제법관, 한국한술정보(주), 2008, 324쪽 재인용.

64) 임동춘, 전게논문, 56-57쪽.

지하고 다른 국가의 영토적 완전성이나 정치적 독립을 무력행사를 통해 침해하지 않는다는 유엔 헌장의 규범을 위반하고 미국의 조선침략 목적 실현에만 이용되고 있기 때문이다.[65] 더욱이 총회는 결의 제3390(XXX)B호를 통해 유엔군사령부를 해체하고 남조선에서 모든 외국군대를 철수하도록 결정했음에도 그 결의를 위반하여 존재를 유지하고 오히려 이를 더 강화하려는 미국의 움직임은 국제법과 유엔 헌장을 난폭하게 유린하는 것이라고 주장하고 있다.[66]

(3) 검토

먼저 유엔군 사령부 창설의 일련의 근거가 되었던 안보리 결의 82, 83, 84의 합법성에 이의를 제기하는 것과 관련해서는 한국전쟁은 내전이므로 국내문제 불간섭을 규정한 유엔 헌장 제2조 제7항 위반이라는 것과 중국과 소련이라는 상임이사국의 참여 없이 채택되어 절차상 위법하다는 것이다.[67] 그러나 유엔헌장 제2조 제7항 단서에는 국내문제 불간섭의 문제는 유엔헌장 제7장에 규정된 강제조치와는 상관이 없다고 명시되어 있고, 중국의 대표권을 인정하자는 소련이 제출한 안보리 결의안이 부결되었기 때문에 대만의 대표권은 유효한 상황이었으며, 이러한 상황에서 안보리의 모든 표결에 불참을 선언한 소련의 행동은 안보리의 관련 헌장 규정과 운영되어온 관행을 살펴보아도 주권평등의 원칙의 중대한 예외인 상임이사국의 거부권의 행사는 엄격하게 그 요건을 충족하여야 하며 표결의 포기나 고의적인 결석은 일반적으로 거부권 행사로 인정될 수 없다고 보인다.[68]

다음으로 유엔헌장 제7장의 군사적 강제조치는 회원국 간의 특별규정과 군사참모위원회 및 안전보장이사회의 직접적인 지침 하에 운영되어야 하는데 그러한 규정의 채택 없이 유엔안보리의 결정이 아닌 권고의 형식인 결의 84호에 의한 유엔군의 조직은 불법이라는 주장이다.[69] 그러나 상임이사국간의 갈등으로 헌장에 예정한 절차와 규정에 따라 유엔군을 조직하기가 불가능한 상황에서 국제평화의 파괴가 발생한 상황을 방치할 수는 없는 것이다. 특히, 권고형식을 통한 유엔군의 구성은 국제적인 정당방위이고 유엔의 강제조치가 결정에 의한 것인지 권고에 의한 것인지는 그 합법성을 판단하는 기준이 될 수 없다는 것은 국제사법재판소의 결정에 의해서도 확인된 바 있

65) 임동춘, 전게논문, 58-59쪽.

66) 임동춘, 전게논문, 59쪽.

67) 유병화, 전게서, 729-730쪽.

68) 유병화, 전게서, 730-734쪽.

69) 유병화, 전게서, 736-738쪽; 임동춘, 전게논문, 329쪽.

다.[70] 한편, 유엔총회 결의 3390(XXX)에 의해서 유엔군사령부의 해체가 결의되었으므로 이를 유지하는 것은 불법이라는 주장은 한국전쟁 이후 정전체제에 대한 논쟁이므로 이하에서 정전체제 하 유엔사의 지위에 대해서 살펴보면서 논의 하겠다.

따라서 한국 유엔군사령부는 안보리 결의 83, 84호에 따라 유엔 회원국들이 제공한 군대로 구성된 통합사령부로 유엔 헌장 제7장의 강제조치를 수행한 기관이며 유엔 헌장이 예정한 방식으로 유엔군을 운영할 수 없는 상황에서 북한의 불법남침이라는 국제평화의 파괴행위에 대해서 가장 합법적이고 창의적인 방법으로 유엔의 강제조치를 이행한 선례로서 안전보장이사회가 창설한 보조기관으로 보아야 한다.

2. 정전협정의 체결과 유엔사의 지위

가. 한반도 정전협정의 의의와 기능

(1) 정전협정의 의의

국제법적으로 전쟁행위의 일시적 중지를 뜻하는 것으로 휴전(Armistice)과 정전(Truce)이라는 용어가 사용된다. 고전적 의미의 휴전이란 교전당사자 간의 정부 또는 군지휘관의 합의에 의해서 적대행위를 일시적으로 중단하는 것을 뜻한다.[71] 한편, 정전을 유엔기관의 조치로서 적대행위가 중지되는 것으로 보고 휴전이라는 용어와 구별하는 견해도 있다.[72] 한국전쟁은 안보리 결의에 따라 유엔군이 참전한 전쟁임에도 휴전(Armistice)이란 용어를 사용했고, 북한은 오히려 한글표현을 정전이라고 표기하고 있다.[73] 따라서 휴전과 정전의 개념을 구별하는 것은 강학상의 의미 외에는 특별한 실질적 의미를 찾기는 어려워 보인다.[74] 따라서 국제법상 휴전과 정전은 교전 쌍방의 군사령관 간에 군사작전의 일부 또는 전부의 정지를 위해 맺은 군사적 성격의 협정이라고 할 수 있다.[75] 한국전쟁의 정전협정(이하에서는 '한반도 정전협정'이라고 한다)은 명칭에서

70) ICJ Report 1962, pp. 164-168.

71) 이병조, 이중범 공저, 국제법신강, 일조각, 2003, 1018쪽; 국방부 전쟁법 해설서(2013), 105쪽.

72) 이병조 등, 전게서, 1018쪽.

73) 국방부, 전쟁법 해설서(2013), 105쪽.

74) 국방부, 전게서.

75) 제성호, 한반도 안보환경하에서 정전협정의 역할과 미래 관리체제, 국방정책연구 제30권 제2호(2013), 한미동맹의 법적 이해 -부록 2-, 한국국방연구원, 2015, 198쪽; 국방부, 전게서.

알 수 있듯이 유엔군 사령관과 북한군 최고사령관 그리고 중국인민지원군 사령관이라는 군사지휘관 사이에 체결된 협정이다.[76)]

(2) 한반도 정전협정의 체결 경과

한국전쟁에서 정전문제는 북한군의 불법남침으로 1950. 6. 25. 시작된 전쟁에서 낙동강까지 후퇴했던 아군이 유엔군의 참전으로 1950. 10. 20. 평양을 점령하였다가 같은 해 11. 17. 중공군의 개입으로 오산까지 후퇴하는 등 진퇴를 거듭하는 전쟁양상이 진행되다가 1951. 1. 15. 유엔군의 대반격으로 같은 해 3. 24. 38도선까지 재진격한 후 당시 미8군 사령관 릿지웨이 장군이 38도선에서 휴전은 유엔군의 대승리라고 언급하면서 미국 정부도 38도선 이북으로의 진격문제를 유보하며 거론되기 시작했다.[77)]

이후 1951. 6. 16. 트리그브 리 유엔 사무총장이 한국전의 휴전을 담보하는 성명을 발표하면시 6. 24. 유엔 소련대사 말리크가 휴전을 정식 제의하였으며, 6. 27. 소련 부외상 그로미코가 휴전관련 성명을 발표하였다. 이에 미국은 6. 29. 릿지웨이 유엔군 사령관에게 휴전을 제의하도록 지시하고 6. 30. 릿지웨이 사령관은 방송을 통해 북측에 휴전을 위한 연락관 접촉을 원산항 덴마크 병원선에서 가질 것을 제의하였고, 북측은 7. 1. 방송을 통해 개성에서 접촉할 것을 역제의하였다.[78)]

쌍방의 방송을 통한 상호 협의를 거쳐 결국 7. 8. 개성 북쪽에 위치한 '래봉장'에서 대령급을 대표로 하는 예비회담을 진행하고 그 결과에 따라 7. 10. 첫 휴전회담이 개최되었다.[79)] 이후 26회의 회담이 개성의 '래봉장'에서 진행되었고 7. 20.부터 판문점으로 회담장소를 이동하여 총 765회의 지리한 회담을 거친 후 1953. 7. 27. 정전협정이 체결되었다.[80)]

정전협정은 정식 비준을 필요로 하는 조약이 아니고 서명만으로 그 조약의 구속을 받겠다는 당

---

76) 정식명칭은 「국제련합군 총사령관을 일방으로 하고 조선인민군 최고사령관 및 중국인민지원군 사령원을 다른 일방으로 하는 한국 군사정전에 관한협정(Agreement Between the Commander-in-Chief, United Nations Command, On the one hand, And the Supreme Commader of the Korean People's Army And the Commander of the Chinese People's Volunteers, On the other hand, Concerning a Military Armistice In Korea)」이다. 국방부, 전게서, 105쪽.

77) 합동참모본부, 군사정전위원회편람 제8집(2010), 13쪽.

78) 전게서.

79) 전게서.

80) 기간 중 쌍방은 159회의 본회담, 179회의 분과위원회 회담, 188회의 참모장교 회담, 238회의 연락장교 회담 등 총 765회의 회담을 진행하였다. 자세히는 전게서 참조.

사국의 의사와 서명으로 바로 효력이 발생하는 약식조약이다.[81] 정전협정의 서명자는 유엔군측은 유엔군 사령관 클라크(M. W. Clark)와 유엔군측 교섭대표 해리슨(W. K. Harrison Jr.)이며, 공산군측은 인민군 사령관 김일성과 중화인민지원군 사령관 팽덕회와 공산측 교섭대표 남일이 있다.[82] 정전협정의 서명은 먼저 교섭대표들의 서명이 있고 각 사령관들의 서명이 있었다. 쌍방협정인 정전협정은 유엔군 측을 대표하는 클라크 사령관과 공산군측을 대표하는 김일성과 팽덕회가 조약의 정식 서명권자로서 이들의 서명으로 양측은 정전협정의 구속을 받겠다는 의사표시를 한 것이고, 교섭대표인 해리슨과 남일의 서명은 조건부 서명(signature ad referendum)으로 조약체결권자의 정식 서명이 있으면 조건부 서명만으로도 구속을 받겠다는 의사표시로 볼 수 있다.[83] 조건부 서명은 차후에 조약체결권자의 서명이 있어야 조약이 성립하나 그 효과는 조건부 서명 시로 소급하게 된다.[84]

(3) 한반도 정전협정의 기능

한반도 정전협정은 1950년에 발발하여 3년간 지속된 한반도에서의 국제적 무력충돌을 법적으로 정지시킨 문서다.[85] 일반적으로 정전협정은 전쟁의 일시적 정지를 의미하므로 영구적 평화상태로의 회복을 의미하지는 않으며 정전협정 체결 후 65년이 지난 현재까지 한반도의 상황이 평화체제나 평화상태로 전환이 이루어졌다고 말할 수는 없을 것이다.[86]

이러한 견해와는 달리 과거의 전통적 의미의 휴전협정과 현대적 의미의 휴전협정을 분리하여 이해하면서 현대 국제사회에서는 휴전협정 혹은 정전협정 그 자체가 전쟁을 포기하고 재발을 방지하기 위한 여러 가지 제도적 장치(비무장지대 등)를 갖추고 있고, 제2차 세계대전 이후에는 휴전협정을 체결한 후 평화협정을 체결하여 전쟁상태를 종료시키는 경우는 극히 드물고 오히려 긴 세월동안 휴전상태를 유지하는 현상유지에 의해서 정상관계를 회복하는 것이 일반적이라는 여러 가지 사정을 고려할 때 현대적 의미의 휴전협정은 전쟁을 사실상 종료시키는 것이라는 견해도 있다.[87] 따라서 한국에서의 전쟁상태는 종료되었으며 다시 전쟁이 일어난다고 해도 이것은 새로운

---

81) 유병화, 전게서, 744쪽.

82) 유병화, 전게서, 744-745쪽.

83) 전게서.

84) 전게서, 745쪽.

85) 제성호, 전게논문, 198쪽.

86) 제성호, 전게논문.

87) 유병화, 전게서, 818-819쪽 참조.

전쟁이라는 입장이다.[88]

생각건대 한반도에서 정전체제가 전쟁의 종료를 의미한다는 것은 전쟁에 이를 정도의 군사적 충돌이 없이 평화적으로 이미 65년의 시간이 흐른 남·북간의 대치상태를 전쟁상태의 일시적인 중단으로 해석하기에는 어색한 면이 있으며, 많은 경우에 전쟁원인의 완전한 해결이 현대적인 의미에서 불가능에 가깝다는 점에서 일면 타당한 면이 존재하는 것도 사실이다. 하지만 남북이 서로에 대한 군사적인 긴장상태가 상당한 정도에 이르고 있으며 군사적 신뢰가 완전하게 회복되지 않은 상태에서 일부 소규모의 해상 및 육상에서의 군사충돌이 계속되고 있고, 북한의 핵무기 및 탄도미사일 개발과 관련된 갈등이 판문점 선언 등을 통해서 비로소 해결되어가고 있는 상황을 고려할 때 평화체제로의 전환이 불필요할 정도로 전쟁이 종료되었다고 볼 수는 없을 것이다.

따라서 현재의 정전협정에 의한 관계는 전쟁의 일시적 중지로 보는 것이 타당하다. 전쟁상태의 일시적 중지라는 한반도 정전협정의 법적인 한계에도 불구하고 현행 정전협정은 남북한, 미국, 중국 등 한국전쟁의 당사지들을 법적으로 구속하는 유일한 국제 군사협정으로 존속하고 있다는 점은 분명하다.[89] 따라서 현행 한반도 정전협정은 한반도에서 정전을 확보하고 전쟁 재발을 억제하며, 각종 발생 가능한 위기를 관리하고, 군사적 신뢰구축을 통한 평화체제로의 전환을 준비하는 기능을 수행하고 있다는 점을 주목해야 한다.[90]

나. 정전체제에서 유엔사의 지위와 기능

(1) 정전협정의 당사자 문제

정전체제에서 유엔사의 지위와 기능을 살펴보기 위해서는 먼저 한반도 정전협정의 당사자가 누구인지를 확정해야 한다. 한반도 정전협정은 명칭에서 알 수 있듯이 유엔군 사령관과 북한군 최고사령관 그리고 중국인민지원군 사령관이라는 군사지휘관 사이에 체결된 협정이다.[91] 정전협정의 당사자 문제는 북측당사자가 북한과 중국이라는 점에는 이론이 없는 것으로 보인다. 그

88) 전게서, 759쪽.

89) 제성호, 전게논문.

90) 제성호, 전게논문, 199-202쪽.

91) 정식명칭은 「국제련합군 총사령관을 일방으로 하고 조선인민군 최고사령관 및 중국인민지원군 사령원을 다른 일방으로 하는 한국 군사정전에 관한협정(Agreement Between the Commander-in-Chief, United Nations Command, On the one hand, And the Supreme Commader of the Korean People's Army And the Commander of the Chinese People's Volunteers, On the other hand, Concerning a Military Armistice In Korea)」이다. 국방부, 전게서, 105쪽.

러나 남측 당사자에 대해서는 복잡한 논거를 근거로 유엔만이 당사자라는 견해, 유엔과 대한민국이 당사자라는 견해, 대한민국과 16개 참전국가라는 복수의 교전자들을 대표하여 유엔군사령부가 서명을 하였다는 3가지 견해가 대립한다.[92)]

먼저 유엔군사령관은 유엔의 보조기관으로서 유엔을 대표하여 협정에 서명하였으므로 유엔만이 협정의 당사자라는 견해이다.[93)] 한국전쟁은 유엔이 단일주체가 되어 보조기관인 유엔군사령부를 설치하고 군사령관을 임명하여 수행한 강제적 제재조치이므로 남측협정의 당사자는 유엔이며 병력을 제공한 16개 참전국은 협정의 당사자가 아니고 유엔의 비회원국이고 군대의 지휘권을 유엔군사령관에게 위임한 대한민국도 협정의 당사자가 아니라는 것이다.[94)] 다음으로 1950년 작전지휘권이 유엔에 이양된 한국군대는 유엔군과 연합군을 이룬 것으로 대한민국도 유엔과 함께 협정의 당사자라는 견해가 있다.[95)] 마지막으로 정전협정은 교전쌍방의 사령관이 교전당사국을 대표하여 체결하는 조약으로 교전당사국인 대한민국과 16개국이 협정의 당사자라는 견해도 있다.[96)]

한편, 미국만이 남측 정전협정의 당사자라는 견해는 북한의 침략에 따른 유엔군사령부 창설을 주도하고 이를 지휘한 것은 미국이고, 유엔군을 구성한 것도 한국군을 제외하고 90%가 미군이었으며, 휴전 이후에도 다른 참전국들은 모두 철수한 반면 미국은 1953. 10. 1. 대한민국과 방위조약을 체결하여 상당수의 군대를 주둔시키고 있고, 법률적으로도 유엔은 유엔군사령부의 실질적 책임을 미국정부에 위임하였고 이러한 위임을 기초로 휴전협정의 교섭 및 체결이 이루어진 것이므로 미국이 휴전협정의 실질적인 당사자라는 것이다.[97)] 특히 북한은 유엔 30차 총회에서 한국문제와 관련된 의견서를 제출하면서 휴전협정은 원래 북한군과 중국군 사령관을 일방으로 하고 유엔군 사령관을 다른 당사자로 하여 체결되었으나 중국군은 철수하였고, 유엔군이란 실제로 미군이므로 휴전협정의 당사자는 미국과 북한뿐이라고 하였다.[98)]

---

92) 한편 유엔군을 실질적으로 구성하고 지휘한 미국만이 유일한 남측의 정전협정 당사자라는 북한의 주장도 존재한다. 자세히는 임동춘, 전게논문, 324쪽 참조.

93) 이병조 등, 전게서, 1022쪽.

94) 이병조 등, 전게서, 1022쪽.

95) 유병화, 전게서, 746-754쪽.

96) 백현진, 휴전협정체제의 대체에 대한 소고, 통일문제연구 3권 4호(1991), 63면, 이병조 등, 전게서, 1022쪽 재인용; 이광표, 정전협정에 대한 연구-NLL의 규범력 근거를 중심으로-, 성균관대학교 석사학위 논문, 2014, 11-21쪽.

97) 유병화, 전게서, 761-762쪽; UN Document A/C, 1/1054, 24 September 1975.

98) UN Document A/C, 1/1054, 24 September 1975. 유병화, 전게서, 762쪽.

생각건대 유엔군사령부는 유엔의 강제조치를 이행하는 보조기관이라고 하더라도 유엔 헌장이 예정한 군사참모위원회와 안전보장이사회의 전략지침을 받는 본래적 의미의 유엔군이라고 보기는 어려운 것이 사실이고, 유엔군 설치의 근거가 되었던 안보리 의결 84호에서도 북한의 공격을 평화의 파괴로 규정하고 대한민국에 대한 유엔회원국의 지원을 권고하고, 회원국이 제공한 병력을 미국 주도 통합군사령부가 이용토록 하고, 미국은 통합군 사령관을 임명하고 참전국은 자국기와 유엔기를 동시에 사용하도록 권위를 부여하는 내용이 있을 뿐이고 유엔군사령부를 창설한다거나 유엔 안보리의 직접적인 관여를 하겠다는 의결을 한 바는 없다.[99]

특히 유엔군사령부는 보조기관으로 유엔 연감에 등록되거나 유엔이 비용을 부담하고 있지도 않다. 또한 1994. 6. 24. 유엔사무총장인 부루투스 갈리는 유엔군사령부는 유엔의 조직이 아니라는 입장을 피력한 바 있다.[100] 따라서 유엔군사령부의 서명행위의 법적효과가 귀속되는 유엔이 정전협정의 법적인 당사자라는 견해는 받아들이기 어렵다.[101]

또한 대한민국이 정전협정에 서명하지 않았기 때문에 당사자가 아니라는 주장은 아래와 같은 이유에서 타당하지 않다. 대한민국은 무엇보다도 한국전쟁의 직접적인 당사자이고 가장 많은 피해를 입었으며 모든 전투에서 주된 교전자이다. 또한 대한민국은 연합군사령관에게 전군의 지휘권을 이양한 연합군의 구성국가로 그 사령관의 서명에 따른 효과가 귀속되는 것이며, 실제 정전체제를 유지하는 과정에서도 군사정전위원회에 지속적으로 대한민국 장성이 참석해 왔다는 실제관행을 고려해도 대한민국이 정전협정의 당사자가 아니라는 견해는 도저히 받아들일 수 없다.[102] 대한민국이 한국전쟁의 가장 직접적인 당사자성이 인정되는 이상 정전협정에 서명을 하지 않았다는 이유만으로 정전협정의 당사자성을 인정하지 않는 것은 부당하며 정전체제를 대체할 평화협정 체결의 당사자로서 대한민국을 배제하는 경우 그 협정의 실효성이 없고 합법적이지도 않다는 점에서 대한민국의 정전협정의 당사자 자격은 인정된다.[103]

---

99) 합동참모본부, 군사정전위원회편람 제8집(2010), 부록1-1, 3쪽.

100) 임동춘, 전게논문, 57쪽.

101) 이광표, 전게논문, 15-18.

102) 한국전을 두 단계로 나누어 볼 때 1950. 6. 25 ~ 1950. 7월초까지는 남·북한만이 전쟁을 수행하였고 남·북이 직접적인 교전자였으며, 1950. 7월초~1953. 7. 27. 기간 중에는 제3자인 유엔군이 한국편에서, 중국 인민지원군이 북한편에서 참전하여 전쟁의 범위가 크게 확대되었던 시기로 나눌 수 있으며, 이 경우에도 여전히 한국군은 1951년 기준으로 유엔군 지상군의 40.1%를 차지할 정도로 압도적인 구성비율을 가진 주된 교전자였다. 또한 미군을 비롯한 참전국들은 자국의 군대 중 일부가 참가한 반면 대한민국은 모든 군대가 동원되었다는 점에서도 중요한 의미를 가진다. 자세히는 유병화, 전게서, 746-754쪽 참조.

103) 국방부, 전게서, 106-107쪽; 이광표, 전게논문, 18-21쪽.

미국만이 당사자라는 견해는 당시 유엔군이 미군을 주도로 구성되고 사령관이 미군 장성이 임명된 것은 모두 안보리 결의에 따라서 이루어진 것으로 실질적으로 미군이 주축이 되었다는 사실만을 가지고 안보리의 결의에 따라 이루어진 다국적군 사령부의 법적인 존재를 부정할 수는 없다는 점에서 타당하지 않다. 또한 위에서 설명한 바와 같이 대한민국이 한국전쟁의 직접적인 당사자이고 주된 교전자로서의 지위를 인정하지 않는 것은 법률적으로나 현상을 이해하는 측면에서도 매우 부당한 주장이므로 이러한 전제 하에서 미국만이 당사자라는 견해는 타당성이 없다고 보인다.

따라서 정전협정의 남측 당사자는 유엔군 사령부에 의해서 대표되는 대한민국과 16개국의 교전단체라고 할 수 있다.[104] 대한민국 역시 지휘권을 이양한 유엔군 사령관에 의해서 서명된 정전협정에 직접적인 구속을 받는 당사자로서 이해하는 것이 가장 현실적이고 법적으로도 옳은 접근방법일 것이다. 정전협정은 그 부칙 제5조 제61항에서 정전협정에 대한 수정과 증보는 반드시 적대쌍방의 사령관들의 호상 합의를 거쳐야 하는 것으로 규정하고, 같은 조 제62항에서 쌍방이 공동으로 접수하는 수정 및 증보 또는 쌍방의 정치적 수준에서의 평화적 해결을 위한 적당한 협정 중의 규정에 의하여 명확히 교체될 때까지는 계속 효력을 가진다고 하고 있으므로 정전협정의 당사자를 확정하는 문제 이후 정전체계를 대체할 평화협정의 당사자를 정하는 문제에서도 매우 중요한 부분이라고 할 수 있다.[105]

(3) 정전체제에서 유엔사의 지위

정전협정은 그 명칭에서 알 수 있듯이 유엔군사령관을 일방으로 하고 북한군과 중국군의 사령관을 다른 일방으로 하여 체결된 협정이다. 따라서 정전협정에 따른 권리, 의무관계를 이행하기 위해서 유엔군사령부의 역할은 핵심적이고 주도적인 입장에 있다. 미국은 일관되게 유엔군사령부는 다른 15개 참전국과 대한민국 군대와 함께 한반도에서 정전협정 준수를 유지하고 감독하는 가장 오래된 유엔의 통합군 사령부로서 한반도의 안정과 평화를 보장하는데 배타적(Exclusive)인 기관이며 국제평화와 안전에 대한 국제사회의 결의를 상징하는 것이라고 거듭 주장하고 있다.[106]

---

104) 이광표, 전게논문, 11-21쪽.

105) 정전협정과 평화협정은 그 당사자의 확정에 있어서 연관하여 판단할 필요가 없다는 견해로 이광표, 전게논문, 20쪽 참조.

106) UN Document, S/11737, 22 June 1975; UN Document, S/11830, 22 September 1975; Statement of General Leon J. Laporte CUNC, CCFC, CUSFK, Before the Senete Armed Services Committee, 8 March 2005, pp 28-29.; Statement of General B.B.Bell CUNC, CCFC, CUSFK, Before the Senete Armed Services Committee, 24 April 2007, 26;

정전협정의 집행 매커니즘과 이행체제를 살펴보면 유엔사의 핵심적인 역할을 부정할 수 없다. 먼저 정전협전 제17항은 정전협정의 준수와 집행의 책임을 본 정전협정을 조인한 자와 그 후임 사령관에게 속한다고 하면서 적대 쌍방 사령관들은 호상 적극 협력하여 군사정전위원회(이하 '정전위'라 한다) 및 중립국 감독위원회(이하 '중감위'라 한다)와 적극 협력함으로써 전체 규정과 정신을 준수하여야 한다고 규정하였고, 제18항에서 군사정전위가 본 정전협정 실시를 감독하여 위반사건을 협의·처리하도록 규정하고 있다. 결국 정전협정의 이행 매커니즘은 적대 쌍방사령관과 쌍방 인원들로 구성된 정전위와 쌍방이 2개국씩 지정한 중감위에 의해서 실시되고 감독되는 형태를 취하고 있었다. 유엔사는 정전협정 관련임무를 군정위나 유엔군사령관이 각 구성군 사령관에게 하달하는 방식으로 수행하다가 북한의 지속적인 군정위 무력화로 현재는 후자의 방식으로만 이루어지고 있다.[107)]

다만, 정전협정의 집행과 관련한 유엔군 사령관의 권한은 1978. 11. 7. 한미연합군사령부가 설치되면서 일부 변화가 있었다. 한미연합사의 창설과 함께 유엔군사령관의 한국군에 대한 작전통제권은 한미연합군사령관이 미군4성 장군으로서 유엔군사령관을 겸임하는 동안만 유효하다는 전제 하에 한미연합군 사령관에게 위임되었다.[108)] 따라서 현재 유엔군사령관은 1978. 7월 한·미 간에 서명된 한미연합군사령부에 대한 권한위임사항과 전략지시 제1호(TOR/SD#1)에 따라 유엔군사령관이 비무장지대의 정전협정 위반사항에 대해서 한미연합군 사령관에게 대처하도록 요구할 수 있도록 한 것을 근거로 한미연합사령관을 통해서 비무장지대에 전개된 한국군을 운용하여 정전체제의 유지업무를 수행하고 있다.[109)]

한편, 정전체제의 유지와 관련하여 1975. 10. 23. 제30차 유엔총회 제1위원회에서 P. Moynihan 미국 대표가 한국인이 아닌 유엔군은 300명도 안되며 이 대부분이 사령부 간부인 미군이고 나머지는 행사를 위한 의장대이고 한국에 근무하는 40,000명의 미군은 1950. 10. 1. 체결된 한미방호조약에 의한 것으로 유엔군이 아니라고 한 발언을 근거로 현재 유엔군 사령부는 상징적인 것으로 실체는 참전국의 철수로 사라졌다고 하면서 정전체계와 관련된 유엔군 사령부의 역할과 관련된 논쟁은 실익이 없는 이론상의 논쟁이라는 견해도 있다.[110)] 이 견해는 기본적으로 정전협정의 당사자는

107) 제성호, 한반도 안보환경하에서 정전협정의 역할과 미래 관리체제, 국방정책연구 제30권 제2호(2013), 한미동맹의 법적 이해 -부록 2-, 한국국방연구원, 2015, 208쪽

108) 제성호, 전게논문, 209쪽.

109) 제성호, 전게몬문, 209-210쪽.

110) 유병화, 전게서, 756-757쪽.

유엔과 대한민국이므로 유엔사가 해체되어도 정전체제의 유지는 아무런 장애가 발생하지 않으며 유엔사는 현재 실질적으로 정전관리 임무를 수행하는 미군과 한국군이 그 임무를 인수하면 되므로 정전체제의 유지와 평화체제로의 이전도 유엔군사령부의 존속과는 아무런 관련이 없다는 입장이다.[111)]

그러나 위 논의는 미국이 유엔사 해체와 정전체계를 평화체계로 전환하려는 북한의 유엔총회에서의 주장에 대응하기 위해서 발언한 내용이며 현재 정전체계와 관련해서는 미국은 유엔사의 역할을 강화해야 한다는 입장을 분명히 하고 있다. 즉 2005. 3.월 당시 유엔군사령관 및 한미연합군 사령관인 라포트는 미의회청문회에서 한국전쟁 참전국들의 역할을 확대하여 유엔군사령부 본부에 동맹국의 힘을 결속할 수 있도록 다국적 참모진을 구성하고 합동군사훈련의 참여확대를 모색하고 있다고 하였고, 2004. 9.에도 유엔사는 안보리가 임무종결을 선언할 때까지 유엔평화유지군으로서의 역할을 계속 수행할 것이라고 주장한 것이다.[112)]

또한 유엔이 정전협정의 당사자라고 하면서 유엔군사령부를 정전협정 유지와 아무런 관련이 없는 명목상의 사령부이고 정전협정의 실질적인 당사자는 미국과 한국이라는 견해 그 자체로 상호 모순되는 주장을 담고 있다. 이 주장대로라면 마치 한국과 미국이 유엔을 대표하여 정전협정을 체결하고 이를 유지하는 책임을 가지고 있다는 것처럼 해석될 수도 있기 때문이다. 따라서 정전협정 유지와 관련한 책임은 정전협정 문구에 따라 남측에서는 정전위와 중감위를 구성하는데 의견을 제시하는 연합군 사령부가 주된 책임을 담당하고 있으며 이를 한국군이 군사적으로 보장하는 역할을 수행하고 있다고 정리할 수 있다.

3. 평화협정 체결과 유엔군사령부의 지위와 역할

가. 평화협정의 의의

국제법적으로 전쟁의 원인을 해결하고 완전히 종료시키는 가장 일반적인 방법은 평화조약의 체결이다.[113)] 일명 강화조약이라고도 하며 전쟁의 종료를 위한 교전당사국간의 명시적인 합의

111) 유병화, 전게서, 757-764쪽.

112) 임동춘, 전게논문, 55쪽.

113) 이병조 등, 전게서, 1023쪽.

로 일반적으로 적대행위의 중지, 점령군의 철수, 징발재산의 반환, 포로송환, 조약관계 부활 등이 포함된다.[114] 체결권자는 국가원수이며 군사령관은 평화조약을 체결할 수 없으며 일반적으로 비준절차를 요한다.[115] 우리 헌법 제60조 제1항은 강화조약을 국회의 비준동의의 대상으로 명시하고 있다. 평화조약이 일방 교전당사국에 의해서 위반된 경우 평화조약이 당연히 무효가 되는 것은 아니며 본질적인 규정을 위반한 경우 당해조약을 폐기하고 전쟁상태로 돌아갈 수 있다.[116] 평화협정과 구별되는 개념으로 종전선언과 평화체제에 대한 개념을 살펴보면 종전선언은 국제적인 의사표시를 공표하는 행위로 법적인 효과는 없다고 보이며 일종의 정치적, 선언적 효과를 가지고 평화협정이 이루어지기 전의 단계라고 할 것이다. 평화체제는 평화를 담보하기 위한 체제를 말하고 그것은 종전선언, 평화협정의 체결 등의 문제와는 별개로 상호간의 정치·군사적 신뢰가 조성되고 경제·사회적 교류협력이 활성화·제도화되어 실질적인 평화로운 공존관계를 신뢰하고 유지할 수 있는 체제와 매커니즘이 완비되었는지 여부에 따라 판단되어야 한다.[117]

나. 평화협정 체결의 당사자 문제

(1) 국내의 입장

국내에서도 평화협정의 체결 당사자로 유엔군사령관이 반드시 포함되어야 한다는 견해는 없는 것으로 보인다. 또한 대한민국이나 북한을 평화협정 체결과정에서 배제해야 한다는 견해 또한 없는 것으로 보인다. 정전협정의 당사자로서 지위는 교전자로서의 지위를 유지할 의사와 능력 즉 상대방에 대한 적대의사의 유지여부, 전쟁발발 시 즉각적인 재참전 여부를 기준으로 볼 때 미군을 제외한 참전 15개국의 군대나 중국군 역시 현재 교전자의 지위를 유지하고 있다고 보기 어려우므로 평화협정 체결 과정에서 이들의 당사자 자격을 인정할 필요가 없다는 견해도 있다.[118] 특히 이 견해는 정전협정의 당사자와 평화협정의 당사자는 반드시 연계되어 생각할 필요가 없다는 입장이다.[119]

---

114) 전게서.

115) 전게서.

116) 전게서, 1024쪽.

117) 이상철, 한반도 정전체제, 한국국방연구원, 2012, 180-181쪽.

118) 이광표, 전게논문, 23-26쪽.

119) 이광표, 전게논문, 20쪽.

한편, 우리 정부는 1973년 유엔군사령부 해체를 결의한 총회결의 3390호(XXX)의 논의과정에서 현 정전상태를 유지할 새로운 조직을 한미와 북한 간에 합의가 된다면 유엔군사령부를 해체할 수 있다는 미국 측의 의견에 동의했던 것으로 비춰볼 때 평화협정의 이행과정에서 유엔군 사령부가 반드시 일정한 역할을 담당해야 한다는 입장은 아니라고 보인다.[120]

중국의 참여 필요성과 관련해서는 최근 판문점 선언과 2018. 6. 12. 북미정상회담과 관련된 논의에서 정부의 입장이 전쟁을 끝내고 적대와 대립의 관계를 해소하겠다는 정치적 의미의 종전선언에는 중국이 주체로 들어가는 것이 반드시 필요하지 않다고 보지만 평화협정을 체결하는 과정에서는 중국의 역할이 한반도의 평화정착을 위한 법적·제도적 장치를 만드는데 매우 중요하다고 보는 것으로 정리할 수 있다.[121] 우리 정부의 입장은 판문점 선언에 따라 올해 안에 종전선언을 하고 정전협정을 평화협정으로 전환하기로 한 투스텝 로드맵을 분명히 하면서 중국은 이미 우리나라와 미국과 수교해 적대관계가 해소되어 종전선언이 불필요하지만 평화협정은 중국의 참여가 필요하다고 보는 것이다.[122]

(2) 북한의 입장

북한은 일관되게 정전협정의 당사자는 미국과 북한이므로 평화협정도 미국과 북한사이에 체결되어야 하며 유엔군사령부는 미군이 유엔군을 가장하기 위해 만들어낸 불법적인 기구이므로 협정의 상대방이 될 수 없다는 입장이다. 한국전쟁에 북측에 참가했던 중국인민지원군은 1958. 10. 26. 전부 철수하였으로 북한만이 유일한 정전협정의 당사자이고, 유엔군은 유엔의 허울뿐이고 실질은 미군이며, 대한민국 군대는 정전협정에 서명하지도 않았고 한반도의 무력을 대표하지 못하므로 그 자격이 없다는 것이다.[123] 2013. 1월에도 북한은 정전협정을 평화협정으로 대체하고 유엔사는 해체해야 한다고 주장하면서 유엔군사령부는 유엔의 이름만을 도용한 부당한 기구로 정전협정이 체결된 이후 불안한 상태가 지속되고 있고 북한군과 미군이 그동안 정전상태 문제를 협의·처리해 온 만큼 허수아비에 불과한 유엔군사령부는 해체되어야 한다고 주장했다.[124]

---

120) UNGA Resolution 3390(XXXX) A, 18 November 1975.

121) 중앙일보, 청와대, 남·북·미 종전선언 검토…"평화협정은 중국 역할 크다", 2018. 5. 3.자 기사.

122) 전게기사.

123) 임동춘, 전게논문, 324쪽; 최현철, 조선반도핵문제의 평화적 해결과 관련한 미국의 국제법적 의무, 정치법률연구 2007년 제2호(누계 제18호), 39-40쪽, 이규창, 북한의 국제법관Ⅱ, 한국학술정보(주), 2012, 283-287쪽 재인용, 이광표, 전게논문, 18쪽.

124) 제성호, 전게논문, 216쪽.

그러나 최근 2018. 4. 27. 판문점 남북정상회담에 이은 판문점 선언에서 연내 종전선언 및 정전협정을 평화협정으로 전환하고 항구적이고 공고한 평화체제 구축을 위한 남·북·미 3자 또는 남·북·미·중 4자회담 개최를 적극 추진해 나가기로 합의한 이상 평화협정의 상대방으로 대한민국을 배제하려는 북한의 움직임은 더 이상 없을 것으로 보이지만 유엔군사령부는 평화협정의 당사자가 아니고 해체해야 한다는 주장은 변화가 없을 것으로 보인다.

(3) 중국의 입장

중국정부는 공식적으로 평화협정과 관련된 논의에서 중국을 배제해서는 안된다는 입장을 가지고 있는 것으로 보인다. 또한 정전협정 제5조 제61항, 제62항을 근거로 정전협정을 평화협정으로 대체하는 협정의 체결과정에서 중국을 배제하는 것은 불가능하고 합법적이지도 않다고 주장하면서 중국은 한반도에 중대한 안보이익이 있고, 북한과 조중우호조약을 체결하였으므로 중국이 서명하지 않는다거나 북미간의 서명이후 한국과 중국이 부차적으로 서명하는 것은 국제법상 맞지 않는다는 중국학자의 견해도 있다.[125]

특히, 최근 판문점 선언에서 연내 종전선언 및 정전협정을 평화협정으로 전환하고 항구적이고 공고한 평화체제 구축을 위한 남·북·미 3자 또는 남·북·미·중 4자회담 개최를 적극 추진해 나가기로 합의한 것과 관련하여 중국 내에서의 분위기는 한반도 문제에 있어서 중국을 배제하는 '차이나패싱'을 걱정하면서도 종전선언에는 중국의 참여가 없어도 문제가 없으나 평화협정에는 중국이 참여하는 것이 법적으로 필요하다는 입장으로 보인다.[126] 전쟁을 종결한다는 종전선언은 중국의 입장에서는 실질적으로 한반도에서 전쟁을 종결했기 때문에 한·중·미가 전쟁상태에 있는 것이 아니므로 종전선언에서 중국이 빠지는 것은 큰 의미가 있는 것은 아니나 정전협정의 당사국으로서 평화협정에는 중국이 빠져서는 안된다는 입장인 것이다.[127] 중국 역시 유엔군사령부에 대해서 정전협정의 당사자로 인정하는 발언을 하고 있지는 않으며 북한이 주장하는 유엔사 해체주장에 동조하고 있는 국가로 분류할 수 있을 것이다.

---

125) Won Ji Xu, 한반도 정전협정의 전환과 그 모델의 검토, 북한학 연구 제4권 1호(2008), 동국대 북한학 연구소, 12-13쪽, 이광표, 전게논문, 25쪽 재인용.

126) 연합뉴스, 중학자들, 3자 종전선언 가능성에 "평화협정엔 중국 포함되야, 2018. 5. 30.자 기사

127) 전게기사.

(4) 미국의 입장

미국은 1975년 총회결의 3390호의 의결을 위한 논의과정에서 미국은 한반도의 정전체제를 관리할 새로운 협정이 체결되고 정전위와 중감위가 수행하는 정전체제의 이행 및 감시의 임무를 대체할 한국과 미국의 기관이 새로 설치되는 경우 유엔군사령부를 해체할 수 있다는 입장을 분명히 했다.[128] 다만, 정전체제가 한반도의 평화와 안정을 유지하는데 매우 중요한 역할을 담당하고 있는 이상 다른 평화보장 체제에 의해서 대체되지 않는 이상 유엔사의 해체는 한반도의 평화에 도움이 되지 않는다는 입장도 분명히 나타낸 바 있다.[129]

최근 4. 27. 판문점 선언과 6. 12. 북미정상회담 이후에도 트럼프 대통령은 북미간의 종전선언과 평화협정 체결과 관련하여 미국의 직접적인 당사자로서의 지위에 문제를 제기한 바가 없다. 종전선언은 정치적 의미의 선언이기 때문에 당사자의 범위에 있어서 논란이 적으나 평화협정의 체결과 관련해서는 북미사이에서의 평화협정 체결보다는 대한민국과 중국이 참여하는 것이 법적효력과 상관없이 필요하다는 것이 트럼프 대통령의 기자회견 내용이었다는 점에서 미국정부도 평화협정의 당사자로 중국을 포함시키는 것이 법적으로나 사실적으로 필요하다고 판단하고 있으나 유엔사의 법적인 지위가 평화협정의 당사자로 반드시 인정된다고 보고 있지는 않다고 보인다.[130]

(5) 검토

판문점 선언과 이에 이은 북미정상회담이 진행된 이상 정전협정을 평화협정으로 대체하는 절차가 진행되는 것은 이제 시간의 문제라고 보인다. 이러한 과정에서 유엔군사령부가 평화협정의 당사자가 되는 것을 부정하는 북한과 중국의 입장을 고려할 때 유엔군 사령부를 적극적으로 평화협정의 당사자로 개입시키는 것은 합법성을 떠나서 현실성이 없는 것으로 보인다. 또한 기존의 정전협정의 체결 당사자들의 입장을 고려해 보아도 정전체제의 유지를 위한 유엔군 사령부의 존재 필요성을 주장하는 견해는 있어도 평화협정의 당사자로 유엔군 사령부를 반드시 포함시켜야 한다는 주장도 존재하지 않았던 것으로 보인다. 따라서 유엔군 사령부가 당사자가 되어 정전협정을 평화협정으로 전환하는 논의를 하는 것은 법적으로도 반드시 타당하다고 보기도 어려울 뿐 아니라 그 실현가능성이 매우 낮다고 보인다.

---

128) UN Document, S/11737, 22 June 1975; UN Document, S/11830, 22 September 1975.

129) UN Document, S/11737, 22 June 1975; UN Document, S/11830, 22 September 1975.

130) 서울경제, [북미정상회담] 종전선언→평화협정 시기 늦춰질 듯, 2018. 6. 12.자 기사; 동아일보, [트럼프 기자회견]"평화협정 북미만? 법적효력 상관없이 한중도 참여하는게 옳아", 2018. 6. 12.자 기사.

그러나 유엔군 사령부는 한반도 문제에 있어서 유엔의 개입과 역할을 상징하는 가장 오랫동안 존속한 유엔 안보리의 보조기관으로서의 실질적인 국제법적 의미가 있으므로 평화협정을 체결한 이후에 유엔군 사령부의 역할을 어떻게 유지할 것인가의 문제는 평화체제를 이행하고 감독하는 기구를 편성하고 운영하는 측면에서는 정전체제를 유지했던 군정위와 중감위의 체제를 선례로 해서 그 지위와 역할의 변화를 주어 존속할 수 있는지를 검토해 보는 것은 평화체제의 정착과 실효적인 이행 및 감독체제 구축을 위해서 여전히 일정한 가치가 있을 것으로 판단된다.

다. 평화협정 체결에서 유엔군사령부의 역할

(1) 평화협정 체결 이후 유엔군 사령부의 존속 가능성

평화협정이 체결된 이후에도 유엔군 사령부가 존속할 것인가와 관련해서는 정전체제 하에서도 유엔군 사령부의 역할을 부정하고 그 해체를 주장하거나 유엔사가 정전체제를 관리하고 이행하는 역할만을 강조하는 입장에서는 평화협정 체결로 유엔군사령부의 역할이 종료되므로 당연히 별도의 절차 없이 해체되는 것이라는 견해를 취하고 있다.[131] 특히, 정전체제의 유지에 있어서도 실질적인 당사자는 미국과 대한민국이므로 유엔군 사령부의 해체는 정전체제에 영향을 미치지 않는다는 견해에 의할 때는 당연히 평화협정의 체결에서는 유엔군 사령부의 역할을 인정하지 않을 것이다.[132]

하지만 다른 견해는 정전협정이 평화협정으로 대체되더라도 유엔안보리 결의에 의해서 미국이 주도하여 창설한 유엔군 사령부는 미 정부에 의해서 그 해체여부가 결정되어야 하며, 유엔사의 기능과 역할이 총회결의 제376호에 의해서 부여받았기 때문에 북한의 급변사태 등의 유사시에 전력제공자의 역할을 수행하는 등 새로운 평화유지활동을 수행하는 기능으로 계속 존속할 수 있다고 본다.[133]

생각건대 유엔군 사령부는 한국전쟁을 기화로 유엔 안보리 결의에 의해서 결성된 유엔헌장 제7장의 평화의 파괴행위인 북한의 남침을 저지하기 위한 강제조치를 위한 미군을 주축으로 한 통합군 사령부로서 창설되었고 그 기능과 역할은 그 이후 총회결의 제376호에 의해서 한반도에 통일·

131) 이상철, 전게서, 125-126쪽.

132) 유병화, 전게서, 757-764쪽.

133) 이상철, 전게서, 126쪽.

독립 민주정부를 수립하는 것까지 확대된 것은 명확한 사실이다. 한국전쟁이 1953. 7. 27. 정전협정을 통해서 정전체제로 전환된 이후에는 유엔군사령부는 남측을 대표해서 정전체제를 이행해 온 것 또한 부정할 수 없다. 하지만 유엔 총회결의 3390(XXX) A/B의 내용을 고려할 때 정전체제를 대체하는 평화체제가 수립될 경우 유엔군사령부는 반드시 존속해야 한다기 보다는 그 해체를 양측이 양해한 것으로 이해할 수 있다.

또한 정전체제가 70여년 가까이 유지되어 오면서 중국은 1958년 병력을 철수시킨 이후 1994년 이후에는 군정위에서도 활동을 중단하였으며, 1994년 우리 군의 장성을 군정위 수석위원으로 임명한 것에 반발하여 북한측이 군정위활동을 중단하고 판문점 북한군 대표부를 운영하고, 북한측 중감위 위원인 체코와 폴란드 인원들을 차례로 북한지역에서 추방한 이후 실질적으로 군정위와 중감위의 활동은 남측에서만 진행되어 정전체제의 이행 및 감독기능이 매우 약화되었다.[134] 이러한 상황에서 평화협정에서 유엔군 사령부의 존속 문제는 국제법적인 문제보다는 그 실효성 면에서 큰 실익이 없을 것으로 보이기도 한다.

하지만 한반도의 평화보장체제가 평화협정에 의해서 구축될 경우 이를 국제적으로 감시·보장하기 위한 기관이 설치되어야 한다는 점에서 본다면 유엔군사령부를 한반도의 평화협정의 이행·준수를 감독하거나 새로운 평화유지활동을 수행하는 등 기능전환을 통해 존속시키는 것이 전혀 불가능하다고 보이지도 않는다. 따라서 평화협정에 따른 유엔군 사령부의 존속여부는 법적인 논리로 결정된다기 보다는 전적으로 남·북·미·중 등 평화협정을 체결하는 당사자들의 정치적인 협의절차를 거쳐서 결정되어야 한다고 보아야 한다.

(2) 평화협정 체결 이후 유엔군 사령부의 지위와 역할

평화협정이 체결된 이후 한반도의 정전체제가 항구적인 평화체제로 전환된다면 정전체제를 감시하고 유사시에 전력제공자의 기능을 수행하는 유엔군 사령부의 위상과 기능 및 역할에는 변화가 있을 수밖에 없다.[135] 만약 한반도의 항구적인 평화체제 정착과 관련된 문제를 유엔의 개입을 통해서 해결하는 것이 필요하다고 판단한다면 유엔군 사령부의 지위와 역할에 대해서도 다양한 방향에서 접근이 가능하다. 하지만 유엔군 사령부는 한반도의 무력분쟁에서 일방 당사자를 대표하는 군사령부로서의 역할을 감당했다는 한계를 가지고 있기 때문에 유엔군사령부가 다

134) 합동참모본부, 전게서, 95쪽, 119쪽.

135) 이상철, 전게서, 127쪽.

시 대한민국을 포함한 남측을 대표해서 어떠한 역할을 수행하는 모습으로 지위와 위상을 유지하는 것은 북한이나 중국 측에서 받아들이기 매우 어려운 것으로 보인다.

1950년 당시에는 대한민국이 유엔의 감시 하에 총선거를 치르고 정부를 수립하고 그 합법성과 정당성을 인정받았다는 측면과 북한의 불법적인 기습 남침을 안보리에서 국제평화의 파괴로 규정하고 이를 격퇴하기 위한 강제조치의 일환으로 미군이 중심이 된 유엔군사령부를 창설하여 한국을 지원하였다는 점에서 유엔의 기능과 역할을 인정할 수 있었다. 그러나 현재의 상황은 중국이 상임이사국의 지위를 가지고 있고, 대한민국과 북한이 모두 유엔회원국의 지위를 가지고 있다는 점에서 기존 유엔군 사령부의 역할과 기능을 그대로 유지한다는 것은 어려울 것으로 보인다.

정전위와 중감위를 기본으로 하는 정전체제는 비록 그 각론에 있어서는 양측의 의견의 차이와 이행상의 갈등으로 인하여 본래적인 모습으로 운영되지 못한 것은 사실이다. 하지만 정전협정에 의한 평화유지 체제는 그 형태의 변화가 있을지는 몰라도 북한은 판문점 대표부를 통해서 정전협정의 큰 틀을 준수하려는 모습을 보여온 것도 사실이다. 또한 중감위 역시 북한의 무력화 시도와는 별개로 남측 위원국인 스위스와 스웨덴 인원은 현재도 매주 중감위 회의를 진행하고 있으며 유엔군사령부도 병력의 교대 및 출·입국현황을 보고하고 있고 북한측이 추방한 폴란드 대표도 분기단위로 방한하여 중감위 회의에 참석하는 등 기본적인 정전체제를 이행하려는 노력은 계속되고 있다.[136]

이러한 노력들이 한반도의 정전체제를 커다란 무력분쟁 상황으로 비화하지 않도록 유지해 왔다는 가치와 경험을 모두 무시하고 유엔군 사령부와 정전체제를 유지한 군정위 및 중감위의 역할과 지위를 평화협정 체결에 따라 불필요한 것으로 치부하는 것은 정전체제를 유지하면서 지불한 비용과 경험요소를 낭비하는 것이 될 수도 있다.

따라서 새로운 평화보장체제에서 유엔군 사령부는 정전체제에서 군정위와 중감위의 역할이 무엇이었는지를 고려해서 그 역할과 기능을 재정립할 필요가 있다. 예컨대 평화체제를 보장하는 평화유지활동 사령부로서 유엔 안보리의 주도하에 대한민국과 북한, 중국, 미국, 그리고 참전 15개국과 러시아 등 참여를 희망하는 국가들을 중심으로 합동사령부를 창설하여 한반도 평화협정에 따른 체제의 이행 및 감독 역할을 수행하도록 하는 것이다. 또한 한국전쟁에 참여하지 않은 중립국가들로 양측에서 추천을 받은 국가들을 중심으로 중립국 감독위원회를 만들어 새로운 유엔군 사령부와 안보리에 보고하는 체제를 만드는 것도 가능할 것이다.

---

136) 합동참모본부, 전게서, 119-120쪽.

Ⅲ. 결 론

한국 유엔군사령부는 1950. 6. 25. 북한의 불법기습남침을 국제평화의 파괴행위로 규정하고 한반도의 평화를 회복하기 위한 안보리 결의 83, 84호에 따라 유엔 회원국들이 제공한 군대로 구성된 통합사령부로 유엔 헌장 제7장의 강제조치를 수행한 기관이다. 즉 현실적으로 유엔 헌장이 예정한 방식으로 유엔군을 운영할 수 없는 상황에서 북한의 불법남침이라는 평화의 파괴행위에 대해서 가장 합법적이고 창의적인 방법으로 유엔의 강제조치를 이행한 선례로서 안전보장이사회가 창설한 보조기관으로 보아야 한다.

유엔군사령부의 역할은 한반도 정전협정을 통해 전쟁상태의 일시적 중지를 달성하여 그 상태를 유지하여 전쟁 재발을 억제하며, 각종 발생 가능한 위기를 관리하고, 군사적 신뢰구축을 통한 평화체제로의 전환을 준비하는 기능을 수행하는 과정에서 정전협정의 남측 당사자로서 대한민국과 16개국의 교전단체를 대표하는 역할을 수행하였으며, 한반도에서 정전협정 준수를 유지하고 감독하는 가장 오래된 유엔의 통합군 사령부로서 국제평화와 안전에 대한 국제사회의 결의를 상징하는 것이다. 또한 정전협정은 그 부칙 제5조 제61항, 제62항에의해 정전협정의 수정·증보 또는 정치적 수준에서의 평화적 해결을 위한 협정에 의하여 대체될 때까지는 계속 효력을 가지므로 정전협정의 당사자로서 유엔사의 지위 평화협정의 당사자를 정하는 문제에서도 매우 중요한 부분이다.

하지만 비록 정전협정에 따른 권리, 의무관계를 이행하기 위해서 유엔군사령부의 역할은 핵심적이고 주도적인 입장에 있으나 유엔군사령부가 평화협정의 당사자가 되는 것을 부정하는 북한과 중국의 입장과 한국과 미국정부를 포함한 기존의 정전협정의 체결 당사자들의 입장을 고려해 보아도 정전체제의 유지와 함께 평화협정의 당사자로 유엔군 사령부를 반드시 포함시켜야 한다는 주장은 법적으로나 실현가능성이라는 현실적 타당성 면에서 받아들이기 어렵다.

그러나 유엔군사령부는 한반도 문제에 있어서 유엔의 개입과 역할을 상징하는 가장 오랫동안 존속한 유엔 안보리의 보조기관으로서의 실질적인 국제법적 의미가 있으므로 평화협정을 체결한 이후 평화체제의 정착과 실효적인 이행 및 감독체제 구축을 위해서 유엔군사령부와 정전체제를 유지했던 군정위와 중감위의 기능과 역할을 어떻게 변화시키거나 활용할 것인가는 고려해볼 가치가 있다.

생각건대 4. 27. 판문점 선언과 6. 12. 북미정상회담에서 논의된 바와 같이 한반도의 평화보장체제가 평화협정에 의해서 구축될 경우 관련 협정의 실효적인 이행과 감독을 위해서 유엔군사령부의 기능을 전환하여 한반도 평화유지활동을 수행하도록 하여 존속시키는 것도 가능하다. 이러한 결정은 법적인 논리보다는 남·북·미·중 등 앞으로 평화협정을 체결하는 당사자들의 정치적인 협의절차를 거쳐서 결정될 것이다.

실제로 정전체제는 양측에서 위반행위에 대한 많은 문제제기가 있었지만 한반도의 전쟁상태를 중지시키고 그 위기관리를 통해 다시 전쟁상태로 돌입하는 것을 방지했다는 측면에서 분명히 의의를 가지고 있다. 따라서 새로운 평화보장체제에서 유엔군 사령부와 정전체제를 유지·감독하는 협의기관과 감독기관으로서 군정위와 중감위의 역할과 기능을 재정립하여 한반도 평화체제를 보장하는 국제적인 평화유지활동 사령부로서 대한민국과 북한, 중국, 미국, 그리고 필요시 참전 15개국과 러시아 등 참여를 희망하는 국가들을 중심으로 합동사령부를 창설하는 결의를 안보리를 통해서 이끌어내고 향후 한반도 평화협정에 따른 체제의 이행 및 감독 역할을 수행하도록 한다면 한반도의 평화체제 정착을 위해 충분히 시도해볼 가치가 있다. 또한 한국전쟁에 참여하지 않은 중립국가들로 양측에서 추천을 받은 국가들을 중심으로 정전체제하에서 운영했던 중립국 감독위원회를 만들어 이를 실질적으로 운영 가능한 체제를 구축하여 새로운 유엔군 사령부와 안보리에 보고하는 체제를 만드는 창의적인 시도도 가능할 것이다.

한반도에 수립될 것으로 예정되는 새로운 평화보장체제는 기존의 정전체제와는 달리 일방의 행동에 의해서 그 이행여부가 결정되거나 그 이행이나 위반행위의 감독이나 시정에 있어서 실효성이 없는 형태로 운영되어서는 절대로 안될 것이다. 따라서 좀더 실효적이고 국제법적으로 구속력이 있는 평화보장체제를 위해서는 평화협정의 내용과 문구도 중요하지만 그 이행을 보장하고 감독할 기구를 어떻게 편성할 것인가가 더 중요한 문제가 될 수 있다. 따라서 이러한 측면에서 한반도 평화보장체제에서 유엔의 개입과 감독을 위한 역할과 기능을 부여한다는 측면에서 기존 정전체제를 남측을 대표해서만 유지하는 역할을 수행한 연합군사령부를 양측 대표들이 모두 참여하는 통합사령부로 구성하고 또한 중립적인 위치에서 민감한 정전협정 사항의 이행을 감독하기 위해서 만들어졌던 중감위의 역할을 대신할 기관을 유엔의 결의를 통해 창설하여 운영하는 방안에 대해서 평화협정의 체결과정에서 진지한 논의가 이루어질 필요도 있다고 보인다.

참고 문헌

- 김명기, 국제법원론(下), 박영사, 1997.
- 유병화, 국제법Ⅱ, 민영사, 1998.
- 정인섭, 신국제법강의, 박영사, 2014.
- 이병조, 이중범 공저, 국제법신강, 일조각, 2003.
- 이규창, 북한의 국제법관, 한국한술정보(주), 2008.
- 이상철, 한반도 정전체제, 한국국방연구원, 2012.
- 이시우, 유엔군사령부, 도서출판 들녘, 2013.
- 국방부, 전쟁법 해설서(2013)
- 합동참모본부, 군사정전위원회편람 제8집(2010)
- 백현진, 휴전협정체제의 대체에 대한 소고, 통일문제연구 3권 4호(1991)
- 이광표, 정전협정에 대한 연구-NLL의 규범력 근거를 중심으로-, 성균관대학교 석사학위 논문, 2014.
- 임동춘, 《유엔군사령부》는 국제법에 어긋나는 강도적인 침략《기구》, 김일성종합대학학보:력사법학, 제52권 제2호(2006).
- 제성호, 한반도 안보환경하에서 정전협정의 역할과 미래 관리체제, 국방정책연구 제30권 제2호(2013)
- 최현철, 조선반도핵문제의 평화적 해결과 관련한 미국의 국제법적 의무, 정치법률연구 2007년 제2호(누계 제18호)
- Won Ji Xu, 한반도 정전협정의 전환과 그 모델의 검토, 북한학 연구 제4권 1호(2008), 동국대 북한학연구소
- UNGA Resolution 195(Ⅲ), 12 December, 1948.
- UNGA Resolution 3390(XXXX) A/B, 18 November 1975.
- UN Document, S/11737, 22 June 1975.
- UN Document, S/11830, 22 September 1975.
- UN Document A/C, 1/1054, 24 September 1975,
- Statement of General Leon J. Laporte CUNC, CCFC, CUSFK, Before the Senete Armed Services Committee, 8 March 2005
- Statement of General B.B.Bell CUNC, CCFC, CUSFK, Before the Senete Armed Services Committee, 24 April 2007

MEMO

3

전시 군사법원 운영에 관한 연구

(Research on the Operation of Military Courts in Wartime)

요 약

군사법제도는 남북이 대치하는 안보상황에서 군의 기능수행력을 보장하고 장병들의 권리를 보호하기 위해서 헌법에 인정된 특별법원이다. 그런데 2022년 7월 1일부로 평시에 관할관 제도와 고등군사법원을 폐지하고 성범죄 등에 대해서는 민간 사법기관에 의해서 수사와 재판을 진행하는 전·평시 군사법원 운영을 구분하는 내용의 개정 군사법원법이 시행되고 있다. 이러한 개정법은 군사법원의 전·평시에 균형된 기능 수행에 어려움을 일으킬 수 있다. 따라서 지휘관과 평시에 군사법 제도를 운영하는 법무장교들은 전시 군사법원의 운영에 대한 깊은 고민이 필요하다. 이를 위해 법무장교들은 한국의 군사재판 제도의 설립과 변천과정, 한국전쟁을 비롯한 국난 극복과정에서 군사재판의 역할, 미군의 군사법원 운영 사례 등에 대한 연구를 통해 군사재판의 기능과 역할을 이해하고 내면화해야 한다. 또한 이를 바탕으로 전시 군사법원 운영을 위한 작전부대의 임무 수행과 연계된 교리, 전시 법무운영계획, 업무처리지침, 전시 법무인력운영을 위한 동원계획 등을 확립하는 한편 이를 구현하기 위한 평시 교육 및 훈련 체계를 정립하고 각급 부대 훈련 및 연습계획에 따른 주기적인 훈련 및 연습을 시행하여야 한다.

주제어

전시 군사법원, 계엄군사법원, 군사법 제도 개혁, 군법회의, 계엄고등군법회의, 국방경비법, 군법회의법, 군사법원법, 사상범, 부역행위자,군사교리, 관할관, 심판관, 민관군 위원회, 군판사, 미 군사법 제도

전시 군사법원 운영에 관한 연구

(Research on the Operation of Military Courts in Wartime)

목　차

I. 서 론

"안위야! 네 너를 엄히 군법으로 다스려야 하나 지금은 전세가 시급하니 죽기를 각오하고 싸워라. 너는 반드시 여기 비섬을 막아내야 한다. 알겠느냐?"[137]

이 대사는 2014년 개봉하여 천만관객을 동원한 영화 '명량'에서 이순신 장군이 거제 현령 안위에게 내린 군령이다. 영화 속에서 이순신 장군은 명량해전에 임하여 133척의 일본 수군을 13척의

137) 2014년 개봉한 영화 "명량"의 이순신 장군의 대사; 실제 이순신 장군의 난중일기인 정유일기 9월 16일자에는 안위야, 군법에 죽고 싶으냐! 네가 군법에 죽고 싶으냐! 달아난다고 살수 있을 것 같으냐! 라고 기록되어 있다. 위 대사는 이후 중군장 김응함에게 내린 "당장 처형하고 싶지만 적세가 또한 급하니 일단은 공을 세우라." 명령을 혼합하여 만든 영화 속의 대사이다. 한국고전 종합 DB 이충무공전서 권지팔 난중일기사 정유9월 참조. (www.db.itk.or.kr)

함선으로 막아내야 하는 긴박한 상황이었다.[138] 당시 안위가 겁에 질려 대장선과 함께 돌격하여 싸우지 않고 전선을 뒤로 물리고 있다가 홀로 분전하는 이순신 장군의 모습에 용기를 내어 뒤늦게 전투에 참가하게 된다. 이러한 상황에서 군령권을 가진 이순신 장군이 적전에서 공격에 임하지 않아 사형에 해당하는 죄를 지은 안위에게 공을 세워 죄를 씻으라는 소위 장공속죄(奬功贖罪)의 취지로 형 집행을 보류하는 일응의 군사재판을 하는 장면이다.

실제로 이순신 장군이 기록한 난중일기를 보면 당시의 긴박한 상황이 더욱 잘 묘사되어 있다.[139] 이순신 장군이 긴박한 전투상황에서 내린 공을 세워 죄를 씻으라는 군령에서 전시 상황에서 지휘관을 중심으로 운영되는 군사법 제도의 필요성과 실효성을 명확하게 보여준다. 원칙적으로 적을 앞두고 군령권을 가진 지휘관의 명령에 항명하는 행위는 사형에 해당하는 것이나 실제 전투가 벌어지는 위중한 상황에서 이를 기계적으로 적용하는 것이 아니라 지휘권을 보장하고 군기강을 유지한 가운데 최상의 전투력을 발휘하기 위한 장공속죄의 기능을 가진 군사재판의 존재목적을 발견할 수 있는 좋은 예를 보여주는 장면이다.[140]

이처럼 군사법원은 남북이 대치하는 안보 상황에서 전시는 물론 평시에도 군대 구성원의 형사

---

138) 일반적으로 영화에서 묘사된 것처럼 명량해전에서 조선 수군은 13척의 배로 적선 133척에 맞서 싸운 것으로 알려져 있으나, 이순신의 난중일기에는 아군의 전선 수가 정확하게 기록되어 있지 않고, 유성룡이 기록한 징비록에는 적의 수군장수 마다시가 배 200여척을 거느리고 서해로 침범하려고 하니 이순신이 벽파정 아래에서 적군은 만나 배 12척에 대포를 싣고 조수가 밀려오는 것을 이용하여 순류로 적병을 치니 적병이 패전하여 달아났다고 되어 있고, 당시 상황을 묘사한 명량해전도에도 아군의 배는 12척으로 묘사되어 있으며, 칠천량 해전에서 원균이 패할 때 배설이 도망치면서 가지고 온 배도 12척이라는 기록이 있어 어느 것이 정확한 기록인지는 알 수 없다. 자세히는 유성록, 징비록, 위즈덤하우스, 2015, 310~312쪽; 한국고전 종합 DB 이충무공전서 권지팔 난중일기사 정유9월 (www.db.itk.or.kr) 각 참조.

139) 이 부분을 실제 난중일기 정유일기 9월 16일자의 원문으로 보면 아래와 같다.
16일 갑진, 맑음, 이른 아침 별망군이 와서 고하기를 "적선이 부지기수이며 곧바로 우리 배가 있는 곳으로 향하고 있습니다."라고 하였다. 즉시 전 함대에 명하여 닻을 올리고 바다로 나가니 적선 백 서른이 넘는 배가 우리 전 함대를 감쌌다. 제장들은 중과부적이라고 헤아려 거급 피하고 도망갈 궁리만 하였다. (중략)
제장들의 배들을 돌아보니 먼바다로 물러나서 관망만 할 뿐 나오지 않았으며 배를 돌리고자 하는 눈치였다.
곧장 중군 김응함(金應諴)의 베애 댄 뒤 참수, 효시하고 싶었으나 내 배가 선두를 돌리면 두려움에 떨고 있는 여러 배들이 차차 멀리 물러날 터이고, 적선이 점차 압박해와서 사세는 낭패가 될 터였다. (중략)
초요기를 세우니 중군장 겸 미조항 첨사 김응함의 배가 점차 내배로 가까이 왔는데, 거제 현령 안위(安衛)의 배가 먼저 왔다. 나는 배 위에 서서 직접 안위를 불러 말하였다.
"안위야 군법에 죽으려 하느냐? 네가 군법에 죽으려 하느냐? 도망가면 어디서 살 것인가?"
(중략) 또 김응함을 불러 말하였다.
"너는 중군(中軍)이 되어 멀리 피하기만 할 뿐 대장(大將)을 구하지 않았으니 어찌 죄를 면할 수 있겠는가?
당장 처형하고 싶지만 적세가 또한 급하니 일단은 공을 세우라."
한국고전 종합 DB 이충무공전서 권지팔 난중일기사 정유9월 참조. (www.db.itk.or.kr)

140) 고석, 한국 군사재판 제도의 성립과 개편과정에 관한 연구, 서울대학교 대학원 법학과 박사학위논문, 2006, 58쪽.

범죄가 지휘권과 군기강을 저해하는 위험성과 특수성을 고려하여 신속하고 공정한 군사재판을 통한 군기강 확립과 군사대비태세 유지가 필요하다는 헌법적인 결단을 통해 인정된 특별법원이다. 그러나 군사법원의 사법기관으로서의 문제점을 중심으로 위헌론을 제기하며 평시 군사법원을 폐지하고 전시·계엄 시 등 대비는 동원체제와 훈련 등을 통해 극복이 가능하다는 극단적인 평시 군사법원 폐지론으로부터 다양한 내용의 평시 군사법원 운영범위를 제한하려는 시도가 있어 왔다.

그리고 2021년 4월에 발생한 비극적인 '성추행 피해 공군 부사관 사망사건'은 군이 성범죄로부터 그 구성원을 보호할 수 없다는 거센 비난과 함께 평시 군사법 제도가 가지는 군사제도로서의 실효적 중요성에도 불구하고 이를 폐지 내지 재판권을 축소시켜야 한다는 논의가 언론, 시민단체, 국회, 당시 군의 개선방안을 제시하기 위해 구성된 민관군 위원회 등을 중심으로 매우 속도감 있게 진행되었다. 이러한 분위기 속에서 진행된 평시 군사법원 운영에 있어서 지휘관 중심주의를 배제하고 군사법원의 재판권을 제한하는 큰 규모의 「군사법원법」 개정이 논의되는 과정에서 군의 지휘관을 비롯한 책임 있는 군사법 요원들도 모두 심리적으로 위축되어 적절한 대응을 못하였다.

결국 2021년 8월 31일 기존에 지휘관을 중심으로 한 군기강 확립이라는 기조를 유지하면서 이루어지던 일련의 군사법원법 개정 방향과는 궤를 달리하여 지휘관의 군사법원 구성과 운영에 대한 권한을 전·평시에 있어서 확연히 구분하는 「군사법원법」 개정안이 국회를 통과했다. 이에 따라 평시에는 관할관과 심판관 제도 및 각 군 보통군사법원과 고등군사법원을 폐지하는 한편 소위 3대 중대범죄라는 성범죄, 군인 등 사망 관련 범죄, 입대 전 범죄에 대해서는 민간 사법제도를 통해서 처리하도록 하는 개정 「군사법원법」이 법률 제18465호(이하 '개정법'이라 한다)로 2021년 9월 24일 공포 후 2022년 7월 1일부터 시행되고 있다.

군의 기본 임무는 평시에 전시를 대비하여 임무 수행 능력을 배양하고 전시에는 평시에 준비된 대로 임무를 수행하여 전쟁의 승리를 보장하고 국가의 생존권을 보장하는 것이다. 따라서 법무장교들은 평시와 구분하여 운영되도록 개정된 전시 등 비상사태 시에 군사법원 운영방안에 대해서 어떻게 평시에 대비하고 준비할 것인지에 대한 깊은 고민이 필요하다. 법무장교들과 평시 국방부 군사법원을 운영하는 인원들은 이미 시행된 개정법의 개정과정과 결과의 헌법적·법률적 문제점에 대한 논의보다는 개정법 하에서 어떻게 완벽한 전시 군사법원 운영능력을 갖출 것인가에 대해서 더욱 노력을 집중해야 할 것이다. 더욱이 전시 군사법원의 운영을 책임지는 국방부 법무관리관실과 각 군 본부 및 합동참모본부 법무실의 전시 임무 담당 인원들은 전시 군사법원의 운영에 관한 완벽한 개념과 계획을 정립하여야 한다. 여기에 더하여 법무조직 뿐 아니라 지휘관을 비롯한 전시 작전 임무를 수행하는 각 조직과도 평시부터 긴밀한 업무협조 체계를 구축하는 과업은 평시 군사법원 운영이나 지도·감독만큼의 핵심임무로 여겨야 한다.

이하에서는 전시 군사법원의 완벽한 운영을 위해 필요한 사항들을 도출하기 위하여 먼저 한국의 군사재판 제도가 성립되고 그 이후 여러 차례 군사법 제도 개혁이 이루어진 경과를 과거 「조선경비법」부터 개정 「군사법원법」에 이르기까지 살펴봄으로써 개정법에 따라 전시 등 비상사태 시에는 관할관 중심의 군사법원 운영이 여전히 요구된다는 측면에서 지휘관 중심주의를 기본으로 형성, 개선되어온 군사법 제도의 헌법적, 법률적, 군사 제도적 의미에 대한 명확한 이해를 도모하고자 한다.

다음으로는 개정법에 이르기까지 군사법원을 둘러싸고 이루어진 헌법적, 법리적 논쟁들을 바탕으로 군사법원의 합헌성과 군사 제도적 필요성을 명확히 하도록 하겠다. 특히 개정법이 입법되는 과정을 비교적 자세하게 살펴보아 개정법에 따른 군사법원 운영이 내포한 법리적, 군사 제도적 문제점을 이해하여 효과적인 전시 군사법원 운영방안을 도출하는 출발점으로 삼고자 한다. 특히, 개정법상 전시 등 군사법원 운영을 위한 개정법 제5편 제534조 내지 제535조의2에 이르는 전시·사변 시 특례를 적용하기 위한 법적인 상황 요건으로 '전시, 사변 또는 이에 준하는 국가비상사태 시'가 과연 어떠한 법적인 의미를 내포하는지 우선적으로 살펴보려고 한다. 그리고 구체적으로 개별 전시 등 특례규정 적용 방안에 대해서 개정 전 군사법원법의 전시 특례규정과 개정법의 특례규정을 차례로 검토하여 개략적으로 살펴보려고 한다.

다음으로 한국 전쟁 등을 겪으면서 전시 군사재판을 시행한 실제 사례들과 세계 각국에서 실제 작전을 수행하는 미군이 작전지역에서 군사재판을 실시하면서 얻은 교훈 등을 통해서 전시 군사법원 운영 간 고려사항을 발견하고자 한다. 결론적으로 지금까지 논의를 바탕으로 국방부 군사법원 운영 인원들과 각급 지휘관, 국방부 법무관리관실을 비롯한 각 군 법무실 및 합동참모본부의 전시 법무운영업무 담당자들이 개정법에 따른 전시 군사법원 운영을 위해 시급하게 준비하고 시행해야 할 사항들을 인적·물적 자원의 측면, 교육훈련과 연습 측면, 교리 및 업무지침 등 참고자료의 축적 등 구체적이고 제도적으로 필요한 사항들 위주로 제시하도록 하겠다.

Ⅱ. 본 론

1. 한국 군사재판 제도의 성립 및 개혁 / 개선 논의 경과

가. 개 요

전·평시의 군사법원 구성과 운영을 구별하도록 개정된 개정 군사법원법에 따라 전시 관할관을 중심으로 한 군사법원 운영을 준비하고 실제 전시 등에 원활하게 군사재판을 하기 위해서는 한국의 군사재판 제도의 성립과정과 한국 전쟁 등 실제 국가의 존망이 달린 위기 상황에게 발휘되었던 군사재판의 기능과 역할을 고찰하여 군사재판이 군 조직과 국가 사법체계에서 가지는 의미를 이해할 필요가 있다. 또한 군사재판 기능을 지휘권과 지휘관을 중심으로 한 군기강을 확립하는 데 기여하는 군조직의 일부로 보는 입장과 군사재판의 사법적 기능을 강조하여 사법기관을 구성하는 헌법상 원리에 입각하여 군사법원 제도의 위헌성을 주장하는 입장 등과 관련하여 첨예하게 대립하는 각 견해의 타당성에 대한 깊은 이해가 있어야 전시 군사법원의 합헌적이고 합법적인 운영을 위한 명확한 토대를 구축할 수 있을 것이다.

이러한 측면을 고려하여 이하에서는 먼저 한국의 군사재판 제도가 「조선경비법」에서 「군법회의법」 그리고 개정법으로 변천하는 과정을 먼저 제도적인 측면에서 평면적으로 상세하게 확인해 보려고 한다. 이후 일련의 군사재판 제도의 개혁 내지 개선 이면에 존재하는 군사법원 위헌론과 합헌론을 둘러싸고 전개된 헌법적, 법리적 논의들을 검토하도록 하겠다. 이러한 논의를 바탕으로 개정 군사법원법의 개정과정을 비교적 자세하게 살펴봄으로써 과거 군사재판의 성립부터 일련의 개선 시 일관되게 고려되던 지휘관 중심주의라는 군사재판의 본질과는 달리 전·평시 군사법원 운영을 분리한 개정법의 문제점을 발견하고자 한다.

하지만 개정법의 시행으로 인하여 전시 등 국가비상사태를 대비하는 군 조직의 일부로서 군사재판 제도의 본질에 반하는 전·평시 군사법원 운영의 분리로 인한 문제점들을 비판하는 것은 현 상황에서의 법무장교들의 최우선적인 과업이 될 수 없다. 오히려 이미 개정법이 시행되고 있는 상황에서 군사재판의 성립 및 개혁 과정과 그 헌법적, 법률적 의의 등을 통해 도출되는 문제의식을 바탕으로 개정법에 따른 합헌적이고 합법적인 군사법원 운영을 위해 필요한 사항을 도출하는 기초를 발견하여야 할 것이다.

나. 한국의 군사재판 제도 성립 과정

(1) 대한제국 시대까지 군사재판 제도

고대의 군사재판 제도는 전장에서 전투를 지휘하는 지휘관에게 군령에 관한 전권을 부여하는 방식이었다.[141] 서론에서 예로 들었던 명량해전이 벌어지는 치열한 현장에서 이순신 장군의 군령처럼 우리나라에서도 고대부터 조선 시대까지는 왕으로부터 군권이 부여된 지휘관에게 군사재판을 통한 죄의 유무 및 형의 결정, 집행, 그리고 사면 권한에 이르기까지 전권을 부여하였으며, 이처럼 전투를 지휘하는 장수에게 군사재판을 포함한 일체의 군령권을 부여하는 것은 동양에서는 일반적인 관행이었다.[142]

이와 달리 지휘관 개인에 의한 처벌이나 형의 면제 등이 아닌 군사적 범죄자의 재판을 위한 법정의 형태는 고대 서양 군대의 초기 역사와 함께 병존하여 로마 시대의 군사재판소(magistri militum)에서부터 시작되었으며, 게르만 전통은 전시에는 공작이나 군대 지휘관에 의한 재판으로부터 군대에 동반하여 군기(軍旗)를 운반하는 사제들에게 재판관할권을 위임시킨 경우도 있었다.[143] 이처럼 서양에서는 시민과 군인에 대한 재판관할권은 불완전하지만 분리되어 운영되었으며 프랑스에서 군법회의는 1655년 포고로 창설, 운영되었다.[144]

우리나라는 근대기에 접어들면서 1897년 고종황제가 대한제국을 선포하고 광무개혁을 단행하면서 군사 분야 개혁의 일환으로 근대적인 군법 체계를 마련하였다.[145] 1898년 1월에는 육군 감옥 규칙을 발포하고 군의 죄수를 따로 수감하였고, 1900년 4월 헌병사령부를 설치하면서 사령관을 군부대신 관할에 두고 군사경찰에 관한 지휘를 받도록 하였으며, 같은 해 10월 10일에는 법률 제5호로 실체법인 「육군법률」을 공포하였다.[146] 뒤이어 1904년 9월 18일에는 군인의 범죄를 심판하기 위

141) 육군군사법원, 군사법원법(2018), 14쪽.

142) 특히, 전투가 진행되는 현장에서는 지휘관에 의한 소위 즉결처분이 가능하였을 것으로 보인다. 예를 들어 손자병법을 저술한 손무가 오왕 합려 앞에서 그 지휘통솔 능력을 시험받는 장면이 나오는 사기열전의 「손자오기열전」에 보면 궁녀 180명을 지휘할 권한과 부월을 오왕 합려로부터 넘겨받은 손무가 자신의 뜻대로 궁녀들이 지휘가 되지 않자 왕이 총애하는 두 궁녀의 목을 베고 마침내 궁녀들이 일사불란하게 지휘에 따르도록 만들었다는 일화는 지휘권을 부여받은 현장 지휘관에게 필요 시 목숨을 빼앗는 방식으로 강력하게 군령을 집행할 권한을 인정하는 것이 왕이 총애하는 궁녀의 목을 벨 수 있을 정도로 너무나도 당연한 것으로 여겨졌다는 것을 알 수 있다. 자세히는 김원중 역, 손자병법, 글항아리, 2016, 47~49쪽.

143) 고석, 전게논문, 43쪽.

144) 전게논문.

145) 육군군사법원, 전게서, 14쪽.

146) 육군법률은 법례, 죄례, 형례, 율례의 총 4편 33장 317조로 이루어져 편-장-저의 구성을 가지고 법적용 범위가 명료하여

하여 군부대신 직할 하에 육군법원이 설치되었다.[147] 이처럼 대한제국은 상당히 완비된 근대적인 군사법 제도를 확립 적용하였으나 1907년 7월 31일부터 같은 해 9월 3일까지 대한제국 군대가 해산되면서 육군법원도 1907년 8월 26일 폐지되었다.[148]

(2) 국방경비법 시대

대한민국 최초의 군사재판 제도는 「조선경비법」 및 「해안경비법」(이하 이 두 법률을 통칭하여 '조선경비법'이라 한다.)과 이를 보완한 「국방경비법」 및 「해안경비법」(이하 이 두 법률을 통칭하여 '국방경비법'이라 한다.)부터라고 보는 견해가 일반적이다.[149] 우리나라는 1945년 8월 15일 해방되면서 1948년 8월 15일 대한민국 정부가 수립될 때까지 3년간 미 군정 체제하에서 여러 단계를 거쳐 국군이 창설되면서 새로이 창설된 군의 기율 유지를 위한 군법 체계로서 「조선경비법」과 「국방경비법」이 차례로 제정·공포된 것이다.[150]

먼저 정부 수립 전인 1946년 6월 15일 당시 설립된 조선 국방경비대의 기율유지를 위해서 미 군정청 법률 고문으로 있던 손성겸이 미 육군 전시법전인 「Articles of War」를 거의 그대로 번역하여 「조선경비법」을 제정하여 미 군정장관의 승인을 얻어 미 군정법령 제86호로 시행되었다.[151] 그러나 조선경비법은 6개월의 짧은 기간 동안 우리나라의 실정을 무시하고 미군 법령을 급하게 번역한 결과 적용과정에서 문제가 많았다. 이를 시정하기 위해서 국방경비대의 초대 법무처장인 김완룡 참위와 영어실력이 뛰어난 이지형 참위가 제3편 군법회의 조항을 일부 보완하는 등 정비를 하여 1948년 7월 5일 「국방경비법」이라는 새로운 법률을 제정하여 같은 해 8월 4일 공포·시행되었다.[152]

국방경비법상 군법회의 제도의 특징은 군통수권을 보좌하는 수단으로 군법(Military Law)제도를 인식하던 미국식 제도를 본받아 사회와 분리된 별도의 공동체로서 군을 규율하는 총체적 법체

상당히 완성도가 높은 법률이었고 현역 군인의 범죄자에게 적용되었으며 형사뿐 아니라 민사도 관할하였다. 자세히는 전게서, 14~15쪽 참조.

147) 고석, 전게논문, 18쪽; 한편, 육군법원이 1900년 9월 14일 설치되고 1901년에 관련 시행세칙들이 발표되었다는 자료도 있다. 자세히는 육군군사법원, 전게서, 14~15쪽 참조.

148) 전게서, 15쪽.

149) 고석, 전게논문, 19쪽.

150) 전게논문; 육군군사법원, 전게서, 15~16쪽.

151) 전게논문; 육군군사법원, 전게서, 15~16쪽.

152) 이 법은 제1편 총칙, 제2편 죄, 제3편 군법회의, 제4편 잡칙으로 구성되어 있었다. 자세히는 고석, 전게논문, 20쪽; 육군군사법원, 전게서, 16~17쪽 참조.

계로 하나의 법률과 절차에서 군대 내의 기율 유지를 목적으로 실체법과 절차법, 형사벌과 징계벌 및 행정처분 등에 관한 일체의 사항들을 처리하였다는 점이다.[153] 따라서 군법회의는 대통령이 통수하는 군에 설치되는 기관으로 군기의 유지를 목적으로 한 지휘관 중심주의적 구조를 가지고 운영되었다. 따라서 군법회의 소송세칙 제정권도 정부수석(대통령)에게 부여되었으며, 정부수석과 일정한 직급 이상의 군대 지휘관들은 군법회의 소집 권한을 가지고 군법회의 운영을 주도하는 설치장관으로서 권한과 지위를 누렸다.[154] 예컨대 고등군법회의는 정부수석, 조선경비대 여단장 또는 그 상급장관, 특설군법회의는 연대장 및 그 상급 장관, 약식군법회의는 대대장 또는 그 상급장관이 설치할 수 있도록 하였다.[155]

고등군법회의는 일체의 범죄를 범한 군법피적용자 및 법률에 의하여 군법회의 심판의 적용을 받는 모든 자들에 대하여 재판권을 가지고 어떠한 판결도 할 수 있었다.[156] 특설군법회의는 사형에 처단할 수 있는 범죄 이외의 범죄, 장교 이외의 자에 대한 재판권을 가졌고, 6개월을 초과한 수감형과 6개월을 초과하는 급료의 3분의 2 상당액을 초과하는 몰수형을 언도할 권한이 없었다.[157] 약식군법회의는 재판권은 특설군법회의와 같지만 그 처벌은 상한이 1개월을 초과한 수감형, 3개월을 초과하는 근신형과 1개월을 초과한 급료 몰수형을 언도할 권한이 없었다.[158]

설치장관의 주요한 권한은 먼저 소송상의 행위로 군법 피적용자에 대한 기소나 수사결과를 보고 받은 이후 기소 각하, 즉결처분 또는 예심조사를 지시하는 것, 예심보고 이후 법무심사관의 조언에 따라 자체 종결 혹은 군법회의에 회부, 이송, 또는 즉결처분을 하는 것 등이 있었다.[159] 소송외

153) 이러한 입법 형식은 영미식 접근방법으로 대륙법계 계통의 입법례를 취해 실체법인 육군형법과 절차법인 육군형률을 달리정한 구일본의 군법회의 제도와는 사뭇 다른 것이다. 자세히는 고석, 전게논문, 74쪽 참조.

154) 당시 군사재판 절차법의 미비를 보충하여 운영하는데 업무담당자의 고충이 심하였고 정부수석에 의한 소송세칙이 정하여지기 전까지는 증거법규에 한하여는 민간형사재판 규정을 가능한 범위에서 군법회의 심판에 적용한다는 규정에 따라 편의상 형사소송법이 대부분 준용되었고, 업무 참고를 위하여 미국 군법회의교범 (Manual for Courts-Martial, MCM)을 잠정적으로 번역하여 활용하기도 하였다. 자세히는 전게논문, 75~77쪽.

155) 전게논문, 101쪽; 고등군법회의, 특설군법회의, 약식군법회의라는 명칭은 美군법전의 general courts-martial, special courts-martial, summary courts-martial을 그대로 번역하여 적용한 것으로 설치 장관의 권한과 구성인원, 인적관할에 따라 구분한 것일 뿐 심급제도를 의미하는 것은 아니었다. 자세히는 육군군사법원, 전게서, 18쪽; 고석, 전게논문, 89~90쪽 참조.

156) 전게논문.

157) 전게논문.

158) 전게논문.

159) 장관의 소송상 행위는 명령형식으로 표시되었는데 간 단계에 따라 구속영장, 압수수색영장, 군법회의 설치명령, 군법회의 소집장, 판결심사장관의 조치서 등이 있었다. 자세히는 전게논문, 104쪽 참조.

행위로는 심판관, 법무사(군판사), 예심조사관, 검찰관을 임명하는 것 등이 있었다.[160] 판결 이후에는 판결심사위원회의 건의를 받고 재판과정의 절차 위반이나 실체판단의 오류가 있었는지를 심사하게 하고, 판결을 승인하거나, 감면하는 권한을 보유하고 있었다.[161]

이처럼 국방경비법의 지휘관 중심구조는 군기 유지의 목적 달성을 위해 대통령을 정점으로 하는 군 지휘체계와 군법제도를 연계시킨 것이었으나 군법피적용자의 인권보장을 고려하여 군법회의 심판회부 시나 판결 승인 등 설치장관의 결심 단계마다 법무심사관의 조언을 받도록 하고 있었다.[162] 하지만 궁극적으로 지휘관의 결심과 판단에 따라 사건처리 방향이 결정되도록 하여 지휘관에 의한 군기 유지의 기본구조가 유지되도록 하였다.[163] 국방경비법 제96조에서는 대통령에게 사형판결과 종신수감형 판결에 대한 확인권을 부여하여 인권보장을 도모하고 장관급 장교에 대한 판결에도 확인권을 부여하여 장관급 장교 사건에 대한 정치적인 배려가 가능하도록 하였다.[164]

국방경비법은 영미식 군법 제도를 계수한 당사자주의를 기본으로 소송의 신속을 기하도록 하여 당사자주의의 대표적 징표인 공소장 인부절차(arraignment)를 존치하여 피고인이 유죄시인(plea of guilty)을 하게 되면 더 이상 증거조사와 심리의 필요 없이 군법회의는 유죄판결과 판정을 할 수 있었다.[165] 당시 일반 형사 사법제도는 일제 강점기에서 1954년 제정된 형법과 형사소송법까지 대륙법계의 직권주의 방식으로 운영되었기 때문에 하나의 국가 안에서 일반 사법제도는 대륙법계, 군사재판 제도는 영미식의 두 개의 제도가 존재하였다.[166] 이에 따라 대학에서 대륙법을 교

---

160) 전게논문, 103쪽.

161) 전게논문, 103~104쪽.

162) 전게논문, 104~105쪽.

163) 전게논문.

164) 이러한 입장은 모두 미 군법전의 태도를 따른 것이다. 자세히는 전게논문 참조; 한편, 국방경비법에는 비장교적 내지 비신사적 행위(제46조)와 개괄범(제47조)을 처벌하는 조항을 두고 있었고, 제2편의 각 죄의 구성요건에서는 법정형을 정함이 없이 "…한 자는 사형 기타 형벌에 처함"이라고 규정하고 그 형벌 상한에 대해서는 같은 법 제4편 잡칙에 도표화된 최대형벌표에서 정하고 있어 죄형법정주의 원칙의 위배문제가 매우 강하게 제기되었다. 전게논문, 77~78쪽.

165) 영미식 형사소송제도는 당사자주의와 배심제도를 기본으로 하여 사실적용과 법률적용을 엄격히 분리하고 사실인정은 법률문외한인 배심원에게 맡기고 직업법관은 법률의 해석과 소송지휘 만을 담당하도록 하여 대립당사자의 공격, 방어활동을 통해 실체적 진실발견을 이루어 가는 것을 기초로 하여 소극적 실체진실주의를 기반으로 소송의 당사자인 검사와 피고인에게 주도권을 부여하고 법원은 심판자의 역할만을 수행하는 구조로서 국방경비법은 이러한 특질을 가지고 있었다. 이처럼 민간의 대륙법계 형사사법 체계와 상이한 군법회의제도의 구조적인 차이점은 당시 군법회의를 운영하는 실무가들에게 적지 않은 어려움을 주었던 것으로 보인다. 이러한 당사자주의 구조를 취한 것은 고등군법회와 특설군법회의이며 약식절차에 있어서는 그 적용이 없었다. 자세히는 고석, 전게논문, 86~87쪽 참조.

166) 전게논문, 74~75쪽.

육받아 실무를 담당하던 법무관들에게 미국식 군법회의 제도는 매우 부자연스럽게 인식되어 지휘관과 법무관 간의 지속적인 갈등의 여지를 제공하여 제도운영에 어려움을 가중시켰다.[167)]

사건처리 절차 측면에서 보면 국방경비법이 수사와 기소 절차에 당사자주의를 취한 결과 수사, 예심, 심판회부 및 공소 유지 절차가 각각 분리되어 있었다.[168)] 먼저 범죄를 범한 군법피적용자를 군법회의 심판에 회부하기 위해서는 범죄사실을 고발하는 기소(charge)를 직접 또는 직근 상관을 통하여 제기하여야 한다.[169)] 이 때 설치장관은 심판회부 필요성을 판단하기 위한 예심절차를 거쳐 그 결과에 대한 법무심사관의 심사 이후 그 건의에 따라 기소 각하, 즉결처분, 이송 또는 심판회부 등의 조치를 하게 된다.[170)] 설치장관의 군법회의 회부명령이 있으면 다시 설치장관의 설치명령을 통해 검찰관, 법무사, 심판관이 임명되고 검찰관 등은 재판과정에서 공소유지 등의 각자의 임무와 기능을 수행하게 된다.[171)] 심판관은 전 장교 또는 통위부장(국방부장관)이 인가한 연합국 장교로 재판관의 역할을 하였으며 고등군법회의는 5명 중 1명은 법무사(군판사)를 포함하여 사법적 판단이 가능하도록 하였고, 특설군법회의는 3인, 약식군법회의는 1인의 장교로 구성되었다.[172)]

고등군법회의와 특설군법회의 설치장관은 검찰관과 변호인도 임명해야 했다. 검찰관은 국가의 이름으로 범죄를 추구하고 구형하며 군법회의를 지휘하여 공판조서를 작성하는 것이 주임무였다.[173)] 변호인과 관련해서는 특설 및 고등군법회의에서는 사선변호인이 없는 경우 국선변호인을 필요적으로 선임하도록 하였으나 검찰관과 달리 법무장교 외에도 변호인으로 임명할 수 있어 일반 전투병과 장교가 변호인으로 임명되는 경우도 많았다.[174)]

---

167) 전게논문.

168) 전게논문 제105쪽; 육군군사법원, 전게서, 18쪽.

169) 기소의 제기는 기소장을 작성하여 이를 군법회의 설치장관에게 제출하는 행위로 이를 통해 종국적으로 심판회부 등의 사건처리가 이루어지는 단초를 제공하고 기소 제기자에게는 기소한 내용대로 피고인의 처벌을 원하는 의사가 포함되어 있다. 기소의 제기는 피기소자의 직근 상관이 지휘계통을 밟아서 하는 것이 통상의 경우이며 지휘계통 이외의 자가 할 수도 있으나 고등군법회의 회부사건은 피고인 구속으로부터 1개월 이내 제기해야 한다고 규정하였다. 기소의 철회는 소집권자가 언제든지 할 수 있고, 심판회부 이후 심문이 개시되기 전이나 이후에도 할 수 있었다. 자세히는 고석, 전게논문, 112~114쪽.

170) 전게논문, 105쪽.

171) 전게논문, 106쪽.

172) 전게논문, 117~118쪽.

173) 전게논문, 119~120쪽.

174) 이러한 변호사 아닌 자를 변호인으로 선임할 수 있도록 한 국선변호제도는 피고인의 권리 보호에 많은 흠결을 발생하게 하였다. 자세히는 전게논문, 121쪽, 124쪽 각 참조.

공판절차는 공개주의의 원칙을 따랐고 판정 또는 판결내용의 결정은 비밀평의의 원칙 하에 이루어졌다.[175] 유무죄를 가리는 것을 판정이라고 하여 간첩죄를 제외한 죄의 경우 심판관의 2/3이상 찬성으로 간첩죄는 만장일치로 유죄판정을 하였다.[176] 당사자주의에 따른 기소인부절차가 존재하여 피고인이 유죄시인을 하면 증거조사나 기타 심리 없이 유죄판결을 할 수 있었고 증거법규는 국방경비법에 세부적인 규정을 두지 않아 일반 형사소송절차를 그대로 준용하였다.[177] 판정절차가 끝나면 유죄판결에 대해서는 판결절차에 따라 최대형벌표에 따라 낮은 형벌에서 정족수에 이를 때까지 재투표를 하는 방법으로 선고할 형량을 정하였다.[178]

판결에 대한 사후조치로 먼저 영미식 군법제도의 핵심원리로 신속한 군기 확립을 위해 피고인의 신청에 의한 항소제도는 인정되지 않았으며 그 보완책으로 각 군 법무감실에 심사위원회 제도를 두어 판결을 심사하게 하였다.[179] 군법회의 설치장관은 고등군법회의 소송기록을 소속 법무심사관에게 심사하게 한 후 승인을 하면 판결의 효력이 발생하였다.[180] 따라서 판결과 동시에 확정되는 무죄판결을 제외한 군법회의 판결은 건의(recommandation)의 성격을 갖는 것으로 보았다.[181] 이러한 승인절차를 통해 지휘관을 중심으로 군기강을 유지하는 책임에 상응하는 권한을 부여하고 단심제인 군법회의에 심사절차를 통한 실질적인 항소심 기능을 보장하는 목적도 가지고 있었다.[182]

한편 판결의 집행에 신중을 기하기 위하여 사형선고, 종신수감형, 장관급 장교에 대한 판결은 정부수석의 확인을 거치도록 하였으며 확인은 판결 승인권자와 동일하게 판결의 부인은 물론 다시 판결하도록 재심을 명령하는 등 광범위한 권한을 가졌다.[183] 국방경비법은 또한 정부수석 또는 기타 판결심사 장관은 형의 집행을 명하지 아니한 사건의 판결을 부인 또는 무효로 선언하는 경우 재심을 인가 또는 명령하여 판결의 흠결을 보완, 수정하도록 절차를 처음으로 되돌리는 권한을 부

175) 전게논문, 123쪽.

176) 전게논문, 125쪽.

177) 전게논문, 124~125쪽.

178) 유죄판결의 투표의 경우 고등군법회의에서 사형을 언도할 경우 심판관 만장일치, 종신수감 또는 10년 이상의 수감형을 언도할 경우 재정 심판관의 3/4, 나머지 형의 언도에는 2/3이상의 심판관의 찬성투표가 있어야 했다.(국방경비법 제90조) 전게논문, 126쪽.

179) 전게논문, 127쪽.

180) 전게논문, 128쪽.

181) 전게논문.

182) 승인권은 승인, 부인, 전부 또는 일부 승인 또는 부인, 재심에 부여하는 권한 등 광범위한 권한을 의미하는 것이었다. 전게논문.

183) 전게논문, 130쪽.

여했다.[184] 판결 후에는 형을 감형하거나 집행을 정지시키거나 면제할 수 있었으며 군법상의 면제권은 단지 형벌만을 면제해 주는 것으로 대통령의 사면권과는 구별되며 장공속죄(將功贖罪)를 사유로 형을 감형(commutation)하거나 감경(mitigation)하는 권한을 의미했다.[185]

이처럼 미 군정기에 도입되어 시행된 국방경비법은 영미적 특성을 갖춘 것으로 정부 수립 후 얼마 되지 않아 발생한 한국전쟁이라는 위기를 극복하는 과정에서 전면에 나서게 되면서 적지 않은 부작용과 시행착오를 양산하였다.[186] 특히 전쟁에 따른 계엄선포로 대다수 국민들까지 직접 또는 간접적으로 군법회의 제도를 경험하였고 이에 따라 전쟁 국면이 호전되기 시작하자 군법회의 제도에 대한 비판이 나오기 시작하였다.[187] 군법회의 제도에 대한 개선 의견은 한국전쟁 상황에서 군법회의 판결 형량의 가혹함으로 인해 군법회의 판결에 대한 대법원 심사가 필요하다는 의견으로 강하게 대두되었고 1954년 개정헌법 제83조의2에 반영되었다.[188] 그러나 군법회의 일반에 대법원이 관여하는 것은 대통령의 군통수권 침해라는 군 당국의 줄기찬 반대로 1962년 「군법회의법」 제정까지 8년여 동안 그 절차법이 마련되지 않아 실질적으로 상고가 불가능하였다.[189]

(3) 군법회의법 시대

위에서 살펴본 바와 같이 「국방경비법」은 미 육군 전시법을 그대로 번역 계수하여 대륙법 체계를 따르던 일반 형사사법 체계와 상이하였고 실체법과 절차법의 차이를 경시하면서 영장주의 원칙을 적용하지 않아 중범죄로 기소되는 경우 정황에 따라 병영에 신변을 억류할 수 있도록 하는 등 헌법의 인권보장 조항과 불일치하였다. 더욱이 1954년 11월 29일 제2차 개정헌법 제83조의2에 의해 군법회의의 상고심을 대법원이 관할하는 것으로 규정하였음에도 그 절차법이 마련되지 않아 실질적으로 단심제로 운영되어 위헌 논란이 지속되었다. 이와 같이 「국방경비법」의 여러

---

184) 재심에서는 원심에서 유무죄에 관하여 사실심리를 하지 아니한 범죄목을 제외하고는 원심보다 가중하는 판결을 언도할 수 없었고 재심은 이론상 회수의 제한이 없으나 두 번 재심하는 경우는 드물었다. 전게논문, 131~132쪽.

185) 전게논문, 134쪽.

186) 전게논문, 268쪽.

187) 이러한 비판은 전반적인 군 형사법 체계의 미정비, 이승만 정부의 실정, 전시특별법령의 가혹함과 남북간의 증오감 등과 결합되어 제반 국법체계의 정비 필요성에 대한 여론으로 발전되었고 거기에는 국방경비법에 따라 운영된 군법회의의 문제도 포함되었다. 전게논문.

188) 제2차 개정헌법 제83조의2 군사재판을 관할하기 위하여 군법회의를 둘 수 있다. 단, 법률이 정하는 재판사항의 상고심은 대법에서 관할하며, 군법회의의 조직과 권한, 심판관의 자격은 법률로 정한다.

189) 전게논문.

미흡한 점을 보완하기 위하여 1952년부터 육군을 중심으로 새로운 군형사법 체계를 구성하기 위한 노력이 시작되었다.[190)]

1961년 5월 16일 군사 정변 이후 설립된 국가재건최고회의에서 법령 정비사업이 진행되어 1962년 1월 20일이 되어서야 「국방경비법」 체계와 달리 군 형사법체계에서 실체법과 절차법을 분리하여 절차법인 「군법회의법」이 법률 제1004호로, 실체법인 「군형법」이 법률 제1003호로 각 제정·공포되었다.[191)] 「군법회의법」은 군법회의 구성법 부분과 소송절차에 관한 부분을 나누어 전자는 국방경비법의 기본틀을 바꾸지 않고 지휘관 중심적인 색채를 그대로 존치시켰으나 소송절차 부분은 민간 「형사소송법」을 그대로 도입했다.[192)]

「군법회의법」은 형식적으로는 그 체제와 형식을 일반 「형사소송법」에 준하도록 하여 군사재판에서 3심제 도입하고 대법원을 최종심으로 하면서 법무관의 역할과 권한을 강화하여 사법기관성을 대폭 강화하였다.[193)] 그러나 군법회의 제도가 군통수의 효율성을 제고하기 위한 수단이라는 인식하에 「군법회의법」의 근본 틀을 「국방경비법」과 동일하게 구성하여 군법회의를 군부대에 설치하였고, 설치부대장에게 군검찰사무 지휘감독권, 구속영장 발부권, 재판관 임명권 및 판결 확인권 등의 권한을 남겨두었다.[194)]

주요 내용을 살펴보면 신분적 재판권과 계엄법에 의한 재판권을 규정하고, 3심제를 도입하여 1심인 보통군법회의는 각 군 본부 및 예하 부대 중 편제상 장성급 장교가 지휘하는 부대에 설치하고 항소심은 각 군 본부에 고등군법회의를 설치 하였으며, 상고심은 대법원으로 하였다.[195)] 또한 군법회의 구성과 절차상 지휘관의 권한을 보장하기 위하여 관할관 제도를 두어 군법회의 사무를 관장하게 하고, 판결에 대한 확인조치권을 두었으며, 군검찰부는 보통검찰부와 고등검찰부로 구분하고 국방부장관이 군검찰을 일반적으로 지휘·감독할 수 있도록 하였다.[196)]

---

190) 육군군사법원, 전게서, 19~20쪽; 고석, 전게논문.

191) 군법회의법은 그 형식이나 내용면에서 1921년 구일본의 군법회의법과 해군군법회의법을 계수하고 국방경비법상 군법회의제도를 참작하여 제정되었다. 육군군사법원, 전게서, 20쪽; 이는 구일본의 '군법회의'라는 표현부터 군국주의적인 일본의 제도가 상당 부분 반영된 점에서는 후퇴한 점도 있다는 견해로 고석, 전게논문, 310쪽 참조.

192) 육군군사법원, 전게서; 고석, 전게논문, 311쪽.

193) 전게논문. 310쪽.

194) 전게논문.

195) 육군군사법원, 전게서, 20쪽.

196) 전게서.

「군법회의법」의 주요 특징은 군법회의 구성법 부분에서 「국방경비법」의 기본틀을 바꾸지 않고 지휘관 중심적인 특색을 그대로 유지하였다는 것이다.[197] 「국방경비법」과 비교하면 군법회의 설치 장관에게 주어졌던 권한은 대폭 축소된 것은 사실이었으나 여전히 구성과 절차 진행에 지휘관의 영향력이 강하게 작용할 수 있었으며 지휘관의 판결조치권 중 감경제도를 존치시키고 아무런 제한을 두지 않아 군법회의 제도가 지속적으로 비판의 대상이 되는 원인을 제공하였다.[198] 한편, 관할관과 관련하여 군통수권자인 대통령의 관할관으로서 지위를 법규에서 아예 삭제하였고 대통령의 판결확인권도 삭제하였다.[199]

「군법회의법」은 「국방경비법」에 전체적으로 규정되어 있던 실체법과 절차법, 형사벌과 징계벌을 각 분리하여 절차를 명확하게 하여 당사자들의 이익을 보호하고 군조직의 효율성에도 기여하고자 하였다.[200] 하지만 이러한 개선은 군법이라는 총체적인 체계 속에 모든 절차를 운영하는 영미식 방식의 장점을 상당 부분 없앤 것이고 오히려 절차의 중복진행과 장기화로 당사자들에게 불리하게 작용하고 있다는 비판도 있다.[201] 또한 기존에 독립중대장 이상 부대에서부터 연대장 및 장성급에 이르기까지 약식, 특설, 고등군법회의로 복잡하게 존재하던 군법회의 종류를 장성급 장교가 지휘하는 부대에서만 군법회의를 설치할 수 있도록 단순화하였다.[202] 한편 1심 재판기관으로 보통군법회의를, 2심 재판기관으로 고등군법회의를 두어 항소 및 상고 제도를 도입하였으나 1심만을 사실심으로 하고 항소 및 상고 대상을 지나치게 제한하면서 상고심도 지휘권의 제약을 우려하여 헌법이나 판례에 반하는 것만 가능하도록 하고 자판이 허용되지 않는 등 제한이 많아 고등군법회

---

197) 그러나 국방경비법 시대의 군법회의 설치장관의 권한과 비교하면 그 권한은 대폭 축소되어 특설 및 약식군법회의를 설치할 하급 지휘관의 권한이 삭제되었고, 지휘관의 판결조치권 중 승인이나 확인, 재심명령, 심사제도는 폐지되었다. 고석, 전게논문, 311쪽.

198) 전게논문.

199) 군통수권자의 군법회의 관여를 배제한 군법회의법의 태도는 국방경비법 시대의 군법회의 제도의 성격을 대통령의 군통수권의 행사를 보장하기 위한 수단으로 파악하는 입장에서는 선뜻 이해하기 어려운 것이라는 견해로 전게논문, 321~322쪽 참조.

200) 전게논문, 311~313쪽.

201) 이러한 문제점에 대한 지적은 먼저 징계절차와 형사절차를 분리하여 지휘관이 형사벌과 징계벌 절차를 운영하는 중심이 되므로 군기유지의 효율성이 보장되고 병력 운용의 단순성, 통일성, 융통성 발휘가 가능한 반면 1962년 개선된 법률은 절차가 중복되고 복잡해져 군기유지의 효율성이 저하되며, 군법피적용자에게도 군 수사기관, 검찰관 및 징계간사에게 돌아가면서 조사를 받아야 하고 사건 발생 후 형사처벌과 징계처벌이 종료될 때까지 몇 년이 걸리는 등 군기유지의 신속성 저하 측면 뿐 아니라 당사자의 고통도 더욱 가중되었으며, 형사벌이나 징계벌이 어느 것이 더 무거운 것인지 단언하기 어려운 상황이 발생하는 등 비행자에게 오히려 더 불리할 수 있다는 측면에서 처벌의 위험 앞에 놓인 당사자의 인권 측면에서는 오히려 많은 문제점을 가지고 있다는 견해로 전게논문, 312~313쪽 참조.

202) 전게논문, 313쪽.

의가 형량 문제에 최종심으로 역할을 하였다.[203)]

재판 관할에 있어서는「국방경비법」에 비하여 관할범위와 대상을 보다 명확히 하면서 그 관할 대상을 확대하여 군법피적용자의 신분취득 전 범죄와 신분 상실 후라도 재직 중에 저지른 특정 범죄, 계엄법에 의한 재판권 및 일정한 경우 민간인에 대한 관할 조항을 두었다.[204)] 한편 지휘관의 재심명령권을 폐지하고 일반 형사소송법상 재심제도를 도입하여 지휘관 직권에 의한 재심제도에서 당사자의 신청에 의한 제도로 피고인의 권리를 신장하였다.[205)]

「군법회의법」은 무엇보다도 수사체계에 있어서 근본적인 변화가 있었는데「국방경비법」하에서 기소, 예심 및 심판회부 절차가 분리되어 있던 반면「군법회의법」에서는 검찰관에 의한 기소독점주의와 국가소추주의를 취하고 예심제도를 폐지하였다.[206)] 이에 따라 수사는 군사법경찰관이 하고 검찰관을 상설기관화하였으나 수사권은 부여하지 않고 공소의 제기와 유지를 담당하도록 하였으며 지휘관의 심판회부권은 폐지하고 단지 검찰업무를 지휘감독할 권한만을 부여하여 수사처분의 결정에 있어서 법률가의 권한을 확장하였다.[207)]

「국방경비법」상 군법회의 설치장관 및 정부수석의 판결의 승인, 확인, 감경 등의 제도는 기본틀은 유지하였으나 구체적인 내용에서 대폭 변경을 가져왔으며 개정헌법의 취지에 따라 3심제가 채택됨에 따라 상소심 역할을 담당하던 법무심사관 제도를 폐지하고 법무참모의 법적인 근거도 삭제하였다.[208)] 이처럼 군법회의가 3심제도를 취하면서도 평시에 관할관의 감면권을 존치시키고 이

---

203) 전게논문, 313쪽~315쪽.

204) 이러한 관할 규정들은 민간인에 대한 폭넓은 관할권을 인정하여 군국주의적인 경향의 구 일본식 제도를 참고한 결과라는 점에서 오히려 국방경비법보다 후퇴한 것으로 보는 견해로 전게논문, 315쪽.

205) 전게논문, 316쪽.

206) 전게논문.

207) 이러한 제도는 관할관과 검찰관의 관계는 군사법원법에 명확하게 규정하였으나 수사기관과 관할관과의 관계는 구체적인 규정이 마련되지 않아, "군사법경찰관은 범죄를 수사함에 있어 직무상 상관의 명령에 복종하여야 한다."는 군법회의법 제45조의 "상관"은 누구를 의미하는지와 이러한 조항의 해석상 취지가 무엇인지에 대한 논란이 있었고, 1차적 수사권한을 검찰관에게 부여하지 않음으로써 군수사기관의 수사상 잘못을 시정할 기회를 상실하게 하면서 수사기관의 월권이나 인권침해를 견제할 방도가 없었으며, 지휘관과 군사법경찰관이 유착될 경우에 대한 견제방법이 전무하하였다. 특히, 1차 수사권은 군 수사기관이 보유하고 구속영장 발부권은 지휘관이 보유하여 지휘관의 의도에 따른 영장발부와 사건을 적당히 마무리할 수 있는 체계적인 위험성을 안고 있었고, 철저한 당사자주의에 의하여 피고인에 의한 선입견이 없는 검찰관에 의해서 재판이 진행되었던 국방경비법과 달리 일반형사소송법상의 수사절차를 도입하였으나 검찰관에게 군 수사기관을 실질적으로 견제할 수단이 전무하여 사건기록을 송치받은 검찰관은 이를 기초로 공소제기 여부와 공소유지 업무를 담당할 뿐 이므로 인권보장의 측면에서는 개선되었다고 보기가 어렵다는 견해로 전게논문, 316~318쪽 참조.

208) 개정된 군사법원법은 1988년 2월 25일부로 시행되었다. 자세히는 전게논문, 318~319쪽 참조.

를 잘못 운영하는 사례가 발생하면서 군법회의 제도 전반에 대한 불신을 야기하고 지속적인 외부 비판을 받는 원인을 제공하였다.[209] 한편 소송절차에 있어서 「형사소송법」을 그대로 받아들였기 때문에 무죄추정의 원칙을 비롯한 헌법과 「형사소송법」의 인권보장 조항들이 대부분 반영되었고 강제처분의 법적 근거를 명확하게 하였다.[210] 이를 통하여 적어도 한 나라에서 일반형사절차와 군사재판절차가 각각 대륙법과 영미식 제도를 도입하여 야기되었던 절차상의 불편은 해소되었다.[211]

(4) 군사법원법 시대

군사법원이라는 명칭은 군사재판기관의 사법기관으로서 성격을 강조하는 의미에서 1987년 10월 27일 국민투표를 통해 확정된 제9차 헌법 개정에 따라 1987년 12월 4일 기존의 「군법회의법」이라는 법률명을 「군사법원법」으로 개정하면서 도입되었다.[212] 주요 개정내용은 구속적부심사청구에 대한 제한을 삭제하고, 범죄피해자의 재판상 진술권을 보장하고, 피고인 및 피의자 구속시 변호인 선임 의뢰권 등을 현행범인 체포의 경우에도 인정하며, 모든 범죄에 대한 구속적부심사를 청구할 수 있도록 허용하고, 재심청구 사유를 정하는 등 일반 형사소송법상 보장된 권리들을 군법피적용자들에게 최대한 확대 적용하도록 하였다.[213] 또한 군사법원의 재판관인 법무사도 군판사로 그 명칭을 변경하고 각 군 참모총장이 임명하도록 하였다.[214]

이후에도 「군사법원법」은 계속된 군사법 제도에 대한 위헌논란과 개혁 요구에 부응하기 위하여 일련의 개정이 이어졌다. 중요한 개정사항은 먼저 1994년 1월 5일에 개정되어 같은 해 7월 1일부로 시행된 개정법(법률 제4704호)에서 독립적이고 효율적인 군사법 제도운영을 위하여 각 군 본부에 두었던 고등군사법원을 국방부에 통합 설치하고 사단급까지 설치되었던 보통군사법원을 군단

---

209) 전게논문, 319쪽.

210) 전게논문, 320쪽.

211) 전제논문, 321쪽.

212) 육군군사법원, 전게서, 20~21쪽; 제9차 헌법개정과 관련하여 군사법원의 명칭이 처음으로 도입되었다는 점에 대해서는 기존의 군법회의라는 일반적인 사법기관과는 동떨어진 명칭에서 법원이라는 용어를 사용했다는 점에서 군내 재판제도의 헌법적 성격을 규정하는 측면에서는 진일보한 것이지만 일반적으로 헌법 교과서에서는 9차 개정헌법에서 군사제도에서 중요한 변화의 내용으로 군의 정치적 중립조항을 처음으로 도입한 것에 의미를 부여하고 있는 것과는 다르게 군사법원이라는 명칭을 도입한 측면을 중요하게 다루고 있지 않다. 자세히는 성낙인, 헌법학, 법문사, 2020, 84~85쪽; 허영, 한국헌법론, 박영사, 2018, 121쪽 각 참조.

213) 전게서.

214) 전게서.

급 이상 부대에 설치하도록 하였다.[215] 또한, 고등군사법원과 보통군사법원의 심판관 수를 줄이고 군판사가 재판부의 다수를 차지하도록 하여 판결을 내리는 과정에서 사법적인 판단이 강조되도록 하였으며, 구속영장 발부권자도 지휘관에서 군판사로 변경하였다.[216] 이에 더하여 관할관의 확인조치 대상 판결 범위를 축소하고 평시 형 집행 면제권을 폐지하면서 항소심에서 확인조치권을 폐지하는 등 재판 결과에 대한 지휘관의 관여를 제한하면서 사법기관으로 성격을 강화하였다.[217] 한편 벌금형 등에 처할 간단한 사건은 약식명령을 통해 처리하는 절차도 신설하였다.[218]

민간에서도 형사 절차에서 권리보장을 강화하는 「형사소송법」 개정이 계속되면서 그 내용을 「군사법원법」에 반영하기 위한 개정도 여러 차례 이루어졌다.[219] 한편 개정된 「형사소송법」을 반영하기 위해 2000년 5월 1일 「군사법원법」이 법률 제6037호로 개정되었는데 이를 기화로 국방부 장관 지시로 군 지휘권 강화를 위해 그동안 설치·보류되었던 사단급 지휘관의 군사법원 설치 권한을 다시 행사하도록 하는 조치가 이루어졌다.[220] 육군의 경우 2000년 5월 29일 육군 일반명령 제27호로 사단급 부대의 군사법원 설치·보류를 해제하여 군단급에서 유영되던 18개의 군사법원을 사단급까지 52개로 확대하였다.[221] 이렇게 전군에 걸쳐서 육군은 사단급 이상, 해군은 함대급 이상, 공군은 비행단급 이상 부대에 확대하여 83개의 군사법원이 설치·

215) 1994. 6. 23. 국방부장관은 육군의 경우 군단급 18개 부대를 제외한 모든 부대의 군사법원 설치를 보류하도록 지시하여 육군은 1994. 6. 30.부로 육군 일반명령 제31호(1994. 6. 24.)로 18개의 군사법원을 제외한 나머지 군사법원의 설치를 보류하면서 관할을 조정하였다. '94 병과사, 법무감실, 88쪽; 전게서, 21쪽 재인용.

216) 전게서.

217) 전게서.

218) 육군군사법원, 전게서, 21~22쪽.

219) 2000년 5월 1일 1995년과 1997년 형사소송법 개정을 통해 영장에 의한 체포, 긴급체포, 영장실질심사제도, 체포적부심제도, 피의자 보석 등 인신구속제도를 개선이 이루어진 것을 군사법원법에 반영하여 체포영장제도를 도입하면서 긴급구속을 긴급체포로 변경하고 구속전피의자심문제도 도입, 피고인의 공판조서 열람, 등사 청구권 인정, 구속 시 변호인 등에게 범죄사실의 요지를 통보하도록 하여 피고인의 방어권을 보장하고 피의자 보석제도를 도입하는 등 형사소송법의 개정 내용을 적극 반영하였고, 헌병부대장의 즉결심판 청구권을 신설하기도 하였다. 한편 2008년 1월 17일 에는 개정된 형사소송법 취지를 고려하여 구속사유에 범죄의 중대성, 재범의 위험성, 피해자·중요참고인 등에 대한 위해의 우려 등을 고려하도록 하고, 보석조건을 구체화, 다양화하였으며, 긴급체포제도를 개선하고 필요적 구속전 피의자심문제도를 도입하고 수사기관의 피의자 신문전 진술거부권 고지 의무 부여, 증거개시제도 도입, 공판준비절차 개선을 통한 집중심리제도 도입 등 개정이 이루어졌다. 2010년 6월 30일 개정 시에는 별도로 분리되어 있던 「군사법원의 재판권에 관한 법률」을 총칙편에 흡수하여 체계를 정비하고 재정신청에 대한 공소제기 결정 제도가 도입되어 공소유지 법무관제도를 폐지하였다. 자세히는 전게서 22~23쪽 참조.

220) 전게서.

221) 전게서.

운영되었다.[222)]

그러나 확대 운영되던 83개의 각 군 군사법원은 소위 '윤일병 사망 사건'과 '임병장 총기 난사 사건'의 여파로 이루어진 2016년 1월 6일 「군사법원법」(시행 2017. 7. 7. 법률 제13722) 개정에 따라 다시 군단급 이상 부대에만 30개의 군사법원을 운영하도록 하였다.[223)] 또한 위 개정으로 무자격자에 의한 재판이라는 비난이 집중되던 심판관 제도를 원칙적으로 폐지하고 군판사 3인으로 재판부를 구성하며 군형법 위반 범죄 중 군사적 성격을 띠는 일부 범죄에 대해서만 심판관을 운영하되 재판장을 선임 군판사가 맡도록 하여 군사재판의 공정성과 독립성을 강화하였다.[224)] 관할관 확인·감경권도 평시에는 원칙적으로 이를 폐지하고 감경권을 행사할 수 있는 범죄와 감경범위를 법률로 엄격하게 제한하였다.[225)]

그러나 2016년 개정법이 정착되기도 전에 2021년 발생한 '성추행 피해 공군부사관 사망사건'으로 인해 국민으로부터 군사법 제도를 통해서는 군내 성범죄 피해자에 대한 효과적인 보호 및 엄정한 성범죄자 처벌이 이루어지지 않는다는 강력한 비판과 불신이 제기되었다.[226)] 이에 따라 군사법 제도 개혁에 관한 국회 법제사법위원회의 논의가 급격하게 진행되어 2021년 9월 24일 법률 제18465호로 기존 군사법원법 개정과는 차원을 달리하는 법률 개정이 이루어졌다. 특히, 2021년에 개정법은 전·평시를 구분하여 군사법원의 운영에 있어서 재판권의 행사범위와 군사법원 구성과 운영에 있어서 지휘관의 관여범위를 근본적으로 달리 규정하였다. 따라서 향후 개정법에 따라 원활한 전시 등 군사법원 운영을 어떻게 대비할 것인가에 대해서 더욱 깊은 고민이 필요하게 되었다.[227)]

---

222) 국방부, 법무백서, 국방부 법무관리관실, 2016, 371-380쪽; 육군군사법원, 전게서, 24쪽.

223) 국방부, 법무백서, 국방부 법무관리관실, 2016, 371-380쪽; 육군군사법원, 전게서, 24쪽.

224) 전게백서; 전게서.

225) 전게백서, 381~386쪽; 전게서.

226) 당시 사건처리 과정에서 성추행 발생 시부터 피해자 사망 시까 사건이 축소·은폐되었다거나 피해자에 대한 2차 가해가 있었다는 의혹 등으로 인해 결국 특검수사까지 진행되게 되었다. 자세히는 민관군합동위원회, 민관군합동위원회권고안, 2021년, 175쪽.

227) 이러한 급격한 변화는 군사법 제도의 존재의의인 군의 기능수행력을 보장한다는 측면에 대해서는 깊은 군사적 고민이 이루어지지 않고 진행된 것으로 전·평시를 구분하여 완전히 이질적인 제도를 군내에서 운영한다는 것은 평시에 전시를 대비하여 유지되는 군조직의 존재의의를 고려할 때 매우 심각한 문제를 발생시킬 소지가 있으나 당시 '공군 성폭력 피해 부사관 사망 사건'으로 촉발된 군사법 제도에 대한 비난과 불신이 이러한 필수적인 논의조차 허용하지 않는 방향으로 확산되어 결국 군사법 제도를 운영하는 핵심 취지인 전시 군사법원의 원활한 유지를 통한 군의 기능수행력과 지휘권이 보장된 가운데 군장병의 인권보장을 함께 달성하는 방안에 대해서 평시에 매우 깊은 고민과 준비가 더욱 절실해지는 상황을 초래하였다. 이러한 변화에 대한 자세한 검토와 문제점 등에 대해서는 이하에서 별도로 논의를 하기로 한다.

주요 개정 내용은 그동안 처리 과정에서 공정성, 투명성, 군기강 유지와의 연관성 등에서 논란이 되던 성폭력범죄, 군인 등 사망사건 관련 범죄 및 군인 등이 그 신분취득 전에 저지른 범죄와 그 범죄와 경합관계에 있는 범죄에 대해서는 평시에는 군사법원의 재판권에서 제외하여 일반 법원이 재판권을 행사하도록 하였다.[228] 1심을 담당하던 각 군 보통군사법원과 2심을 담당하던 고등군사법원을 평시에는 각 폐지하고 1심 법원으로 국방부 소속의 5개의 지역 보통군사법원으로 통합하여 신설하고, 2심은 서울고등법원에서 담당하도록 하였다.[229] 군판사의 임명은 군판사의 경우는 10년 이상, 군사법원장은 15년 이상 각 군법무관으로서 근무경력을 가진 인원을 대상으로 군판사인사위원회를 통한 별도 선발절차를 거쳐 군판사로서의 직책만을 수행하도록 하였다. 또한 평시 관할관 제도와 심판관 제도를 폐지하고 지휘관에 의한 군판사 임명 및 재판부 구성 권한 등을 삭제하는 등 평시 군사법원 구성 및 운영에 있어서 지휘관의 영향을 배제하였다.[230]

---

228) **군사법원법 제2조 (신분적 재판권)** ② 제1항에도 불구하고 법원은 다음 각 호에 해당하는 범죄 및 그 경합범 관계에 있는 죄에 대하여 재판권을 가진다. 다만, 전시·사변 또는 이에 준하는 국가비상사태 시에는 그러하지 아니하다. <개정 2021.9.24>

1. 「군형법」 제1조제1항부터 제3항까지에 규정된 사람이 범한 「성폭력범죄의 처벌 등에 관한 특례법」 제2조의 성폭력범죄 및 같은 법 제15조의2의 죄, 「아동·청소년의 성보호에 관한 법률」 제2조 제2호의 죄
2. 「군형법」 제1조 제1항부터 제3항까지에 규정된 사람이 사망하거나 사망에 이른 경우 그 원인이 되는 범죄
3. 「군형법」 제1조 제1항부터 제3항까지에 규정된 사람이 그 신분취득 전에 범한 죄

제11조 (군사법원의 심판사항)

군사법원은 다음 각 호의 사건을 제1심으로 심판한다.

1. 제2조 또는 제3조에 따라 군사법원이 재판권을 가지는 사건
2. 그 밖에 다른 법률에 따라 군사법원의 권한에 속하는 사건

제12조 (계엄지역의 관할)

계엄지역에서는 국방부장관이 지정하는 군사법원이 「계엄법」에 따른 재판권을 가진다.

229) **군사법원법 제6조 (군사법원의 설치 및 관할구역)** ① 군사법원은 국방부장관 소속으로 하며, 중앙지역군사법원·제1지역군사법원·제2지역군사법원·제3지역군사법원 및 제4지역군사법원으로 구분하여 설치하되, 그 소재지는 별표 1과 같다. ② 군사법원의 관할구역은 별표 2와 같다.

제9조 (대법원의 심판사항)

대법원은 고등법원(제11조에 따라 군사법원에 재판권이 있는 사건을 심판하는 고등법원으로 한정한다. 이하 같다) 판결의 상고사건 및 결정·명령에 대한 재항고사건에 대하여 심판한다.

제10조 (고등법원의 심판사항)

① 고등법원은 군사법원의 재판에 대한 항소사건, 항고사건 및 그 밖에 다른 법률에 따라 고등법원의 권한에 속하는 사건에 대하여 심판한다.

② 제1항의 고등법원은 「각급 법원의 설치와 관할구역에 관한 법률」 별표 1에 따른 서울고등법원에 둔다.

230) 개정법에 따른 군판사 선발절차가 2021년부터 진행되어 33명의 군판사를 군판사인사위원회와 군사법원운영위원회를 통해서 임명하는 한편, 선발된 군판사들을 중심으로 2022년 7월 1일부로 5개의 지역군사법원이 창설되었고, 같은 해 6월 30일부로 기존의 각 군 보통군사법원 및 국방부 보통군사법원, 그리고 고등군사법원은 모두 폐지되어 역사의 뒤안길로 사라지게 되었다.

나. 군사법 제도 개혁을 둘러싼 헌법적, 법리적 논의

(1) 개 요

지금까지 대한민국의 군사재판 제도가 「국방경비법」, 「군법회의법」, 「군사법원법」을 거치면서 성립되고 변화하는 과정을 제도 변화적인 측면에서 평면적으로 검토하였다. 하지만 이러한 제도 변화의 이면에는 항상 군사재판 제도를 둘러싼 근본적인 헌법적인 논의를 바탕으로 한 위헌론과 합헌론, 군사재판의 사법작용으로서 기능을 강조하는 견해와 군 통수권 보장과 군기강 확립을 위한 합목적적 기능을 강조하는 견해 등이 서로 충돌하고 조화를 이루려는 노력을 반영한 법률 개정이 이루어 지면서 점진적인 개혁이나 개선이 진행되었다.

특히 개정법 전까지는 군사법원 구성법 부분에서는 전·평시를 막론하고 지휘관 중심주의와 지휘관을 통한 군기강 확립이라는 군사재판의 역할과 기능을 보장하려는 입장의 근본적인 변경은 없었다.[231] 하지만 개정법에서는 평시에는 군사재판과 관련된 지휘관들의 권한을 대폭 축소하고 군사법원의 사법기관성을 강조하는 방향으로 큰 틀의 변화를 시도했다. 이러한 개정이 헌법이 유일하게 인정하는 예외법원으로서 군사법원의 조직과 운영에 대한 근본적인 변경을 가하는 것임에도 불구하고 과연 충분한 논의가 이루어진 것인지 우려가 없을 수 없다.

이러한 측면에서 군사재판 제도의 개혁 내지 개선 과정에 대한 입체적인 이해를 위해서 군사법 제도를 둘러싼 일련의 헌법적, 법리적 논의를 살펴보고 이러한 논의의 연장선에서 개정법이 가지는 의미를 가늠해 보고자 한다. 특히, 전·평시 구별 없이 불의의 위기상황에 대비하는 군의 일부를 구성하는 기관으로서 군사법원과 군사재판의 기능적인 측면에서 전·평시를 분리하여 평시에 있어서는 군사재판의 사법 기능 발휘에 좀 더 비중을 두고 이루어진 개정법이 개정되는 과정에서 있었던 논의를 자세히 살펴보면서 개정법에 따른 효과적인 전시 군사법원 운영방안을 도출하는데 토대가 되도록 하겠다.

(2) 군사법원 위헌론

지금까지 군사법원에 대한 위헌론의 주된 논거는 군사법원의 사법 기관성에 더 주목하여 헌법상 권력분립 원리와 이에 따른 사법부의 구성에 있어서 헌법상 원리인 민주성, 전문성, 독

231) 자세히는 고석, 전게논문, 324~330쪽 참조.

립성 특히 사법권 독립의 원칙에 반하여 위헌이라는 입장으로 정리할 수 있다.[232] 세부적으로 살펴보면 먼저 군사법원이 헌법 규정 제5장 법원편 제110조에 규정되어 있음에도 불구하고[233] 군사법원과 군 검찰이 국방부 장관과 각군 참모총장 아래 조직되어 운용되는 것은 권력분립의 원칙과 사법권 독립의 원칙에 대한 중대한 침해라는 것이다.[234]

같은 논의의 선상에서 구)군사법원법(법률 제18465호, 2021.9.24.로 일부 개정되기 전의 것을 말한다. 이하 구법이라 한다.) 제6조에서 군사법원에 관한 사항을 대통령령에 위임한 것은 권력분립의 원칙에 반하고, 같은 조 제4항에서 군사법원의 조직에 관한 필요한 사항을 정하지 않고 대통령령으로 포괄위임한 것은 헌법 제75조와 제95조의 포괄위임 금지의 원칙에 반한다고 주장한다.[235] 이러한 주장은 개정법 제6조에서 평시 군사법원의 조직에 대한 대강을 법률로 정하고 있어 일견 더는 유효하지 않은 주장이라고 볼 수도 있다.[236] 그러나 개정법은 다수의 전시, 사변 또는 국가비상사태 시 특례규정을 통해 전시 등 비상사태 시에는 다시 구법과 같은 지휘관 중심주의를 반영하여 군사법원은 운영하도록 하여 전시, 사변 또는 국가비상사태 시 군사법원의 합헌성을 가늠하기 위해서는 기존의 위헌론의 타당성에 대한 검토는 여전히 필요하다.[237]

또 다른 위헌론의 근거는 헌법상 사법기관인 법원의 구성원리인 독립성, 전문성, 민주성의 원리가 군사법원의 구성에는 전혀 반영되지 않아 위헌이라는 주장이다.[238] 구법상 심판관은 물론이고

---

232) 서재덕, 군사법제도 구조에 관한 비교연구, 서울대 박사학위 논문, 2008, 18쪽; 고석, 전게논문, 331쪽; 오경식 등 4명, 현행 군사법제도의 발전방향 연구 최종보고서, 한국형사소송법학회, 2012, 13~14쪽; 송기춘, 군사재판에 관한 헌법학전 연구, 공법연구 제33집(3호), 2005, 282~286쪽.

233) **대한민국 헌법 제110조** ① 군사재판을 관할하기 위하여 특별법원으로서 군사법원을 둘 수 있다.
② 군사법원의 상고심은 대법원에서 관할한다.
③ 군사법원의 조직·권한 및 재판관의 자격은 법률로 정한다.
④ 비상계엄하의 군사재판은 군인·군무원의 범죄나 군사에 관한 간첩죄의 경우와 초병·초소·유독음식물공급·포로에 관한 죄 중 법률이 정한 경우에 한하여 단심으로 할 수 있다. 다만, 사형을 선고한 경우에는 그러하지 아니하다.

234) 서재덕, 전게논문; 고석, 전게논문; 오경식 등 전게보고서.

235) 서재덕, 전게논문; 고석, 전게논문; 오경식 등 전게보고서.

236) **군사법원법 제6조 (군사법원의 설치 및 관할구역)** ① 군사법원은 국방부장관 소속으로 하며, 중앙지역군사법원·제1지역군사법원·제2지역군사법원·제3지역군사법원 및 제4지역군사법원으로 구분하여 설치하되, 그 소재지는 별표 1과 같다.
② 군사법원의 관할구역은 별표 2와 같다.

237) 현행 군사법원법은 전시에는 장성급 부대의 보통군사법원과 국방부 고등군사법원을 설치하도록 하면서도 오히려 전시 군사법원의 조직에 관한 필요한 사항을 규정하는 조항을 두고 있지 않아 전시에는 군사법원 조직 구성에 있어서 관련 규정이 존재하지 않는 상황을 초래하였는데 전·평시를 구분한 군사법원법 개정이 이루어지면서 정밀하게 검토되지 못한 부분이라 하겠다.

238) 송기춘, 전게논문.

군판사도 군검사와의 순환보직이 허용되어 전문성과 독립성이 부족하고, 관할관이 심판관과 군판사를 임명하여 재판부를 구성하는 권한이나 법무참모를 통한 공공연한 사법절차 개입으로 재판의 독립성 원리가 침해된다는 것이다.[239] 관할관이 자신의 부하를 임명하여 구성하는 군사법원은 재판부 구성에서도 민주성의 원리가 구현될 수 없다는 견해이다.[240]

형사사법 절차를 구성하는 기관의 분리를 통한 공정성 확보라는 이념의 구현 측면에서도 민간 검찰과 법원이 「검찰청법」과 「법원조직법」으로 분리된 것과 달리 군검찰은 「군사법원법」에 함께 규정되어 있어 위헌이라는 견해도 있다.[241] 조직구성의 합법성 측면에서도 구법상 사단, 군단, 군사령부 보통군사법원과 보통검찰부의 설치근거는 있으나 조직에 관한 규정이 없고, 검찰부도 국방부 검찰단을 제외한 사단, 군단, 군사령부, 육군본부 검찰부의 경우 조직규정이 없어서 하부조직들이 법적 근거를 가지지 못하는 점도 위헌적 요소로 지적되고 있었다.[242]

이상의 논의는 구법을 중심으로 제기된 위헌론으로 개정법 하에서는 적어도 평시에는 문제 제기된 부분에 대한 개선이 일부 이루어져 유효하지 않은 부분도 있다.[243] 그러나 이미 언급한 바와 같이 개정법도 전시, 사변 또는 국가비상사태 시 군사법원의 운영에는 지휘관 중심의 구법상 제도를 그대로 부활시켜서 운영하는 것을 전제로 하고 있으므로 기존 위헌론에 대한 타당성을 검토할 필요가 있다.

239) 서재덕, 전게논문.

240) 서재덕, 전게논문.

241) 서재덕, 전게논문; 고석, 전게논문.

242) 오경식 등, 전게보고서; 고석, 전게논문.

243) 지휘관이 심판관과 군판사 등 재판부를 구성하는 등 자신의 부하로 군사법원을 운영하여 전문성, 민주성, 독립성의 사법기관 구성의 헌법원리에 반한다는 주장은 현행법은 원칙적으로 심판관 제도를 폐지하고 군판사는 10년이상, 군사법원장은 15년 이상 근무한 군법무관 중 군판사인사위원회를 통한 선발절차를 거쳐 임명되어 국방부 장관 직속으로 운영되기 때문에 위와 같은 논리의 위헌 주장은 적어도 평시 군사법원 운영에 대한 비판으로 적절치 않다. (군사법원법 제22조 내지 제24조) 또한 군사법원과 군검찰의 조직에 대하여 법률의 위임된 사항을 전부 대통령령에 위임하여 포괄위임금지 원칙 위반이라는 주장도 현행법은 평시 군사법원의 조직과 군검찰 조직을 모두 군사법원법에 규정하고 있으므로 타당하지 않다고 볼 여지도 있다.(군사법원법 제6조 내지 8조, 제36조) 그러나 전시에는 다시 구)군사법원법상 군검찰과 군사법원 조직규정을 전시특례로 하여 그대로 적용하고 심판관과 군판사의 임명도 지휘관이 하도록 하고 있기 때문에,(군사법원법 제532조의2 내지 제532조의4, 제534조의9 내지 534조의11, 534조의16 내지 534조의17) 위 논의들이 군사법제도의 전시, 사변 및 비상사태 시의 운영을 위해서는 반드시 위헌논란이 타당한 것인지에 대한 검토가 필요한 것이다.

(3) 위헌론을 고려한 군사법원의 헌법적, 제도적 의의에 대한 검토

군사법원의 사법 기관성을 강조하는 입장은 헌법에 명시적인 예외법원으로서 설치가 허용된 군사법원의 군 기능수행력 보장을 위한 헌법적 기능을 부정하면서 군사법원은 폐지되거나 적어도 평시에는 운영할 필요가 없다고 주장한다. 하지만 일부 위헌론에도 불구하고 다수의 헌법학자들은 헌법상 유일한 특별법원으로 명문화되어 있는 군사법원에 형식적인 위헌문제는 없다고 본다.[244] 헌법재판소도 위에서 언급된 일련의 위헌론을 바탕으로 제기된 다수의 헌법소원에 대해서 일관되게 군사법원은 헌법상 허용되는 특별법원으로서 사법권의 독립 침해나 위임입법의 한계를 일탈, 혹은 헌법 제27조 제1항의 재판청구권, 제11조의 평등권의 본질적 내용의 침해가 아니라고 결정하였다.[245] 더욱이 헌법재판소는 현역병이 입대 전 범죄를 군사법원에서 재판하는 것에 대해서도 군사법원의 재판권과 군인의 재판청구권을 형성함에 있어 인정되는 재량의 헌법적 한계를 벗어나지 않았다고 결정한 바 있다.[246]

현행 헌법이 명문으로 군사법원의 설치를 허용하고 있음에도 위헌론이 제기되는 이유는 군사법원 제도의 역사적 형성과정과 모법인 미 군법 제도의 내용과 특성을 바탕으로 우리 군사법원 제도의 의의와 기능을 파악하지 않기 때문이다.[247] 「국방경비법」의 모법인 미국의 군법 제도와 1962년 「군법회의법」이 참고한 구일본 「군법회의법」상 군사재판 제도의 헌법적 근거와 해석론은 모

---

244) 형식적인 위헌성은 해소되었으나 헌법규정들 사이에 상호 저촉이 생길 소지는 있다는 견해로 성낙인, 전게서, 721~722쪽 참조; 군사법원을 헌법상 유일한 특별법원으로 설치하도록 규정한 헌법은 군사법원의 기능을 헌법정신에 조화시키기 위해서 군인 또는 군무원이 아닌 국민은 예외적으로만 군사법원의 재판을 받도록 하고(헌법 제27조 제2항), 군사법원의 상고심은 대법원이 담당하도록 하면서 비상계엄이 선포된 경우 사형을 선고하는 경우가 아니면 일정한 범죄에 한하여 단심제를 허용하고 있으며(제110조 제2항, 제4항), 군사법원의 조직·권한 및 재판관의 자격을 법률로써 정하도록 하는(제110조 제3항) 세 가지 제한조치를 마련하고 있다는 견해로 허영, 전게서, 1108쪽 참조.

245) 헌법재판소 1996. 10. 31. 93헌바25 결정.

246) 헌법재판소는 군대는 각종 훈련 및 작전수행 등으로 인해 근무시간이 정해져 있지 않고 집단적 병영(兵營) 생활 및 작전위수(衛戍)구역으로 인한 생활공간적인 제약 등, 군대의 특수성으로 인하여 일단 군인신분을 취득한 군인이 군대 외부의 일반법원에서 재판을 받는 것은 군대 조직의 효율적인 운영을 저해하고, 현실적으로도 군인이 수감 중인 상태에서 일반법원의 재판을 받기 위해서는 상당한 비용·인력 및 시간이 소요되므로 이러한 군의 특수성 및 전문성을 고려할 때 군인신분 취득 전에 범한 죄에 대하여 군사법원에서 재판을 받도록 하는 것은 합리적인 이유가 있다. 또한, 형사재판에 있어 재판권 유무는 원칙적으로 재판 시점을 기준으로 해야 하며, 양형은 일반적으로 재판받을 당시, 즉 선고 시점의 피고인의 군인신분을 주요 고려 요소로 해 군의 특수성을 반영할 수 있어야 하므로, 이러한 양형은 군사법원에서 담당하도록 하는 것이 타당하다. 나아가 군사법원의 상고심은 대법원에서 관할하고 군사법원에 관한 내부규율을 정함에 있어서도 대법원이 종국적인 관여를 하고 있으므로 이 사건 법률조항이 군사법원의 재판권과 군인의 재판청구권을 형성함에 있어 그 재량의 헌법적 한계를 벗어났다고 볼 수 없다고 하였다. 자세히는 헌법재판소 2009. 7. 30. 2008헌바162결정 참조.

247) 고석, 전게논문, 332쪽.

두 군사법원 제도가 사법부에 속하지 않는다고 한다.[248] 미국의 경우에는 군사재판 제도는 헌법 제1장인 국회의 입법권에 의하여 성립되는 제도로 보았고, 구 일본에서는 군법회의를 독립된 관청으로 보지 않고 지휘관의 지휘권 또는 군정권 행사를 위한 관청의 일부로 파악하였다.[249] 우리 「국방경비법」이나 「군법회의법」과 「군사법원법」도 군사법원이 실질적으로는 국가의 형벌권을 행사하는 사법작용의 성질을 가지는 것이지만 형식적 의미에서는 입법, 행정, 사법 중 대통령을 정점으로 한 행정부에 속하는 것으로 보고 있다.[250]

이러한 우리 군사재판 제도의 역사적 형성과 해석론 측면을 고려하여 우리 군사재판 제도와 권력분립의 원칙의 문제를 살펴보면 군사법원의 운영에 있어서 권력분립의 원칙의 구현을 위한 보다 정확한 접근방법은 행정, 입법, 사법이 그에 주어진 권한 범위에서 상호 견제와 균형을 이루도록 운영되어야지 군사법원을 사법권의 일부로만 파악하여 그 위헌 여부를 논의하는 것은 타당하지 않다.[251] 한국 최초의 군사재판 제도를 형성한 「국방경비법」은 미군법전을 그대로 도입하여 그 존재 목적은 군기강 유지에 두고 법적 성격을 대통령의 군통수권 보좌를 위한 수단적 도구로서 군 조직 내에 설치되어 군의 일부로 대통령을 정점으로 한 통수체계 하에 존재하는 제도로 보았다.[252] 이러한 입장에서 1954년 개정헌법은 제83조의2에서 이미 존재하던 군법회의 제도를 헌법전에 수용하면서도 상고심을 대법원이 담당하도록 한 것이다.[253]

---

248) 미군법의 해석론에서는 1800년대부터 미군법의 헌법적 근거를 대통령과 국회의 권한 및 헌법수정 제5조에서 찾았고, 미 연방대법원도 1800년대부터 1950년대에 걸쳐서 군법제도는 대통령과 국회에 의해 창설되었다는 군법에 대한 불간섭의 원칙(Doctrine of Nointerference)을 고수하여 미국 헌법은 군대에 대한 통제권을 법원이 아닌 정치적 성격의 국회나대통령에게 부여하였다고 보고 있다. 자세히는 고석, 전게논문, 47~50쪽 4~68쪽 각 참조; 구일본의 경우 군법회의법에 대한 헌법적 근거로서 일본 제국헌법 제60조가 있었고 이에 따라 제정된 구일본 군법회의법은 군법회의 소송수속과 군법회의의 구성과 권한 정하면서 재판소 구성법 부분에서는 군사재판 제도의 특수성을 반영하되 형사절차법 부분에서는 자국의 일반 형사절차법을 그대로 받아들이면서 2심제를 채택하고 2심은 고등군법회의가 관할하면서 최종심을 대법원이 관여하지 못하도록 하였다. 자세히는 고석, 전게논문, 50~51쪽, 68~69쪽 각 참조.

249) 고석, 전게논문, 332쪽.

250) 고석, 전게논문, 337쪽.

251) 군사재판 제도의 조직과 권한 및 법관의 자격에 관한 법률을 제정할 국회의 권한은 헌법 제74조가 정한 대통령의 군통수권을 제약하거나 국군조직의 기능원리의 본질적 내용을 침해해서는 안된다는 내재적 한계를 가지며, 군사재판 제도의 구성과 권한에 관하여 규정하는 국회의 입법권은 사법권과의 관계에서 특별법원인 군사법원도 사법적 작용을 하는 기관이라는 점에서 헌법 제27조의 국민의 재판을 받을 권리, 헌법 제101조의 법관의 자격 및 그 밖의 인권보장 조항들의 본질적인 내용을 침해해서는 안되는 내재적 한계를 가지며, 군사재판의 상고심을 담당하는 대법원도 국회가 정한 법률에 의거한 범위에서 군사재판의 판결을 심사할 권한을 가지며 국회의 입법권과 군통수권을 제약하는 결과를 초래하는 법률의 범위를 넘어서는 관할권을 행사해서는 안된다는 견해로 전게논문, 333~334쪽 참조.

252) 고석, 전게논문, 333쪽.

253) 전게논문.

더욱이 헌법 제74조의 군통수권과 국군의 조직과 편성의 법률주의 규정은 의회의 입법권이 군사재판 제도와 관련된 군통수의 본질적인 내용을 침해해서는 안된다는 입법과 행정 권력의 균형과 조화의 원칙이 대통령의 권한을 위임받은 군지휘관들에게까지 적용되도록 하는 것으로 이해할 수 있다.[254] 따라서 군에 별도의 군사재판 제도를 존치시키는 헌법적 의의나 정당성을 부정할 정도로 지휘관의 관여를 배제하는 입법은 그 재량 범위를 넘어선 것이라고 볼 여지도 있다.[255]

또한 「국방경비법」부터 「군법회의법」을 거쳐서 개정되어온 구법과 개정법 및 그 전시특례 규정을 조화롭게 해석해보면 군사법원을 군 조직에 설치되는 국군조직의 일부라고 보고 있다는 점이 명확하므로 군사법원의 조직법을 군조직관련 법령과 구분하여 별도로 둘 이유는 없다. 따라서 조직규정이 법률에 없다는 이유로 권력분립의 원칙 위배나 포괄위임 금지원칙의 위배 문제는 발생하지 않는다. 오히려 국방부 군사법원과 국방부 검찰단의 조직규정이 별도로 있는 이유는 국군조직법과 구법의 규정을 조화롭게 해석하면 너무나 당연하다.[256] 국군조직법은 제15조 제1항과 제2항에서 각 군의 예하에 필요한 조직과 기관을 둘 수 있도록 하면서 이러한 부대나 기관의 설치에 필요한 사항은 법률 또는 대통령령으로 정하도록 하였다. 이에 따라 군사령부, 군단, 사단이 대통령령으로 설치되어 있으며 군사법원법에서는 장성급 지휘관이 지휘하는 각급 부대에 보통군사법원을 설치할 수 있도록 하고 있으므로 군사법원의 조직을 위한 별도의 대통령령을 제정할 필요가 없다.[257] 이와 달리 국방부는 군조직이 아닌 행정부에 속하므로 군사법원을 포함한 부대나 기관을 국방부에 설치하려면 국군조직법 제2조 제3항에 따라 별도의 대통령이 반드시 필요한 것이다.[258]

따라서 군사재판 제도는 고대 로마로부터 일반 사법제도와는 별개의 제도로서 같은 목적을 추구하면서도 다른 모습을 발전되어 온 역사적 산물로서 일반 사법제도와 동일시하여 그 헌법적 의미를 판단할 수는 없다. 군사법원은 군의 기강을 유지하기 위해서 헌법상 인정되는 특별법원으로 군조직의 일부, 국방부 또는 사법권에 대응하는 행정부에 설치되어 제한된 대상에 대한 재판권을 행사함으로써 국가형벌권 행사를 위한 실질적 의미의 사법작용을 하는 기관이지만 역사

---

254) 전게논문, 334~335쪽.

255) 전게논문.

256) 전게논문, 337쪽.

257) 전게논문.

258) 전게논문.

적 형성과정에서 파악할 때는 관할관, 심판관, 군검찰, 군 수사기관 등이 함께 어우러져 군기강의 유지와 사법적 정의를 구현하기 위해서 봉사하는 총체적으로 헌법에 부합하는 구조로 파악할 수 있다.[259)]

(4) 개정법의 개정과정에서 논의 경과

우리의 군사재판 제도는 「국방경비법」에 따라 성립되는 과정부터 현재까지 민간과 구별되는 군사법원의 필요성과 합헌성에 대한 논란은 계속되어 왔다. 최근 2000년 이후에 있었던 군사법 제도 개혁 내지 개선과 관련된 논의들만 보아도 평시 혹은 전·평시 군사법원 폐지안, 군사법원의 관할범위를 순정 군사범죄로 제한하는 방안, 군사법원과 군검찰을 지휘권으로 완전히 분리시키는 방안, 군사법원은 유지하되 관할관의 권한을 제한하는 방안 등 다양한 의견들이 제시되어 일부는 입법절차를 통해 제도화되기도 하고 일부는 입법안이 발의되었으나 입법에 이르지는 못하기도 했다.[260)]

그런데 2000년대 이후 여러 논의 과정 중 실제로 큰 규모로 제도가 개선되는 입법으로까지 이어진 경우는 2014년 소위 '윤일병 사망 사건'과 '임병장 총기 난사 사건'을 계기로 구성된 '민관군 병영문화 혁신위원회안'과 2021년 '성추행 피해 공군부사관 사망 사건'을 계기로 민관군합동위원회와 국회 군 인권개선 및 병영문화특별위원회가 구성되면서 군사법 제도에 대한 개선 논의가 강하게 일어났을 때 국회에서 통과된 개정법안 등 2번의 사례이다. 이처럼 국민적 공분을 일으키는 사건이 발생하지 않았던 경우에는 대부분의 입법안은 국회의원들 간의 견해 차이와 군 내부적인 반대 등에 부딪혀 실제 입법으로까지는 진행되지 못했다. 그러나 위에서 언급한 군내 대형사건이 발

259) 전게논문, 341쪽.

260) 2000년대 이후 입법을 위한 법률안까지 제안된 군사법 제도 주요 논의 내용은 아래와 같다. 이론상으로는 군사법원을 완전히 폐지하자는 견해도 있으나, 입법안 중에는 전시조차 군사법원을 운영하지 않는다는 방안은 없었다.

구 분	의결 내용	관련 법안
2003년 사법제도 개혁추진위원회 개혁입법안 2006년 정부 제안입법으로 국회제출	• 각군 부대별 보통군사법원 → 국방부 소속 5개 지역 보통군사법원 • 각군 부대별 보통검찰부 → 국방부 소속 5개지역 보통검찰부	회기만료로 폐기
2014년 국방부 민관군 병영문화혁신위원회 안	• 각군 사단급 보통군사법원 → 각군 군단급 보통군사법원	'17. 7월 군사법원법 개정
2021년 국회 군 인권개선 및 병영문화혁신 특별위원회	• 평시 군사법원 폐지	현행 군사법원법 전면 개정으로 폐기
2018년 대통령 개헌안	• 평시 군사법원 폐지	표결절차 후 폐기

생하는 경우 군내 인권상황에 대한 문제의식과 불신이 폭발하였고, 특히 군사법 제도가 반복되는 군내 사건·사고를 투명하게 수사하고 처벌하여 장병의 인권을 적절히 보호하는 것이 불가능한 제도적 결함을 가지고 있다는 국민적 불신이 고조된 상황에서 군사법 제도 개선을 요구하던 의견들이 집중적으로 국회로 전달되고 기존 개선안들도 입법추진 동력을 받아 개선 입법절차가 신속하게 진행되었다.

더욱이 대형사고의 재발방지를 위한 후속 조치의 일환으로 진행된 군사법 제도 개혁 입법절차에서는 국회 내에서 지휘권을 제약하는 군사법 제도 개선에 신중한 입장을 취하던 의원들이나 이를 반대하던 국방부와 군사법 제도를 책임지는 법무장교들 역시 폭발된 국민적 불신에 편승한 개선 입법 요구에 대해 적절한 반대의견을 제시할 수 없는 상황이 초래되었다. 따라서 기존의 군사재판 제도에 대한 합헌성, 정당성, 필요성 등에 대한 찬성이나 반대 입장에 대한 근본적인 변화가 없음에도 불구하고 이와는 무관하게 발생한 대형사고와 그 처리 과정에서 초래된 군사법 제도에 대한 국민적 비난이 고조되었고 이러한 불신과 불만을 어떠한 형태이든 제도 개선으로 불식시켜야 한다는 정무적인 입장에서 그동안 논란의 대상이 되었던 방향으로의 제도 개선에 대한 정교하고 차분한 논의를 거치지 못하고 매번 비교적 큰 규모의 개정안이 통과되었다는 점은 제도 개선의 올바른 방향성을 유지하였는가에 대한 우려를 자아낸다.

물론 개정법의 신속한 입법을 촉발했던 '성추행 피해 공군부사관 사망 사건'이 발생하기 이전에도 이미 군사법 제도를 개혁해야 한다는 논의가 진행되어 정부가 발의한 개정안을 중심으로 다양한 개선 입법안들이 국회에 제출되어 논의되고 있었다.[261] 다만 위 사건 발생 이후에는 기존의 입법안에 추가하여 성폭력범죄에 대한 군사법 제도를 통한 처리가 피해자 보호에 미흡하다는 불신이 증폭되면서 성폭력범죄와 기존에 의혹의 대상이던 군내 사망사고 등 일부 범죄에 대해서는 평시에는 군사법원의 재판권을 제한하는 방안이 추가로 포함되었다.[262]

---

261) 당시 정부안은 정부(국방부)와 여당 의원들이 뜻을 모아 추진 중이어서 최종적으로 국회의 의결을 거칠 가능성이 있는 방안이었다. 주요 내용은 평시에는 1심 군사재판을 담당하는 보통군사법원을 국방부 장관 소속으로 설치하여 군사법원의 독립성을 강화하고, 고등군사법원을 폐지하여 민간 법원에서 항소심을 담당하게 함으로써 사실심인 2심은 민간 법원의 판단을 받을 수 있게 하며, 관할관 및 심판관 제도를 평시 폐지하여 지휘권의 부당한 재판 개입을 예방하려 하였다. 또한 군사법원의 실질적인 독립을 보장하기 위하여 군판사의 정년을 법정하여 신분을 보장하고, 군판사의 군검사와의 보직 순환을 금지하여 재판의 공정성을 강화하며, 군판사인사위원회의 설치·운영 등에 대한 법적 근거를 마련하여 군판사 인사의 독립성과 공정성을 강화하도록 하였다. 한편 군검찰의 독립성을 확보하기 위하여 국방부장관 및 각 군 참모총장 소속으로 검찰단을 설치하고, 지휘관은 군검사에 대하여는 일반적 지휘권만 행사하도록 하고 구체적인 사건지휘권을 폐지하며, 지휘관의 영장청구 승인권을 폐지하는 내용을 담고 있었다.

262) 2022년 7월 중 국회 논의 중이던 「군사법원법 개정법률안」 ↘

개정법은 기존 정부안을 대부분 수용하면서 성범죄를 포함한 일부 사건의 경우 평시 군사법원의 관할권을 배제한 내용을 포함하고 있다. 이러한 개정은 '성추행 피해 공군부사관 사망 사건'이 발생한 이후 논의가 급진전 되면서 개정법의 중요한 부분으로 포함된 것이다. '성추행 피해 공군부사관 사망 사건'이 발생한 이후에 국회에는 군 인권개선 및 병영문화혁신 특별위원회가 구성되어 군사법원법 개정안을 논의하였고 여기서 성범죄 등을 포함한 일부 범죄에 대한 민간 이관이 논의되기 시작하였다.

한편, 2021년 6월 28일에는 코로나 19 상황에서 격리 장병에 대한 부식급식 논란에 '성추행 피해 공군부사관 사망 사건'까지 발생하면서 촉발된 군에 대한 국민의 불신을 불식시키기 위해 서욱 국방부 장관과 박은정 전)국민권익위원장을 공동 위원장으로 하는 민관군 합동위원회가 출범을 하면서 군사법제도를 포함한 군의 병영문화와 제도적인 폐습을 국민의 눈높이에 맞추어 개선하기 위한 방안을 민관군의 집단 지성을 통해서 도출해 내고자 하였다.[263] 민관군 합동위원회는 전체 위원을 포함한 전체 합동위원회와 4개의 분과위원회로 구성되었다.[264] 군사법 제도의 개선에 대한 논의는 제4분과인 군사법 제도 개선분과에서 '사법 정의가 공정하고 투명하게 구현되는 군대'라는 목표 달성을 위한 개선방안을 도출하기 위한 토론과 의결이 진행되었다. 분과위원회에 의결된 권고안은 합동위원회 전체회의 토의와 의결절차에 상정되어 합동위원회의 공식 권고안으로 채택되

법안	내용
정부안, 송기헌 의원안, 민홍철 의원안, 박주민 의원안	평시 고등군사법원 폐지 = 2심 민간이양 (1심은 국방부 소속 5개지역 보통군사법원)
권은희 의원안, 소병철 의원안	평시 군사법원 폐지
박주민 의원안, 김미애 의원안, 양정숙 의원안	성폭력범죄는 민간에서 수사 및 재판
김진표 의원안	非군사범죄는 민간에서 수사 및 재판

263) 민관군위원회는 다양한 분야의 민간분야 전문가, 군인권센터를 비롯한 시민단체, 언론인, 정부관계자, 예비역, 정책의 수요자인 현역 등으로 구성된 장병 인권보호 및 조직개선 분과, 성폭력 예방 및 피해자 보호 개선분과, 장병 생활여건 개선분과, 군 사법제도 개선분과 등 4개분과 위원회를 편성하여 '정의와 인권 위에 강하고 신뢰받는 군대'라는 비전을 구현하기 위해 선진 민주국가 위상에 걸맞는 인권이 보장되는 군대 등 5개의 목표를 달성하기 위한 개선방안을 집단지성을 통한 위원 상호작용과 소통을 통해 민주적 방식으로 이견을 조율하고 협의하는 과정을 거쳐 각 분과별로 도출하여 민관군 위원회의 권고안 형식으로 2021년 10월 31일에 국방부에 제출하였다. 자세히는 전게 권고안, 9~11, 29~30쪽 참조.

264) 전게 권고안.

어 평시 군사법원 폐지 등 8개의 개선방안으로 확정되어 10월 13일 국방부에 제출되었다.[265)]

군사법 제도 개선분과에서는 군내 사건의 축소·은폐를 척결하고 군의 사법 정의를 구현하기 위해서는 평시 군사법원을 폐지해야 한다는 매우 급진적인 방안이 논의되고 있었다.[266)] 필자는 위원회가 한참 진행되던 중간인 2021년 8월 10일 제6차 분과회의부터 인사이동 등의 사유로 위원들이 교체되는 상황에서 추가로 위원으로 위촉되었다. 당시 놀랍게도 전·현직 법무관 선배들을 포함한 다수 분과위원들이 평시 군사법원 폐지 권고안에 찬성 의견을 피력하거나 적어도 비군사범죄의 민간 이관이 필요하다는 입장이었고 필자만 평시 군사법원 폐지와 일부 범죄의 민간 이관에 대해서 모두 반대하고 있었다.[267)]

군사법 개선 분과위원장은 김종대 전 정의당 국회의원이 맡고 있었는데 이미 논의가 상당히 진행된 상황에서 중간에 추가 위촉된 위원인 필자가 폐지권고안 의결에 뒤늦게 반대하는 것을 비난했다. 이러한 상황에서 타협안으로 다수의견인 평시 군사법원 폐지안을 본문으로 그리고 반대의견 등을 부수 의견으로 포함하여 의결하는 방안을 제안하였다. 일부 위원들은 단일 폐지안이 아닌 부수 의견을 포함한 권고안을 의결하는 것을 반대하였으나 분과위 의사결정의 원칙인 다수결 표결방식을 지양하고 민주적으로 이견 조율과 협의 과정을 거쳐 결국 김종대 위원장의 제안대로 의결하기로 동의하였다.[268)]

평시 군사법원 폐지권고안은 2021년 8월 18일 제7차 군사법 개선분과 위원회 회의에서 다수 폐

265) 전게 권고안, 175~209쪽.

266) 당시에 진행된 모든 분과위원회와 전체 합동위원회의 토의 시 발언내용 및 회의 결과는 모두 인쇄물과 동영상 자료 등으로 기록되어 있다. 따라서 위원회 과정에서 각 위원별 발언과 토의 내용 그리고 의결결과 등을 생생하고 정확히 확인하고 싶은 인원들은 관련 자료들을 확인하는 것도 매우 좋은 방법이 될 것이다.

267) 당시 6차 분과회의 결과를 정리한 보고서에는 필자의 발언 내용을 아래와 같이 정리되어 있다.

◦ **'평시 군사법원 폐지 권고안 채택' 안건 토의**

- 평시 군사법원 폐지 시 전시 전환 문제 및 계엄 상황에 대한 신속한 대비 불가능 문제 등이 발생할 수 있고, 군 기강 확립을 위해서도 평시 군사법원 존치 필요(송광석 위원)
- 군 사법제도에 대한 외부의 감시·견제가 꾸준히 이루어졌고, 군이 신뢰 회복을 위해 많은 노력을 하고 있으므로 군법무관이 지휘관의 부당한 지시를 따르는 경우는 현실적으로 거의 없음(송광석 위원)

268) 필자는 반대 토론이 충분히 되지 않은 상황에서 분과위원회의 폐지권고안을 의결하는 것을 반대했으나 분과위원장은 이미 5번의 군사법제도 개선 분과위원회 회의가 진행되었고, 국방부 대표로 참석했던 법무관리관도 폐지에 찬성하는 의견임에도 불구하고, 추가 위촉된 위원인 필자가 뒤늦은 이견을 제시하는 것에 대해서 문제제기를 하면서 더 이상 이견을 제시하지 말고 폐지 반대의견을 부수의견으로 포함한 권고안 결의에 동의할 것을 재차 설득하였다. 결국 지속적 반대의 명분이 약해진 필자는 전체 위원회에서의 의결은 다수결로 진행되므로 전체 위원회 토의 과정에서 반대 토론을 통해 평시 군사법원 폐지권고안 통과를 부결시키는 노력을 하기로 결심하고 권고안 의결에 동의하였다.

지안에 소수 반대안을 포함하는 방식으로 원안대로 의결되었다.[269)] 이후에는 분과위원회에서 의결된 권고안을 합동위원회 전체회의에 상정하여 토론과 의결을 거쳐 민관군 합동위원회 권고안으로 공식 채택하는 절차가 진행되었다. 당시 군사법 제도 개선분과 위원들은 이 기회에 평시 군사법원 폐지권고안을 국방부가 채택하고 국회를 통해 입법까지 추진하려고 노력하였으므로 국회에서 진행 중인 군사법원법 개정논의에도 큰 관심을 보였다. 그러나 이러한 민관군 위원회 군사법제도 개선분과의 바람과는 달리 '성추행 피해 공군 부사관 사망사건'을 계기로 국회에서의 군사법원법 개정 논의는 더욱 활발하게 진행되었다. 그 결과 2021년 8월 24일 평시 각군 보통군사법원과 고등군사법원만을 폐지하고 군인의 성범죄 등과 그 경합범에 대한 수사 및 재판 권한을 민간으로 넘기면서 평시 1심 군사법원은 국방부 소속으로 존치하는 내용의 개정법안이 국회 법제사법위원회를 통과한다.[270)]

이처럼 개정법안이 국회 법사위를 통과한 이후 뒤이어 열린 8월 25일 합동위원회 전체회의에서 평시 군사법원 폐지권고안이 찬·반 토론을 거쳐 의결을 진행한 결과 오히려 반대의견이 더 많아 부결되었다. 그러자 폐지안 찬성 측에서 의결정족수가 미달되었다는 주장을 펼치는 등 우여곡절을 거쳐 다음 날인 8월 26일 다시 전체 위원을 상대로 모바일 투표를 거친 결과 최종 찬성으로 의결되어 정식 민관군 위원회 권고안으로 확정되었다.[271)] 2021년 8월 25일 합동위원회 전체회의

---

269) 당시 7차 분과위원회 결과보고서에 평시 군사법원법 폐지 권고안을 의결한 부분에 대한 기록은 아래와 같다.

> ◦ **'평시 군사법원 폐지 권고안 채택' 안건 토의**
> • 평시 군사법원 제도가 폐지되어야 한다는 '찬성의견'이 다수 의견
> • 소수의견 : 평시 군사법원 필요 의견(송광석 위원), 비군사범죄 민간 이관 의견(박상융 위원 등)
> • 지난번 중간수사결과 발표시 국방부가 일방적 군사법제도 개선방안을 포함시킨 것에 대한 우려를 표했음에도, 또다시 국방부가 위원회에 설명도 없이 별도의 군 사법제도 개선방안을 만들어 국회와 협의하는 것에 대한 문제 제기(오윤성 위원)
> • 이에 대하여 차기 위원회에서 국방부차관이 해명할 것을 요구
> ※ '평시 군사법원 폐지'를 찬성하는 의견이 다수의견임에 따라 원안대로 의결(다만, 권고안에 반대의견과 절충의견 등 소수의견 병기)

270) 한겨레신문, 군 성폭력 사건, 1심부터 민간법원이 재판한다, 2021. 8. 24.

271) 위 권고안에 대한 토론 및 의결과정은 최초 2021년 8월 25일 수요일에 제3차 민관군 위원회 정기위원회 전체회의에서 토의 및 의결을 거쳐 정식 위원회 권고안으로 확정될 예정이었다. 그러나 토의를 거치는 과정에서 먼저 권고안의 다수 의견인 폐지안의 필요성에 대해서 설명이 있은 후 필자가 반대토론을 진행하였다. 필자가 제시한 평시 군사법원 폐지에 대한 주된 반대 논거는 1) 전시 군사법제도가 필요하다고 판단한다면 평시에도 동일한 제도를 운영하는 것이 모든 군사제도를 운영하는 기본 원칙이며, 2) 현대교리는 전·평시를 명확히 구분하는 것은 가능하지 않으며 오히려 평시에서 전시로 이어지는 분쟁의 스펙트럼 속에서 다양한 형태의 작전을 수행해야 하므로 전시에 동원체제 등에 의존하여 평시와 완전히 구분되는 전시체제로는 우리의 안보상황 고려 시 국지도발에서 전면전까지 다양한 분쟁의 스펙트럼에 대한 효율적 군사적 대응이 불가능 하며, 3) 군사법제도도 군의 전투력과 전투수행기능의 핵심 요소인 리더십, 전투수행기능의 일부인 지휘통제, 전투지속지원 기능과 밀접한 관계를 가진 전투력 발휘와 지휘권 확립을 위한 제도인 만큼 그 일부 기능을 민간으로 이관하는 것은 군사적 전문성에 기초한 판단의 영역이므로 군지휘관들이 그 필요성을 인정한다면 이러한 군사적 전문성에

회의록에 수록되어 통과된 권고안의 다수의견과 부수의견은 다음과 같다.

「평시 군사법원 폐지 권고 안」 全文

※ 다수의견을 본문으로 하고, 부대(附帶)의견도 첨부하는 방식으로 의결

본문 (다수의견)

「정의와 인권 위에 강하고 신뢰받는 군대육성을 위한 민·관·군 합동위원회」는 이번 故 공군 이중사 사망사건과 같은 각종 군내 사건의 발생과 은폐·축소 의혹 속에 軍 사법제도의 문제가 늘 붙어다니는 것은 그 문제의 근원이 軍 사법제도에 대한 장병과 국민의 불신과 깊은 관계가 있으며, 평시 군사법원 폐지는 이제 더 이상 장기과제가 아니라 당장의 현안이라는 문제인식 하에, 오랫동안 계속되어 온 평시 군사법원 폐지 여부에 대한 지난한 논쟁을 종결짓고자 그간의 논쟁과 최근의 국회 논의 내용 등을 종합적으로 검토하고, 장병과 국민에 대한 설문조사 등을 시행한 결과를 바탕으로 다음과 같이 국방부에 권고한다.

우리 대한민국의 군 사법제도는 해방 후 미군의 체제를 그대로 본받아 설계된 이래 수차례 법률 개정에도 불구하고 여전히 군부대 지휘관 아래에 수사권과 재판권을 종속시키고, 헌법상 법관의 자격이 없고 전문성과 독립성이 부족한 군인에게 재판을 받는 등 현대 형사사법체계에 어울리지 않는 모습을 유지하고 있으며, 그 결과 국민으로부터 심각한 불신을 받고 있다.

입각한 판단을 존중해야 한다는 점, 4) 군법무관들의 전문성에 대한 문제나 군사법제도 운영상 문제로 제기된 예들은 이미 오래전에 개선된 사안들로 현재 육군의 경우 21년 7월 기준으로 장기법무관이 213명(여성 100명)으로 전문성이나 사명감 등에 있어서 어느 법조 직역과 비교해도 문제가 없을 정도의 조직이라는 취지로 반대 토론 진행하였다. 찬·반토론 이후 이어진 표결에서는 오히려 다수의 민관군 위원회 전체 위원들이 평시 군사법원 폐지 권고안 채택에 반대하여 부결되었다. 이어 박은정 위원장은 권고안이 표결결과 부결되었음을 선포하였으나 일부 위원들이 의결정족수가 부족하다는 주장을 하였고 회의장에 남아있는 인원을 확인해 본 결과 의결정족수에 1인이 부족한 상황이었다. 하지만 표결이 이루어진 이후 일부 인원들이 결과 집계 전에 회의장을 떠났기 때문에 의결정족수를 충족하는 인원이 표결하였는지를 당시 상황에서는 정확히 확인할 수 없는 상황이었음에도 불구하고 거듭된 문제제기에 결국 표결을 무효로 하고 평시 군사법원 폐지 권고안에 대한 표결은 다음 날 다시 전 인원이 모바일 투표를 통해 결정하는 것으로 결정하고 합동위원회 전체회의를 산회하였다. 다음 날 이어진 표결에서도 매우 근소한 차이로 권고안에 찬성하는 의견이 다수를 이뤄 권고안이 채택되었으나 이미 토의를 거쳐 부결된 안건을 사후에 별도 토의절차 없이 찬반토론에 참여한 바 없는 인원들을 모두 포함하여 모바일 표결을 거쳐서 권고안을 확정한 것에 대해서는 정당성 측면에서 논란의 여지가 있는 아쉬운 과정이었다. 이상은 당시 위원회 토의 및 표결에 직접 참여했던 필자의 기억을 토대로 한 내용이며 당시 모든 토의 및 표결과정은 녹화된 기록이 있으므로 이를 확인한다면 보다 정확한 당시 상황을 상세히 알 수 있을 것이다.

헌법에 그 근거가 있고, 남북이 대치하는 안보 상황에서 군 형사사건의 특수성이 있으며 병력통제 등을 통한 군기강 확립 및 군사대비태세 유지를 위해 평시에도 군사법원이 필요하다는 주장이 있으나, '제복입은 시민'인 장병과 우리 국민의 선진화된 인권의식이 더 이상은 '군의 특수성'이라는 이름으로 재판에 있어 일반 국민과 달리 취급되는 것을 허용하지 않는 단계에 왔다.

더욱이 군 형사사건의 대부분이 교통사고 등 군의 특수성과는 무관한 사건이며 군에 특수한 일부사건도 일반법원에서 재판하지 못 할 바 없고, 군의 특수성은 일반법원의 재판과정에서도 얼마든지 참작 가능하다. 또한, 필요시 군사재판부 설치, 소속 부대장의 의견진술권, 비공개심리요구권 부여 등으로도 해결가능할 것이다.

부대(附帶)의견 1 (송광석 위원 의견)

군사법원은 남북이 대치하는 안보상황에서 전시는 물론 평시에도 군대 구성원의 형사범죄가 지휘권과 군기강을 저해하는 위험성과 특수성을 고려하여 신속하고 공정한 군사재판을 통한 군기강 확립과 군사대비태세 유지가 필요하다는 헌법적인 결단을 통해 인정된 특별법원임.

평시 군사법원을 폐지하고 전시·계엄 시 등 대비는 동원체제와 훈련 등을 통해 극복 가능하다는 견해는 속전속결의 현대전 양상과 초전 상비군에 의한 대응의 중요성을 고려 시 평시부터 지휘관 중심의 군사법원을 포함한 완전한 인적·물적 작전수행력을 갖춘 군사조직이 필요하다는 측면에서 실효적인 군사대비태세를 갖추는 방안이 될 수 없음.

또한 군의 구성원에 의해 발생한 형사사건은 군사대비태세 측면에서 사건 자체의 특수성보다는 그 행위자의 특수성에 의해서 모두 동일하게 신속하고 엄정하게 군사법원에 의해 처리될 필요성이 있으므로 순정 군사범만을 군사법원에서 처리하는 방안은 군사법제도의 취지를 몰각시킬 수 있음.

그동안 지휘관 및 군사법 요원들은 군사법원의 전문성과 독립성에 대한 국민과 장병들의 불신에 대해서 매우 심각하게 인식을 하고 이를 개선하기 위한 노력을 꾸준히 전개해 왔으나, 이번 고 李중사 사건을 통해서 그 노력을 배가해야 한다는 과제가 분명해진 현 상황을 무겁게 받아들여, 군판사와 군검사의 신분보장 및 임명자격 요건 강화, 평시 심판관, 관할관 확인 조치 제도의 폐지, 지휘관 등에 대한 군사재판의 독립성 침해 방지 방안 마련, 성범죄 등에 대한 특별수사단 및 전담재판부 설치 등 군사법 제도의 획기적인 개선을 권고할 필요가 있음.

한편, 2심 재판권을 민간으로 이양하는 방안은 2심 재판에서 군사적 특수성의 확보가 미흡해지고, 민간법원 항소심 재판과정에서 군인인 당사자 출석절차 등의 불편, 신상 공개와 군사기밀 유출가능성 등을 고려할 때 문제점이 있으나, 전시대비 측면에서 평시 군사법원을 완전 폐지하는 방안보다는 실효적이므로 1심 군사법원의 군사적 특성을 강화하는 방안을 추진한다는 전제하에 동의함.

부대(附帶)의견 2 (박상융, 강형석, 정동훈 위원 의견)

전시가 아닌 평시에 단지 피의자가 군인·군무원이라는 신분만으로 일반 민간법원이 아닌 군사법원에서 재판받도록 하는 것은, 현행 군사법원 재판부 구성원의 경력, 전문성, 공정성, 독립성 등을 고려시 개선되어야 함.

또한, 현행 정부안에서와 같이 2심만 민간법원으로 이관한다는 것도 1심의 중요성을 고려하면 재판의 신뢰성과 공정성을 기하기 어려워 설득력이 떨어짐.
그러나, 평시와 전시의 구분이 사라져가는 현대전쟁 개념의 흐름에 비추어 평시 군사법원을 폐지할 경우 군의 작전 수행에 장애를 줄 소지도 있다는 비판도 경청할 필요가 있고, 군형법에 전시나 준전시를 고려한 다양한 범죄도 열거되어 있는 등 특수성도 있음.

따라서, 군형법상 특수성 있는 범죄 등 군사범죄는 평시라도 군사법원에서 재판하도록 존립근거를 마련해 두고, 다른 일반 범죄는 민간법원에서 재판하도록 함이 타당함.

하지만 민관군 위원회 내부에서 이미 평시 군사법원을 유지하는 내용의 개정 군사법원법이 법사위를 통과한 상황에서 뒷북 권고라는 비판과 불만이 일었다.[272] 또한 국회와 정부(국방부)가 합

272) 한겨레 21, 김종대 "평시 군사법원 폐지가 맞다", 2021. 9. 4.

의 하에 민관군 위원회의 권고안을 고려하지 않고 누더기 합의안을 통과시켰다고 주장하면서 국방부의 개혁 의지를 비판하는 취지로 군사법 제도 개선분과 소속 6명의 위원이 민관군 위원직을 사퇴하게 된다.[273)]

이러한 논란의 와중에서 결국 2021년 8월 31일 개정 군사법원법이 국회 본회의 통과하였다. 개정법은 전시, 사변 기타 국가비상 사태 시를 제외한 경우 성범죄, 군인 등 사망의 원인이 된 범죄와 입대 전 범죄와 그 경합범에 대해서는 수사와 재판을 민간 수사 및 재판기관이 담당하도록 하여 평시 군사법원 재판권을 축소하였고, 나머지 범죄도 1심은 군사법원이, 2심은 고등군사법원을 폐지하고 서울 고등법원에서 담당하도록 하여 항소심 기능에 대한 재판권을 또 한번 축소시켰다. 또한 국방부 소속 군판사를 군판사인사위원회를 거쳐 별도로 선발하고 평시에는 관할관, 심판관 제도를 폐지하여 평시 지휘관의 군사법원 구성 및 운영과 재판에 대한 관여를 배제하는 획기적인 내용을 포함하고 있었다. 이처럼 급격한 제도 변화를 위한 군판사 선발, 고등군사법원 및 각군 군사법원 폐지 및 국방부 군사법원 창설, 법 시행을 위한 각종 법령의 정비 등에 필요한 기간을 고려하여 2022년 7월 1일부터 개정법이 시행되었다.

2. 개정 군사법원법에 따른 전시 군사법원 운영

가. 개 요

군을 구성하는 모든 조직과 이를 운영하는 제도는 전시, 사변 혹은 이에 준하는 국가비상 사태 등 군사적 대응이 필요한 상황을 대비하는 것이므로 당연히 평시에도 전시 등의 긴박한 상황 하에서 정상적인 기능수행을 할 수 있도록 편성, 장비 및 훈련되어야 한다. 군사법 제도도 군의 전투력 발휘를 위한 중요한 요소라는 측면에서는 당연히 전·평시 동일한 방식으로 편성, 운영, 훈련되어야 하는 것은 당연한 것이다.[274)] 전통적으로 군사법 제도를 군 통수권 보장을 위한 군조직을

---

273) 전게기사.

274) 군의 전투력을 구성하는 요소는 리더십, 정보, 전투수행기능이며, 전투수행기능은 지휘통제, 기동, 화력, 방호, 정보, 지속지원 등 6가지로 구성되어 있다고 볼 때 군사법제도는 전투력 요소 중 리더십, 전투수행 기능 중 지휘통제와 지속지원 기능 발휘에 핵심적인 역할을 수행하며, 특히 인사지원 관련 병력의 물리적 유지와 군기 및 사기, 군법질서 유지를 위해 작전의 계획, 준비 등 과정에서 적절한 시기에 군법, 인권 교육 및 엄정한 군사법 제도 및 징계절차를 운영하여 군기강 및 지휘권이 확립된 가운데 작전이 수행되도록 하여야 한다는 측면에서 군사법제도는 군의 전투력 발휘 보장에 핵심적인 기능을 수행하는 전투가능한 군조직을 구성하는 중요한 요소라고 할 것이다. 자세히는 교육참고 8-1-17, 지상작전 시 작전법 지원, 2021, 2-17~2-19쪽 참조.

구성하는 제도로 파악하는 미군도 군사법 제도를 두는 가장 큰 장점을 평시에 운영하던 군사재판 제도를 그대로 전장에서 적용할 수 있다는 것으로 파악하고 있다.[275)]

그러나 개정 군사법원법은 평시 군사법원의 편성, 구성, 운영을 전시, 사변, 비상사태 시의 편성, 구성, 운영과 명확하게 구분하여 규정하고 있다. 개정법은 제5편에 전시·사변 시의 특례를 규정하면서 20개의 조문을 두어 전·평시 군사법원 구성과 운영을 관할관의 유무라는 기본적인 구성원리에서 차이를 보이도록 설계하였다. 그리고 제2조 제2항에서 평시에는 성폭력범죄 등에 대해서 민간법원에서 재판하도록 축소되었던 군사재판권을 전시 등 비상사태 시에 다시 확대되도록 하고 있다.[276)]

이와 같은 측면을 고려하여 이하에서는 개정법에 따른 전시 군사법원 운영방안을 명확히 하기 위하여 먼저 평시와 달리 관할관 중심의 전시 등 군사법원 운영이 필요한 전시, 사변, 국가비상사태라는 상황적 요건에 대한 개념을 명확히 이해하여야 한다. 그리고 개정법 이전에 구법에서 전시·사변 시 특례규정을 살펴보면서 개정법의 전시 특례 적용에 있어서 참고할 부분이나 그대로 적용 가능한 부분을 살펴보도록 하겠다. 끝으로 이러한 논의를 바탕으로 개정법상 전시·사변 시의 특례 규정에 대한 실무적인 해석·적용방안을 조문별로 간략하게 제시하겠다.

나. 전시, 사변 또는 이에 준하는 국가비상사태의 의미

(1) 개 요

개정법상 특례규정은 제5편에 전시·사변 시 특례라는 편명 하에 제534조부터 제535조의2까지 20개의 조문으로 구성되어 있다. 제534조는 비상계엄이 선포된 지역에서는 제2편 제3장의 상소 규정을 적용하지 않는 헌법 제110조의 제4항에 규정된 비상계엄 하에서 군사재판의 단심제를 구체화한 조항으로 특례의 적용조건으로 '비상계엄이 선포된 지역'이라는 조건을 제시하고

275) Maj Dustin Kouba et al., *Operational Law Handbook*, USAJAGLCS, 403 (2018).

276) **군사법원법 제2조 (신분적 재판권)** ② 제1항에도 불구하고 법원은 다음 각 호에 해당하는 범죄 및 그 경합범 관계에 있는 죄에 대하여 재판권을 가진다. 다만, 전시·사변 또는 이에 준하는 국가비상사태 시에는 그러하지 아니하다. <개정 2021.9.24>

1. 「군형법」 제1조제1항부터 제3항까지에 규정된 사람이 범한 「성폭력범죄의 처벌 등에 관한 특례법」 제2조의 성폭력범죄 및 같은 법 제15조의2의 죄, 「아동·청소년의 성보호에 관한 법률」 제2조제2호의 죄
2. 「군형법」 제1조제1항부터 제3항까지에 규정된 사람이 사망하거나 사망에 이른 경우 그 원인이 되는 범죄
3. 「군형법」 제1조제1항부터 제3항까지에 규정된 사람이 그 신분취득 전에 범한 죄

있다.[277] 그 이하 특례 조항에서는 '전시·사변 또는 이에 준하는 국가비상사태 시'라는 특례규정의 적용요건으로 헌법 제77조의 계엄선포의 요건을 그대로 인용하고 있다.[278] 따라서 전시 군사법원이 운영되는 상황적 요건을 법적으로 명확히 하기 위해서는 헌법상 계엄선포의 요건인 전시 등 국가비상사태의 헌법적 의미를 이해할 필요가 있다.

개정법에서는 헌법상 계엄선포 요건인 '전시·사변 또는 이에 준하는 국가비상사태'가 어떠한 상황을 의미하는지에 대해서 입법적으로 구체화하지 않았다. 다만 「군형법」은 전시·사변 또는 계엄지역에서 범죄의 성립을 인정하거나 형을 가중하는 규정을 두고 있으면서 제2조 용어의 정의에서 제6호 전시 및 제7호 사변의 의미를 정의하는 규정을 두고 있다.[279] 이와 같은 「군형법」의 전시 및 사변의 정의 규정은 개정법의 전시 특례규정 적용에 있어 중요한 일응의 기준이 된다.

한편, 전시특례의 적용기준은 언제부터 전시 등 비상사태가 존재하는 것으로 판단할 것인가라는 시기적인 요건과 함께 개정법에서 규정한 것처럼 비상계엄이 선포된 지역이라는 지역적인 요건이 함께 고려되어야 한다. 이러한 지역적인 문제는 국내, 국외, 혹은 소위 응전자유화 지역으로 표현하는 북한지역에서의 비상계엄선포와 개정법의 특례 규정 적용이 가능할 것인가에 대한 판단을 할 필요가 있다.

---

277) 군사법원법 제5편 전시·사변 시의 특례

제534조 (특례규정) 비상계엄이 선포된 지역에서는 다음 각 호의 어느 하나에 해당하는 사람에게는 제2편제3장 상소에 관한 규정을 적용하지 아니한다. 다만, 사형을 선고한 경우에는 그러하지 아니하다.

1. 「군형법」 제1조제1항부터 제3항까지에 규정된 사람
2. 「군형법」 제13조제3항의 죄를 범한 사람과 그 미수범
3. 「군형법」 제42조의 죄를 범한 사람
4. 「군형법」 제54조부터 제56조까지, 제58조, 제58조의2부터 제58조의6까지, 제59조 및 제78조의 죄를 범한 사람과 같은 법 제58조의2 및 제59조제1항의 미수범
5. 「군형법」 제87조부터 제90조까지의 죄를 범한 사람과 그 미수범

278) **대한민국 헌법 제77조** ① 대통령은 전시·사변 또는 이에 준하는 국가비상사태에 있어서 병력으로써 군사상의 필요에 응하거나 공공의 안녕질서를 유지할 필요가 있을 때에는 법률이 정하는 바에 의하여 계엄을 선포할 수 있다.

② 계엄은 비상계엄과 경비계엄으로 한다.

③ 비상계엄이 선포된 때에는 법률이 정하는 바에 의하여 영장제도, 언론·출판·집회·결사의 자유, 정부나 법원의 권한에 관하여 특별한 조치를 할 수 있다.

④ 계엄을 선포한 때에는 대통령은 지체없이 국회에 통고하여야 한다.

⑤ 국회가 재적의원 과반수의 찬성으로 계엄의 해제를 요구한 때에는 대통령은 이를 해제하여야 한다.

279) **군형법 제2조 (용어의 정의)** 이 법에서 사용하는 용어의 뜻은 다음과 같다.

6. "전시"란 상대국이나 교전단체에 대하여 선전포고나 대적(대적)행위를 한 때부터 그 상대국이나 교전단체와 휴전협정이 성립된 때까지의 기간을 말한다.
7. "사변"이란 전시에 준하는 동란(동란)상태로서 전국 또는 지역별로 계엄이 선포된 기간을 말한다

(2) 계엄 선포요건으로 전시·사변 또는 이에 준하는 국가비상사태

개정법의 전시 등 특례규정이 적용되기 위한 법적인 요건인 전시·사변 또는 이에 준하는 국가비상사태라는 것이 어떠한 상황을 의미하는지는 먼저 헌법상 계엄선포 요건으로 국가긴급권을 발동해야 하는 국가비상사태의 헌법적 의미를 정확하게 이해할 필요가 있다. 일반적으로 계엄선포 요건으로서 전시·사변 또는 이에 준하는 국가비상사태란 외국과의 전쟁, 무장집단에 의한 폭동, 반란, 천재지변 또는 다중의 불법행위로 인한 극도의 사회질서 혼란 상태 등이 현실적으로 발생한 경우를 말한다.[280] 헌법상 계엄 제도는 현실적으로 발생한 국가비상사태를 진압하고 해결하기 위한 비상조치이므로 비상사태가 발생할 가능성이 있다는 이유로 예방적인 조치를 취하는 것은 허용되지 않는다.[281]

헌법상 계엄선포 필요성은 국방부 장관 등의 건의와 국무회의 심의를 거쳐 대통령이 판단하며 선포하고 국회의 사후 통제를 통해 해제될 수 있다. 결국 계엄선포를 위한 전시 등 국가비상사태의 존재 여부는 정상적인 국가기능의 수행이 불가능하고 헌법질서의 수호 유지를 위한 최후 수단으로 병력을 동원한 군사상 긴급한 조치가 필요하다는 정부 부처의 전문적 판단과 이를 바탕으로 한 군통수권자이자 행정부 수반인 대통령의 정치적인 결정이 필요하며 그 유효성을 국회도 사후적으로 심사할 권한이 있어 이러한 국가기관들이 요건의 해당 여부를 판단할 재량권이 중첩적, 병렬적으로 부여되어 있다.

그러나 이러한 재량권은 국가비상사태를 수습하기 위한 긴급권의 발동이라는 측면에서 전시 등 비상사태의 존재를 인정하기 위한 개념상의 한계가 존재하며 어디까지나 헌법 질서를 회복하기 위한 수단으로 사용되어야지 비상사태를 장기화하거나 영속화하여 헌법 질서를 침해하지 않도록 필요 최소한의 범위에서 발동되도록 하여야 한다.[282] 또한 헌법에서 명확한 전시 등의 개념이 규정되지 않은 이상 관련 법령 등에 전시 등의 개념이 명시적으로 존재하는 경우에는 계엄선포의 필요성을 판단하는 입법적 기준으로 고려되어야 한다.

(3) 「군형법」 제2조 제6호의 전시 개념

「군형법」 제2조 제6호는 "전시"란 상대국이나 교전단체에 대하여 선전포고나 대적행위를 한 때부터 그 상대국이나 교전단체와 휴전협정이 성립된 때까지의 기간을 말한다고 정의하고

---

280) 허영, 전게서, 1033~1034쪽; 성낙인, 전게서, 616쪽.

281) 허영, 전게서; 성낙인, 전게서.

282) 허영, 전게서, 94~95쪽.

있다. 이러한 입법상 정의 규정은 군사학적으로 전시를 의미하는 전쟁의 개념[283]과 국제법상 전쟁법의 적용 시기를 결정하기 위한 전쟁의 존재 여부를 판단하는 기준과 정확하게 일치하지는 않는다.[284] 군형법의 전시 개념은 다분히 과거의 전쟁 개시의 합법 요건(Jus ad bellum)을 강조하던 전통적인 기준을 가지고 국가 간의 무력충돌에 있어서 국제법적인 의미를 가지는 행위들을 선전포고, 대적행위, 휴전협정 등의 사태를 중심으로 접근하고 있다. 하지만 이러한 규정방식은 현대전에서의 다양한 전시 개념과 무력행사의 합법성을 모두 포괄할 수 없다. 특히 국제법적으로 무력행사를 통한 국가 간의 문제 해결을 불법화한 UN 체제 하에서 선전포고가 전쟁행위 개시의 적법성을 담보하는 절대적 의미가 있는 것도 아니다.[285]

따라서 「군형법」상 전시를 정의한 규정은 국제법상 개념으로 국가의 권리(현대적 의미에서는 자위권)를 입증하기 위한 둘 이상의 국가 간의 무력사용과 연관된 법적인 상태로 이해할 수 있으

---

283) 군사학적으로 전쟁이란 상호 대립하는 둘 이상의 국가 또는 이에 준하는 집단 간에 있어서 군사력을 비롯한 각종 수단을 행사하며 자기의 의지를 상대방에게 강요하는 행위 또는 그러한 상태가 지속되는 기간을 의미한다. 이상철, 군사법의 제문제(상), 한국학술정보(주), 2008, 158쪽; 전쟁은 상대방에게 의지를 강요하는 폭력행동으로 정치적인 목적을 달성하기 위한 수단으로 무제한의 폭력행사로 발전하게 된다는 클라우제비츠의 전쟁 개념은 군사학적으로는 통설로 받아들여졌다. 자세히는 클라우제비츠, 전쟁론, 갈무리, 2017, 59~83쪽 참조; 클라우제비츠의 전쟁의 정의를 분설하면 첫째 무력사용 행위이며, 둘째 다른 수단에 의한 정치의 연속이고, 셋째 신중한 목적을 달성하기 위한 신중한 수단이며, 넷째 주어진 상황에 따라 전쟁이 가지는 고유한 특성을 약간씩 변화시키는 진정한 카멜레온으로 국민의 열정, 우연과 개연성이 작용하는 군의 영역, 정치적 목적을 제시하고 전쟁을 지도하는 정부의 영역 등 세 가지 영역으로 구성된 삼위일체의 성격을 갖는다. 자세히는 박창희, 군사전략론, 플래닛미디어, 2019, 24~29쪽 참조.

284) 전쟁법은 주로 전쟁의 개시에 관한 법(Jus ad bellum)에서 어떠한 절차를 거쳐서 전쟁을 시작하는 것이 정당한 것인가를 중심으로 법적으로 그리고 도덕적으로 정당성을 확보하기 위한 전쟁에 이르기 위한 절차적인 요소를 고려하여 상대방에게 전쟁을 선포하는 절차와 최후의 갈등 해결 수단으로서 전쟁을 선택해야 한다는 개념으로 발전되어 왔다. 이후 법실증주의 발전과 함께 전쟁은 국가의 정책목적을 달성하기 위한 정당한 수단으로 인정되며 전쟁의 개시보다는 전쟁행위 자체의 피해를 최소화하기 위한 전쟁 행위에 관한 법(Jus in bello)이 주목을 받기 시작했으며 이후 재앙적인 1, 2차 세계대전을 거치면서 전쟁 자체를 국가 정책추구의 수단에서 배제하고 국가에 의한 모든 형태의 무력을 통한 정책 추구를 불법화하면서 단지 평화의 파괴에 대응한 UN의 집단행동과 자위권을 위한 무력의 사용만을 적법한 것으로 인정하며 특히 1949년 체결된 제네바 제1, 2, 3, 4 협약 이후에는 국가 간의 무력투쟁이라는 고전적 개념의 전쟁 존재 여부와 관계없이 어떠한 단체 등 무력을 행사하는 경우 전쟁법을 준수하도록 하여 전쟁에서의 인도주의를 최대한 실현하는 것에 중심이 이동하고 있으므로 전쟁법을 적용하기 위한 개념으로 전쟁의 존재여부를 판단하는 전쟁법(Law of War)의 개념은 중요성이 매우 줄어들었고 무력행사를 통제하는 법(Law of Armed conflict)으로서 의미가 더욱 강조되고 있다. refer to LTC Jeff A. Bovarinick, et al., Law of War DeskBook, USAJAGLCS. 7~18(2011); 임한택, 국제법의 이론과 실무, 박영사, 2020, 285-290쪽; 같은 취지로 육군본부, 미 국방부 전쟁법 매뉴얼, 2020, 47~59쪽.

285) 예를 들어 적국이나 단체를 향한 선전포고, 최후통첩 등 뿐 아니라 국내적으로 동원령, 전투준비태세 발령 등 전쟁상태를 선포하는 다양한 형태로 개시될 수 있으며 전쟁의 종료도 휴전협정은 오히려 국제법적인 의미에서 완전한 전쟁의 종료가 아니며 강화협정이나 평화협정 등 양당사자가 완전히 전쟁상태를 종식시키고 평시관계로 회복하려는 의사를 명확히 하여야 하는 것이지만 우리나라의 경우 1953. 7. 27. 휴전협정이 성립된 이후에는 군형법의 적용에 있어서 전시규정을 적용하는 것은 법현실에 부합하지 않으므로 이처럼 휴전협정이 체결된 때를 전시가 종료하는 것으로 규정하고 있다. 자세히는 육·해·공군군사법원, 군형법주해(2015) 81~83쪽, 육군종합행정학교, 군형사법Ⅱ:군형법, 2021, 65~67쪽 각 참조.

나 헌법과 「군사법원법」의 비상사태를 판단하는 지배적인 해석기준으로 볼 수는 없다.[286] 이처럼 「군형법」에 정의된 전시 개념은 전쟁법의 발전과정이나 국가 간의 무력충돌 뿐 아니라 테러단체 등 비국가행위자의 행위에 대한 전쟁법의 적용 여부를 둘러싼 논의의 확대 등을 반영하지 못하고 있다.[287] 따라서 전시의 정의를 상대국이나 교전단체에 대하여 선전포고를 하였거나 적대행위를 한 때부터 당해 상대국이나 교전단체에 대한 휴전협정의 성립 등 적대행위가 종료한 때까지의 기간으로 수정해야 한다는 견해도 있다.[288]

이와 같은 전쟁법이 적용되는 시점에 대한 논의의 변화를 최대한 반영하여 「군형법」상 전시를 판단하는 선전포고, 대적행위, 휴전협정 등을 해석하면 먼저 선전포고는 적국이나 교전단체의 무력행사가 임박한 상황에서 선제적 자위권을 행사하기 위한 적법한 경고로서 선전포고라고 이해할 수 있다.[289] 그리고 대적행위는 국제법상 적법한 자위권의 행사요건으로 적국이나 교전단체의 대규모 공격이 있었던 경우에 이에 대항하여 적의 대규모 무력공격을 효과적으로 제압할 수 있는 정도의 무력행사를 하는 상황을 상정할 수 있다.[290] 한편 휴전협정은 적국과의 무력충돌을 최종적으로 종식시키는 강화협정, 평화협정 등 다양한 형태의 협정과 적의 항복 등 사실행위를 포괄하는 개념으로 해석해야 한다. 더욱이 「군형법」이 전시에 준하는 동란상태를 '사변'이라는 용어로 달리 규정하고 있어 전시는 국가 전체가 전쟁에 돌입하는 전면전에 해당하는 국제적 무력충돌 또는 휴전협정의 상대방이자 교전단체인 북한을 상대로 한 대규모의 비국제적 무력충돌만을 포함하는 것으로 해석되어야 한다.

그렇다면 구체적으로 현 상황이 전시에 해당하는지의 판단은 어떻게 이루어져야 할까? 미국

---

286) 육군본부, 전게 매뉴얼, 22~23.

287) 이것은 군형법이 1962년에 제정되면서 국제법의 발전과정을 완전히 포함하지 못한 상태에서 과거의 전쟁법상 전쟁개시 조건인 선전포고나 적대행위 그리고 전쟁 종료의 요건인 강화협정이나 평화조약, 항복 등을 포함하지 않고 오히려 국제법상 전쟁의 종료사유가 아닌 적대행위의 일시 종료의 의미를 가지는 휴전을 국내상황을 고려하여 전시의 종기로 정하고 있다. 이상철, 전게서, 241쪽.

288) 전게서.

289) 무력행사의 요건으로 자위권과 자위권의 행사 시기와 관련하여 적의 실제적 공격이 발생한 이후와 적의 공격이 임박한 경우를 포함하는가에 대한 문제는 국제적으로 논란의 여지가 있다. 그러나 북한의 핵무기를 상대로 국가의 존립과 안전을 지키기 위해서는 미국 등의 국가들이 주장하는 선제적, 예방적 자위권의 행사를 적극적으로 고려하여 적의 공격이 임박했고, 그 공격의 결과 아군의 의미있는 대응이나 반격이 불가능한 경우에는 적극적인 선제적인 자위권적 조치가 필요하다고 보인다. 이러한 입장에 관해서는 육군본부, 전게 매뉴얼, 55~56쪽; 임한택, 전게서, 296~297쪽; 전게 교육참고 9-1-17, 3-7~3-8쪽; LTC Jeff A. Bovarinick, et al., supar at 40~42.

290) 육군본부, 전게 매뉴얼, 53-54, 55-56쪽; 임한택, 전게서, 290-296쪽; 전게 교육참고 9-1~9-17, 3-1~3-5쪽; LTC Jeff A. Bovarinick, et al., supar at 36~40.

은 우리와 같이 전시(time of war)를 법적 개념으로 파악하면서 통일군사법전(Uniform Code of Military Justice)에서는 정의규정을 두고 있지 않으나 대통령령인 군법회의규칙(Rules for Court Martial)에서는 "의회에 의해 선포된 전쟁 기간이나 전쟁이 발발했다고 인정할만한 적대행위가 존재한다고 대통령이 결정한 경우"로 규정하고 있다.[291] 우리도 헌법과 관련 법령의 해석상 대통령이 적에 대한 선제적 자위권 행사가 필요하다고 판단하여 국회에 의해서 승인된 선전포고를 하거나, 혹은 적의 대규모 공격에 대응하여 대적행위를 하면서 전시라고 판단하고 비상계엄을 선포한 기간으로부터 국회의 동의를 얻어 강화조약을 체결하거나 평시 상태로 돌아왔다고 보아 계엄을 해제하는 등 사실상 대통령의 공식적인 행위를 일차적인 기준으로 법적 전시 해당 여부를 판단하고 전시 등 군사법원을 창설하는 절차를 진행하여야 할 것이다.[292]

(4) 「군형법」 제2조 제7호의 사변 개념

「군형법」 제2조 제7호는 "사변"이란 전시에 준하는 동란상태로서 전국 또는 지역별로 계엄이 선포된 기간을 말한다고 규정하고 있다. 위 규정은 전시에 준하는 동란상태를 전국 또는 지역별로 계엄이 선포된 기간으로 구체화하고 있어 사변은 전시를 제외한 계엄선포 기간으로 해석할 수 있다.[293] 군형법 각칙에는 사변이라는 용어와 계엄지역이라는 용어가 함께 사용되고 있으나 실질적으로 계엄과 사변은 동일한 사실의 실질과 형식이라는 측면에서 사변과 계엄선포 기간은 동일한 의미를 가지는 것으로 보인다.[294] 사변은 전시와 달리 규정된 것을 엄밀하게 고려하면 국내법과 국제법상 전쟁이라고 정의할 수 있는 국제적 혹은 비국제적 무력충돌을 제외한 전시에 준하는 동란상태만을 의미하는 것으로 해석하여야 하지만 계엄이 선포된 기간이라는 측면에서는 실제적인 요건을

291) Maj Dustin Kouba et al., supra, at 406.

292) **대한민국 헌법 제60조** ① 국회는 상호원조 또는 안전보장에 관한 조약, 중요한 국제조직에 관한 조약, 우호통상항해조약, 주권의 제약에 관한 조약, 강화조약, 국가나 국민에게 중대한 재정적 부담을 지우는 조약 또는 입법사항에 관한 조약의 체결·비준에 대한 동의권을 가진다.
② 국회는 선전포고, 국군의 외국에의 파견 또는 외국군대의 대한민국 영역 안에서의 주류에 대한 동의권을 가진다.
제73조 대통령은 조약을 체결·비준하고, 외교사절을 신임·접수 또는 파견하며, 선전포고와 강화를 한다.

293) 육·해·공군 군사법원, 전게서, 83~84쪽; 육군종합행정학교, 전게서, 67쪽.

294) 육·해·공군 군사법원, 전게서; 육군종합행정학교, 전게서; 한편 군형법상의 사변이라는 개념은 준전시의 동란상태를 전제로 하는 것이므로 계엄법상 전시나 준전시가 아닌 사변이나 준사변 시에 선포한 계엄은 군형법상 사변에 해당하지 않으므로 양자의 구별은 의미가 있다는 견해로 이상철, 전게서, 242쪽 참조; 그러나 이러한 견해는 계엄선포의 요건을 헌법보호를 위한 내재적 한계를 고려하여 엄격하게 해석해야 한다는 견해에서는 계엄선포 요건을 준전시에 해당하지 않는 또 다른 수준의 준사변을 전제로 하고 있다는 점에서 계엄선포 요건을 완화할 수 있다는 의미로 해석될 수 있어 받아들이기 어렵다. 이러한 취지로 허영, 전게서, 94~95쪽 참조.

판단하는 절차에서는 계엄의 적법한 선포여부를 고려해야 하므로 큰 차이가 없다고 보인다.

계엄선포의 요건에 따른 헌법과 「계엄법」에 따른 계엄의 종류는 비상계엄과 경비계엄이 있다. 헌법과 「계엄법」의 요건에 따른 계엄의 종류를 결정하기 위해서는 동란사태로 인하여 행정 및 사법 기능의 수행이 현저히 곤란한 경우로서 비상계엄을 선포해야 하는지 혹은 일반 행정기관만으로는 치안을 확보할 수 없는 경우로서 경비계엄을 선포해야 하는지 등을 판단하고 사태의 심각성에 상응하는 비상조치의 종류를 결정해야 한다.[295] 한편 사변이 발생한 지역적 범위를 고려하여 전국 계엄이나 일부 혹은 다수 지역 계엄을 선포해야 한다.[296]

사변의 존재 여부는 계엄을 선포할 필요가 있는 구체적인 상황이 존재하는가를 1차적으로 판단할 권한과 책임이 있는 행정안전부장관이나 국방부장관이 결정하여야 한다. 위 장관들이 계엄선포가 필요하다고 판단하면 계엄의 종류, 지역, 계엄사령관 등을 판단하여 국무총리를 거쳐 대통령에게 선포를 건의하여야 하며, 대통령은 국무회의의 심의를 거쳐 계엄을 선포할 것인가를 최종적으로 결정한다.[297] 따라서 사변에 따른 군사법원의 실지는 대통령에 의해서 선포되는 계엄의 종류, 지역 등에 의해서 그 규모와 종류 그리고 관할 등이 결정될 것이다.

---

295) **계엄법 제2조 (계엄의 종류와 선포 등)** ① 계엄은 비상계엄과 경비계엄으로 구분한다.
② 비상계엄은 대통령이 전시·사변 또는 이에 준하는 국가비상사태 시 적과 교전(교전) 상태에 있거나 사회질서가 극도로 교란(교란)되어 행정 및 사법(사법) 기능의 수행이 현저히 곤란한 경우에 군사상 필요에 따르거나 공공의 안녕질서를 유지하기 위하여 선포한다.
③ 경비계엄은 대통령이 전시·사변 또는 이에 준하는 국가비상사태 시 사회질서가 교란되어 일반 행정기관만으로는 치안을 확보할 수 없는 경우에 공공의 안녕질서를 유지하기 위하여 선포한다.
④ 대통령은 계엄의 종류, 시행지역 또는 계엄사령관을 변경할 수 있다.
⑤ 대통령이 계엄을 선포하거나 변경하고자 할 때에는 국무회의의 심의를 거쳐야 한다.
⑥ 국방부장관 또는 행정안전부장관은 제2항 또는 제3항에 해당하는 사유가 발생한 경우에는 국무총리를 거쳐 대통령에게 계엄의 선포를 건의할 수 있다.

296) **계엄법 제2조 (계엄의 종류와 선포 등)** ④ 대통령은 계엄의 종류, 시행지역 또는 계엄사령관을 변경할 수 있다.
제3조 (계엄 선포의 공고) 대통령이 계엄을 선포할 때에는 그 이유, 종류, 시행일시, 시행지역 및 계엄사령관을 공고하여야 한다.
제5조 (계엄사령관의 임명 및 계엄사령부의 설치 등) ③ 계엄사령관은 계엄지역이 2개 이상의 도(특별시, 광역시 및 특별자치도를 포함한다)에 걸치는 경우에는 그 직무를 보조할 지구계엄사령부(지구계엄사령부)와 지구계엄사령부의 직무를 보조하는 지역계엄사령부를 둘 수 있다.
제6조 (계엄사령관에 대한 지휘·감독)
① 계엄사령관은 계엄의 시행에 관하여 국방부장관의 지휘·감독을 받는다. 다만, 전국을 계엄지역으로 하는 경우와 대통령이 직접 지휘·감독을 할 필요가 있는 경우에는 대통령의 지휘·감독을 받는다.

297) **계엄법 제2조 (계엄의 종류와 선포 등)** ⑤ 대통령이 계엄을 선포하거나 변경하고자 할 때에는 국무회의의 심의를 거쳐야 한다.
⑥ 국방부장관 또는 행정안전부장관은 제2항 또는 제3항에 해당하는 사유가 발생한 경우에는 국무총리를 거쳐 대통령에게 계엄의 선포를 건의할 수 있다.

예를 들어 일부 지역에 경비계엄이 선포된 경우에는 계엄사령부의 임무 수행을 위해서 계엄군사법원의 창설이 필요할 것인지 신중하게 판단을 하여야 한다. 특히 경비계엄은 계엄법에 따른 조치 등이 군사에 관한 행정사무와 사법사무에 대해서만 계엄사령관의 권한이 미치므로 계엄군사법원의 관할이 계엄지역의 본래적 의미의 군인 등 군사재판 대상자를 넘어서 민간의 형사재판 영역까지 확대될 여지는 없을 것이다. 이와 달리 사변의 발생으로 비상계엄이 선포된 경우에는 계엄군사법원의 일정한 범죄와 민간법원의 운영이 불가한 지역에서는 그 재판권이 민간 형사재판 영역까지 확장될 수 있으므로 더욱 신중한 판단과 조치가 필요하다.

(5) 전시, 사변, 이에 준하는 국가비상사태의 지역적 적용 범위

헌법, 「군사법원법」, 「군형법」에서 전시, 사변 또는 이에 준하는 국가비상사태는 기본적으로 전시 혹은 계엄군사법원을 설치하고 군형법 적용에 있어서 특례규정을 적용해야 하는 국가적인 비상상황이 존재하는 시간적인 적용범위로 제시되어 있다. 한편 이러한 비상사태의 지역적 적용범위와 관련해서는 남한지역에서 계엄을 선포하는 경우에는 계엄이 시행되는 지역도 당연히 공포되므로 상대적으로 시간적 적용 범위보다는 요건 판단이 명확하다고 할 수 있다. 그런데 만약 북한과의 전면전이 재발하여 대한민국 군대가 성공적인 한미연합작전을 수행하여 북한 지역 소위 응전자유화지역까지 진출했을 경우 해당 지역에 「계엄법」과 개정법에 따라 계엄군사법원을 설치하고 전시특례를 적용할 수 있을 것인가는 보다 정밀한 검토가 필요하다.

우리 헌법이 제5조에서 국제평화주의와 침략전쟁의 부인을 선언하고 국군의 국토방위의 신성한 의무를 천명하고 있으며 UN헌장 제51조가 국가의 자위권을 인정하고 있는 이상 북한의 불법 선제공격에 대한 자위를 위한 전쟁은 국내법이나 국제법적으로 합법적인 행위이다.[298] 또한 북한 지역은 미수복 지역으로 대한민국의 영토임이 분명한 이상 적의 선제공격 즉 침략전쟁을 전제로 한 북한지역에 대한 수복은 군사점령이 아니라 응전자유화지역이라고 보아야 한다.[299]

한편, 우리 헌법의 제3조 '대한민국의 영토는 한반도와 그 부속도서로 한다'는 조항과 제4조의 평화통일 정책 그리고 대법원과 헌법재판소가 북한을 반국가단체와 평화통일의 주체로 복합적인 지위를 인정하는 일관된 판례를[300] 고려할 때 북한 지역이 우리나라의 영토라는 것은 헌법상 명백

298) **대한민국 헌법 제5조** ① 대한민국은 국제평화의 유지에 노력하고 침략적 전쟁을 부인한다.
② 국군은 국가의 안전보장과 국토방위의 신성한 의무를 수행함을 사명으로 하며, 그 정치적 중립성은 준수된다.

299) 자세히는 이상철, 전게서, 27~32쪽 참조.

300) 북한은 평화적 통일을 위한 대화와 협력의 동반자이자 우리 자유민주주의 체제 전복을 획책하는 반국가단체로서의 성격도

하다. 하지만 이러한 입장을 연장하여 북한을 반도단체로 보아 응전자유화지역인 북한지역에 바로 계엄선포와 계엄법 적용이 가능한 것인지에 대해서는 견해의 대립이 있다.[301]

국제법적으로는 유엔군사령부와 이를 대체하는 한·미연합방위체제와 정전체제를 비롯한 현재 한반도의 안보와 관련된 주체들이 북한 정권을 전쟁법상 교전단체로 인정하고 있다. 따라서 전쟁법상 교전단체가 점령한 북한 지역을 북한의 선제공격에 응전하여 자유화하더라도 계엄법을 바로 적용하는 것은 허용되지 않으며 국제법을 적용해야 한다는 것이 일반적인 견해이다.[302] 한·미 연합방위 체제하에 북한의 공격에 대한 대응이 성공적으로 진행되어 북한지역으로 작전지역이 확대될 경우 일차적으로는 연합사령부가 북한지역에 군정을 실시하게 된다. 그리고 적의 저항이 줄어들고 작전상황이 호전되는 정도에 따라 작전지역이 연합사령부에서 대한민국 합참의 책임으로 이양하면서 안정화 작전을 수행하게 된다. 이처럼 작전이 진행되는 과정을 고려할 때 최초 한·미연합사령부 주도 하의 작전이 진행되어 수복된 북한지역에 바로 계엄법을 적용해야 한다는 주장은 국제적으로 받아들여지기 어려울 것이다.[303] 다만 점령지역에서도 국제법상 점령지에서 안전과 군사작전의 실효성 보장을 위해서 새로운 법령을 제정·공표하고 군사법원을 운용할 수는 있다.[304]

아울러 가지고 있다는 취지의 대법원 전원합의체 2010. 7. 23. 선고 2010도11890 판결; 대법원 2004. 8. 30. 선고 2004도3312 판결; 헌법재판소 2002. 4. 25. 선고 99헌바27 결정 등 참조.

301) 헌법상 영토조항의 정당화 이론은 국제평화주의론, 유일합법정부론, 미수복지역론, 구한말영토계승론 등이 있으나 북한이 한반도 북쪽을 사실상 지배하는 현실에서 헌법의 영토조항은 실효성이 없는 조항으로 북한을 하나의 실질적인 통치집단으로 이해하고 한반도 전체가 대한민국의 영토이기는 하나 평화적 방법으로 실질적 통치권을 한반도 전역에 미치기 위한 수단으로 평화통일 조항과 조화롭게 해석해야 한다는 견해로 성낙인, 전게서, 320~322쪽 참조; 한편 1988. 7.7선언으로 북한 지역을 민족공동체로 보는 시간이 개진되기 시작하여 1991. 남·북한 유엔 동시가입, 1992년 남북기본합의서 발효, 2000년 남북 정상회담과 6.15 남북공동선언은 북한의 통치질서를 사실상 인정하는 결과가 되었으므로 사회의 공감대적 가치와 무관한 지역 내의 국민을 실력으로 지배하는 자기목적적 통치메커니즘은 우리나라에서 지양되어야 한다는 견해로 허영, 전게서, 207~210쪽 참조.

302) 북한 지역은 교전단체에 의한 점령지역이므로 북한의 선제공격에 대한 한미연합사의 응전으로 북한 지역을 자유화하더라도 작전지휘권을 한미연합사가 보유한 이상 국제법을 적용해야 한다는 견해로 이상철, 전게서, 28~37쪽 참조.

303) 1950. 10. 7. 국제연합 총회 결의에 의해 연합군이 38선을 넘어 북진할 경우 미 국무장관은 주한미대사에게 1950. 10. 28.자 전문에서 북한지역에 국제연합군사령관의 군정이 실시되며 대한민국의 통치권이 미치는 것이 아니라고 하였고, 1950. 10. 29. 미 육군작전참모부의 국제연합군사령관에 대한 지침에서 국제연합군사령관에 의한 대한민국 정부의 북한지역에 대한 통치권 인정을 금지하였다. 김명기, 통일이후 북한지역에의 적용법에 관한 기초적 연구, 통일문제연구 제5권 제4호(통권 제20호), 통일원, 1993, 175쪽 각주35), 36) 재인용.

304) LTC Jeff A. Bovarinick, et al., supar at 116~117; 전시 점령국의 형법규정은 점령국이 전시 민간인 보호에 관한 제네바 제4협약 상 의무를 이행하기 위한 핵심규정, 지역 내 통치질서를 유지하기 위한 규정, 점령국 군대와 점령국 행정기관의 인원, 재산, 시설의 안전을 유지 보호하기 위한 법들을 시행 전에 공포하여 시행할 수 있으며 이러한 권한의 일부로 점령지원에 비정치적인 군사법원을 설치하여 운영할 수 있다. 자세히는 육군본부, 전게 매뉴얼, 1001~1010쪽 참조.

응전자유화지역에서 작전이 성공적으로 진행되어 대한민국 합참으로 작전지역이 이전된 경우에 일차적으로는 한·미연합사령부 주도하에 국제법인 점령에 관한 법률을 적용하였던 기존 질서를 존중하여야 한다. 하지만 대한민국의 통치질서를 확대한다는 작전개념에 따라 안정화 작전을 수행하면서 순차적으로 적용 가능한 범위에서 「계엄법」 등 대한민국 법령을 적용하고 이에 따라 「군사법원법」의 전시 등 특례규정을 적용하는 것을 기본입장으로 하여 한·미간 그리고 유엔군사령부와의 긴밀한 협의를 통한 협조가 필요할 것이다.[305] 이러한 측면에서 국제법에 부합하는 방법으로 계엄법의 취지와 최대한 조화를 이루면서 전시에 북한지역에서 군사법원을 운영할 수 있는 체계적인 준비가 필요하다.

다. 구)군사법원법 상 전시, 사변, 비상사태 시 군사법원 운영

구)군사법원법(법률 제18465호, 2021.9.24.,일부개정 되기 이전의 것, 이하 구법이라 한다.)은 전시특례 규정을 제6조 제3항과 제5편 전시·사변 시의 특례에 제534조와 제535조의 간단한 조문만 두고 있었다. 구법이 매우 간단한 전시특례규정을 두고 있는 것은 군사법원의 구성 및 운영 측면에서 전·평시의 차이가 크지 않았다는 면에서 개정법보다는 위기상황 대응에 바람직한 측면이 존재한다. 구법의 특례 규정은 전시·사변 또는 이에 준하는 국가비상사태 시에 적용되도록 본문에 규정된 내용과 별도의 특례규정으로 비상계엄이 선포된 지역에서 적용되는 규정들로 구성되어 있었다. 따라서 구법에서도 전시 특례를 적용하기 위해서는 헌법상 계엄선포 요건이 충족되는 경우에 합헌적인 절차에 따라 계엄이 선포되어야 하는 상황적 요건이 필요하다. 계엄이 선포되는 경우에는 군사법원의 재판권은 군사법원법 제3조 제1항과 계엄법 제10조, 제14조에 의해서 확대되도록 하고 있었다.[306] 한편 비상 계엄지역 안에 법원이 없거나 법원과의 교통이 두절된

---

305) 전게 교육참고 9-1~9-17, 4-74~4-76.

306) **계엄법 제10조 (비상계엄하의 군사법원 재판권)** ① 비상계엄지역에서 제14조 또는 다음 각 호의 어느 하나에 해당하는 죄를 범한 사람에 대한 재판은 군사법원이 한다. 다만, 계엄사령관은 필요한 경우에는 해당 관할법원이 재판하게 할 수 있다. <개정 2015.1.6>
1. 내란의 죄 2. 외환의 죄 3. 국교에 관한 죄 4. 공안을 해치는 죄 5. 폭발물에 관한 죄 6. 공무방해에 관한 죄
7. 방화의 죄 8. 통화에 관한 죄 9. 살인의 죄 10. 강도의 죄 11. 「국가보안법」에 규정된 죄
12. 「총포·도검·화약류 등의 안전관리에 관한 법률」에 규정된 죄
13. 군사상 필요에 의하여 제정한 법령에 규정된 죄
제14조 (벌칙) ① 거짓이나 그 밖의 부정한 방법으로 이 법에 따른 보상금을 받은 자 또는 그 사실을 알면서 보상금을 지급한 자는 5년 이하의 징역 또는 3천만원 이하의 벌금에 처한다. 다만, 해당 보상금의 3배의 금액이 3천만원을 초과할 때에는 그 초과 금액까지 벌금을 과(과)할 수 있다.
② 제8조제1항에 따른 계엄사령관의 지시나 제9조제1항 또는 제2항에 따른 계엄사령관의 조치에 따르지 아니하거나 이를 위반한 자는 3년 이하의 징역에 처한다.

경우에 군사법원은 모든 형사사건에 대해서도 재판권을 가진다.[307)]

구법 제6조 제3항은 국방부 장관이 전시·사변 또는 이에 준하는 국가비상사태 시에는 법 개정에 따라 별표 6에 의해서 군단급에만 설치된 보통군사법원을 편제상 장성급 장교가 지휘하는 부대와 기관 및 전시·사변 또는 이에 준하는 국가비상사태에 의하여 편성된 편제상 장성급 장교가 지휘하는 부대에 설치하도록 하였다. 전시 등 비상사태 시에는 일반 법원은 법관의 궐원이나 교전상태로 인한 소송절차의 진행이 곤란해지는 경우 절차를 중지하지만 군은 오히려 군사법원을 확대설치하여 신속한 군사재판을 보장하고 필요시 계엄법에 따라 일부 민간 형사재판을 담당하는 등 국가의 위기상황에 대처하도록 한 것이다.[308)]

다음으로 헌법 제110조 제4항과 구법 제534조에서는 비상계엄이 선포된 지역에서 군인·군무원 및 이에 준하는 자에 대해서 사형을 선고하는 경우를 제외하고는 단심제로 군사재판이 운영된다. 헌법 제110조 제4항에 열거된 간첩죄, 초병·초소·유해음식물 공급, 포로에 관한 죄를 범한 군인 이외의 자도 사형을 선고하는 경우를 제외하고는 단심 군사재판의 대상이 된다. 비상계엄 지역에서의 단심재판에 대해서는 재판청구권 침해로 위헌이라는 견해가 있다.[309)] 그러나 전시 등 비상사태 하에서는 일반법원의 상소권도 전시 임시특례법에 따라 일정한 범위에서 제한이 되며, 국가존립을 보장하는 것이 최우선 과제인 국가 비상사태 하에서 헌법에 근거한 군사재판의 상소권 제한이 위헌적인 과도한 재판청구권의 제한이라고 볼 수는 없다.[310)]

비상계엄 지역에서 단심재판의 적정성을 보장하기 위하여 구법의 제535조는 단심재판에 의한 형을 집행하는 때에 관할관의 확인을 받도록 하고 있다. 관할관은 단심으로 진행된 군사재판의 해당 소송기록을 심사하여 양형이 과중하다고 인정할 경우 그 형을 감경할 수 있고, 집행을 면제할 수도 있다. 국가 비상사태라는 엄혹한 상황 하에 군사재판이 단심으로 진행되는 경우 과도하게 중한 형이 선고될 위험이 일반적으로 평시보다는 크다고 보이며 또한 상소 등을 통해 1심의 군사재판 내용을 시정할 기회가 없다는 점을 고려한 것이다. 형의 면제는 비상사태하에서 병력을 유지·

---

③ 제1항에 규정된 죄의 미수범은 처벌한다.
④ 제1항의 징역형과 벌금형은 병과(倂科)할 수 있다.

307) **계엄법 제10조 (비상계엄하의 군사법원 재판권)** ② 비상계엄지역에 법원이 없거나 해당 관할법원과의 교통이 차단된 경우에는 제1항에도 불구하고 모든 형사사건에 대한 재판은 군사법원이 한다.

308) 육군군사법원, 전게서, 47쪽, 506쪽.

309) 전게서, 48쪽.

310) 전게서, 48쪽, 506쪽.

확보하기 위한 수단으로 기능할 수 있다.[311]

판결확인과 집행확인 시 중복된 형의 감경이 가능한지가 문제될 수 있으나 관할관의 판결확인을 통한 지휘권 확립의 목적과 집행확인의 경우 계엄하 단심제의 적정성을 보장하기 위한 취지를 가진 제도라는 측면에서 특별히 금지하는 규정이 존재하지 않는 이상 중복 감경 내지 면제가 가능하다고 보인다. 군검사가 계엄지역에서 단심재판을 관할관의 확인을 받지 않고 집행을 하려는 경우에는 군사법원법 제530조의 집행에 대한 이의신청의 대상이 될 수 있다.[312] 이러한 구법상 계엄하 단심제와 계엄 하 단심재판에 대한 관할관의 집행확인 절차를 규정한 전시 특례규정은 개정법에도 그대로 반영되어 있다.

라. 개정법상 전시·사변 시의 특례 규정 검토

(1) 비상계엄이 선포된 지역에서의 단심제(법 제534조)

본 조문은 구법에 이미 존재하던 비상계엄이 선포된 지역에서의 단심제를 규정하고 있다. 따라서 구법에서의 논의가 그대로 유효하다고 할 것이다. 비상사태 하의 군인 등과 군형법상의 간첩죄, 초병·초소·유독음식물 공급·포로에 관한 죄 등을 범한 내국인·외국인이 군사재판을 받는 경우 사형을 선고하는 경우를 제외하고는 상소권을 제한하여 단심제로 재판을 진행하게 된다.[313] 이는 군 사법 기능의 신속하고 효율적인 운영을 통해 전시 등 비상사태 하에서 군기강을 확립하고 군의 전투력을 보존하며 국가의 전쟁지도 능력을 확보하기 위한 조치이므로 경비계엄이 선포된 경우에는 적용되지 않는다.

인적 적용범위와 관련해서는 군형법 제77조 제1항 제1호의 군용물에 관한 죄를 범한 내·외국

---

311) 전게서, 49쪽, 506쪽.

312) **군사법원법 제530조 (이의신청)** 재판의 집행을 받은 사람, 그 법정대리인 또는 배우자는 집행에 관한 군검사의 처분이 부당함을 이유로 재판을 선고한 군사법원에 이의(이의)신청을 할 수 있다.

313) **군사법원법 제534조 (특례규정)** 비상계엄이 선포된 지역에서는 다음 각 호의 어느 하나에 해당하는 사람에게는 제2편제3장 상소에 관한 규정을 적용하지 아니한다. 다만, 사형을 선고한 경우에는 그러하지 아니하다.

1. 「군형법」 제1조제1항부터 제3항까지에 규정된 사람
2. 「군형법」 제13조제3항의 죄를 범한 사람과 그 미수범
3. 「군형법」 제42조의 죄를 범한 사람
4. 「군형법」 제54조부터 제56조까지, 제58조, 제58조의2부터 제58조의6까지, 제59조 및 제78조의 죄를 범한 사람과 같은 법 제58조의2 및 제59조 제1항의 미수범
5. 「군형법」 제87조부터 제90조까지의 죄를 범한 사람과 그 미수범

인은 군형법의 적용을 받고 군사법원의 재판을 받으나, 헌법 제110조 제4항과 본조는 군용물에 관한 죄의 상소권 제한 대상으로 위 조문을 포함하지 않고 있으므로 본래 군형법 적용대상인 군인 등과 달리 위 죄를 범한 내·외국인은 상소를 제기할 수 있다. 또한 상소권 제한을 한정적으로 해석해야 한다는 측면에서 계엄법 제10조에 의해서 군사법원의 재판을 받는 민간인인 피고인은 상소권을 갖는다고 보아야 한다.

장소적으로는 비상계엄이 선포된 지역에서 단심제를 규정하고 있으므로 비상계엄이 선포된 지역 외에서 죄를 범한 경우 비상계엄이 선포된 지역에서 재판을 받는 경우에는 군인 등의 경우에는 단심제의 적용을 받지만 그 외 인원의 경우에는 비상계엄이 선포된 지역에서 죄를 범한 사람만 단심제의 적용을 받는다고 보아야 한다. 군인 등의 경우는 비상사태 하 군사재판의 신속성과 효율성을 유지하기 위해서 제534조 제1항 제1호에 군형법 제1조 제1항부터 제3항까지 규정된 사람으로 신분만을 재판권의 요소로 정하고 있으나 그 외 내·외국인은 본문의 비상계엄이 선포된 지역과 가호에 규정된 죄를 범한 사람으로 중첩적으로 규정하고 있으므로 비상계엄지역에서 해당 죄를 범한 민간인으로 엄격하게 해석해야 할 것이다.[314] 하지만 전국 계엄이 선포된 경우는 이러한 구분과 논의는 큰 의미가 없다.

시간적 적용 범위에 대해서는 계엄이 회복되어 평상시로 회복된 경우에는 위 규정을 적용할 여지가 없다. 단 비상계엄이 선고되어 판결이 선고된 이후에 비상계엄이 해제되거나 경비계엄으로 완화된 경우에 상소권이 회복될 것인가의 문제가 있으나 이미 1심 선고로 확정된 판결에 대해서 재심이나 비상상고의 요건이 충족되지 않은 이상 상소권이 회복된다고 보기는 어렵다. 다만 비상계엄이 해제되고 1개월 범위에서 군사법원의 재판권을 연장하도록 한 계엄법 제12조 제2항의 단서에 따라 판결을 선고한 경우에는 군사재판의 효율적인 사건처리와 이송 혹은 군사기밀 보호 등을 이유로 한 군사법원 재판권의 연장을 인정한 것이므로 피고인의 이익을 위한 상소권이 당연히 보장된다고 보아야 한다.

---

314) 그렇지 않으며 경비계엄이 선포된 지역이나 계엄이 선포되지 않은 지역에서 각 호의 범죄를 저지를 인원을 비상계엄이 선포된 지역에서 재판받도록 하여 단심제로 운영하는 경우 불필요한 상소권의 제한이 발생하여 최소침해의 원칙에 반할 소지가 있으며, 비상계엄이 선포된 지역에서 범죄를 저지르지 않은 내·외국인까지 비상계엄 지역에서 재판을 진행하기보다는 차라리 범죄지인 비상계엄이 선포되지 않은 지역의 일반 법원이나 군사법원이 재판을 진행하도록 하는 것이 바람직할 것이다.

(2) 전시 군사법원의 종류와 설치(법 제534조의2 내지 534조의 3)

전시·사변 또는 이에 준하는 국가비상사태 시의 군사법원(이하 "전시 군사법원"이라 한다)은 2022. 7. 1.부로 폐지된 항소심을 담당하는 고등군사법원이 다시 창설되도록 하였다.(법 제534조의2) 또한 전시 군사법원으로 고등군사법원은 국방부에 설치하고 국방부 장관은 법 제6조에 국방부 장관 직속의 5개의 지역 군사법원 외에도 편제상 장성급 장교가 지휘하는 부대와 기관에 보통군사법원을 설치할 수 있도록 하여 평시 민간이관범죄를 포함한 모든 군사법원 관할 사건을 재판하도록 하였다.(법 제534조의3)

이 조문들은 전시·사변 등 국가비상사태에서 신속·적정한 군사재판을 통해 군기강을 확립하고 전력손실을 최소화하기 위하여 구법상의 전시 군사법 체제로 전환하도록 한 것이다.[315] 전시에는 군사재판을 위한 재판관이나 사건관계인들의 이동이 제한되고 최대한 신속하게 작전지역 내에서 재판절차가 진행될 수 있도록 하여 전력손실을 최소화하고 전투태세를 완비하는 방안으로 각 군 보통군사법원을 편제상 장성급 부대에 다시 설치하도록 한 것으로 이해된다.

한편 전시 고등군사법원의 심판범위에 대해서는 계엄지역에서의 범죄유형과 상소심 허용 여부에 대한 면밀한 검토가 필요하다. 전시에는 법 제534조에 의해 비상계엄 지역 하에서는 사형선고를 제외하고는 단심제로 재판이 진행되고, 전시범죄 처벌에 관한 임시특례법 상 범죄는 제1심과 상고심 재판만을 진행하게 된다. 따라서 고등군사법원은 비상계엄지역 하에서 사형이 선고되어 3심제로 진행되는 사건 또는 민간인 등의 경우에는 전시특례법상 2심제의 적용대상이 아닌 사건 등에 대해서만 재판을 진행하게 될 것이므로 심판범위가 제한적이라는 점을 고려해야 한다.

(3) 전시 군사법원의 관할관(법 제534조의4, 제534조7 내지 534조의15, 제535조)

전시 군사법원은 군대의 가장 중요한 요소인 군기와 질서의 유지책임을 지는 지휘관에게 군대 규범을 포함한 국법질서를 준수하고 전쟁에 관한 국제규범을 준수하도록 교육할 책임과 규범이 엄격하게 준수되도록 감독하고 집행할 책임을 부여한다는 의미(Those who command shall punish)에서 인정된 관할관 제도를 다시 적용하여 군사재판 전 과정에 관여할 수 있는 광범위한 권한을 부여하였다.[316]

---

315) 구법에서도 평시에는 군단급에만 보통군사법원을 유지하다가 전시에 편제상 장성급 부대로 확대하도록 하였는데 현행법상 특례규정은 구법의 평시규정이 아니라 구법 제6조 제3항의 전시 특례규정을 그대로 적용하도록 하고 있다.

316) 육군군사법원, 전게서, 112쪽; 군사재판의 존재목적의 한축인 군기유지에 대한 지휘관의 책임은 고석, 전게논문, 56쪽 참조.

관할관 제도에 대해 군사법원의 사법기관성을 강조하는 견해는 군사법원의 독립성, 전문성, 민주성을 저해하는 위헌적 요소라는 이유로 지속적인 비판의 대상이 되어 결국 2021년 개정 법률에 평시에는 폐지되었다. 그러나 전시 등 비상사태 하에서는 국가 존립이 위태로운 상황에서 군을 통한 위기극복이 무엇보다 중요한 상황이므로 지휘관 중심의 군사법원 운영을 통해 군의 효율성과 기능수행력을 강화하여 국가안보를 보장하기 위해 관할관 제도를 부활하도록 한 것이다.[317] 즉 전시에 고등군사법원의 관할관은 국방부 장관이, 보통군사법원의 관할관은 그 설치되는 부대와 지역의 사령관, 장 또는 책임지휘관으로 하되 국방부 보통군사법원 관할관은 국방부 장관이 겸임하도록 하였다. 국방부 장관은 고등군사법원 관할관으로 국방부와 각 군 본부 보통군사법원의 행정사무를 지휘·감독하고, 각 군 본부 보통군사법원 관할관은 예하부대 보통군사법원의 행정사무를 지휘·감독한다.

관할관은 행정사무 지휘·감독 뿐 아니라 심판관의 임명(법 제534조의10), 재판관의 지정(법 제534조의11), 전시 법정경위, 통역인, 기사의 임명(법 제534조의15 제2항 내지 3항), 판결에 대한 확인조치권(법 제534조의7), 단심제 적용 판결의 집행에 대한 확인 조치권(법 제535조)[318] 등 전시 군사법원의 구성과 운영 전과정에 있어서 광범위한 권한을 행사할 수 있다. 단 전시 군사법원 서기는 각 군 참모총장이 소속 장교, 준사관, 부사관 및 군무원 중에서 임명하나 국방부의 전시 군사법원 서기는 국방부장관이 임명한다.(법 제534조 제1항)

관할관은 보통군사법원의 무죄, 면소, 공소기각, 형의 면제, 형의 선고유예, 형의 집행유예의 판결을 제외한 판결을 확인하며, 형법 제51조 각 호의 사항을 참작하여 그 형을 감경할 수 있다. 전시 군사법원의 경우에는 군 조직의 특수성과 군의 전술적 필요성 등을 반영할 필요가 있으며 특히 비상계엄 하 군사재판이 단심제로 운영되고 전시 등에 군형법의 법정형이 매우 높은 현실에서 신속하게 양형에 있어서 구체적 타당성을 기하기 위해서 관할관의 확인조치권을 다시 인정한 것이다.[319] 확인조치는 판결이 선고된 날부터 10일 이내에 하여야 하며, 확인조치 후 5일 이내에 피고인

317) 이와 달리 관할관 제도의 합헌성에 대해서는 헌법재판소 1996. 10. 31. 선고 93헌바25결정 참조.

318) 단심제 적용 판결의 집행에 대한 확인조치권은 구)군사법원법의 전시 특례에도 동일하게 규정되어 있던 것으로 해당 부분에서의 설명이 그대로 유효하게 적용될 수 있다.

319) 2016년 개정 구)군사법원법에서는 관할관의 확인조치권에 대한 비판으로 인하여 관할관은 피고인이 작전, 교육 및 훈련 등 업무를 성실하고 적극적으로 수행하는 과정에서 발생한 범죄에 한정하여 선고된 형의 3분의 1 미만의 범위에서 그 형을 감경할 수 있다고 규정하여 관할관의 확인권을 축소시키고 감경사유를 특정시키면서 감경의 범위도 설정하였으나 현행법에서는 전시 특례규정에만 관할관의 확인권을 두면서 오히려 위와 같은 제한들을 모두 삭제하여 전시에 관할관의 확인조치권의 범위를 구법 개정 이전으로 환원시켰다. 자세히는 육군군사법원, 전게서, 116~117쪽 참조.

과 군검사에게 송달하여야 한다. 이 경우 확인조치 기간을 넘기면 선고한 판결대로 확인한 것으로 본다. 관할관의 확인조치와 그 송달에 걸린 기간은 형집행기간에 산입한다. 관할관이 확인하는 판결에 대한 상소제기 기간은 관할관의 확인조치서가 피고인 및 군검사에 대하여 송달된 날부터 각각 진행된다. 관할관의 확인조치는 형을 가중하거나 형의 종류를 변경하는 것은 허용되지 않는다. 다만 형법 제55조와의 관계에서 사형, 무기형에 대한 감경을 인정하고 있으므로 사형을 징역형으로 변경하거나 유기형으로 변경하는 것은 가능하다.

(4) 전시 군사법원의 구성(법 제534조의8 내지 534조의14)

전시 군사법원은 군판사와 심판관으로 구성하고 재판장은 선임 군판사가 되며 보통군사법원은 재판관 1~3명, 고등군사법원은 재판관 3~5명으로 구성한다.(법 제534조의8) 전시 군판사의 임명은 각 군은 각 군 참모총장이 영관급 이상 소속 군법무관 중에서 임명하고, 국방부는 국방부장관이 영관급 이상 소속 군법무관 중에서 임명한다.(법 제534조의9 제1항) 전시 군판사를 임명하는 경우 개정법에 따라 평시 군판사 임명을 위한 군판사인사위원회의 심의 또는 군사법원운영위원회의 동의 등의 절차를 거치지 아니할 수 있다.(법 제534조의9 제1항) 전시 군사법 기능의 신속하고 효율적인 운영을 위하여 평시 국방부로 일원화되었던 군판사 임명권을 각군 참모총장에게 부여하고 군판사인사위원회 심의를 생략할 수 있도록 하여 군판사의 자격과 임명절차에 대한 외부통제를 완화하고 지휘관의 관여와 재량을 강화한 것이다.

전시 군사법원의 가장 큰 특징은 심판관을 재판관으로 임명할 수 있도록 한 것이다. 심판관 제도는 군사재판 제도의 성립 초기부터 유지되던 영미식 제도로 국방경비법은 조선경비대 등의 전장교 또는 연합국 장교로서 통위부장(국방부장관)의 필요에 의하여 특별히 인가하는 장교는 군법회의의 법관에 임명될 자격을 부여하면서 심판관이라고 명명했다.[320)] 「국방경비법」 상 고등군법회의는 5명의 재판관으로 구성되었는데 1명의 법무사(군판사)를 반드시 포함하도록 하여 오히려 심판관이 재판관의 다수를 차지하였고, 특설군법회의는 3인, 약식군법회의는 1인의 장교로만 구성하면서 재판장은 계급이 상급자가 맡았다.[321)] 심판관은 사실인정과 법령의 해석에 법무사와 동일한 권한을 가지고 있어 참심제에 가까운 구조로 법무사의 법률적인 전문지식과 일반 장교의 군사전문지식과 경험의 상호보완 작용으로 군사적 사건의 실체적 진실규명과 군의 특수성이 반영된

---

320) 고석, 전게논문, 116쪽.

321) 전게논문, 117~118쪽.

사건처리가 이루어지도록 하였다.[322)]

이후 1962년「국방경비법」이「군법회의법」으로 전면 개정되면서 대법원을 최종심으로 하는 3심제가 도입되면서 심판관 제도는 그대로 유지하여 1심인 보통군법회의는 2명의 심판관과 1명의 군판사, 고등군법회의는 3명의 심판관과 2명의 군판사로 구성하도록 하여 여전히 군사적 특성을 사법적 판단보다 우선시하는 심판부 구성원리를 적용하였다.[323)] 이후 심판관 제도는 무자격자에 의한 재판으로 위헌적이라는 비난을 지속적으로 받으면서도「군사법원법」으로 이어지는 군사재판의 변화과정에 그대로 유지되었다.

이윽고 1994년 1월에서야 보통군사법원 및 고등군사법원의 군판사의 수를 심판관보다 다수가 되도록 재판부를 구성하여 군사재판의 사법적 특성을 강조하는 군사법원법 개정이 이루어졌다. 그러나 재판장은 여전히 재판관 중 상급자가 담당하도록 하여 여전히 심판관이 재판장의 임무를 수행하도록 유지하였다. 이후 2016년 1월 법률 제13722호로「군사법원법」을 개정하면서는 여기서 한발 더 나아가 군사재판의 전문성, 독립성에 대한 비판이 집중되던 심판관 제도를 원칙적으로 폐지하고 군판사 3인으로 재판부를 구성하며 군형법 위반 범죄 중 일부 군사적 성격의 범죄에 대한 재판에만 심판관을 임명하되 재판장은 선임 군판사가 맡도록 하여 군사재판의 사법적 기능을 강화하고 공정성과 독립성을 강화하고자 하였다.

군사재판의 위헌론의 한 축을 담당하던 심판관 제도는 2021년 9월 개정법에서 마침내 평시에는 운영하지 않는 것으로 결정되었다. 그러나 전시에는 군사적 전문성과 특수성을 반영한 재판의 필요성이 강화되고 또한 군사적 성격의 사건의 급격한 증가 가능성과 군판사 인력의 부족 등을 고려하여 법에 소양이 있고 재판관으로 인격과 학식을 갖추었으면서도 군 경험이 풍부한 피고인보다 상급자인 영관급 이상 장교를 심판관으로 운영하여 재판과정에 군사적 전문지식과 군의 현실이 반영될 수 있도록 하였다.(법 제534조의10, 제534조의14)

하지만 전시에도 모든 사건에 전면적으로 심판관을 임명하여 재판할 수 있는 것은 아니다. 전시라도 재판관은 평시와 마찬가지로 군판사 중에서 관할관이 지정하여 임명을 하는 것을 원칙으로 하되 예외적으로 관할관이 고도의 군사적 지식과 경험이 필요하다고 인정하여 지정하는 사건에 대해서만 보통군사법원에는 재판관 3인중 1명, 고등군사법원에는 재판관 5인중 2명의 심판관을 임명하여 운영할 수 있도록 하였다. 그러나 재판장은 재판관 중 계급에 무관하게 선임 군판사

---

322) 전게논문, 118~119쪽; 육군군사법원, 전게서, 93쪽.

323) 고석, 전게논문, 326쪽.

가 맡도록 하여 군사재판절차의 운영에도 여전히 사법적 기능을 강화하는 태도를 유지하였다.[324] (법 제534조의11 내지 제534조의13)

또한 관할관이 심판관을 임명함에 있어서도 관할관의 영향력을 최대한 배제하고 중립성을 보장하기 위한 조치로 원칙적으로 군판사인 재판관은 관할관이 지정하되 심판관을 지정할 때 국방부장관, 각 군 참모총장 이외의 관할관이 심판관을 지정하는 경우에는 각 군 참모총장의 승인을 받아야 하고, 각 군 참모총장인 관할관이 심판관을 지정하는 경우에는 국방부장관의 승인을 받도록 하였다. (법 제534조의10 내지 제534조의11) 한편 관할관의 부하가 아닌 장교를 심판관으로 임명할 때는 해당군 참모총장이 임명하도록 하였다.

전시 군사법원의 구성에 연계하여 지휘관의 검찰권 행사는 전시 등 비상사태 시에 보통군사법원이 설치되는 부대와 편제상 장성급 장교가 지휘하는 부대에 전시 보통검찰부를 설치하여 보통군사법원 관할 사건에 관한 수사를 할 수 있도록 하고 있다.[325] 군검찰부는 군검사의 사무를 통할하는 관서로서 현행법은 평시에는 국방부 검찰단 및 각 군검찰단에 고등검찰부 및 보통검찰부를 두고 보통검찰부는 각 군사법원에 대응하도록 하였다. 그러면서 구법에서 검찰수사절차에 있어서 구체적 사건지휘권을 가지고 있던 지휘관의 관여를 배제하고 국방부장관과 각군 참모총장도 구체적 사건에 대해서는 각 검찰단장만을 지휘할 수 있도록 하여 개별사건에 대한 관여를 허용하지 않고 있다.

그러나 전시에는 다시 구법에서와 같이 검찰사무에 대한 지휘관의 지휘·감독권을 부활시키

---

324) **군사법원법 제534조의13 (관할관이 지정한 사건의 정의)** 제534조의12 제1항 단서 및 같은 조 제3항 단서에서 "관할관이 지정한 사건"이란 각각 관할관이 다음 각 호의 어느 하나에 해당하는 죄로만 공소제기 된 사건 중 고도의 군사적 전문지식과 경험이 필요한 사건으로서 심판관을 재판관으로 임명할 필요가 있다고 지정한 사건을 말한다.
1. 「군형법」에 규정된 죄(제2편 제15장의 강간과 추행의 죄는 제외한다)
2. 「군사기밀 보호법」에 규정된 죄

325) **군사법원법 제534조의16 (전시 군검찰부)** ① 전시·사변 또는 이에 준하는 국가비상사태 시의 검찰사무를 관장하는 군검찰부(이하 "전시 군검찰부"라 한다)는 고등검찰부와 보통검찰부로 한다.
② 고등검찰부는 국방부와 각 군 본부에 설치하고, 보통검찰부는 보통군사법원이 설치되어 있는 부대와 편제상 장성급 장교가 지휘하는 부대에 설치한다. 다만, 국방부장관은 필요할 때에는 전시 군검찰부의 설치를 보류할 수 있다.
③ 보통검찰부의 관할은 대응하는 보통군사법원의 관할에 따른다. 다만, 전시 군사법원이 설치되어 있지 아니한 부대에 설치된 보통검찰부의 관할은 다음 각 호와 같다.
1. 전시 군검찰부가 설치되는 부대의 장의 직속부하와 직접 감독을 받는 사람이 피의자인 사건
2. 전시 군검찰부가 설치되는 부대의 작전지역·관할지역 또는 경비지역에 있는 자군부대에 속하는 사람과 그 부대의 장의 감독을 받는 사람이 피의자인 사건
3. 전시 군검찰부가 설치되는 부대의 작전지역·관할지역 또는 경비지역에 현존하는 사람과 그 지역에서 죄를 범한 「군형법」 제1조에 해당하는 사람이 피의자인 사건

고 검찰수사를 통해서 군의 기강과 지휘권을 확립할 수 있도록 하였다. 전시에는 각 군 참모총장은 각 군 검찰사무의 지휘·감독자로서 예하부대 보통검찰부에 관할권이 있는 군검찰사무를 총괄하며, 소속 군검사를 지휘·감독하고 전시 보통검찰부가 설치된 부대의 장은 소관 군검찰사무를 관장하고, 소속 군검사를 지휘·감독할 수 있다. 다만 국방부장관은 군검찰사무의 최고감독자로서 일반적으로 군검사를 지휘·감독하고 구체적 사건에 관하여는 각 군 참모총장만을 지휘·감독한다.[326)]

군판사·군검사의 정원에 대해서도 평시에는 그 신분보장과 독립성을 강화하기 위해서 법률에 따라 대통령령으로 정원과 각 군사법원과 검찰단에 배치할 군판사와 군검사의 계급과 수를 정하도록 하였다.[327)] 그러나 전시·사변 또는 이에 준하는 국가비상사태 시에 군 사법의 원활한 운영을 위하여 국방부 장관에서 군판사·군검사의 정원, 각 전시 군사법원과 전시 군검찰부에 배치할 군판사·군검사의 계급 및 그 수를 달리 정할 수 있도록 하여 군사법기관 구성에 있어서 융통성을 크게 확대하였다.(법 제534조의18)

(5) 전시 군사법원의 심판사항(법 제534조의5)

전시 보통군사법원은 예하부대에 군사법원이 설치되지 않은 전시 군사법원이 설치되는 부대의 장의 직속 부하와 직접 감독을 받는 사람이 피고인인 사건, 전시 군사법원 설치 부대의 작전지역·관할지역 또는 경비지역에 있는 해당 군에 속하는 사람과 그 지역에서 죄를 범한「군형법」제1조에 해당하는 사람이 피고인인 사건을 관할한다. 그러나 타군이나 예하부대 군사법원 관할에 속하는 사람에 대해서는 관할권을 행사할 수 없다. 다만, 국방부 또는 각 군 본부의 보통군사법원은 그 전문성을 고려하여 장성급 장교가 피고인인 사건과 그 밖의 중요 사건을 지휘관의 지휘·감독 권한에 따른 관할지정 원칙에도 불구하고 심판할 수 있다. 전시 창설되는 고등군사법원은 보통군사법원의 재판에 대한 항소사건, 항고사건 및 그 밖에 법률에 따라 고등군사법원의 권한에 속하는 사건에 대하여 심판한다.

---

326) 이러한 규정체계에서는 국방부장관은 국방부 검찰단의 설치부대장으로서 국방부 검찰단의 검찰사무를 지휘·감독할 수 있다는 해석이 가능하여 국방부 검찰단의 구체적·개별적 사건이 정무직 공무원인 국방부장관에 의해서 지휘·감독을 받아 법무부장관의 지휘를 제한한 형사소송법 체계와 불일치하는 상황이 발생한다. 따라서 국방부장관은 구체적 사건에 관한 지휘·감독 범위를 각 군참모총장과 국방부 검찰단장에 대해서 하는 것으로 개정할 필요가 있다.

327) **군사법원법 제30조의3 (군판사의 정원)** ① 군판사의 정원은 대통령령으로 정한다.
② 각 군사법원에 배치할 군판사의 계급과 수는 대통령령으로 정한다.
제41조의2 (군검사의 정원) ① 군검사의 정원은 대통령령으로 정한다.
② 각 검찰단에 배치할 군검사의 계급과 수는 대통령령으로 정한다.

원칙적으로 군사법원은 「계엄법」에 따른 관할 사건을 제외하고는 관할을 달리하는 여러 개의 관련 사건은 1개의 사건에 관할권이 있는 군사법원이 관할하여 처리할 수 있다.[328] 하지만 전시에는 장성급 장교가 피고인인 사건 및 타군 전시 군사법원에 관할권이 있는 사건은 서로 관련되었다는 이유로 병합할 수 없다. 전시 장성급 장교가 관련된 사건의 병합을 금지하는 것은 중요직위자에 대한 관할의 중복을 피하고자 하는 것이고, 각 군 사건의 병합관할을 금지하는 것은 각 군별 지휘권 확립을 위한 권한을 존중하는 취지로 보인다. 하지만 이런 규정에도 불구하고 국방부장관은 타군 본부 보통군사법원 관할관으로부터 그 병합관할에 관한 신청을 받았을 때에는 관계 군의 본부 보통군사법원 관할관의 의견을 물어 1개의 전시 군사법원을 지정하여 병합관할하게 할 수 있도록 하여 필요한 경우 관할의 병합을 통한 신속한 재판을 가능하도록 하고 있다.

(6) 간주규정(법 제535조의2)

현행법의 제5편 전시·사변 시 특례 편에서는 전시 등 국가비상사태 하에서 신속하고 효율적인 전시 군사법원 운영을 위한 특례규정을 두면서도 특례규정을 제외한 나머지 군사법원법의 조항들을 통한 전시 군사법원의 운영을 위해서 간주 규정을 두어 간편한 방식으로 기존 조문들을 전시 군사법원 운영 시 규정으로 전환하여 적용하도록 하고 있다.[329] 간주규정은 전시 등 비상상황 하에서 평시 군사법원과 법원장을 각 특례 규정에 따른 보통군사법원과 고등군사법원 그리고 관할관으로 보고 군사법원법 제1편 내지 제4편의 규정들을 적용하도록 하는 것이다. 따라서 전시특례 규정으로 대체되는 제1편 내지 제4편의 규정은 전시에는 일반적으로 적용이 배제되는 것이지만 일부 규정의 경우에는 계속 적용해야 하는 것으로 해석해야 하는 경우도 있다.

예컨대 법 제11조의 군사법원의 심판사항은 법 제534조의5와 관계에서 적용이 배제되는 것으로 보이지만 그 규율의 범위가 다르므로 전시 등에도 적용이 되며 단지 군사법원을 보통군사법원

---

328) **군사법원법 제13조 (관련사건 관할의 병합과 예외)** 관할을 달리하는 여러 개의 사건이 관련된 경우 1개의 사건에 관하여 관할권이 있는 군사법원은 다른 사건까지 관할할 수 있다. 다만, 제12조에 따른 사건은 관련되었다는 이유로 병합관할할 수 없다.

329) **군사법원법 제535조의2 (간주규정)** 이 편에서는 이 법 중 "고등법원"은 "고등군사법원"으로, "군사법원"은 "보통군사법원"으로, "상소법원"은 "고등군사법원 또는 대법원"으로, "항고법원"은 "항고군사법원"으로, "관할 검찰단"·"군사법원에 대응하는 보통검찰부"는 "관할 군검찰부"·"전시 군사법원이 설치된 부대"로, "군사법원장"·"고등검찰부의 장" 및 "보통검찰부의 장"은 각 "관할관"·"국방부장관 또는 각 군 참모총장" 및 "관할 군검찰부가 설치되어 있는 부대의 장"으로, 제501조의15 제1항·제505조·제513조제1항·제514조·제515조 중 "국방부장관 또는 소속 군 참모총장"·"검찰단장"은 각 "관할 군검찰부가 설치되어 있는 부대의 장"으로 간주한다.

으로 간주해야 한다.[330] 또한 군사법원장의 행정사무 지휘·감독권이 전시에는 법 제543조의4에 의해 관할관의 책임으로 이전되므로 이를 규정한 규정들은 적용이 배제되나 법 제7조 제1항, 제2항에 규정된 군사법원장은 관할관으로 보고 적용이 불가하므로 적용 가능한 간주규정만을 적용하는 것으로 해석해야 할 것이다.[331] 이처럼 간주규정을 기계적으로 적용해서 군사법원법의 본래 취지대로 운영이 불가능한 경우는 법 취지를 최대한 고려한 해석을 통한 운영을 도모해야 한다. 하지만 장기적으로는 간주규정을 보다 명확하게 정리하고 간주규정으로 해석·적용이 불가능한 부분은 별도로 전시 특례를 두는 등의 근본적인 입법 개선이 필요하다.

3. 효율적인 전시 등 군사법원 운영을 위한 훈련 및 준비방안

가. 전시 등 군사재판 운영 사례 연구

(1) 개 요

실제 전시·사변 또는 이에 준하는 국가비상사태 시에 군사법원이 어떻게 운영되었는지 사례를 연구하는 것은 효율적인 전시 등 군사법원을 운영하기 위한 준비 및 훈련을 하는데 매우 유용한 정보와 착안 사항을 제공할 수 있다. 우리나라는 건국 후 얼마 되지 않은 1950년 6월 25일 북한의 남침으로 인한 한국전쟁을 겪었으며 한국전쟁을 전·후로 다양한 국가비상사태 하에서 계엄을 선포하여 이를 극복한 경험이 있다. 따라서 한국전쟁을 전·후로 이루어진 전시 등 비상사태 하에서 군사재판 사례를 통해 전시 등 군사재판시 직면할 수 있는 구체적인 어려움과 극복방안 등을 도출할 수 있는 매우 귀중한 역사 자료가 될 수 있다.

비상계엄 하 군사재판 운영사례에서는 국가의 심각한 위난 상황에서 군사재판을 통해 국난을 극복하고 평시 상태로 복귀를 촉진하는 헌법 보호수단으로서 기능을 발휘하는 모습을 발견할 수 있다. 하지만 또 한편으로는 정치적인 목적을 가지고 계엄선포의 요건을 충족하지 못하였음에도 불구하고 무리한 계엄선포와 이에 따른 군사재판을 통한 과도한 기본권의 제한을 촉발한 사례도

330) **군사법원법 제11조 (군사법원의 심판사항)** 군사법원은 다음 각 호의 사건을 제1심으로 심판한다.
1. 제2조 또는 제3조에 따라 군사법원이 재판권을 가지는 사건
2. 그 밖에 다른 법률에 따라 군사법원의 권한에 속하는 사건

331) **군사법원법 제7조 (군사법원장)** ① 군사법원에 군사법원장을 둔다.
② 군사법원장은 군판사로 한다.

발견할 수 있어 이를 연구하여 타산지석(他山之石)의 교훈을 발견하는 계기가 될 수 있다.[332)]

(2) 한국 전쟁 이전 계엄 하 군사재판 운영 실태

한국 전쟁 이전의 대표적인 계엄 군법회의를 실시한 경우는 '제주 4.3사건'과 '여·순반란사건'이다.[333)] 그 중 '제주4.3사건'을 중심으로 이를 살펴보면 1948년 4월 3일 오전 2시를 전후해 남로당 제주도당의 무장대가 경찰과 우익청년단의 탄압에 대한 저항, 단독선거, 단독정부 반대와 조국의 통일독립, 반미구국투쟁을 가치로 무장봉기가 시작되었고 사태가 계속 악화됨에 따라 제주지역에 계엄이 선포되었다. 계엄기간은 1948년 11월 17일부터 12월 31일까지였으며 당시 「계엄법」이 제정되기 전이었으므로 구일본의 「계엄령」(1882년 명치 15년 태정관 공고 제36호)을 의용하여 계엄법상 비상계엄에 해당하는 합위지경[334)]을 제주도 지역에 선포하였다.[335)]

2000년 1월 제정·공포된 「제주 4.3사건 진상규명 및 희생자 명예회복에 관한 특별조치령」에 따라 제주 4.3사건 진상규명 위원회가 발간한 제주 4.3사건 진상조사보고서에 따르면 1948년 11월 17일 비상계엄이 선포된 이후 군인·군속(군무원)과 민간인을 대상으로 군법회의가 열렸으며 민간인에 대한 군법회의는 1948년 12월 3일부터 27일까지 12차례에 걸쳐 열려 871명이 구「형법」 제77조 내란죄로 처벌되었고, 계엄 해제 후 군법회의 관할인 「국방경비법」 제32조 이적죄와 제33조의 간첩죄 위반으로 1659명이 유죄판결을 받은 것으로 되어 있다.[336)]

당시에는 수많은 민간인을 형무소에 수감시키는 과정에서 적정한 재판절차가 준수되었다는 것을 입증할 어떠한 재판서, 공판조서, 예심조사서 등이 전혀 발견되지 않아 재판절차에 흠결이 많았을 것이라는 점이 비판의 대상이 되고 있다.[337)] 즉 피고인 수감 전 재판절차 없이 군경의 취조만으로 바로 수감하거나, 혹은 재판절차를 경유하였으나 피고인들을 재판정에 집단으로 출석시켜 호

---

332) 주로 국방경비법 하 한국전쟁 전·후에 계엄령 선포하 군사재판을 다루고 정치적 논란의 소지가 있는 군법회의법 시대와 군사법원법 시대의 계엄하 군사재판은 언급하지 않도록 하겠다.

333) 고석, 전게논문, 144쪽.

334) 합위지경은 계엄법상 비상계엄에 해당하는 것으로 그 지방 행정 및 사법사무를 그 지역사령관이 관장하고 합위지경내 군사에 관한 민사 및 계엄령 소정의 죄에 관계된 자는 모두 군아에서 재판을 하였고 단심제를 시행하도록 하였다. 자세히는 고석, 전게논문, 141~142쪽.

335) 제주4.3사건 진상조사보고서 제167쪽; 고석, 전게논문, 제144~145쪽 재인용.

336) 고석, 전게논문, 145쪽; 논문에는 국방경비법 제33조가 내란죄라고 기재되어 있으나 이는 간첩죄의 명백한 오기로 보이므로 논문의 원문과 달리 간첩죄로 고쳐 적는다.

337) 제주4.3사건 진상조사보고서, 462쪽: 고석, 전게논문, 145쪽 재인용.

명하는 정도에 그치고 형무소 이송 후 죄명과 형량을 통보하거나 혹은 재판정에서 호명 후 형을 언도 후 형무소 이송 후 수감시키는 형태로 재판절차가 제대로 이루어지지 않았다는 것이다.[338)]

더욱이 제주 4.3사건의 경우에는 1949년 11월 24일 법률 제69호로 「계엄법」이 제정되기 전에 벌어진 사건으로 구일본의 계엄령을 의용하여 선포한 계엄의 위헌·위법성에 대한 논란이 있다.[339)] 합동참모본부의 계엄업무 실무지침서에서는 구일본 계엄령은 해방 이후 미 군정 법령 제11호에 의해서 미 군정 하의 한국에 적용되었고, 제헌헌법 제64조는 대통령은 법률이 정하는 바에 의하여 계엄을 선포한다고 하면서도 계엄법이 제정되기 전까지는 잠정조치로 일본 계엄령이 헌법 제100조 현행 법령은 이 헌법에 저촉되지 아니하는 한 효력을 가진다는 규정에 의하여 적용되었다는 입장이었다.[340)] 한편 대법원은 4.3 계엄령의 불법성 여부에 대한 판결에서 계엄선포 행위 자체가 아무런 법적 근거 없이 이루어진 불법적인 조치였다고 단정하기 어렵다고 하면서도 유보적인 입장을 취한 것으로 보인다.[341)]

(3) 한국 전쟁 발발과 계엄 고등군법회의 설치·운용 실태

북한의 기습 남침으로 한국 전쟁 발발 후 군사력이 상대적으로 약세였던 남한은 개전 3일 만에 수도 서울을 빼앗기고 후퇴를 거듭하게 되었고 정부는 국가적 위기를 극복하기 위해 여러 가지 비상조치를 취하였다.[342)] 이러한 조치의 일환으로 사회혼란을 수습하고 원활한 군사작전을 보장하기 위하여 1950년 6월 25일 「비상사태 하 범죄 처벌에 관한 특별조치령」(이하 '특조령'이라 함)을 발령하고, 7월 8일에는 전남·북도를 제외한 남한 전 지역에 비상계엄을 선포하였으며, 같은 달 26일에는 「계엄 하 군법회의에 관한 특별조치령」을 발령하면서 분대장 이상 지휘자들에게 '전시즉결처분권'을 부여하는 등 극단적인 조치를 취하였다.[343)] 이러한 조치들은 국가의 존망이 풍전등화(風前燈火)의

---

338) 전게논문.

339) 자세히는 고석, 전게론문, 146~148쪽.

340) 전게논문, 147쪽.

341) 대법원 2001. 4. 27. 선고 2001다7216판결.

342) 고석, 전게논문, 148~149쪽.

343) 7월 8일 당시 선포된 계엄령은 계엄사령관을 육군소장 정일권으로 임명하고 계엄포고 제1호로 '사법행정기관의 군 귀일 협력을 요망한다'고 선언하여 전국 사법업무를 관장하기 시작하였다. 7월 9일에는 각 군에 계엄실시 요령에 관한 건을 하달하여 계엄선포와 동시에 각 지구 부대장(위수사령관 독립단대장 이상)은 계엄실시 요령에 의거하여 만반의계획을 수립하고 그 실시에 만전을 기할 것을 지시하였다. 7월 18일에는 고등법원장, 대구지법원장, 부상지법원장, 대구검사장, 부산검사장, 대구경찰국장, 부산경찰국장, 헌병사령관, CIC지부장, 법무감에게 '미결사건처리에 관한 건' 이라는 지시를 통해 1.계엄령 실시 이후의 형사사건은 계엄법 및 실시요령에 의하여 처리함. 단 국가보안법 위반사건은 경한 것을 제외하고는 군사법규↘

상황에 처하여 불가피한 측면이 있었지만 결과적으로 극심한 인권침해의 결과를 초래했다.[344)]

비상계엄이 선포되고 계엄업무의 효과적인 지원, 보좌를 위하여 1950년 7월 초에 중앙계엄고등군법회의와 경남지구 계엄고등군법회의가 설치되었고, 서울을 수복한 후인 9월에는 서울지구계엄고등군법회의가, 10월에는 경인지구계엄고등군법회의가 설치되었다.[345)] 그 이후 전국적으로 지역별 비상계엄이 거의 해제된 상태가 됨에 따라 1951년 8월 15일부로 계엄고등군법회의를 폐지하였다.[346)] 이 당시 계엄고등군법회의는 1950년 7월 26일 대통령령 제5호로 공포된「계엄 하 군법회의에 관한 특별조치령」에 의해서 운영되었다.[347)]

당시 적용되었던 특칙은 군사재판의 소송수속을 간단히 하기 위하여 고등군법회의 구성인원을 5인 이상에서 3인 이상으로 축소하고 1인은 군법무관을 포함하도록 하였으며, 설치장관이 필요하다고 인정 시 판사를 군법무관의 직무를 대신하도록 하였다.[348)] 또한 군검찰은 형사소송법의 검사와 동일한 권한을 가지도록 하고 설치장관이 필요 시 검사로 하여금 군검찰의 직무를 행하게 하면서, 예심조사를 생략하면서 계엄고등군법회의 판결의 집행은 설치장관의 승인만으로 가능하도록 하였다.[349)]

「계엄법」 제23조 단서는 비상계엄이 해제된 경우 대통령령에 의하여 1개월 범위에서 계엄군법회의의 재판권을 연기할 수 있도록 규정하고 있어 한국전쟁기에 계엄이 해제된 1951년 4월 8일부터 1951년 5월 8일까지 전장 상황의 가변성에 대비하고 군법회의와 일반 법원 간의 업무 인수인계의 편의를 고려하여 전국 주요사건에 관한 재판관할권을 계엄고등군법회의가 행사하도록「계엄고

위반인 이적죄 또는 간첩죄는 군법회의에서 처단함. 2. 계엄령 실시 이전의 범죄행위로서 당시 미결 중인 사건 역시 전항에 준하여 처리함. 즉 미결 중인 국가보안법 위반 사건은 비상조치령 또는 군법조규 위반으로 처단 가능(또는 처단 필요)한 것은 즉시 군법회의에 이송 처리할 것으로 지시하였다. 한편 계엄사령부는 7월 10일 계엄 선포로 인한 발생하기 쉬운 민간인에 대한 인권침해와 사형의 남발을 사정에 방지하기 위하여 군·경에 의한 월권행위를 용납하지 않을 것과 계엄을 빙자한 국민의 생명과 재산 침해행위를 엄단한다는 담화문을 발표하기도 했다. 자세히는 고석, 전게논문, 149~151쪽 참조.

344) 고석, 전게논문.

345) 고석, 전게논문, 151쪽.

346) 전게논문.

347) 전게논문, 153쪽.

348) 전게논문, 154쪽.

349) 전게논문;「계엄하 군법회의에 관한 특별조치령」은 전시 다수 심판관이 한 자리에 소집하기 어려운 점과 부족한 법무관의 보충 및 재판의 신속을 기하기 위해 특칙을 두어 지휘관의 영향에서 자유로운 민간인 신분의 판·검사가 대폭 충원되어 군법회의의 수사와 재판업무에 일정한 역할을 하도록 하여 오히려 재판의 공정성면에서 긍정적인 작용을 하였을 것이다. 자세히는 전게논문, 189쪽 참조.

등군법회의재판권 연기에 관한 건」이 시행되었다.[350] 이러한 재판연기조치가 시행되는 과정에서 군당국은 비상계엄 하 재판권 연기 기일 이후에 민간인 사건을 일반법원으로 이송할 것을 지시하면서도 국방경비법 상 간첩죄의 경우에는 군법회의 재판권 연기가 마감된 이후에도 민간으로 이송하지 않도록 하여 유효기간 이후에도 민간인 사건들을 계속적으로 처리하는 사례가 많았다.[351]

전시 군법회의 운영 실태를 살펴보면 먼저 재판관할권에 있어서는 비상계엄 선포로「계엄법」에 의한 특칙들이 적용되어 군법회의 재판권이 민간까지 확장되었다. 특히 군과 전투경찰의 공동작전 또는 징용자의 활용 등으로 이들에 대한 재판권 문제가 대두되었다.[352] 전투경찰의 경우는 공동작전을 한다는 이유만으로는 군법회의 관할을 인정하지 않았으며, 전쟁 발발 후「징발에 관한 특별조치령」으로 징용된 자들은 군대와 함께 작전을 수행했으나 군속(군무원)과 달리 군법 피적용자로 보지 않았다.[353] 다만「계엄법」상 비상계엄지역 내에서 징용에 응하지 않은 자는 계엄법 위반이므로 계엄고등군법회의의 재판을 받아야만 했다.

비상계엄 하에서 영장제도의 생략과 관련해서는 장교들이나 일반 전투병과 군 수사기관 간에 불법구속에 따른 인권침해에 따라 갈등이 높았으며 육군본부는 1952년 7월 13일 전군에 하달한 공문에 불법구속의 남발을 막기 위하여 법무장교에 의한 구속적부심을 활성화하고 각 부대장이 전장병을 상대로 불법구속이 없도록 단속과 함께 교육하도록 강조할 정도였다.[354] 비상계엄이 선포된 지역에서 영장 없이 구속된 자를 계엄이 선포되지 않은 지역으로 이송하는 경우 다시 구속영장을 발부받아야 하는가도 문제되었다. 한국전쟁기에는 업무 효율성을 고려하여 구속영장 발부 없이 계엄선포가 된 지역과 되지 않은 지역 간 이송할 수 있도록 하면서 단지 이송 결정된 시점에서 10일 이내에 이송하도록 하였다.[355] 이러한 업무 관행은 영장에 의한 구속요건에 해당하지 않는 자를 계엄지역에서 영장 없이 구속 후 비상계엄이 선포되지 않은 지역으로 이송을 시켜 계속 구속상태를 유지하는 것이 가능하여 업무 효율성만을 고려하여 영장주의 원칙을 무시한 인권유린의 우려가 큰 조치라는 견해가 있다.[356] 그러나 비상계엄이 선포된 지역에서 영장에 의한 구속요건에 해

350) 전게논문.

351) 전게논문, 155~156쪽.

352) 전게논문, 157쪽.

353) 전게논문, 157~161쪽.

354) 전게논문, 166쪽.

355) 전게논문, 168쪽.

356) 전게논문, 168~169쪽.

당하지 않는 자는 영장 없는 구속도 허용되지 않으므로 이는 비상계엄 지역인지 혹은 영장 발부 여부와 관계없이 불법한 인신구속이므로 이송의 허용 이전에 이미 위법한 인신구속이라고 보아야 할 것이다.

민간인에 대한 체포 감금 구류 및 수사에 대하여는 유엔 결의에 따라 16개국의 연합군이 한국을 위해서 싸우는 전쟁 특성상 각국의 군 수사기관이 한국 민간인을 수사하고 감금할 수 있는지 문제가 제기되었다. 당시 육군 법무감 손성겸은 한국 헌병만이 한국 민간인을 수사할 수 있음을 명백히 하였다.[357] 외국군 수사기관은 한국 형사소송법이나 다른 법령에 따라 수사권이 부여된 바 없기 때문이다.

한국 전쟁기에는 특히 각종 대형 군 범죄사건, 기타 살인 상해 사건 등의 수사에 있어 사건 진상을 오인하거나 파악하지 못하는 등 대형사건 처리 과정에서 나타난 파행과 동종 유사 사건의 판결 결과가 천차만별로 나타나는 등 실무상의 미숙함이 허다하게 나타났다. 당시 국민방위군 사건 등 군에서 발생한 대형사고에 대해서 국민적 불신을 의식한 의도적인 소극적 수사도 영향이 있었지만 당시 군의 제도가 완전히 정비되기 이전의 상황에서 전반적인 군 수사능력이 민간부분에 비하여 열악하였음도 엿볼 수 있다.[358]

심판업무와 관련해서는 군법회의가 법령이 정하는 법관 정족수에 미달하거나 법관으로 임명된 자가 재판에 참여하지 않거나 군법회의의 형식만 빌렸을 뿐 약식으로 재판하는 사례가 적지 않았다.[359] 또한 비상계엄 선포와 「계엄 하 군법회의에 관한 특별조치령」의 적용으로 판결이유 작성이 생략되었다가 계엄군법회의 재판권 연기 마감 이후 생략하였던 판결이유 작성을 정상화하였다.[360]

판결의 심사, 승인 및 확인제도와 관련하여서는 「국방경비법」 제94조의 판결심사건의는 단심제인 군법회의의 서류상 재심으로 법무심사관의 심사건의서를 확인 후 이루어지는 설치 장관의 최후조치였음에도 육군본부에서는 '부하들에게 심사업무를 맡겨 소홀함이 없도록 하라'는 강조문서를 예하대에 하달하는 등 정상적인 시행에 문제가 있었던 것으로 보인다.[361] 또한 판결 조치장관은

357) 전게논문, 167쪽.

358) 전게논문, 169쪽; 국민방위군 사건의 처리경과에 대한 자세한 내용은 전게논문, 219~235쪽 참조.

359) 당시 육군본부에서는 법관수명자로 재판장 소집에 응하지 않는 자에 대해서는 사유 불문하고 항명죄로 처벌할 방침이라는 지시문서를 하달하기도 하였다. 자세히는 전게논문, 170쪽 참조.

360) 전게논문.

361) 전게논문, 171쪽.

확인 권한에 의해 형의 집행유예도 가능하다고 보았고 동시에 형집행 정지 제도도 시행을 유지하여 전시 인력운영의 융통성을 보장하도록 하였다.[362)]

판결의 집행과 관련해서는 군법회의 판결 결과대로 집행되지 않는 경우가 많았고, 사형집행의 경우에는 집행 이후 지체없이 직근 친족에게 인적사항, 재판장소, 죄과, 언도 일자 내지 형집행 일시를 통고하도록 하였으며, 군법회의 판결 결과를 일반예방효과를 위하여 회보에 게재하도록 하였다.[363)] 군수형자의 수용문제는 형무소들이 전쟁으로 파괴되어 어려움을 겪었는데 진주형무소의 경우 전란으로 전부 파괴되어 임시 수용장을 건축 후 200~300명 정도의 단기수형자와 미결수만을 수용하고 형기 10년 이상의 군 수용자는 대구, 부산, 목포, 군사, 대전 형무소에 이송 또는 수용하였다.[364)]

특히 병력자원의 확보를 위한 정책적 조치로 군법회의 판결로 파면된 자 등에 대하여 1952년 5월 1일부터 국방부 장관의 확인을 득함과 동시에 재복무 명령을 발령하고, 4월 30일 이전 확인 건 중 재복무 명령 미발령자는 각 군에서 재복무여부를 조사하여 국방부에 상신하도록 하였다.[365)] 또한 육군형무소 수형자에 대해서는 우량수형자석방령을 적용하여 조기에 석방하도록 하였으며, 신병의 도망이나 무단이탈 사건은 형벌을 부여하기 보다는 재교육을 통해 전력의 유지 보존에 기여하도록 하였다.[366)]

한편, 충분한 군사적 준비 없이 북한의 전면 남침이라는 국가적 위난을 만나 일부 병사들이 적을 발견하고 무단이탈하거나 분산되는 극도의 군기 혼란 상태를 수습하고 군의 단결을 도모하기 위해서 1950년 7월 26일 00시를 기해 육본 작전명령(훈령) 제12호로 군에서 분대장 이상 지휘자나 지휘관들에게 적전에서 비행을 저질렀다고 판단되는 부하를 아무런 절차 없이 생명을 박탈할 수 있는 '즉결처분권'을 부여하였다.[367)] 그러나 아무리 전시라도 군인에게 헌법과 법률이 정한 적법절차에 의한 재판받을 권리를 박탈하고 분대장급 이상 지휘자 등에게 처분권을 부여한 것은 비상계엄 선포 후 계엄사령부가 사형(私刑)금지 지시와 이후 입법화된 사형금지법(私刑禁止法)과도 정

362) 전게논문, 172~173쪽.

363) 전게논문, 175~176쪽.

364) 전게논문, 176쪽.

365) 전게논문, 177쪽.

366) 전게논문, 177~178쪽.

367) 전게논문, 200쪽.

면 상충하는 조치였다.[368)]

특히 즉결처분된 사건은 공금횡령 등 중요하지 않은 사건으로 장교를 즉결처분한 사례가 발생하는 등 심각한 인권침해 요소가 있어 육본에서는 전장이탈과 같은 중대한 범죄행위에 대해서만 즉결처분이 가능하도록 하고 작전상 시간적 여유가 있을 때에는 군법회의에 회부하는 것을 원칙으로 하도록 하는 등 즉결처분권 행사를 제한하고자 하였다. 이후 즉결처분권은 전세가 호전되고 즉결처분의 실효성도 의문시되어 다음 해인 1951년 7월 10일 육본 훈령 제191호로 취소하였다.[369)]

(4) 사상범 사건에 관한 군법회의 운영 실태

한국전쟁은 1950년대 공산주의와 반공이라는 국제적인 이데올로기의 갈등이 극명하게 충돌하는 현장이었다. 따라서 적에 대한 이적이나 간첩행위 등을 포함한 반국가적 범죄는 엄벌의 대상이 되었다. '사상범'이라는 명칭은 한국전쟁 당시 육군본부가 각 관계부대장에게 사상범 사건 처리지침을 공문으로 하달하면서 사용한 것으로 「국방경비법」 제32조 이적죄, 제33조 간첩죄, 「국가보안법」 위반, 특조령 제4조 제3호, 4호, 5호 및 제5조 위반으로 정하고 있었다.[370)]

이적행위와 관련된 법률용어로는 「부역행위특별처리법」에서 부역자 또는 부역행위라는 표현이 사용되었다.[371)] 그런데 「부역행위특별처리법」의 적용대상에는 국방경비법 제32조 이적죄, 제33

368) 전게논문, 200~201쪽.

369) 즉결처분권을 취소한 것은 매우 타당한 조치였으나 즉결처분권이 인정되었던 1950년과 1951년에는 군법회의에서 도망병으로 처벌을 받은 현황 각 209명과 841명으로 도합 1,050명에 그쳤으나 1952년에는 3,522명, 1953년에는 4,259명으로 그 수가 대폭 증가한 것을 발견할 수 있어 초전의 혼란한 상황에서 군의 기율을 유지하는데 어느 정도 효과가 있었던 것으로 파악된다. 자세히는 전게논문, 193쪽 죄명별 현황표 참조.

370) **국방경비법 제32조 (적에 대한 구원, 통신 연락 또는 방조)** 직접, 간접으로 무기, 탄약, 식량, 금전 또는 기타 물자로써 적을 구원 혹은 구원하려고 기도하거나 또는 고의로 적을 은닉, 보호하거나 또는 적과 통신연락 혹은 적에게 정보를 제공하는 여하한 자든지 군법회의 판결에 의하여 사형 또는 타 형벌에 처함.
제33조 (간첩) 조선 경비대의 여하한 요새지, 주둔지, 숙사, 혹은 진영 내에서 간첩으로서 잠복 또는 행동하는 여하한 자든지 고등군법회의에서 이를 재판하며 유죄시 사형에 처함.
비상사태하 범죄처벌에 관한 특별조치령 제4조 비상사태에 승하여 3. 관헌을 참칭하거나 또는 이적의 목적으로 체포, 감금, 상해, 폭행한 행위, 4. 관헌을 모용하거나 또는 적에게 정보제공 또는 안내한 행위, 5. 적에게 무기, 식량, 유류, 연료, 기타의 물품을 제공하여 적을 자진 방조한 행위에 대하여는 사형, 무기, 또는 10년 이상의 유기징역에 처한다.
제5조 정보제공, 안내 또는 기타의 방법으로 위 죄에 가공자는 주범의 예에 의한다.

371) 이 법률에서 부역행위는 역도가 침점한 지역에서 그 침점기간 중 역도에 협력한 자 즉 국가보안법 및 특조령에 규정된 죄를 범한 자로서 자진하여 협력한 자뿐 아니라 역도의 압력으로 정치적 이용을 당한 행위가 불가피하다고 인정되는 경우(제2조 제1호), 단순 부화뇌동한 경우(제3조 제1호), 역도가 조직한 단체에 단순히 가입함에 그친 경우(같은 조 제3호) 등을 포함한다. 고석, 전게논문, 179쪽.

조의 간첩죄를 포함하지 않아 이를 포괄하는 용어로 부적절하였다. 더욱이 어쩔 수 없이 적을 도운 부역행위자와 대한민국을 적대시하는 반국가사범을 구별하고 이러한 범죄유형을 포괄하는 용어로 육군에서는 '사상범'이란 용어를 사용한 것이다.[372]

한국 전쟁 중 사상범 처벌규정은 크게 3가지 부류로 나누어 볼 수 있다. 먼저 「국방경비법」 제32조 이적죄와 제33조의 간첩죄로 범죄 주체를 군법 피적용자뿐 아니라 '여하한 자 혹은 누구나'라는 주어를 사용하여 민간인도 적용대상으로 하였다.[373] 이는 미군법전의 태도를 받아들인 것으로 이적 및 간첩행위는 전시 군 작전에 직접적인 위해요소가 되므로 국가의 존망에 치명적 결과를 초래하는 행위라고 보고 군법회의에서 관할하도록 한 것이다.[374] 다음으로 1950년 4월 21일 법률 제128호로 개정된 「국가보안법」 위반 범죄로 제1조의 반국가결사 및 집단 조직과 목적수행 행위를 한 자, 제2조의 반국가 결사 등 지원 및 목적수행 행위를 한 자, 제3조 목적 실행을 위해 협의, 선동, 선전을 하거나 그러한 행위를 한 자, 제4조에 전3조의 죄를 범하게 하거나 총포, 탄약, 도검, 금품 기타 재산상 이익의 공급 또는 약속을 하거나 기타의 방법으로 방조한 자를 처벌하도록 하고 있었다.[375] 마지막으로 북한의 기습남침을 당한 1950. 6. 25. 대통령령으로 공포한 특조령 위반 행위로 비상사태 하에서 반민족 또는 비인도적 범죄를 신속 엄중하게 차단하여 북한의 침략으로 인한 비상사태를 극복하고 정부기관의 기능과 치안이 완전히 회복될 때까지 적용되는 한시법이었다.[376] 특조령에 사상범에 해당하는 범죄유형은 이미 검토한 바와 같이 제4조의 제3, 4, 5,호와 제5조였다.[377]

위와 같은 사상범 규정의 구성요건별 재판관할은 「국방경비법」 위반사건은 행위주체를 불문하고 군법회의가 관할하고, 「국가보안법」 위반사건은 군법 피적용자에 대해서만 군법회의가 관할을 했으며, 특조령 위반사건은 군법 피적용자의 경우에는 군법회의가 나머지 사건은 지방법원 또는 지원의 단독판사가 담당하도록 하였으나 비상계엄 선포와 계엄포고 제1호로 국가안위와 직결되는 범죄사건은 계엄고등군법회의가 관할할 수 있도록 하였기에 계엄고등군법회의도 민간인의 특

372) 전게논문

373) 전게논문, 180쪽.

374) 전게논문, 181쪽.

375) 전게논문.

376) 전게논문, 182쪽.

377) 특조령 위반 사건은 특조령에 정한 바에 따라 지방법원 또는 지원의 단독판사가 재판하도록 하였으나 비상계엄 선포에 따라 계엄고등군법회의에서도 특조령 위반사건을 다룰 수 있었다. 실제로는 부역자의 대량검거는 경찰에서 담당하고 경찰에서 사건의 성질에 따라 일부 사건은 검찰로, 나머지 일부는 군법회의에 송치하였으나 검찰에 송치하는 사건이 더 많았다. 자세히는 전게논문, 188쪽 참조.

조령위반사건을 다룰 수 있었다.[378)]

그런데 실체적인 요건 측면에서 「국방경비법」 제32조 이적죄와 특조령의 이적행위 구성요건이 매우 유사하여 어떤 수사기관이 범죄를 인지하여 수사하는지에 따라 「국방경비법」 위반죄나 특조령 위반죄가 될 여지가 있었다.[379)] 또한 절차적인 측면에서도 1950년 7월 8일 계엄포고 제1호로 전국 사법사무를 계엄사령부가 관장하게 되었기 때문에 재판관할의 소재를 따지는 것은 무의미하게 되었다.[380)] 실무적으로 당시 사상범이라고 분류되던 부역자와 적색분자는 주로 경찰에서 수사 및 검거를 담당하였고 최종적으로 심사하여 석방하는 권한은 합동수사부에서 처리하였으며 경찰이 검거한 사건의 일부는 검찰로 송치되어 일반법원에서 처리되고 일부는 계엄고등군법회의에 송치되어 군사재판으로 처리되었다.[381)]

행위주체별로 좀더 구체적으로 살펴보면 사상범 중 군법피적용자의 경우 살인이나 강간을 제외하고는 모든 범죄에 대해 재판권이 있는 군법회의에서 처리하였다. 한편, 의용군 등 부역행위자의 경우에는 당시 북한군은 국제법적인 교전단체로 인정하여 포로로 대우하였으므로 육군에서는 남한사람이 북한군의 병력으로 조직된 '빨치산'에 가입하여 국군에 항적하다 체포된 경우에는 「헤이그 육전법규」에 의해 포로로 대우하였다.[382)] 그러나 국군 점령지역 내에서 조직된 폭도단체인 '빨치산'부대에 편입되었거나 적의 정규군에 편입된 자가 아군의 공격으로 적군의 지휘명령에 의한 조직적 적대행위와 별도로 산악에 잠복하여 전쟁법규를 준수하지 않고 부락을 습격하거나 주민의 의류, 식량 등을 약탈하거나 또는 경찰지서를 습격하여 경찰관이나 양민을 학살하는 등 행위를 감행하다가 아군에 체포된 경우에는 국제법 적용을 배제하고 군법회의에서 처벌하도록 하였다.[383)] 이러한 빨치산이나 적 유격대원 혹은 사상범에 대한 수사는 헌병이 아닌 국군정보기관 소속

378) 전게논문, 183쪽, 187쪽

379) 전게논문, 183쪽.

380) 한편 1950년 10월 12일자 승리일보에 경인지구계엄사령관 이준식 준장의 계엄고등군법회의 설치에 관한 담화 보도에서는 10월 4일부터 경인지구계엄고등군법회의를 설치운영하기로 하면서 관할사건을 열거하고 있는데 국가보안법 위반 중 중범죄를 포함하고 있으나 특조령 위반죄는 제외하고 있어 특조령 위반의 경우에는 민간인을 재판하지 않는다는 것인지 이를 생략한 것인지 의문이라는 견해로 전게논문, 184~185쪽 참조

381) 9. 28. 서울 수복 후 국내 사정을 가장 상세하게 보도하고 있는 승리일보 단기 4283년 10월 18일자 2면 기사에서는 피의자의 석방문제는 경찰에서 취급을 금지하고 합동수사본부에서 석방서를 발행하도록 하고 경찰이 검거한 7,987명 중 3,101명을 송치한 것으로 보도하고 있고, 단기 4283년 11월 22일자 2면 기사에서는 10월 2일부터 11월 20일까지 수도치안 확보 검거한 부역자 총수는 14,411명(남자 10,621명, 여자 3,820명)이며 그 중 군법회의에 1,127명, 검찰청에 5,468명을 송청하고 5,677명은 석방한 것으로 보도되었다. 고석, 전게논문, 185쪽.

382) 전게논문, 186쪽.

383) 전게논문, 186-187쪽.

원, 방첩대원이 담당하였고 헌병이나 일반 경찰은 사상범 등을 체포하더라도 이들을 상대로 신문할 수 없었고 즉시 그 신병을 정보기관에 인도하도록 요구되었다.[384] 다만 민간인인 경우에는 군정보기관은 군무에 관한 것이거나 군법피적용자와 공범관계인 경우에도 이를 체포할 수 없도록 하여 민간인에 대한 군정보기관의 수사를 제한하였으나 군 당국은 현행범 체포라는 명목으로 민간인 체포에 대한 법령상 한계를 회피하려고 하였다.[385]

「국방경비법」 제32조와 제33조를 위반한 민간인은 군법회의 관할 대상으로 신병처리는 헌병에서 관리하였다.[386] 「국방경비법」 제32조는 북한지역에도 적용되는 것으로 보았고 같은 법 제33조는 전시 또는 이에 준하는 반란이 발발한 경우에만 성립한다고 보았는데 북한은 대한민국에 대한 반란단체이므로 전쟁행위의 이전의 간첩행위도 본죄가 성립한다고 보았다.[387] 한편 간첩이 임무를 달성하고 무사히 복귀한 자는 제네바협정 상 포로에 해당하여 간첩행위를 처벌하지 않았다.[388]

사상범 사건에 대한 재판실태는 일반법원에 처리되는 특조령 위반사건의 경우에는 특조령 상의 소송절차에 따라 단심제로 재판되었고, 계엄고등군법회의 사건은 「계엄 하 군법회의에 관한 특별조치령」이 적용되었으나 군법회의는 본래 단심제 재판이었으므로 양자 간의 절차상 큰 차이는 많지 않았을 것으로 보이지만 일반 법관에 의해 재판을 받는가와 군법회의에 의해서 사건이 처리되는가는 실질적으로 많은 차이가 있었을 것이다.[389]

사상범 처벌은 그 법정형이 높을 뿐 아니라 남북이 밀고 밀리는 전면전 상황 속에서 지나치게 가혹한 결과를 낳았다.[390] 한국 전쟁기를 중심으로 군법회의 범죄사건처리 통계를 죄명별 및 처분별 현황을 살펴보면 1950년 군법회의가 처리한 사건은 4,891건 중 사상범이 4,103건을 차지했고 사형 및 무기징역은 각각 1,902건과 408건이 선고되었고, 1951년에는 7,350건의 사건을 처리하면

384) 전게논문, 제187쪽.

385) 전게논문; 이러한 한계를 면탈하여 수사 및 기소를 하여 간첩죄 등으로 유죄판결이 확정된 경우에도 사후 재심을 통해 헌병 등 민간인에 대한 수사권이 없는 군정보기관에 의한 수사는 불법수사라는 이유로 무죄를 선고받은 사례도 존재한다.

386) 전게논문, 191쪽.

387) 전게논문.

388) 전게논문; 헤이그 육전법규 제31조와 제네바 협정 제1추가의정서 제46조 제3항, 제46조 제4항 모두 적지에서 간첩행위를 수행하던 인원이 간첩행위로 체포되지 않고 원대복귀하였다가 다시 붙잡힌 경우 포로로서의 대우를 받으면서 이전의 간첩행위로 처벌되지 않는다고 규정하고 있다. 자세히는 육군본부, 전게 매뉴얼, 201쪽 참조.

389) 전게논문, 188~189쪽.

390) 특히 특조령이 정한 형벌은 한국 현대사에 제정된 법령 중에 가장 엄중한 형벌을 규정한 법령이라 할 수 있을 만큼 가혹한 것이었다. 전게논문, 193쪽.

서 그 중 사상범은 4,122건에 사형 및 무기형은 각 925건과 291건에 달하였다.[391)]

이처럼 군법회의의 극형률이 높은 이유는 사상범의 법정형이 대부분 사형이나 무기징역으로 매우 높게 규정되었으며, 비상계엄선포로 일반적으로 일반법원 사건보다 중한 사건을 군법회의에서 관할하였고, 군법회의의 재판대상인 군법 피적용자의 이적행위나 적 유격대나 빨치산의 경우 전시 상황에서 중형을 선고받는 경우가 많았으며, 당시 북한과 밀고 밀리는 접전 속에 북한 점령지역에서 부역행위자들에 대한 국민적인 분노가 상대적으로 높았음을 짐작할 수 있다.[392)] 특히 특조령과「계엄 하 군법회의에 관한 특별조치령」은 재판의 신속만을 고려하여 피고인의 권리를 경시한 면이 많아 적절한 변호인의 조력이나 재판절차 상 방어권 행사가 제한되었으며 판결에 대한 확인절차도 간소화되어 군법회의 설치장관이 사형 등의 판결도 직접 확인할 수 있었다.[393)]

이러한 엄혹한 사상범 재판의 폐해를 시정하기 위한 노력이 국회를 중심으로 전개되어 1950년 12월 1일「부역행위특별처리법」이 공포되어 특조령 위반자들도 부득이한 사유가 있는 경우 이를 감면해 주도록 하고, 부역행위 특별심사위원회를 설치하여「국가보안법」과 특조령 등 사상범 처벌법령의 집행과정에 대한 통제를 가하고 공소시효를 90일로 제한하는 등 인권보장을 강화하고자 하였으며, 전투행위와 직접 관련된 사안을 제외하고는 계엄지역을 포함하여 군 기관이 부역행위와 관련된 사건처리에 관여하지 못하도록 하였다.[394)]

또한 1952년 5월 2일부로 국회는 특조령의 시행에 설치 운영되었던 계엄사령관의 지휘를 받는 군·검·경 합동수사본부를 법적 근거가 없다는 이유를 들어 해제하는 결의안을 통과시켰고 합동수사본부는 같은 달 23일부로 해체되었다.[395)] 1951년 1월 30일부로는 특조령을 개정하여 법정형을

391) 한국전쟁 기간 및 이후의 각 연도별 군법회의 처리사건의 죄명별 현황은 아래와 같다. 전게논문, 193쪽.

구분	사상범	도망병	재산범	기타	계
50년	4,103	209	8	571	4,891
51년	4,122	841	110	2,268	7,350
52년	3,292	3,522	205	1,893	8,912
53년	391	4,259	1,245	1,566	7,461
54년	1,292	4,926	577	3,067	9,862
55년	148	12,782	1,183	2,608	16,721

392) 전게논문, 194쪽.

393) 전게논문, 194~195쪽.

394) 전게논문, 195~196쪽.

395) 전게논문, 197~198.

완화하고 피고인의 이익을 위한 재심판 청구를 허용하였으며 1952년 6월 30일부로는 특조령 자체를 폐지하였다.[396] 이외에도 1951년 1월 1일, 1952년 3월 1일 등에 특조령 및 「국가보안법」 위반자에 대한 특별사면 및 특별감형 조치를 내리는 등 여러 가지 시정 노력을 기울였다.[397] 특히 군당국의 사상범 재판의 폐해에 대해서 군법회의 재판권을 제한하려는 시도로 나타났으며 군법회의 판결의 가혹함과 단심제는 향후 지속적인 군법회의 제도의 위헌 논란을 촉발시키는 후유증을 낳았다.[398]

(5) 국방경비법과 전시 계엄 제도의 정치적 악용사례

비상사태 하에서 계엄제도와 군법회의 제도는 정치적으로 악용될 위험성이 있다는 우려를 갖게 하였는데 이를 실증적으로 확인시켜 준 사건이 1952년 4월 24일 서민호 의원이 현역 군인을 소지하던 권총으로 실탄 3발을 발사하여 사망하게 한 사건이다.[399] 서민호 의원은 위 사건 후 광주 지방검찰청 순청지청에 구속되어 수사를 받으면서 정당방위를 주장하였으나 받아들여지지 않았고 사건을 이송받은 부산지검은 1952년 5월 10일부로 부산지방법원에 구속상태로 기소하였으나 5월 14일 국회의 석방요구로 석방되었다.

그런데 이 사건은 5월 26일 석연치 않은 비상계엄 선포와 함께 계엄고등군법회의로 사건이 이송되면서 서민호 의원은 다시 구속되었다.[400] 서민호 사건은 6월 4일 영남지구 계엄고등군법회의로 이송되었고 7월 1일에 계엄고등군법회의에서 살인혐의를 인정하여 사형을 선고하였으나 이승만 대통령에게 미국 및 유엔참전국 수뇌로부터 서한이 제출되어 7월 4일 대통령과 국방부 장관을 거쳐 원용덕 계엄사령관에게 재심을 하도록 지시가 내려졌다.[401] 이후 계엄고등군법회의는 변호인의 재정신청과 민간법원 이송 요구를 받아들이지 않고 8월 1일 재심을 거쳐 징역 8년을 선고하였으나 영

---

396) 전게논문, 198쪽.

397) 전게논문, 198~199쪽.

398) 전게논문, 199쪽.

399) 전게논문, 203쪽.

400) 당시 이승만 대통령은 1952년 임기가 끝나고 제헌헌법 규정에 따른 간선제 대통령 선출방식으로는 재선이 불가능하다고 판단하고 직선제 개헌안을 통과시켜야 하는 상황이었다. 그러나 정상적인 방법으로는 개헌안 국회통과가 어려운 상황에서 5월 23일 부산 동래 금정산에 무장공비가 출몰하여 미군 2명과 한국군 군속 3명을 사살하고 도주한 사건을 기화로 같은 달 25일 00시를 기하여 부산과 전남·북, 경남 등 23개 시·군에 비상계엄령을 선포하고 계엄사령관으로 원용덕 소장을 임명하였는데 계엄사령관은 당일날 서의원을 재수감하고 50여명의 국회의원이 탄 버스를 크레인으로 끌고 가서 헌병대에 억류하였다. 이후 7월 4일 대통령직선제와 양원제, 국회의 국무위원 불신임을 골자로 한 발췌개헌안이 다수의 헌병과 경찰관이 입회한 삼엄한 분위기에서 기립표결에 붙여져 찬성 163, 반대 0, 기권 3으로 통과되었다. 이 계엄은 1953년 5월 7일 해제되게 된다. 자세히는 전게논문, 206~209쪽 참조.

401) 전게논문, 209쪽.

남지구계엄사령부는 국방경비법 제100조에 따라 소송절차를 무효화하고 다시 재심을 명한다.[402)]

그러던 중 1953년 5월 7일 계엄이 해제되었고 사건은 다시 부산지방법원으로 이송되어 횡령과 배임을 추가하여 병합심리를 거친 결과 같은 해 10월 20일에 살인은 정당방위를 이유로 무죄가 선고되고 배임에 대해서만 징역 10월이 선고된다.[403)] 서민호 의원과 검찰은 모두 위 판결에 항소를 하였고 부산고법은 1954년 4월 22일 배임죄는 징역 10개월에 집행유예 2년, 살인은 고등군법회의의 재심판결인 징역 8년을 선고와 동시에 그 형이 확정되었다는 이유로 면소 등을 각 선고하였다.[404)] 피고인과 검찰은 모두 상고를 하였고 대법원은 1955년 1월 18일에 이르러서야 대구고법으로 원심의 면소 판결이 옳다고 파기환송을 하여 같은 해 5월 24일 대구고법은 대법원의 파기환송 취지대로 배임죄는 징역 10월의 실형을, 살인죄에 대해서는 면소 판결을, 횡령죄에 대해서는 무죄를 각 선고하였고 재상고절차가 모두 기각되어 마침내 8년형이 확정된다.[405)] 서민호 의원은 위 징역형으로 교도소에 복역하다가 4. 19혁명 이후 석방되었다.[406)]

이 사건은 먼저 비상계엄 선포요건이 갖추어지지 않았음에도 불구하고 국회와 야당을 탄압하여 국회가 반대하는 직선제 개헌안을 통과시키려는 정치적 목적의 비상계엄 선포를 이용하여 재판권이 확장된 군법회의를 국회의원을 탄압하기 위해 악용한 전형적인 사례다.[407)] 서민호 의원을 군법회의에서 재판한 근거가 된 비상계엄은 당시 육군참모총장이었던 이종찬 장군이나 그의 참모였던 손성겸 당시 육군법무감조차 병력파견을 거부할 정도로 군 내부에서도 계엄법 상 발령요건을 갖추지 못한 불법적인 것으로 보고 있었다.[408)]

대법원의 군법회의 재심판결의 효력에 관한 결정에 대해서도 군법회의의 재심을 일반재판소의 복심과 같은 것으로 보고 재심군법회의에서 판결은 선고와 동시에 그대로 확정된다고 보았는데

---

402) 전게논문

403) 전게논문.

404) 전게논문, 209~210쪽.

405) 전게논문, 210쪽.

406) 전게논문.

407) 전게논문, 210~211쪽.

408) 당시 육군 참모총장 이었던 이종찬 장군은 이승만 대통령과 신태영 국방부장관의 병력파견 요청을 군의 정치적 중립을 이유로 단호히 거부하였으며, 육군 법무감이던 손성겸 준장도 서민호 의원의 사건을 재판하기 위해서 대통령의 명이라면서 경남지구 계엄사령부에 설치된 군법회의에 법무사와 검찰관 요원으로 법무관들을 파견하라는 당시 원용덕 계엄사령관의 요구에 "적의 포위공격도 없고 평온하기만 한 부산에 계엄법상 요건을 갖추지 못하고 선포된 사이비 불법계엄 아래 법무감도 모르게 설치된 괴뢰군법회의에 단 한 명의 법무관도 파견할 수 없다."고 거부하였다. 자세히는 전게논문, 207~208쪽, 210~211쪽 참조.

이러한 입장은 재심의 법적 효과에 대해서 여러 가지 해석이 가능한 상황에서 지나치게 피고인에게 불리한 법령해석을 내린 것으로 법적으로나 정책적으로도 문제의 소지가 있다.[409] 대법원이 선고와 동시에 확정되었다고 본 1952년 8월 1일 계엄고등군법회의의 재심 판결은 판결조치 장관이 이를 승인하지 않고 무효를 선언하고 다시 재심을 명하였다. 그러나 재심이 이루어지기 전 계엄이 해제되어 사건은 부산지방법원으로 이송되었고 1953. 10. 20. 부산지방법원은 군인을 살해한 행위를 정당방위를 인정해 무죄를 선고한 것이었다. 따라서 대법원은 당시 「국방경비법」에는 관할관이 판결 결과를 확인하지 않고 10일이 지나면 판결이 확정되는 것으로 규정한 1962년 「군법회의법」과 같은 명문의 규정이 없는 이상 피고인에게 유리하게 이 사건 재심 판결은 오히려 확정되지 않고 부산지방법원으로 이송되었다고 보는 것이 법리적으로 타당해 보인다. 더욱이 이 사안과 같이 국회와 야당 의원을 탄압하기 위해 계엄선포와 군법회의 제도를 악용하는 것이 명확히 보이는 사건에서 정책적으로도 대법원은 피고인에게 유리한 판결을 하는 것이 바람직했다고 보인다.[410]

나. 미군의 파병지역 군사법원 전개를 위한 착안사항

전 세계를 무대로 군사작전을 실제로 펼치고 있는 미군은 군사법 제도가 파병지 등 작전지역에서 군사법원을 운영하는 것을 예정하고 설계되어 있으므로 작전지역에서도 주둔지에서 군사법원을 운영하는 방식을 그대로 적용하면 된다는 사실은 이를 준비하는 법무관들에게 첫 번째 장점이라고 강조한다.[411] 그리고 군사법원 교범(Manual for Courts-Martial:MCM)과 군판사 실무지침서(Military Judge's Benchbook), 작전지역에서의 군사법원 운영과 관련된 다수의 작전법센터(Center for Law And Military Operations:CLAMO)의 전훈분석자료집(After Action Reviews:AAR) 등을 통해서 작전지역으로 전개 전에 전투 작전지역에서 발생가능한 군사법원 운영 간 문제점에 대해서 분석할 시간이 있다는 점도 또 다른 장점으로 제시한다.[412]

이처럼 미군이 실제 전투 임무를 포함한 각종 작전지역에서 군사법원을 운영한 결과를 바탕으로 제시하는 작전지역에서의 군사법원 운영을 위한 고려사항들은 우리의 전시 군사법원 운영을 위한 착안 사항을 도출하는 귀중한 자료가 될 수 있다. 미군은 파병지역 전개 전 가장 먼저 고려해

---

409) 대법원 1955. 1. 18. 선고 4287형상113 판결.

410) 대법원이 보여준 태도와 달리 당시 군 수뇌부인 육군참모총장과 육군 법무감의 불의에 결연히 반대하는 강직한 모습은 후배 군인들에게 시시하는 바가 매우 크며 당연히 본받기를 위해 노력해야 하는 태도라고 보인다.

411) Maj Dustin Kouba et al., *Operational Law Handbook*, USAJAGLCS, 403 (2018)

412) *Id.*

야 할 사안으로 관할관을 중심으로 한 보통군법회의(General Court Martial)의 관할에 대해서 명확히 할 것을 강조한다.[413] 관할 문제를 확정한 다음에는 보통군법회의(GCM)를 구성할 재판부를 선정해야 한다.[414] 그리고 임시편성되거나 동원된 예비군이나 주방위군의 지휘관들과 상급 부사관들은 군사법 제도의 운영과 관련해서 많은 경험이 없을 것이므로 그들을 교육할 수 있도록 준비해야 한다.[415]

또한, 해외 파병 등 원거리 원정을 실시하는 경우에는 현재 진행 중인 군법회의 등으로 인하여 파병이 불가능한 인원을 식별해야 한다.[416] 작전지역으로 부대와 이동이 불가능한 인원을 판단하는 기준은 그가 저지른 비행의 정도, 재판의 진행 정도, 증거나 증인의 위치 등을 고려하여 작전에 미치는 영향을 최소화하고 효율성을 극대화하면서 재판의 적정 등을 고려하여 사건을 작전지역으로 이송하여 처리할 것인지 혹은 사건과 피고인을 주둔지에 남겨둘 것인지 판단하여야 한다.[417]

작전지역에서 성공적인 군사법 운영을 위해서는 현지에서 군법회의를 운영할 인원들을 구성하고 훈련하는 것도 매우 중요하다.[418] 작전의 규모를 고려하여 필요한 군사법 요원들의 숫자를 판단하고 군사법 업무를 수행하지 않았던 인원들(법률지원, 행정법, 작전법, 송무업무 수행 법무관 등)을 사전에 파악하여 작전지역으로 전개 전에 필요한 교육이 이루어져야 한다.[419] 또한 작전지역에서 활용할 물적 장비들에 대해서도 컴퓨터 등의 활용이 불가능한 경우를 대비한 필요한 양식들과 각종 업무 참고자료들과 규정집의 인쇄물이나 출력물도 사전에 충분히 확보하여야 한다.[420]

한편 작전 전개 이전에 군사재판과 관련된 임무를 수행하는 국선변호장교, 군판사, 영장전담판사, 군사경찰기관, 성범죄전담변호사(Special Victim Counsel), 피해자 조력인, 성폭력대응협조팀(Sexual Assult Response Coordinator) 등 다양한 인원들에 대해서 파악하고 이들과 원활한 업무

413) 작전환경에서는 지휘통제 관계가 복잡하고 행정적 통제권을 가진 인원과 지역을 관할하는 지휘관 등이 중첩적으로 관할권을 행사하려는 경우가 있을 수 있으므로 사전에 이를 명확히 하여 재판이 무효가 되는 것을 방지해야 한다. 이를 위한 유용한 자료는 육군 법무감실의 형사법과에서 발간한 작전지역에서 재판업무(Deploying Justice)에 관한 자료를 참고하도록 하고 있다. refer to Id.

414) *Id.* at 404.

415) *Id.*

416) *Id.*

417) *Id.*

418) *Id.*

419) *Id.*

420) *Id.* at 405.

수행 체계도 확립해 놓을 필요가 있다.[421] 특히 미군은 작전지역에서 성범죄와 마약 등 약물남용 범죄에 대한 대응에 매우 고심을 하고 있으므로 성범죄 피해자 보호 및 대응을 위한 인원들과 협조된 업무체계 구축과 함께 현장에서 약물검사를 위한 도구 등의 준비도 강조하고 있다.[422] 한편 군사법 업무를 수행하는데 중요한 시설인 구금시설에 대해서도 작전지역에서의 설치 및 운용 가능성 여부를 면밀히 검토해야 한다.[423]

전투작전 중의 군법회의 실시와 관련해서는 전시(time of war)라는 법적 개념의 적용을 위해서 미 통합군사법전(Uniform Code of Military Justice:UCMJ)에 전시에만 성립하는 범죄(군대부호 부정사용, 포로의 위법행위, 간첩죄 등), 전시에는 사형으로 처벌되는 범죄(탈영, 상관에 대한 공격이나 의도적인 명령불복종, 초병의 위법행위 등), 전시에는 가중처벌되는 범죄(약물 범죄, 근무기피목적 위계, 초령위반과 탈영, 반란, 적전비행, 폭동 등을 교사하는 행위 등)에 대한 정확한 구성요건 요소의 이해를 강조한다.[424] 또한 전시에 공소시효가 정지되거나 공소시효가 적용되지 않는 범죄, 전쟁법 위반행위의 처벌, 전투상황에서 발생하는 특이한 범죄들에 대해서 사전에 검토가 필요하다.[425]

그 외에도 파병 등 작전지역에서 군사법 제도를 운영하면서 발생 가능한 고려요소들로는 합동작전 간 타군 인원들에 대한 군사재판이나 징계제도의 운영문제, 민간인들의 비행에 대한 관할권 행사문제, 작전지역에서 군법회의를 운영하는 경우 발생하는 증인, 피고인, 군판사, 국선변호장교, 피해자보호변호사 등의 재판지역까지의 이동 등의 문제, 그리고 성범죄, 마약 등 약물남용 관련 범죄 등 과학적인 증거수집이 요구되는 경우 야전에서 전문가들과의 협조문제, 현지 지휘관들과 군법무관들에 대한 군사법 제도 운영과 관련된 교육문제 등을 면밀히 검토해야 한다고 강조하고 있다.[426]

---

421) *Id.*

422) *Id.*

423) *Id.*

424) *Id.* at 406.

425) 통합군사법전에 규정된 전투환경에서 발생 가능한 특유의 범죄행위들은 적전비행(제99조), 사유재산의 불법파괴(제109조), 사유재산의 탈취(제121조), 반란 혹은 폭동의 선동(제94조), 부하항복강요(제100조), 군대부호 부정사용(제101조), 초병위협(제102조), 이적행위(제104조), 간첩(제106조), 초령위반(제113조), 근무기피목적위계(제115조), 초병의 범죄(제134조), 낙오행위(제134조) 등이 있다. *Id.* at 407.

426) refer to *Id.* at 407~409.

다. 군사법원법의 전시 운영을 위한 준비 및 훈련방안

(1) 전시 등에 창설되는 군사법원 운영을 위한 관할의 정립

평시에는 국방부 소속 5개의 군사법원이 각 지역별로 1심 재판을 담당하고 있으나 전시 등 비상사태 시에는 특례규정에 따라 항소심을 담당하는 고등군사법원과 국방부 장관의 설치 명령에 따라 각 군에 편제상 장성급 장교가 지휘하는 부대 및 기관에 보통군사법원이 창설되게 된다. 따라서 전시 등에 창설되는 군사법원의 관할이 평시에 명확하게 지정되어 있어야 한다. 전시 등에 운영되는 군사법원은 각 군의 편제상 장성급 지휘관의 부대와 기관의 관할관을 중심으로 운영되는 것이므로 전시 등에 창설이 필요한 각 군 군사법원별로 관할관을 명확히 지정하여야 할 것이다. 그리고 이 관할관을 중심으로 인적관할, 사물관할, 지역관할, 중요사건 관할 등을 세부적으로 확인하여 전시 등 혼란한 상황에서 사건 발생 시 관할의 공백이나 중복이 발생하지 않아야 할 것이다.

그런데 전시 등에 창설되는 군사법원의 수나 지역 등은 감당해야 하는 비상사태의 규모에 따라서 차이가 있을 것이다. 즉 비상사태의 규모와 종류가 전시에 해당하는 북한과의 전면전 또는 이에 이르지 않는 사변에 해당하는 일부 지역에 대한 국지도발인지 또는 선포되는 계엄의 종류가 비상계엄인지 혹은 경비계엄인지, 계엄지역이 전국에 해당하는지 혹은 일부 지역이나 다수 지역인지에 따라서 계엄군사법원과 전시 군사법원의 관할이 인적인 측면과 지역적인 측면에서 다양하게 지정될 수 있을 것이다. 특히 혼란한 전시 등 비상사태 하에서 부여된 임무를 수행하면서 원활하게 전시 군사법원 창설 임무를 수행하는 것은 매우 어려운 과업이 될 것이다. 따라서 각 지역을 담당하는 전시 등 군사법원 창설이 예정되어 있는 부대들은 자신들의 전시 작전지역에서의 임무와 계엄 임무 수행 여부 등을 정확히 분석하여 이와 연계하여 전시 군사법원 혹은 계엄군사법원 운영을 위한 인적, 물적, 지역적 관할을 명확히 해야 한다.

이를 위해 전시 군사법원 창설이 예정되는 부대의 전시 등 비상사태 시 임무를 중심으로 작전계획 수립하면서 전시 및 계엄 군사법원 운영과 관련하여 관할관을 중심으로 각 보통군사법원과 계엄군사법원의 관할 범위를 명확하게 지정하여 반영하여야 한다. 그리고 작전계획 상 반영된 전시 등 군사법원 창설 계획을 기준으로 각종 전시 연습 및 훈련 간 전시 군사법원 창설 훈련이 교육 훈련 주기를 고려하여 정기적으로 실시하여 관할관을 중심으로 전시 군사법원의 임무 수행능력을 제고 해야 한다.

(2) 전시 군사법원 운영을 위한 인적·물적 구성 준비

원활한 전시 군사법원 운영을 위해서는 군판사, 심판관 등 재판관과 그 이외의 법원서기, 법정경위, 속기사 등 재판 관련 인원 등 군사법원을 구성하는 인원들에 대해서 구체적인 사전 지정이 이루어져야 한다. 전시 등 비상사태에서는 많은 수의 군사법원이 다양한 제대와 지역에서 창설되어야 하므로 평시에 운영하던 군판사와 군판사 이외 재판지원 인원 등에 추가하여 전시 군사법원을 운영하는 인원이 필요하다. 예컨대 추가로 필요한 군판사 자원을 신속하게 충원하기 위해서는 평시에 군판사 임무를 수행하지 않던 법무행정, 교육, 징계, 송무, 인권업무 등을 담당하던 법무장교들을 전환해야 한다. 이를 위해서 개정 군사법원법 전시 군판사 임명절차에서 국방부 장관과 각 군 총장의 재량권을 평시보다 폭넓게 인정하고 있다. 특히 평시에는 운영되지 않던 심판관들에 대해서도 전시 군사법원 창설이 필요한 부대들에는 반드시 사전에 지정작업이 이루어져야 할 것이다.

전시 군사법원 운영 요원들에 대한 사전 지정작업에 있어서 관심을 가져야 하는 것은 먼저 당장 내일 전시 군사법원 운영이 필요한 전시 등 비상사태가 발생하더라도 사전에 지정된 군판사 등에게 임무 부여가 가능하도록 구체적·개별적으로 선정되어야 한다는 것이다. 즉 막연하게 몇 명의 군판사가 어떤 제대에서 필요하고 이는 동원자원이라는 식으로 지정할 것이 아니라 구체적인 이름과 현재 근무지, 혹은 현역인지 예비역 자원인지 여부, 언제든 연결이 가능한 연락처 등 정보가 명확하게 파악되어 있어야 한다. 예컨대 동원된 인원이 임무를 수행해야 한다면 동원명부에 현재 연락 가능한 연락처와 주거지, 이름 등이 명시적으로 기재되어 있어야 하며 전시 군사법원 창설을 위한 동원훈련 등을 계획하고 주기적으로 실제 소집훈련을 통해 군사법원을 창설 및 운영하는 훈련을 시행해야 한다.

전시 등 비상사태 시에는 평시와는 달리 다양한 혼란한 상황이 발생하여 정상적인 업무수행이 매우 어려울 것이며 평시에 다른 임무를 수행하던 인원에게 전시 군사법원과 관련된 임무를 수행하라고 하는 경우 더욱 혼란이 가중될 것은 명약관화(明若觀火)한 상황이다. 따라서 각 제대별 창설되는 군판사 등 전시 군사법원 구성 및 운영 인원을 지정하는 경우 제대별 임무와 지역 등을 고려하여 세밀한 지정작업이 이루어져야 한다. 예를 들어 군판사의 경우에는 전시 중요사건 관할을 가지고 있는 국방부나 각 군본부의 군사법원을 구성하는 군판사들에 대해서는 재판경력과 군경력을 고려하여 평시 군판사 자원 중 우수인력들을 우선 배치해야 할 것이다.

특히 일반 장교들이 재판관의 임무를 수행해야 하는 심판관의 경우에는 비상사태 하에 전투 임무 등 본연의 임무를 수행하는 것이 군사재판의 재판관 역할보다 더 우선시될 가능성이 매우 높다. 한국전쟁 당시에도 재판관으로 지정된 인원이 임무수행을 해태하여 이를 엄벌하도록 하는 지시가 육본에서 하달된 경우도 발견할 수 있다.[427] 그러나 전시 군사법원 운영은 지휘관 중심의 군기강 확립과 군의 임무수행력 보장을 위해 매우 핵심적인 임무를 수행하는 중요임무이다. 따라서 전시에 군사법원을 구성하는 인원으로 지정된 인원들에 대해서는 평시에 명확한 임무 부여 및 전시 군사재판의 재판관으로 임무수행의 중요성과 필요한 업무지식 등에 대한 지속적인 교육과 정보제공이 이루어져야 한다.

전시 군사법원 운영을 위해서는 인적 요소 못지 않게 물적인 시설에 대해서도 사전에 준비를 할 필요가 있다. 법정시설 등과 관련해서는 육군이나 상륙작전을 수행하는 해병대 등의 경우에는 전시 등 전면전 상황에서는 주둔지를 중심으로 작전을 수행하기보다는 부여된 임무를 수행하는 작전지역에서 전시 군사법원을 운영해야 할 필요성이 클 것이다. 그러므로 육군 등 주둔지를 벗어난 작전지역에서 전시 보통군사법원 창설이 예정된 작전부대들은 전시 군사법원의 물적 설비와 시설 등을 기동화, 모듈화하고 사단급 이상 부대의 기동훈련 및 지휘소 연습 등을 실시하는 경우 반드시 군사법원 창설 훈련을 동시에 계획하는 것이 필요하다. 특히 컴퓨터의 사용이 불가능한 상황 등을 상정하여 각종 재판 관련 서류, 부책 그리고 양식 등을 출력물로서 미리 준비할 필요가 있다. 혼란한 전시 상황에서 시행된 재판의 적정성과 적법성을 보장하고 사후에 이를 입증하기 위해서는 각종 재판 관련 서류들이 더욱 완벽하게 갖추질 수 있도록 오히려 평시보다 모든 재판 관련 서류와 양식 등을 작성할 수 있는 여건을 완벽하게 구비해야 할 것이다.[428]

한편 육군부대라도 일정한 지역에서 주둔지별로 계엄 임무를 수행하거나 해군이나 공군과 같이 전시 등에도 주둔지와 기지를 중심으로 작전을 수행하는 경우에는 개정법 시행 이전에 활용되던 보통군사법원 시설 등을 보유하고 있을 것이다. 이러한 시설 등은 전시 보통군사법원으로 활용될 수 있도록 관리되어야 한다. 따라서 평소에 건물 활용 과정에서도 전시 군사법원 운용을 고려하여 시설이 사용 및 관리되도록 지휘관 및 시설관리 담당인원 등과 긴밀한 협조를 해야 한다. 또한 이러한 시설을 전시 군사법원으로 전환하여 활용하는 실제 기동훈련을 부대훈련 계획에 반영하여 주기적으로 시행하여야 할 것이다.

군사법원이 창설되는 부대는 수사 과정과 군사재판 과정에서 신체를 구금하여야 할 경우가 있으므로 형사절차 상 필요한 구금시설 등에 대해서도 사전 준비가 필요하다. 구금시설 자체는 군사법원의 직접적인 책임 분야는 아닐 수 있으나 전시 군사법원이 창설되는 부대는 관할관에 의해서

427) 고석, 전게논문, 170쪽.

428) 한국전쟁을 전후한 계엄군법회의 및 전시 군법회의 관련 재판서, 공판조서, 예심조사서 등의 각종 서류가 완비되지 않아 적절한 재판이 실시되었는지에 대해서 의문을 제기하는 경우가 많이 존재한다. 자세히는 고석, 전게논문, 145쪽 참조.

당연히 군검찰과 수사기관 그리고 구금시설 등에 대해서도 통제가 이루어질 것이므로 당연히 구금시설에 대한 사항도 동시에 고려되어야 한다. 특히 주둔지를 벗어나서 야전에서 작전을 수행하는 경우 구금시설의 가용 여부는 인신구속을 통한 수사와 재판 그리고 형의 집행에 이르기까지 많은 변수를 발생시키므로 반드시 사전 계획과 준비가 필요하다.

(3) 전시 등 군사법원 운영을 위한 교리, 규정 및 업무지침서 등 재정비

군사교리(이하 교리라 한다)는 '군부대나 그 구성원이 작전을 수행하는 데 적용해야 할 공식적으로 승인된 군사행동의 기본 원리·원칙과 전술, 전기, 절차, 용어와 부호들로 권위는 있으나 적용 시에는 판단이 필요하다.[429] 따라서 육군의 모든 교리는 '육군의 중심적 사고방식', '육군의 작전수행 방법'으로 공인되었으므로 육군에 소속된 모든 부대가 작전 및 훈련 시에 적용하고 학교 양성 및 보수과정에서 교육해야 한다.[430]

교리의 역할은 작전을 효율적이고 효과적으로 수행하기 위한 행동지침을 제공하는 것이므로 작전을 수행하기 위한 출발점으로 작전과 임무 수행의 효율성을 높이는 데 직접적으로 기여한다.[431] 교리를 유형별로 분석하면 합동교리, 육군, 해군, 해병대, 공군 등 각 군에 적용되는 각 군 교리, 한미연합군 등 연합작전 수행 시 적용되는 연합교리로 나누어 볼 수 있다.[432] 이와 같은 확립된 교리와 교리적 참고자료를 공식화하여 기술한 간행물을 '교리문헌'이라 한다.[433] 교리문헌은 군에

429) 기준교범 0-2, 교리, 2021, 1-3쪽.

430) 전게교범, 1-4쪽.

431) 교리의 역할을 구체적으로 살펴보면 군 전체 있어서 전쟁과 전쟁방식에 대한 논리적 관점 제공하고 과거의 전쟁과 전투, 현재의 작전 및 교육훈련으로부터 입증된 최상의 사례와 교훈을 찾아내어 각급 제대의 작전수행을 위한 공통의 참조 틀을 제공한다. 또한 작전수행 간 공통의 전문 언어 제공으로 의사소통 보장하고 하여 작전의 효율성 증진시키는 역할을 수행하므로 결국 작전과 교육훈련을 인도하는 원리와 지침 제공하고 육군 구성원에게 요구되는 특성 함양 촉진할 수 있도록 한다. 자세히는 전게교범, 1-8~1-13쪽 참조.

432) 합동교리는 2개 군 이상의 군사력 운용에 관한 기본 원칙과 지침으로 합동작전 수행을 위해 각 군이 공통적으로 적용하는 교리이다. 합동교리는 '군사기본교리'와 '합동기준교리', '합동운용교리'로 구성되며 각 군 교리발전의 지침과 근거가 된다. 각 군 교리는 육군, 해군, 해병대, 공군의 각 군별 특성을 고려해 발전된 교리로서 각 군 기준 교리와 하위 교리로 구성된다. 각 군에서는 합동교리를 기반으로 해당 군의 교리를 발전시킨다. 예를 들어 육군 교리는 육군의 지상작전 수행을 위한 군사력 운용에 관한 기본 원리·원칙과 전술, 전기, 절차, 용어와 부호로 구성되며 국가방위의 중심군으로서의 역할을 수행하는 육군의 사고와 행동에 대한 기준과 육군의 작전수행개념인 '결정적 통합작전'을 구현하기 위한 교리이다. 연합교리는 한미 연합작전 수행을 위한 한미 교리의 상호운용성을 위한 교리로 현재 한미 양국 군은 연합 교리를 작성하지 않는 가운데 한미 연합군사령관은 「연합사 작전시행지침서」를 작성해 작전에 적용하고 있다. 자세히는 전게교범, 2-5~2-6쪽 참조.

433) 육군의 교리문헌은 교육사령부 책임하에 작성되고 육군 명의로 공식발간되어야 교리로서 권위를 인정받을 수 있다. 전게교범, 2-7쪽.

서 작전수행과 교육훈련을 위해 사용하는 군인의 교과서이자 주된 교재이며 크게 야전교범, 교육회장, 교육참고로 분류한다.[434)]

교리는 공인된 군내 사고방식과 작전 수행방식이므로 모든 부대가 작전 및 훈련 시에 적용하고 학교 양성 및 보수과정에서 교육해야 한다. 한편 교리는 작전계획 수립 시 공인된 원리·원칙, 전술, 전기, 절차 등을 제공함으로써 특정한 작전상황에 필요한 작전계획을 수립하도록 인도하는 작전계획의 안내서이다.[435)] 구체적으로 각종 교리는 야전교범, 교육회장, 교육참고 등 교리문헌을 통해서 그 구체적인 내용을 확인할 수 있다.

따라서 작전부대의 임무수행과 통합된 효과적인 전시 군사법원의 운영을 위해서는 작전부대의 교리와 연계된 전시 군사법원 운영을 포함한 법무 운용교리가 확립되어 있어야 한다. 나아가 확립된 교리와 이를 수록한 교리문헌을 바탕으로 전시 군사법원 운영을 위한 계획이 수립되고 이를 구현하기 위한 교육과 훈련이 시행되어야 한다. 육군 군사법원이 2020년 발간한 군 형사 재판장 매뉴얼이라는 업무참고 자료의 공지사항 부분에는 '이 매뉴얼은 평시업무에만 적용되는 지침으로 전시업무는 별도의 야전교범을 참고한다.'고 명시하여 전시 업무수행을 위한 원리, 원칙 및 절차, 그리고 구체적 업무지침 등은 교리문헌을 참고하라는 정확한 방향성을 제시하고 있다.[436)]

현재 육군의 경우 법무업무 수행과 관련된 교리문헌은 야전교범으로 운용교범 1-2『법무업무』가 있으며, 교육참고 8-1-17『지상작전 시 작전법 지원』이 있다. 이와 같은 2종의 법무병과 교리문헌에서는 나름대로 전시 군사법원 운영과 관련된 교리를 개략적으로 제공하고 있다.[437)] 따라서 현재 법무병과에서 발간된 교리문헌에 대해서는 모든 법무장교들이 그 내용을 깊이 숙지할 필요

434) 야전교범은 작전수행에 관한 기본적인 원리와 원칙, 준칙, 전술, 전기, 절차와 참고 자료를 포함한 공식적인 교리문헌으로 기준교범, 운용교범, 기능교범으로 분류하여 육군교육사령부 교리센터 또는 작성책임부대를 지정해 발간한다. 기준교범은 합동·연합작전 지원을 위한 원리·원칙을 수록한 최상위 교범으로『육군』,『지상작전』,『교리』등이 있다. 운용교범은 기준교범에서 다루는 '작전을 어떻게 수행할 것인가?'에 관해 원리·원칙, 전술, 절차 위주로 수록한 교범으로 제병협동작전 및 부대, 참모업무, 병과의 운용을 다루는 교범 등이 있다. 기능교범은 기준·운용교범과 연계해 구체적으로 행동을 통합하기 위한 전투수행기능과 관련된 전기, 절차 위주로 수록한 교범이다. 기술교범은 장비 및 물자의 운용을 위한 원리, 설치, 사용, 정비 점검 등에 관한 내용과 이에 필요한 수리 부속품과 특수 공구 목록, 전문적이고 기술적인 업무 수행을 위한 지식과 지시가 수록된 교리문헌이다. 한편, 교육회장은 신교리 및 개선 교리 등을 공표하는 회람 형식의 교리문헌으로 신속히 전파할 필요가 있는 경우에 발간하며 일정 기간 적용 후 관련 교범에 통합하거나, 단행본의 교범으로 발간한다. 교육참고는 학교교육 및 부대훈련에 활용할 목적으로 야전교범이나 교육회장 등에 수록되어 있는 교리의 내용을 알기 쉽게 설명하거나 편집한 교육 훈련용 교리문헌이다. 자세히는 전게교범, 2-7~2-8쪽 참조.

435) 한편, 작전계획 발전을 위한 토의 시 식별된 효과적인 작전수행 방안 등은 교리발전 소요가 될 수도 있다. 전게교범, 2-11쪽.

436) 육군군사법원, 군 형사재판장 매뉴얼, 2020, 4쪽 공지사항 참조.

437) 운용교범 1-2, 법무업무, 2016, 2-12~2-24쪽; 교육참고 8-1-17, 1-8~1-10, 2-14~2-15, 2-49~2-64쪽.

가 있다. 그러나 이 교리문헌은 무엇보다도 내용면에서 모두 군사법원법 개정 이전에 작성된 것으로 대대적인 내용의 보완이 요구된다. 또한 실제적으로 합동교리부터 각군 교리와 연계된 교리체계 속에서 전시 임무수행에 직접적이고 구체적인 개념을 제시하고 전시 군사법원 운영을 위한 계획을 수립하고 이를 기초로 평시 교육 및 훈련의 기초를 제공하는 교리로써의 기본적인 역할 수행이 가능하도록 작성되었는지를 평가하여 근본적으로 교리문헌의 내용을 전면 개편할 필요가 있다.

이처럼 합동교리 및 지상작전 등 각군 작전 교리와 연계된 법무운용 교리가 확립된다면 이를 중심으로 작전부대들과 연계된 평시 교육 및 훈련을 위한 지침이 도출될 수 있다.[438] 즉 각종 제대별 작전계획 수립의 근거를 제공하는 법무운영 교리를 반영하여 국방부 전시법무운영계획, 각 군 본부의 전시 법무운영계획, 국방부 군사법원의 전시 군사법원 운영계획, 전시 보통군사법원 창설이 예정되어 있는 부대들의 전시 임무 수행 관련 작전계획의 법무운영 분야 등 국방부로부터 보통군사법원 설치 부대에 이르기까지의 전시 군사법원 창설 및 운영 계획이 치밀하게 수립되어야 한다. 그리고 종합행정학교 법무교육단의 모든 전시업무 관련 교육자료들도 교리를 기준으로 작성되어야 하며, 각 군의 군사법원 업무수행 관련 지침과 세부 업무지침서 등도 교리를 중심으로 체계 일관성을 유지하여 작성되어야 한다.

전시에 교리를 중심으로 업무처리의 원리, 원칙과 절차를 확립하는 경우 반드시 반영되어야 할 것은 전시 재판업무를 처리하면서 모든 형식적, 실체적 절차들이 더욱 엄격하게 준수될 수 있도록 해야 한다는 점이다. 특히 판결문과 공판조서 등 각종 재판관련 절차 및 실체를 형성하는 서류들은 엄격한 기준에 맞추어 작성되고 기록으로 조제되도록 명확한 업무지침을 정립하여야 한다. 또한 평시에는 적용되지 않는 관할관을 중심으로 한 군사법원 운영과정에서 확인조치권의 행사나 비상계엄하 재판의 집행을 위한 관할관의 확인권 행사, 영장주의를 생략한 인신구속 등에 있어서 적정성 확보방안 등 비상사태 하 전시 군사법원 운영 간 요구되는 특유의 절차와 제도에 대해서 명확한 지침과 기준을 정립해야 할 것이다.

절차적인 측면에 더하여 전시 군사법 절차를 통해서 처리되어야 하는 전시에 빈번히 발생하는 범죄나 전시에만 성립되거나 가중 처벌되는 범죄 등 「군형법」상 특례규정에 대해서도 구성요건을 구체적이고 세부적으로 이해하고 명확한 법령 적용방법과 지침을 구축해야 한다. 특히 전시 전쟁범죄 처벌에 대해서도 우리가 조약을 체결, 비준하여 2002. 7. 1일 발효한 「국제형사재판소의 설립

438) 교육참고 8-1-17, 2-12~2-13쪽.

에 관한 로마규정」과 같은 조약과 같은 조약의 국내 이행입법인 「국제형사재판소 관할 범죄의 처벌 등에 관한 법률」(법률 제10577호, 2011.4.12.,일부개정)에 따른 처벌규정 등에 대해서는 많은 교육과 연구를 바탕으로 구성요건에 대한 명확한 이해와 실제 사건처리를 위한 지침과 교육자료가 완비되어야 한다.[439)]

「군형법」상 범죄의 처리 관련해서는 전시에만 성립하는 범죄[440)]와 전시, 사변 등에 가중처벌하는 범죄,[441)] 「군형법」 제1조 제4항 각호에 따라 민간인도 처벌대상이 되는 범죄[442)] 등의 처리를 위해서 구성요건과 전시 처리지침 등을 확립해야 한다. 또한 「계엄법」에 따른 군사재판의 재판권의 확대와 비상계엄하에서 단심제의 적용, 고등군사법원의 항소심 심판대상 등 전시 군사재판을 운영하면서 평시와 다르게 직면하게 될 문제들에 대한 실질적이고 적용 가능한 업무처리 원칙, 절차, 지침 등을 확립하여 관련 교육 및 업무참고 자료로 축적해야 할 것이다.

전시 군형법상 범죄처벌과 관련하여 더욱 관심을 기울여야 하는 분야는 한국전쟁 당시 군사재

---

439) 특히, 로마규정과 관련해서는 로마규정 채택과정에서 구체적인 구성요건을 확정하지 못한 대표적인 침략전쟁을 일으킨 지도자 개인의 책임을 묻는 침략범죄에 대해서 2010년 재검토회의를 거쳐 2018. 7. 17.부터 국제형사재판소가 관할권을 행사하는 것으로 결정되었으나 우리나라는 비수락상태를 유지하고 있고, 더욱이 로마규정의 체약국이 아닌 미국과 연합작전을 실시하는 우리군의 입장에서는 작전수행 간 국제법 적용 및 향후 군사재판 등을 위한 명확한 기준을 고민할 필요가 있다. 자세히는 교육참고 8-1-17, 2-50~2-44쪽; 육군종합행정학교, 교범『지상작전』 참고자료, 2021, 99~103쪽 각 참조. 전쟁범죄의 처벌과 관련된 자세한 이론은 교육참고 8-1-17, 2-49~2-64쪽; 전게 참고자료, 98~121쪽 각 참조.

440) 군형법 제13장 약탈의 죄로 제82조 약탈, 제83조 약탈로 인한 치사상, 제84조 전지강간, 제85조 각 약탈의 죄의 미수범, 제14장 포로에 관한 죄로 제86조 포로 불귀환, 제87조 간주자 포로 도주 원조, 제89조 포로 탈취, 제90조 도주포로 비호, 제91조 각 포로의 죄의 미수범 등. 자세히는 종합행정학교, 군형사법Ⅱ:군형법, 2021; 육, 해, 공군 군사법원, 군형법 주해, 2015. 각 참조.

441) 군형법 제20조 불법진퇴, 제24조 지휘관 직무유기, 제27조 지휘관 수소이탈, 제28조 초병 수소이탈, 제30조 군무이탈, 제35조 근무태만, 제36조 비행군기 문란, 제37조 위계로 인한 항행 위험, 제38조 거짓 명령, 통보, 보고, 제39조 명령 등 거짓 전달, 제40조 초령위반, 제44조 항명, 제45조 집단 항명, 제52조 상관에 대한 폭행치사상, 제52조의2 상관에 대한 중상해, 제52조의6 상관에 대한 상해치사, 제58조 초병에 대한 폭행치사상, 제58조의6 초병에 대한 상해치사, 제60조 직무수행 중인 군인등에 대한 폭행, 협박 등, 제60조의6 직무수행 중인 군인 등에 대한 상해치사, 제67조 노적 군용물에 대한 방화, 제78조 초소침범 등. 자세히는 종합행정학교, 군형사법Ⅱ:군형법, 2021; 육, 해, 공군 군사법원, 군형법 주해, 2015. 각 참조.

442) 군형법 제13조 제2항 군사상 기밀누설, 제3항 부대, 기지 등에서의 간첩 및 군사기밀 누설죄, 제15조 각 간첩죄 등의 미수범, 제42조의 유해음식물 공급죄, 제54조 초병에 대한 폭행, 협박, 제55조 초병에 대한 집단 폭행, 협박 등, 제56조 초병에 대한 특수 폭행, 협박 등, 제58조 초병에 대한 폭행 치사상, 제58조의2 초병에 대한 상해, 제58조3 초병에 대한 집단상해 등, 제58조의4 초병에 대한 특수상해, 제58조의5 초병에 대한 중상해, 제58조6 초병에 대한 상해치사, 제59조 초병살해와 예비, 음모, 제63조 각 초병에 대한 죄의 미수범, 제66조 군용시설 등에 대한 방화, 제67조 노적 군용물에 대한 방화, 제68조 폭발물 파열, 제69조 군용시설 등 손괴, 제70조 노획물 훼손, 제71조 함선Ⅱ항공기의 복몰 또는 손괴, 제72조 각 군용물에 관한 죄의 미수범, 제75조 총포, 탄약 등 군용물 등에 대한 절도 등 재산범죄에 대한 형의 가중, 제77조 외국 군용시설 또는 군용물에 대한 행위, 제78조 초소침범, 제87조 간수자의 포로 도주 원조, 제88조 포로 도주 원조, 제89조 포로 탈취, 제90조 도주포로 비호, 제91조 각 포로의 죄에 대한 미수범 등 자세히는 종합행정학교, 군형사법Ⅱ:군형법, 2021; 육, 해, 공군 군사법원, 군형법 주해, 2015. 각 참조.

판 사례 연구에서 살펴본 바와 같이 전시에 그 발생과 중한 형으로 처벌이 급격히 증가할 것으로 예상되는 「군형법」 제13조의 간첩죄에 대한 연구이다. 더욱이 민간인도 「군형법」 제13조 제2항, 제3항과 제15조에 따른 위 죄의 미수범과 적에 대한 군사기밀 누설, 군사시설 등에서의 간첩죄, 간첩방조죄 등에 대해서 군사재판의 대상으로 포함시키고 있다. 한국전쟁 당시에도 군법회의를 통해 처벌된 다수의 사상범 사건들이 부실한 절차를 거쳐 많은 사형판결이 선고되는 등 매우 엄혹한 형이 가해진 사실은 향후 지속적인 군법회의에 대한 위헌 논란을 촉발하는 계기가 되었다는 점에서 더욱 신중한 처리절차 등을 확립할 필요가 있다.[443)]

또한 전시 군사법원을 구성하고 운영하는 인원들 별로 필요한 교육 및 훈련내용을 맞춤식으로 준비하고 정립할 필요가 있다. 즉 전시 군판사 임무를 수행할 평시에 다른 임무를 수행하는 법무장교들에게 필요한 교육 및 훈련소요가 있을 것이고 마찬가지로 전시 군사법원 서기나 심판관의 임무를 수행할 인원들에 대한 교육 및 훈련소요가 있을 것이다. 특히 평시에는 전혀 군사법 운영에 관여하지 않던, 전시 보통 군사법원 창설이 예정된 편제상 장성급 부대의 부대장들에 대해서는 군사법원 관할관으로서의 임무와 역할에 대한 명확한 정보와 지침을 제공할 수 있도록 평시에 교육자료 등이 준비되어야 한다. 그 내용으로는 군사법 작용에 있어서 권한 행사가 가능한 합법적인 분야와 방법과 미군에서는 엄격히 금지하고 형사처벌의 대상으로 삼고 있는 소위 불법적인 지휘관의 영향(unlawful command influence)을 미치지 않도록 하는 명확한 기준이 구체적인 사례를 중심으로 제시될 수 있어야 할 것이다.

전시 군사재판 운영을 위한 교리나 관련 규정, 업무지침서 등은 많은 경우 그 내용의 민감성이나 전시 작전계획과의 연계성 등으로 인하여 많은 경우 비문으로 작성되어야 할 경우도 있다. 그러나 비문 생산 절차에 의해 문서가 작성되는 경우 작성 과정에서부터 검토 및 문서로 발간되는 과정에 많은 사람이 참여하고 접근하는 것이 제한된다. 더욱이 문서로 발간된 이후에도 비문에 대한 접근이 쉽지 않아 사후에도 많은 사람이 그 내용을 접하고 적정성이나 문제점을 검토하기에도 어려움이 많다. 따라서 최대한 기본적인 교리의 원리, 원칙과 절차 부분은 공개 가능한 수준에서 많은 법무관들의 노력을 통합하여 작성하고 이후에 이를 바탕으로 공개 가능한 종합행정학교 교육자료 등에서 세부적으로 발전시킬 내용을 포함하여야 하며, 실제 작전계획 등에 반영될 전시 보통 군사법원 창설 부대 등의 실행계획은 관련 인원들이 이미 정교하게 확립된 교리를 바탕을 작성하여도 오류를 최소화할 수 있도록 논리적으로 교리, 규정 및 업무참고자료와 작전계획으로 이어지

443) 1950년 군법회의가 처리한 사건은 4,891건 중 사상범이 4,103건을 차지했고 사형 및 무기징역은 각각 1,902건과 408건이 선고되었고, 1951년에는 7,350건의 사건을 처리하면서 그 중 사상범은 4,122건에 사형 및 무기형은 각 925건과 291건에 달하였다. 자세히는 고석, 전게논문, 193쪽 참조.

는 체계를 세부적이고 실효적으로 적용할 수 있도록 정립해 나가야 할 것이다.

(4) 전시 등 군사법원 운영을 위한 교육과 연습 및 훈련체계 정립

전시 창설 군사법원별 관할을 정립하고 이를 구성할 인적, 물적 설비에 대한 계획을 완비한 이후 전시 군사법원 운영을 위한 교리, 규정, 그리고 각종 교육 및 업무참고 자료가 정비된 이후에는 전구계획부터 각 부대별 작전계획에 반영된 전시 군사법원 운영계획을 실행 가능하도록 대규모 연습 및 훈련에 반드시 각 전시 군사법원을 창설하는 부대별로 전시 군사법원 운영을 위한 실제 병력의 동원, 이전 등을 통한 기동을 포함한 창설 훈련을 포함시켜서 시행해야 할 것이다. 이를 위해서는 각 부대별 작전계획에 반드시 전시 군사법원 운영에 관한 사항을 실행가능한 구체적인 수준으로 반영하고 국방부, 합참, 각 군본부가 연계된 가운데 예하 부대별로 전시 군사법원 창설 훈련을 반드시 부대의 훈련주기에 포함시켜 실시할 수 있도록 지도·감독 체계가 확립되어야 할 것이다.

또한 전시 군사법원을 운영해야 하는 핵심 인원들인 관할관, 심판관, 군판사, 군사법원 서기 등에 대해서도 확립된 교리와 교육자료 등을 통해서 평시에 전시 군사법원 운영을 위한 필수적인 교육이 실시될 수 있도록 교육체계를 정립하여야 한다. 우선적으로는 종합행정학교 법무교육단에 전시 군판사 및 군사법원 서기 임무를 수행할 인원들을 위한 군판사 및 군사법원 서기 교육과정을 개설하여 운영하여야 한다. 이러한 군판사 및 군사법원 서기 교육을 위한 내용의 개발은 국방부 군사법원이 중심이 되어 제공되어야 한다. 특히 전시 다발범죄와 군기강 및 군사작전과 관련된 군사범죄, 사상범, 전시 군사법원에서 처리되는 성범죄 등 평시 민간 이관범죄 등의 재판과 관련된 지침과 규정 등을 평시부터 정립하여 교육될 수 있어야 한다. 평시 민간 이관된 성범죄에 대해서는 전시에 더욱 엄정한 처벌이 필요하므로 평시부터 민간법원의 성범죄 처리 관련 이론과 판례의 발전을 추적·연구하고 필요한 경우 군검찰과 협업 하에 최신 처벌 사례 등을 연구하고 모의재판을 진행하는 등 전시 임무수행 능력을 제고해야 한다. 여기서 더 나아가 육·해·공군 법무병과의 협력하에 종행교에 교관 등 인력을 보강하거나 혹은 육군본부 법무실과의 협업 하에 관할관, 심판관 등의 임무를 수행해야 하는 전투병과 장교들에 대한 교육과정을 개설하는 것도 생각해 볼 수 있다.

이처럼 종합행정학교에 교육과정을 개설하는 것은 바람직하기는 하나 실제로 과정을 개설하여 운영하려고 하면 교관과 병과인력 사정, 그리고 야전부대에서 파견교육의 제한 등 현실적인 어려움이 많이 존재한다. 따라서 일반 장교들과 지휘관들을 대상으로 필요한 군사법원 운영을 위한 관할관과 심판관 소양 교육은 육군대학, 진급인원들에 대한 지휘참모과정, 장성 진급자들에 대한 고급지휘관과정, 그리고 각급 부대별 기회교육 등을 통해서 교육하도록 하고 육군본부 법무실과 종행교 법무교육단이 협업하여 원격 교육자료를 제작하여 야전부대에서도 관심있는 사람들은 누구나 접근할 수 있도록 기회를 제공할 수도 있을 것이다. 각군 본부에서는 법무병과에서 작성한 원격교육 자료 등을 성인지 교육과 같이 지휘관 및 참모들의 필수 소양 교육으로 편성하여 이수하도록 추진하는 것도 반드시 필요하다. 장기적으로 육·해·공군 법무병과의 협업 하에 법무장교 및 일반 장교들의 전시 군사법원 운영 업무를 교육할 기관으로 작전법센터 및 법무학교를 설립하는 것도 필요하다고 보인다.

(5) 기타 전시 창설 군사법원 운영을 위한 착안사항

전시 군사법원의 운영과 창설은 평시 국방부 군사법원의 전담 임무가 될 수 없다. 오히려 평시 국방부 군사법원을 운영하는 인원들과 또한 전시 군사법원의 운영을 책임져야 할 각 군 본부 법무실 및 합참 법무실, 그리고 국방부 법무관리관실의 전시임무를 대비하는 인원들이 전시 군사법원의 운영에 관한 완벽한 방책수립과 이해를 바탕으로 평시에 긴밀한 업무협조 체계를 구축해야 한다. 이러한 협조체계는 법무업무 담당자들뿐 아니라 전시 군사법원 운영을 책임지는 관할관으로서 임무를 수행할 각 급제대 지휘관들은 물론이고 전시 군사법원 운영과정에서 협업이 요구되는 군사경찰, 군검찰, 민간 국선변호사들 그리고 민간 사법기관 인원들과도 긴밀하게 구축되어 있어야 한다.

전시 군사법원의 운영을 위한 인적, 물적 설비를 구축하는 과정과 관련해서는 동원, 전시증원을 포함한 군수, 작전, 인사 등 관련된 전투 및 지속지원 기능을 수행하는 조직과 평시부터 긴밀하게 구축되어 있어야 한다. 특히 시설, 급식 및 숙박 등을 지원하는 기능 인원들과의 협조는 실제 업무를 수행하는 과정에서 인원 못지 않게 중요한 요소들이므로 평시 전시 군사법원 운영 간 필요한 물자들을 실질적으로 확보가 가능하도록 실행 가능한 계획을 수립해야 한다.

또한 군사법원의 사물관할과 관련해서도 평시에 민간에서 처리되던 군인 등의 성폭력범죄, 군인 등의 사망에 원인이 된 범죄, 입대 전 범죄 등에 대한 관할이 군으로 다시 이전되는 것과 비상계엄이 선포된 경우 계엄법에 따라 군사법원의 관할이 확대되는 범죄들의 처리를 위해서 기존의 사건을 담당하여 처리하던 인원들과 평시부터 필요한 협조 및 전시전환 준비와 훈련을 시행할 방안도 고민해야 한다. 특히 성범죄 처리와 관련해서는 군 내·외의 해바라기센터를 비롯한 성범죄 피해자 보호조직과 성폭력피해자 국선변호인 등과 성폭력 범죄의 수사 및 재판 간 협조사항, 증거조사 시 피해자 보호 방안 등에 대한 법령과 업무 관행 상의 변화 등에 대해서 평시부터 전시 원활한 임무수행이 가능한 적절한 수준의 협조체계를 평시에 완벽하게 구축할 필요가 있다.

Ⅲ. 결 론

군사법원은 헌법 제110조에서 유일하게 예외를 인정한 특별법원으로 우리 군사재판의 형성과정을 살펴보면 1945년 8월 15일 일제의 압제로부터 독립 이후 1948년 8월15일 대한민국을 건국하기까지 각종 국가 제도를 형성하고 군을 창설하면서 국가의 존망에 직결되는 군의 기능수행력을 보장하기 위해 군조직의 일부로서 지휘관 중심의 군사재판 조직을 설치·운영할 필요성을 헌법과 법률에 의해서 확고하게 인정해 왔다. 그리고 건국 후 얼마 되지 않아 일어난 사회적 대립과 갈등과 1950년 북한의 남침으로 발생한 한국전쟁 등 혹독한 국난을 극복하는 과정에서 군법회의의 형식으로 시행된 군사재판이 매우 중요한 역할을 했다는 점도 부인할 수 없다.

그러나 영미식 제도로 도입된 군사재판에 대한 인식 부족과 또한 국난 극복을 위한 혼란한 상황에서 행해졌던 일부 부실한 절차를 통한 엄혹했던 군법회의의 기억은 군사재판 제도 자체에 대한 위헌 논란을 지속적으로 일으켜 왔다. 이러한 군사재판에 대한 비난을 수용하면서 장병 인권보장과 지휘권 확립이라는 군사재판의 이념을 조화시키기 위해서 군사법원 제도를 규율하는 법률은 「조선경비법」, 「국방경비법」, 「군법회의법」, 「군사법원법」으로 거듭된 개정을 해왔다. 하지만 이와 같은 거듭된 개정의 틀 속에서도 군의 기능수행력 보장을 위해 헌법상 인정되었던 군사법원의 본질을 유지하기 위하여 재판의 진행을 위한 소송절차에 있어서는 많은 경우 민간의 형사소송법을 그대로 적용하면서도 군사법원의 구성 부분에 있어서는 지휘관의 정당한 관여를 인정하는 지휘관 중심주의를 구현하기 위한 관할관 제도를 기본 틀로 유지하여 왔다는 점에 주목할 필요가 있다.

이러한 기조와 달리 개정 군사법원법은 전·평시 군사법원의 구성과 운영에 있어서 평시에는 사물관할에서 성범죄, 사망 등 원인범죄, 입대전 범죄와 그 경합범을 군사법원의 관할에서 배제하고 군사법원을 구성하는 과정에서 지휘관의 영향력을 제거하여 관할관, 심판관 제도를 폐지하는 매우 근원적인 변화를 가져왔다. 이러한 개정법은 전·평시 균형된 전투준비태세를 갖추고 어떠한 예상치 않은 비상상황에서도 임무수행 태세를 갖추어야 하는 군조직의 구성방식으로는 매우 우려되는 부분이 있는 것이 사실이다.

이러한 변화는 군의 사건처리 능력에 불신을 초래하는 특정 사건과 관련하여 일어난 국민적인 비난과 분노에 편승하여 기존의 지휘관 중심주의와 지휘관에 의한 군기 확립의 필요성이라는 군사법원을 구성하는 원리에 대한 헌법적, 법리적 견해에 결정적인 변화가 발생할 만한 사정이 없음에도 불구하고 충분한 논의 없이 급격하게 이루어진 것이다. 하지만 현재 교리는 군조직에게 전·평시의 구분이 명확하지 않은 평시에서 전면전에 이르기까지 전개되는 다양한 분쟁의 스펙트럼에서 다양한 형태의 작전을 수행할 능력을 요구하고 있다. 더욱이 우리나라는 이러한 현재 군조직에게 요구되는 다양한 위협대응 능력에 더해서 핵을 보유한 북한의 직접적인 위협에 노출되어 있다는 점에서 전·평시 운영방식을 확연하게 구분한 군사법원 제도를 운영하는 것은 군사적으로 문제의 소지가 있다.

그러나 이미 개정법이 시행되고 있는 현 상황에서 개정과정이나 결과의 문제점을 논의하는 것은 시의적절하지 않다. 오히려 개정법 하에서 전시 등 비상사태가 발생할 경우 원활하게 전시 군사법원을 운영해야 할 1차적 책임이 있는 법무장교들은 평시부터 전시 군사법원 운영을 위해 무엇을 어떻게 준비하고 훈련해야 하는가를 고민하는 것이 최우선적인 과업이 되어야 할 것이다. 특히 법무장교들은 전시에는 군사법원이 관할관의 지휘·감독을 받으면서 관할관을 중심으로 군사법원을 구성하는 법리적, 제도적인 의미와 이를 구현하기 위한 올바른 운영방안을 명확하게 이해할 필요가 있다. 이를 위해서 먼저 어떠한 이유와 방식, 절차를 거쳐서 한국의 군사재판 제도가 지금과 같은 모습으로 발전되어 왔는지를 명확히 이해하고 과거 한국전쟁 등 비상상황 하에서 군사재판이 실시하였던 우리 군의 사례와 미군 등 외국의 사례들을 통해 전시 군사법원을 운영하는 과정에서 발생 가능한 문제점과 해결방안 등에 대한 착안점을 도출하는 노력이 필요하다.

이와 같은 군사법원 제도의 성립과 변천, 과거 전시 등 군사재판 사례 연구 등을 통한 전시 군사재판제도가 수행할 기능과 역할에 대한 이해를 통해 개정법에 따른 평시 군사법원을 운영하면서 전시 군사법원의 운영을 위한 교리와 각종 업무 처리지침을 확립하고 이를 바탕으로 어떠한 준비와 훈련이 필요한지를 명확하게 도출하여 이를 적극적으로 시행하여야 한다. 이러한 노력은 평시와 구분된 군사법원을 구성하고 운영하는 책임을 가지고 있는 국방부 장관과 각 군 총장 그리고 전시 보통군사법원을 창설하고 운영해야 하는 지휘관들이 우선적으로 관심을 가져야 할 것이다. 그러나 이러한 노력의 중심은 전시 군사법원 운영의 구체적인 시행방안을 수립해야 하는 국방부 법무관리관실을 정점으로 각 군 법무실, 합동참모본부 법무실, 그리고 국방부 군사법원의 관련 업무 담당 인원들이 되어 관련 업무를 추진해 나가야 할 것이다.

구체적으로는 전시 창설되는 군사법원을 작전 수행단계별로 북한지역으로 작전지역이 확대되는 응전자유화지역에서 작전까지 포함하여 관할을 명확히 지정하여 어떠한 군사법원이 창설될 것인지를 작전계획과 연계하여 지정해야 한다. 그리고 전시 군사법원 운영을 위해서 필요한 물적·인적 시설을 완비할 수 있도록 평시 동원 및 인력·시설 전환계획 등을 치밀하게 수립해야 한다. 이를 위해서는 먼저 모든 작전 수행과 작전 계획수립을 위한 기준이 되는 군사교리에 부응하는 전시 군사법원 운영에 관한 교리를 확립하고 이를 기준으로 교육 및 훈련을 위한 각종 지침서 및 업무참고자료, 전시 업무수행 규정 등을 완비해야 한다.

한편 전시 군사법원 운영과 관련된 교리와 작전계획과 연계한 전시 군사법원 창설 및 운영계획이 수립되면 이를 근거로 대규모 연합 연습 및 훈련으로부터 전시 보통군사법원 창설이 예정되어 있는 편제상 장성급 지휘관이 지휘하는 부대의 개별 작계 시행 훈련 및 지휘소 연습에 이르기까지 전시 군사법원을 운영하기 위한 연습과 훈련이 병행하여 시행될 수 있는 체계를 확립하여야 한다. 그리고 전시 군사법원을 운영할 인원들은 평시에는 군사법원의 운영에 전혀 관여하지 않던 인원들이 반드시 다수 포함될 것이므로 이러한 전시 군사법원 운영을 위한 임무 수행이 요구되는 인원들에 대해서 평시 교육 및 작계 시행 훈련 등에 참여하도록 체계적인 교육훈련지시 및 계획이 수립되고 시행되어야 한다.

이러한 과정에서 종합행정학교 법무교육단에서의 교리발전 및 교재개발에 법무관리관실과 각 군 및 합참 법무실의 전폭적인 지원이 요구된다. 종행교 법무교육단이 주관하는 법무관들에 대한 전시 군판사 임무수행 교육, 법무부사관 및 군무원에 대한 전시 법원서기 임무수행 교육, 관할관, 심판관에 대한 군사법원 운영에 관한 교육 등 많은 교육과정이 개설되어 운영될 수 있도록 최단시간 내 노력을 기울여야 한다. 장기적으로 육·해·공군 법무병과의 협업 하에 법무장교 및 일반 장교들의 전시 군사법원 운영 업무를 교육할 기관으로 작전법센터 및 법무학교를 설립하는 것도 필요하다. 그리고 학교기관을 통한 소집교육의 제한 등을 극복하기 위한 다양한 내용의 군사법원 운영 관련 원격교육 컨텐츠를 개발하고 이러한 컨텐츠를 통한 교육을 성인지 교육과 같이 전시 군사법원 운영에 관련된 일반 장교들과 모든 법무장교들에게 필수적으로 이수해야 하는 교육으로 관리하여 운영할 필요가 있다.

이외에도 개정법의 시행에 따라 전시 군사법원의 원활한 운영을 위해서는 평시에 군 내·외의 많은 기관들과 다양한 형태로 협조 및 준비를 하여야 한다. 특히 전시 군사법원 운영에 있어서 평시보다 많은 인원과 시설, 장비가 투입되어야 하는 것이 너무나도 명확한 개정법이 시행되었으므로 전시 군사법원의 운영에 책임이 있는 인원들은 군의 모든 조직은 전쟁을 대비하여 편성, 장비, 훈련된다는 것을 마음에 새기고 어떠한 준비와 훈련들을 평시에 시행하여야 여하한 국가적 위기 상황에서도 원활한 전시 군사법원의 운영이 가능할 것인가에 대해서 끊임없이 연구하고 노력하여 보다 개선된 방법으로 평시에 전시를 대비하는 군내 조직으로서의 기본에 충실하여야 할 것이다. 그러한 측면에서 이 논문은 단지 문제를 제기하는 수준에서 끝을 내고 있다고 보며 더욱 구체적이고 실현가능하며 효율적인 많은 전시 군사법원 운영을 위한 평시 준비 및 훈련 방안들이 제시되고 시행되어 전시에 완벽한 임무수행 능력을 갖춘 법무조직이 될 수 있기를 기대한다.

참고 문헌

1. 단행본

- 이상철, 군사법의 제문제(상), 한국학술정보(주), 2008.
- 유성록, 징비록, 위즈덤하우스, 2015.
- 김원중 역, 손자병법, 글항아리, 2016.
- 클라우제비츠, 전쟁론, 갈무리, 2017.
- 허영, 한국헌법론, 박영사, 2018.
- 박창희, 군사전략론, 플래닛미디어, 2019.
- 성낙인, 헌법학, 법문사, 2020.
- 임한택, 국제법의 이론과 실무, 박영사, 2020.

2. 군내 간행물

- 육, 해, 공군 군사법원, 군형법 주해, 2015.
- 국방부, 법무백서, 국방부 법무관리관실, 2016.
- 운용교범 1-2, 법무업무, 2016.
- 육군 군사법원, 군사법원법, 2018.
- 육군본부, 미 국방부 전쟁법 매뉴열, 2020.
- 육군 군사법원, 군 형사재판장 매뉴얼, 2020.
- 민관군합동위원회, 민관군합동위원회권고안, 2021.
- 육군종합행정학교, 군형사법 II :군형법, 2021.
- 육군종합행정학교, 교범『지상작전』 참고자료, 2021.
- 기준교범 0-2, 교리, 2021.
- 교육참고 8-1-17, 지상작전 시 작전법 지원, 2021.

3. 논문

- 김명기, 통일이후 북한지역에의 적용법에 관한 기초적 연구, 통일문제연구 제5권 제4호(통권 제20호), 통일원, 1993.
- 송기춘, 군사재판에 관한 헌법학적 연구, 공법연구 제33집(3호), 2005.
- 고석, 한국 군사재판 제도의 성립과 개편과정에 관한 연구, 서울대학교 대학원 법학과 박사학위논문, 2006.
- 서재덕, 군사법제도 구조에 관한 비교연구, 서울대 박사학위 논문, 2008.
- 오경식, 김범식, 이현정, 현행 군사법제도의 발전방향 연구 최종보고서, 한국 형사소송법학회, 2012.

4. 해외 자료

- LTC Jeff A. Bovarinick, et al., Law of War DeskBook, USAJAGLCS.(2011).
- Maj Dustin Kouba et al., Operational Law Handbook, TJAGLCS(2018).

5. 판례

- 대법원 1955. 1. 18. 선고 4287형상113 판결.
- 헌법재판소 1996. 10. 31. 선고 93헌바25결정.
- 대법원 2001. 4. 27. 선고 2001다7216판결.
- 헌법재판소 2002. 4. 25. 선고 99헌바27 결정.
- 대법원 2004. 8. 30. 선고 2004도3312 판결.
- 헌법재판소 2009. 7. 30. 2008헌바162결정.
- 대법원 전원합의체 2010. 7. 23. 선고 2010도11890 판결.

6. 기타 자료

- 한국고전 종합 DB 이충무공전서 권지팔 난중일기사 (www.db.itk.or.kr)
- 한겨레신문, 군 성폭력 사건, 1심부터 민간법원이 재판한다, 2021. 8. 24.
- 한겨레 21, 김종대 “평시 군사법원 폐지가 맞다”, 2021. 9. 4.

MEMO

해외파병관련 법규에 관한 연구

(Research on the laws and regulations concerning overseas deployments)

요 약

국군의 해외파병은 국제적 군사협력관계를 발전시키는 국제평화활동의 일환으로 유엔평화유지활동 중 PKO참여와 다국적군을 통한 국제사회의 평화유지활동에 참여하는 두 가지 형태로 이루어지고 있다. 국군의 해외파병과 관련된 일련의 군사행정절차가 헌법이념에 부합하게 진행되려면 무엇보다도 파병의 결정과정, 파병준비 및 이동, 현지 임무수행, 교대 및 철수단계의 파병과 관련된 모든 군사행정행위가 법치주의의 원칙이 구현될 수 있도록 일련의 체계적인 법 규정 체계에 의하여 규율될 필요가 있다. 그러나 우리가 월남전 이후로 오랜 파병역사를 가지고 있음에도 불구하고 국군의 해외파병이 국가안전보장이나 군사에 관한 행정작용이라는 이유만으로 많은 부분이 불명확한 법률적 근거를 가지고 이루어지고 있다. 따라서 지금까지 파병임무를 수행했던 다양한 부대들이 겪었던 헌법적, 법률적 문제점들에 대한 체계적인 연구를 통해서 우리가 향후 당면 가능한 다양한 파병임무를 규율하는데 필요한 내용들을 포함한 일련의 파병관련 법 규정체계를 정비하려는 노력이 필요할 것이다. 이러한 노력은 먼저 즉시 개정이 가능한 현행 파병관련 규정의 정비를 통해 법치주의와 군사적인 필요성이 균형을 갖춘 규정체계에 의해서 파병임무 수행 간 직면할 수 있는 문제들이 다루어져야 할 것이다. 더 나아가 궁극적으로 국군의 해외파병에 관한 기본법을 제정하여 이를 중심으로 국군의 해외파병과 관련된 각종 법 규정체계가 완비된 상태에서 국군의 각종 해외 파병임무가 수행되어야 한다.

주제어

해외파병, 평화유지활동, 다국적군, 이라크평화재건사단, 해외파병기본법, 법치주의, 법률유보, 법규명령

해외파병관련 법규에 관한 연구 [444)]

(Research on the laws and regulations concerning overseas deployments)

목 차

444) 이 논문은 2007년 4월부터 11월까지 7개월간 이라크평화재건사단에서 법무참모로 역할을 수행하면서 경험한 사례들을 중심으로 국군의 해외파병관련 법령 등의 문제점을 지적한 논문이다. 당시에는 국군의 해외파병에 관한 근거법률이 존재하지 않은 상황이었으므로 이에 대한 문제의식을 중심으로 논문을 작성하였다. 이후 2010. 1. 25일 법률 제9939호로「국제연합 평화유지활동 참여에 관한 법률」(약칭: 유엔평화유지활동법)이 제정되어 2010년 4월 26일부터 시행되었으나 평화유지활동을 제외한 베트남전이나 이라크전과 같은 다국적국 형식의 국군의 해외파견에 대해서는 이를 규율하는 법률은 존재하지 않는다. 따라서 이러한 논의를 반영하여 국군의 해외파견근무에 관한 법률(안)이 2014. 12. 1. 국회 국방위를 통과한 바 있으나 '유엔 안전보장이사회 결의에 따른 치안 및 안정 유지, 인도적 구호, 복구·재건 등'(PKO법)에만 국군의 해외파견을 허용한 유엔평화유지활동법과 달리 '유엔, 다국적군, 특정(당해) 국가의 요청'(해외파병법)으로 파병할 수 있도록 파병의 허용범위를 확대한 것과 관련된 위헌논란과 찬반 논란으로 실제 법률로써 제정되지는 못하였고 아직까지도 관련 법률이 제정되지 못하고 있다. 이러한 측면에서는 본 논문은 유엔평화유지활동법이 제정되기 이전에 작성되었으나 아직도 그 논의의 실효성을 가지고 있다고 할 것이다.

I. 서 론

국군의 해외파병은 국제적 군사협력관계를 발전시키는 국제평화활동의 일환으로 유엔평화유지활동 중 PKO참여와 다국적군을 통한 국제사회의 평화유지활동[445]에 참여하는 두 가지 형태로 이루어지고 있다[446] [447]. 하지만 이처럼 외국에 군대를 파견하는 것은 UN헌장의 무력행사금지 원칙을 받아들여 대한민국은 침략적 전쟁을 부인한다는 규정을 명문화(헌법 제5조 제1항)하고 있는 우리 헌법의 기본정신인 평화추구의 이념[448]에 혹시 반하는 것은 아닌가 하는 의구심이 생길 수 있다. 견해의 대립이 있을 수 있지만 자위전쟁을 넘어서는 침략적 전쟁에 참여하는 것이 아닌 이상 국군을 국제평화유지에 이바지하기 위해 해외에 파병하는 것이 꼭 위헌이라고 볼 필요는 없을 것이다[449]. 국방부도 우리 군의 유엔평화유지활동을 지역분쟁과 이 때문에 발생하는 생존권을 비롯한 기본적 인권의 침해를 인류공영에 대한 도전으로 간주하고 이에 공동 대처 및 평화적으로 해결함으로써 항구적인 세계평화에 기여하기 위한 활동의 일환으로 본다. 또한 아프가니스탄의 동의·다산부대 파병이나 이라크 평화·재건사단(이하 '자이툰 사단'이라 함) 파병과 같은 다국적군을 통한 국제사회의 평화유지활동에 참여하는 것 또한 테러를 세계평화와 인류안전에 대한 최대의 적으로 간주하고 이를 억제하기 위한 대 테러 국제연대에 동참하는 것이라고 보고 있다[450].

이처럼 생존권을 위한 자위수단을 넘어서는 제국주의 내지 패권주의적 발상에 의한 침략전쟁

445) **국군의 해외파병 업무규정 제2조(정의)** 이 규정에서 사용되는 용어의 정의는 다음과 같다.
1. "해외파병"(이하 "파병")이라 함은 유엔의 평화유지활동, 다국적 평화활동 및 해외재난 구호활동에 참여하는 부대 및 개인을 해외로 파견하는 것을 말하며, 그 대상에는 국내에 주둔하면서 파병 임무를 수행하는 항공기와 함정의 근무요원을 포함한다.
2. "유엔 평화유지활동"(이하 "UN PKO")이라 함은 국제적 또는 국지적 분쟁의 해결과 평화정착을 위하여 유엔이 직접 주도하여 설치된 평화유지활동 임무단이 안보리 결의안에 명시된 제반 임무를 수행하는 활동을 총칭한다.
3. "다국적 평화활동"이라 함은 국제적 또는 국지적 분쟁의 해결과 평화정착을 위하여 유엔 또는 국제사회 지지와 결의에 따라 지역안보기구 또는 특정국가가 주도하여 설치된 다국적 평화유지군 또는 임무단이 수행하는 제반 활동을 총칭한다.

446) 국방부, 2006국방백서, 2006, 114~120쪽.

447) 국정홍보처, 국정브리핑,"해외파병에서 우리가 얻은 것들"(2007. 3. 7)에 의하면 현재 우리나라의 해외파병규모는 2007. 2. 12. 기준으로 12개국 13개 지역 2,533명이 파견되어 임무를 수행하고 있다.

448) 허영, 한국 헌법론(제4판), 2004, 116쪽.

449) 국군은 국가의 안전보장과 국토방위의 신성한 의무를 수행함을 사명으로 하며(헌법 제5조 제2항), 이러한 국군의 사명은 군인복무규율에 대한민국의 자유와 독립 보전, 국토방위, 국민의 생명과 재산 보호, 국제평화의 유지에 이바지하는 것으로 구체화하고 있다(군인복무규율 제4조 제2항)

450) 국방부, 위의 책, 116~117쪽.

을 부인하고 헌법의 평화추구의 이념을 지키면서 국제평화활동의 일환으로서 해외파병을 위한 규범적 통제장치들을 우리 법률체계에서 발견할 수 있다. 먼저 우리헌법은 국군의 사명이 국가의 안전보장과 국토방위의 의무를 수행함에 있음을 천명하고(헌법 제5조 제2항), 법률이 정하는 국방의 의무(헌법 제39조 제1항)를 국민 모두에게 부여하고, 국군의 조직과 편성은 법률로 정하도록 하였으며(헌법 제74조 제2항), 국민의 직접선거로 선출된 국가원수인 대통령에게 국군의 통수권을 부여하고 있다(헌법 제74조 제1항). 또한 선전포고나 국군의 외국에의 파견 또는 외국군대의 대한민국 영역 안에서의 주유에 대해서는 국민의 대표인 국회의 동의권을 명문화하고 있다(헌법 제60조 제2항).

결국 국군의 해외파병은 국제평화유지에 이바지하는 것을 목적으로 하는 헌법이념과 이를 구체화한 국군조직법, 군인사법, 군인복무규율의 제 규정에 부합하여야 한다. 따라서 해외파병 절차는 국가안전보장회의와 국무회의의 심의를 거친 국가의 파병의사결정과정과 그 의사결정에 대하여 국민의 대표인 국회의 동의(헌법 제60조 제2항)를 거쳐야 함은 물론이고 파병의 준비와 파병지에서의 임무수행, 임무완수 후 철수에 이르기까지의 전 과정이 국제평화주의라는 헌법 원리와 헌법 및 이를 구체화한 일련의 법령체계에 의한 파병절차가 준수되어 합헌적으로 이루어 져야 하는 것이다.

결국 위와 같이 헌법 원리에 부합하는 해외파병을 위해서 국가행정관계의 일부로서 군사행정법률관계인 실제적인 파병과 임무수행의 제반절차에서도 법치주의의 원리를 행정영역에서 구체화한 법치행정의 원리가 철저히 구현되는 것이 요구 된다. 파병과 관련된 일련의 군사행정절차가 헌법이념에 부합하게 진행되려면 이를 구체화한 국민의 대표인 국회가 의결한 법률에 의해 통제될 필요성이 있기 때문이다. 이를 위해서는 무엇보다도 파병의 결정과정, 파병준비 및 이동, 현지 임무수행, 교대 및 철수단계의 전 파병과 관련된 군사행정행위가 일련의 체계적인 법 규정 체계에 의하여 규율되고 이루어질 필요가 있다고 할 것이다.

필자는 2007년 4월 26일 이라크 아르빌에 주둔해 있는 자이툰 사단에 법무참모로 보직되어 임무수행 중에 여러 가지 부대 임무 수행 간 해외파병관련법규정체계에 있어서 법치행정의 원리를 엄밀하게 구현하는데 있어서 몇 가지 아쉬운 점을 발견할 수 있었다. 이하에서는 해외파병과 관련한 현재 법 규정체계를 검토해 보고 위와 같은 파병관련 법 규정과 관련하여 개선이 요구되는 분야에 대해서 일반적인 검토와 이를 토대로 파병 간 제 규정을 적용하면서 어려움을 경험한 사례를 고찰하여 파병관련 법 규정 체계의 개선방향의 대략적인 윤곽 정도를 제시해 보고자 한다.

Ⅱ. 파병관련 법 규정 체계 개관

1. 일반적인 군사관련 법 규정 체계

군사관련 법 규정은 군사와 관련된 군의 조직·인사·복무관계 및 군과 직·간접적으로 연관된 물자·시설·통신 등의 운영·관리, 전·평시의 작전·교육훈련 등 일체의 군사행정관계를 규율하는 법규범을 말한다. 이러한 군사관련 법 규정은 국가전체의 법질서의 일부분을 규율하는 규범인 만큼 국가법질서의 핵심이 되는 헌법과 헌법의 틀 안에서 국가일반의 법질서를 규율하는 타 법령에 배치될 수 없다.[451)]

일반적인 군사관련 법 규정이란 통상 군사행정법의 법원으로서 지칭되는 제 규범을 포괄한다. 따라서 여기에는 헌법, 법률, 법규명령과 군사행정법 관계 내부에서만 효력을 갖는 행정규칙이 모두 포함된다. 이러한 군사관련 법 규정들은 국가의 최고규범인 헌법, 헌법의 수권(헌법유보)에 의한 법률, 법률의 위임에 의해(법률유보) 그 집행을 위해 법률의 범위 내에서 제정된 법규명령 및 상위법령의 범위 내에서 제정된 행정규칙의 순으로 일반적인 법의 단계론적인 구조와 같이 그 체계를 서열화 할 수 있다.[452)]

위와 같은 단계적인 법 규정 체계를 시민의 자유와 재산에 관련되거나 제한하는 규정으로서 법규와 행정주체 내부를 규율하는 비법규로서 행정규칙으로 분류하는 견해에 따라 세부적으로 살펴보면[453)] 결국 군사관련 법 규정의 체계 중 법규로서는 군사관련 헌법조항, 군사관련 법률, 군사관련 법규명령으로 위임명령과 집행명령의 형태를 가지는 대통령령, 총리령, 국방부령과 그 외 관련부령, 대법원규칙이 있을 수 있다. 이러한 법 규정들은 상위법령에 위반될 수 없으며 근거가 되는 상위법령에 위반되거나 상위법령이 효력을 잃으면 그 효력을 인정할 수 없을 것이다. 판례도 법규명령인 위임명령의 경우에 근거법령이 효력을 상실한 경우 그 명령을 무효라고 보고 있다[454)]. 이상의 규정들은 국민의 권리를 제한하거나 의무를 부여하는 법규로서 성질을 가진다.

---

451) 육군사관학교, 군사법원론, 일신사, 2004년, 703쪽.

452) 육군사관학교, 앞의 책, 703~704쪽.

453) 유지태, 행정법신론, 신영사, 2003, 27~29쪽; 이러한 견해를 좁은 견해의 법규개념이라 하고, 법규를 넓게 이해하는 입장에서는 시민들이나 법원에 대하여 구속력을 갖는 규범뿐 아니라 국가기관 내부에서 효력을 갖는 행정규칙도 법규개념에 포함시키는 견해도 있다.

454) 대법원 1995. 6. 30. 선고 93추83판결.

한편 법규로서의 성질을 갖지는 않지만 군사행정법 관계 내부자들에게 구속력을 갖는 군사관련 행정규칙으로 국무총리, 국방부 및 관련부처 훈령, 국방부 예규 및 각 군 규정이 있다. 이런 규정들은 행정내부에서는 구속력을 갖지만 법원이나 일반시민에 대해서는 행정기관이 행정절차에서 행정규칙을 적용함에 따른 사실적인 외부효 이외에 직접적인 법적 구속력을 가질 수 없다고 볼 것이다[455]. 물론 이러한 행정규칙들이 상위법령에 위배되는 경우에는 무효의 규정이 되며 이를 근거로 한 처분에 대해서는 취소심판이나 취소소송을 청구하면서 그 행정규칙이 상위법령 위반을 이유로 무효를 주장할 수 있을 것이다[456].

2. 파병관련 법 규정 체계

가. 개요

국군의 해외파병에 대한 법 규정 체제는 먼저 해외파병의 헌법적 근거를 국군을 해외에 파견하기 위해서는 국회의 동의를 요구하는 헌법 제60조 제2항에서 찾을 수 있다. 다음으로 이러한 헌법적 근거를 바탕으로 하여 파병결정과정과 파병준비 및 이동, 파병지에서 임무수행, 임무교대 및 임무완수 후의 철수 등의 절차에 대해서도 파병관련 근거법률, 법규명령, 행정규칙 등의 일련의 법 규정이 마련되어 파병과 관련된 제반 군사행정절차가 법치국가원리에 부합하도록 예측가능하고 적법한 가운데 진행되어야 할 것이다. 하지만 현재 파병 관련 법 규정 체계는 국군의 해외파병의 헌법적 근거가 되는 제60조 제2항을 구체화하는 법률적 근거로서 국회의 의결을 거친 파병관련 기본법이 존재하지 않는다.

이와 같은 파병관련 기본 법률의 부재는 기본 법률의 위임을 받아 파병관련 사안을 구체적으로 규정한 대통령령의 부재로 이어진다. 파병과 일정한 연관을 찾을 수 있는 대통령령으로는 직접적인 파병업무와 관련된 것이 아니라 파병인원들에 대한 수당지급에 관한 사항만을 규정한 군인 및 군무원의 해외파견근무수당 지급규정(대통령령 제18722호, 2005. 2. 28. 개정, 이하 '군인 등 해파수당 규정'이라 함)이외에는 찾아볼 수 없다. 더 나아가 국방부 장관령이나 각 부 장관령 등 상위법령의 위임을 받은 법규명령도 전혀 갖추어져 있지 않다.

455) 대법원 1987. 5. 26. 선고 86누96판결, 1990. 2. 27. 선고 88재누55판결.

456) 유지태, 앞의 책, 206~207쪽.

결국 파병과 관련된 법 규정은 헌법을 제외하고는 국방부 내부 행정규칙으로 국방부 훈령인 국군의 해외파병업무 규정(국방부 훈령 제811호, 2007. 1. 29. 전부개정, 이하 '국방부 해파규정'이라 함)이 가장 최상위의 규정으로 존재하고 있으며, 육군에서는 해외파병과 관련하여 위 국방부 해파규정을 구체화하기 위해서 해외파병업무 규정(육군규정132, 2007. 4. 1. 부분개정, 이하 '육군 해파규정'이라 함)이 부분적으로 개정되면서 현재에 이르고 있다. 하지만 이러한 규정들은 이미 언급한 바와 같이 행정기관 내부에서만 효력을 발휘하는 행정규칙에 불과하여 법규적 효력을 가지는 내용을 규율할 수는 없으며, 설사 그러한 내용을 규율했다고 해도 국민과 법원과의 관계에서 그 외부적 구속력을 인정할 수 없다는 점에서 법치행정의 원리와 항상 충돌의 소지를 가지고 있다.

나. 파병관련 법 규정 개관

(1) 국방부 해파규정

(가) 의의

현재 일반적인 파병업무절차를 규정한 가장 상위의 규정은 위에서 살펴본 바와 같이 국방부 훈령인 국방부 해파규정이다. 동 규정은 상위법령이나 법규명령의 위임 없이 파병관련 업무수행 절차만을 규정한 것으로 비법규로서 행정규칙의 성격을 가진다. 이 규정은 국군의 해외파병업무를 효율적으로 수행하기 위하여 해당 부서별·기관별 업무를 분장하고 유엔의 평화유지활동·다국적 평화활동 및 해외재난 구호활동에 참여하는 부대 및 개인의 파견과 관련된 업무수행 절차를 규정함을 목적으로 한다(국방부 해파규정 제1조).

(나) 연혁

우리 군의 해외파병의 역사는 미국의 요청에 따라 1964년부터 1973년까지 이루어진 월남파병으로 시작된다. 월남 파병은 1964년 5월 21일 국가안전보장회의의 심의와 국회의 동의를 거쳐 아시아의 평화수호, 월남의 공산침략저지, 한국전쟁 당시 자유 우방국의 참전에 대한 보답의 목적을 가지고 국군의 월남파병을 결정하면서 이루어졌다[457]. 하지만 이러한 파병과정에서 파병과 관련한 일정한 법규정 체계가 갖추어졌다는 근거를 찾아볼 수 없다. 이후에 1990년 이라크가 쿠웨이트를 침공하면서 시작된 걸프전쟁에서 이라크의 쿠웨이트에 대한 무력침공을 응징하기 위한 UN결의에 동참하기 위해서 1991년 1월 24일 154명으로 편성된 의료지원단을 같은 해 2월에

---

457) 국방부, 국방50년사 화보집, 1998, 128쪽.

C-130 수송기 5대와 병력 160명으로 편성된 공군 수송지원단을 파견했을 때에도 마찬가지로 그러한 파병관련 규정체계가 정립되었다는 흔적을 발견할 수 없다[458].

1991년 대한민국이 UN에 가입하면서 UN의 평화유지활동에 적극적으로 동참하게 되었고 1993년 7월 소말리아에 250명 규모의 건설공병단을 파견하는 것을 필두로 하여 1995년 앙골라, 1999년 동티모르에 국군 파병 등 적극적인 국제평화유지활동에 참여하게 되었다[459]. 이에 따라 PKO상비체제[460]의 구축이 필요하여 이러한 체제를 구축하면서 '유엔 요청'에 의한 평화유지군 파병 및 운용절차를 규정한 유엔 PKO 업무규정(제516호)을 1995년 8월 4일 최초로 제정하였다. 그후 이규정을 2003년 8월 2일 2차 개정 시 국군의 해외파병업무 규정(제738호, 이하 '구 국방부 해파규정'이라 함)으로 명칭 변경하면서 최초로 특정국 주도 다국적군 파병과 개별파병의 업무절차를 규정하게 되었다. 현재의 국방부 해파규정은 2007년 1월 29일 4차 개정 시 국방부 훈령 제811호로 전부개정되어 현재에 이르고 있다.

(2) 육군 해파규정

이 규정은 육군의 해외파병업무를 효율적으로 수행하기 위하여 부대·부서별로 업무를 분장하고, 유엔 주도의 평화유지활동, 다국적 평화유지 활동 및 해외재난구호활동에 참여하는 부대 및 개인의 파견과 관련된 업무수행절차를 규정한 것이다(육군 해파규정 제1조). 본 규정은 국방부 해파규정에 의하여 육군 참모총장의 관장사항으로 지정된 파병부대 편성안의 작성, 파병요원 선발, 파병부대에 대한 합참 지휘·감독기간을 제외한 기간 동안의 지휘·감독 등의 업무[461]에

---

458) 국방부, 앞의 화보집, 270쪽.

459) 국방부, 앞의 백서, 115쪽.

460) 국방부, 앞의 화보집, 271쪽; PKO상비체제란 유엔 회원국이 부대나 장비 등 PKO 참여 가능자원을 사전에 지정해 두었다가 유엔 요청 시 조속한 시일내 파견하는 제도이다. 우리 나라는 1995년 3월 6개 분야(보병 1개 대대 540명, 중건설 공병 1개 중대 130명, 의료지원단 70~80명, 수중폭발물 처리 2개팀 11명, 해난구조원 10~15명, 군 옵서버 36명)에 800명의 규모가 참여 가능함을 유엔에 통보하였다.

461) **국방부 해파규정 제5조(업무분장)** 파병과 관련한 부서별·기관별 업무분장은 다음과 같다. ⑬ 각 군 참모총장은 다음 사항을 관장한다.
1. 파병부대 편성안의 작성, 통보(합참), 보고(국방부) 및 편성안의 승인 후 편제표의 작성과 일반명령 발령
2. 파병요원 선발, 보고(국방부) 및 출국 전 준비와 관련된 제반업무
3. 파병부대에 대하여 합참의 지휘·감독기간을 제외한 기간 동안 지휘·감독 및 해외주둔 간 군수지원을 포함하여 다음 업무
   가. 파병요원에 대한 각종 군 인사명령 조치
   나. 파병요원에 대한 국방부 인사명령 의뢰
   다. 파병을 위한 부대교육 실시

↘

관한 처리절차를 규정한 육군 내부의 행정규칙이므로 당연히 법규적 효력을 인정할 수는 없을 것이다.

(3) 현지 파견 부대의 내규

육군 해파규정에 대해서 현지 부대의 실정을 고려하여 위 육규의 범위 내에서 해외파견 부대의 여러 가지 군사행정작용에 대해서 구체적으로 최종적인 규율을 하고 있는 것이 각 현지 파견 부대의 내규가 될 것이다. 자이툰 사단도 지원, 정작, 민사, 경리, 감찰, 정훈공보 등 5개 분야로 나누어 사단 내규를 제정하여 적용하고 있다[462]. 각 부대의 내규는 부대장이 정하는 행정규칙으로서 성질을 가진다. 따라서 국방부 해파규정과 육군 해파규정을 현지에서 적용하기 위해서 구체적이고 필요한 사항을 규율하고 있어야 하며 역시 상위 규정의 범위를 넘어서거나 이에 반하는 내용을 규율해서는 안 될 것이다.

라. 파병부대에 대한 환영·환송행사 주관
마. 파병요원·부대에 대한 장비·물자의 준비 및 확인·감독
바. 유엔지급품의 수령 및 불출
사. 파병요원·부대의 철수 후 방역
4. 파병 근무기장 제작 및 수여
5. 신규 파병을 위한 군수지원계획 수립, 시행
가. 장비 획득방법 결정, 확보 및 지원
나. 소요물자 판단, 검토 및 지원
다. 해외수송을 위한 수송소요 검토 및 소요 제기
라. 해외수송을 위한 준비 및 공항·항만까지 육로수송 실시
6. 파병과 관련한 긴급 소요 무기체계의 최초 소요요청
7. 파병과 관련한 각종 예산 소요제기
8. 파병 후 임무지속을 위한 주기적인 재보급 지원
가. 현지 부대장 소요제기를 위한 재보급 지침 하달
나. 현지 파병부대로부터의 재보급 소요물량 접수
다. 소요제기 물량 검토 및 군수지원 부대 지원 지시
9. 파병부대의 철수와 관련된 장비·물자의 철수계획 수립, 시행
가. 철수장비·물자 판단 및 처리방법 검토를 위한 지침 하달
나. 철수 후 장비·물자 처리지침 작성 시행
다. 철수에 소요되는 수송수단 검토 및 소요제기
10. 파병부대 복제, 부착물, 부대기 등 제정 건의
11. 파병과 관련된 업무분장 등 군별 규정 작성 시행 및 보고
12. 파병요원의 전사·순직시 장례행사 주관

462) 자이툰 사단 내규는 2007. 9. 1. 그 간의 파병성과를 분석하여 파병업무의 기준을 제시하는 내규로서 틀을 갖추기 위하여 많은 부분을 개정했으며, 법무참모부의 업무와 관련된 법무지원내규는 지원 분야에 포함되어 있다.

(4) 군인 등 해파수당 규정

군인 등 해파수당 규정은 외국에 파견되어 군사 활동에 참가한 군인 및 군무원에게 지급하는 해외파견근무수당(이하 '파병수당'이라 함)에 관한 사항을 규정함을 목적으로 하는 대통령령이다. 군인사법 제52조에 군인의 보수는 계급과 복무년한에 적응하도록 법률로 정하는 것으로 하고 있고 이에 따라 군인보수법(법률 제8150호, 일부개정 2006. 12. 30.)이 제정되어 있다. 한편, 군인보수법 제13조 내지 제17조의 2에서는 가족수당, 주택수당, 피복수당, 특수근무수당, 전투근무수당, 상여금 및 기타 수당을 대통령령에 의하여 지급하도록 규정하고 있다. 위와 같이 군인보수법에 정한 일반적인 제 수당은 공무원에게 전반적으로 적용되는 공무원수당 등에 관한 규정(대통령령 제20079호, 일부개정 2007. 6. 4, 이하 '공무원수당규정'이라 함)에 따라서 지급되고 있다.

한편 해외파병 군인 및 군무원에게 지급되는 파병수당에 대해서는 일반수당과는 별도의 대통령령인 군인 등 해파수당 규정을 두어 규율하고 있다. 파병수당의 법률적 근거는 군인보수법 제16조의 특수근무수당[463]이라고 볼 수 있다. 국내의 특수근무수당은 공무원수당규정에서 제12조의 특수지 근무수당과 제14조의 특수업무수당으로 나누어 규정되어 있지만 해외파견군인 등에 대해서는 파병임무의 특수성을 고려하여 별도의 대통령령인 군인 등 해파수당 규정을 둔 것이다. 파병수당은 위 규정에 의한 계급별 지급기준금액과 임무의 종류 및 수행환경별 등급 그리고 위험도에 따른 지역별 등급가중치를 합산하여 산정된 등급에 해당하는 등급별 지급비율을 곱하여 산정한 금액을 지급한다(군인 등 해파수당 규정 제3조 제1항).

---

463) **군인보수법 제16조 (특수근무수당)** 대통령령이 정하는 바에 의하여 업무수행상 생명의 직접적인 위험이 수반되는 업무에 종사하는 자, 특수기술자, 특수한 지역에 근무하는 자, 항공기 및 함정근무자 기타 특수한 훈련 등에 종사하는 자에게 특수근무수당을 지급한다.

Ⅲ. 파병관련 법 규정 체계의 문제점

1. 개요

파병관련 법 규정 체제에 있어서 가장 큰 문제점은 이미 앞에서도 지적한 바이지만 파병과 같은 중요한 국가작용에 대하여 이를 규정하는 기본 법률이 없다는 점이다. 즉 파병과 관련된 여러 가지 국방행정작용은 국민의 기본권과 관련되어 있거나 국가의 공권력 발동에 있어서 법치주의와 법치행정의 원리를 구현하기 위하여 필요한 본질적인 사항을 포함할 수 있다. 이러한 부분에 대해서는 기본적으로 국민의 대표인 국회가 제정한 법률의 형태로써 규율되어야 할 것임에도 불구하고 이를 규정한 기본법이 없다는 것은 큰 문제이다.

다음으로 파병관련 법 규정체제를 이루고 있는 현행 규정들로 위에서 살펴본 국방부해파규정, 육군해파규정, 각 부대의 내규와 군인 등 해파수당 규정의 일련의 규정들의 체계에서 발견되는 일관성의 결여, 규정 내용의 모호성 등도 문제가 된다. 이러한 문제점들은 파병임무를 수행하는 과정에서 구체적인 상황에 적용하는 경우 모호한 기준을 제공하여 업무에 혼선을 초래하거나 법규적 사항을 법률의 위임 근거 없이 규율하는 법치행정의 원리에 부합하는 권위 있는 행정작용을 어렵게 한다. 이러한 행정규칙의 규정체계 상 문제점은 기본적으로 위에서 언급한 파병관련 기본법의 부재에서 비롯되는 경우가 많다.

이하에서는 구체적으로 파병임무 수행 간 발생한 문제 사례들을 분석·논의하는 기초를 제공하기 위하여 먼저 파병관련 기본법의 부재가 야기하는 문제로부터 시작하여 기타 파병관련 제 규정의 일반적인 문제점을 언급해 보도록 하겠다.

2. 파병관련 기본법의 부재

가. 법치행정의 원리 침해 가능성

앞에서 이미 언급한 바와 같이 해외파병은 파병이 결정되는 절차뿐 아니라 파병의 준비와 파병지에서의 임무수행, 임무완수 후 철수에 이르기까지의 전 과정에서 국제평화주의라는 헌법 원리뿐 아니라 파병에 관한 군사행정법률관계에서도 행정은 합헌적인 법률에 의하여 수행되어야 한다는 법치주의에 의한 행정, 즉 법치행정의 원리가 구현되어야 할 것이다. 법치행정의 원리는 국민의 자유와 권리를 규율하기 위해서는 의회가 제정한 법률에 의해서만 가능하다는 법률의 법규창조력, 행정작용은 법률에 근거해서만 발동할 수 있다는 법률유보 원칙, 의회가 제정한 법률은 다른 국가기관의 의사보다 우월하다는 법률우위의 원칙으로 요약될 수 있다[464].

먼저 법률유보의 원칙과 관련해서는 의회 입법을 통하여 반드시 국민의 대표가 스스로 규율해야할 본질적인 사항들은 국민의 기본권 실현과 밀접한 관계를 가지므로 이러한 사항은 반드시 법률로써 규율해야 한다는 본질성 이론은 행정입법의 한계를 정하는 기준이 된다. 따라서 이러한 원칙은 파병관련 제반문제의 본질적인 내용을 규율하는 입법과정에서도 당연히 준수되어야 할 것이다[465]. 물론 파병과 관련된 군사행정작용이 헌법, 국군조직법, 군인사법, 군인복무규율, 국군병영생활규정, 그 외 각 군 규정들을 보태어 본다면 그 근거를 찾을 수 있다는 논리 구성이 불가능하지는 않을 것이다. 하지만 해외파병과 같은 중요한 국방정책의 수립 및 실시와 관련하여 기본적이고 본질적인 사항에 관하여 국민의 대표인 국회의 의결을 거친 법률의 형식을 가진 기본법으로 규율하는 것이 위에서 언급한 본질성 이론에 부합할 것이다. 따라서 파병관련 기본법이 존재하지 않는나는 것은 국가행정권력의 발동근거가 법률에 있어야 한다는 법률유보의 원칙에 충실하다고 보기 어렵다.

그리고 파병과 관련된 여러 가지 기본적인 사항에 대하여 아무런 법률적 근거 없는 관계로 모든 파병관련 법률관계가 행정규칙에 의하여 정하여지는 경우 국민적인 통제나 국민적 합의를 벗어나는 내용을 규율하여 기존의 법률체계에 반하여 법률우위의 원칙에 위배되는 현상이 발생할 수도 있다는 위험도 가지고 있다. 또한 이미 살펴본 바와 같이 파병절차를 구체화하는 국방부 해파규정이나 육군 해파규정과 같은 행정규칙들도 일정한 법률의 위임을 받지 못한 상태에서 제정된 것들이므로 이러한 규정에서 국민의 자유와 권리를 규율하는 규정들이 존재한다면 법치행정의 원리인 법률의 법규창조력과 관련하여 그 정당성과 규범의 구속력에 대해서도 항상 의문이 제기될 가능성이 상존한다.

예를 들면 파병장병의 모집과정에서 개인의 동의에 의해서만 파병인원을 모집할 것인지 아니면 개인의 의사와는 관계없이 파병인원을 모집하는 결정을 할 수 있는 것인가라는 점이 헌법 제39조 제1항에서 모든 국민은 법률이 정하는 바에 의하여 국방의 의무를 진다는 것과 관련하여 문제가 될 수 있다. 왜냐하면 현재는 법률로 정한 국방의 의무의 내용으로서 해외파병이라는 임무수행

464) 유지태, 앞의 책, 47~52쪽;육군사관학교, 앞의 책, 466쪽.

465) 유지태, 앞의 책, 206쪽.

에 대해 명확한 법률적 근거가 없으므로 법률로 정한 국방의 의무의 내용으로 해외파병을 포함시켜 개인의 의사와 무관하게 해외파병임무를 수행하게 하는 것이 가능한지 논란이 될 여지가 있기 때문이다. 육군본부 법제과에서는 유권해석을 통해서 군인사법 제47조에서 군인의 국가에 대한 충성의무와 직무상의 위험회피 금지 등을 규정한 것과 군인복무규율 제23조의 제1항의 상관에 대한 명령의 복종의무를 이유로 정당한 해외파병 명령 거부자에 대해서는 군형법 제44조의 항명죄나 징계처벌이 가능하다고 하였다[466]. 하지만 이것은 파병임무를 당연히 국방의 의무 내용에 포함시켜 파병명령을 정당한 명령으로 해석하는 경우에만 가능한 해석이다.

이러한 파병임무의 강제적 수행의무 부과 문제는 직업군인과 의무복무를 하는 군인들에 대해서 동일하게 적용할 수 있는 성질의 문제가 아니며 좀 더 정밀한 논의가 필요하다. 군인을 직업으로 택한 사람들에게 요구할 수 있는 복종의 정도와 의무복무를 하는 사람들에게 요구하는 복종의 정도가 차이가 있을 수는 없으나 복종을 요구할 수 있는 업무의 범위는 차이가 있다고 보아야 한다. 특히 국방의 의무를 담당하기 위해서 의무복무를 하는 인원들에 대해서는 엄격히 법률에 규정된 국방의 의무의 내용이 되는 군복무의무 이외의 업무에 복종을 요구하는 것은 있을 수 없다. 따라서 엄격한 해석에 의해 파병임무 수행이 본인의 의사와 관계없이 강요할 수 있는 국방의 의무의 내용인가를 밝히는 것은 매우 중요한 일이다.

국방의 의무란 자의적이고 일방적인 징집으로부터 국민의 신체의 자유를 보장한다는 소극적 성격과 더불어 주권자로서의 국민이 스스로 국가공동체를 외침으로부터 방위한다는 적극적 성격을 아울러 가지고 있다. 국방의 의무는 국방을 직접·간접으로 병력형성의무를 그 내용으로 하며 병역법 등에 의하여 군복무에 임하는 등 직접적인 병력형성의무 뿐 아니라 향토예비군설치법, 민방위기본법, 비상대비자원관리법, 병역법 등에 의한 간접적인 병력형성의무 및 병력형성 이후 군작전명령에 복종하고 협력하여야 할 의무도 포함하는 것이다[467]. 하지만 현재의 위에서 열거된 법령들을 해석하여 직접적으로 해외파병임무가 국방의 의무의 내용이 된다는 해석을 할 수 있는 근거규정을 찾기는 어려워 보인다. 또한 비록 헌법 제60조 제2항에서 국군의 외국에의 파견에 대해서 국회의 동의권을 규정하고 있다고 하더라도 이 조항은 국군의 해외파견이라는 국방행정작용에는 국회의 동의를 필요 요건으로 한다는 근거가 되는 것이지 국군의 해외파견이 법률이 정한 국방의 의무에 포함된다는 직접적인 근거가 될 수는 없으므로 위와 같은 논란의 여지는 여전히 남는다고 보인다.

466) 법제과-149(05. 3. 8.)- 정당한 해외파병 명령 거부자의 법적조치 관련 질의 회신

467) 헌법재판소 1995. 12. 28. 91헌마80.

물론 현재까지는 분쟁상태의 강도 등 파병지의 제반 정황, 파병수당 지급액수, 파병복귀 후 휴가일수, 차후 보직에서의 우선적 배려 등 여러 가지 사정을 고려해서 대부분이 파병지원자들에 의해서 파병부대의 편성 및 부대교대가 원활하게 이루어지고 있다. 하지만 장기적으로 자원에 의한 파병인원 모집이 불가하다든지 자원에 의해서만 파병인원을 구성할 수 없는 대규모의 해외파병이 요구되는 경우 어떤 방식으로 파병인원을 선발할 것인가는 파병임무수행이 법률이 정한 병역의 의무의 내용인지 명확하지 않은 상태에서 법적 견해의 차이에 따라 충분히 논란의 여지가 있다[468].

현재까지 자이툰 사단의 경우를 예로 들면 병사들의 경우에는 의무복무라는 특성과 군내부에서의 지위를 고려하여 본인의 지원과 부모의 동의를 필수요건으로 하여 파병자원을 선발하고 있다. 또한 병사들의 경우에는 본인의 의사를 무시하고 국가의 강제에 의하여 파병임무를 수행한 경우는 단 한건도 없다. 그러나 그 외 간부들에 대해서는 지원자를 우선적으로 선발하되, 지휘관 등 중요 직위자는 합참에서 본인의 의사보다는 개인의 임무수행능력 등을 고려하여 적임자를 선발하도록 하고 있으며 일부 직위에 대하여는 희망자가 없는 경우에는 일정한 방식을 통해서 의무적으로 파병인원을 충원하고 있는 실정이다. 이러한 것은 위에서 잠시 언급한 바와 같이 실제적인 파병인원 선발과정에서는 의무복무를 하는 병사들과 직업군인인 간부들에 대해서 파병선발에 대한 본인의 의사 반영에 있어서 차이를 발견할 수 있다.

그러나 현재의 파병장병의 모집에 있어서 병사들의 자원자와 부모 동의를 요건으로 하는 선발에 대해서는 전혀 법적인 근거가 없이 행정관행에 의하여 모집절차를 진행해 왔다. 더욱이 지휘관 등 중요 직위자의 선발에 대해서도 행정규칙인 국방부 해파규정 제12조에 의해서 근거를 가질 뿐이다. 이러한 경우 강제 파병명령에 대해서 거부하는 경우 육군본부의 유권해석과 같이 일률적으로 항명죄나 징계절차로 처리를 할 것인지는 재고의 여지가 있다. 왜냐하면 의무복무나 직업군인으로서의 복무인가를 불문하고 국방의 의무의 내용으로서 파병임무수행을 법률로 명시하지 않은 상태에서 사병들의 경우에는 본인의 지원과 부모의 동의를 통해서, 또 일부 주요직위의 경우에는 강제로 각 파병임무를 부여하는 것은 위에서 언급한 법치행정의 원리인 법률의 법규창조력, 법률유보, 법률우위의 원칙에 과연 부합하는가에 대해서 의문이 아닐 수 없기 때문이다.

---

468) 특히 직업군인의 경우에는 그들이 부담하는 의무가 직업의 의무인지 병역의 의무인지 논란이 가능하지만 국방의 의무로서 의무복무를 하는 사병과 단기복무 간부들의 경우에는 이러한 병역의 의무에 파병임무수행이 포함되는지 여부가 강제적 해외파병의 복종여부를 결정하는 중요한 문제가 될 수 있다. 실제로 2003헌마814사건에서는 의무복무를 하는 일반 사병은 급여를 받는 직업군인인 장교 및 부사관과 달리 실질적으로 급여를 받지 못 하므로, 일반 사병을 이라크에 파견하는 것은 국가안전보장 및 국방의 의무에 관한 헌법규정에 위반된다는 이유로 헌법소원을 제기한 예가 있었다; 헌법재판소 2004.04.29, 2003헌마814, 판례집 제16권 1집 , 601~608쪽 참조.

나. 기본권제한의 법률유보 원칙의 침해 가능성

다음으로 문제가 되는 것은 파병관련 기본법이 없는 상황에서 행정규칙만으로 파병관련 제반 사항을 규율하는 경우 국민의 기본권 제한은 국회의 의결을 거친 일반적인 법률의 형식을 가져야한다는 기본권 제한의 형식상 한계를 위반하는 위헌적인 상황을 가져올 수 있다는 점이다[469]. 헌법은 제37조 2항에서 국민의 모든 기본권은 국가안전보장, 질서유지, 공공복리를 위하여 필요한 경우에 한하여 법률로써 제한하도록 하고 있고, 그 제한의 경우에도 본질적인 내용을 침해하는 것을 금지하고 있다. 따라서 이러한 기본권 제한의 법률유보 원칙에 의할 때 파병임무를 수행하는 과정을 규율하면서 각종 파병임무 수행 중 파병장병에 대해 특유한 기본권 제한의 문제가 발생하는 경우에는 이러한 기본권 제한에는 반드시 법률의 근거를 필요로 할 것이다.

과거에는 군복무와 관련하여 특별권력관계이론[470]에 의하여 대통령령인 군인복무규율이나 국방부장관령인 국군병영생활규정 등 법규명령이나 심지어는 국방부 훈령이나 육군규정 등 행정규칙에 의한 포괄적인 기본권 제한을 당연시 해왔다[471]. 하지만 특별권력관계이론은 더 이상 그 지지자를 찾아보기 힘든 과거의 이론이 되었다[472]. 더욱이 이러한 특별권력관계 이론을 따르는지 여부와 관계없이 판례와 통설은 특별권력관계라고 불리는 법률관계에서도 기본권 제한에 있어서 법률유보와 기본권과 관련된 내부적 법률관계에 대한 사법심사를 인정하고 있다[473] [474].

더욱이 과거 장병들의 영내생활의 근거, 휴가 등과 같은 기본권과 관련된 사항들이 군인사법에 의하여 위임을 받은 대통령령인 군인복무규율에 의해서 규율되던 것에 대한 반성으로 군인의 기본적인 복무와 관련된 사항들을 법률로 규율하여 그 통제규범의 위상을 높이고 군인도 기본권을 향유하는 기본권 주체임을 명확히 하기 위하여 지난 2006년 12월 26일 국방부는 군인복무기본법

---

469) 허영, 앞의 책, 274쪽

470) 전통적 의미의 특별권력관계란 19세기 독일의 입헌군주정 당시 일정한 범위에서 군주의 자유로운 행정영역을 보호하기 위한 이론으로서 특별한 법률의 원인에 의하여 성립되어 특별한 공법상 목적을 달성하기 위하여 필요한 범위 내에서 포괄적으로 일방이 타방을 지배하고 타방이 포괄적인 지배권에 복종함을 내용으로 하는 법률관계를 말한다; 유지태, 앞의 책, 55쪽.

471) 심지어 90년대 말에는 육군참모총장 지시로 5년 이하로 복무한 대위이하 간부는 개인차량소유를 금지시키는 초법적인 지시에 의해 개인의 재산권 행사를 제한한 사례도 있었다.

472) 특별권력관계의 제도들이 헌법이나 법률에 보장되어 있는 이상 기본권 보호를 위한 법률유보이론을 적용하면소도 필요한 범위에서는 이제도의 존립을 인정하여 그 용어를 특별행정법관계라고 칭해야 한다는 제한적 긍정설로는 유지태, 앞의 책, 57쪽 참조.

473) 육군사관학교, 앞의 책, 473쪽; 유지태, 앞의 책, 56~57쪽.

474) 국방부, 장병기본권 지침서, 2006, 33~34쪽 참조.

제정 법률안을 입법예고 하였다[475]. 이처럼 군복무와 관련된 기본권 제한은 더 이상 법률에 의한 통제로부터 자유로운 영역일 수 없으며 군대라는 폐쇄적이고 상명하복을 중시하는 조직일수록 법률에 의한 기본권 제한의 원칙이 더욱 엄격히 준수될 필요가 있는 것이다. 이러한 노력의 하나가 바로 위에서 언급한 군인복무기본법의 제정의 모습으로 나타난 것이다.

더욱이 군인 및 군무원이 파병부대에서 복무를 하는 경우 파병부대의 특성상 제기되는 국내와는 다른 여러 가지 파병장병들의 추가적인 기본권제한의 가능성이 있다. 예를 들어보면 위에서 파병자원의 모집과 관련하여 국방의 의무차원에서만 살펴보았지만 세계평화유지라는 파병목적과 관련하여 파병을 강제할 경우 평화유지를 위한 해외파병인가라는 파병대상 전쟁의 성격에 대해서 개인적으로 여러 가지 다른 견해가 존재할 경우에 문제가 될 수 있다. 만약 자신의 신념에 따라 평화유지를 위한 해외파병이라는 전제에 동의하지 못하는 자에게 파병을 강제한다면 현재 문제가 되고 있는 종교나 양심 상의 결정을 이유로 한 병역거부와 마찬가지로 양심의 자유를 침해하는 문제가 발생할 수 있다.

과서 국가의 파병결정에 대한 일련의 헌법소원에서 헌법재판소는 2003헌마255 결정에서 5인의 다수의견은 시민단체나 정당의 간부 및 일반 국민 등 국군의 해외 파견결정으로 인해 파견될 당사자가 아닌 일반 국민의 지위에서 사실상의 또는 간접적인 이해관계를 가질 뿐인 당사자들은 파견결정으로 인해 인간의 존엄과 가치, 행복추구권 등 헌법상 보장된 기본권을 현재 그리고 직접적으로 침해받는다고는 할 수 없다고 하여 헌법소원의 자기관련성을 부정하고 헌법소원 심판청구를 부적법하다고 각하하였다[476].

---

475) 이 논문을 작성한 2007년도에는 군인복무기본법안이 2007. 7. 31. 정부가 제안하여 2007. 8. 1. 소관상임위원회인 국방위원회에 상정되어 심사 중에 있었다. 그러나 군인의 복무를 법률로 규정하는 것에 대한 이견으로 결국 법률로 입법되지 못하고 폐기되었다가 결국 2014년 윤일병 사망사고와 임병장 총기난사 사고가 발생한 이후 군내 기본권 침해가 근절되지 못하고 있어 군의 사기 및 전투력 저하와 군에 대한 국민의 신뢰 상실이 우려되고 있는 상황에서 주기적인 기본권 교육을 통해 군인의 기본권 의식을 함양하고, 군인에게 다른 군인의 가혹행위에 대한 신고의무를 부과하며, 국방부장관이 가혹행위를 신고한 군인을 보호하도록 함으로써 병영 내에 잔존한 구타·가혹행위 등의 병폐를 근절하려는 목적과 함께 현재 법률의 구체적인 위임 없이 대통령령에서 규정하고 있는 군인의 기본권 제한, 의무 등에 관한 사항을 법률에서 직접 규율함으로써 군인의 기본권이 보장될 수 있도록 하려는 목적으로 2015. 12. 29. 법률 제13631호로 「군인의 지위 및 복무에 관한 기본법」이 제정되어 2016. 6. 30.부터 시행되어 현재에 이르고 있다. 이러한 예를 보아도 군내에서 법률에 의한 군인의 기본권 제한이라는 당연한 개념에 대한 논의와 법제화도 얼마나 험난한 여정을 거쳤는지를 알 수 있다.

476) 헌법재판소의 이 사건 결정에서 4인의 별개의견은 대통령의 국군의 해외 파견결정은 그 성격상 국방 및 외교에 관련된 고도의 정치적 결단을 요하는 문제로서, 헌법과 법률이 정한 절차를 지켜 이루어진 것임이 명백한 이 사건에 있어서는, 대통령과 국회의 판단은 존중되어야 하고 우리 재판소가 사법적 기준만으로 이를 심판하는 것은 자제되어야 하고 설혹 사법적 심사의 회피로 자의적 결정이 방치될 수도 있다는 우려가 있을 수 있으나 그러한 대통령과 국회의 판단은 궁극적으로는 선거를 통해 국민에 의한 평가와 심판을 받게 될 것이라고 하여 통치행위에 대한 사법심사자제설의 입장을 취했다; 헌법재판소 2003.12.18, 2003헌마255, 판례집 제15권 2집 하, 655~663쪽 참조.

이후에 헌법재판소는 2003헌마814결정에서 일반국민이 국군의 이라크 파견 결정은 침략적 전쟁을 부인한다고 규정하고 있는 헌법 제5조에 위반될 뿐만 아니라 특히 의무복무를 하는 일반 사병은 급여를 받는 직업군인인 장교 및 부사관과 달리 실질적으로 급여를 받지 못하므로, 일반 사병을 이라크에 파견하는 것은 국가안전보장 및 국방의 의무에 관한 헌법규정에 위반된다는 이유로 헌법소원을 제기하였다. 이 사건에서는 4인의 소수의견이 현재 군복무중이거나 군 입대 예정자도 아닌 일반국민은 헌법소원청구의 자기관련성이 없어 부적법하다는 의견이었다[477].

이와 같은 헌법재판소의 견해는 만약 국가가 필요에 의해서 일반사병을 본인의 의사에 의하지 않고 해외에 파견하는 결정을 내리는 경우에는 그 당사자는 헌법소원을 제기할 수 있다는 견해라고 볼 여지가 있다. 물론 이 경우에도 파견결정은 대통령과 국회의 고도의 정치적 결단이므로 사법심사를 자제해야 한다는 의견이 있을 수 있다[478]. 하지만 헌법재판은 율동적인 정치생활을 헌법규범의 테두리 속으로 끌어 들여서 헌법으로 하여금 국가생활을 주도할 수 있는 규범적인 힘을 가지도록 하는 헌법의 실현수단이므로 헌법재판의 대상에서 제외되어야 하는 국가 작용 분야는 있을 수 없다고 보아야 할 것이다[479]. 헌법재판소도 금융실명제를 위한 긴급재정·경제명령 등에 대한 헌법소원사건에서 모든 통치행위가 국민의 기본권과 관계된 경우에는 헌법재판의 대상이 된다고 판시하였다[480].

물론 우리 헌법재판소는 양심적 병역거부를 인정하여 대체복무제도를 도입하지 않은 병역법에 대해서 7:2의 의견으로 헌법에 위반되지 않는다는 견해를 가지고 있다. 한편 미국의 경우 1864년의 모병법(Draft Act), 1917년과 1940년의 징병법(the Selective Service Act)에서 양심적 집총거부를 인정하였으나 특정 전쟁을 반대하는 선별적 병역거부는 양심상 결정에 의한 집총거부의 범주에 포함되지 않는다는 것이 미 연방대법원의 견해이고[481], 독일처럼 기본법에 별도의 명시적 규정(제4조 제3항)으로 양심상의 이유로 집총병역을 거부할 수 있도록 한 경우에도 선별적 병역거부, 즉 특정전쟁, 특정종류의 전쟁참가 또는 특정무기의 사용을 거부하는 상황조건부 병역거부는 할

477) 이 사건 결정에서 헌법재판소의 다수의견은 대통령의 국군을 해외에 파견하기로 한 결정은 성격상 국방 및 외교에 관련된 고도의 정치적 결단을 요하는 것이므로 사법심사의 대상이 아니라고 하여 부적법 각하의견이었다; 헌법재판소 2004.04.29, 2003헌마814, 판례집 제16권 1집 , 601~608쪽 참조.

478) 위의 2003헌마255결정의 소수의견 및 2003헌마814결정의 헌법재판소의 견해 참조.

479) 허영, 앞의 책, 800쪽.

480) 헌법재판소 1996. 2. 29. 93헌마186 결정.

481) 가령 Gillette v. U.S. 401 U.S. 437(1971) 또한 Welch v. U.S. 333(1970) 참조.

수 없다는 것이 연방대법원의 견해이다[482) 483)].

이처럼 현재까지의 우리 판례는 양심적 병역거부 자체를 인정하지 않고 있고[484)], 침략전쟁의 거부와 같은 상황조건부 병역거부는 양심적 병역거부를 인정하는 미국이나 독일에서조차 판례에 의해 부정되고 있으므로 일반사병이 비록 자기관련성이 있더라도 해외파병을 침략전쟁이라는 이유로 양심상의 결정을 이유로 거부하는 것은 현재로서는 법원에 의해서 받아들여지지 않을 것으로 보인다. 하지만 판례라는 것은 시간과 장소에 따라 변하는 것이고 우리 헌법재판소는 유사한 사안에 대해서 미국 대법원의 헌법판례와는 다른 견해를 보인 경우가 있다는 점[485)]을 고려한다면 현재의 판례의 태도나 외국 법원의 선도적인 판례를 가지고 일정한 헌법적 논란의 가능성이 있는 사항을 예단하는 것은 바람직하지 않다. 또한 지난 9월 18일 정부는 종교적 신념 등에 의한 병역거부를 인정하고 대체복무제도를 수용하기로 방침을 정하고 내년까지 병역법, 사회복지관계법령, 향토예비군설치법 등의 개정작업에 착수한다는 방침을 발표한 바 있다. 그렇다면 세계평화를 위한 해외파병인가에 대해 이의를 제기하는 문제에 대해서 장기적으로 논란의 여지가 전혀 없다고 할 수는 없다. 따라서 이와 같은 논란을 종식시키기 위해서 파병결정에 대한 기본적인 사항을 결정한 기본법률이 있다면 일정한 경우 개인의 양심상 결정을 모두 존중할 수 없는 불가피한 기본권 제한의 경우에 법률유보와 과잉금지원칙이라는 기본권 제한의 한계를 준수할 수 있을 것이다.

또한 파병지에서 주둔지 내부의 영내생활의 강제근거[486)], 수당지급과 파병지에서의 휴가제한과

---

482) 이에 관하여는 특히 BVerfGE 12, 45(52ff.); 48, 127(163ff.) 참조.

483) 계희열, 헌법학(중), 박영사, 2000, 295쪽.

484) 헌법재판소 2004. 8. 26. 2002헌가1, 판례집 16-2권(상).

485) 1979년의 Personal Administrator of Massachusetts v. Feeney(442 US 256)판결에서 미국 연방대법원은 제대군인에 대한 공직채용특혜를 규정한 주법(州法)이 사실상 여성을 차별하는 효과는 가지지만, 이 차별의 목적은 제대군인의 군 생활을 통한 봉사에 대한 '보상(compensation)'에 있지 여성에 대한 차별에 있지는 않다고 보았다. 따라서 이 주법에 대한 위헌심사는 중간수준심사가 적용되는 성차별이 아니기 때문에 단순합리성심사가 적용한 결과 이 차별은 제대군인에 대한 보상이라는 목적에 합리적으로 연관되어 있었으므로 합헌판결을 받았다. 이 판결은 우리 헌법재판소의 제대군인가산점제 위헌결정(헌재 1999. 12. 23, 98헌마363)과 사실관계가 매우 유사하나 결론은 정반대다; 자세히는 임지봉, [미국헌법판례열람] 성차별과 제대군인 우대제도, 법률신문, 2007. 3. 19. 참조.

486) 군인복무기본법 제12조에서 지휘관은 영내 거주 의무가 없는 군인을 근무시간 외에 영내에 대기하도록 하여서는 아니 되며 다만 전시·사변 또는 이에 준하는 국가비상사태가 발생한 경우, 침투 및 국지도발(局地挑發) 상황 등 작전상황이 발생한 경우, 경계태세의 강화가 필요한 경우, 천재지변이나 그 밖의 재난이 발생한 경우, 소속 부대의 교육훈련·평가·검열이 실시 중인 경우에만 영내대기가 가능하도록 규정하고, 제47조에서 이동지역 제한과 관련하여 군인은 대통령령으로 정하는 비상소집이 발령된 때에는 지체 없이 소속 부대에 집결하여야 하며, 장성급 지휘관은 전시·사변 또는 이에 준하는 국가비상사태에 신속히 대응하기 위하여 필요한 경우에는 대통령령으로 정하는 바에 따라 소속 부대원의 휴가·외박·외출 등에 있어 이동지역을 제한할 수 있도록 하여 군인의 거주이전의 자유제한에 대한 법적인 근거를 마련하고 있다.

관련된 사항 등 파병장병들의 기본권 제한과정에서 그 한계를 준수하기 위한 기본권 보장 측면과 파병부대 지휘관들이 위와 같은 부분에서 기본권을 제한하는 명령을 발하는 필요가 있는 경우 정당한 권한을 부여하기 위한 법률로부터 위임된 일정한 규정체계가 절실해질 수 있다. 따라서 파병과 관련하여 예상되는 중요한 기본권 제한이 예상되는 부분을 규정한 기본법의 존재가 절실히 필요하다.

3. 기타 규정들의 문제점

가. 군인 등 해파수당 규정

(1) 불명확한 규정으로 인한 구체적 수당 지급에 있어서 해석상 문제

군인 등 해파수당 규정은 외국에 파견되어 군사 활동에 참가한 군인 및 군무원에게 지급하는 파병수당에 관한 사항을 규정한 대통령령이다. 군인사법 제52조에서 군인의 보수는 법률로 정하도록 하고, 이에 따라 군인보수법이 군인의 보수와 수당에 대해서 규정하고 있으며, 군인보수법에 정한 일반적인 제 수당은 대통령령인 공무원수당 등에 관한 규정에 의해 지급되고 있다는 점, 하지만 해외파병 장병에게 지급되는 파병수당은 군인보수법 제16조의 특수근무수당 중 특수한 지역에 근무하는 자에게 지급되는 수당[487]으로 그 근무하는 특수한 지역이 특별히 해외이므로 공무원수당규정에 의해 규율하지 않고 군인 등 해파수당 규정이라는 별도의 대통령령에 의하여 지급되고 있다는 점은 이미 살펴 보았다.

따라서 군인 등 해파수당 규정은 군인보수법에서 바로 위임을 받은 대통령령으로서 해외파견근무수당의 지급에 대한 구체적인 지급방법, 지급액수, 다른 제수당과의 관계 등을 해석함에 있어서 일반적인 공무원수당규정이나 공무원 수당 등 업무처리 지침(중앙인사위원회 예규 제125호)과 같은 다른 행정규칙들보다 우선적으로 적용되어야 한다. 하지만 군인 등 해파수당 규정은 실제로 군인보수법의 특수근무수당 중 특수한 지역에 근무하는 자에게 지급되는 수당에 근거를 두고 이를 구체적으로 규율하고 있는 것인지 여부, 해외파견근무수당을 지급받는 경우 다른 수당의 병급 여부, 해외파견 군인 등과 공무원보수규정 제4조가 정하고 있는 재외근무공무원이나 국외파견공무원의 범주에 포함시킬 수 있는지 등에 대해 명확한 규율을 하고 있지 않아 수당의 지급과정에서

---

487) **군인보수법 제16조 (특수근무수당)** 대통령령이 정하는 바에 의하여 업무수행상 생명의 직접적인 위험이 수반되는 업무에 종사하는 자, 특수기술자, 특수한 지역에 근무하는 자, 항공기 및 함정근무자 기타 특수한 훈련 등에 종사하는 자에게 특수근무수당을 지급한다.

여러 가지 해석상의 이견을 가질 수 있는 가능성이 있다.

위와 같은 문제로 군인 등 해파수당 규정이 파병수당을 구체적으로 규율하는 최상위 규범으로 법규명령인 대통령령임에도 불구하고 수당 지급 액수를 제외하고는 그 구체적인 적용에 있어서는 결국 일반 수당의 지급과 마찬가지로 중앙인사위원회의 해석에 의해서 다른 제수당과의 지급여부가 결정될 수밖에 없다. 이처럼 일반적인 수당규정이나 행정규칙들이 군인 등 해파수당 규정에서 정하고 있는 바와 다른 해석을 하거나 우선적인 적용을 하는 것은 상위규범의 규율 범위를 하위 규범이나 해석에 의해서 침범하게 되는 규범체계상 위계질서를 위반할 여지가 있다. 이러한 문제점이 구체적으로 나타나는 것이 해파수당을 지급한다는 이유로 군인 등 해파수당 규정에서는 병급이 금지되지 않은 시간외 수당이나 군법무관수당 등이 중앙인사위원회의 해석을 근거로 지급되지 않고 있는 것이다. 이와 관련하여서는 국방부와 중앙인사위원회의 유권해석에 차이를 나타내고 있다.

즉 군인 등 해파수당 규정의 불명확성 때문에 현실적으로 군인 등에게 해파수당을 지급하는 과정에서 공무원의 수당지급에 대해서 전반적인 권한을 가지고 있는 중앙인사위원회의 해석에 따라서 해외파견근무수당을 지급받으면서 국내에서 지급받던 여러 가지 수당을 일률적으로 지급하지 않고 있어 여러 가지 불합리한 현상이 발생한 것이다. 이 문제는 뒤에서 살펴보는 시간외 수당, 월정 직책급, 군법무관 수당 등을 파병수당과 함께 지급할 것인가 여부와 관련하여 실제로 문제가 되었고 아직 해결되지 않은 상태로 남아있다[488].

(2) 계급만을 기준으로 한 파병수당지급에 따른 장기근속자(부사관)의 불이익

다음으로 파병수당의 지급과 관련하여 파병수당을 계급이라는 하나의 기준에 따라서만 정해진다는 문제가 있다[489]. 이러한 문제는 파병수당과 부사관장려수당 등 기타 수당의 병급을

---

488) 자세히는 이글 가. 군인 등 해파수당 규정과 관련된 기타 수당 병급 금지 관련 사례 참조.

489) [별표 1] 군인 및 군무원 해외파견근무수당의 지급기준금액과 지급비율의 산정

1. 수당의 계급별 지급기준 (단위 : 미합중국달러)

계급	월지급금액	계급	월 지급금액
중장	3,143	소위	1,661
소장	2,947	준위	1,786
준장	2,572	원사	1,768
대령	2,340	상사	1,750
중령	2,143	중사	1,536
소령	1,965	하사	1,482
대위	1,786	병	1,340
중위	1,715		

허용하지 않는 것과 합쳐져 장기 근속자(특히 부사관)들에게 불이익한 결과를 가져온다. 군인사법 제52조에 군인의 보수는 계급과 복무년한에 적응하도록 법률로 정하는 것으로 하고 있다. 따라서 군인의 봉급이나 정근수당 등은 계급과 근속연수(호봉)에 따라 지급되도록 되어 있다. 하지만 파병수당의 경우에는 계급을 기준으로 해서만 수당의 액수가 정해져서 10년 이상 장기근속을 한 중사의 경우에는 2년을 근무한 중위나 바로 임관한 소위보다도 수당의 액수가 적다는 문제가 있다. 이러한 문제는 파병수당의 지급률을 계급뿐 아니라 근속연수라는 기준도 포함하여 지급액을 차등을 두도록 하지 않았기 때문에 나타난 것이다.

계급만을 기준으로 한 파병수당의 지급은 파병수당을 지급받음으로 해서 시간외 근무수당이나 부사관장려수당이라는 특수업무수당의 병급이 금지되고 있는 현재의 수당체계를 고려한다면 부사관들의 경우 해외파병임무를 수행하면서 금전적으로는 부대 내 다른 계층들에 비해서 많은 손해를 본다는 느낌을 갖도록 만든다. 결국 파병수당이 비록 그 액수가 국내에서 지급되는 제 수당에 비해서 크다고 하더라도 파병부대의 기존의 일정한 수당을 지급받던 부사관 계층에게는 다른 파병인원들보다 상대적인 불이익으로 느껴질 수밖에 없는 것이 파병현지에서의 엄연한 현실이다.

다. 국방부 해파규정

(1) 법규적 사항의 규율 문제

국방부해파규정은 위에서 언급한 바와 같이 국방부 훈령으로 파병업무처리절차를 규정한 국방부 내부의 행정규칙에 불과하다. 따라서 행정규칙에 국민의 권리를 제한하거나 의무를 부과하는 법규적 사항을 규정해서는 안 될 것이다. 그러나 현재와 같이 해외파병과 관련된 법률이나 법규명령이 전무한 상태에서 파병업무처리절차의 최상위 규정인 국방부 훈령은 법규적 사항을 규율할 수밖에 없다는 것은 피할 수 없는 문제점이다.

그러한 사항들을 예를 들면 파병 근무기간에 대한 규정과 휴가와 관련된 규정들이다. 파병근무기간은 그 성격을 어떻게 볼 것인가에 따라 국민의 국방의 의무를 정하는 내용이거나 국민의 일정한 권리를 제한하는 사항일 수 있으므로 법규적 사항이라 할 것이다[490]. 파병지에서의 휴가와 관련하여서도 군인의 휴가는 군인사법 제46조와 군인복무규율 제39조에 의하여 규율되는 법규적 사항

490) 이 부분에 대해서는 실제 사례 분석부분에서 나. 당사자의 동의 없는 근무기간 연장 관련 사례를 분석하면서 자세히 살펴보겠다.

이므로 휴가의 부여와 제한에 대한 규정이 있다면 역시 법규적 사항을 규정한 것이 될 것이다[491].

이와 같이 법규적 사항을 행정규칙에 불과한 국방부 훈령에 의해서 규정했을 경우 차후에 이런 문제와 관련하여 다툼이 생겼을 때 훈령의 규정에 따랐다는 것만 가지고 당연히 적법한 행정행위임을 주장할 수 있는 외부적 효력이 인정되지 않는다. 또한 군인 등의 경우에도 특별권력관계이론이 부정되는 현실에서 법규적 사항을 행정규칙에 따라 규제하는 것은 파병관련 기본법의 부재와 관련된 부분에서 이미 지적한 바와 같이 기본권 제한의 법률유보원칙과 법치행정의 원리에 어긋난다는 문제가 있다.

(2) 규정의 명확성 문제

국방부 해파규정에 파병 시 예상되는 모든 문제를 규율할 것을 요구하는 것은 무리이며 또 일정한 경우에는 파병부대지휘관의 재량권을 지나치게 제한하는 부작용을 나타낼 수 있다. 하지만 현행 규정은 현지에서 구체적인 임무 수행 간에 적용하는 경우 그 규율내용이 명확하지 않아 일정한 처분을 하기에 다소 어려움을 주는 부분이 있다.

먼저 근무기간과 관련하여 부대단위 파견과 개인단위 파견을 그 기간을 각 6개월과 1년으로 다르게 부여하고 있다. 이와 같이 기간을 다르게 부여한 합리적인 이유를 발견할 수 없는 것은 정책적인 부분이므로 차치하고라도 과연 부대단위 파견은 무엇인지 개인단위 파견은 무엇을 의미하는지 국방부 해파규정만으로는 명확하지가 않다. 파병의 형태가 부대단위인가 개인단위인가에 따라 그 근무기간이 6개월이나 차이가 난다면 이러한 부분은 규정 전반부의 정의규정에 명확하게 규정을 했어야 할 것이다.

제21조의 후속군수지원과 관련된 사항도 유엔평화유지활동을 제외한 기타 평화유지활동 간 현지 주둔 동맹군으로부터 지원을 받는 사항만을 염두에 두고 규정을 하고 있으나 국군이 동맹군을 우리 주둔지에 받아들이고 연료, 급식, 숙박시설 등 군수지원가능분야를 지원했을 경우에 이에 대한 정산절차를 명시하여 유상지원의 원칙을 선언해 놓을 필요가 있다. 실제로 자이툰 사단 영내에 미군 연락반(LNO)과 지역재건팀(RRT)이 거주를 하면서 숙소, 유류, 심정시설 등 여러 가지 군수지원을 받음에도 불구하고 이에 대한 정산절차를 명시한 상위규정이 없어 정산을 실시하지 않고 있거나 관련 규정을 마련하지 않고 있었다. 그 후에 2007. 5. 경에 상호정산의 필요성에 대한 논의

491) 이 부분에 대해서는 실제 사례 분석부분에서 나. (4) 계약군무원의 파병지 휴가시행과 관련된 문제사례를 분석하면서 자세히 짚어보도록 하겠다.

가 시작되어 사단과 지역재건팀 상호 간의 양해각서(MOU)에 사단이 지역재건팀에 지원한 부분에 대해서 정산을 하는 내용을 포함시켰다. 또한 자이툰 사단 동맹군정산내규(사단내규1-23호(지원), 2007. 9. 1. 제정)를 새로 제정하여 동맹군 등에 대한 지원에 관한 정산체계를 명확히 하였다.

하지만 동맹군과 파병부대 간의 정산문제와 같은 사안에 대해서는 사단내규에서 규정을 하기보다는 상급부대 규정에 의해 먼저 명확히 지침과 기준이 제시되어야 한다. 이러한 규정의 부재로 인하여 장기간 미군이 자이툰 사단의 영내에서 각종 지원을 받았음에도 불구하고 정산은 이루어지지 않은 현상이 발생했던 것이다. 이와는 대조적으로 미군의 경우에는 이라크로 전개하는 각국의 군대가 쿠웨이트에 소재한 캠프 버지니아에서 일정 기간 대기하면서 사용한 텐트시설이나 각종 식사에 대해서도 정확하게 인원 수에 기초한 정산을 하고 있다. 따라서 우리도 기본적으로 동맹군에 대해서 지원부분에 대해서는 상호 정확한 정산을 원칙적으로 하고 예외적인 무상지원 사유를 규정하는 형식이 되어야 할 것이다.

제22조의 휴가 및 휴양과 관련된 부분도 명확하지 않은 부분이 있다. 먼저 휴가에 있어서 합참의장의 승인을 득한다는 것이 무엇을 의미하는 것인지 매 휴가마다 승인을 득하는 것인지 아니면 일정한 휴가의 종류에 대하여 승인을 득하고 세부적인 실시는 파병부대장 책임 하에 실시하라는 것인지 등이 모호하다. 특히 파병장병들에는 외국어 통역요원인 계약군무원도 포함되어 있는데 이런 경우에는 휴가시행과 관련하여 정규직과의 차별을 금지한 기간제 및 단시간근로자 보호 등에 관한 법률 (법률 제8372호, 2007. 04. 11. 일부개정, 이하 '기간제법'이라 함) 제8조[492]의 차별적 처우금지의 원칙이 준수되어야 하므로 계약군무원임을 이유로 파병부대에서 동종 또는 유사한 업무에 종사하는 일반군무원이나 장병에 비하여 차별적 처우를 받지 않도록 규정되어야 한다. 하지만 계약군무원의 특징적인 경우를 별도로 고려하지 않은 현재의 규정을 그대로 적용하는 경우 차별적 효과가 발생하도록 되어 있다[493].

492) 기간제 및 단시간근로자 보호 등에 관한 법률 제8조 (차별적 처우의 금지) ① 사용자는 기간제근로자임을 이유로 당해 사업 또는 사업장에서 동종 또는 유사한 업무에 종사하는 기간의 정함이 없는 근로계약을 체결한 근로자에 비하여 차별적 처우를 하여서는 아니 된다.
② 사용자는 단시간근로자임을 이유로 당해 사업 또는 사업장의 동종 또는 유사한 업무에 종사하는 통상근로자에 비하여 차별적 처우를 하여서는 아니 된다.

493) 이러한 문제는 실제사례분석 부분 (4) 계약군무원의 파병지 휴가시행과 관련된 문제 사례를 검토하면서 자세히 살펴보도록 하겠다.

(3) 실제 임무수행 간 필요한 사항의 누락

국방부 해파규정이 행정규칙에 불구하므로 법규적 사항을 규율해서는 안된다는 것은 위에서 언급한 바 있다. 하지만 현실적으로 파병관련 법령들이 갖추어지지 않은 현 상태에서는 파병업무절차를 규정한 최상위 규정은 국방부 해파규정이다. 따라서 적어도 국방부 해파규정에서는 파병부대가 파병 현지에서 실제 임무 수행 간 지침이 필요한 사항에 대해서는 권위 있고 명확한 기준을 찾아볼 수 있어야 한다.

하지만 이미 위에서 살펴본 바와 같이 실제 임무 간 필요한 사항이라고 할 수 있는 제 수당과의 병급 문제, 파견기간 문제, 동맹군이나 다른 외국기관과의 제 협약체결문제, 민사작전 혹은 위탁급식 등 군수지원에 관련된 해외업체와 국가계약체결문제, 재외국민의 주둔지 내부 거주와 관련된 영사지원문제 및 영내생활의 통제문제, 동맹군이나 외국기관에 대한 군수지원과 정산문제, 제3국인이나 현지인과 관련된 형사상, 민사상 각종 법적용에 있어서 국내법 및 국가배상법 적용 문제 등에 대해서 업무수행 상 필요한 지침이 결여되어 있다.

따라서 위와 같은 문제들에 대해서는 실제로 해당사안이 발생하여 업무수행이 필요한 경우에 비로소 일일이 다시 상급 부대 지침을 받거나 관련 법령을 찾아서 일정한 방침을 정하는 등 번거로운 절차를 거쳐야 한다. 이러한 방식의 파병지에서의 업무 처리는 여러 가지 법령을 해석하여 업무를 처리하는 관계로 관계규정의 범위나 내용에 대한 실무자들의 견해차이가 존재하는 경우 업무의 일관성, 통일성, 예측가능성 등에 문제가 제기될 수 있다. 또한 사단 법무참모부의 능력을 초과하는 부분에 대해서는 상급부대의 법령재해석을 요구하여 업무를 처리하는 과정에서 일정한 사안에 대해서는 적시적절한 시기에 처리되지 못하는 경우도 발생할 수 있다.

라. 육군 해파규정

(1) 규정 체계상 부적절하거나 불필요한 부분의 포함

육군 해파규정은 육군의 해외파병업무를 효율적으로 수행하기 위해서 부대·부서별 업무를 분장하고 각종 평화유지활동 간 부대 및 개인 파견과 관련된 업무수행절차를 규정함을 목적으로 하는 국방부 해파규정의 하위규정으로 육군의 행정규칙이다. 따라서 육군 해파규정에서는 국방부 해파규정에서 육군 참모총장이 세부적인 사항을 정하도록 한 사항을 규정하고 있어야 하는 것은 당연하다. 즉 육군 해파규정은 국방부 해파규정에 이미 규정되어 있는 부분을 제외하고 육군 참모총장의 임무로 부여된 파병임무절차에 대해서 국방부 해파규정이 정해준 위임범위 안에서 상위 규정에 어긋나지 않는 내용의 규정들로 구성되어야 할 것이다.

그러나 육군 해파규정에서 제2조 정의, 제4조 해외파병업무절차는 국방부 해파규정에 이미 규정되어 있는 부분을 중복하여 규정하고 있다. 따라서 이 부분은 필요 없는 부분이라고 볼 수 있다. 필요하다면 육군이 파병임무를 수행하는 부분에 있어서 구체적인 정의규정과 업무절차를 규정할 것이지 상위규정과 동일한 내용을 반복해서 규정할 필요가 없기 때문이다. 이외에도 휴가나 면세점 운용 등 많은 부분에서 이미 국방부 훈령에서 규정한 내용을 반복 규정된 부분들은 이를 실제적용에 용이하도록 구체화하거나 불필요한 부분을 삭제해야 할 것이다.

또한 제5조의 국방부와 합참의 업무를 규율해 놓은 부분이 있다. 이것은 육군에서 국방부나 합참의 업무를 규정해 놓았다고 해도 상급부대에 아무런 구속력이 없으며 이미 국방부 해파규정에 자세히 규정되어 있는 것을 다시 규율할 필요가 없다. 따라서 이 부분에는 육군 각 기관의 파병업무에 대해서만 세부적인 규정을 포함하면 될 것이다. 업무분장 부분도 세부적인 내용에서는 실제 파병부대 업무수행과는 일치하지 않는 부분이 있다[494].

(2) 실제 임무수행 간 필요한 사항의 누락

국방부 해파규정의 문제점을 분석하면서 지적한 바와 같이 육군 해파규정도 실제 임무수행과 관련하여 제공해야할 지침들로서 누락된 사항이 많이 존재한다. 먼저 근무기간과 관련하여 제30조에서 규정된 내용은 국방부 해파규정이 개정되기 전의 내용을 그대로 규정하고 있고, 국방부 해파규정 제30조에서 정한 파병연장사유를 참모총장이 결정하는 사유와 방법, 연장 가능한 기간 등에 대해서 전혀 규정이 되어 있지 않다는 것은 문제가 아닐 수 없다. 특히 동의 없는 파병기간의 연장과 관련하여 파병요원들과 합참이나 지휘부와 분쟁이 발생할 경우에 대비해서라도 명확한 근거규정의 정비가 요구된다.

또한 참모총장이 통역자원 등의 파병임무 수행을 위해서 채용하는 계약군무원에 대한 규정도 전혀 반영되어 있지 않아 파병부대 특유의 계약군무원과 관련된 사안이 발생할 경우 일정한 지침이 없거나 사단내규에 상위법을 위반하는 내용을 규정하여 통제하는 경우도 있다. 특히 파병부대에서 운용되는 전문계약군무원에 대해서는 참모총장이 채용계약을 체결하게 되므로 기간제법을

---

494) 특히 업무분장 부분에서 자목 법무실의 경우에는 법무장교의 검찰권 명령을 조치하도록 한 부분이 있는데 현재 파병부대의 검찰관 명령은 국방부 검찰단으로부터 받고 있으며 형사 관할권도 국방부 소속이므로 현실과 맞지 않는 규정이라고 하겠다.

포함한 계약군무원 운용과 관련된 현행 규정과 현지의 실제 임무수행여건 등을 고려하여 계약군무원과의 계약체결 시 표준계약서, 각종 급여, 수당 등 보수 관련 부분, 휴가시행과 근무편성, 복장, 총기휴대 등 복무관련사항 등을 육군차원에서 명확히 규정할 필요가 있다.

파병부대의 복장과 장비에 대해서도 일정한 지급기준과 착용기준을 제시해야 할 것임에도 불구하고 추상적인 해외파병요원의 복장 및 부착물에 대해서만 국방부 해파규정과 동일한 수준에서 규정하고 있다. 이러한 문제점들은 각 신분별 휴가시행의 문제에 대한 규정의 미비, 파병인원들의 영내생활 강제의 근거, 파병지에서의 간부들의 점호의무의 부여를 비롯한 일과표 적용 문제 등 실제 파병임무 수행 간에 지침의 부재로 인한 혼선을 피할 수 없었다. 이러한 제반 문제점들은 뒤에서 실제 사례 분석을 통해서 자세히 검토해 보도록 하겠다.

마. 자이툰 사단 내규

자이툰 사단 내규는 사단내부에서만 효력을 가지는 행정규칙으로서 성격을 가진다. 하지만 위에서 살펴본 바와 같이 상위법령이 미비한 상태에서 파병업무를 수행하다 보니 많은 부분에 있어서 실제적인 업무와 관련된 부분이 내규에 자세히 규정되어 있을 수밖에 없다. 결국 상위법령의 위임이 전혀 없는 상태에서 휴가와 같은 법규적 사항에 대해서 사단내규로서 일정한 제한을 가하여 상위 규정인 국방부 훈령보다 더 불리한 규정을 하기도 하고, 일부에서는 상위규정에서 그 규율을 위임한 바 없는 사항에 대해서도 규정하고 있는 경우도 있다[495]. 또 때로는 상위 규정의 내용이 개정되었음에도 불구하고 과거의 규정을 그대로 유지하여 사단 내부의 규정으로서 권위를 떨어지게 하기도 한다[496].

---

495) 예를 들면 파병현지에서 휴가에 관하여 국방부 해파규정 제22조 제2항에서는 파병부대장 등은 현지에서 6개월 이상 임무를 수행하는 소속장병에 대해서는 합참 승인 하에 본국에 휴가를 보내도록 되어 있는데 이에 대해서 인사근무지원 내규(1-3) 제2장 휴가/휴양 제3조 제2항에서 3파병 간 위로휴가는 6개월 이상 근무자 중 4개월 이상을 연장 근무한 10개월 이상 근무자를 대상으로 하도록 그 범위를 제한하고 있고, 또한 국방부 해파규정 제22조 제3항에서는 파병부대장 등은 본인 혹은 배우자의 부모, 배우자, 자녀의 사망 시 청원휴가를 합참의장 승인 하에 실시할 수 있도록 규정하고 있으나 위 사단내규 제3조 제3항에서는 청원휴가 실시사유를 본인 및 배우자의 조부모, 외조부모 사망 또는 위독 시는 실시하지 않음을 원칙으로 하되 사단장 승인 하 실시할 수 있다고 하여 과연 상위 규정에 규정되지 않은 사유를 사단 내규에서 추가적으로 규정할 수 있는지 의문이다(자세한 내용은 실제사례 검토 휴가관련 사례 참조).

496) 예를 들면 근무기간 연장과 관련하여 국방부 훈령인 국방부 해파규정은 2007. 1. 29. 전부개정(국방부훈령 제811호)되면서 제30조 제1항에서는 파병요원의 근무기간은 부대단위 파견은 6개월로, 개인단위 파견은 1년을 원칙으로 하되 각 군 참모총장이 기간의 연장·단축 사유가 있을 경우에는 관련 규정과 차체 심의를 거쳐 연장 또는 단축 조치할 수 있도록 되었음에도 불구하고 육군해파규정에는 근무기간 연장에 관한 관련 규정이 전혀 없고, 사단인사관리 내규에서는 제5조에서 전 장병의 해외파병 연장근무는 불가하며, 부대개편 및 해체 등 부대계획에 따라 연장근무 소요 발생 시 사단 검토하여 ↘

이러한 사단 내규의 문제점은 모두 상위규정체계의 미비에서 비롯된 것으로 상위규정체계를 정비하면서 사단 내규도 필요한 부분에 대해서는 많은 정비를 해야할 필요가 있다. 사단에서는 2007. 9. 1.부로 사단내규를 전면 개편하여 해외파병부대의 기준이 되는 내규로서의 틀을 마련하기 위해서 일련의 작업을 하였다. 이런 부분들은 파병업무와 관련된 많은 기준이 될 규정사항들을 사단내규에 포함시키는 성과가 있었다고 할 것이지만 내규에 규정하기에는 그 내용이 법규적인 성격을 띠는 것이 많이 존재한다. 따라서 장기적으로 이런 내용들이 파병기본법을 기준으로 기본법으로부터 구체적인 규율사항을 위임받은 일련의 법규명령과 그에 따른 행정규칙으로 국방부나 합참 등의 상위기관의 규정체계 속에 포함되어야 할 사항들이라고 본다.

예를 들면 사단내규 4-2 경리 계약업무내규(2007. 9. 1. 일부 수정)는 파병지에서 여러 가지 제한사항의 존재로 인하여 국가계약법의 적용이 곤란한 경우에 계약담당공무원이 현지 업체를 포함한 국·내외 업체와의 계약을 체결하는 절차에 관한 특칙을 정하고 있다. 이러한 내용은 국민의 납세의 의무를 이행한 결과로 형성된 국가의 예산을 사용한 세출에 의한 계약업무에 관련된 것으로 국가 기관이 일정한 권리를 획득하고 의무를 부담하는 효과를 가져오므로 결국은 국민에게 일정한 부담으로서 작용을 한다. 따라서 이러한 계약의 특칙은 법규적 사항을 포함하거나 이에 준하는 내용을 가지고 있다고 보아야 하므로 단순히 사단내규에 규정하기보다는 상위 법령에 근거 규정을 두는 것이 바람직하며 파병기본법을 제정한다면 국가계약법의 특칙으로 파병지에서 계약에 관한 업무를 별도로 규정한 조항을 그 내용에 포함시켜야 할 것이다[497].

사단장 승인 및 상급부대(육본) 보고 후 시행한다고 규정하고 있어 파병근무기간 연장 시 논란의 소지가 있었고 실제로 2007. 5. 파병기간 연장 결정에 대한 논의 간에 일부 부대원들의 반발 등이 있을 때 권위 있는 규정의 제시가 불가능했다. 결국 2007. 9. 1. 사단내규 개정 시 위 규정은 전 장병의 해외파병 연장근무는 소요발생시 사단에서 검토하여 상급부대(육본) 승인 시 시행한다고 개정하였다(자세한 내용은 근무기간 관련 실제 사례 검토 참조).

497) 자세한 내용은 이글 120쪽의 국가계약법 적용에 있어서 특례 규정 부분 참조.

Ⅳ. 실제 사례 분석

1. 개요

이미 개략적으로 짚어본 바와 같이 파병관련 기본법의 부재는 일관된 파병관련규정의 적용에 있어서 문제가 되는 경우를 많이 발생시킨다. 해외파병이라는 특수한 상황은 단적인 예로 간부들의 영외거주에 따른 출·퇴근이라는 국내에서는 당연시되는 부분들도 적용이 불가능하고 이를 제한해야 하는 경우가 많이 생긴다. 이러한 문제들을 규율하기 위해서는 해외파병 간 발생될 수 있는 제반 상황에서 통일되고 일관된 기준을 제시해 주는 법률적 근거가 필요한 것이다. 그럼에도 불구하고 파병과 관련된 본질적인 사항을 규율한 법률의 부재는 파병관련 규정들을 실제 파병임무 수행 간 적용하는 경우 여러 가지 불합리한 점을 발생시킬 뿐만 아니라 일정한 경우에는 법률의 아무런 위임도 없이 파병장병들의 권리를 제한하거나 의무를 부여하는 법규적 사항을 규정하고 있는 경우도 발생한다.

하지만 현재의 파병임무 수행이 전적으로 위헌·위법한 상황이라는 의미는 아니다. 현행 각종 국방관계법령을 보태어 해석을 하면 파병임무수행과 관련된 군사행정작용의 근거를 전혀 찾을 수 없는 것은 아니기 때문이다. 다만 혹시 일어날 수도 있는 법치주의에 반하는 군사행정이나 법률의 위임이 없는 상태에서의 기본권의 제한이나 과도한 기본권 제한의 위험성에 대한 우려가 있다는 점은 간과해서는 안 된다는 것이다. 이하에서는 현행 국방관련 법 규정들을 근거로 하여 해파규정들을 최대한 파병상황과 관련시켜 해석을 하는 경우에 야기되는 문제점들에 대해서 실제 사례를 중심으로 살펴보고자 한다.

이러한 문제점들은 위에서 언급한 현행 파병관련 제 규정의 일반적인 문제점들이 구체적인 사안에 적용되면서 나타난 것들이다. 규정의 모호성이나 불합리성은 실제 파병임무를 수행하면서 여러 가지 문제가 되는 상황을 발생시켰다. 이러한 문제점들 중에서 특히 문제가 되어 법무참모부에서 법령 해석을 의뢰받은 대표적인 사례들로서는 각종 수당의 병급과 관련된 문제, 파병 근무기간의 연장과 관련된 문제, 파병지에서의 휴가와 관련된 문제, 계약군무원의 근무편성, 휴가 등의 문제, 파병 현지에서의 각종 계약체결문제, 부대의 활동 간 발생하는 사고에 대한 손해배상 문제, 재외국민의 영내거주 및 통제 등 영사지원과 관련된 문제, 파병지에서의 군사법절차 운용문제, 파병지에서의 징계나 파병 부적격자 처리 문제 등 이다. 이와 같은 사례들의 분석을 통해서 위에서 언급한 파병관련 제 규정의 문제점들이 구체적인 사안에서는 어떻게 나타나는지를 살펴보고 이를 통해 파병관련 법 규정의 개선 소요 도출 논의의 출발점으로 삼고자 한다.

2. 실제 사례 분석

가. 군인 등 해파수당 규정과 관련된 기타 수당 병급 금지 관련 사례

(1) 문제의 소재

파병 장병은 파병 기간 중 파병수당을 지급받는 것을 이유로 시간외 근무수당, 위험수당, 특수업무수당, 군법무관수당 등의 국내에서 지급되던 수당을 지급받지 않고 있다. 문제는 이와 같이 일부 수당을 지급하지 않음으로 인해 국내에서 특수직책을 수행하던 인원들(항공기 조종사, 군법무관, 군의관, 부사관 장려수당대상자인 부사관 등)은 파병을 통해 국내에서와 동일하거나 혹은 더 과중한 특수 업무를 계속 수행함에도 불구하고 위에서 언급한 수당을 지급받지 못해서 관련수당을 지급받지 못하던 인원들에 비해 실질적으로 불리한 조건에서 수당을 지급받는다는 문제가 발생 한다[498]. 이러한 수당을 병급 하지 않는 것이 과연 현행 법체계상 법률상 근거가 있는 것인지 혹은 다른 공무원들과의 형평성 차원에서 문제가 있는 것은 아닌지에 대해서 법무참모부에 질의가 들어온 사안이다.

(2) 관련 법령의 검토

파병수당의 지급과 관련된 사항은 군인보수법에서 정한 특수근무수당의 일환인 특수지근무수당으로 파병수당을 규정한 군인 등 해파수당 규정 제2조를 중심으로 제 수당과의 중복 지급여부를 결정하여야 할 것이다[499]. 군인 등 해파수당 규정 제2조에서는 파병수당을 지급받는 경우에는 공무원 수당 등에 관한 규정의 제13조의 위험근무수당[500]과 제14조의 특수업무수당을 지급

---

498) 특히 부사관들의 경우에는 특수근무지수당과 부사관장려수당, 시간외근무수당 등을 지급받지 못해 실질적으로는 병사들에 비해서도 적은 수당을 지급받고 있다는 불만이 있다.

499) **제2조 (해외파견근무수당의 지급)** ① 외국에 파견되어 군사활동에 참가한 군인 및 군무원에게는 그 해외파견근무의 기간동안 해외파견근무수당(이하 "수당"이라 한다)을 지급한다.
② 수당을 지급받는 군인 및 군무원에 대하여는 「공무원수당 등에 관한 규정」 제13조의 규정에 의한 위험근무수당 및 「공무원수당 등에 관한 규정」 제14조의 규정에 의한 특수업무수당을 지급하지 아니한다. <개정 2005. 2. 28>

500) [별표10] 군인의 위험근무수당 지급대상 및 지급기준

등 별	지급 대상	지급 기준액
갑종	가. 반기에 2회 이상 1,500미터 이상 고공에서 항공기로부터 낙하산으로 강하한 자 및 특수전문교육을 받고 낙하산 강하조장으로 임용된 자로서 항공기로부터 낙하산으로 강하한 자 나. 분기에 3회 이상 수중에서 파괴작업 또는 잠수작업을 한 자 다. 불발탄 제거처리 및 탄약기능시험을 주임무로 하는 자 라. 대테러 또는 특수전술임무를 주로 수행하는 자	월봉급액의 70% 이하(하사 이하는 장기하사의 최저호봉의 봉급액을 기준으로 한다)

하지 아니한다고 규정하고 있다[501]. 따라서 특수업무수당에 포함되는 항공수당, 부사관장려수당 등[502]은 위 규정에 의하여 지급할 수 없다고 보아야 한다. 다음으로 시간외 근무수당과 군법무관수당은 군인 등 해파수당 규정에서 직접적으로 그 중복 지급을 금지하고 않고 있으나 중앙인사위원회의 예규와 유권해석에 의하여 파병수당과의 중복지급을 금지하고 있다.

군법무관수당의 경우에는 공무원수당규정 제14조의 특수업무수당과는 별도로 같은 규정 제14조의 3에 규정되어 있다. 중앙인사위원회는 '종래 특수업무수당에 포함되어 있던 군법무관장려수당을 폐지하고 금액을 인상하면서 수당 명칭을 달리하고 특수업무수당과 별개의 조문으로 신설된 것이므로 군법무관수당의 신설 경위와 취지·성격 등을 감안할 때 군법무관수당은 특수업무수당의 일종으로 또는 적어도 그와 유사한 수당으로 볼 수 있다.'고 유권 해석하였다[503]. 이러한 중앙인사위원회의 유권해석에 의거하여 국방부도 군법무관 수당을 해외파견근무수당과 중복 지급하지 않아도 된다는 지시가 있었다[504]. 결국 군법무관수당은 중앙인사위원회의 유권해석에 의거하여 파병수당을 지급받는 경우 중복하여 지급하지 않고 있다.

을종	가. 반기에 2회 이상 항공기 및 훈련기구로부터 낙하산으로 강하한 자와 항공기를 이용하여 헬기 레펠, 패스트로프로 훈련한 자 나. 월 1회 이상 특수장비를 이용하여 수중 또는 수상을 통한 벽암지상륙임무를 수행한 자 다. 〈삭제〉	월봉급액의 50% 이하(하사 이하는 장기하사의 최저호봉의 봉급액을 기준으로 한다)
병종	가. 3,300볼트 이상의 특수전류분야에 종사하는 자 나. 탄약개수의 특수분야에 종사하는 자 다. 갑종 또는 을종에 해당되었던 자로서 기상변화, 항공기 또는 훈련기구의 부족으로 인하여 항공기 또는 훈련기구로부터 낙하산으로 강하하는 대신 월 1회 이상 모형탑에서 낙하하는 자	월봉급액의 30% 이하(하사 이하는 장기하사의 최저호봉의 봉급액을 기준으로 한다)

501) **제2조 (해외파견근무수당의 지급)** ① 외국에 파견되어 군사활동에 참가한 군인 및 군무원에게는 그 해외파견근무의 기간 동안 해외파견근무수당(이하 "수당"이라 한다)을 지급한다.
② 수당을 지급받는 군인 및 군무원에 대하여는 「공무원수당 등에 관한 규정」 제13조의 규정에 의한 위험근무수당 및 「공무원수당 등에 관한 규정」 제14조의 규정에 의한 특수업무수당을 지급하지 아니한다. 〈개정 2005.2.28〉

502) 공무원 수당규정 별표〈11〉 참조.

503) 중앙인사위원회 급여후생과-624('06.4.13.) "질의회신" 제5항 참조. 그 전문은 다음과 같다.
"군법무관수당이 특수업무수당에 해당되는지에 대한 귀부의 질의에 대하여도 보면, 「군인 및 군무원의 해외파견근무수당 지급규정」 제2조 제2항에서 군인 및 군무원에 대한 해외파견근무수당을 지급함에 있어서는 위험근무수당과 특수업무수당만을 병급하지 않도록 명시적으로 규정하고 있고, 「공무원수당 등에 관한 규정」 제14조(특수업무수당)에 근거한 별표 11에 군법무관수당이 규정되어 있지 않으므로 군법무관수당을 병급하는 것이 법령에 위배된다고는 할 수 없습니다. 다만, 군법무관수당은 종래의 특수업무수당에 포함되어 있던 군법무관 장려수당을 폐지하고 금액을 인상하면서 수당 명칭을 달리하고 특수업무수당과 별개의 조문으로 신설된 것이므로, 군법무관수당의 신설 경위와 취지·성격 등을 감안할 때 군법무관수당은 특수업무수당의 일종으로 또는 적어도 그와 유사한 수당으로 볼 수 있습니다. 우리 위원회에서는 향후 「공무원수당 등에 관한 규정」개정시에 이러한 점을 반영할 계획임을 알려드립니다."

504) 복지정책팀-1855('06.4.24.) "국외파견 군법무관의 「군법무관수당」 병급 여부 검토 결과 시달

이중에서 공무원 수당규정 제15조 제1항에 정한 시간외근무수당의 경우 그 지급제외 대상자를 같은 항에 명시[505]하고 있음에도 불구하고 중앙인사위원회는 같은 규정 제4항의 "시간외근무수당의 지급방법 등 수당지급에 필요한 사항은 중앙인사위원회가 정한다."라는 조문을 근거로 하여 중앙인사위원회 예규인 공무원수당 등의 업무처리지침에서 그 지급 제외 대상자로 '재외공무원 및 공무원수당규정 제4조[506]의 적용을 받는 국외파견 공무원'을 추가적으로 규정하고 있다.

과연 대통령령에서 지급제외대상자를 명시하고 있음에도 불구하고 행정규칙인 중앙인사위원회예규에서 그 대상자를 확대하는 것이 가능한가도 문제의 소지가 있으나 중앙인사위원회는 여기에서 더 나아가 재외공무원 및 공무원수당규정 제4조의 적용을 받는 국외파견 공무원에 해외에 군사업무 수행을 위해 파병된 군인 및 군무원의 경우도 포함된다고 해석하여 해외에 파병된 장병들에게 시간외 근무수당을 지급하지 않도록 유권해석을 하고 있다. 이것은 이미 파병수당을 지급받고 있으므로 수당을 이중으로 지급하지 않겠다는 취지로 해석된다.

(3) 관련기관의 견해

(가) 국방부법무관리관실의 법령·질의 회신[507]

국방부 법무관리관실에서는 해외 파견 군인 및 군무원의 각종 수당의 병급 문제에 관하여는 군인 등 해파수당 규정이 공무원수당규정에 우선하여 적용되므로 같은 규정에서 직접적으로 파병수당과 병급을 금지한 공무원수당규정 제13조의 위험근무수당과 같은 규정 제14조의 특수업무수당을 제외하고는 모두 지급되어야 한다는 입장이다. 즉 파병수당과 시간외 근무수당, 해외파견수당과 직책별 특정업무비를 병급함이 타당하며, 해외파견 군법무관의 경우에도 파병수당

---

505) **공무원수당규정 제15조 (시간외근무수당)** ① 근무명령에 의하여 규정된 근무시간외에 근무한 자에 대하여는 예산의 범위안에서 시간외근무수당을 지급한다. 다만, 「공무원보수규정」 별표 33의 일반계약직공무원중 연봉등급 1호 내지 4호 해당자 및 제7조제1항 단서에 해당되는 자에 대하여는 이를 지급하지 아니한다. <개정 1990.1.15, 1998.2.28, 2000.4.18, 2001.1.4, 2005.1.7>

506) **공무원수당규정 제4조 (국외파견공무원의 수당등의 지급에 관한 특례<개정 2001.1.4>)**
① 능력의 개발 또는 업무수행을 위하여 국외의 교육연구기관 · 국제기구 또는 외국정부기관에 파견(「공무원교육훈련법」에 의한 파견 및 「군위탁생규정」 제4조의 규정에 의한 외국유학을 위한 파견을 제외한다)되거나 국가적사업의 수행을 위하여 특히 필요하여 정부투자기관등의 국외지사에 파견된 공무원 및 「재외국민의 교육에 관한 규정」에 의하여 국외에 파견된 교육공무원에게는 재외공관에 근무하는 공무원(재외공관에 주재하는 무관을 포함하며, 이하 "재외공무원"이라 한다)에게 지급하는 수당 등에 관한 규정을 준용하여 동 규정에 의한 수당 등을 지급한다. <개정 2001.1.4, 2005.1.7, 2006.1.12>

507) 법무팀-6073('06. 10. 24), 해외파견 군인 및 군무원의 시간외 근무수당, 직책별 특정업무비와 국외파견 군법무관에 대한 군법무관수당 지급관련 법령해석 회신 및 결과통보.

과 군법무관수당을 병급하여야 한다는 입장이다.

(나) 육군본부 법무실의 법령·질의 회신

육군본부 법무실에서도 해외파견 군인 및 군무원의 시간외 근무수당 지급여부에 관한 법령질의 회신서를 통하여, 국방부 법무실과 같은 입장에서 해외 파견 군인 및 군무원의 각종 수당의 병급 문제에 관하여는 군인 등 해파수당 규정이 공무원수당규정에 우선하여 적용된다는 이유로 해외파견 군인 및 군무원의 경우 해외파견 기간 동안 시간외 근무수당을 지급하여야 하며, 나아가 소급하여 지급하는 것이 적절하다는 취지로 답변을 하였다[508].

(다) 육군본부 인사참모부 예산행정과

위와 같은 육군본부 법무실의 법령질의 회신에도 불구하고 2007. 5. 자이툰 사단 법무참모부가 파병수당관련 법령검토를 하면서 확인해 본 결과 확인 당시까지 중앙인사위원회의 내부규정인 공무원 수당 등의 업무처리 지침에 의거하여 파병 군인 및 군무원에 대한 시간외 근무수당 자체를 지급하지 않고 있다고 답변하였다.

(라) 국방부 복지정책과

군인 등의 급여정책 등을 담당하는 국방부 복지정책과에서는 파병군인 및 군무원의 시간외 수당 등의 일부 수당 미지급 문제와 관련하여 국방부 및 육군본부 법무실에 법령질의를 한 결과 위와 같은 답변 내용을 토대로 중앙인사위원회에 협의 요청을 하였다. 하지만 중앙인사위원회가 일반 공무원의 경우와의 형평성, 예산부족 등을 이유로 지난 시간외 수당의 소급지급에는 어려움이 있으나 앞으로는 적어도 항공수당, 부사관 장려수당 등 특수업무수당, 위험수당 및 군법무관수당에 대해서는 파병수당과 병급이 가능하도록 중앙인사위원회와 기획예산처 등 관련부처와 협의하여 군인 등 해파수당 규정을 개정하여 2008년경 부터는 위와 같은 수당들을 지급할 계획이라고 한다. 하지만 과연 그런 식으로 추진이 되는지는 지속적인 추적 · 관심이 요구된다.

(마) 중앙인사위원회 급여정책과

위의 문제와 관련하여 자이툰 사단 법무부는 직접적으로 군인 등 특정직공무원을

---

508) 2006. 3. 인사참모부(예산행정과)가 질의한 해외파견 군인 및 군무원의 시간외 근무수당 지급여부에 관한 법령질의에 대하여 육군본부 법무실(법제과)에서 회신한 내용임.

포함하여 행정부소속 공무원의 인사행정에 관한 기본정책의 수립, 인사행정분야의 개혁, 채용, 능력발전, 처우개선, 인사관리 및 소청에 관한 사무를 관장하여 보수제도의 운영 및 수당 조정 업무 등을 수행하는 대통령 소속의 중앙인사위원회에 전화통화를 통하여 질의를 하였다. 하지만 중앙인사위원회의 급여정책과의 담당자(수당 및 성과상여금 총괄)는 직접적인 답변을 회피하고 이 문제는 국방부 복지정책과와 협의 중인 사안이며 복지정책과를 통해 답변을 얻으라는 입장이었다. 한편, 중앙인사위원회는 위에서 검토한 바와 같이 국방부법무관리관실의 이 문제와 관련된 질의에 대해 회신하면서 군법무관 수당의 경우는 이를 지급한다고 해서 법령위반은 아니지만, 위 수당의 취지·성격을 고려하여 볼 때 이는 특수업무수당과 동일한 것이어서 이를 지급할 수 없는 방향으로 대통령령 등 관련규정을 개정할 예정이라고 답변을 한 사실이 있어 파병수당과 기타 제수당의 병급에 대해서 부정적인 입장에서 검토를 하고 있는 것으로 보인다.

(4) 문제점들에 대한 검토

(가) 파병수당과 특수 업무수당의 병급 금지 문제

파병수당은 군인보수법 제16조의 특수근무수당 중 특수한 지역에 근무하는 자에게 지급되는 수당으로 보아야 한다[509]. 위 군인보수법 특수근무수당은 국내에서 지급되는 경우 공무원 수당규정에 의해 특수한 지역에 근무하는 자에게 지급하는 특수지 근무수당과 특정한 업무를 수행하는 자에게 지급하는 특수 업무수당으로 나누어져 규정되어 있다. 그렇다면 파병지라는 특수지에서 근무하는 것을 이유로 특수지 근무수당으로서 성격을 가진 파병수당을 지급한다고 해서 여전히 파병지역에서 특수업무를 수행하는 파병인원들에게 국내에서 특수한 업무를 수행하는 자에게 지급하던 특수 업무수당을 지급하지 않도록 한 것은 문제가 있다.

물론 파병수당은 고액이므로 특수지 근무수당과 특수 업무수당이 모두 포함된 것으로 볼 수도 있을 것이다. 하지만 그러한 해석을 할 수 있는 명확한 법적근거는 어디에도 없다. 비록 공무원수당규정 제19조는 군인 및 군무원의 경우에는 특수지 근무수당과 위험근무수당, 특수 업무수당을 병급할 수 없도록 하고 있으나 이것은 국내에서의 수당지급과 관련된 내용이다. 특히 같은 규정에서도 부사관장려수당의 경우에는 병급을 허용하고 있다[510]. 따라서 위 수당규정의 조문을 근거로 하

---

509) 이글의 Ⅱ.2.나.(4) 군인 등 해파수당 규정 참조.

510) **공무원수당규정 제19조 (수당 등의 지급방법<개정 2001.1.4>)** ② 수당을 지급함에 있어서 군인 및 군무원의 경우에는 별표 7의 특수지근무수당·별표 10의 군인의 위험근무수당 및 별표 11의 특수업무수당[제14조의3의 군법무관수당을 포함하고, 별표 11의 제4호 파목의 4(부사관으로 복무한 기간이 3년을 초과한 부사관)의 수당을 제외한다]을 병급할 수 없다. <개정 1988.12.31, 1990.12.31, 1991.12.31, 1995.12.29, 2001.3.27, 2006.6.12>

여 특수지근무수당에 해당하는 파병수당과 특수업무수당을 병급할 수 없다고 규정했더라도 부사관들에 대해서는 파병수당의 지급과 관련 없이 장려수당을 지급하도록 규정했어야 할 것이다[511].

또한 위와 같은 제한은 일반 공무원들의 수당지급방법과 비교해도 형평성에 반하는 문제가 있다. 즉 일반 공무원들은 공무원수당규정 제20조에서 일정한 항목을 제외한 특수근무수당 상호간의 병급 만을 제한하고 있을 뿐 여타 수당 상호 간의 병급을 제한하는 조항은 없다[512]. 특히 공무원수당규정 제12조 제3항에서 재외공무원에게 지급되는 특수지 근무수당의 일환으로 재외공무원의 특수지 근무수당을 외교통상부령으로 규정하도록 하고, 이에 따라 재외공무원수당지급규칙(외교통상부령 제61호, 일부개정 2006. 2. 10.)에서는 위 수당을 각 국가별로 지역등급을 나누어 차등지급하도록 하고 있다. 또한 위 수당지급규칙에서는 제4조에서 재외근무수당이라는 명칭으로 공무원수당규정 제14조 소정의 특수업무수당도 지급하도록 하고 있다. 그렇다면 다른 재외공무원의 경우에는 국내에서 특수지 근무수당에 해당하는 재외공무원 특수지 근무수당과 특수근무수당에 해당하는 재외근무수당을 모두 지급받음에도 불구하고 군인 등의 경우에만 해외에서 파병수당을 지급받는 경우 위험수당과 특수근무수당을 지급하지 않도록 한 것은 다른 공무원과의 관계에서 형평에 맞지 않는다고 볼 수밖에 없다[513].

국내에서 비록 특수지 근무수당과 특수 업무수당을 병급할 수 없도록 하는 규정이 있다고 하더라도 해외에서 임무를 수행하는 군인에게 있어서까지 같은 논리를 적용하는 것은 문제가 있다. 군인이 해외에서 군사업무에 종사하는 경우 특수한 업무에 계속 종사하는 경우에는 당연히 특수 업무수당을 지급받아야 함에도 불구하고 특수지근무수당에 해당하는 파병수당을 지급받는다고 해서 이러한 특수한 업무를 수행하는데 따른 특수 업무수당을 지급하지 않도록 한 것은 부당한 것이다. 특히 군의관이나 비행기 조종사와 같이 국내에서 업무의 특수성을 인정받아 비교적 많은 수당을 받던 인원들의 경우에는 파병지에서 동일하게 군의관이나 비행기 조종사로서 임무 등을 수행

---

511) 자이툰사단의 경우 부사관들의 경우에는 13년을 근무한 중사의 경우에도 2007. 8. 환율기준으로 2,004,700원을 지급받는 반면 2년을 근무한 중위는 2,237,470원을 지급받고 있어 위에서 언급한 근무연수를 고려한 수당의 배려가 없는 이상 장기근속 부사관의 파병수당이 상대적으로 소액인 문제가 있고, 특히 부사관 장려수당 150000원과 격오지수당 50,000원을 지급받던 부사관을 고려한다면 월 1,748,500원을 지급받는 병사들과 비슷한 수준의 파병수당을 지급받는 것이 되어 문제가 아닐 수 없다.

512) **공무원수당규정 제19조 (수당 등의 지급방법<개정 2001.1.4>)** ③ 별표 11의 특수업무수당(교육공무원 및 재외공무원에게 지급되는 수당을 제외하고, 제14조의3의 군법무관수당을 포함한다. 이하 이 항에서 같다)은 동표에 의한 수당 상호간에 이를 병급할 수 없다. 다만, 다음 각 호의 1에 해당하는 경우에는 이를 병급할 수 있다.

513) **재외공무원수당지급규칙 제4조 (재외근무수당)** 영 제14조의 규정에 의하여 재외공무원에 대하여 달러로 지급하는 재외근무수당의 지역별 구분은 별표 3과 같다. [전문개정 1988. 1. 30]

함에도 불구하고 다른 파병인원들과 동일하게 파병수당만을 지급받아 다른 파병인원들과 비교해서 상대적으로 불리한 대우를 받게 된다. 이것은 국내에서 근무하는 경우에는 우대를 받고 해외에서 더 열악한 환경에서 국내와 동일한 특수 업무로서 파병임무를 수행하는 경우에는 도리어 불이익을 당하는 아이러니가 발생하는 것이다. 이러한 현상으로 국내에서 특수한 업무에 종사하여 비교적 많은 수당을 지급받던 인원들의 경우에는 해외파병을 선호하지 않을 수 있고 우수자원을 파병요원으로 선발하는 것이 어려울 소지가 있다.

(나) 파병수당과 군법무관 수당 등 병급 금지 문제

군법무관수당은 위에서 살펴본 바와 같이 특수 업무수당과는 별도로 공무원수당 규정 제14조의 3에 규정되어 있어 문언 상으로는 군인 등 해파수당 규정이 파병수당과 병급을 금지한 특수 업무수당에 포함되지 않는다. 하지만 중앙인사위원회는 군법무관수당의 신설 경위와 취지·성격 등을 고려 군법무관수당은 특수 업무수당의 일종 또는 적어도 그와 유사한 수당으로 유권 해석하여 국방부도 이에 의거하여 군법무관 수당을 파병수당과 중복 지급하지 않고 있다.

물론 중앙인사위원회의 견해와 같이 군법무관수당을 특수 업무수당으로 볼 여지가 전혀 없는 것은 아니다. 공무원수당규정 제19조에서 수당 등의 지급방법을 정하면서 제2항에서 군인 및 군무원의 경우에는 특수지 근무수당·군인의 위험근무수당 및 특수 업무수당을 병급할 수 없도록 한 규정에서 특수 업무수당에 군법무관수당을 포함[514]시키고 있는 것으로 보아 동 규정에서 특수 업무수당과 군법무관수당을 동일하게 취급하고 있다고 볼 수도 있기 때문이다. 하지만 이것은 어디까지나 대통령령에 명확하게 병급을 금지하는 규정을 둔 경우이므로 이러한 조문을 근거로 군인 등 해파수당 규정에서 파병수당과 병급을 금지한 특수 업무수당에 당연히 군법무관수당이 포함된다고 해석할 수는 없을 것이다. 오히려 위와같이 군법무관 수당을 포함시키는 규정이 없다면 군법무관수당은 병급하는 것이 옳은 것이다.

특히 군법무관수당은 군법무관 임용 등에 관한 법률(법률제6436호, 일부개정 2001. 3. 28.) 제6조[515]에서 군법무관의 보수에 대해서는 판·검사의 예에 준하여 대통령령으로 정하도록 한 것에 따

514) **공무원수당규정 제19조 (수당등의 지급방법<개정 2001.1.4>)** ② 수당을 지급함에 있어서 군인 및 군무원의 경우에는 별표 7의 특수지근무수당·별표 10의 군인의 위험근무수당 및 별표 11의 특수업무수당[제14조의3의 군법무관수당을 포함하고, 별표 11의 제4호 파목의 4(부사관으로 복무한 기간이 3년을 초과한 부사관)의 수당을 제외한다]을 병급할 수 없다. <개정 1988.12.31, 1990.12.31, 1991.12.31, 1995.12.29, 2001.3.27, 2006.6.12>

515) **군법무관의 임용 등에 관한 법률 제6조 (군법무관의 보수)** 군법무관의 봉급과 그 밖의 보수는 법관 및 검사의 예에 준하여 대통령령으로 정한다.

라 공무원수당규정 제14조의 특수 업무수당과는 다르게 같은 규정 제14조의 3에 별도로 규정한 것이다. 그러므로 특수한 업무에 대해서 지급되는 수당의 성격이 전혀 없다고는 할 수 없지만 그 보다는 군법무관이라는 신분에 대해서 지급되는 수당의 성격이 더 크다고 보아야 할 것이다. 따라서 명확한 대통령령의 규정된 바가 없음에도 불구하고 군법무관수당을 특수 업무수당에 포함되는 것으로 중앙인사위원회가 유권 해석하여 파병수당과의 병급을 금지하도록 하는 것은 중앙인사위원회의 해석권한을 넘어서는 것으로 보인다.

또한 위에서 살펴본 바와 같이 특수 업무수당을 파병수당과의 병급을 금지한 군인 등 해파수당규정 제2조도 그 합리성이 없으며 다른 재외공무원들과의 형평성을 잃은 조항이라는 것은 이미 지적한 바이다. 여기에 덧붙여 파병정책적인 입장에서도 해외파병부대는 국군의 외국주둔의 국제법적 문제, 해외에서의 계약체결문제, 동맹국 및 제3국과의 문제, 부대 내부에 위탁업체나 영업허가를 받은 업체와 부대와의 관계 문제 등 국내보다 훨씬 복잡한 국내법적, 국제법적 법률문제가 예상되고 이를 위해서는 우수한 법무관들의 파병지원이 요구된다는 점을 고려해야 한다. 이러한 현실적 필요에도 불구하고 파병수당의 측면에서는 상대적으로 국내에서 많은 수당을 지급받던 군법무관들에게는 군법무관수당을 대신하여 파병수당을 지급받는 것은 국내에서 수당을 상대적으로 적게 지급받던 다른 파병인원들과 비교하여 실질적으로 금전적 보상 측면에서 파병의 유인요인으로서 효과를 나타내기가 어렵다.

이러한 파병수당의 지급방식은 군법무관들에게 오히려 파병을 기피하게 만드는 현상을 낳을 수 있다. 결국 군법무관수당에 대해서는 파병수당과 병급 문제를 조속히 해결하여 파병에 따른 파병수당은 군법무관수당에 추가적으로 지급하도록 하는 것이 법리적으로나 정책적으로나 바람직하다고 할 것이다.

(다) 파병수당과 시간외 근무수당 병급 금지 문제

위에서 살펴본 바와 같이 공무원 수당규정 제15조 제1항에서 시간외근무수당의 지급제외 대상자를 명시[516)]하고 있음에도 불구하고 같은 조 제4항에서 시간외근무수당의 지급방법 등 수당지급에 필요한 사항은 중앙인사위원회가 정하도록 한 조문을 근거로 하여 중앙인사위원회의

516) **공무원수당규정 제15조 (시간외근무수당)** ① 근무명령에 의하여 규정된 근무시간외에 근무한 자에 대하여는 예산의 범위안에서 시간외근무수당을 지급한다. 다만, 「공무원보수규정」 별표 33의 일반계약직공무원중 연봉등급 1호 내지 4호 해당자 및 제7조제1항 단서에 해당되는 자에 대하여는 이를 지급하지 아니한다. 〈개정 1990.1.15, 1998.2.28, 2000.4.18, 2001.1.4, 2005.1.7〉

공무원수당 등의 업무처리지침에서 그 지급 제외 대상자로 '재외공무원 및 공무원수당규정 제4조[517]의 적용을 받는 국외파견 공무원'을 추가적으로 규정하고 중앙인사위원회는 여기에 해외파병장병들도 위 국외파견공무원에 포함시켜 시간외 근무수당을 지급하지 않도록 유권해석을 하고 있다.

하지만 이미 위에서 살펴본 육군본부 법무실과 국방부 법무관리관실의 입장 같이 해외파견 군인 및 군무원의 경우에는 군인 등 해파수당 규정이 공무원수당규정보다 우선하여 적용된다. 또한 공무원수당규정 제15조 제4항에서 시간외 수당의 지급방법 등 수당지급에 필요한 사항을 중앙인사위원회가 정하라고 한 것은 수당의 지급방법과 지급에 필요한 절차적 사항만을 정하도록 위임한 것이지 수당의 지급제외 대상자를 확대하거나 그 범위에 파병장병을 포함시키는 것은 위임의 범위를 넘어설 뿐 아니라 규범의 체계를 무시한 것이다. 또한 중앙인사위원회가 예규로 해외파견공무원을 시간외 근무수당의 지급제외 대상자로 포함시켰다고 해도 개인단위 파병이 아니고 일반적인 공무가 아니라 군사 활동을 위한 해외파견 임무를 수행하는 파병군인 등은 위 공무원의 범위에 포함될 수 없으며, 육군본부 법무실과 국방부 법무관리관실도 동일한 입장이다[518].

군인 등 해파수당 규정 제2조 제2항에 명확하게 병급을 제외하도록 한 공무원수당규정 제13조 및 제14조의 위험근무수당 및 특수 업무수당을 제외한 제 수당은 파병장병에게 모두 지급되어야 한다. 즉 시간외 근무수당은 규정상 병급이 금지된 수당에 해당하지 않으므로 당연히 지급되어야 하고, 지금까지 미지급된 부분에 대해서는 소급하여 지급하여야 할 것이다.

(5) 소결

국방부 복지정책과에서 사단 법무참모부에 답변한 바와 같이 육본 법무실 및 국방부법무관리관실에서 파병수당과 병급이 금지되지 않는다고 해석한 시간외 근무수당 등이 지금까지 미지급된 부분에 대해서는 예산상의 이유로 소급 지급이 불가능하지만 적어도 항공수당, 부사관 장려수당 등 특수업무수당, 위험수당 및 군법무관수당에 대해서는 파병수당과 병급이 가능하도록

---

517) **공무원수당규정 제4조 (국외파견공무원의 수당등의 지급에 관한 특례<개정 2001.1.4>)**
① 능력의 개발 또는 업무수행을 위하여 국외의 교육연구기관 · 국제기구 또는 외국정부기관에 파견(「공무원교육훈련법」에 의한 파견 및 「군위탁생규정」 제4조의 규정에 의한 외국유학을 위한 파견을 제외한다)되거나 국가적사업의 수행을 위하여 특히 필요하여 정부투자기관등의 국외지사에 파견된 공무원 및 「재외국민의 교육에 관한 규정」에 의하여 국외에 파견된 교육공무원에게는 재외공관에 근무하는 공무원(재외공관에 주재하는 무관을 포함하며, 이하 "재외공무원"이라 한다)에게 지급하는 수당 등에 관한 규정을 준용하여 동 규정에 의한 수당 등을 지급한다. <개정 2001.1.4, 2005.1.7, 2006.1.12>

518) 앞의 두 기관의 파병수당에 대한 질의 · 응답 참조.

중앙인사위원회와 기획예산처 등 관련부처와 협의하여 군인 등 해파수당 규정을 개정하여 2008년경 부터는 지급할 수 있도록 개정작업을 하고 있다는 것은 바람직한 방향이므로 최대한 빠른 시일내 이루어지도록 해야 한다. 이에 대해서는 관련 부서들의 지속적인 관심과 노력이 요구된다.

나. 당사자의 동의 없는 근무기간 연장 관련 사례

(1) 문제의 제기

파병인원들에게 있어서 파병지에서의 근무기간은 매우 중요한 문제이다. 현재 근무기간은 이미 검토한 바와 같이 아무런 법령의 위임 없이 국방부 해파규정 제30조에 규정되어 있다. 하지만 규정의 성질에도 불구하고 근무기간은 법규적 사항을 포함하고 있어 그 내용의 해석에 있어서 여러 가지 문제점을 가진다. 여기에서 먼저 파병지의 근무기간의 법적성격을 어떻게 해석해야 하는가가 문제된다.

근무기간의 성격을 어떻게 보던지 간에 근무기간을 연장하는 것과 관련하여서는 본인의 희망에 상관없이 이를 연장하는 것은 당사자에게 큰 불이익이 될 수 있다. 비록 최초 자신의 희망에 의하여 파병을 지원했다고 하더라도 일정한 기간 동안 파병임무를 수행하는 것으로 신뢰하고 지원을 한 것이므로 최초에 파병 지원 시 국방행정청이 형성한 일정한 근무기간에 대하여 정당한 신뢰는 보장되어야 할 것이다. 하지만 파병 근무기간 관련 규정이 미흡한 관계로 2007. 7.경 합참에서 파병인원 들의 동의 없이 파병 근무기간을 연장하려는 정책 결정과 관련하여 문제가 발생한 구체적인 사례가 있었다. 이하에서는 이러한 사례를 분석하여 파병 근무기간과 관련된 규정의 문제점을 지적해 보겠다.

(2) 사건의 개요

지금까지 자이툰 사단의 해외파병 인원들은 원칙적으로 6개월간의 파병근무를 수행하여 왔다. 다만, 주요직위자인 사단장, 부사단장, 기무부대 일부 인원 등은 1년간 파병근무를 수행하고 있다. 그런데, 2007. 4.경 사단 지휘부와 합동참모본부는 잦은 인원 교대로 인한 업무혼란 등을 이유로 6진 2차 인원들의 근무기간(2007. 4.말경부터 2007. 10.말경)을 기존의 6개월에서 1개월가량 연장하여 6진 3차 인원들과 같은 시기(2007. 11.말경)에 철수시키는 방안을 논의 하였다. 결국 사단에서는 6진 2차는 3주 정도를 연장 근무하고 6진 3차는 1-2주를 단축 근무하여 6진 2차와 3차를 동시에 교대시키는 방안에 대하여 합참에서 의장님 결재를 득하여 6진 2차 인원들을 근무기간을 연장시키는 계획을 추진하였다.

이에 대하여 자이툰 사단 6진 2차 일부 인원들은(주로 의무대 군의관들임) 3주 연장근무는 당초 6개월만 근무하기로 신뢰하고 파병지원을 한 자신들의 신뢰를 침해한다면서 자신들의 동의 없는 연장근무가 가능한지 사단 법무참모부에 질의를 해왔고, 사단 법무부는 합참 법무실에 법령질의를 하였다.

군의관들이 문제로 삼은 것은 의무사령부에서 파병인원을 위임 선발하는 군의관들의 경우에는 당초 파병지원과정에서 6개월 후에는 철수하는 것으로 공고가 나서 파병 지원했다는 점, 자신들과 6개월 후 교대할 후임 군의관들도 자신들을 선발할 때 동시에 선발하여 수통에서 근무하면서 파병 임무교대를 대기하고 있다는 점, 3월 파병준비단 파병준비를 위한 교육과정에서 합참작전지원처장(해군 준장)이 6개월 후 철수를 보장하는 듯 한 발언을 했다는 점 등을 이유로 들어 행정의 신뢰보호원칙에 반한다면서 소송을 통해서라도 위와 같은 연장결정을 취소하겠다는 입장이었다. 사단에서는 사단장까지 관련인원들을 설득하는 등 노력을 기울였으나 관련인원들은 국민고충처리위원회에 이러한 파병기간 연장결정은 부당하다면서 자신들에 대한 연장결정을 취소하고 최초 계획대로 10월 말에 철수를 시켜야한다는 취지로 고충처리를 신청하였다.

(3) 근무기간의 법적 성격

국방부 해파규정 제30조에서 규정하고 있는 근무기간의 법적성격을 군인사법의 규정을 중심으로 살펴보면 두 가지 측면에서 접근을 할 수 있다. 군인사법상 기간은 제7조의 의무복무기간[519]과 제16조의 보직기간으로 나누어 볼 수 있다. 복무기간은 헌법 제39조 제1항에 의해 법률이 정하는 바에 의한 국방의 의무의 내용이 된다고 보아야 할 것이다. 따라서 이 기간은 본인이 원하던 원하지 않던 간에 그 기간은 반드시 복무를 해야 한다[520]. 하지만 이 기간이 지난 후에는 군인사법 제37조에 의거 언제든지 원에 의한 전역을 하여 병역의 의무로부터 벗어날 수 있다[521]. 즉 의무복무기간이 만료되면 전역을 신청할 권리가 발생한다.

군인사법 제16조의 보직기간은 이와는 다른 성격을 가진다. 보직은 편제 직위소요를 충족시키

519) 다만 병의 의무복무기간은 병역법 제2조 제1호에 별도로 규정되어 있고 이것은 병의 경우에는 국방의무대상자로서 징집에 의한 군복무이기 때문이라고 보는 입장으로 임천영, 군인사법, 법률문화원, 2004, 214쪽 참조.

520) 임천영, 앞의 책, 214쪽.

521) **군인사법 제35조 (원에 의한 전역)** ① 제7조에 규정된 복무기간을 마친 장기복무자 자는 원에 의하여 현역으로부터 전역할 수 있다. 다만, 전시, 사변 등의 국가비상시에는 예외로 한다. <개정 1976.12.31, 1999.1.29>

기 위해서 유형별 인사관리에 기준을 두고 직무 수행 상 요구되는 지식·적성·본인의 희망 등을 고려하여 일정한 직위를 부여하는 것을 말한다. 따라서 일정한 직위에 보직된 자에게는 법규에 정해진 임기를 보장해 주는 것이 원칙이며 법에 규정된 사유가 없는 이상 임기 이전에 보직변경이나 보직해임을 시킬 수 없다[522]. 장교보직관리규정(육군규정 113, 2007. 4. 1. 부분 개정) 제34조에서는 각급 직위의 보직임기 기준을 정하여 놓고 인력운영 상 필요한 경우에는 당해방침/지침에 의거 심의 후 조정할 수 있도록 하고 있어 이러한 임기보장의 원칙을 명확히 하고 있다. 따라서 보직기간은 일정한 임기를 보장해주는 권리를 부여하는 규정으로 볼 수 있다.

하지만 상위의 직위에 보직되는 경우 등 일정한 사유가 있으면 임기 이전에도 보직을 변경할 수 있도록 하여 군의 유형별 인사관리 개념에 의거 효율적인 인력운영을 통한 국방목적 달성을 위한 기간으로의 성격도 가진다고 볼 수 있다. 그러므로 보직기간은 가급적 그 임기를 보장해 주어야 하지만 그 기간이 반드시 준수되어야 하거나 기간이 만료되었다고 당연히 보직변경 등을 신청할 권리가 발생한다고 보기는 어렵다.

결국 보직은 국방 조직 및 정원에 관련된 법규에 의하여 정해진 편제직위를 충족시키기 위한 것이다. 그러므로 일정한 보직을 운영하기 위해서는 그 보직에 적합한 인원이 필요하며 중요한 보직의 경우에는 기존의 보직을 수행하던 인원이 보직기간이 만료되었다고 하더라도 적합한 후임자가 없거나 후임자가 아직 정해지지 않았다면 일정한 기간 동안은 규정된 보직기간을 초과하여 근무할 수도 있다. 즉 개인의 희망에 의해 일정한 보직기간이 만료되었다고 당연히 그 보직에서 벗어날 수 있는 권리를 부여한다고 보기는 어렵다.

국방부 해파규정의 파병지에서의 근무기간은 일단은 보직기간으로서의 성격을 가진다고 보는 것이 합당하다. 근무기간을 일정한 의무기간을 부여한 것으로 보기에는 국방의 의무를 법률로 정하도록 하는 헌법에 반하는 점, 파병인원선발은 파병임무수행을 위해서 일정한 직무 수행 상 요구되는 지식·적성·본인의 희망 등을 고려하여 일정한 직위를 부여하는 것이라는 점, 또한 파병기간의 종료 후 국회동의에 의한 파병연장여부의 결정, 적합한 후임자의 선발 등 여러 가지 사정을 고려해 볼 때 근무기간이 지났다고 하여 바로 귀국을 시켜달라고 주장할 권리가 발생한다고 볼 수 없다는 점에서

---

522) **제16조 (보직)** ② 장교는 임기 이전에 보직변경 또는 보직 해임되지 아니한다. 다만, 다음 각 호의 어느 하나에 해당하는 경우에는 그러하지 아니하다. <개정 1994.12.31, 2005.3.31>

1. 상위의 직위에 보직되는 경우
2. 심신장애로 인하여 직무를 수행하지 못하게 되었을 경우
3. 당해 직무를 수행할 능력이 없다고 인정되었을 경우
4. 전투작전상 필요할 경우

근무기간은 파병직위에 보직된 후 임무를 수행하는 보직기간으로 보는 것이 타당하기 때문이다.

하지만 해외에서 임무를 수행해야 하는 파병임무의 특성상 이러한 파병임무는 국내에서의 병역 의무의 수행과는 다른 성격의 국방의 의무를 위한 복무기간으로서의 성격도 가진다고 볼 필요도 있다. 따라서 파병임무수행의 적합성이나 기타 정책적인 사유로 인하여 특정한 개인에게 무한정 정해진 근무기간을 넘어서 임무를 수행하도록 하는 것은 국내에서 병역의 의무를 이행하는 것과 비교하여 지나치게 과도한 의무를 부담시켜 다른 군인들과 입장에서 평등의 원칙에 반할 여지가 있다.

결국 파병근무기간은 보직기간의 성격이 강하다고 하더라도 개인에게 일정한 국방의 의무를 부담시키고 국내에서와는 구별되는 여러 가지 추가적인 기본권을 제한하게 되므로 일정한 기간이 지나면 파병임무의 종결을 신청할 권리를 보장하는 복무 기간적 성격을 인정할 필요도 있을 것이다. 더욱이 보직기간이라고 보더라도 일정한 근무기간 동안만 파병임무를 수행하는 것으로 신뢰를 형성하였고, 또한 이러한 신뢰를 정당화할 만한 여러 가지 사정이나 선례가 존재한다면 신뢰의 보호를 주장하여 귀국을 신청할 권리를 보장해 줄 여지가 전혀 없는 것은 아니다.

(4) 근무기간 관련법령의 검토

파병지에서의 근무기간이 위에서 검토한 바와 같이 국방의 의무의 내용을 결정하고, 개인의 기본권에 많은 영향을 미치는 것임에도 불구하고 파병지에서의 근무기간의 법적성격이나 그 기간의 길이를 규정한 법규로서의 성격을 가지는 규범은 존재하지 않는다. 결국 파병지에서의 근무기간은 국방부 해파규정 제30조에서 정하고 있는 규정이 전부이다[523].

개정 전 국방부 해파규정(국방부훈령 제738호, 2003. 8. 1.)은 제28조 제1항에서 "부대단위의 파견은 6월, 개인단위의 파견(군감시단, 사령부 참모, 연락단 등)은 1년을 원칙으로 하되, 근무연장을 희망하는 자에 대하여는 현지사정 및 근무여건을 고려하여 각 군 인력운영상 제한사항이 없는 범위 내에서 유엔과 협의하여 연장 조치한다"고 규정하고 있었다. 위 규정의 내용만을 가지고 해석을 하면 근무연장을 희망하지 않는 자에 대하여 근무연장을 시킬 수 있는지 여부, 만약 연장시킬 수 있다면 그 사유, 기간, 내용, 방법 및 절차에 대한 구체적인 규정이 없다는 문제가 있다. 즉 위 규

---

523) **국방부 해파규정 제30조(근무기간 등)** ① 파병요원의 근무기간은 부대단위 파견의 경우는 6개월, 군감시단·참모요원·연락장교 등 개인단위 파견의 경우는 1년을 원칙으로 하되, 각 군 참모총장은 기간의 연장 또는 단축 사유가 있을 경우에는 관련 규정에 따라 자체 심의를 거쳐서 연장 또는 단축 조치를 할 수 있다.
② 개인단위 복수의 파병요원이 동일지역에 임무를 교대할 경우 업무 공백 등의 필요에 따라서 UN 및 관련기관과 협의하여 축차적인 교대를 실시할 수 있다.

정이 근무연장을 원하지 않는 인원에 대하여는 근무연장을 강제할 수 없다는 취지인지, 그렇지 않다면 위 규정은 국가의 국방정책판단에 따라 파병임무수행에 가장 적합한 기간은 부대단위 파병의 경우에는 6개월을 원칙으로 하되, 본인의 희망에 따라 연장을 원하는 경우에는 부대사정을 고려하여 연장근무 여부를 결정하고, 정책적인 판단 하에서 연장이 필요하다고 인정되는 경우에는 별도의 규정이 없이도 근무연장을 원하지 않는 인원에 대하여도 근무연장을 강제할 수 있다는 것인지가 분명하지 않았다. 그리고 만일 근무연장을 원하지 않은 인원에 대하여도 근무연장을 강제할 수 있다면 그 사유, 기간, 내용, 방법 및 절차는 어떠한지 여부를 판단할 수가 없는 모호한 규정으로 이루어져 있었다.

그러나 위 해파규정은 2007. 1. 29. 전부개정(국방부훈령 제811호)되었으며, 개정 규정 제30조 제1항에서는 파병요원의 근무기간은 부대단위 파견은 6개월로, 개인단위 파견은 1년을 원칙으로 하되 각 군 참모총장이 기간의 연장·단축 사유가 있을 경우에는 관련 규정과 자체 심의를 거쳐 연장 또는 단축 조치할 수 있도록 되었다. 결국 위와 같은 논란의 여지가 있는 규정이 어느 정도는 명확해졌지만 이 규정에서도 부대단위 파견과 개인단위 파견의 차이는 무엇인지, 기간의 연장·단축의 사유는 무엇인지 등이 명확하지 않은 문제는 여전히 있다. 또한 파병기간의 연장 등에 관한 참모총장이 정한 각 군 규정이나 심의절차 규정 등이 전혀 존재하지 않는다는 점도 문제가 아닐 수 없다[524].

(5) 관련기관의 견해

(가) 합참 법무실[525]

합참 법무실은 파병 업무의 수행절차 내지 인원선발의 책임 등 파병에 관한 일반적인 사항을 규정한 국방부훈령인 국방부 해파 규정에 따를 경우 각 군 참모총장은 일정한 사유가 있는 경우 파병기간을 연장·단축할 수 있을 것으로 보았다. 다만 위 규정에 따라 파병기간을 연장하게 될 경우 파병 당사자의 동의를 구해야 하는지 국방부 해파규정에서는 명시적인 규정을 두고 있지 않아 문제가 있지만 최초 해외 파병 선발 시에도 지원 선발이 원칙이나, 지원자가 없는 경우 지명추천을 통하여 선발하게 되며 파병 인사명령 거부행위는 정당한 명령에 대한 불복으로 군형법

524) 이러한 규정에 대해 고충처리를 신청한 군의관들은 각 군 참모총장이 파병을 연장결정하기 위한 관련규정이 무엇이고, 어떠한 절차와 사유를 가지고 파병연장 결정을 할 수 있는지 법무부로 질의를 해왔으나 관련된 적확한 규정을 찾을 수가 없었다.

525) 합참 법무실-1301(2007. 7.3), 해외파병 근무기간 연장에 관한 법령질의 회신.

상 항명죄(제44조) 및 징계처벌이 가능한 점[526]에 비추어 보면 해외 파병 절차에 당사자의 동의를 필수불가결의 요소로 보기는 어렵다는 입장이다.

다만 각 군 참모총장이 파병기간을 연장할 경우에는 정당한 이유가 있어야 할 것이며 이러한 정당한 이유를 판단함에 있어서 파병인원의 파병기간에 대한 신뢰보호라는 사익와 파병기간의 연장의 정책적 필요성이라는 공익을 비교 · 형량하여 결정하여야 한다고 하였다[527].

(나) 국민고충처리위원회의 견해

자이툰 일부 장병이 제기한 파견 당사자의 의사와 상관없이 파병기간의 연장은 부당하므로 6개월의 파병기간이 만료되는 2007. 10. 27. 귀국할 수 있도록 해 달라는 취지의 민원사항과 관련하여 국민고충처리위원회는「국민고충처리위원회 운영에 관한 법률」제32조(고충민원의 각하 등) 제1항에 민원이 고도의 정치적 판단을 요하거나 국가기밀 또는 공무상 비밀에 관한 사항에 해당될 경우 '접수된 고충민원을 각하하거나 관계 기관에 이송할 수 있다.'는 규정을 근거로 합동참모본부와 각 군 본부의 의견을 문의하였다.

이에 따라 동 위원회는 대한민국 국군의 파병연장은 정치적, 정책적 사안이 명백하지만, 개별부대의 파병연장 등에 관한 문제는 정책적 판단이 다소 존재하더라도 적법절차나 신뢰보호문제가 적용될 수 있다고 하면서도 국방부가 2007. 6. 자이툰 부대의 파병연장 또는 철군에 대한 결정은 파병목적의 달성여부, 이라크 현지의 동맹국 동향, 미국정부의 입장, 기업의 이라크 진출전망 등에 대한 종합적인 평가에 의하여 결정되어야하는 고도의 정책적이고, 정치적인 결정이 필요한 사안으로 이는 국회 또는 국무회의 등을 통하여 결정되어야한다는 결론이어서 민원인에게 도움을 줄 수 없다는 회신을 하였다.

결국 국민고충처리위원회는 파병장병의 파병임무수행기간을 당사자의 동의 없이 연장하는 경

---

526) 육본 법제과 - 149(05. 3. 8.) '정당한 해외파병 명령 거부자 법적조치 관련 질의 회신' 참조.

527) 합참 법무실-1301(2007. 7.3), 해외파병 근무기간 연장에 관한 법령질의 회신. 그 전문은 아래와 같다.
다만 각 군 참모총장이 파병기간을 연장할 경우에는 정당한 이유가 있어야 할 것이며 이러한 정당한 이유를 판단함에 있어서 만약 파병된 자의 파병기간에 대한 정당한 신뢰가 존재한다면 이에 대한 보호가 고려되어야 할 것임. 파병기간에 대한 신뢰가 정당한 것인지 여부는 그 동안 파병기간에 대한 관행의 존재 여부, 파병관계자가 파병될 자에 대하여 파병기간에 대한 공식적인 명시적 또는 묵시적 약속이 있었는지 여부, 파병명령에 파병기간이 명시되어있는지 아니면 이러한 기간이 명시됨이 없이 파병부대에 전속한 것인지 여부 등과 파병기간 연장의 현실적인 필요성 등을 비교 · 형량하여 판단하여야할 것으로 보임.
또한 파병된 자의 자발적인 근무의욕을 고취하고 민원발생을 사전에 차단하며 인사절차에 대한 당사자의 참여권을 폭넓게 보장한다는 측면에서 파병기간 연장전 당사자의 동의를 구하는 등의 절차를 취하는 것이 바람직할 것으로 판단됨.

우에도 이것은 고도의 정책적이고 정치적인 결정이 필요한 사안이므로 국민고충처리위원회가 처리할 사안이 아니라고 각하하거나 관계기관인 국방부로 이송할 사안으로 판단을 하고 국방부가 개인의 동의여부에 따라 파병임무수행기간을 정할 수 없다는 입장이므로 민원인에게 도움을 줄 수 없다는 견해라고 정리할 수 있다[528].

(다) 검토 및 사견

1) 신뢰보호의 원칙 위반 여부

신뢰보호의 원칙이란 행정기관의 적극적·소극적 행위의 정당성·존속성에 대한 개인의 보호가치 있는 신뢰를 보호해 주는 원칙으로 영미의 금반언의 원칙과 비슷한 이념 하에서 인정되는 것이다[529]. 일반적으로 행정상의 법률관계에 있어서 행정청의 행위에 대하여 신뢰보호의 원칙이 적용되기 위해서는, 첫째 행정청이 개인에 대하여 신뢰의 대상이 되는 공적인 견해표명을 하여야 하고, 둘째 행정청의 견해표명이 정당하다고 신뢰한 데에 대하여 그 개인에게 귀책사유가 없어야 하며, 셋째 그 개인이 그 견해표명을 신뢰하고 이에 상응하는 어떠한 행위를 하였어야 하고, 넷째 행정청이 위 견해표명에 반하는 처분을 함으로써 그 견해표명을 신뢰한 개인의 이익이 침해되는 결과가 초래되어야 하며, 마지막으로 위 견해표명에 따른 행정처분을 할 경우 이로 인하여 공익 또는 제3자의 정당한 이익을 현저히 해할 우려가 있는 경우가 아니어야 한다[530].

사안과 관련해서 행정청의 선행행위라고 할 만한 것이 무엇인지를 살펴보면 파병기간을 6개월로 공고한 파병모집공고, 후임자를 동시에 선발하여 임무교대를 위하여 대기시키고 있는 점, 합참관계자의 6개월 후 철수 약속 등을 들 수가 있다. 따라서 위와 같은 선행행위에 의해서 파병지원자들은 해외파병인원으로 선발되더라도 6개월 후에는 귀국할 수 있다는 신뢰가 형성되어 이에 따른 처분으로 파병지원과 파병선발 후 임무수행이 있었다고 할 것이다. 여기서 보호가치 있는 신뢰로 파병지에서 6개월 임무 후 귀국을 할 것이라고 믿은 것이 보호가치 있는 신뢰에 해당하는지를 검토해 볼 문제이다. 그리고 국가가 다시 6개월이 지나서 철수 및 임무교대를 시키려는 계획을 수립한 것이 신뢰에 반하는 후행행위로서 파병인원들에게 손해를 발생시켰어야 하는데 어떤 손해가

528) 국민고충처리위원회의 견해는 개별적으로 민원을 제기한 파병장병에게 회신되었던 내용을 민원제기자의 동의를 구하고 회신내용을 입수하여 소개한 것으로 이 자리에서 논문작성을 위한 자료로 개인적인 민원제기에 대한 회신내용을 제공해 준 민원인에게 감사를 표한다.

529) 유지태, 앞의 책, 36~39쪽; 육군사관학교, 앞의 책, 458쪽

530) 대법원 2006.2.24. 선고 2004두13592 판결 [공2006.4.1.(247),521]

있다고 보아야 하는지 또한 판단해 볼 문제이다.

먼저 선행행위의 존재와 관련하여서는 일반적으로 행정상의 법률관계에 있어서 행정청의 행위에 대하여 신뢰보호의 원칙이 적용 요건의 하나인 행정청의 공적 견해표명이 있었는지의 여부를 판단하는 데 있어서는 담당자의 조직상의 지위와 임무, 당해 언동을 하게 된 구체적인 경위 및 그에 대한 상대방의 신뢰가능성 등에 비추어 실질에 의하여 판단하여야 한다[531]. 먼저 파병모집요강에 파병 근무기간을 6개월이라고 적시한 바가 있다면 이것은 국방부 해파규정 제30조의 원칙적인 파병기간을 공시한 것일 뿐 더 이상의 의미를 찾기가 어렵고, 후임자를 미리 선발한 것도 반드시 6개월 뒤에는 파병임무 교대가 이루어지리라는 견해의 표명이라고 보기 어려우며, 합참관계자의 발언도 파병임무교대와 관련된 파병기간의 결정은 합참의장의 결정사안이고 그 연장여부도 각 군 참모총장이 일정한 사유가 있다면 연장·단축할 수 있는 것이므로 위 합참관계자의 발언을 파병 근무기간과 관련된 행정청의 공적인 견해표명이라기보다는 단순한 개인적 차원에서 행정청의 단순한 정보제공 내지는 일반적인 법률상담 차원에서 이루어진 것이라고 볼 여지가 많다[532]. 결국 파병 근무기간에 대한 행정청의 공식적인 견해표명은 부대단위 파병의 근무기간은 6개월을 원칙으로 하되 일정한 사유가 있다면 각 군 참모총장이 연장·단축할 수 있다는 국방부 해파규정 제30조가 될 것이다.

다음으로 행정청의 견해표명에 대해서 6개월 뒤에 파병임무가 종료되리라고 신뢰한 것에 보호가치가 있는지를 판단해 보면 국방부 해파규정은 이미 일정한 경우에 파병기간의 연장 가능성을 열어 놓고 있으며, 국회의 파병연장결정이 아직 이루어지지 않은 상황에서 연내 철수여부가 확정되지 않은 가운데 합참의 정책적인 결정에 의해 기존 파병인원의 파병기간이 연장될 수 있다는 것은 파병인원들도 충분히 예상 가능한 것이므로 군의관들이 주장하는 신뢰의 보호가치는 크지 않을 것으로 보인다.

다음으로 파병기간이 연장됨으로써 파병인원들이 권리의 침해를 받았다거나 일정한 손해가 발생했는지를 살펴보면, 앞에서 파병 근무기간의 성격은 보직기간으로서의 성격을 가지므로 군인사법상 의무복무기간과 같이 일정한 기간이 만료되면 임무를 종결시켜달라는 권리가 발생한다고 보기 어렵다는 점에서는 권리의 침해가 없다고도 할 수 있으나, 파병임무의 특수성을 고려하여 무한정 그 기간을 연장하는 것은 평등원칙의 침해가 될 수는 있으므로 연장된 기간의 길이를 살펴보아야 할 것인데 3주 정도의 기간연장은 평등권의 침해라고 보기도 어렵다. 또한 파병기간의 연장에 따라 개

531) 대법원 1997. 9. 12. 선고 96누18380 판결 참조.

532) 대법원 2006. 4. 28. 선고 2005두9644 판결 참조.

인적으로 계획했던 일들이 무산되는 것들은 국가가 보상해야할 손해라고 보기 어려우며 단지 심리적인 손해로서 위자료를 고려해 볼 수 있으나 그것도 인정되기 어렵거나 미미할 것으로 판단된다.

설사 신뢰보호의 요건에 해당하더라도 그 후행행위의 취소 여부는 제3자의 이익이나 공익의 침해와 비교·형량하여야 한다. 물론 중대한 공익상 필요가 있다고 하더라도 법률의 근거 없이 국민의 자유와 권리를 제한할 수는 없다는 것이 법치주의의 기본원리이다[533]. 하지만 해외파병은 위에서 살펴본 바와 같이 직접적인 기본법률은 없으나 헌법과 여러 가지 국방관련 법률에 의하여 그 근거를 찾을 수 있고, 국방정책과 관련해서는 개인의 권리침해가 심대하지 않은 이상 국방 행정청에 많은 재량여지를 확보해 줄 필요가 있다고 볼 것이다. 이미 살펴본 바와 같이 파병기간의 연장은 3주에 불과하여 그 사익의 침해가 크다고 보기는 어렵다. 반면 연장결정을 취소할 경우에는 국회의 파병기간 연장결정이 되지 않은 상태에서 새로운 파병인원의 모집과 교대를 시킴으로써 해외파병이라는 국방정책의 중요한 목적이 달성하는데 여러 가지 비효율적인 요소가 발생하고 국민들의 세금을 불필요하게 낭비하는 결과를 초래할 것이다. 따라서 공익상의 이유와 국방행정의 재량확보를 위해서도 그 정도의 사익의 침해하는 행위는 정당화될 수 있을 것이다.

결론적으로 일부 인원들이 주장하는 바와 같이 신뢰보호의 원칙을 이유로 해서 파병기간을 3주 연장한 결정에 대해서 그 취소를 구할 수는 없을 것으로 판단된다.

2) 행정의 자기구속의 원칙의 침해 여부

행정의 자기구속의 원칙은 평등의 원칙이 구체적으로 적용되어 나타나는 원칙으로 행정기관이 행정결정에 있어서 동종의 사안에 대하여 이전에 제3자에게 행한 결정과 동일한 결정을 상대방에게 하도록 스스로 구속당하는 원칙을 말한다[534]. 이 원칙은 주로 행정규칙의 재량준칙에 의거하여 구체적인 결정을 하는 경우에 당해 행정규칙의 적용에 있어서 일정한 행정관행이 형성한 경우에 합리적인 사유 없이 종전의 행정관행에 반하는 행정행위를 할 수 없고 이에 스스로 구속을 받게 되는 경우 적용되는 것이다. 파병 근무기관과 관련해서도 지금까지 3년간 파병인원들이 임무를 수행하면서 특별한 사정이 없는 한 6개월 마다 임무교대를 해왔으므로 근무기간은 6개월로 한다는 행정관행이 성립했다고 볼 것인가가 문제된다.

하지만 행정의 자기구속의 원칙도 관행이 위법적이거나 관행이 존재한다고 보기 어려운 경우

533) 김남진, 중대한 공익상 필요와 법치행정의 실종, 2003. 8. 7. 법률신문 제319호 참조

534) 유지태, 앞의 책, 43쪽.

에는 적용될 수가 없다. 파병 근무기간과 같은 경우에는 위법한 관행이라고 볼 수는 없고 다만 파병근무기간을 6개월로 해왔던 것은 재량준칙에 대한 일정한 관행이라기 보다는 국방부 해파규정 제30조의 근무기간의 원칙 규정을 적용해왔을 뿐이고 일정한 경우에는 파병기간을 연장·감축할 수 있도록 하는 같은 규정의 단서 조항은 언제나 적용이 가능한 것이므로 행정관행이 형성되었다고 보기도 어렵다.

무엇보다도 행정의 자기구속의 원칙은 종전의 행정관행을 합리적 사유 없이 따르지 않는 것으로 그 상황이 동일한 경우에만 평등원칙을 이유로 그 적용을 주장할 수 있다. 하지만 사안에서는 파병임무의 종결여부의 미 확정, 파병부대 인원의 감소로 따른 부대교대 소요의 축소 등 여러 가지 사정의 변화가 생겼으므로 설사 일정한 행정관행이 형성되었더라도 그 행정관행의 적용을 위한 상황이 변화가 생긴 것이라고 보이므로 위 원칙의 적용을 주장할 수 없다.

3) 소결

이상에서 검토한 바와 같이 일부 파병인원들의 주장과는 달리 파병 근무기간의 연장과 관련하여 파병기간의 결정이 고도의 정책적·정치적 결정사항이라는 것을 고려한다면 정부에 많은 융통성과 재량여지를 부여할 필요가 있다는 점에서 일부 당사자에게 동의가 없거나 정보제공 과정에서 다소 명확성이 없었다는 점만으로 위법한 행정행위가 있었다고 보기는 어렵다. 다만 일정한 경우에 파병 근무기간 연장을 위해서는 각 군 참모총장이 관련 규정과 차체 심의를 거쳐 연장 또는 단축 조치할 수 있도록 되어있는 국방부 해파규정과 관련하여 참모총장에 의한 파병기간연장결정을 위한 절차와 사유를 규정한 관련규정이 만들어진 바를 찾지 못했다는 점은 문제가 아닐 수 없다.

이것은 행정규칙의 부재이므로 엄밀한 의미에서 법치행정의 원리를 침해한 것이라고 보기는 어렵지만 행정의 획일성, 예측가능성, 군사행정법 관계의 법적 안정성 측면에서 법치행정에 충실한 정책결정을 위해서는 이와 같은 연장관련 육군규정이 정비되어야 할 필요가 있다. 따라서 이러한 문제를 해결하기 위해서는 파병인원들을 선발하는 절차에 대해서 본질적인 사항을 규정한 기본법의 제정 등 관련규정의 정비와 행정청이 일정한 행정행위를 하면서 비록 행정의 내부 구성원들에게 영향을 미치는 작용을 하더라도 그 행정행위가 내부 구성원들의 권리와 의무에 미치는 영향을 판단하여 자신의 입장을 정할 필요가 있는 경우에는 그 행위의 결과로 발생할 여러 가지 상황에 대하여 충분히 예측 가능하도록 세심한 정보제공의 필요성도 요구된다고 할 것이다.

다. 특수한 파병임무 수행을 위한 계약군무원과 관련된 문제

(1) 현행 법 규정상의 문제점

(가) 계약군무원에 대한 특별규정 부재

계약군무원은 군무원인사법(법률 제7898호, 일부개정 2006. 3. 24.) 제45조 제1항에 따르면 군무원 직무의 내용 및 특성을 고려하여 전문지식이 특히 필요하다고 인정되는 경우에 계약에 의하여 채용되는 군무원을 말한다. 같은 법 시행령 제133조 제1항에서 계약군무원을 일반계약군무원 및 전문계약군무원으로 구분하여 일반계약군무원은 일반군무원·기능군무원 또는 별정군무원의 정원에 해당하는 직위로서 국방부장관이 정하는 직위에 채용되는 군무원을 말하고, 전문계약군무원은 변호사·회계사·의사 등 전문자격이 요구되는 분야나 특정한 사업의 수행을 위하여 효과적인 대응이 필요한 분야에 채용되는 군무원을 이른다.

현재 해외파병 부대는 일정한 기간 동안 파병 임무라는 특정한 사업을 위해서 중동, 아프리카 등 다양한 지역에서 임무를 수행하기 때문에 잠정적인 임무수행을 위한 통역요원 등으로 계약군무원을 많이 활용하고 있다. 위의 분류에 따르면 자이툰 사단 등 해외파병부대에 통역요원으로 활용되는 계약군무원은 특정한 사업의 수행을 위하여 효과적인 대응이 필요한 분야에 채용되는 전문계약군무원으로 보아야 할 것이다.

외국에서의 평화유지활동이라는 일정한 기간을 두고 수행되는 파병부대의 특유한 임무를 위해서는 계약군무원제도를 활용하는 것이 매우 효과적일 수 있다. 한편 파병부대는 국내와는 구별되는 외국 지역에서 전·평시를 포함하는 다양한 상황 하에 계약군무원을 운용하게 된다. 그렇다면 이러한 해외파병지역에서 효과적으로 운용되는 계약군무원들에 대해서 파병부대 특유의 문제점들을 포함하는 관련법규들이 해외파병관련 법 규정 속에 포함되는 것이 바람직할 것이다.

그러나 현행 해외파병업무의 일반을 규율하는 국방부 해파규정에는 파병지역에서 운영되는 계약군무원에 대해서 그 특성을 고려한 별도의 규정을 찾아볼 수 없다[535]. 물론 계약군무원과 관련하

---

535) 예를 들면 2004. 4. 경 자이툰 사단 법무참모부에서는 사단에 전속된 일반군무원 및 전문계약군무원에게 자위수단으로써 총기 등의 지급이 가능한지 여부와 관련 검토를 한 바가 있는데, "정규군의 구성원" 또는 "모든 조직적인 병력과 집단 및 부대의 구성원"을 교전자의 범위에 포함시키는 제네바 제1협약 제13조와 제1추가의정서 제13조에 의할 때 위 군무원들도 교전자에 해당한다고 판단하여, 총기 등 살상병기는 소정의 절차를 거쳐 참모총장의 일반명령으로 편제표에 편제장비로 수록될 수 있고(육규 301. 정원관리 및 부대구조발전규정 제23조), 방독면 등 비상살병기는 일반군무원의 경우에 이미 편제장비로 일부 편성되어 있으므로 지급 가능하며, 군복은 장관급 지휘관은 군무원에 대하여 작전상 필요할 경우 군복을 지급하여 착용시킬 수 있음(육규 136. 복제규정 제8조.)으로 현재 위 군무원들은 전투복을 착용하고 있어 정규군과의↘

여 기존의 규정들을 종합적으로 해석하여 파병부대에 부합하는 해석을 할 수도 있을 것이다. 그러나 특정한 경우에는 그러한 해석을 허용하지 않거나 하위규정에 의하여 상위규정의 규율사항을 위반하는 경우도 발생할 수 있다[536]. 따라서 파병지역의 특성에 부합하는 계약군무원의 운영에 대한 규정을 파병기본법으로부터 관련법규명령과 행정규칙으로 이루어진 일련의 규정체계를 마련할 필요가 있다.

(나) 일반직 군무원이나 다른 장병과의 차별적 처우 금지 문제

계약군무원은 군무원인사법 제45조, 군무원인사법시행령 제134조, 제136조에 의하면 국방부장관이나 장관의 위임을 받은 각 군 참모총장 등과 채용계약을 체결하는 국가공무원법상 계약직공무원의 신분을 가진다. 따라서 계약군무원과의 채용계약을 체결함에 있어서는 그 복무내용을 정할 때에는 근로기준법의 특별법인 군인복무규율, 국가공무원규정, 계약직공무원규정 등의 내용이 우선적으로 적용되어 이에 따른 제한을 받을 것이다. 하지만 위와 같은 규정에 규율되지 않은 부분이나 근로조건을 정하는 일반원칙은 근로계약체결의 기본법이 되는 근로기준법상 근로계약체결의 제원칙[537]은 가급적 준수되어야 함은 물론이다.

구별이 사실상 어렵고, 무력공격의 목표가 될 수 있음에도 불구하고 생존성 보장에 필요한 총기 등 살상병기는 편제표에 수록되어 있지 않아서 문제가 되고 편제에 반영된 일반군무원의 경우에는 위 육규 301. 제23조에 의거 총기를 편제장비로 편성할 수 있는 여지가 있으나, 편제에 반영되어 있지 않은 전문계약군무원의 경우에는 위 규정이 적용될 수 없으므로 총기 등 살상병기를 지급하지 않는 것이 타당하다고 판단한 예가 있는데 이러한 문제는 위 견해가 정확한지도 의문이며, 또 사단 법무참모부에서 판단하기에 적절하지도 않은 것으로 보인다. 더욱이 군복착용의 문제에 있어서는 육본 법제과에서는 법제과-596('07. 6. 28.) 군무원복장 관련 질의 회신에서 군복 및 군용장구 단속에 관한 법률 제9조에 군인이 아닌 자는 원칙적으로 군복착용을 금지하고 다른 법령에 근거가 있는 경우에만 군복착용을 허용하므로 군무원의 군복착용을 허용한 육규 136 육군복제규정 제8조 제3호를 위 법 제9조의 다른 법령으로 해석할 수 없으므로 전·평시를 막론하고 군무원에게 군복착용지시를 할 수 없다고 해석하였는데 위 해석의 타당성을 떠나서 법령의 정비가 없는 상태에서 유권해석 기관 간에 견해 차이가 발생하여 이를 적용하려는 실무부서에서는 혼선이 발생할 수밖에 없는 것이다.

536) 예를 들면 육법제18501-04109('04. 5. 6.)-이라크 파병 전문계약직군무원의 계약해지관련 법령질의에 대한 회신에서는 이라크 파병사단장이 파병현지에서 아랍어 통역요원으로 사용할 목적으로 채용한 계약직 군무원 중 2명이 건강상 문제가 있다는 이유로 인원교체를 요구한 사안에서 위 계약직군무원은 채용계약서상 명시된 공무원 신체검사를 합격하였으나 이라크 파병사단장이 다시 공무원신체검사 기준보다 엄격한 장병신체검사를 받게 하여 이에 불합격한 것을 이유로 채용계약을 해지하려고 하였는데 육본 법제과에서는 법에 규정된 공무원채용심사기준이외에 보다 강화된 신체검사기준을 미리 계약직군무원의 채용조건으로 공지하여 계약에 반영시키지 않은 이상 그보다 강화된 신체검사기준을 적용할 법적근거가 없으며 계약을 해지하는 경우 그 효력이 없고 본래 약정된 계약기간 동안의 임금부분에 대해서는 손해배상의무도 있다는 취지로 회신을 했다.

537) 2007. 4. 11. 법률제8372호로 전부 개정된 근로기준법의 제 기준을 살펴보면 근로기준법 제3조에서는 이 법에서 정하는 근로조건은 최저기준이므로 근로 관계 당사자는 이 기준을 이유로 근로조건을 낮출 수 없다고 하고 제4조에서는 근로조건은 근로자와 사용자가 동등한 지위에서 자유의사에 따라 결정하여야 한다고 하고 있으면서 제15조 제1항 에서는 이 법에서

또한 계약군무원은 일반군무원과 비교하면 비정규직의 성격을 가지므로 근로기준법의 특별법인 기간제 및 단시간근로자 보호 등에 관한 법률 (법률 제8372호, 2007. 4. 11. 일부개정, 이하 '기간제법'이라 함) 제8조[538]의 차별적 처우금지의 원칙이 계약군무원의 근로조건을 정함에 있어서도 준수되어야 한다[539]. 금지되는 차별적 처우란 임금 그 밖의 근로조건 등[540]에 있어서 합리적인 이유 없이 불리하게 처우하는 것을 말한다(기간제 법 제2조 제3호). 물론 비정규직근로자에 대한 차별금지제도는 비정규직근로자의 모든 근로조건을 정규직근로자의 근로조건과 동일하게 대우하라는 것은 아니며, 합리적 이유 없이 불리하게 처우하는 것을 금지하는 것이다. 즉, 생산성·숙련도 차이, 비교대상근로자에 해당 하는지[541], 동종 유사한 업종에 종사하는지 여부[542] 등 합리적 이유가 있는 경우에는 비정규직근로자에 대하여 차등 대우하는 것이 허용된다[543].

따라서 파병임무 수행에 따른 봉급 및 각종 수당, 휴가 규정의 적용에 있어서도 계약군무원임을 이유로 파병부대에서 동종 또는 유사한 업무에 종사하는 일반군무원이나 장병에 비하여 차별적

정하는 기준에 미치지 못하는 근로조건을 정한 근로계약은 그 부분에 한하여 무효로 하고 제2항에서 제1항에 따라 무효로 된 부분은 이 법에서 정한 기준에 따른다고 하고 있으며, 제17조에서는 사용자는 근로계약을 체결할 때에 근로자에게 임금, 소정근로시간, 휴일, 연차 유급휴가, 그 밖에 대통령령으로 정하는 근로조건을 명시하여야 한다. 이 경우 임금의 구성항목·계산방법·지급방법, 소정근로시간, 휴일 및 연차 유급휴가에 관한 사항은 서면으로 명시하고 근로자의 요구가 있으면 그 근로자에게 교부하여야 한다.

538) 기간제 및 단시간근로자 보호 등에 관한 법률 제8조 (차별적 처우의 금지)
① 사용자는 기간제근로자임을 이유로 당해 사업 또는 사업장에서 동종 또는 유사한 업무에 종사하는 기간의 정함이 없는 근로계약을 체결한 근로자에 비하여 차별적 처우를 하여서는 아니 된다.
② 사용자는 단시간근로자임을 이유로 당해 사업 또는 사업장의 동종 또는 유사한 업무에 종사하는 통상근로자에 비하여 차별적 처우를 하여서는 아니 된다.

539) 2007. 7. 1.부터 국가 및 지방자치단체의 기관에 대해서는 상시 사용하는 근로자의 수에 관계없이 비정규직보호법이 적용된다(기간제법 제3조제3항). 또한 국가 및 지방자치단체의 경우는 공무원 신분이 아닌 근로자(기간제·단시간·파견 근로자)가 단 1명만 있는 경우에도 기간제법이 전면 적용된다. 물론 계약군무원은 공무원신분을 가지므로 바로 기간제법이 적용되는 것은 아니지만 기간제법의 차별금지원칙은 헌법상 평등의 원칙을 고용분야에 적용한 것으로 국가가 계약에 의해서 공무원을 채용하더라도 일반직 공무원과의 관계에서 불합리한 차별이 금지된다는 원칙은 당연히 적용되어야 할 것이다; 노동부, 차별시정안내서"기간제·단시간·파견근로자를 위한『차별시정제도』를 알려드립니다", 2007, 17-18쪽 참조.

540) 차별적 처우가 금지되는 영역은 '임금' 및 '그 밖의 근로조건 등'이다. "임금"이란 사용자가 근로의 대가로 근로자에게 임금, 봉급, 그 밖에 어떠한 명칭으로든지 지급하는 일체의 금품을 말한다(근로기준법 제2조제5호). '그 밖의 근로조건 등'은 채용이후 근로관계에서 발생하는 근로시간, 휴일, 휴가, 안전과 보건, 재해보상 등으로서 근로기준법이 규율하는 근로조건과 단체협약·취업규칙 또는 근로계약 등에 의한 근로조건이 포함될 수 있다;노동부, 앞의 안내서, 7쪽 참조.

541) 차별적 처우 여부를 판단하는 비교대상근로자는 (i) 당해 사업 또는 사업장에서 (ii) 동종 또는 유사한 업무에 종사하는 (iii) 기간의 정함이 없는 근로계약을 체결한 근로자(기간제법 제8조제1항)가 된다; 노동부, 앞의 안내서, 27쪽 참조.

542) '동종 또는 유사한 업무'란 직종, 직무 및 작업내용이 동일성·유사성을 가진 업무를 말한다. 즉, 업무성격의 유사성, 업무에 있어서 각 근로자 집단의 상호대체가능성 등을 종합 고려하여 판단하여야 할 것이다; 노동부, 앞의 안내서, 28쪽 참조.

543) 노동부, 앞의 안내서, 2쪽.

처우를 하여서는 안 될 것이다. 하지만 현행 파병관련 규정에는 계약군무원의 경우에는 일반군무원들과 비교해서 차별적 처우를 발생시키지 않도록 특별히 배려를 한 흔적이 없으며 특히 일부 규정에서는 차별적 처우가 발생할 수 있는 사정이 존재한다. 이러한 점은 파병임무 수행 간 파병장병에게 허용되는 휴가와 관련한 실제 사례를 가지고 자세히 검토해 보겠다.

(2) 문제가 된 실제 사례들

계약군무원의 운영과 관련하여 문제가 된 것은 먼저 파병관련 계약군무원에 대한 특유한 문제를 규율하는 특별규정의 부재와 관련된 것으로 자이툰 사단이 파병인원이 축소되면서 과연 계약군무원의 경우에 일반군무원과 마찬가지로 당직근무자로 편성할 수 있는지가 문제되었다. 또한 일반직 군무원이나 다른 장병과의 차별적 처우 금지 문제로는 계약군무원의 파병지에서의 휴가시행과 그 휴가일수에 관하여 기존 규정을 적용하면서 다른 파병장병과 비교하여 파병임무 종료 후 위로휴가의 실질적 보장 측면에서 불리한 점이 발생하는 사례가 있었다.

(3) 계약군무원의 근무편성 가능성

(가) 사건의 개요

2007. 5.경 자이툰 사단의 인원이 교대되면서 사단 편제 인원수가 절반으로 줄어들게 되었고, 또한 사단의 주요 작전인 민사작전을 위한 위원회를 구성하면서 근무소요가 발생하면서 기존의 계약군무원을 일반군무원과 마찬가지로 당직근무자로 편성할 수 있는지 여부가 문제가 되어 사단 법무참모부에 이에 대한 법령질의가 있었다.

(나) 검토

1) 군무원의 당직근무 편성 가능성

군무원의 당직근무 편성이 가능한지는 군무원의 복무와 관련된 규정을 살펴보아야 한다. 군무원의 복무에 대해서는 군무원인사법 제19조에 이 법 또는 「국가공무원법」에 규정한 것을 제외하고는 대통령령으로 정하도록 하였고, 같은 법 시행령 제50조에서는 군무원의 당직근무에 관하여는 당해 군무원이 소속한 부대의 장이 정하는 바에 의한다고 규정하고 있다. 따라서 현행 규정 상 원칙적으로 군무원에게 당직근무를 명하는 것은 가능하다.

한편 군무원인사관리규정(육규 124, 2007. 4. 1. 전면개정)에서는 제77조에서 '당직근무는 소속 부대장이 정하는 바에 의한다'라고만 규정하고 있어 구체적으로 군무원을 어떠한 당직근무자로 임명할 수 있는지 자격기준에 대해서는 명시적인 규정이 없으므로 이는 다른 규정들을 종합하여 판단해야 한다.

2) 군무원의 당직근무자 임명구분 및 자격기준

당직근무자의 임명구분 및 자격기준에 대해서는 육군복무규정(육규 135, 2006. 7. 1. 부분개정) 제57조에서 당직근무자의 임명구분 및 자격은 별표 6[544]에 의하도록 하고 있다. 한편 군무원인사법 제4조는 군무원에 대하여는 군인에 준하는 대우를 하되, 그 계급별 기준은 대통령령으로 정하도록 하였다. 이에 따라 군무원인사법시행령 제4조는 군무원의 계급별 대우기준을 별표3[545]과 같이 정하고 있다. 따라서 5급 군무원의 경우에는 4년 이상 근무한 경우에는 연대급 당직사령과 당직부관, 대대급 당직사령 근무가 가능하고, 그 이하로 근무한 경우에는 연대급 상황장교로서 임무수행이 가능하며 대대급 당직근무는 대대참모의 역할을 수행하지 않는 이상 편성이

---

544) 육군복무규정 [별표 6]

구분	당직사령	당직부관	당직사관	당직부사관	당직병
중대급			위관·부사관	분대장·병장	병
대대급	중대장/대대참모	부사관/분대장			
연대급	소령~대위	위관(상황장교)			
사단급	중령~소령	대위			

545) 군인사법 시행령 [별표 3] 〈개정 2003.3.25〉 군무원의 대우 기준표(제4조 관련)

군무원의 계급		대우기준	비고
일반	기능	소장	1급에서 5년 이상 재직한 자 및 소장으로 근무한 경력이 있는 자
1급	준장		
2급	대령		
3급	중령		
4급	소령		
5급		대위	5급에서 4년 이상 재직한 자
		중위	5급에서 1년 이상 재직한 자
		소위	
6급	기능 6급 이상	준위	
7급	기능 7급	원사	7급 또는 기능 7급에서 6년 이상 재직한 자
		상사	
8급	기능 8급	중사	
9급	기능 9급	하사	
	기능 10급	기능	10급에서 1년 이상 재직한 자

불가능하다. 다만 장교 3인 미만인 중대는 중·상사를 포함하여 당직근무를 편성할 수 있고 부대 실정에 따라 계급을 상·하로 조정해서 편성이 가능하지만 일반적으로 군인이 아닌 군무원의 경우에 계급을 상향하여 근무를 편성하는 것은 제한사항이 많을 것으로 판단된다.

3) 계약군무원의 근무편성 가능성

계약군무원의 복무에 대해서는 군무원인사법 제19조가 적용되므로 일반군무원과 동일하게 군무원인사법시행령 제50조가 적용되어 부대장이 정하는 바에 의하여 사단당직근무내규에 반영한다면 당직근무가 가능하다고 해석할 수 있으나, 이를 구체화한 군무원인사관리규정 제222조에서도 계약군무원의 근무조건은 일반군무원의 규정에 따라 처리하도록 하였으며, 한편 같은 규정 제216조 1항에 계약근무원의 대우에 대하여는 일반계약군무원은 군무원인사법시행령 제4조의 규정에 따라 일반·기능군무원에 준하여 대우하도록 되어 있다. 그러므로 의사·변호사·회계사 등 전문직종의 전문계약군무원도 일반계약군무원과 마찬가지로 당직근무가 가능하다고 해석하기에는 무리가 있다. 그러나 특정한 사업의 수행을 위하여 편제에 반영하지 않고 채용하여 전산·정보기술·외국어 등 전문지식·기술 또는 자격이 요구되는 분야 등 정원에 포함되는 일반계약군무원이 수행하는 임무에 활용되는 전문계약군무원이나 일반계약군무원의 경우에는 그 당직근무자로서 임명구분 및 자격기준도 위에서 검토한 바와 같이 일반군무원과 동일한 기준에서 당직근무자로서의 자격을 인정하면 될 것이다.

다만 이러한 해석 하에서도 같은 규정 제220조에 의하면 계약군무원은 기본적으로 당해 사업수행이 필요한 범위 내에서 5년 이하의 단기근무를 전제로 임용되는 인원들이다. 따라서 그 근무경력이 일천하고 수행하는 직책은 전산·정보기술·외국어 등 전문지식·기술 또는 자격이 요구되는 분야 등으로 이루어져 있으므로 당직근무 편성 시에도 그 임무부여에 있어서는 지휘관 판단에 따라 가급적 단순하고 소부대를 통제하는 임무로 제한하여야 할 것이다.

4) 소결론

계약군무원을 일반군무원과 마찬가지로 소속 부대장의 판단 하에 해당부대의 당직근무내규에 당직 근무자대상에 포함시킨다면 당직근무자로 편성할 수는 있을 것이다. 그러나 계약직군무원의 특수한 업무분야와 짧은 근무경력 등을 고려하여 그 근무자 임무 및 자격부여에 있어서 지휘관의 적절한 고려가 있은 후에 근무를 편성하여야 할 것이고 이러한 부분은 파병부대의 특성을 고려하여 국방부 해파규정 정도에 규정을 두는 것이 바람직할 것으로 판단된다.

(4) 계약군무원의 파병지 휴가시행과 관련된 문제

(가) 사건의 개요

자이툰 사단에서 계약군무원으로서 통역임무를 수행하던 인원이 개인적인 사정을 이유로 30일의 휴가를 신청을 하였다. 한편 계약군무원의 휴가시행에 대해서 이를 특별히 별도로 규정한 내용이 국방부 해파규정이나 육군 해파규정에는 존재하지 않았다. 다만 계약군무원의 휴가와 관련된 규정은 사단인사근무내규(사단내규 1-3(지원), 2007. 5. 1. 부분 개정, 이하 '사단근무내규'라 함)에서 파병지에서 위로휴가에 대해 규정[546]하고 있는 것이 전부였다. 결국 계약군무원은 파병일로부터 10개월 이상 근무하는 경우에 허용되는 15일의 위로 휴가를 계약서상 휴가조항에 의하여 실시할 수 있도록 되어 있었다. 문제는 해당군무원이 원하는 휴가일수는 30일이라서 내규 상 허용되는 휴가일수를 초과하고, 또 육본에서 계약을 체결하는 과정에서 휴가에 대해서는 계약을 체결하지 않았다는 점이었다.

이에 사단 지원참모처는 (1) 계약군무원의 휴가시행 관련 권한 및 책임은 사단에 있는지, (2) 계약군무원이 계약에 휴가관련 규정을 포함하지 않은 경우에 사단내규에서 정한 15일의 휴가 이외에 연가 등 다른 휴가가 시행 가능한지, (3) 15일의 위로 휴가 등 각종 위로 휴가는 수회에 걸쳐 분할 사용이 가능한지 (4) 계약군무원에게 위로휴가 이외의 연가 등 휴가실시 여부를 내규를 수정하는 것으로 시행 가능한 것인지 아니면 별도의 제도적 보완책이 필요한지의 4가지 점에 대하여 사단 법무참모부에 법령질의를 하였다.

(나) 파병지에서의 휴가관련 사항

1) 파병요원에 대한 휴가권자

휴가에 대해서는 군인사법상에는 그 근거규정이 없고 다만 군인사법 제65조에서 법시행에 필요한 사항은 대통령령으로 정하도록 하고 있고, 결국 대통령인 군인복무규율에서 군인의 휴가에 대한 근거규정을 찾을 수 있다. 군인복무규율 제40조는 휴가에 대한 허가권자 및 기타 절차에 관하여 필요한 사항은 각 군 참모총장이 정한다고 하고, 육규148 휴가규정 제4조 제1항에서는 휴가권자는 육본직할부대의 경우 인사명령권을 가진 부대장으로 하고 있으므로 기본적으로 사단 인원에 대한 휴가시행에 관한 권한과 책임은 부대장인 사단장에게 있다.

---

546) 사단근무내규 제3조 휴가 2. 파병 간 위로휴가는 파병일로부터 10개월 이상을 근무하는 간부 및 군무원에 한하여 만 15일 이내로 실시한다
라. 계약직 군무원은 계약서상 휴가조항에 의한다.

한편 국방부 해파규정 제22조[547]에 파병요원에 대한 휴가를 규정하고 있는데 같은 규정 제1항에서는 파병 임무수행지역 내에서의 휴가는 사단 내규에 따라 사단장이 계획을 작성하고 시행할 수 있으나 그 시행에 있어서 합참의장의 승인이 필요하고, 제2항의 6월 이상 근무자의 휴가나 제3항의 청원휴가도 합참의장의 승인을 득한 후 시행하도록 되어 있다[548].

또한 육군 해파규정에도 제5조 업무분장에서 파병요원의 휴가, 휴양에 대한 방침 수립 시행 및 관련 명령 조치는 합동참모본부의 업무로 규정하고 있다. 따라서 계약군무원을 포함한 모든 파병요원에 대한 파병기간 중의 현지에서 휴가는 휴가지역이 현지이거나 파병국 이외의 외국이나 본국인가에 상관없이 모두 합동참모본부의 휴가 방침의 범위 안에서 사단내규에 의한 사단휴가계획에 의거 사단장의 책임과 권한으로 휴가를 부여하되 합참의장의 승인이 필요한 것으로 해석된다.

2) 파병부대에서 시행 가능한 휴가 종류

이미 위에서 살펴본 바와 같이 국방부 해파규정 제22조는 제1항에서 해외파병 임무수행 지역 내에서의 휴가·휴양을, 제2항에서는 현지에서 6월 이상 임무를 수행하게 되는 해외파병 요원에 대한 휴가를, 제3항에서는 부모, 배우자, 자녀의 사망 또는 위독시 15일 이내로 실시하는 청원휴가를 규정하고 있다. 또한 같은 규정 제26조 제4항에서는 각 군 참모총장은 부대교대가 완료된 후 철수인원에 대해서 6월 이상 파견인원은 25일 범위 내에서, 3월 이상 6월 미만 파견인원은 15일 범위 내에서 위로휴가를 조치하도록 규정하고 있다. 육군해파규정에서도 제23조에서 국방부 해파규정 제22조와, 같은 규정 제27조 제4항에서는 국방부 해파규정 제26조 제4항과 동일한 내용을 규정하고 있다.

한편 사단근무내규는 위와 같은 휴가규정을 구체화하면 6개월 이상 근무자에 대한 휴가에 대해서는 제3조 제2항에서 파병 간 위로휴가라고 규정하고 파병일로부터 10개월 이상 근무한 간부와

547) **국방부 해파규정 제22조(휴가 및 휴양)** ① 파병부대장 및 군감시단의 선임장교는 소속 장병에 대한 임무지역 내에서의 휴가 및 휴양계획을 현지사령부의 규정에 의거하여 작성하고 이를 합참의장에게 보고하여 승인을 얻어 시행하되, 현지사정과 근무여건을 고려하여 이와 관련한 사항을 제한 및 통제할 수 있다.
② 파병부대장 및 군감시단의 선임장교는 현지에서 6개월 이상 임무를 수행하는 소속장병에 대하여 합참 의장의 승인을 얻어 무관이 주재하는 인접국 및 본국으로 휴가를 부여하되, 소요되는 비용은 자비부담을 원칙으로 한다.
③ 파병부대장 및 군감시단의 선임장교는 파병요원 또는 배우자의 부모, 배우자, 자녀의 사망 시 합참 의장의 사전□사후 승인을 득하여 15일이내의 청원휴가를 부여할 수 있다.

548) 다만 사단근무내규 제3조 제3항에서 청원휴가는 본인 및 배우자의 조부모, 외조부모 사망 또는 위독 시는 실시하지 않음을 원칙으로 하되 사단장 승인 하 실시 할 수 있다고 하고 있으나 이 역시 실시여부는 사단장의 승인 이외에 합참의장의 승인이 필요하다고 보아야 할 것임

군무원에게 한하여 15일 이내로 실시하도록 하고, 같은 조 제3항에서 청원휴가의 사유를 구체화 하고 있으며, 제4조에서는 귀국 후 휴가를 규정하고 있다. 그러므로 해외파병부대에게 허용되는 휴가는 파병지역에서의 휴가로 6개월 이상 근무자에 대한 파병 간 위로휴가, 일정한 휴가사유 발생 시의 청원휴가, 그리고 파병부대 교대 후 철수인원에 대한 위로휴가로 3가지의 휴가가 허용된다.

3) 파병 간 각종 휴가의 수회 분할 사용 가능성

휴가를 수회에 걸쳐서 분할 사용하기 위해서는 군인복무규율 제39조 제1항 제1호에 규정된 연가의 경우와 같이 허가권자가 이를 1회 또는 수회에 나누어 허가할 수 있다는 명문의 규정이 필요하다. 따라서 연가이외에 휴가로서 공가, 청원휴가, 위로휴가, 포상휴가, 전역 전 휴가 등과 같은 일정한 사유가 발생한 경우 특별히 허가하는 휴가들은 육규 148 휴가규정 제3조 제9항에서도 휴가는 각 명목의 기본목적에 맞게 별도로 실시하는 것을 원칙으로 하고 있으므로 수회 분할 사용한다는 것은 그 휴가를 허용한 취지에 맞지 않는다. 또한 특별한 휴가사유 발생에 따른 각종 휴가의 온선한 보상을 위해서도 분할 사용을 허가하지 않는 것이 바람직하다.

더욱이 파병지역에서 허용되는 위로휴가의 경우에는 휴가지가 국내인 경우에는 사단근무내규 제3조 제4항에 의해 휴가자가 국내에 도착한 날부터 15일의 휴가기간을 기산하므로 그 왕복에 걸리는 시간이 추가로 업무공백이 발생한다. 또한 같은 조 제6항에 의하면 휴가를 실시하는 간부나 군무원의 항공료도 예산이 허락하는 범위 내에서는 사단에서 지원하도록 되어 있다. 따라서 이와 같은 왕복기간의 추가소요와 항공료의 부담 등을 고려할 때 1회에 한하여 허용하는 것으로 해석해야 할 것이다.

다만 육규 148 휴가규정 제3조 제9항에 휴가는 각 명목의 기본목적에 맞게 별도로 실시하는 것을 원칙으로 하면서도 상이한 성격의 휴가를 통합 연결하여 시행하고자 할 경우에는 휴가 승인권자의 승인이 필요하다고 규정하고 있다. 이러한 상이한 휴가의 통합·연결시행이 가능한가를 살펴보면 파병기간 중 위로휴가는 파병복귀 1개월 전에 실시하도록 되어 있으므로 파병 후 위로휴가와 통합실시하는 것은 원칙적으로 불가능하다. 단지 청원휴가에 위로휴가를 통합·연결하여 시행하는 것은 가능할 것으로 판단되며 이를 위해서는 휴가권자인 사단장의 승인이 필요하다. 파병지 휴가시행에 관한 승인권을 가진 합참의장의 승인도 동시에 필요한 것은 아닌가를 살펴보면 파병지에서 어떠한 휴가를 허용할 것인가 여부는 합참의장의 승인사항이지만 세부적인 휴가의 구체적인 시행과 상이한 휴가에 대한 통합·연결은 사단장이 부대 운영 등을 고려하여 사단장의 승인 하에서 실시해도 문제가 없을 것이다.

4) 파병기간 중 군인복무규율에 의한 연가의 실시 가능여부

연가는 일반 노동자의 경우에는 근로기준법상에 연차유급휴가라 법적으로 보장된다[549]. 그러나 공무원의 경우에는 국가공무원법의 위임을 받은 국가공무원복무규정에 규정되어 있고, 군인 등의 경우에는 군인사법과 군무원인사법에 의하여 위임된 군인복무규율과 군무원인사법시행령에서 규율하고 있다. 그렇다고 하여 군인 등의 경우에는 연가의 실시여부가 법적으로 보장되지 않는 것은 아니며 법률의 특별히 규정이 없다면 반드시 연가를 실시하도록 보장해줘야 하는 것은 마찬가지이다. 따라서 파병인원들에 대해서 위에서 살펴본 각종 위로 및 청원휴가이외에 군인복무규율 제39조 제1항 제1호에 규정된 연가의 실시가 가능한가가 문제가 된다.

파병인원의 연가를 제한하는 것이 가능한가에 대해서 살펴보면 먼저 이를 직접적으로 제한하는 규정은 발견할 수 없다. 다만 군인복무규율 제39조 제1항 제1호에서 연가의 허가권자는 연가를 1회 또는 수회에 나누어 허가할 수 있다고 하면서 연가의 허가에 허가권자의 일정한 재량을 인정하고 있고, 같은 호 다목에서는 연가를 원하는 군인에게는 부대 임무수행 상 특별한 지장이 없는 한 이를 허가하여야 한다고 하고 있다. 즉 극히 제한적이지만 부대 임무수행 상 특별한 지장이 있는 예외적인 경우에는 연가의 허가를 제한할 수 있다는 취지로 해석이 가능하다. 따라서 현재 파병부대 장병들이 연가를 실시하지 않고 있는 것에 대해서는 이를 명확히 규정한 해당 법규를 찾아볼 수는 없지만 위에서 언급한 군인복무규율상의 연가를 허가할 수 없는 특별한 사정에 해당한다고 볼 여지가 전혀 없는 것은 아니다.

또한 직접적인 휴가제한규정은 아니지만 공무원의 수당지급에 관한 사항을 규정한 공무원수당

---

549) **근로기준법 제60조 (연차 유급휴가)** ① 사용자는 1년간 8할 이상 출근한 근로자에게 15일의 유급휴가를 주어야 한다.
② 사용자는 계속해서 근로한 기간이 1년 미만인 근로자에게 1개월 개근 시 1일의 유급휴가를 주어야 한다.
③ 사용자는 근로자의 최초 1년 간의 근로에 대하여 유급휴가를 주는 경우에는 제2항에 따른 휴가를 포함하여 15일로 하고, 근로자가 제2항에 따른 휴가를 이미 사용한 경우에는 그 사용한 휴가 일수를 15일에서 뺀다.
④ 사용자는 3년 이상 계속하여 근로한 근로자에게는 제1항에 따른 휴가에 최초 1년을 초과하는 계속 근로 연수 매 2년에 대하여 1일을 가산한 유급휴가를 주어야 한다. 이 경우 가산휴가를 포함한 총 휴가 일수는 25일을 한도로 한다.
⑤ 사용자는 제1항부터 제4항까지의 규정에 따른 휴가를 근로자가 청구한 시기에 주어야 하고, 그 기간에 대하여는 취업규칙 등에서 정하는 통상임금 또는 평균임금을 지급하여야 한다. 다만, 근로자가 청구한 시기에 휴가를 주는 것이 사업 운영에 막대한 지장이 있는 경우에는 그 시기를 변경할 수 있다.
⑥ 제1항부터 제3항까지의 규정을 적용하는 경우 다음 각 호의 어느 하나에 해당하는 기간은 출근한 것으로 본다.
1. 근로자가 업무상의 부상 또는 질병으로 휴업한 기간
2. 임신 중의 여성이 제74조제1항 또는 제2항에 따른 보호휴가로 휴업한 기간
⑦ 제1항부터 제4항까지의 규정에 따른 휴가는 1년간 행사하지 아니하면 소멸된다. 다만, 사용자의 귀책사유로 사용하지 못한 경우에는 그러하지 아니하다.

등에 관한 규정(대통령령 제20079호, 2007. 6. 4. 일부개정) 제18조의 5[550]에서 연가보상비 지급에 대하여 규정을 하면서 같은 조 제1항에서 18조의 단서에 해당하는 자를 연가보상비 지급 대상에서 제외하고 있다. 또한 같은 조 제3항에서 이에 대한 세부적인 연가보상일수의 산정방법 등은 중앙인사위원회가 정하도록 하면서, 이에 근거하여 연가보상비의 연가보상일수 산정방법을 규정한 중앙인사위원회 내부규정인 공무원수당 등의 업무처리지침(중앙인사위원회 예규 제125호)은 제333쪽에서 연가보상일수 제외기간을 연도 중 지급대상에서 제외되거나 실제 근무하지 않은 기간으로 규정하고 구체적인 예로 영 제4조 규정을 적용받는 공무원의 국외직무파견 등의 경우 그 파견기간을 들고 있다. 또한 중앙인사위원회는 해외파병군인의 경우에도 위 영 제4조의 규정을 받는 파견기간으로 유권해석을 하여 이에 따라 중앙경리단에서도 파병기간을 연가보상일수에서 제외시키고 있다[551]. 이러한 수당규정에서 파병기간을 연가보상일수에서 제외시키는 것으로부터 파병기간은 연가가 가능한 기간이 아니라는 간접적인 해석이 가능하다.

더욱이 파병기간의 휴가를 규정한 특별규정인 국방부 해파규정 제21조, 육군 해파규정 제23조, 사단근무내규 제3조, 제4조의 제 규정을 보태어 보면 파병 간 연가 실시 여부에 대해서는 규정하지 않고 있고, 다만 파병 간 위로휴가와 청원휴가, 파병임무를 성공적으로 수행 후 귀국하는 모든 장병과 군무원에게는 소정의 귀국 후 위로휴가만을 실시하도록 규정하고 있다. 또한 국방부해파규정 제26조 제4항, 육군해파규정 제27조 제4항에서는 병사의 경우에는 부대교대 후 특별위로휴가에 해당 연차휴가를 합산하여 시행할 수 있다고 규정하고 있다.

---

550) **공무원수당 등에 관한 규정 제18조의5 (연가보상비)** ① 1급 이하 공무원, 고위공무원단에 속하는 공무원, 12등급 이하 외무공무원 및 이에 상당하는 공무원에 대하여는 「국가공무원복무규정」 제16조제5항 및 제17조의 규정에 의하여 예산의 범위안에서 연가보상비를 지급한다. 다만, 교육공무원(방학이 없는 기관에 근무하는 자를 제외한다), 제18조 단서에 해당되는 자에 대하여는 이를 지급하지 아니한다. <개정 2001.11.13, 2003.1.7, 2005.1.7, 2006.6.12>

② 연가보상비는 당해연도 12월 31일 현재(연도 중에 퇴직하는 경우에는 퇴직일 전일)의 월봉급액을 기준으로 다음과 같이 계산하여 지급하되, 징계처분 · 휴직 그 밖의 사유로 봉급이 감액지급되는 경우에는 감액되기 전의 월봉급액을 기준으로 지급한다. ○연가보상비 = 12월 31일(퇴직일 전일) 현재의 월봉급액 × 1/30 × 연가보상일수(20일 이내) <개정 2006.1.12>

③ 연가보상비의 계산에 있어서 연가보상일수의 산정방법 등은 중앙인사위원회가 정한다. <신설 2001.11.13>[본조신설 2001.1.4]

551 **중앙경리단 홈페이지에 게시된 연가보상일수 계산공식**

연가보상일수(최대10일)=미사용연가일수×(12-제외기간)/12

※ 위 공식에 산출된 소수점 이하는 절상

※ 제외기간 = 연도중 지급대상에서 제외되거나 실제 근무하지 않는 기간(각 제외기간을 합산하여 15일이상은 1월로 하고 연가보상일수 계산 시는 절상함)

(1) 해외 파병기간(이라크, 동티모르, 아프가니스탄, 서부사하라, 인도/ 파키스탄, 그루지아, 중부사령부 등)

이상의 규정에 비추어 보면 파병기간은 모든 파병장병에 대해서 연가를 실시할 수 있는 기간에 포함되지 않는 것으로 보이며, 파병이 종료된 경우에도 병사의 경우에는 해당 연차휴가를 귀국 후 위로휴가에 합산 시행할 수 있지만 장교, 부사관 및 군무원에 대해서는 파병기간은 위에서 본 바와 같이 연가보상일수 제외기간으로 연가를 허가할 수 없는 기간이므로 파병이 완료된 후에도 파병기간에 해당하는 연가는 이를 시행할 수 없는 것으로 해석된다.

그러나 파병기간에 연가를 실시하지 않는 것이 단기간의 파병임무의 연속적 수행을 위해서는 매우 바람직한 반면 거기에 대한 보상으로 파병임무 종료 후 귀국시 장기간의 위로휴가를 보장하므로 연가를 실시하지 못하는 개인의 권리침해는 그리 크지 않다. 즉 국방부 해파규정 제26조 제4항, 육군 해파규정 제27조 제4항, 사단근무내규 제4조에서는 파병임무를 성공적으로 수행하고 귀국하는 모든 장병과 군무원은 6개월 이상 파병근무자의 경우에는 부대교대 후 25일 범위 내의, 3개월 이상 6개월 미만 파병근무자는 15일 범위 내의 귀국 후 위로휴가를 보장해 주고 있다. 또 실제로 모든 귀국 장병은 이러한 위로휴가를 휴가보장최대일수인 25일과 15일을 각 실시하고 있어 파병기간에 연가를 실시하지 않는 것에 대한 충분한 보상이 된다고 보인다. 다만 연가를 파병기간 중 원하는 시기에 실시하지 못하는 불이익은 있다고 볼 수 있으나 이 정도의 불이익은 원칙적으로 자원에 의해서 구성되는 파병인원들에게는 파병지역의 특수성과 성공적인 파병임무수행을 위해서 충분히 예상 가능한 불이익이므로 특별한 사정이 없는 한 파병기간에 연가를 실시하지 못하는 점에 대해서 큰 문제는 없는 것으로 보인다.

(다) 계약군무원의 관련된 사항의 검토

1) 계약군무원에게 허용되는 휴가의 종류

육규 124 군무원인사관리규정(이하 '군무원인사규정'이라함) 제222조 제4항에서 계약군무원의 휴가는 군무원인사법시행령 제54조를 준용하도록 하고 있다. 군무원인사법시행령 제54조 제1항은 군무원의 휴가는 연가·병가·공가 및 특별휴가로 구분하고, 같은 조 제2항에서는 군무원의 연가에 관하여는 군인복무규율의 규정을, 병가·공가 및 특별휴가에 관하여는 공무원복무규정을 각 적용하도록 하고 있다. 그러므로 계약군무원은 군인복무규율 제39조 제1호에 따라 연 25일 이내의 연가를 1회 또는 수회로 나누어 허가권자의 허가에 따라 시행할 수 있으며, 병가·공가 및 특별휴가는 국가공무원복무규정에 따라 제18조에 규정된 병가, 제19조에 규정된 공가, 제20조의 규정된 특별휴가가 각 허용된다.

PART 1 PART 2 PART 3

2) 파병지역에서 계약군무원에게 허용되는 휴가의 종류

위에서 검토한 바와 같이 파병지역에서는 기존의 각 신분별 휴가규정이 적용되지 않고 비록 군인 등의 휴가를 규정한 군인복무규율에 비해서는 하위규정이지만 파병장병에게 특별한 휴가를 허용 하는 보다 유리한 파병지 휴가에 대한 특별규정인 국방부해파규정 제22조, 제26조, 육군해파규정 제23조, 제27조, 사단근무내규 제3조, 제4조가 우선적으로 적용된다. 그러므로 계약군무원 역시 파병 간 휴가로는 군무원인사법시행령 제54조에 규정된 군인복무규율이 적용되는 연가나 공무원복무규정에 의한 병가·공가 및 특별휴가는 기본적으로 허용되지 않고, 사단근무내규 제3조 제2항에 따라 파병일로부터 10개월 이상 근무하는 경우에 허용되는 15일의 위로 휴가를 같은 항 제라호에 의해 계약서상 휴가조항에 의하여 실시할 수 있다. 물론 같은 조 제3항의 청원휴가도 허용하지 않을 이유가 없다.

문제가 되는 것은 제4조의 귀국 후 위로휴가인데 이러한 휴가도 역시 문맥상으로는 기본적으로 계약군무원도 그 적용대상에서 제외할 이유가 없으므로 그 적용대상이 될 것으로 보인다. 하지만 1년을 계약기간으로 하여 채용된 계약군무원의 경우에는 1년간 임무를 수행하고 귀국하는 경우가 대부분 이므로 계약기간이 종료된 계약군무원에게 이를 적용할 여지가 없다는 점은 문제가 아닐 수 없다.

3) 계약군무원이 파병 후 위로휴가실시가 불가함에 따른 문제점

먼저 현행 규정상 계약군무원이 확실히 시행 가능한 휴가의 시행절차에 대해서 살펴보면 사단근무내규 제3조 제2항[552)]에서는 파병 간 위로휴가는 파병일로부터 10개월 이상을 근무하는 간부 및 군무원에 한하여 만 15일 이내로 실시하도록 하고 같은 항 제라호에서 계약군무원은 계약서상 휴가조항을 적용하여 이를 실시하도록 하고 있다. 그러므로 계약군무원의 위로휴가는 그 기간은 15일 이내로 제한하고 다만 휴가시기에 대해서만 계약에 의해서 정할 수 있도록 하고 있다고 해석해야 할 것이다.

결국 사단근무내규에 의하면 파병지역에서의 계약군무원의 휴가는 계약에 의해서 정하여지는 것으로 볼 것인데 이러한 계약에 의한 근로조건을 정하는 경우 기준이 되는 근로기준법이 적용될

552) **사단내규 1-3 인사근무내규 제3조 휴가** ② 파병 간 위로휴가는 파병일로부터 10개월 이상을 근무하는 간부 및 군무원에 한하여 만 15일 이내로 실시한다.
나. 휴가시기는 잔여 파병기간을 고려하여 최초 파병일로부터 5개월 후부터 복귀 1개월 전까지 실시한다.
다. 10개월 이상이라 함은 6개월 파병근무 후 4개월 이상 연장 근무하는 자를 말한다.
라. 계약직 군무원은 계약서상 휴가조항을 적용한다.

것이다. 하지만 계약군무원의 경우에는 군무원인사법 제45조, 군무원인사법시행령 제134조, 제136조에 의하면 국방부장관이나 장관의 위임을 받은 각 군 참모총장 등과 채용계약을 체결하는 국가공무원법상 계약직공무원의 신분을 가지고 현재 우리 사단에 근무하는 계약군무원은 군무원인사법시행령 제134조, 제136조에 의하여 국방부장관의 위임에 의해 육군참모총장과의 사이에 채용계약을 체결하고 임용된 같은 시행령 제133조 제3항 제2호의 특정한 사업수행을 위하여 효과적인 대응이 필요한 분야에 채용된 전문계약군무원이다. 따라서 이러한 계약군무원과의 채용계약을 체결함에 있어서는 그 복무내용을 정할 때에는 근로기준법의 특별법인 군인복무규율, 국가공무원규정, 계약직공무원규정 등의 내용이 우선적으로 적용되어 이에 따른 제한을 받는다.

한편 육군군무원인사규정에서는 계약군무원 채용계약서에 휴가에 관한 규정을 포함시키지 않고 있다. 그러나 이것은 계약군무원의 휴가에 관하여는 계약사항이 아니라 군무원인사법 제45조 제2항, 제19조, 군무원인사법시행령 제54조, 육군군무원인사규정 제222조 제4항에 따라 군무원인사법시행령상의 휴가규정이 적용되기 때문이라고 여겨진다.

하지만 사단근무내규 제3조 제2항 제라호와 같이 계약군무원의 휴가에 대한 내용을 계약에 의해서 정하도록 하는 경우에는 근로계약체결의 기본법이 되는 근로기준법상 근로계약체결의 제 원칙[553]은 가급적 준수되어야 한다. 따라서 계약군무원의 계약서에는 적어도 위로휴가를 포함한 제반휴가에 대한 규정은 명문으로 규정되어야 한다. 만약 이러한 규정이 없다면 국내에 근무하는 계약군무원에게는 군인복무규율상의 연가 등은 당연히 보장되는 것으로 계약을 체결한 것으로 해석하여야 한다. 또한 군인복무규율상의 연가일수인 25일 이내(장교·부사관의 경우에는 23일)에 못 미치는 일수의 휴가를 보장하는 내용의 불리한 계약은 그 부분은 무효의 계약이 된다. 결국 휴가에 관한 내용이 계약서상에 흠결이 있더라도 근로기준법과 마찬가지로 군인의 복무에 대한 규정인 군인복무규율상의 연가규정은 최소기준을 보아야 하므로 적어도 군인복무규율상의 연가일수에 해당하는 휴가를 보장해주어야 한다. 그러므로 자이툰 사단과 같이 해외파병지에서 임무 수행을 이유로 연가실시가 불가능한 경우 계약군무원의 휴가는 군인복무규율에 의하도록 하고 있는

553) 2007. 4. 11. 법률제8372호로 전부 개정된 근로기준법의 제 기준을 살펴보면 근로기준법 제3조에서는 이 법에서 정하는 근로조건은 최저기준이므로 근로 관계 당사자는 이 기준을 이유로 근로조건을 낮출 수 없다고 하고 제4조에서는 근로조건은 근로자와 사용자가 동등한 지위에서 자유의사에 따라 결정하여야 한다고 하고 있으면서 제15조 제1항 에서는 이 법에서 정하는 기준에 미치지 못하는 근로조건을 정한 근로계약은 그 부분에 한하여 무효로 하고 제2항에서 제1항에 따라 무효로 된 부분은 이 법에서 정한 기준에 따른다고 하고 있으며, 제17조에서는 사용자는 근로계약을 체결할 때에 근로자에게 임금, 소정근로시간, 휴일, 연차 유급휴가, 그 밖에 대통령령으로 정하는 근로조건을 명시하여야 한다. 이 경우 임금의 구성항목·계산방법·지급방법, 소정근로시간, 휴일 및 연차 유급휴가에 관한 사항은 서면으로 명시하고 근로자의 요구가 있으면 그 근로자에게 교부하여야 한다.

취지를 반영해야 한다.

군인복무규율 제39조 제1항 제1호에서 연가일수는 25일 이내로 하도록 하고 있으므로 이보다 적은 일수의 휴가를 보장하는 내용을 계약에 포함시켜 계약군무원에게 15일의 위로휴가만을 보장하는 것도 문맥상으로는 문제가 없는 것으로 보인다. 그러나 이미 살펴본 바와 같이 비정규직 공무원인 계약군무원에게는 근로기준법의 특별법인 기간제법 제8조[554]의 차별적 처우금지의 원칙이 근로조건을 정함에 있어서도 반드시 준수되어야 한다. 따라서 파병임무 수행에 따른 각종 휴가 규정의 적용에 있어서도 계약군무원임을 이유로 파병부대에서 동종 또는 유사한 업무에 종사하는 일반군무원이나 장병에 비하여 차별적 처우를 할 수 없다.

따라서 계약군무원에게는 파병 복귀 후 계약이 해제되어 파병 복귀 후 위로휴가 실시가 불가능하여 파병 복귀 후 위로휴가 규정은 실질적으로 적용될 여지가 없는 점, 군인복무규율 제39조 제1항 제1호에서 연가는 25일 이내로 하면서 장교·부사관의 경우에는 23일의 휴가를 보장하고 있는 점, 국방부해파규정 제22조, 제26조 제4항, 육군해파규정 제23조, 제27조 제4항, 사단근무내규 제4조의 내용을 종합하면 문맥상으로는 파병 간 위로휴가는 15일 범위 내에서, 귀국 후 위로휴가는 25일 범위 내에서 시행하도록 되어있으나 모두 그 최대일수인 15일과 25일의 휴가를 각 시행하고 있는 점, 파병 간 위로휴가는 연가와는 관계없는 파병지역에서 장기간 근무한 것에 대한 보상으로서의 휴가이며 파병복귀 후 위로휴가는 모든 파병인원에게 파병기간의 노고를 위로하고 연가를 실시하지 못한 점에 대해서 보상을 하기 위해 보장되는 휴가로서 그 의미가 서로 다른 점 등을 고려한다면 계약군무원의 휴가는 위로휴가 15일과 파병복귀 후 위로휴가에 해당하는 25일을 계약기간 내에 시행할 수 있도록 모두 보장하는 것이 가장 바람직할 것이다.

다만 위와 같이 휴가를 보장하는 경우에는 1년의 단기에 파병임무를 수행하는 계약군무원의 업무공백이 너무나 장기간이 될 수 있는 점, 연가보상비에 해당하는 금전적 보상이 이미 연봉이나 파병수당 등에 포함되어 있다고 볼 수도 있는 점 등을 고려해 볼 때 계약군무원의 휴가가 지나치게 장기간을 보장한다고 볼 여지도 있다. 하지만 다른 파병요원인 군인이나 군무원들은 10개월 이상을 근무하는 경우 15일의 파병 간 위로휴가와 25일의 복귀 후 위로휴가를 모두 보장 받고 이보다

---

554) **기간제 및 단시간근로자 보호 등에 관한 법률 제8조 (차별적 처우의 금지)**
① 사용자는 기간제근로자임을 이유로 당해 사업 또는 사업장에서 동종 또는 유사한 업무에 종사하는 기간의 정함이 없는 근로계약을 체결한 근로자에 비하여 차별적 처우를 하여서는 아니 된다.
② 사용자는 단시간근로자임을 이유로 당해 사업 또는 사업장의 동종 또는 유사한 업무에 종사하는 통상근로자에 비하여 차별적 처우를 하여서는 아니 된다.

짧은 6개월만 파병지역에서 근무하더라도 25일의 위로휴가를 보장받고 있는 점, 계약군무원 뿐 아니라 다른 파병요원들도 파병수당을 지급받고 있는 점, 파병지역에서는 주말이나 공휴일에도 파병지에서 현지 휴무만 가능하므로 실질적인 휴무로서의 의미가 크지 않은 점 등을 고려한다면 지나친 특혜라고 볼 것은 아니다. 오히려 위와 같이 위로휴가 일수에 해당하는 휴가를 모두 보장하지 않는다면 계약군무원에게 근로기준법, 기간제법, 군인복무규율 상에 보장된 기본적인 근로조건을 계약에 의해 부당하게 제한하는 것이 될 수 있다.

다만 위와 같이 해석하는 경우 1년의 단기간에 계약군무원을 임용하여 파병임무수행에 활용하는 취지가 몰각될 정도의 업무공백이 예상된다면 문제이다. 그런 경우에는 연봉계약과 파병수당에 의해 연가보상비로 지급이 가능한 연가부분에 대해서는 포기를 한 것으로 보고 그 외에 휴가에 해당하는 기간과 장기간 파병임무수행에 따른 소정의 위로휴가를 포함하여 25일 이내에서 휴가가 가능하도록 특례규정[555]을 두는 것은 가능할 것으로 보인다. 하지만 이러한 특례 규정이 없다면 기본원칙으로 돌아가 위로휴가와 부대교대 후 위로휴가 일수에 해당하는 휴가를 모두 보장하는 것이 바람직 할 것이다.

4) 소결론

현행 규정상 계약군무원의 휴가시행에 대한 권한 및 책임은 사단장에게 있으나 그 구체적인 시행지침의 수립은 합동참모본부의 업무이며 실시에 있어서는 합참의장의 승인이 필요하다. 계약군무원에게 위로휴가 이외의 연가실시는 파병부대의 특성 고려 시 허용되지 않는다고 보이나 다만, 1년 단위로 계약을 체결하는 계약군무원의 경우 계약기간 만료 후 귀국 시 위로휴가는 그 시행이 실질적으로 불가능하므로 귀국 후 위로휴가 일수에 해당하는 휴가를 파병기간 중 사용가능하도록 계약내용에 포함시키는 것이 바람직하다.

따라서 계약군무원에게 15일의 위로휴가만을 보장하거나 이러한 휴가의 보장에 대한 언급이 없이 계약이 체결된 경우와 같은 사안을 시정하기 위해서는 현행 규정상으로는 합동참모본부의 파병지에서의 휴가시행지침의 변경과 이에 대한 합참의장의 승인을 얻어야 하고, 육군본부에서 계약군무원 채용계약 시 이러한 내용이 반영된 계약서를 작성하여 계약군무원에게 반드시 교부하여야 할 뿐 아니라 이러한 내용이 사단내규에도 명확하게 반영하여야 할 것이다. 그리고 장기적으

555) 예를 들어 국가공무원 복무규정 제15조에 의하면 공무원의 재직기간별 연가일수를 재직기간이 3월 이상 6월 미만이면 3일, 6월 이상 1년 미만이면 6일, 1년 이상 2년 미만이면 9일, 2년 이상 3년 미만이면 12일 등으로 규정하여 재직기간별로 연가일수에 일정한 차등을 두고 있는데 계약군무원의 연가일수에 이러한 특례를 두던가 아니면 계약군무원의 연가에 있어서는 바로 국가 공무원복무규정을 준용하는 것도 한 방법이 될 수 있다.

로는 파병지역의 특성을 고려한 계약군무원의 운용과 관련된 각종 지침을 법령에 포함시켜 기간제법을 포함한 우리 법체계상의 제원칙을 준수할 수 있는 기반을 마련해야 할 것이다.

라. 각종 계약 체결 간 국가계약법의 적용 문제

(1) 개요

월남전 이후 국군의 해외파병은 전투임무를 수행하기 위한 경우는 없었으며 평화유지와 전장지역의 의료지원이나 재건사업지원을 주목적으로 이루어져 왔다. 특히 자이툰 사단과 같이 이라크에서 전후 재건지원임무를 주로 수행하는 경우에는 현지 업체와 많은 계약을 체결하게 된다. 우리의 군 예산이나 미군의 지휘관긴급사업(Commander's Emergency Response Program)[556]자금으로 학교, 보건소, 마을회관 등 각종 기반시설의 건설을 하는 경우에는 현지의 건설 산업 발전과 고용창출, 그리고 선진화된 공사감독기술의 전수 등을 목적으로 현지 업체를 통해서 건설을 하게 되고, 기타 물품공여를 위한 물품구매도 현지 업체의 입찰을 통해서 시행하는 것이 민사작전의 목적에 부합하기 때문에 현지 업체와 각종 계약을 체결하는 경우가 많이 발생한다.

우리나라의 계약에 관한 일반법은 민법이라 할 수 있으며, 국가를 일방 당사자로 하는 계약은 민법상 계약에 관한 규정을 기본으로 하면서 별도로 계약에 관한 법을 제정·운용하고 있는데 이 법이 바로 국가를 당사자로 하는 계약에 관한 법률(이하 '국가계약법' 이라 함)이다. 정부계약의 기본법으로서 국가계약법은 정부조달시장 개방과 정부조달시장 규모의 급속한 증가에 능동적으로 대응하기 위하여 1995. 1. 5. 예산회계법에서 계약편을 분리하여 제정하게 된 것이다[557]. 이 법은 국제입찰에 의한 정부조달계약, 국가가 대한민국 국민을 계약상대자로 하여 체결하는 계약(세입의 원인이 되는 계약을 포함한다)등 국가를 당사자로 하는 계약에 대하여 적용한다(국가계약법 제2조). 즉 정부조달계약에 관하여는 다른 법률에 특별한 규정이 있는 경우를 제외하고는 국가계약

---

556) 지휘관긴급사업(CERP)이란 지휘관이 작전지역내 긴급한 재건 및 인도적 지원을 통해 적시적으로 현지인을 지원해 긍정적 효과를 거둘 수 있도록 보장하는 프로그램에 사용하는 MNF-I 주도하의 자금을 말한다; 자세한 것은 육군본부, 이라크 파병사단 지휘관을 위한 법무지원 핸드북(이하 '파병법무지원핸드북'이라 함), 2004, 67쪽 이하 참조.

557) 종전에는 1961. 12. 19. 제정된 예산회계법 제6장에 계약에 관한 규정을 두어 정부계약에 관한 기본법으로서 역할을 하였는데 1994. 4. 15. 모로코의 마라케쉬에서 정부조달시장개방을 기본내용으로 하는 WTO정부조달협정에 우리나라도 서명함으로써 1997. 1. 1.부터는 우리나라의 계약업무가 국제무대에 올려 지게 되었으며, 이에 따라 정부계약에 관한 사항을 별도의 독립된 법규체계를 가지고 정부계약업무의 국제화·개방화 추세에 신속하고도 능동적으로 대응할 수 있도록 1995. 1. 5. 국가계약법을 제정하였고, 2006. 10. 4. 법률 제8050호로 일부 개정되기까지 4회에 걸쳐 개정되어 현재에 이르고 있다;장훈기, 정부계약제도 해설, 범신사, 1998, 95~107쪽 참조.

법이 정하는 바에 의한다(같은 법 제3조).

파병부대의 경우에는 국가계약법에서 정하는 법 적용범위에서 벗어나서 국가계약법 및 계약과 관련된 지침을 적용하기가 곤란하다[558]. 예를 들어 민사작전의 일환으로 미군지원자금인 지휘관긴급사업(CERP) 자금을 가지고 현지 업체와 현지에 학교를 건설하는 공사계약을 체결하는 경우 국가계약법령이 정하는 절차와 방법에 의하여 공고, 경쟁입찰, 추정가격 및 예정가격의 결정[559], 물가 조사에 의한 기초예비가격 결정 및 복수 예비가격, 예정가격의 결정[560] 등의 절차를 거친다는 것은 현지의 테러위험성 등으로 바로 적용하기에 어려움이 있고, 현지 업체에 대한 일정한 자격기준 등을 확인해 줄 기관의 신뢰도 등의 문제로 인한 적격심사낙찰제의 적용이 제한된다.

그러나 자이툰 사단은 엄청난 국가예산과 미군의 CERP예산을 사용하여 지역 재건지원을 하고 있으므로 그 예산의 사용과 관련해서는 필요시에는 국내보다 더 엄격한 계약체결 및 이행, 대금지급 등의 체계를 유지할 필요가 있다[561]. 또한 사용예산액수 뿐 만아니라 전후복구에 고심하는 파병지 신정부에 지역재건이나 사회적 시스템을 갖추는데 건물이나 사회기반시설 등 하드웨어적인 도움을 넘어서 국가가 사업을 시행하는 과정에서 계약을 체결하고 그 이행상태를 감독하고 대금을 지급하는 과정 등에 대해서 우리의 축적된 노하우를 전수하는 것이 더 중요할 수 있으며 이를 위해서 엄격한 계약관련규정의 적용은 필요하다고 할 것이다. 그럼에도 불구하고 현행 계약체결체계는 모호한 상급부대 지침과 불명확한 지시로 인해 계약체결이 미흡하게 이루어져 수정계약 없이도 실무자가 임의로 계약이행기를 늦추어 주거나 하여 사후에 계약이행과 관련하여 문제가 발생하였을 경우 채무불이행 책임의 추궁이 어려운 경우도 발생할 수 있다. 이하에서는 파병부대에서의 계약체결에 대한 현 실태와 문제점 그리고 파병임무 수행 간 계약업무 개선분야를 소개하도록 하겠다.

(2) 현 실태 및 개선방향 분석

위에서 살펴본 바와 같이 자이툰 사단이 현지 업체와 계약을 체결하는 것은 국가를 당사자로 하는 계약이 되지만 국가계약법을 그대로 적용하기에는 여러 가지 어려움이 존재한다. 따

---

558) 육본 계획운영과-2638('05. 9. 26) 파병부대 현지 계약업무 처리방안 지시 참조.

559) 국가계약법 시행령 제2장 추정가격 및 예정가격 참조.

560) 국방부 계약업무 처리지침 제7조 참조.

561) 2007년도 사단 민사지원예산은 국내예산이 100억원을 초과하였고, 미군의 지휘관긴급사업자금도 약 100억원 정도가 지원되었으며 지금까지 총 사용예산은 한국군예산 485억원, 미 지휘관긴급사업자금 655억원, KOICA 민간예산 997억원에 이른다.

라서 국가계약법과 관련 법령의 지침을 반영하기가 곤란한 계약업무가 많이 발생할 수밖에 없고 현재는 이러한 경우에 파병부대 현지 여건상 계약업무수행과 관련하여 불가피한 경우에는 계약담당공무원이 해당 부대장 승인 하에 국제 또는 현지국의 상관례에 의할 수 있다는 육군본부 지침[562] 에 의거하여 자이툰 사단 계약업무내규(사단내규 4-2호(경리), 2007. 9. 1. 일부 수정, 이하 '사단 계약내규'라 함)에 의하여 계약업무를 수행하고 있다. 즉 계약업무 수행 간 담합이나 입찰참가 후 계약이행거부 등 부정입찰행위, 지체상금 등을 포함한 각종 채무불이행책임의 추궁, 계약의 해제, 해지, 변경 등과 관련된 사항 등에 일관된 기준을 제공하는 규정이 없어 사안마다 사단 계약내규 및 법무참모부의 법률검토를 통해서 문제를 해결하고 있는 실정이다[563].

이라크 현지에서 사단이 계약을 체결함에 있어 국가계약법 적용에 있어서 문제가 되는 점들은 주로 현지 계약관습과 국가계약법간의 차이로 인하여 발생한다. 입찰공고, 경쟁입찰방법, 낙찰자선정방법, 원가계산, 각종 보증금제도 등을 국가계약법령에서 정하는 바에 따라 적용하는 것은 실질적으로 어려움이 존재하고, 이라크 현지 인증기관 부재로 인하여 적격심사 자료가 제한되어 기술능력과 입찰가격을 종합 심사하여 낙찰자를 결정하는 적격심사 낙찰제의 적용 또한 제한될 수밖에 없다.

이러한 점들을 고려하여 사단 경리참모부는 기존 내규 상 구체적 계약기준 및 절차가 미흡하던 것을 보완하여 2006. 10. 1. 국가계약법, 국방부 계약업무처리지침(회계관리팀-0000, 2007. 1. 1. 일부 개정, 이하 '계약업무지침'이라 함), 육본 현지적용 계약업무 처리방안 등을 최대한 준수하면서 사단 계약내규를 신설하고, 국내에서 적용되는 국가계약법령 및 각종 회계예규 등과 상이한 내용에 대해서는 법무참모부의 의견을 수렴하여 현지에서 적용 가능한 기준들에 대해서는 최대한 내규에 반영하는 것으로 2차례에 걸쳐 수정을 하여 계약의 투명성과 공정성을 확보하고 이라크 현지에서 원활한 계약업무 수행을 도모하였다.

그 내용을 살펴보면 먼저 계약체결은 파병현지 여건상 공고를 통한 경쟁계약이 불가하거나 테러 등의 위협으로 인하여 일반경쟁계약이 불리하다고 판단되어 이러한 위협요소가 완전히 제거될 때까지는 지명경쟁계약을 원칙으로 하도록 하였다. 따라서 입찰공고는 지명대상자에게 유선으로 지명통지 하는 것으로 갈음하되, 입찰보증금은 징수하지 않는 것으로 하였다. 또한 이러한 지명통지를 위한 지명기준을 국가계약법 시행령 제24조와 업체의 능력과 실적, 민사작전의 효율성 등을

---

562) 육본 계획운영과-2368(2005. 9. 26.) 파병부대 현지 계약업무 처리방안 지시 참조.

563) 파병 초기에는 이러한 해외 파병부대의 계약과 관련된 일정한 지침이나 선례가 확립되지 않아 계약을 체결함에 있어 입찰무효가 되거나 계약기간의 연장이나 지체상금의 부여에 있어서도 많은 혼란을 겪을 수밖에 없었다. 이에 대한 자세한 내용은 최상무, 해외파병간 부대계약에 관한 법적고찰, 2005년도 1/4분기 군사법논문 참조.

고려한 투명한 업체선정이 가능하도록 제시하였다[564].

또한 수의계약의 대상에 대해서도 일정한 기준이 없었으나 국가계약법 시행령 제26조 제1항 제5호[565]와 파병지에서 현지 물가 및 예산 등을 고려하여 최초에는 3천만원(미화 30000$)이하의 계약은 수의계약에 의할 수 있도록 하였다가 이를 공사는 3천만원 미만, 물품구매 및 용역의 경우에는 2천만원 미만으로 하여 수의계약대상을 최대한 억제하려는 노력을 기울였다. 이에 덧붙여 국가계약법 시행령 제30조를 반영하여 견적에 의한 수의계약의 기준도 제시하였다[566].

이러한 수의계약과 관련하여 문제가 되는 것이 파병부대의 경우에는 일정한 금액 이하의 소액계약의 경우 이외에도 수의계약을 체결할 필요성이 존재한다는 점이다. 파병부대는 파병임무를 수행하는 파병장병들을 위하여 위탁급식이나 복지회관 위탁경영과 관련된 계약 등을 체결할 수 있다. 기본적으로 위탁급식 계약이나 복지회관의 위탁경영 계약을 체결하는 경우에는 일정한 시설의 투자를 필요로 하고 시설투자에 따른 비용을 감수하고 수익을 창출하기 위해서는 일정한 시간이 필요하다. 따라서 위와 같은 계약을 체결하는 경우 수의계약이나 다년계약의 필요성이 대두된다.

실제로 자이툰 사단의 경우에 위탁급식과 관련해서는 경쟁입찰을 통해 낙찰을 받은 업체가 형

---

564) **사단 계약내규 제8조 (지명경쟁입찰의 지명기준)** 계약담당공무원은 지명경쟁입찰에 참가할 자를 지명하는 경우에는 경쟁원리가 적정하게 이루어질 수 있도록 지명하되 파병지역임을 고려하여 다음 각 호의 기준에 의하여 지명을 하여야 한다.
1. 시공능력기준으로 지명 시 비슷한 유형의 과거 공사실적이 있는 자
2. 특수한 기술의 보유가 필요하다고 인정되는 경우 이를 보유한자
3. 동맹군 및 이라크 주정부등 관급공사 수주 유경험자
4. 이라크 정부 및 동맹군 등에서 추천한 자
5. 비밀공사 등 계약의 성질상 한국 업체만을 대상으로 지명이 필요한 경우에는 한국업체에 한정 지명
6. 기타 신규업체의 기회보장을 위해 위 각호에 해당되지 않으나 심의회에서 참가자격이 있다고 인정한 자
7. 지명인원 : 5인 이상 지명하여 2인 이상의 입찰참가신청이 있어야 하며, 지명대상자가 5인 이하일 경우 전부를 지명하여야 한다.

565) **국가계약법 시행령 제26조(수의계약에 의할 수 있는 경우)** ① 법 제7조 단서의 규정에 의하여 수의계약에 의할 수 있는 경우는 다음 각 호와 같다.
5. 건설산업기본법에 의한 건설공사(전문공사를 제외한다)로서 추정가격이 2억원 이하인 공사, 건설산업기본법에 의한 전문공사로서 추정가격이 1억원 이하인 공사, 그 밖의 공사관련 법령에 의한 공사로서 추정가격이 8천만원 이하인 공사 또는 추정가격(임차 또는 임대의 경우에는 연액 또는 총액기준)이 5천만원 이하인 물품의 제조, 구매, 용역 그 밖의 계약의 경우.

566) **사단 계약내규 제11조(견적에 의한 수의계약 가격결정)** 계약담당공무원은 수의계약을 체결하고자 할 때에는 국계령에 의거 2인 이상의 견적을 받아야 하며, 세부사항은 다음 각 호에 의한다.
1. 추정가격이 공사의 경우 2천만원, 물품구매 및 용역의 경우 1천만원 이하일 경우에는 1인 견적에 의할 수 있다.
2. 추정가격이 10만원 이하인 경우 견적서 제출을 생략할 수 있다.
3. 제출받은 견적가격이 예정가격의 범위에 들지 아니하는 경우에는 다시 견적서를 제출받아 계약금액을 결정하여야 한다.
4. 국내의 전자입찰시스템 이용이 불가시 인터넷 메일을 통해 국내업체로부터 견적받은 경우 이를 견적서로 인정할 수 있다.

식적으로 자신이 직접 업체를 운영하는 외관을 취했으나 실질적으로는 하도급 방식으로 계약을 이행하는 경우도 발생한 사례도 있다[567]. 이러한 방식의 계약이행은 결국 경쟁입찰의 취지를 몰각시키고 수수료만을 노리고 입찰에 참가하는 부정업체에게 부당한 이익을 주고 그 피해는 장병들에게 돌아갈 가능성이 있다. 그렇다고 장병들의 급식을 중단하는 계약의 해제나 해지절차를 취한다는 것도 어려움이 존재한다. 또한 사단의 규모를 축소하면서 철수 가능성이 논의되는 시기에는 업체의 예상수익이나 시설투자부분에 대한 이익환수 부분이 불명확해질 수밖에 없고 더더욱 기존업체에 대해서 다년계약의 체결이나 기존 계약의 연장, 혹은 철수시까지 현재의 계약조건을 유지하도록 하는 불확정기한부계약이 필요할 수 있다. 따라서 이러한 경우를 대비하여 사전에 엄격한 입찰절차와 업체의 업무실적을 고려하여 파병부대에 수의계약이나 다년계약을 체결할 권한을 부여하는 특례를 인정하는 방안도 강구해야 할 것이다.

입찰을 위한 조사금액, 기초예비가격, 복수예비가격, 예정가격의 결정방법도 최초 파병지역의 실정을 고려 행정소요 경감과 물가조사의 제한으로 인해 그 절차를 간소화하여 조사금액으로 기초예비가격을 정하고 이 기초예비가격 대비 ±3% 범위 내에서 10개의 복수예비가격을 산정하여 이 중 3개의 복수예정가격을 추첨하여 산술평균을 예정가격으로 결정하던 것을 계약업무지침에 따라서 기초예비가격 대비 ±3% 범위 내에서 15개의 복수예정가격을 산정하고 예정가격은 4개의 복수예정가격을 추첨하여 산술평균하되 입찰참가자가 4인 미만일 때, 입찰사무와 관련 없는 공무원을 선정하여 추첨하도록 하였다[568].

낙찰자 결정에 있어서는 국가계약법시행령 제42조 적격심사낙찰제는 위에서 살펴본 바와 같이

567) 실제로 사단의 위탁급식을 낙찰 받은 모업체의 경우 입찰에 응했던 기존업체의 직원을 전부 채용하는 방식으로 사단에 위탁급식을 실시하였는데 이것은 실질적으로는 낙찰 받은 업체는 일정한 수수료만을 받고 기존의 업체가 계속 영업을 하는 형식을 취한 것으로 볼 수 있고, 또한 낙찰받은 업체에 대해서 입찰을 했던 다른 업체가 식자재의 70%를 공급하고 있어 실제로는 업체 간의 일정한 관련성을 부인할 수 없었다. 하지만 장병들의 급식문제는 계약을 이행하는 측이 문제가 있다고 해도 해외파병부대에 위탁급식영업을 하기 위해 입찰하는 업체의 수가 제한되고 또한 신속한 기존계약의 해지나 재계약 절차도 신속하게 추진하기 어렵고, 기존 업체가 일정한 시설투자를 해놓은 상황에서 이러한 시설의 철거나 인수인계 절차가 필요하고, 급식은 매일 제공되어야 서비스라는 성격 때문에 한 번 입찰에 의하여 계약을 체결한 기존 업체에 대해서 문제를 제기하고 이에 대한 제재 및 새로운 계약을 체결하는 것은 사실상 불가능하다고 보아야 한다.

568) **계약업무지침 제2조【정의】** 이 지침에서 사용하는 용어의 정의는 다음과 같다.

5. "조사금액(시설공사의 경우 "설계금액"을 말한다, 이하 같다)"이라 함은 예정가격을 결정하기 위하여 가격조사 또는 원가계산방식에 의하여 산정한 금액으로서 기초예비가격 결정의 기준이 되는 가격을 말한다.
6. "기초예비가격"이라 함은 조사금액을 기준으로 계약담당공무원이 결정한 금액으로서 복수예비가격 산정의 기준이 되는 가격을 말한다.
7. "복수예비가격"이라 함은 기초예비가격을 기준으로 ±3% 범위로 산정한 15개의 가격을 말한다.
8. "예정가격"이라 함은 경쟁입찰 계약 시 복수예비가격 중에서 추첨한 4개의 가격을 산술평균한 가격을 말한다.

이라크현지 인증기관 부재 등으로 인하여 적용이 제한되었다. 따라서 공사 1억원, 물품구매는 2억원, 용역제공의 경우는 3천만원 미만의 계약에 있어서는 예정가격 이하의 입찰금액 중 최저가를 낙찰자로 하는 최저가낙찰제를 적용하고, 최저가제 이상 금액의 계약은 덤핑이나 부실을 방지할 필요가 있어 비록 1999년에 폐지된 제도이지만 현지 여건을 고려하여 최대한 적정 낙찰비율을 보장하기 위하여 예정가격의 90%이상 입찰금액 중 최저가를 낙찰자로 하는 제한적 최저가낙찰제를 적용하였다.

하지만 사단 계약내규를 수정하면서 경리참모부와 법무참모부는 의견교환을 통해 국내계약관련 지침인 국방부 군시설공사 적격심사기준('06. 11. 6. 회계관리팀)및 회계예규"적격심사기준"(2200.04-147-17, '06. 5. 25.)상의 낙찰 하한율을 적격심사에 따른 점수와 공사금액에 따라 변동되는 기준율을 최대한 반영하도록 하였다. 즉 현지여건 상 적격심사는 불가하므로 적격심사는 일정한 지명기준 및 계약심의를 통해서 이루어졌다고 간주하고 이에 따라 심사점수는 95점에 해당하는 것으로 보고 3천만원 이상 공사계약, 1.9억원 이상 물품구매, 2천만원 이상 용역계약에 대해서는 적격심사 점수 95점에 해당하는 예정가격의 87.745%이상에 해당하는 입찰금액 중에 최저가 입찰금액을 낙찰자로 결정하도록 하였다. 이러한 낙찰방식은 폐지된 제한적 최저가 낙찰제에 현재 적격심사 낙찰제의 낙찰비율을 반영한 것으로 국내계약지침을 최대한 준수하고 예산절감효과도 기대할 수 있었다.

위와 같은 개선 내용은 모두 2007. 9. 1. 사단 계약내규 개정 시 반영되었다. 이것은 파병지에서의 계약체결에 대한 구체적인 지침과 방침이 없는 상태에서 3년 간의 파병경험을 통해 정립된 것이다. 이러한 사단 계약내규를 각 파병지역에서 활용 시 시행착오를 최소화할 수 있는 파병지역 계약업무 처리기준을 제시할 수 있었다고 보인다. 하지만 이러한 내용은 세출의 원인이 되는 계약의 체결에 있어서는 법령에 의한 명확한 규율이 이루어져야 한다고 볼 때 지금까지의 파병경험을 집대성하여 파병지역에서의 공정하고 투명한 계약처리절차를 수립한 파병지역 계약법 제정을 통해 다양한 상황 하에서 원활한 계약업무 수행을 가능토록 하는 것이 바람직할 것이다.

마. 파병지에서의 각종 손해배상 및 국가배상법의 적용 문제

(1) 개 요

해외파병 간에 임무를 수행하다보면 여러 가지 사고가 발생할 수 있고 이에 따른 인적·물적 손해가 발생하는 경우 그 손해를 배상하는 문제가 발생한다. 그러나 파병지에서는 파병장병이 피해자의 입장이건 아니면 가해자의 입장이건 간에 어떠한 준거법을 가지고 어떠한 절차에 의해서 손해배상절차가 이루어져야 하는지 파병관련 규정에 정리된 바를 찾아볼 수 없다.

다만 자이툰 사단의 경우에는 현지주민의 피해복구제도를 위한 별도의 예산을 편성하고 그 절차를 사단 법무지원내규(사단내규 1-7호(지원), 2007. 5. 1. 부분 개정, 이하 '사단 법무내규'라 함)에 반영하여 시행하고 있다. 하지만 단지 현지주민의 피해복구제도를 마련했다고 해서 파병임무 수행 간 발생할 수 있는 각종 손해배상사건을 모두 해결할 수 있는 것은 아니다. 파병임무 수행 간 발생할 수 있는 손해배상의 유형은 단지 파병부대원이 현지주민에게 피해를 입힌 경우에 한정되지 않기 때문이다. 비록 명칭은 피해복구제도라 하더라도 결국은 국가가 일정한 손해배상 형태의 책임을 부담하는 경우임에도 사단법무내규와 같이 하위규정에만 근거를 두는 것이 합당한지도 역시 문제가 된다. 이하에서는 이러한 관점에서 현재 파병임무 수행과 관련된 각종 손해배상제도의 문제점을 살펴보겠다.

(2) 현지 손해보상제도의 법적인 근거 필요

파병지역에서 파병장병이 불법행위를 하여 국가가 손해를 배상해야 할 상황이 발생하는 경우 현지법을 적용할 것인지 아니면 국가배상법을 적용할 것인지는 매우 중요한 문제이다. 먼저 주둔군 지위협정에 손해배상에 대한 협의가 되어 있다면 그 정해진 절차에 의할 것이다. 만약 주둔군 지위 협정이 없는 경우에는 현지주민 등이 피해자인 경우 피해자가 파병지법의 적용을 주장하는 경우에 일정한 면책이 주어진 바 없다면 이를 달리 거부할 이유가 없다. 그러므로 대부분은 손해배상을 포함한 주둔군 지위협정을 체결하는 것이 당연한 파병절차의 수순이 될 것이다.

자이툰 사단의 경우에는 이라크 정부와 별도의 주둔군 지위협정을 체결하지는 않았지만 미국을 비롯한 다국적군의 이라크 주둔의 법적 근거가 되는 CPA명령 제17호[569] 제18장에[570]에 의하여 한국

---

569) CPA는 연합임시행정처[Coalition Provisional Authority(Administration)]를 의미하며 미국주도 다국적군에 의해 이라크 점령 이후 설립된 ORHA(Office of Reconstruction and Humanitarian Assistance, 이라크 재건 · 인도 지원실)를 2003. 6. 1.부로 정식 군정체제인 CPA로 명칭을 변경하면서 설립되었고, UN 안보리 결의안 1483호, 1511호(2003. 6. 1.)에 의해 이라크 신정부 수립 시까지 이라크 내 제반권한을 보유하게 되었다. 이 연합임시행정처에 의해 CPA명령 제17호가 제정하여 다국적군의 주둔에 관한 근거를 마련했고 CPA는 2004. 6. 28. 이라크 임시정부로의 주권이양과 동시에 해체되었으나, 이라크 임시헌법 제26조에 의하여 CPA명령은 다른 유효한 법률에 의해 수정되거나 폐지되지 않는 한, 다국적군이 이라크로부터 철수하는 날까지 효력을 유지하도록 되어 있어 그 효력이 계속 유지되었고, 그 이후 공포된 영구헌법은 임시헌법과 계속성을 가지고 있고, 임시헌법상 유효하였던 CPA 명령의 내용은 법률과 같은 효력을 가지고 있으므로 이라크 헌법 제130조에 따라 이라크 정부가 법률을 제정하여 CPA명령을 폐지하지 않는 한 CPA명령은 효력이 지속되었다. 또한 자이툰 사단이 주둔해 있는 아르빌 지역의 KRG 정부는 이라크연방의 지방정부로서 국제법적 주체가 될 수 없으므로 별도의 합의서 체결의 필요 없이 CPA명령 제17호에 의해 자이툰 사단 주둔의 법적 근거 및 각종 주둔에 관한 특권과 면제가 KRG 정부에도 그 효력이 미친다고 할 것이다.

570) Section 18 Claims
Except where immunity has been waived in accordance with Section 5 of this Order, third-party claims including those for property loss or damage and for personal injury, illness or death or in respect of any other matter arising from or attributed to acts or omissions of CPA, MNF and Foreign Liaison Mission Personnel, International Consultants, and Contractors or any persons employed by them for activities relating to↘

군이 이라크에 파병되어 현지에서 임무를 수행하는 도중 현지주민에게 피해를 입히고, 현지주민이 이에 대한 손해배상청구를 할 경우 손해배상은 파병국인 대한민국의 법률과 절차에 의하도록 규정되어 있다. 결국 우리 파병장병이 임무수행 중 현지주민을 상대로 불법행위 요건을 충족시킨 경우 손해배상의 청구는 우리 국가배상법이 정하는 요건과 절차에 의하여 이루어질 것이다.

그런데 국가배상법(법률 제7584호, 2005. 7. 13. 일부 개정) 제7조는 외국인이 피해자인 경우 법 적용 요건으로 상호보증을 필요로 하고 있다[571]. 한편 이라크는 대한민국과 사이에 각 자국민에 대해 국가가 배상책임을 지는 경우에 대해 상호보증을 하고 있다는 근거를 발견할 수 없다. 따라서 자이툰 장병이 이라크 현지주민에게 국가배상법의 요건을 충족시키는 손해를 발생시키더라도 대한민국은 그 피해를 배상해 줄 법률상 의무가 없다.

하지만 자이툰 사단의 경우에는 그 파병목적이 이라크의 평화재건이라는 점에 비추어 이러한 원칙을 고수한다면 현지에서 주민들의 호응을 얻을 수 없고, 궁극적으로는 파병목적 자체의 달성이 불가능해 질 수도 있다는 우려 때문에 현지주민에 대한 피해보상을 고려하지 않을 수 없었다. 이러한 고려는 파병준비를 하는 과정에서 파병임무 수행 간 직면하게 될 예상 법률문제를 정리하여 발간한 파병법무지원핸드북에서 현지 주민 보상 문제에 대한 일부 언급으로 나타났다.[572] 이러한 논의를 토대로 자이툰 사단은 1진 파병을 준비하던 단계에서 현지 주민의 피해보상을 위한 제도를 위한 예산을 획득하였다[573]. 그리고 구체적인 보상제도는 처음부터 제도화된 것이 아니고 사

---

performance of their contracts, whether normally resident in Iraq or not and that do not arise in connection with military operations, shall be submitted and dealt with by the sending state whose personnel (including the Contractors engaged by that state), property, activities or other assets are alleged to have caused the claimed damage, in a manner consistent with the sending state's laws, regulations and procedures.

제18장 손해배상청구
이 명령의 5장에 따라 면책 특권이 적용되지 않았던 곳을 제외하고
재산손실이나 손상, 상해, 질병, 사망이나 CPA, MNF, 재외공관직원, 국제고문들과 계약자 혹은 계약의 이행과 관계된 활동을 위하여 계약자들에게 고용된 사람들을 위한 것을 포함하는 제3자 손해배상은 정상적으로 이라크 거주하는지 여부, 군사 활동과 관계되어 발생한 것인지 여부에 관계없이 파병국의 법률과 규정과 절차와 일치하는 방식으로 인원(파병국에 고용된 계약자들을 포함하여), 재산, 활동이나 그 밖의 자산이 배상금 청구의 원인이 되었다고 추정되는 파병국에 의하여 일임되고 다루어지게 될 것이다.

571) **국가배상법 제7조 (외국인에 대한 책임)** 이 법은 외국인이 피해자인 경우에는 상호의 보증이 있는 때에 한하여 적용한다.

572) 그 내용은 작전간 현지주민에게 피해를 입힌 경우 순수한 작전에서 비롯한 피해에 대해서는 국제법상 배상의무가 없으나, 민심획득차원에서 재상과 유사한 절차를 통하여 기존 파병국가의 배상 기준 등을 조사하여 이에 준하여 피해를 복구하여야 할 것이라는 원칙적인 내용이다; 육군본부, 파병법무지원핸드북, 53쪽 이하 참조.

573) 사단 민사처에서는 2004년 내 파병기간을 4개월로 계산하고, 대인피해 및 대물피해의 예상발생 건수와 보상액은 현지 미군 사단급 부대의 적용기준을 준용하여 174,000,000원의 예산 편성을 요구하였고 이 요구가 그대로 반영되었다;이상재, 이라크 파병사단의 현지주민 피해복구제도 소개, 2005년도 군사법연구논문, 1~8쪽 참조.

단 법무참모부를 중심으로 실제로 주민피해복구업무를 처리하면서 피해복구업무체계를 수립하는 귀납적인 제도화 단계를 거쳐서 마침내 사단 법무내규에 반영되었다[574) 575)].

하지만 국가배상법상 외국에 대한 상호보증을 이유로 국가의 배상책임여부를 결정하도록 한 법률이 있음에도 불구하고 비록 피해복구라는 명칭을 사용하고 있지만 본질적으로 국가가 일정한 배상책임을 지는 제도를 마련하는 것은 법적인 근거를 가지고 이루어지는 것이 바람직할 것이다. 이것은 피해복구예산 편성과정에서 국회의 의결을 거쳤다고 해도 마찬가지이다. 즉 예산을 사용하기 위한 사업에 대해서 일정한 법적근거를 마련하고 이에 따른 예산편성이 이루어지는 것이 불필요하고 무계획한 예산편성을 막고 법치행정의 원리에 더 부합하기 때문이다.

더욱이 자이툰 사단보다 더 큰 규모의 파병이 이루어질 경우 파병부대에 의해 파병지나 제3국에 피해를 입히는 사례는 더욱 늘어날 것이다[576)]. 그렇다면 여기에 소요되는 국가예산도 당연히 규모가 커질 수밖에 없다. 이러한 경우에도 항상 임기응변식 대응을 하기 위해서 예산을 편성하고 피해복구제도를 부대 내규 수준에서 규율을 하여 운영하는 것은 매우 바람직하지 않다. 따라서 파병지에서 피해보상과 관련된 사안을 규율하는 법령상의 근거를 마련하는 것이 필요하다.

미국의 경우에는 해외 손해배상법(Foreign Claims Act(FCA))이라는 해외파병과 관련하여 외국인에게 발생한 손해배상에 적용하는 독자적인 법률을 가지고 있다. 이것은 오랜 파병 경험에서 비롯된 법률체계로 우리로서는 참고할 가치가 있다[577)]. 우리가 내규로 규정한 피해복구제도는 미국의

---

574) 이상재, 앞의 논문, 4~9쪽 참조.

575) 현지주민 피해복구 업무절차도; 법무지원내규 제8장 참조.

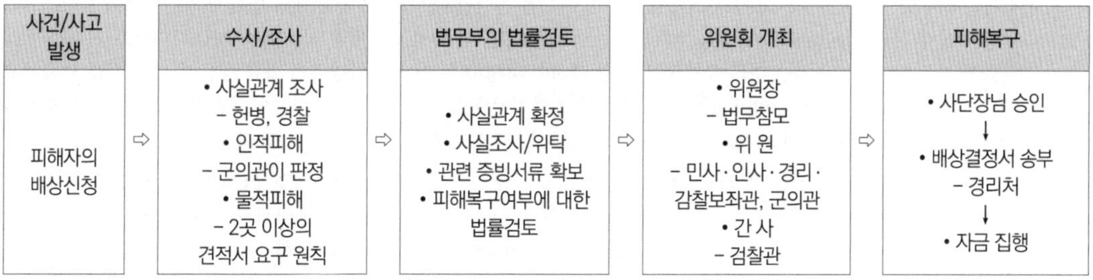

사건/사고 발생		수사/조사		법무부의 법률검토		위원회 개최		피해복구
피해자의 배상신청	⇨	• 사실관계 조사 – 헌병, 경찰 • 인적피해 – 군의관이 판정 • 물적피해 – 2곳 이상의 견적서 요구 원칙	⇨	• 사실관계 확정 • 사실조사/위탁 • 관련 증빙서류 확보 • 피해복구여부에 대한 법률검토	⇨	• 위원장 – 법무참모 • 위 원 – 민사·인사·경리·감찰보좌관, 군의관 • 간 사 – 검찰관	⇨	• 사단장님 승인 ↓ • 배상결정서 송부 – 경리처 ↓ • 자금 집행

576) 우리의 경제규모나 군대의 규모를 볼 때 유엔에서의 역할을 강화하는 방안으로 유엔평화유지활동에 적극적으로 참여하는 것도 고려해 볼 만하다. 이것은 헌법상 세계평화주의에 입각한 침략적 전쟁의 부인 정신에도 어긋나지 않으며 오히려 세계의 평화와 안정에 기여하는 것이 될 수 있을 것이다.

577) Foreign Claims Act(FCA)는 해외파병과 관련하여 가장 많이 쓰이는 법률이다. FCA를 통한 손해배상은 (1) 미군 또는 군무원의 과실로 인한 피해나, (2) 비 전투적인 행위에서 발생한 피해일 경우 지불된다. FCA는 피해를 발생시키는 행위가 업무와 관련되어야 한다는 조건이 존재하지 않는다. 이러한 업무관련행위 제한 조건은 미군이 고용한 피 파병국 국민에 한하여 적용한다. FCA는 다음에 나열된 경우에는 지불되지 않는다: (1) 피해가 전투행위 중 발생한 경우, (2) 계약과↘

경우에는 해외 손해배상법으로 손해배상이 완전하지 않은 경우 조의금 명목으로 사용가능하도록 한 지휘관긴급지원사업(CERP)예산을 사용하는 것과 유사하다[578]. 따라서 우리도 완전한 손해배상을 가능하게 하기 위해서는 법률에 의한 파병 간 발생한 현지인의 손해를 배상하는 근거를 마련하고 사단의 예산에 의한 피해복구는 위와 같은 손해배상이 불완전한 경우 사단차원에서 위로금을 지급하는 정도를 벗어나지 않는 형태를 취하는 미국의 제도적 장치를 우리도 받아들이는 것도 좋을 것이다.

(3) 다양한 손해배상 유형에 대한 고려 필요

현재 사단법무내규에 규정되어 있는 현지 주민 피해복구는 자이툰 부대원이 위법행위로 현지주민에게 피해를 가하는 유형에 국한되어 있다. 즉 대한민국이 국가배상법상 배상책임을 지는 경우에만 현지인에 대해서 피해복구를 해주겠다는 취지이다. 그러나 사단이 과연 피해복구를 해주어야 할 것인가 문제되는 상황이 항상 내규에 규정된 것처럼 간단하지만은 않다. 단적인 예로 지금까지 파병지에서 총 4회의 피해복구 업무를 처리했는데, 그 중 첫 번째로 현지인에 대한 피해

관련하여 피해가 발생한 경우; (3) 해당 피해가 미국이 관련된 사안이 아닌, 순수하게 피 파병국의 국내적 사안 또는 개인적인 사안으로부터 발생한 경우, (4) 손해배상 지불 시 미국의 국익에 손실이 있는 경우 등이다. FCA는 외국인 피해자에게만 적용되는 법이며, 따라서 피 파병국에 거주하는 미국인, 미국 군인, 군무원 등에게 적용되지 않음은 물론이고, 적국이나, 적으로 간주되는 자, 보험회사, 법적 대리인 등에게도 FCA가 적용되지 않는다. FCA를 통한 손해배상 청구는 피해발생 후 2년 안에 문서로 제출하여야 한다. 구두를 통한 청구도 접수가 가능하지만, 이는 후에 문서화 되어야 한다. 청구 시 사건의 설명, 피해의 정도와 청구 액수를 명시하여야 하며, 청구 금액은 피 파병국의 환율을 사용하여야 한다. FCA에 따르면, FCA 관련 손해배상 청구는 Foreign Claims Commissions (FCC)가 조사 및 판정을 한다. FCC의 구성은 1인에서 3인까지 할 수 있는데, 3인 중 2명은 법무관으로 이루어져야 한지만, 일인 구성의 FCC의 경우, 일반 장교가 FCC를 총괄하는 경우도 종종 있다. FCC가 손해배상 지불의 여부를 판단할 때, 피 파병국의 해당 법률에 입각하여야 한다. 그러나 손해배상과 관련한 punitive damage, 재판 비용, 보석금 등은 피 파병국의 법률 상 지불이 가능하더라도 지불하지 않는다고 FCA는 명시하고 있다. 따라서 미군은 파병 이전에 파병 법무관이 피 파병국의 법률 등을 숙지할 것을 교육하고 있다. 또한 때에 따라서는 현지의 변호사 등을 고용하여 현지 법률과 관습에 대한 자문을 구하는 경우도 종종 있다; 자세히는 육군법무통합망(JAGC-net) 이라크파병사단란 미군의 해외파병관련 손해배상제도(번호 35) 참조.

578) 미군은 현재 이라크에서 작전간 발생하는 현지주민에 대한 피해보상은 원칙적으로 미군은 FCA(Foreign Claims Act)를 통해 외국인에 의한 손해배상청구사건을 처리하고 있으며, FCA로 배상되지는 않지만 민심획득 차원에서 배상의 필요성이 인정되는 사안은 CERP(Commander's Emergency Response Program) 자금을 활용하여 법률구제의 공백을 채우고 있다. CERP 프로그램은 미군의 이라크 작전에 한하여 적용된다고 한다. 미군은 일정금액의 보상금의 상한선을 설정해 놓고 개개사건마다 상한선의 범위 안에서 구체적 사실관계를 고려하여 보상정도를 결정한다고 한다. MNC-I의 단편명령 제845호는 CERP 자금의 사용목적과 사용한도, 전투피해복구에 관한 사항, 보고의무 등을 정하고 있는데, 지휘관은 조의금을 제외하고는 개인에게 현금을 지급할 수 없다. 이 때 사용되는 BULK FUND(정확하지 않은 눈대중의 자금)는 조의금이나 전투피해의 수리 목적으로만 사용가능하며 각 건별로 50,000불 이상 초과 불가하다. 위 지침에는 조의금은 개별 이라크인에게 긴급하게 필요한 인도적 구제를 제공하고 동정심을 표하기 위해 지급할 수 있으며, 누군가의 손실에 대한 보상이라기보다는 상징적인 제스쳐의 수단이라고 명시하여 손해배상책임이 없음에도 인도적, 민심획득차원에서의 금전적 피해구제임을 명확히 하고 있다; 자세히는 이상재, 앞의 논문, 5~6쪽 참조.

복구제도가 이용된 사안에서 가해자는 자이툰 장병이 아니라 사단의 한국인 국경이동 경호업무를 지원하던 제르바니 소속 병사였기 때문에 피해복구제도의 적용 대상인지 자체가 문제되었다[579].

사안은 2004. 9. 11. 10:00경 제르바니[580] 소속 운전병인 하미드 오쓰만이 유양상선 직원 4명 등 한국교민에 대한 경호임무를 수행하면서 차량을 운전하여 터키국경방향으로 가던 중 한국교민들이 탑승한 일행차량을 따라가려고 무리하게 앞지르기를 하다가 마주오던 현지주민 주무아가 운전하던 차량의 우측 범퍼부분을 충격하여 앞 범퍼 교체 등 차량수리비와 차량견인비 등으로 약 858 $ 정도의 피해를 발생시킨 사건이었다.

사단법무참모부는 사안을 검토하면서 먼저 법률적으로는 한국군에게 피해배상의 의무가 없지만, ① 한국군의 파병목적인 이라크의 평화·재건 ② 실제로 한국군이 아르빌 현지 재건활동에 제르바니의 협조 필요성 ③ 한국군의 임무수행을 도와주다가 발생한 피해라는 점 ④ 피해정도가 경미하며, 만약 피해가 복구되지 않을 경우 한국군과 제르바니와의 관계 소원 등 한국군에게 득보다 실이 더 크게 예상되는 점 등 정책적인 고려를 통해 사건관련자들에게 한국군이 법률상 배상의무가 없음에도 불구하고 민심획득차원에서 지원해 주는 것이라는 점을 명확히 주지시키고 피해를 복구해 주기로 결정을 하였다.

하지만 사단에는 사단에서 고용한 현지 민간인, 사단에 위탁급식이나 복지회관을 운영하기 위한 한국 민간인, 위와 같은 업체에 고용된 이라크 현지인이나 현지인이 아닌 제3국인, 외교부 연락사무소에 고용된 현지 민간인, 미 연락반 등 미군, 미 국무성 기관인 지역재건팀(Resional Restruction Team) 소속 미국 민간인 등[581] 다양한 신분과 국적의 사람들이 생활하고 있다. 그러므로 이들 상호간에 발생하는 고의나 과실에 의한 사고로부터 다양한 형태의 손해배상 요구가 발생할 수 있다[582]. 이러한 사안들에 대해서 파병임무완수, 파병장병의 권리보호, 현지인들에 대한 적

---

579) 이상재, 앞의 논문, 10~15쪽 참조.

580) 제르바니는 쿠르드 자치정부의 치안조직의 일부로서 민병대 수준의 조직과 장비를 갖추고 있으며 현재 사단 병력들과 함께 자이툰 부대의 주둔지 경계, 공항경계, 검문소 운용, 교민경호지원 등을 담당하고 있다.

581) 2007. 10. 미 RRT인원이 자이툰 사단 내부로 이동하는 것과 관련하여 양자 간에 양해각서를 체결하는 과정에 사단법무참모부가 법률적 검토를 하면서 만약 양자 간 손해배상책임이 발생했을 때 이를 어떻게 처리할 것인지에 대한 합의의 문제에 대해서 상급부대의 일정한 지침이나 파병경험을 통한 선례가 없어서 이를 해결하는 것이 가장 어려운 문제였다.

582) 실제로 사단을 방문하는 외교부 인원을 경호하기 위해 출동했던 재건대대 인원을 외교부에 고용된 현지인이 외교부 차량을 이용하여 충격하여 전치 6개월의 골절상을 입힌 사례에서는 국가배상법의 적용대상이 아니고 현지인에게는 현지법을 적용할 경우 매우 가혹한 처벌이 가해지며 현지인의 경제적 능력으로 완전한 손해배상이 불가능한 점 등 문제가 발생하여 이에 대해서 사단법무참모부와 외교부 연락사무소가 서로 중재를 하여 최소한의 위자료 명목의 손해배상을 하는 것으로 사안을 마무리 했는데 공무수행중 사고에 대해서 국가배상청구가 불가능한 현행 제도하에서 파병지에서 임무수행 간 손해배상 절차가 완벽히 마련되지 않아 매우 안타까운 면이 있었다.

절한 보상, 사단과 관련된 제반사항의 처리, 미국 등 동맹국과의 관계에서의 손해배상 문제 등 다양한 예상 문제점들을 반영한 손해배상제도를 마련하는 것이 원활한 파병임무 수행을 위해서 반드시 필요할 것이다.

이러한 제도는 단일한 법률체계로 규율하는 것도 가능하고 다양한 법률 체계를 유지하는 것도 가능하며, 현행 법령체계에서 일정한 사안에 대해서 어떠한 법령을 적용할 것인지 준거법의 기준을 마련해 주는 체계를 이용할 수도 있을 것이다[583].

하지만 파병지의 다양한 상황을 고려하여 손해배상제도를 운영하는 것이 필요한 만큼 여기에 대한 별도의 법률체계를 마련하는 것은 장기적으로 법치행정에 부합하는 체계적인 파병업무를 수행하는데 있어서 반드시 고려되어야 할 것이다.

바. 재외국민[584]의 영내거주 등 재외국민관련 문제

(1) 개요

자이툰 사단 영내에는 특이하게 재외국민이 거주하고 있다[585]. 재외국민이 거주하는 영내지역을 사단에서는 코리아 센터라고 한다. 자이툰 사단은 민사처에 영사지원반을 두고 이 코리아 센터 지역의 재외국민에 대해 주거시설, 전기, 급수, 식사 등 생활전반에 대하여 지원을 하고 있다. 이처럼 재외국민이 영내에 거주하다 보니 여러 가지 법적인 문제점이 발생하고 있다. 즉 (1)코리아 센터를 영내로 보아서 부대 지휘권의 통제범위에 포함시켜야 하는가 아니면 영외지역으로 간주하여 주민들의 자치권을 보호하여야 하는가? (2) 부대의 각종 규율과 방침을 위반한 재외국민에 대해서 형사책임을 포함하여 일정한 제재를 가할 수 있는가? 이러한 통제와 관련하여 아르빌에

583) 예를 들면 미군과 한국군 사이의 손해배상은 주한미군과의 SOFA협정의 내용을 준용한다는 것 등이 될 수 있을 것이다.

584) 과거에는 교민이라는 용어를 사용했으나 2007. 6. 5. 사단과 외교부, 재외국민간의 협의체인 '07-1차 정치군사(POL-MIL)확대회의에서 교민이라는 용어의 사용을 지양하고 재외국민이라는 명칭으로 통일하여 사용하기로 합의를 하였다. 그러나 영사업무지원반 및 Korea Center 운영내규(사단내규 3-4호(민사), 2007. 5. 1. 부분 수정, 이하 '영사지원내규'라 함)에는 아직도 교민이라는 용어를 사용하고 있고, 이는 내규 수정시 반영할 예정에 있다.

585) 2004. 5.경 고 김선일 씨가 이라크 저항세력에 납치되어 살해되면서 같은 해 7. 18. 국가안전보장회의(NSC)에서 이라크 거주(체류) 한국인(이하 '재외국민'이라 함)들을 자이툰 사단 영내로 이동하도록 권고하고 이에 따라 합참에서는 아르빌 지역 출입 재외국민 통제대책 강화하여 준 군무원 수준으로 관리토록 지시를 하였다. 같은 해 8. 17. 합참에서 자이툰 사단 내 민간인 수용 조치 지시하고, 같은 해 10. 11. NSC는 이라크 체류 한국인을 부대 내 숙영 조치토록 하여 당시 아인카와에 위치하던 KOICA사무소 및 재향군인회 포함하여 재외국민을 영내로 이동시켰다. 같은 달 12. 에는 사단이 아르빌 현지 재외국민 경호 및 경계대책을 수립하여 합참에 보고하였는데 이 때 재외국민의 외부출타시간을 1일 2시간 이내로 통제하고, 재외국민의 요구에 의해 자이툰 부대원에 의한 경호는 차량, 군복 노출로 적대세력의 표적이 될 수 있으므로 현지 치안전력인 제르바니 병력으로 경호 실시하도록 하였다.

파견된 외교부 연락사무소 직원인 공무원과 일반 재외국민 사이에 차이가 있는가? (3) 영사지원업무를 통해서 부대가 재외국민에 대해서 영사지원업무를 수행하는 근거와 그 범위는 어디까지 인가? (4) 이라크에 입국하기 위해서 사단이 각종 조건을 부여할 경우 이를 위반한 경우에는 사단에서 어떤 제재를 어떤 절차를 거쳐서 가할 수 있는가? (5) 정부에서 위험지역인 이라크에 입국조건을 변경하여 고액의 보험을 드는 것을 조건으로 한 경우 일반 재외국민과 사단과 위탁급식계약을 체결하거나 복지시설 운영협약을 체결한 인원들에 대해서도 동일한 기준을 적용해야 하는가? 등 여러 가지 문제가 발생하였다. 이러한 문제들에 대해서는 파병지역의 재외국민보호를 위해 재외국민을 부대 영내에 거주시키는 예외적인 사항을 규율하는 특수한 상황에 대한 명시적인 법적 근거가 없다는 점이 가장 큰 문제이다. 결국 사단에서는 각 사안마다 법무참모부에 법령의 적용을 문의하면 법무참모부는 기존의 법령들을 파병지역에 최대한 적용하여 문제를 해결하여 왔다. 이하에서는 위에서 제기된 문제를 중심으로 현행 법령의 체계에서 어떠한 해석이 가능한지를 검토하면서 이러한 방식의 해결책의 문제점을 지적해 보도록 하겠다.

(2) 코리아 센터의 법적지위

코리아 센터는 현재 주둔지 경계외곽 안쪽에 설치되어 있다. 따라서 민간인인 재외국민들의 외부출입이 자유롭지 않고 출입을 위해서는 미리 외교부연락사무소의 승인을 받고 사단의 민사처 영사지원반의 위치추적을 받으며, 17:00이전에 부대로 복귀해야 할 뿐 아니라 부대 출입 시에는 부대 위병소의 검문·검색에 응해야 하는 등 통제가 따른다[586]. 그러나 코리아센터 내에는 민간인인 교민들이 거주하고 있고 나아가 외교부 연락사무소 까지 설치되어 있어 실제로는 군사시설로 통제되지 않아 이를 영내로 보아야 할지, 영외로 보아야 할지 문제가 제기된다.

현재의 상황을 고려해 보면 코리아 센터는 정문 위병소를 통과하여 영내에 위치하고 있고, 부대와 코리아센터의 왕래를 차단하기 위한 시설은 없으며 다만 야간에 제3국인의 출입을 막기 위하여 출입구에 근무자를 배치하고 있을 뿐 코리아 센터로 군인들의 출입을 차단하고 있지는 않고 반대로 교민의 영내 출입도 통제되지 않는다. 시설물 이용관계도 코리아센터 내의 시설 중 식당, 숙소 1동, 창고 1동이나 일부 재외국민이 직접 건축한 체육시설 등을 제외한 일체의 시설이 모두 부대에서 지원되는 시설이며, 코리아 센터에 지원되는 전기, 수도, 유류 등도 모두 부대에서 지원되고 있다. 더욱이 입주하는 재외국민들은 부대시설의 사용을 위하여 입주금과 사용료를 지급하고 있다. 따라서 코리아센터의 시설물 관리와 파손기물의 보수도 부대가 주체가 되어 행하여지고 있다. 또

586) 영사업무지원반 및 Korea Center 운영내규(사단내규 3-4호(민사), 2007. 5. 1. 부분 수정, 이하 '영사지원내규'라 함) 제3장 참조.

한 적의 공격 등에 대한 인원 및 시설물의 방호[587]나 화재 발생 시에도 재외국민들이 스스로 문제를 해결할 수 없고 결국 부대활동에 의해 처리되고 있다[588].

결국 교민들은 2004. 10. 11. NSC 지침에 따라 신체와 생명의 안전을 위해 임시적(한시적)으로 코리아 센터에 거주할 뿐이고 이라크에서의 상황이 호전될 경우 교민들이 주둔지 밖으로 나가면 코리아센터의 구역은 명백한 군의 영내로 사용될 것이고, 입주 시 부대의 통제에 적극 따르기로 서약서를 작성하였으며 그 적법성 여부는 별론으로 하고 코리아 센터의 운영에 관하여 사단의 영사지원내규로 정하고 있다는 것을 고려한다면 코리아 센터는 부대의 영내로 보아야 할 것이다.

(3) 코리아 센터 내 재외국민의 통제에 관한 검토

(가) 내규에 의거한 코리아 센터 내 재외국민의 일반적인 행동 통제 가능성

먼저 코리아 센터 지역을 제외한 자이툰 사단 영내에 위치한 주둔지 및 각종 시설은 군사시설보호법(법률 제6870호, 2003. 5. 15. 일부 개정)상의 군사시설에 해당 한다[589]. 따라서 자이툰 부대의 영내로 들어오기 위해서는 부대장의 허가를 받아야 하며[590], 이러한 허가 없이 영내를 출입하는 경우에는 강제퇴거를 시킬 수 있고[591] 형사 처벌을 받을 수도 있다[592]. 따라서 자이툰 사단의 영내에 거주를 허가받은 재외국민의 경우에도 자이툰 부대의 일정한 통제구역에 출입을 제한할 수

---

587) 2007. 6. 5. '07-1차 정치군사(POL-MIL)확대회의(정치군사(POL-MIL)회의에 대해서는 뒤에서 상세히 서술하겠음)에서 재외국민들은 코리아 센터 내 컨테이너의 마대적상 수준이 장병 컨테이너 숙소보다 비교적 낮게 적상되어 콘테이너 방호시설 보강을 정보작전참모처에 요청하여 같은 해 공병대대 협조하 현 수준보다 4 ~ 5단 추가 적상하기로 조치를 취해 주었다.

588) 2007. 8. 29. 코리아 센터내의 쓰레기 소각장에서 재외국민이 건초를 소각하다가 화재가 발생하여 사단에서 신속대응반(QRF)가 출동하여 이를 진압한 예가 있었다.

589) **군사시설보호법 제2조 (정의)** 이 법에서 사용하는 용어의 정의는 다음과 같다.
1. "군사시설"이라 함은 진지 · 장애물 기타 군사목적에 직접 공용되는 시설을 말한다.
2. "군사시설보호구역"이라 함은 군사시설을 보호하고 군작전의 원활한 수행을 위하여 국방부장관이 제4조의 규정에 의하여 설정하는 구역을 말한다.

590) **군사시설보호법 제7조 (보호구역 또는 군사시설에의 출입허가)** 다음 각 호의 1에 해당하는 구역 또는 시설 안에 출입하고자 하는 자는 관할부대장등 또는 주둔지부대장의 허가를 받아야 한다. 다만, 군 작전상 장애가 되지 아니하는 범위 안에서 대통령령이 정하는 지역은 그러하지 아니하다.
2. 울타리 또는 출입통제표찰이 설치된 부대주둔지

591) **군사시설보호법 제9조 (퇴거의 강제 등)** 관할부대장등(제7조제2호의 경우에는 주둔지부대장을 포함한다)은 제7조의 규정에 의한 허가를 받지 아니하고 구역 또는 시설 안에 출입하거나 제8조의 규정에 위반하여 동조 제2호 또는 제3호의 행위를 한 자 또는 그 행위로 인한 장애물에 대하여는 퇴거의 강제, 장애물의 제거 기타 군사시설을 보호하기 위하여 필요한 조치를 하여야 한다.

592) **군사시설보호법 제17조 (벌칙)** 제7조의 규정에 의한 허가를 받지 아니하고 구역 또는 시설 안에 출입하거나 제8조의 규정에 위반하여 동조 제1호의 행위를 한 자는 1년 이하의 징역 또는 300만원이하의 벌금에 처한다.

있다는 것은 당연하다. 문제는 이러한 통제를 코리아 센터 내부나 직접적으로 군사목적에 공용되는 시설이 아닌 영내 복지회관, 체육관, 종교시설에도 그대로 적용할 수 있는가 하는 문제이다.

먼저 재외국민이 코리아센터에 입주할 때에는 외교부 연락사무소의 통제에 적극 협조하며 등화관제, 총기 미소지, 차량 운행 속도 준수, VCC출입규정 등 사단의 영내 활동 관련 지침을 준수한다는 서약서를 작성하여야 한다[593]. 이외에도 코리아 센터 내에서 음주 및 고성방가, 질서문란행위를 금지하고 쓰레기 및 담배꽁초 무단투기를 금지하며 시설물의 청결을 유지한다는 각종 질서유지에 관한 서약서도 작성을 한다. 이러한 서약서의 작성은 양자 간의 합의에 의한 것으로 볼 여지도 있으나 일단 이라크에 입국을 허가받은 재외국민은 현재 자이툰 사단 코리아 센터 내에 거주해야할 의무가 있고 코리아 센터에 입주를 하기위해서는 서약서를 작성해야 하므로 자유로운 합의라기 보다는 입국허가를 받기 위해 거주 이전의 자유를 비롯하여 일반적인 행동의 자유권의 일부를 스스로 포기하는 것으로 볼 수 있다.

초기에는 위와 같은 서약서의 내용도 일방적으로 많은 생활의 제약을 수락하는 형식이었고 영사지원내규에서도 재외국민에 대한 일반적인 생활의 통제에 있어서도 사단에 많은 권한을 인정하고 있었다. 그러나 기본적인 군의 규율대상이 아닌 민간인에게 부대의 출입에 관한 사항과 부대 내 시설의 사용에 관한 사항 이외에 코리아 센터 내의 질서유지에 관한 부분이나 사생활의 규제에 관한 부분을 내규로 규정하여 통제하는 것은 문제가 있었다.

따라서 사단내규는 코리아 센터의 입주 재외국민에 대해서 과도한 통제를 지양하고 보안상의 문제를 이유로 한 개인비품 반입과 인터넷, 위성 등의 설치는 영사업무지원반의 승인을 득하도록 하고, 부대 장병들을 대상으로는 상행위를 금지하게 하며, 시설물의 관리의무를 주고, 영내에서 과도한 음주 및 고성방가에 의한 질서문란 행위는 관련업체, 연락사무소, 민사처와 협의 후 불이익을 제공하는 것으로 하여 사단에서 필요한 최소한의 제한과 불이익의 제공에 있어서 관계자와의 합의절차 등을 거치도록 하였다[594]. 그리고 영외출타를 비롯한 코리아 센터의 통제에 있어서 많은 부

---

593) 영사지원내규 제18조 제2항 참조.

594) 과거에는 영사지원내규로 코리아센터의 운용에 관하여 규율하면서 영사업무지원반에서 코리아센터의 운영과 관리책임을 지도록 하고 있고 사고 발생 시 초동 조치와 보고의무 까지 규정하고 있었다. 또한 부대출입업무 이외에 재외국민의 과도한 음주행위, 주차질서 유지 및 통제까지 규정하고 있었다. 즉 재외국민에게 음주운전 금지 서약서를 작성케 하고 영내 음주운전 적발 시 차량출입증 회수와 차량 영내 반입을 금지하고, 부대 내(코리아센터 포함)에서 운전하는 재외국민에게 속도 제한 등 준수사항을 정하여 놓고 미 준수 시 부대지침에 의거 불이익을 주도록 정하고 있으며, 과도한 음주 및 고성방가, 질서를 문란케 하는 재외국민은 외교부 연락사무소와의 협의를 거쳐 불이익을 줄 수 있도록 규정하고 있어 아무런 상위법령의 위임 없이 민간인인 재외국민의 생활을 과도하게 통제하는 것이라는 법무참모부의 검토의견에 따라 이와 같이 개정되었다.

분을 사단보다는 연락사무소의 통제를 따르도록 하였으며, 자치운영 위원회를 통하여 재외국민의 자율적인 자치권을 많이 보장하도록 하였다[595].

다음으로 군사목적에 직접적으로 사용되는 시설을 제외한 나머지 부대 시설에 대해서는 원칙적으로 영내에 거주하는 재외국민에게도 그 사용을 허가하는 것이 바람직하다. 왜냐하면 영사지원내규 제2장 교민지원 제4조 영사지원반의 주요임무에는 기타 교민 복지 향상을 위한 지원이 있으며 재외국민에게 사단능력 범위 내에서 일정한 수준의 복지를 제공하는 것은 결국 사단에게 부여된 임무라고 보아도 무방하기 때문이다. 재외국민보호라는 국가시책의 원활한 시행을 위해서 이라크에 입국하는 국민에게 자이툰 사단 영내 거주 의무를 부여한 이상 이러한 영내 거주에 따르는 불편함에 대해서 일정한 복지를 제공하는 것은 당연한 것이라고 본다. 따라서 코리아 센터 외부의 부대 시설 중 식당이나 복지회관, 체육관 등의 시설은 별도의 통제 없이 장병들의 사용을 곤란하게 하지 않는 범위 내에서 사단의 각종 시설 사용내규를 준수한 가운데 자유롭게 사용하도록 하여야 할 것이다. 실제로 2007. 5. 초에 아르빌 시내에서 차량폭탄테러가 발생하여 대량인명피해가 있어 부대는 영외작전을 취소했을 뿐 아니라 재외국민의 사업수행을 위한 출타도 제한을 하였다. 이러한 사정 하에서 코리아 센터 내 식당은 영업을 중단한 상태였고 외부의 식당을 이용하는 것은 출입제한 조치로 인하여 어려움이 있어 위탁급식을 하는 사단 장병용 식당을 이용할 수 있도록 할 것인지가 문제가 되어 법무참모부에 법령질의를 한 사례가 있었다. 이에 법무참모부는 이러한 경우에는 군사시설에 대한 출입허가 차원보다는 영사지원내규상의 교민복지향상 지원 차원에서 장병과 동일한 가격으로 식사를 허가하는 것이 타당하다는 의견을 제시했다.

(나) 코리아 센터 이외 지역 거주 요구 시의 문제

코리아 센터내의 재외국민과 사단 간에는 부대 출입 간 검색절차, 코리아 센터 내 각종 시설물 설치[596], 식당, 숙소 등 관리비와 전기료 결산 등과 관련하여 종종 갈등이 발생하였다. 이에 일부 재외국민들은 기존에 자신들이 임대한 사단 외부의 지역으로 이주가 가능한지를 사단에 문의하여 사단 정작처와 외교부가 현안문제로 검토한 바가 있었다.

---

595) 영사지원내규 제6장 Korea Center 운용 참조.

596) 영사지원내규에는 코리아 센터 내 재외국민들은 희망에 따라 개인의 컨테이너 및 주택을 건설할 수 있도록 하고 있는데(제22조), 여기에 더 나아가 현재는 실내 골프연습장이 건설되어 있어 전장지역에 당해 시설의 타당성 여부와 관련하여 사단과 이견이 있었으며, '07-2차 실무 정치-군사(POL-MIL)회의 시에는 재외국민들이 코리아 센터 내에 테니스장 건설을 희망하였다가 부대에서 부지선정 및 건설, 시설관리 등의 난점을 이유로 이를 불허한 바 있다.

그러나 재외국민을 코리아 센터 내부로 이주시킨 것은 2004. 5.경 고 김선일 씨가 이라크 저항 세력에 납치되어 살해되면서 같은 해 7. 18. 국가안전보장회의(NSC)에서 이라크 거주(체류) 한국인들을 자이툰 사단 영내로 이동하도록 권고하고, 같은 해 8. 17. 합참에서 자이툰 사단 내 민간인 수용 조치를 지시하고, 같은 해 10. 11. NSC는 이라크 체류 한국인을 부대 내 숙영 조치토록 하여 당시 아인카와에 위치하던 KOICA사무소 및 재향군인회를 포함하여 재외국민을 영내로 이동시켰고, 같은 달 12. 에는 사단이 아르빌 현지 재외국민 경호 및 경계대책을 수립하여 합참에 보고하여 사단이 재외국민의 영외 출타 및 경호를 통제 지원하는 시스템을 구축한 것이다.

따라서 코리아 센터 이외 지역에 재외국민의 거주는 사단 자체에서 결정할 수 있는 사안이 아니다. 이 문제는 이라크 지역의 안정성 여부에 따른 NSC 및 대테러 정보위원회, 합참 등이 공동으로 결정할 사안이며, 재외국민의 통제에 대해서 일차적인 책임이 있는 외교통상부의 책임 영역으로 할 사안이라고 보인다. 따라서 사단 내의 재외국민 거주가 명확한 법률의 근거가 있었던 것은 아니지만 위와 같이 상급부대 및 상위 국가기관에서 결정한 사안이므로 사단은 이에 대한 가부에 대해 의견을 제시하는 것은 적당하지 않다고 보인다.

다만 재외국민이 임의로 영외로 나갔을 경우에는 이에 대해서 물리력을 사용하여 강제로 귀국시킬 절차나 방법이 전혀 없고 또한 법적근거도 미약하다[597]. 따라서 이러한 필요성이 있다면 역시 파병관련 기본법에 해당사항을 포함시키고 관련법령을 정비하여 파병부대에 일정한 강제력을 부여한다든가 하는 방법이 있을 수 있다. 혹은 뒤에서 검토하겠지만 재외국민의 영내 거주 지역의 치안문제를 담당할 일정한 민간 경찰기구를 외교부와 행정자치부의 협의에 의해 파견하는 것도 검토해 볼 만 하다.

(다) 코리아 센터 내 출입 및 식당 등 이용 및 영내 상행위 금지의 문제

1) 코리아 센터 출입 및 식당 등 이용금지

코리아 센터 내에는 현재는 영업을 하고 있지 않지만 최초 파병인원이 3600내지 2400명 선을 유지할 당시에는 식당과 매점이 매우 빈번히 이용되었다. 한편 기본적으로 자이툰 사단 장병들의 경우에는 음주가 강력히 통제되고 사단장 승인 하에서 1인 소주 1/3병, 맥주 1캔 분량의 음주만이 허용되었는데 코리아 센터의 식당과 매점은 자이툰 사단 내부에 위치했으면서도 민

597) 단순히 여권법위반을 이유로 헌병 등 군 수사기관을 동원하여 신체를 구금하고 강제로 국내 송환을 시키는 것은 민군관계를 고려할 때 정책적으로 바람직하지 않고 파병지역에 위험이 극단적인 상황이 아니라면 비례원칙에 부합하지 않을 가능성이 크다.

간인 거주 지역 내의 영업소라는 이유로 본래 재외국민 상대로 주류 판매를 하던 것을 기화로 자이툰 장병들을 대상으로도 음성적으로 주류를 판매하였다. 이에 더하여 일부 업소의 경우에는 사단이 공급하는 유류에 대한 대금을 정산하지 않아 영업주의 국내 재산을 가압류하겠다는 취지의 최고장(독촉장)을 2회에 걸쳐 발부하는 사태에 이르기도 하였다. 위와 같은 문제점들을 해결하기 위해서 사단에서는 코리아 센터 내 업소에 일종의 제재와 압력을 가하기 위한 수단으로 장병들에게 코리아센터 출입과 식당 및 매점이용을 금지시키기도 하였다.

이러한 일련의 상황과 관련하여 먼저 재외국민이 사용하고 있는 일정한 영내 시설물에 대한 출입금지가 가능한가가 문제된다. 생각건대 기본적으로 코리아 센터는 영내 시설물이므로 자이툰 장병은 특별한 사정이 없는 한 코리아센터로 자유롭게 왕래할 수 있고 그것이 영외 군무이탈에 해당하지는 않을 것이다. 그러나 일반적으로 장병의 임무수행이나 복지를 위해서 제공되는 시설이나 지역이 아니라 특별히 재외국민의 거주를 목적으로 부대의 장병들이 아닌 민간인이 거주하는 지역이므로 시설의 설치 목적을 준수하고 부대의 규율을 유지하기 위한 수단으로 부대원들을 대상으로 한 합리적인 이유가 있는 일정한 범위의 통제는 장병들의 행동에 대한 과도한 제한이라 보기 어려워 일응 가능할 것으로 보인다.

예컨대 장병들의 사단 내 음주규정을 준수시키기 위해 코리아센터 내에 위치하는 식당에 군인을 상대로 주류를 판매하지 못하도록 요청할 수 있고, 이를 위반하는 경우에 식당에 영업을 금지시키는 것이 아니라 단지 장병들의 출입을 금지시키는 것은 위 시설이 장병대상 영업을 목적으로 한 허가를 받았다는 특별한 사정이 없는 한 재외국민의 권리를 침해한 것으로 보기 어렵다. 더욱이 장병대상 영업을 허가 받았더라도 부대의 규정상 장병에게 판매가 금지된 물건을 판매하는 것을 이유로 장병의 출입을 금지시키는 것은 충분히 영업주의 입장에서 예상 가능한 불이익이 될 것이고 사전에 이러한 제재를 내용으로 한 협약서나 서약서를 받아두는 것도 가능할 것이다[598].

그러나 유류대금 등을 납부하지 않은 것을 이유로 장병들의 코리아 센터 출입을 금지하고 식당 및 매점 이용을 금지시킨 것은 부당결부금지의 원칙[599]에 반할 소지가 있다. 이것은 영업과는 크게

---

598) 실제로 사단은 2007. 9. 사단의 영내 복지시설 영업주들에게 사단의 사단장병에 대한 주류판매금지요청에 동의하고 이 동의에 위반할 경우 사단 장병들을 사안의 경중에 따라 1 내지 3 개월간 복지시설 출입을 금지시키는 사단의 조치에 이의를 제기하지 않을 것을 서약하는 내용의 각서를 집행하였다. 또한 영내 복지회관에서 상표법 위반소지가 있는 상품(소위 짝퉁 물건)이나 사단의 판매승인을 받지 않은 물건을 판매하는 행위에 대해서도 동일한 내용의 서약서를 집행하여 사단의 복지회관 판매물건에 대한 통제체제를 더욱 명확히 하였다.

599) 부당결부금지의 원칙이란 행정작용을 함에 있어서 실질적인 관련이 없는 상대방의 반대급부를 조건으로 하여서는 안 된다는 원칙으로 건축허가를 발령함에 있어서 기존의 체납된 공과금의 납부를 반대조건으로 하는 부관의 부과행위는 허용되지 않는다는 헌법상 법치국가의 원리와 자의금지에서 도출되는 것으로 이해되고 있다; 유지태, 앞의 책, 44~46쪽 참조.

원인적으로나 목적적으로 관련이 없는 사항을 이유로 하여 기존 영업을 제약하는 것이므로 재외국민의 민원제기 등이 있을 경우 문제의 소지가 있는 행위라고 보인다. 그렇지만 최고장을 발송하는 등의 행위는 당연히 허용되고 이와 같이 민사적인 방법을 사용하거나 유류공급을 중단하는 등 위반행위와 합리적인 연관성이 있는 제재를 시행해야 할 것이다. 다만 유류공급중단은 대낮의 기온이 50도를 육박하는 중동지역인 아르빌에서 에어콘 등 전기설비의 이용이 불가하게 되어 교민보호 및 복지제공이라는 합참의 지시를 고려할 때 쉽게 결정할 수 있는 사안은 아니라고 보이므로 사전에 계약 체결 시 일정한 보증금을 수령 하는 등 예방수단을 간구하고 이미 발생한 문제에 대해서도 업체의 국내 재산을 가압류하는 등 민사적인 방법으로 문제를 해결하는 것이 더욱 바람직할 것이다.

2) 영내 물품 구매 등 상행위 금지 문제

장병의 코리아 센터 내부로 출입과 관련하여 또 하나 문제가 된 것은 일부 재외국민이 장병들을 대상으로 여러 가지 물품 구매를 부탁받은 후 이를 영내로 반입하고 귀국 시 이를 국내로 가지고 들어가면서 대두되었다. 이런 행위는 보석류나 카페트 등 고가품을 국내로 밀반입하는 관세법을 위반하는 범법행위가 발생할 가능성도 완전히 배제할 수 없는 것이기에 더욱 문제가 되었다. 또한 자이툰 사단 내부에 복지시설 운영협약을 체결하고 2곳의 매점을 운영하던 재향군인회의 입장에서는 재외국민의 무허가 물품판매행위에 대해서 자신들의 매출에 직접적인 영향을 미치므로 영업이익이 감소하는 부분에 대해서 이를 엄격히 통제하지 않는 사단에 불만을 제기하였다.

이러한 영내 무허가 상행위는 영내 매점을 운영하는 업체보다 저렴한 가격으로 재외국민이 물건을 공급하면서 상대적으로 영업허가를 받은 영내 매점이 장병들을 대상으로 폭리를 취한다는 인식이 생기면서 매우 활성화되었다. 일부 사단 참모나 관계자들은 장병들의 권익을 보호하기 위해서 영내 상행위를 강력하게 단속할 필요가 없다는 견해를 가지기도 했다. 그러나 일부 영내매점에서 판매되는 물건은 다소 저렴한 가격에 공급을 하더라도 영내 매점에 없는 물건들에 대해서는 재외국민도 폭리를 취할 가능성을 배제할 수 없어 진정 장병들의 권익보호를 위해 옳은 것인지 판단하기 어려운 면이 없지 않았다. 또한 영내매점의 폭리문제는 영내매점에 대한 권고 등을 통해서 시정해야지 기본적으로 금지된 영내 상행위를 통해서 경쟁을 부추기는 방법으로 해소하는 것은 영업을 허가해준 사단의 입장에서 바람직하지 않다고 보인다. 더욱이 재외국민의 영내거주가 재외국민의 보호를 목적으로 이루어진 만큼 본래의 취지를 넘어서 영내 무허가 상행위로 이어지는 것은 바람직하지 않으므로 이를 차단해야 하였다.

하지만 영내 상행위를 금지하기 위해서 장병들의 코리아 센터 출입을 금지시킬 수는 없다고 보인다. 예를 들어 현지 통역인이나 재외국민 등의 부대 출입이 완전히 금지되지 않은 상태에서 재외국민의 영내 상행위를 금지하기 위해서 코리아 센터의 출입을 금지하는 것은 기타 다른 목적을 가진 방문과 구별하기가 곤란하다. 또한 공무이외에 코리아 센터의 방문을 금지하고 일정한 목적을 사단에 보고 후에만 방문을 가능하게 한다면 영내 지역의 일부인 코리아 센터를 출입하려는 장병들의 아무 문제가 없는 행동에 대한 과도한 제한이 될 수 있기 때문이다.

더욱이 코리아 센터 내의 재외국민들에 대해서도 장병들의 접촉을 일체 금지시키는 것도 민군관계를 과도하게 제한하고, 재외국민을 잠재적인 규정위반의 원인으로 생각하는 것으로 비춰질 수 있어 바람직하지 않다. 한편 재외국민에게 장병들을 대상으로 한 물품판매를 위한 영내 출입이나 코리아 센터에서의 물품거래를 금지시키더라도 이를 위반하였다고 하여 재외국민을 처벌할 권한도 적절한 방법도 없으므로 권고적 효력을 넘어서는 효과를 바라기도 어렵다.

물건구매를 방지한다는 목적도 재외국민이나 현지인을 통하여 원하는 물건을 아르빌 시내에서 구매하여 한국으로 택배로 보내는 것은 통제도 불가능하고 국내에 반입이 금지되는 품목이나 일정금액을 초과하는 물품으로 관세법을 위반하는 경우를 배제하면 특별히 법을 위반하는 것으로 볼 수도 없다. 따라서 이러한 사항에 대하여 물품매입 및 국내반입을 금지하는 지시를 하는 것은 행정지도로서 권고적 효력밖에는 없으며 이를 위반하는 경우에도 징계 등의 처벌이 불가능할 것이다.

따라서 이러한 문제는 통제가 가능한 범위에서 어떻게 물품구매 행위를 중지시킬 것인지를 고민해야 한다. 먼저 관세법 등 각종 법령을 위반하는 물품구매행위에 대해서는 장병들을 대상으로 이를 금지하도록 지시하고 법령위반이나 지시불이행을 이유로 징계를 하고, 필요시에는 관세법 위반 등으로 형사 처벌이 가능함은 당연하다. 다음으로 부대의 안전을 해하는 물건에 대해서는 영내반입을 금지하고 위반사항에 대해서는 위와 같은 징계가 가능할 것이다. 또한 영내 상행위를 금지하도록 재외국민을 대상으로 권고하고 장병들을 대상으로는 주둔지 지역으로 재외국민을 불러들여 부대단위로 대량물품구매는 금지하도록 지시사항을 명확히 하달하여 이를 위반 시 지시불이행으로 징계가 가능할 것이다.

하지만 장병들이 개인적으로 재외국민을 찾아가서 물건을 구매를 부탁하는 경우까지 처벌의 대상으로 삼아야 하는지는 코리아 센터 지역의 출입금지 문제와 연관하여 생각해 볼 때 그 제한의 범위에 포함시키기 어렵다는 생각이 든다. 이미 구매한 물건에 대해서는 이를 압수하거나 강제로 수거하여 소각하는 것은 법령에 정해진 사유에 해당하지 않는 이상 불가능하다. 다만 부대가 물품검색 등을 통해서 이를 소포로 국내로 보내는 것이나 국내 복귀 시 항공기를 이용하여 국내로 반입하는 것에 소극적으로 협력을 거부하고 현지에서의 소비를 유도하는 것은 가능할 것이고 이러한 방법이 오히려 통제의 실효성을 높일 수 있는 방법이 될 것이다. 하지만 자신이 비용을 부담하여 국제항공을 이용하여 물품을 국내로 발송하는 행위에 대해서까지 일정한 통제를 가하기 위해서는 기본권제한의 일반원칙으로 돌아가 법률적인 근거를 가지고 제한해야 할 것이다.

(마) 코리아센터 내에서의 치안문제

코리아 센터 내에서 민간인 간에 형사사건이 발생하였을 경우에는 이라크 형법으로도 범죄를 구성하는 경우에는 특별히 외교적인 면책이나 주둔군 지위협정에 의해서 형사면책을 받는 인원이 아니라면 속인주의보다는 속지주의가 먼저 적용되어 원칙적으로는 이라크 치안기관으로 넘겨져야 할 것이다[600]. 그러나 현 시점에서 각종 법령의 정비나 재판제도 등이 완비되지 않았고 각종 범죄에 대한 형량도 우리와 많은 차이가 있는 현지 상황을 고려할 때 한국 교민을 현지 치안기관에 인도하는 것은 적절하지 않다[601]. 또한 이라크 현지에서는 범죄를 구성하지 않는 행위에 대해서는 국내기관이 형사절차를 진행할 수밖에 없다.

그렇다면 현지에서 자이툰 사단의 헌병대가 민간인 간의 형사사건을 국내 치안기관으로부터 수사촉탁을 받아서 수사를 하고 국내로 피의자를 소환하는 등의 절차를 밟는 것을 생각해 볼 수 있는데 이것은 정책적으로 바람직하지 않고, 부대의 편제와 임무를 고려할 때 제한사항이 많이 존재한다. 따라서 이러한 문제는 국방부, 외교통상부, 행정자치부 간의 협의를 통해서 파병지에 재외국민을 영내에서 거주시키고 통제할 필요성이 있는 경우에는 일정한 법적근거를 마련하여 민간인을 관할하는 치안기관을 동시에 파견토록 하는 것이 바람직할 것이다[602].

(4) 영사지원업무의 근거 및 재외국민 지원의 범위

(가) 영사지원업무의 근거

자이툰 사단이 재외국민을 영내에 거주시키고 이에 대해서 영사지원업무를 수행

---

600) 국가가 자기 영토에 근거하여 그 영토상에서 행사하는 관할권 전체를 영토관할권이라 하여, 영토 상에서 행사하는 배타적 국가관할권 원칙을 설정하여 국제적으로 관할권 문제해결의 출발점으로 삼았다. 즉 외교적특권과 면제, 외국군군대의 지위, 집단적 점령에 의한 점령국의 준영토관할권등 예외적인 경우가 아닌 이상 영토관할권이 우선권을 가진다고 보아야 한다; 더 자세한 것은 유병화 외, 국제법 I, 법문사, 2000, 328-360면 참조.

601) 예를 들어 교통사고로 타인을 상해한 업무상 과실치상의 경우에 이라크 형법은 일단 신고가 되면 합의여부를 고려하지 않고 피해자가 치료를 필요로 하는 기간만큼 가해자를 구금하도록 되어 있어 우리의 법의식과는 많은 차이가 있는 처벌을 하고 있다.

602) 2007. 9. 바그다드 내사관의 경호를 위하여 경찰청이 5명의 경찰관을 이라크로 파견한 예가 있다.

하는 직접적인 법적인 근거는 없다[603]. 다만 NSC와 합참의 지시에 의해서 이라크 재외국민을 사단의 영내에 거주하도록 하면서 시작된 정치군사(POL-MIL)회의(04-4차 정치군사(POL-MIL)실무회의)에서 사단과 외교부, 재외국민 사이에 업무분장에 합의한 내용과 사단의 재외국민에 대한 일정한 통제사항을 내규에 수록하여 사단의 2진이 전개한 이후부터 내규에 근거한 영사지원임무를 수행하고 있다.

(나) 정치-군사(POL-MIL)회의

정치군사(POL-MIL)회의는 이라크 현지 파병지에서 외교·군 당국 간 정치·군사 협의체제 및 정보 융합체제 구축으로 사단의 성공적인 민사작전 임무수행여건을 보장하고 파병장병, 재외국민의 안전보장에 기여하기 위한 것으로 월 1회 정기회의와 필요시 수시회의를 실시하고 확대회의는 사단장과 이라크 대사가 공동주관하여 실시하도록 하고 있다[604].

정치군사(POL-MIL)회의는 2004. 9. 22. 주 이라크 한국대사관의 요청에 따라 합참에서 같은 해 10. 4. 사단에 정치군사(POL-MIL)협의체제 구축을 지시하여 사단은 같은 달 22.에 정치군사(POL-MIL) 협의회의를 구축했다[605] [606]. 그간 회의실적은 '05년에 확대회의 2회와 실무회의 7회를 실시하고, '06년에는 확대회의 2회를 실시하고 실무회의 4회를 실시한 후 회의가 실시되지 않다가

603) 법무관리관실은 민간인의 군수송기 탑승과 관련하여 헌법상 국군의 조직과 편성은 법률로 정하도록 되어 있고(헌법 제74조 제2항) 그에 따라 제정된 국군조직법 제3조(각군의 임무 등) 제4항은 "공군은 항공작전을 주임무로 하고, 이를 위하여 편성·장비되며 필요한 교육·훈련을 한다."라고 규정하고 있으며, 군인복무규율(대통령령 제13240호) 제4조 제2호(국군의 사명)는 "국군은 대한민국의 자유와 독립을 보전하고 국토를 방위하며 국민의 생명과 재산을 보호하고……그 사명으로 한다"라고 규정하고 있고, 특히 군인복무규율상의 국군의 사명조항은 헌법정신에서 유출되는 국군의 존재 이유를 확인하는 규정임. 따라서, 이들을 종합적으로 해석하면, 국민의 생명과 재산을 브호한다는 국군의 사명, 폭넓은 비행훈련 및 군인가족의 복지향상 측면과 관련하여 군인가족 등 민간인의 군용기에 의한 공수는 적법하다고 할 것이라 하여 헌법과 군인복무규율의 국군의 사명으로부터 민간인의 군수송기 이용의 법적근거를 찾았다. 사단의 재외국민보호와 영사지원임무 수행도 같은 맥락에서 접근이 가능할 것이다; 법무관리관실국제 24001-120('94. 6. 1.) 참조.

604) 영사지원내규 제5장 정치-군사(POL-MIL) 협의회의 참조.

605) 미국의 경우는 정치군사위원회(POL-MIL Committee)가 파병지역 등에 정례화 되어 있고, 국내의 UFL, RSOI시에도 정치-군사 상황조치연습을 POL-MIL게임이라는 명칭으로 실시하고 있다.

606) 회의의 구분 및 편성

구분	주관		위원	간사
	확대회의	실무회의		
사단	사단장	작전 부사단장	CIMIC장(기획팀장), 정작·민사, 법무참모, 기무부대장(정보반장) ※필요시 관련인원 인원 참석	민사참모 (영사업무지원 반장)
정부 기관	주 이라크 대사	연락 사무소장	참사관, 서기관, KOICA 소장, KOICA 부소장 ※대사관 공사 등 추가 가능	

'07. 6. 5.에 07-1확대회의가 다시 개최되어 그 후 7월에 1회의 실무회의를 진행해오고 있다.

회의를 통해 재외국민과 외교부, 사단간의 파병지의 지역정세, 재건사업 및 사회동향, 테러정보 등을 소개하고 이에 관한 정보를 공유하고 있다. 즉 사단의 재외국민 보호임무와 민사작전에 대한 정보와 외교부 현안업무 등 국가기관 간의 정보를 공유하고 재외국민경호 작전 개선방안 등 재외국민 관련 현안업무를 토의하고 정기적인 교민간담회의 필요성을 제기하여 사단과의 대화 창구를 마련하는 등 서로의 애로사항을 해결하기 위해서 운용되고 있다.

(다) 재외국민 영사지원의 범위

1) 내규 상의 지원범위

영사지원업무에 대한 직접적인 법적인 근거가 없는 상황에서 헌법 제5조 제2항[607], 제74조 제2항과 국군조직법, 군인복무규율 상의 국군의 사명으로부터 영사지원업무의 법령상 근거를 찾는다면 구체적인 영사지원 업무의 범위는 사단 영사지원내규가 근거가 될 것이다. 영사지원 내규 제2장은 교민지원이라는 명칭 하에 제4조에서 영사업무지원반의 중요업무를 교민경호, 정치-군사(POL-MIL)협의회의 준비, 코리아 센터 시설물 관리 및 운용, 사단과 외교부의 연락업무, 교민 출·입국 현황 유지, 사고발생시 초동 조치 및 보고, 교민 출타신청 접수/ 사단보고를 위해서 연락사무소와 협조체계 유지, 기타 교민의 복지향상을 위한 지원으로 정하고 있다.

2) 영사지원업무 간 발생한 군용전화 지원 관련 사례

위에서 나열한 영사지원업무와 관련하여 주로 발생하는 문제는 코리아 센터 내에 거주하는 재외국민의 일상적인 생활유지를 위한 유류, 전기 등의 공급과 관련한 비용정산과 같은 복지향상을 위한 지원에서 주로 문제가 된다. 그 중에서 사단과 다소 갈등이 발생하였던 것은 사단과 연락을 위한 군용전화를 설치했다가 이를 영내 물품거래나 군 전화를 이용한 국내전화연결 등에 사용하여 문제가 되었던 사례가 있다.

사단은 재외국민들에게 군용전화선을 이용할 수 있도록 편의를 제공하고 있었는데 이 전화를 이용하여 사단에서 금지한 영내 상행위를 하는데 이용되고 심지어 일부 재외국민이 군 기록계를 통한 국내 일반전화를 이용하여 사적인 용무를 본다는 첩보가 입수되어 2007. 4. 4. 부로 사단 통

---

607) 대한민국 헌법 제5조 ② 국군은 국가의 안전보장과 국토방위의 신성한 의무를 수행함을 사명으로 하며, 그 정치적 중립성은 준수된다.

신대대는 영사지원반을 제외한 코리아 센터내의 모든 전화선을 단선시켰다. 이 과정에서 통신대대는 교민들의 의사를 구하지 않고 예고 없는 단선조치를 취해 당시 법무참모부는 이러한 단선조치는 문제의 소지가 있으므로 이미 단선된 곳은 '근거가 없이 군용전화선을 설치하였으므로 일단 단선하였고 군용전화가 계속 필요하면 통신대대에 소명자료를 제출할 것을 요구하고 이를 근거로 심의하여 다시 군용선을 연결할 것을 검토하겠다'는 취지로 교민들에게 설명을 하여 민원을 방지할 필요가 있다고 조언하였다.

당시 법무참모부의 견해는 자이툰 사단이 NSC 지침과 합참지시에 의거 재외국민을 영내에 거주토록 하였으나 이 지침과 지시는 사단을 구속할 뿐 재외국민에게는 권고적 효력밖에 없고, 따라서 위 지시에 구속되는 사단으로서는 전화단선은 교민의 복지향상을 도모할 의무에 위배될 여지가 있으며, 반면 재외국민들은 사단의 이러한 조치를 이유로 민원을 제기할 여지가 있고 또 감정적으로 아인카와 등으로 퇴거를 하겠다고 주장한다면 이를 제지할 방법이 없다는 것이었다.

생각건대 전화를 통하여 허락되지 않은 물건을 사는 것을 금지하는 것과 전화선을 단선하는 것은 원인적 연관성이 없어 부당결부의 원칙에 위반될 가능성이 크다. 위와 같은 물건구매행위는 위에서 검토한 바와 같이 법령위반사항이 아닌 것은 장병들의 행동을 규제 가능한 범위에서 규율함으로써 방지해야 할 사안이다. 또한 코리아 센터가 영내라면 그 곳에 군용선을 설치하는 것은 문제가 되지 않으며 다만 사용목적은 공적인 업무로 제한하고 국내전화연결 등의 문제는 기술적인 방법으로 제한하고 전화를 설치하는 장소를 공개적인 장소나 재외국민 자치회장숙소 등으로 제한하여 군용전화 사용의 편의제공 정도를 다소 제한하는 방법을 취하는 것이 바람직하지 바로 전화를 단선조치를 취해 편의제공 자체를 중단하는 것은 비례의 원칙에도 위반될 가능성이 크다[608].

(5) 파병지역에 입국허가 조건부여 관련 문제

(가) 파병지역의 입국허가 조건

국민의 해외방문에 대한 행정절차는 외교통상부가 관할을 하고 이와 관련된 법률이 여권법(법률 제8242호, 2007. 1. 19. 일부개정)이다. 외교통상부 장관은 천재지변, 전쟁 등 일정한 위난상황으로 국민의 생명, 재산 등이 위험한 국가나 지역에 대해서는 방문이나 체류를 중지시킬 필요가 있다면 기간을 정하여 여권의 사용을 제한하거나 방문, 체류를 금지시킬 수 있다. 이러

608) 당시 법무참모부도 전화단선에 대해서 부정적인 견해를 제시했고, 이후 재외국민들이 정치-군사(POL-MIL)회의 과정에서 지속적인 민원제기로 사단과의 상황유지 등 공적인 목적으로 사용하기로 협의를 하고 재외국민회장을 비롯하여 제한된 장소에 군용전화선을 설치하였다.

한 조치는 대통령령이 정하는 절차와 방식에 따라 대상 국가 또는 지역, 여권의 사용제한 등의 범위 · 조건 및 기간, 여권의 사용과 방문 및 체류의 허가 신청절차 등을 정한 고시에 의하여 이루어져야 한다[609].

이라크의 경우에는 여권법시행령 제18조의 2 중 제2호[610]의 전쟁지역에 해당하여 방문이 금지된다. 다만 같은 시행령 18조의 3 제5호[611]에는 국가 이익 관련 활동의 경우 소관 중앙행정기관의 장의 추천을 받은 경우 방문을 허가하고 있다. 이 규정과 정부(NSC)의 교민보호대책과 민간인 입국 심사절차 강화정책 결정 등에 의하여 이라크 방문금지의 예외로 자이툰 사단과의 계약체결 및 이행과 관련된 재외국민 등은 사단에 의하여 입국심의 절차를 거쳐 합참 승인을 득한 후 정부의 외교통상부, 법무부에 통보되어 이라크에 입국하여 사단 주둔지 내에 체류할 수 있는 것으로 되어 있었다[612].

원칙적으로 재외국민인 교민의 출국 및 입국 등에 대한 제반대책은 외교통상부와 법무부 출입국관리소에서 세워야 하나, 현재 위와 같이 이라크의 입국은 합참의 추가적인 승인을 받아 예외적으로 우리 사단 주둔지 내에 체류할 수 있었던 바, 만약 관련 교민이 이라크 입국 승인조건을 위배할 경우에는 우리 군이 민간인인 교민에 대하여 직접적으로 이라크에서의 출국 요청을 하거나 출국을 강제할 수 있는지가 문제가 될 수 있다.

---

609) 여권법 제9조의2 (여권의 사용제한 등) ① 외교통상부장관은 천재지변 · 전쟁 · 내란 · 폭동 · 테러 등 대통령령이 정하는 해외 위난상황으로 인하여 국민의 생명 · 신체 · 재산을 보호하기 위하여 특정 해외 국가 또는 지역을 방문하거나 체류하는 것을 중지시키는 것이 필요하다고 인정하는 때에는 기간을 정하여 해당 국가 또는 지역에서의 여권의 사용을 제한하거나 방문 및 체류를 금지(이하 "여권의 사용제한 등" 이라 한다)할 수 있다. 다만, 영주, 취재 · 보도, 긴급한 인도적 사유, 공무 등 대통령령이 정하는 목적으로 하는 여행으로서 외교통상부장관이 필요하다고 인정하는 경우에는 여권의 사용과 방문 및 체류를 허가할 수 있다.
② 외교통상부장관이 제1항의 규정에 따라 여권의 사용제한 등을 하고자 하는 때에는 대통령령이 정하는 절차와 방식에 따라 대상 국가 또는 지역, 여권의 사용제한 등의 범위 · 조건 및 기간, 여권의 사용과 방문 및 체류의 허가 신청절차 등을 정하여 고시하여야 한다.

610) 여권법 시행규칙 제18조의 2(해외 위난상황) 법 제9조의2 제1항 본문에서 여권의 사용을 제한하거나 방문 및 체류를 금지(이하 "여권의 사용제한 등"이라 한다)할 수 있는 대통령령이 정하는 해외 위난상황이란 대한민국 영역 밖에서 발생하고 범정부적으로 대처가 필요한 위난으로서 다음 각 호의 어느 하나에 해당하는 상황을 말한다.
2. 전쟁이 발발하였거나 전쟁발발의 가능성이 매우 높은 긴박한 상황

611) 여권법 시행규칙 제18조의 2(여권사용 등의 허가) 법 제9조의2 제1항 단서에서 여권의 사용제한 등에 불구하고 외교통상부장관이 허가할 수 있는 대통령령이 정하는 여행목적이란 다음 각 호의 어느 하나에 해당하는 것을 말한다.
5. 국가 이익 또는 기업 활동에 관련된 임무를 수행하기 위하여 소관 중앙행정기관의 장의 추천을 받은 경우

612) 이러한 절차를 2007. 8. 26. 외교부 연락사무소는 사단 영사업무지원반에 사단 업무와 관련 없는 인원에 대해서는 사단의 입국심의 없이 외교부 입국허가만으로 입국이 가능하도록 한다는 공문을 합참에 전달했다는 통보를 했다고 하여 법무참모부는 2007. 9. 2. 사단의 입국심의는 군사시설 내 거주여부를 결정하기 위한 부대장의 승인절차도 포함한 것으로 보아야 하므로 사단 업무와 관련 없는 자도 사단의 심의를 거쳐야 하는 것으로 판단되므로 합참의 정식 지침이 없이는 사단심의를 생략해서는 안 된다는 의견을 제시했다.

(나) 입국허가 조건 위반 사례

사안은 관련자가 2005. 9. 24. 사단 내 복지시설에 근무하기 위하여 체류기간을 2개월로 입국신청을 한 것에 대한 심의를 위해 사단 입국심의 위원회가 있었다. 심의위원회는 ① 2개월의 체류기간에 대한 사업활동 내용과 2개월 후의 계획에 대하여 명확히 제시할 것과 ② 정부 방침에 따라 자이툰 사단과 체결한 사업 활동 외 일체의 다른 사업을 하지 않을 것이라는 내용에 대한 서약을 할 것을 조건으로 조건부 승인하였다. 그러나 관련자는 미군 연락반(LNO)과 복지시설 공사계약을 체결하여 입국승인 조건 중 두번째 정부 방침에 따라 자이툰 사단과 체결한 사업 활동 외 일체의 다른 사업을 하지 않을 것이라는 조건을 위배하였다.

이러한 경우에 사단에서 취할 수 있는 조치에 대해서 먼저 사단이 관련자의 출국조치를 취할 수 있는지와 관련해서는 위에서 살펴본 바와 같이 국민의 해외여행 등에 대해서 행정권한은 외교통상부의 관할임이 분명하고, 비록 합참의 승인과 사단의 입국심의를 거쳤다고 하더라도 이러한 조건은 외교통상부의 여행허가를 받기위한 조건이므로 우리 사단이나 합참이 여행을 허가하는 처분 행정청이 될 수 없다[613].

처음부터 사단의 입국심의 없이 여행허가처분이 있었다면 이것은 행정행위의 취소사유가 될 것이라는 것이 대체적인 견해이다. 처분 시에는 입국심의절차 및 승인절차를 모두 거친 경우라도 차후에 승인의 전제조건을 위반하는 행위가 발생한 경우라면 역시 최초 처분 시의 조건을 만족하지 못한 것과 마찬가지로 사후에 처분의 취소사유가 발생한 것으로 보아야 할 것이다[614]. 결국 협의의 전제조건을 위반하는 사실이 발생하는 경우에 바로 사단이나 합참이 처분청을 대신해서 출국조치를 취할 권한은 없다고 생각되고 실질적으로 사단이 강제로 재외국민을 출국 조치하는 것은 가능하지도 바람직하지도 않다고 보인다. 따라서 이러한 문제는 입국승인 조건 위반을 외교통상부에 통보하여 외교통상부에서 문제를 처리하도록 하는 것이 바람직할 것이다.

다음으로 미군 측에 관련자와의 계약을 파기하도록 권고할 수 있는지가 문제된다. 먼저 사단 입국심의 시 정부 방침에 따라 자이툰 사단과 체결한 사업 활동 외 일체의 다른 사업을 하지 않을 것이라는 내용에 대한 서약을 한 조건은 자이툰 사단과 관련자와의 사이에서만 효력을 가질 뿐 미군 측에는 전혀 구속력을 가질 수 없다. 따라서 이러한 서약을 했다는 이유로 미군 측에 관련자와

613) 이러한 사단의 추천 성격의 심의 및 합참의 승인은 외교통상부가 외국방문 및 체류를 허가하기 위한 기관간의 협의절차를 신청자를 통해서 거치도록 하는 것으로 볼 여지가 있다: 류철호, 법령상 협의규정에 관한 검토, 법제, 2005. 5, 47~53쪽 참조.

614) 처음부터 협의를 결여한 행정행위 즉 합참의 승인 없이 외교통상부의 방문허가 처분이 있다면 이것은 행정행위가 무효라는 견해도 있으나 일반적으로 취소사유에 해당한다고 볼 것이다; 류철호, 앞의 논문, 65~66쪽 참조.

의 계약을 파기하도록 권고하거나 협조를 구할 수는 없고, 미군 측에서 자발적으로 계약을 파기하려고 하여도 사단과의 입국심의 시 부가조건을 위반했다는 것은 서약의 당사자가 아닌 계약 당사자들에게는 계약을 파기할 사유가 되지 않는다. 그렇다고 사단이 관련자가 미군 측과의 계약을 파기하도록 권유나 지시를 하는 것도 이미 계약이 체결된 상태에서 미군측이 계약이행을 요구하는 경우에도 손해배상 문제 등 여러 가지 사정이 발생하므로 제한이 될 수밖에 없다. 결국은 입국 시 허가조건 위반을 이유로 외교통상부에 통보하여 출국 등의 조치를 취하도록 하는 것이 최선의 방책이 될 것이다.

귀국조치와 관련해서는 입국허가 시 일정한 체류기간을 정하여 허가를 한 경우에도 그 기간이 경과되면 불법체류가 되어 문제가 된다. 이러한 경우에도 역시 귀국 조치를 취해야 할 것이지만 실질적으로 사단 내에 있는 재외국민을 강제로 귀국조치시키기 위한 규정이나 절차가 전혀 마련되어 있지 않다. 불법체류는 여권법 위반행위로 징역형이 규정되어 있으므로 외교통상부가 사단에 협조 요청을 하여 국내에서 수사촉탁을 받아 사단이 헌병대 등 군 수사기관을 동원하여 재외국민을 강제로 귀국 조치시킨다는 것이 완전히 불가능하지는 않지만 민군관계 등 여러 가지를 고려해 볼 때 정책적으로 바람직하지 않고, 비례의 원칙에도 반할 소지가 다분하다. 따라서 이러한 문제 역시 법령의 정비를 통한 합법적인 기구와 절차에 따라 해결되어야 할 것이다.

(6) 변경된 입국조건을 부대업무 지원 민간인들에게 적용하는 문제

(가) 사건의 개요

이라크는 전쟁 위험으로 인해 위에서 살펴본 바와 같이 원칙적으로 방문이 금지되고 특별한 예외 사유가 있는 경우에만 외교통상부의 방문이나 체류허가를 얻은 자들만 방문과 체류를 허용하고 있다. 그런데 2007. 8. 7. 외교통상부는 이라크 입국허가 시 보험을 가입하는 것을 조건으로 여권의 사용제한 등에 관한 고시(외교통상부고시 제2007-1호, 2007. 8. 7, 이하 '여권고시'라 한다)를 개정하였다[615]. 이러한 개정 법령은 과거에 이미 체류허가를 받은 자들도 경과 규정없이 새로운 법령에 의한 조건을 갖춘 경우에만 여권을 사용할 수 있게 규정하고 있다. 따라서 주 이라크 대한민국 대사관 아르빌 연락사무소는 새로 입국허가를 받는 자들은 물론이고 이라크에 진출한 사업자들도 새로운 법령에 의거 위험지역에서 발생한 사고에 대한 보험에 가입하되 보상액

615) 여권고시는 여권사용 제한 대상 국가와 지역을 이라크는 전쟁 중, 아프가니스탄은 외국인을 대상으로 한 폭탄테러·납치빈발, 소말리아는 내전 중을 각 사유로 하여 지정하고 보험가입을 조건으로 하여 허가가 가능하며 구비서류는 활동계획서에는 안전대책과 서약서를 포함하여야 하는 것으로 규정하고 있다.

은 1인당 최소 2억원 이상이 되어야 하고 보험기간은 최소한 위험국가의 체류기간과 같을 것이라는 요건을 충족시키는 것이어야 계속 체류가 가능하도록 하였다. 이러한 조치는 자이툰 사단 관련 사업자에게도 동일하게 이루어져 일부 업자들이 민원을 제기하자 연락사무소는 자이툰 사단의 입장에 대해서 문의를 해오게 된 것이다.

(나) 이라크 방문·체류 허가 시 보험가입조건부 허가의 적법성에 대한 의문

우선, 여권법령에 의하면 이라크 지역의 방문·체류는 원칙적으로 금지되고 다만, 예외적으로 허용하는데, 이에 대한 허가요건으로서 여권고시의 보험가입 조건부 허가는 상위법령인 여권법, 동법 시행령, 동법 시행규칙에는 없는 전혀 새로운 추가조건이다. 그런데 보험가입이 '국민의 생명을 보호하기 위한 부득이한 조치'라는 주장은 보험가입을 하는 경우 그렇지 않은 경우보다 국민의 생명보호에 더 도움이 된다는 논리인데, 이는 국민의 생명 등이 이미 보호받을 수 없는 상황이 발생된 이후 사후적인 금전배상방법일 뿐이어서 위험지역 방문·체류와는 별 상관이 없는 불필요한 조건이라고 할 것이다.

더욱이 이라크 현지에서 외교통상부가 요구하는 보험의 가입강요는 사실상 특정회사의 고액보험가입을 강요하는 것이다. 따라서 상위법의 취지와는 관련이 없는 부당한 조건으로서의 특정회사의 고액보험가입을 강제하는 것은 이에 위반하는 경우 여권법 위반으로 형사 처벌까지 가능하다는 점[616]에서 부당결부금지의 원칙에 반하여 위법하거나 국민의 거주이전의 자유를 불필요한 조건으로 제한하여 위헌의 소지마저 있다고 판단된다. 따라서 여권고시는 보험가입 등 불필요한 조건을 배제하고 위험지역의 방문을 허가할 필요성이 있는 예외적인 경우인가 만을 판단하여 방문을 허용하는 합리적인 내용으로 개정할 필요가 있다고 생각된다.

한편 여권고시가 적법·유효한 것이라고 하더라도 여권고시 내용에는 '4. 범위·조건 -보험가입 조건부 허가 가능하며...' 라고만 되어 있는데 무엇을 근거로 그 보험의 보상액이 사망 시 최소 2억원 이상이 되어야 한다는 추가적인 조건이 부가되었는지 의문이다. 이는 위험국가를 방문하는 재외국민의 안전보다는 2007. 9. 아프칸 한국인 피랍 사태처럼 국가가 각종 협상과정에서 비용을 부담하는 경우 이를 구상하기 위한 방편에 더 중점을 둔 것이 아닌가라는 의구심을 지울 수 없다.

---

616) 여권법 제13조 (벌칙) ④ 다음 각 호의 어느 하나에 해당하는 자는 1년 이하의 징역 또는 300만원 이하의 벌금에 처한다. <신설 1999.9.9, 2007.1.19>
5. 제9조의2제1항 본문 및 제2항의 규정에 따라 방문 및 체류가 금지된 국가 또는 지역으로 고시된 정을 알면서도 제9조의2제1항 단서의 규정에 따른 허가를 받지 아니하고 해당 국가 또는 지역에서 여권을 사용하거나, 해당 국가 또는 지역을 방문 또는 체류한 자[전문개정 1982.12.31]

(다) 사단 거주 재외국민에 대한 일률적인 고액보험가입 강제의 부당성

여권고시 및 그 내용으로서 보상액이 사망 시 최소 2억원 이상이어야 한다는 것이 전혀 하자가 없는 것이라고 하더라도, 사단관련 사업자들을 포함하여 사단 거주 재외국민에게 일률적으로 고액보험가입을 강제하는 것은 다음과 같은 이유로 부당하다.

우선, '보험가입 조건부 허가 가능하며...' 라는 고시의 조문을 문리해석하면 보험가입 조건부 허가는 필수 조건이 아니라 임의 조건으로서 상황에 따라서는 보험가입을 조건으로 하지 않고 여권법령의 허가 조건에 충족하는 경우 이를 허가를 할 수 있는 것으로 볼 수 있다. 그리고 위 고시에는 '국회의 동의를 얻어 국군부대가 파견되는 경우'에는 당해 고시의 적용대상이 아님을 분명히 하고 있다. 한편 자이툰 사단과 같이 비교적 큰 규모의 국군부대가 파견되는 경우에는 군인·군무원뿐만 아니라 이를 직·간접적으로 지원하는 파병부대 지원 식당업체관계자, 파병부대 사회복지시설 운영업체관계자 등의 경우에도 함께 해외파병지역에 체류하는 것이 불가피하다고 할 것이다. 그러므로 위와 같이 파병부대를 직·간접적으로 지원하는 인원들의 경우에는 국군부대가 파견되는 경우의 군인·군무원에 준하여 고시의 적용대상에서 제외할 수도 있을 것이다.

또한 앞서 말한 바와 같이 위 고시에 따른 보험은 고액(1인당 최소 월 100만원 이상의 보험료 납부)의 보험으로 사실상 특정회사만이 위 보험을 취급하고 있는데다가, 파병 부대업무를 직·간접적으로 지원하는 업체 인원들에 대한 고액보험에의 가입을 강제하면 결국 그 비용부담은 파병부대가 부담하게 되거나 위탁급식의 경우에는 업체의 비용절감 노력으로 장병들의 음식 등의 질 저하로 이어지게 돼 결국 파병부대나 부대원들이 그로 인한 손해를 부담하게 되는 문제가 발생할 우려가 있다.

따라서, 설사 사단에 체류하는 재외국민들에 대한 고액보험을 강제하는 것이 불가피하다고 판단하더라도 모두에 대한 일률적인 가입강제가 아닌 파병부대와 직접적으로 위탁계약이나 복지시설운영협약 등을 체결하고 파병부대를 직·간접적인 지원을 하는 식당업체, 영내 복지시설운영단체 인원 등의 경우에는 파병업무에 기여하는 바가 크므로 일정한 범위에서 예외를 인정하여 보험가입을 권유하기는 하되 강제가입에 대해서는 그 적용을 제외시켜는 것이 바람직할 것이다.

사. 파병지에서의 영창처분과 파병 부적합자 처리에 관련된 문제

(1) 개요

파병현지에서 징계라고 해서 일반적으로 특별히 규정이나 체계가 필요한 것은 아니므로 파병지에서의 징계제도 전반을 살펴볼 필요는 없다. 하지만 일정한 경우에는 예외적인 상황이

있을 수 있다. 그 대표적인 사항이 병사들에 대한 영창처분과 징계처분이 있는 후에 이어지는 파병부적합자 처리와 관련된 것이다. 먼저 병사들의 징계와 관련하여서는 영창처분을 하였을 경우 파병수당을 지급할 수 있는가 하는 점이 문제가 된다. 그리고 파병장병들에 대한 파병부적합자 처리는 징계가 아님에도 불구하고 마치 징계제도처럼 운영되고 있으며 그 효과는 징계처분을 받는 것보다 더 불리한 경우도 발생한다는 점이 문제이다. 이하에서는 이러한 문제점에 대해서 중점적으로 논의해 보겠다.

(2) 파병지에서 영창처분의 문제점

파병지에서 병사의 징계처분으로는 육군 징계규정(육규 189, 2006. 1. 1. 부분 개정)에 의거하여 강등, 영창, 휴가제한, 근신 처분이 가능하다. 한편 징계규정 붙임 1-1에 명시된 병 징계사유 및 처벌기준 상에 '의식적으로 정하여진 경계근무지를 이탈, 수면 기타 다른 행위를 하는 경우' 등과 같이 필요적으로 영창처분 이상의 징계를 하도록 규정된 비행의 경우에 영창처분을 하는 것은 파병지라 하여 예외가 있을 수 없다.

그러나 자이툰 사단은 헌병대에 침대와 샤워시설, 에어컨 설비까지 갖춘 영창시설이 있음에도 불구하고 실제로 필요적 영창처분에 해당하는 초병근무지이탈의 비행에 대해서도 영창처분을 하지 않고 감경하여 휴가제한의 처분을 하는 등 비행사례에 비해서는 영창처분을 지양하는 경향이 많다[617]. 이처럼 영창처분에 대한 관대화 경향은 물론 파병지에서 임무를 수행하는 노고에 대한 배려 차원을 무시할 수 없지만 더 중요한 문제는 영창처분 시 파병수당의 지급을 할 수 없다는 점과 연관되어 있다[618].

병사들의 경우에는 환율에 따라 차이가 있으나 2007. 9. 현재 환율을 기준으로 월 1,700,000 내지 1,730,000원의 파병수당을 지급받고 있다. 하지만 영창처분기간 동안은 파병수당이 일할로 계산되어 공제되므로 하루에 약 55,800원의 파병수당이 공제되어 최대 영창기간인 15일 동안 구금되

---

617) 실제로 영창을 사용한 예는 29건이 있고 이중 대부분은 파병초기인 '04년도에 14건 그리고 '06년도에 10건의 영창처분이 있었다. 반면 '05년도에는 2명에 대해 영창처분이 내려졌으나 항고절차를 거쳐 모두 근신 5일로 감경되었고, '07년도에는 9명이 징계위원회에서 영창처분이 의결되었으나 지휘관 확인과정에서 모두 휴가제한으로 감경되었다.

618) 육본 법무실 법제과는 군인 등 해파수당규정 제2조 제1항의 해외파견근무의 기간 동안 파병수당을 지급한다는 조항과 군인보수법 제11조 제2항 제3호에 근무기간의 계산에 구류 및 영창기간은 근무기간에 산입하지 않는다는 조항을 근거로 징계입창기간은 군인보수법상 근무기간에 불산입되므로 해외파견근무기간에 해당하지 않아 그 기간만큼의 파병수당은 지급하지 않아야 한다고 해석하였다. 참고로 같은 법령질의에 대한 응답에서 형사구속기간은 근무기간에서 제외할 근거규정이 없으므로 파병지에서 구속된 기간 동안은 파병수당을 지급해야 한다고 보았다; 법제과-91('05. 2. 4.)- 파병수당 지급 관련 법령질의 회신 참조.

어 있는 경우에는 약 837,000원의 파병수당을 지급받지 못하는 결과가 발생한다. 결국 파병지에서 영창처분을 받는 경우에는 징계벌을 통해서 결국 단기 구류형과 벌금형을 병과한 것과 같은 결과를 가져온다.

국내에서는 병 봉급이 실제 노동의 댓가라기보다는 용돈 수준의 금액이 지급되므로 영창기간이 봉급지급을 위한 근무기간에서 일할 공제되어도 그 불이익은 별로 크지 않다. 또한 영창기간이 복무일수에 산입되지 않으므로 영창일수만큼 추가근무를 통해 미수령 봉급을 모두 지급받을 수 있다. 그러나 파병지에서는 병사들도 비교적 높은 수준의 파병수당을 지급받으므로 영창처분의 결과로 수당지급이 되지 않는 경우 파병근무기간은 영창기간동안 연장될 여지가 없으므로 그 금전적 손해는 영창 처분자가 모두 부담해야 한다.

이것은 병의 징계처분의 효과로는 너무 가혹하여 비례원칙에 위반될 여지가 많다. 이러한 불이익을 가해야 할 정도의 비행이라면 징계가 아니라 형사절차에 의해서 처리되는 것이 바람직할 것이다. 징계제도는 형사처벌이 불필요한 경미한 규정위반에 대해서 형사절차보다는 간편한 절차에 의해서 형사 벌보다 가벼운 제재를 가하는 것이기 때문이다. 더 나아가 만약 징계권자가 징계처분을 받는 자에게 해파수당이 일할 공제된다는 사실을 모르고 영창처분을 했다면 이것은 징계권자의 의도에 부합하지 않는 가혹한 징계가 될 가능성이 있다. 또한 징계권자가 위와 같은 파병수당에서의 불이익을 고려하여 영창처분이 필요한 경우에도 그보다 경미한 징계를 한다면 파병지에서의 군 기강 확립에 문제가 발생할 여지도 있다.

물론 병의 영창처분의 결과로 파병수당을 지급받지 못하는 것은 규정에 의한 영창처분에 따른 당연한 효과로서 영창처분에 해당하는 비행의 경우에는 당연히 영창처분과 병행하여 파병수당의 불이익도 감수하는 것이 타당 하다는 견해도 군기강의 확립이라는 측면에서는 충분히 수긍할 수 있는 견해이다. 또한 파병지라는 특수성을 고려하여 더욱 엄정한 군기강의 확립이 필요하므로 영창처분의 효과가 파병수당이 지급되지 않는 결과로 이어져도 전혀 문제가 없다고 볼 여지도 있다. 하지만 영창처분의 가장 큰 불이익은 영창기간이 복무기간에 산입되지 않음으로 인해 그 기간 동안 다시 군복무를 해야 한다는 점에서 찾아야 할 것이지 금전적 불이익이라는 추가적인 불이익을 통해서 달성할 필요는 없을 것이다. 또한 현실적으로 나타나는 현상도 영창처분을 통한 위하효과보다는 영창처분에 해당하는 비행에 대해서도 관대하게 처벌하는 경향으로 나타나서 파병지에서 군 기강 확립이라는 취지에는 오히려 영창처분이 억제되어 역효과를 낳을 여지도 있다.

또한 구속기간의 경우에는 파병수당이 모두 지급된다는 점을 고려해도 영창처분에 따른 파병수당의 지급을 배제하는 것은 너무 가혹한 처분이 아닐 수 없다[619]. 물론 무죄추정의 원칙과 관련하여 구속기간은 수사와 재판, 형 집행의 확보를 위한 신병확보수단이지 형의 집행이나 징계수단이 아니므로 당연히 파병수당을 지급해야 한다고 생각할 수도 있다. 그러나 실질적으로 구속이라는 것은 범죄의 죄질과 증거의 확보정도를 종합적으로 고려하여 비교적 영창처분을 받아야 하는 비행보다는 중한 범죄와, 일부라도 엄격한 증거가 확보된 상태에서 이루어지는 것이 일반적이다. 또한 구속에 따라서 파병임무 수행이 불가능하다는 것은 영창처분과 다를 바가 전혀 없다. 따라서 단순히 무죄추정의 원칙이라는 이론적인 접근을 통해서 영창과 달리 구속기간에는 파병수당을 지급하는 것이 당연하다고 볼 것은 아니다.

따라서 군인 등 해파수당 규정에 별도의 규정으로 병사들의 경우 영창처분을 받더라도 적어도 파병수당의 일부는 지급하도록 하는 것이 타당하다. 이러한 조치가 있다면 징계권자가 고려하지도 않은 영창기간 동안 파병수당의 공제라는 가혹한 불이익이 징계처분을 받는 자에게 가해지는 것을 방지할 수 있고, 또한 영창처분이 필요한 경우에 적절하게 영창처분을 내려서 군 기강을 확립하고 국내와 비교해도 균형 있는 징계제도 운영이 가능할 것이다. 그리고 금전적 불이익이 가해질 필요가 있을 정도의 비행에 대해서는 영창처분이 아니라 형사벌을 통해서 처벌을 하는 것이 불이익한 처분에 대한 비례의 원칙에도 부합할 것이다.

(3) 파병 부적합자 처리의 문제점

파병 부적합자 처리 제도는 사단 인사관리 내규(사단내규 1-2호(지원), 2007. 5. 1. 부분개정) 제6조에 규정되어 있다. 이 제도는 전장상황을 고려하여 24시간 총기와 탄약을 개인 휴대하는 파병부대의 특성을 고려하여 부대단결을 저해하는 자, 파병생활의 적응이 심히 곤란한 자, 성군기 문란자, 중요사건 사고자 등의 경우에 부적합 대상으로 보고 심의를 통해서 파병해임조치하고 본국으로 귀국조치를 시키는 제도이다. 결국 파병 부적합자 처리 제도는 이미 해외파병인원으로 선발된 자에 대하여 파병임무의 원활한 수행을 위하여 파병임무의 계속적인 수행이 불가능한 특별한 사정이 있다면 사전에 파병임무를 종결시키고 귀국시킴으로 해서 파병지에서의 인적사고 유발요소를 사전에 제거하기 위한 제도라고 볼 것이다.

결국 파병 부적합자 처리 제도는 파병임무 수행 적합자인가를 기준으로 부적합 여부를 판단에 가장 중요한 요인으로 고려해야 한다. 하지만 파병 부적합자 처리 제도가 실제 운용에 있어서는

619) 법제과-91('05. 2. 4.)- 파병수당 지급관련 법령질의 회신 참조.

마치 징계제도의 일환인 것처럼 운용되는 면이 없지 않다. 단적인 예로 사단근무내규 제13장 음주 단결활동 제39조에서 주둔지내에서 일체의 개인적인 음주행위를 금지하고 음성적 음주행위 적발 시에는 음주자, 반입자 모두 징계위원회에 회부함을 원칙으로 하되 사안에 따라 부적격 심의 및 귀국 조치하도록 되어 있다. 가끔은 사단에서 주차질서 등을 강조하면서 차량고임목을 2회 이상 미설치한 경우에는 부적합심의 대상으로 한다는 비례의 원칙에 현저히 반하는 지시 사항이 내려오기도 했다.

하지만 부적합 심의를 통해서 귀국조치를 시키는 것은 징계규정 상의 징계벌이 아니므로 결코 징계의 목적으로 운용되어서는 안 된다. 부적합심의를 통해 조기 귀국 조치된다면 파병수당을 지급받지 못하는 금전적인 불이익은 차치하고라도 일정한 임무수행 중에 보직해임을 당하는 것과 동일한 효과를 가져오며, 국방부 해파 규정 제39조에 규정된 파병임무완수 후 경력 평가 시 잠재능력 우수자로 분류, 복귀 후 희망보직에 우선 보직 등 각종 특전을 누릴 수 없게 된다. 이러한 각종 불이익은 실로 중징계에 버금갈 정도로 크다고 할 것이고 만약 부적합심의 대상자가 진급심사대상이라면 진급에서 누락될 가능성이 커지는 등 불이익은 이루 밀할 수 없나.

그러므로 단순한 징계대상자를 부대교대를 위한 군 기강 확립기간이라는 등 특정한 시기나 지휘관 등이 특별히 일정한 규정위반을 금지하는 별도의 지시가 있었음에도 불구하고 징계가 필요한 비행을 저질렀다는 이유만으로 파병부적합심의를 통해 귀국조치 시키는 것은 바람직하지 않다. 예를 들면 합참검열기간에 규정에 의한 복장착용을 강조했음에도 불구하고 규정에 반하는 사제복장을 착용했다던가, 사적 음주를 강력히 금지했음에도 불구하고 음주를 하다가 적발되었으나 다른 비행 사실은 없고 단순음주행위를 했음에도 불구하고 특정한 강조기간이나 강조사항을 위반했다고 하여 징계처분에 더하여 파병부적합심의에 회부하는 것은 제도의 취지에 맞지 않다. 이러한 사유로 파병부적합심의에 회부되더라도 심의 각하 사유로 보아야 할 것이다. 설사 위와 같은 사유로 사단에서 파병부적합 결의를 했다고 하더라도 행정심판이나 행정소송을 통해 파병 부적합자 처리 처분이 취소될 여지도 전혀 없지 않다.

따라서 파병부적합제도는 파병 임무 수행 저해자를 사전에 배제시키고 파병지에서 대형 사고를 예방하려는 제도의 취지를 명확히 이해하고 운영되어야지 절대로 징계수단의 일환으로 운영되어서는 안 된다. 이러한 파병부적합제도의 부적절한 운용은 제도의 명확한 취지에 대한 이해 부족과 규정의 불명확성으로부터 비롯되는 것이라고 할 것이다. 따라서 파병부적합제도가 개인에게 가져오는 불이익의 정도를 감안하여 단순히 사단내규에 규정할 사안이 아니라 상위규정 그것도 법규적 효력을 가질 수 있는 법령에 관련 규정을 두는 것이 절실히 요구된다.

V. 개선방안

1. 개요

지금까지의 논의들을 바탕으로 파병관련 법 규정체계의 문제점에 대한 해결방안내지 개선방안을 간략하게 제시해 보고자 한다. 위에서 검토한 바와 같이 해외파병과 관련하여 파병장병을 비롯한 여러 구성원 간의 권리·의무와 관련하여 여러 가지 복잡한 법률관계가 발생하는 이유는 파병이라는 군사행정작용과 관련하여 이를 통일적으로 규율하는 파병관련 기본법에서 출발하여 각종 법규명령과 행정규칙으로 이루어지는 일련의 규정체계가 없기 때문이다. 따라서 먼저 이러한 법 규정 체계의 정비에 출발이 되는 파병관련 기본법의 제정문제와 그 규율되어야할 내용들에 대한 검토가 우선되어야 할 것이다.

그리고 다음으로는 현행 파병관련 규정체계에서 상위 규범인 국방부 해파규정으로부터 시작하여 좀 더 명확하고 통일된 파병업무수행을 위해서 상급부대로부터 권위 있는 규율이 필요한 사항들에 대해서도 규정의 정비가 이루어져야 할 것이다. 이러한 사항들은 입법절차가 아니라 행정청 내부에서도 바로 개선이 가능하므로 법률의 제정이나 법규명령의 제정과 같이 복잡한 절차를 진행하는 과정이라도 파병업무와 관련하여 일반적으로 규율과 지침이 필요한 사항에 대해서는 먼저 국방부 해파규정 등 상위규정을 간단한 개정절차에 의거하여 필요한 내용을 최대한 포함시켜 비록 엄밀한 법치행정의 취지에는 부합하지 않더라도 어느 정도는 권위 있는 근거를 가지고 파병업무절차가 이루어질 수 있도록 할 필요도 있을 것이다. 따라서 파병관련 임무 수행 간 규율이 필요한 사항에 대해서 현행 규정체계 상 개선이 필요한 부분에 대해서도 검토가 이루어져야 할 것이다.

2. 파병관련 기본법의 제정

가. 파병관련 기본법 제정의 의의

지금까지 살펴본 것처럼 파병과 관련된 기본법이 없음으로 해서 발생하는 법치행정의 원리 침해, 기본권 제한의 기본원칙의 침해 등 제반 문제점들은 결국 파병관련 기본법의 제정을 통해서 해소해야 한다. 더욱이 앞으로 대한민국의 국력이 신장될수록 국제사회의 평화유지를 위한 역할분담의 요구는 더욱 거세질 것이고 더욱 다양한 형태의 해외파병임무 수행을 예상하지 않을 수 없다. 또한 세계는 경제뿐만 아니라 안보에 있어서도 다자간의 협약을 통한 블록화와 집단적 안전보장체제를 강화하고 있으며 이에 따라 해외에서 평화재건이 아닌 전투임무의 수행이 필요한 경우도 완전히 배제할 수는 없다. 이처럼 다양한 형태의 해외파병임무를 수행하기 위해 국가가 파병을 결정하고 국군을 해외에 파견하는 경우 발생 가능한 국민적인 갈등과 논란을 불식시키고 헌법이 추구하는 국제평화주의에 부합하는 해외파병을 위해서 국민의 대표자인 국회에 의해서 파병임무에 대한 본질적인 내용과 기본적인 절차를 규율한 법률이 제정될 필요성에 대해서 이제는 실질적인 고민이 필요한 시점이다.

세계의 곳곳에 전투부대를 파병하고 있는 미국의 경우에는 군대의 해외파병에 관하여 행정부와 입법부의 공동의 결정을 담보하고 상호간의 균형과 견제를 위하여 1973년에 전쟁결의에 관한 법을 제정하였다[620]. 미국은 이러한 법률의 제정은 대통령에 의한 전투력의 해외투사 권한의 점진적인 독점에 대해서 의회의 통제를 강화하고 해외에 군대를 파견하는 것과 같은 중요한 국가의 의사결정에 국민의 대표의 양대 축인 대통령과 의회의 공동결정을 더욱 실효적이게 하기 위한 방안으로 채택된 것이다. 하지만 행정부에 전투부대의 파병에 대한 우선권을 인정하여 급박한 상황 하에서 효과적인 군사작전을 우선적으로 실시할 수 있도록 하는 한편 궁극적으로 의회의 파병승인을 필요로 하도록 하여 의회의 통제와 행정부의 군사행동에 대한 재량권을 동시에 조화시키려고 노력하였다.

이러한 측면에서 우리의 경우를 보면 파병과 관련된 규정체계가 헌법에 파병결정에 대한 국회의 동의권한을 규정한 이외에 아무런 법률적 근거를 가지고 있지 않으므로 파병과 관련된 의사결정 과정에서 국회의 역할과 동의 시기 등과 관련하여 여러 가지 논란이 발생할 여지가 있다. 특히 자이툰 사단과 같이 국론이 통일되지 않은 상태에서 파병이 이루어지고 그 연장여부가 매년 문제가 되는 경우에 파병장병들은 법령의 미비로 인하여 국회의 연장동의가 부재된 상태에서 바로 철수를 하기위한 국가적 의사결정이나 합의가 이루어지지 않은 상태라면 철수를 위한 준비기간 등의 불비 등으로 인하여 헌법적으로 위헌적인 상황에서 파병임무를 수행해야 하는 경우도 발생할 수 있다. 따라서 우리도 파병관련 기본법에서 이러한 군사적 필요성을 충족시키면서 국민의 대표

---

620) 1973 전쟁결의법(1973 War Powers resolution (이하 "WPR"이라 함))은 (1) 실제적 적대행위에 부대를 투입하거나 (2) 외국에 전투부대를 투입하거나 (3) 외국의 전투부대를 급격히 증가시키는 경우에 대통령이 국회에 이를 알려야 하고, 보고는 임무의 필요성과 범위와 기간에 대해서 세부적인 내용을 담아서 48시간 이내에 이루어 져야 하며, 보고가 있은 후 60일 이후에도 의회가 전쟁을 선포하지 않는 경우에는 대통령은 부대의 전개를 종료하고 철수시켜야 하지만 대통령이 필요하다고 판단 시에는 위의 시간제한을 30일 까지 연장할 수 있으며, 미국 본토나 의회가 공격을 받는 경우와 같이 위와 같은 시간 제한을 준수할 수 없는 경우에는 불확정 기간 동안 이를 연장할 수 있도록 하고 있다; The Judge Advocate General's legal Center & school. Operational Law Handbook(2006), pp 7~8.

로서 국회의 동의의 의미를 충실히 살릴 수 있도록 파병절차의 전반을 규율하는 파병관련 기본법의 제정이 반드시 필요하다고 할 것이다.

나. 파병관련 기본법에서 규율할 내용

(1) 법률의 규율 목적과 각종 정의규정

먼저 파병관련 기본법에는 이 법률의 규율하고자하는 바에 대한 내용이 명확히 제시되어 있어야 한다. 파병관련 기본법은 헌법 제39조 제1항에서 정하는 법률이 정하는 병역의 의무로서 파병임무수행의 범위를 정하고 헌법 제60조 제2항에 의한 국군의 외국에의 파견에 대한 국회의 동의권 규정을 구체화하여 그 파병절차를 규정함을 목적으로 하여야 할 것이다.

또한 파병 간 임무수행과 관련되어 사용되는 각종 용어들에 대하여 법률로서 정의를 내려 각 용어들이 통일적으로 사용될 수 있도록 정의규정을 두어야 할 것이다. 이러한 정의규정 중 특히 파병임무수행절차에 대해서 장병들의 기본권 제한과 관련되는 등 본질적인 내용을 이루는 것들에 대해서는 반드시 법률로써 그 의미를 명확히 할 필요가 있을 것이다. 예를 들어 헌법상 국군의 해외파견이라는 것은 어떠한 의미를 가지는 것인지, 어느 범위의 임무수행을 포함하는 것인지를 명확히 정의할 필요가 있다고 보인다.

(2) 합헌적인 파병목적 및 임무형태 규정

파병이 합헌적인 병역의 의무의 내용이 되기 위해서는 헌법 제5조에 정한 바와 같이 국제평화 유지에 노력하고 침략적 전쟁을 부인하는 국제평화주의의 이념에 부합하여야 하는 것은 물론 국군의 사명인 국가의 안전보장과 국토방위의 신성한 의무에 합당한 목적을 위한 것이어야 할 것이다. 따라서 헌법이 규정하고 있는 국제평화주의와 국군의 사명을 고려하여 합헌적인 파병임무의 범위를 정하는 것은 물론 이러한 헌법적 이념과 헌법규정에 부합하는 파병을 통해서 이루고자 하는 구체적인 파병목적의 범위 또한 법률로써 명확히 규정할 필요가 있다.

예를 들면 국군의 해외파견이 유엔의 평화유지활동의 일환으로 이루어진다면 헌법의 평화주의 이념에는 부합할 수 있으나 대한민국의 국가 안전보장과 국토방위라는 의무에는 직접적으로 연관이 있다고 보기가 어려운 점도 있다. 한편 대규모 재앙이 발생한 외국에 대해서 군인을 파견하여 원조를 할 상황도 예견할 수 있으나 이 역시 국가안전보장에 직접적으로 연관된다고 보기는 어렵다. 한미상호안보조약과 같이 대한민국의 안전보장에 있어서 미국과 많은 부분 협력을 하는 집단적 안전보장체제 하에서 그 가능성은 낮지만 미국 본토에 대해서 공격이 있다면 이러한 공격에 대한 미국의 방어 작전을 지원하기 위해서 우리가 병력을 대규모로 파병하는 상황이 발생할 경우에 국가의 안전보장이라는 목적과 부합할 여지가 전혀 없는 것도 아니다.

자이툰 사단의 경우에도 제16대 국회의 국군의 이라크 추가 파견동의안에는 기본계획에서 기존의 건설공병단과 의료지원단에 추가하여 파견부대 규모는 1개 평화재건지원부대로 그 인원은 3,000명 이내로 하면서 재건지원 및 민사작전부대, 자체 경계부대 및 이를 지휘하고 지원할 사단사령부 및 직할대로 구성한다고 하면서, 파병부대의 임무는 이라크 내 일정 책임지역에 대한 평화정착과 재건지원 등의 임무를 수행한다고 하고 있다[621]. 여기서 과연 평화정착과 재건지원이 무엇을 의미하는지 명확하지 않으며 특히 치안유지를 주 임무로 하는 다른 동맹군들과 달리 재건지원과 민사작전만을 수행하는 것을 예정한 것인지도 사단의 임무가 아닌 파병부대의 규모 란에 규정되어 있다. 이러한 모호한 규정 탓인지 사단 교전규칙에는 합참승인 시에는 적 은거지역 등을 능동적으로 공격할 수 있도록 되어있어 과연 평화정착의 의미가 무엇인지 더욱 혼란스럽게 한다[622].

이처럼 논란의 여지가 있는 각종 형태의 해외파병에 대해서 병역의 의무의 일환으로 해외파병 임무 수행을 포함시키기 위한 해외파병 목적 범위에 대한 명확한 규정이 있어야 할 것이다. 또한 국제평화에 이바지하는 해외파병의 구체적인 임무 범위도 명확히 할 필요가 있다. 따라서 법률적 근거를 가지고 일정한 기준을 제시하여 국회와 정부가 위헌적인 의사결정을 통해서 헌법이 허용하는 범위를 넘어서는 파병결정을 하지 않도록 할 통제책으로서 파병관련 기본법에 이러한 관련 조항이 포함되어야 할 것이다. 이러한 법률적 근거가 있다면 파병관련 기본법의 위헌여부를 논하는 것은 별론으로 하더라도 헌법에 부합하는 해외파병, 법률에 의한 병역의 의무 부여와 기본권 제한 여부에 대한 명확한 법적인 근거를 제공함으로 인해 관련된 논점에 대한 불필요한 논쟁은 불식시킬 수 있을 것이다.

(3) 파병절차에 관한 규정

헌법 제60조 제2항에서는 국회의 파병에 대한 동의권을 규정하고 있다. 이러한 국회의 파병에 대한 동의권은 정부의 파병의사결정에 대하여 이루어지는 것으로 대통령의 파병결정에 대해서 법적인 효력을 부여하는 행위 그 자체로서 대국민적 효과를 발생시키는 공권력의 행사라고 볼 수는 없다. 그러나 대통령의 파병의사결정은 국회의 동의에 의해 법적으로 유효한 행위로 완성

621) 2003년 제16회 국회 국군부대의이라크추가파견동의안 참조

622) 이러한 야전예규의 내용은 국회의 파병동의안의 범위를 넘어서는 것으로 판단이 되어 사단정작처에 관련 내용을 삭제하도록 건의하였다.

되므로 결국 국회의 동의를 얻은 대통령의 파병결정이 대국민적으로 효과를 발생하는 공권력의 행사라고 볼 것이다[623]. 따라서 국회의 동의를 포함한 국가의 파병의사가 결정되어 실제로 파병이 이루어지기까지의 절차를 명확히 규정하는 법률적 근거가 있어야 한다는 것은 이미 파병관련 기본법의 부재가 갖는 문제점에서 살펴본 바이다.

물론 일반적인 국가의 공권력 행사절차를 일일이 법률의 형태로 규정할 필요는 없다. 일상적인 의사결정과정이나 업무처리절차는 큰 틀의 절차규정에 의해서 구체적인 사안에 따라 업무가 처리되면 족하기 때문이다. 그러나 국민의 기본권실현에 직접적인 영향을 미치는 파병에 대해서 발생하는 여러 가지 법률관계를 고려하여 그 절차에 대해서는 명확한 법적인 근거가 필요할 것이다. 어떤 형태로든 국방행정절차와 국민의 기본권 실현이나 제한과 밀접한 관련이 있을 수밖에 없는 파병에 관하여는 헌법에 국회에 동의를 필요로 하는 근거가 있는 이상 이러한 절차가 법률에 의해서 구체적으로 명시되어야 법률유보, 법률우위, 법률의 법규창조력을 내용으로 하는 법치주의의 원칙에 부합할 것이다.

또한 위에서 살펴본 바와 같이 군사적 필요성에 의해서 국회의 동의절차를 반드시 거치기 어려운 상황이 발생할 여지에 대해서도 항상 고려를 해야 한다. 이러한 경우에는 위에서 살펴본 미국의 WPR[624]에 규정된 바와 같이 행정부에 우선적인 군사력을 사용할 권한을 인정하고 사후에 국회의 동의절차를 거치도록 하는 사후적인 국회의 통제절차를 규율할 필요성에 대해서도 진지한 검토와 합의가 필요할 것이다. 국방의 필요성은 일련의 절차를 취하기 어려운 급박한 상황에서 요구될 가능성도 완전히 배제할 수는 없기 때문이다[625].

(4) 파병과 관련된 각종 법률관계에 있어서 파병장병 등의 기본권 제한

지금까지 살펴본 바와 같이 파병지에서의 임무수행을 위해서는 국내에서의 군복무와는 다른 다양한 의무의 부여와 이에 따른 기본권 제한의 문제가 발생한다. 예를 들면 자이툰 사단

623) 헌법재판소 2003. 12. 18. 2003헌마255, 판례집 제15권 2집 하, 656~657쪽 참조.

624) 위의 각주 197번 참조.

625) 단적인 예로 이번에 아프가니스탄에서 다수의 국민이 탈레반세력에 납치된 경우와 같이 국민의 생명과 재산의 보호를 위해 군사작전이 필요한 경우에 국회의 동의절차를 거치는 것은 시간적인 적시성의 문제는 차치하더라도 납치된 국민들의 안전을 위해서 군사작전의 보안유지를 할 필요성이 매우 크다고 할 것이므로 이러한 예외적인 경우에는 국회 사후동의를 받는 형식으로 작전이 이루어져야할 것이고 이러한 절차에 대해서는 명확하고 엄격한 요건을 사전에 규정하고 적절한 시간내에 반드시 국회의 사후동의절차를 거치도록 하여 국가의 국민의 생명과 재산을 보호할 의무에서 비롯되는 군사적 합목적성과 국군의 해외파병에 대한 국민의 통제를 의미하는 국회동의권을 보장하는 합헌적인 군사행정작용의 조화를 이루려는 노력이 요구된다.

의 경우에는 파병지역의 특수성과 위험성을 고려하여 전 인원이 영내거주를 해야만 하는데 이러한 거주이전의 자유제한에 대해서도 명확한 근거규정이 필요할 것이다. 이러한 분야에는 이미 검토된 바와 같이 군인사법 제46조와 군인복무규율 제39조에 의한 휴가의 제한 및 이에 따른 위로휴가 등 특례규정, 파병지역에서의 근무기간의 연장·단축 관련 규정 등과 같이 파병임무라는 의무의 구체적인 내용을 이루는 규정과 이에 따라 제한되는 기본권에 대해서 각각의 근거규정을 법률로써 규정하는 것이 바람직하다.

또한 위에서 살펴본 바와 같이 파병지에서의 징계와 파병임무부적합처리절차와 같이 파병지에서 임무를 수행하는 장병 등에게 신분에 있어서 심각한 불이익을 초래하는 경우에 대해서는 법률에 그 근거를 두어야 할 것이다. 이러한 파병관련 징계나 파병부적합심의절차 등은 군인사법 상의 특칙으로서의 역할을 해야 한다. 따라서 파병지에서 각종 징계벌에서 있어서 필요한 특례와 짧은 파병기간을 고려한 신속한 항고 등 불복제도, 파병부적합심의와 관련된 부적합심의대상자의 요건이나 심의를 필요로 하는 사정에 대한 기본적인 사항들이 규정되어 있는 법률이 있어야 파병지에서의 효과적인 임무수행과 파병장병의 권리보호를 조화시킬 수 있을 것이다.

(5) 군사법절차에 대한 특례규정

군사법절차는 어느 곳에서나 통일적으로 이루어져야 하는 것이 바람직하다. 하지만 파병지의 상황을 고려할 때 파병지에서의 군사법절차에 있어서도 피의자의 권리보호, 신속한 절차, 공정한 절차의 원칙이 동시에 달성될 수 있도록 파병지의 특성을 고려한 군사법절차의 특례규정도 법률로써 제정되어야 할 것이다.

구체적으로는 실제 사례에서 살펴본 바와 같이 파병지에서 각 군사법기관의 관할문제는 법률로써 명확히 규정을 할 필요가 있다. 필요한 경우에는 인접파병부대 법무관 등과 상호 협조하여 사건처리를 가능하게 하거나 피의자에 대해서 국선변호 등을 제공하는 것도 고려해 볼만 하다. 또한 영장제도와 관련하여 파병지의 군법무관의 수가 제한되고 역할의 중복을 회피하기 위해서 실질적 영장심사를 가능하게 하는 화상영장실질심사나 디지털 영장제도의 도입, 변호인의 조력을 받을 권리를 보장하기 위한 화상접견시스템에 대한 근거 규정 등 파병지에서 주로 영장청구 등 강제수사 절차가 가능한 적법하고 공정하게 이루어질 수 있도록 특례규정을 둘 필요가 있다.

물론 세부적인 절차규정과 같은 것은 각종 법규명령이나 행정규칙에 의해서 구체화되어야 할 것이지만 군사법절차에 대한 기본적인 특례 규정에 대해서는 파병관련기본법의 파병지에서의 군사법절차를 규율하는 부분을 두어 여기서 명확한 법률적 근거를 두어야 할 것이다. 그리하여 이러한 근거규정을 바탕으로 하여 파병부대를 통일적으로 규율하는 국방부 법규명령이나 행정규칙이 제정되고 이를 근거로 각 군의 관련규정이 정비되는 체계를 갖추어야 할 것이다.

(6) 국가배상과 관련된 문제

이미 살펴본 바와 같이 국가배상에 있어서도 파병지에서는 특유한 문제가 발생한다. 이러한 문제는 국가배상법상에 특례를 규정하는 방법도 있을 수 있으나 파병관련 기본법을 제정하면서 해외에서 국가배상의 상호보증 원칙에 의한 책임인정에 대한 예외를 인정할 것인지에 대해서 명확한 법률적 근거가 있어야 한다. 현재 자이툰 사단에서 운영하고 있는 주민피해복구제도는 어느 정도 실효성 있는 방안으로 생각이 된다. 하지만 이러한 제도의 근거가 사단내규에 있다는 것은 법치행정의 원칙과 관련하여서도 매우 바람직하지 않다.

또한 위와 같은 주민피해복구제도는 현지인과의 사이에서 현지인이 피해자이고 파병장병이 가해자인 경우의 손해배상 문제를 해결할 뿐이다. 만약 우리가 피해자가 된 경우라던가, 현지인이 아닌 동맹국의 군대, 민간인, 동맹국의 다른 국가기관과 사이에서도 손해배상이 필요한 상황에 대해서는 일정한 지침이 없고 국가배상법의 일반원칙으로 돌아가 상호보증여부에 따른 상호책임을 인정해야할 것인가의 문제로 돌아간다.

그러나 자이툰 사단의 경우와 같이 영내에 미국무부의 지역재건팀(RRT)나 미군 연락장교(LNO)가 거주하는 경우에는 상호간에 피해자가 가해자가 되는 다양한 손해배상의 법률관계가 충분히 발생할 수 있으므로 파병임무를 수행하는 군인, 군무원 등 각 신분별로 국가가 어떠한 상황하에서 어떠한 책임을 질 것인가를 규정하는 국가배상법의 특칙으로서 파병지에서 국가의 배상책임을 규율하는 원칙적인 법 규정이 파병관련 기본법에 포함되는 것이 바람직할 것이다. 만약 이러한 규정체계가 파병관련 기본법을 지나치게 복잡하게 만든다면 미국의 해외 손해배상법(Foreign Claims Act)와 같은 별도의 법률을 제정하는 것도 고려해 볼 만 하다.

또한 손해배상의 문제에 관하여서는 다른 기관과 일정한 양해각서(MOU)를 체결하는 경우가 있을 수 있다. 주한미군의 경우에도 주둔군지위협정(SOFA)에서 손해배상에 대한 일반지침을 두고 있다. 이처럼 파병지에서 파병부대장이 다른 기관과 양해각서를 체결하고자 하는 경우에 파병관련 기본법의 손해배상에 관한 규정은 손해배상 문제에 대한 협의에 있어서 일정한 지침을 제공해 줄 수 있는 기능도 수행해야 할 것이다. 따라서 파병부대장 등이 양해각서를 체결할 때에 일정한 범위에서 위임을 받아 선택 가능한 상호 손해배상 협정에 대해서도 규정을 두는 것이 바람직할 것이다.

(7) 각종 조약의 체결과 관련된 절차규정과 위임규정

파병지에서는 다른 동맹국이나 기관과의 각종 조약의 성질을 가지는 양해각서(MOU)를 체결하는 경우가 빈번하다. 특히 미군의 경우에는 행정협정의 성격을 가지는 사항에 대해서는 의회의 승인 없이 파병부대나 국가기관이 일정한 범위에서 위임을 받아서 스스로 양해각서를 체결하는 경우가 많이 있다. 이러한 경우 우리는 조약체결 절차에 따라 합참과 국방부, 외교통상부 조약국 등의 검토를 걸쳐서 조약체결 업무를 수행하는데 이러한 차이는 양자 간에 양해각서 등을 체결하는 경우에는 서로의 업무처리절차의 상이가 업무처리속도의 상이로 이어져 양자간에 일정한 업무를 수행하기 위하여 약정한 기간 내에 업무처리가 이루어지지 못하는 경우도 발생하였다.

국가기관인 부대가 권리를 취득하거나 의무를 부담하는 경우에는 국가가 종국적으로 그러한 권리·의무의 주체가 되므로 조약사항이 되어 부대장으로서는 결국 상급기관의 검토를 받아서 업무를 처리해야 한다. 하지만 파병지에서는 일정한 경우에는 적시에 업무처리가 이루어지지 않으면 그러한 조치의 실효성이 없어지는 경우도 발생할 수 있다[626]. 따라서 우리도 현지 부대장이 일정한 범위에서는 다른 국가기관 등에 대해서 권리를 취득하고 의무를 부담하는 문제에 대해서 양해각서를 체결할 수 있도록 하여 그 범위를 정하는 규정을 두어야 할 것이다.

(8) 국가계약법 적용에 있어서 특례 규정

파병지에서 각종 계약을 체결하는 경우에는 국가계약법상 제 규정과 절차를 준수하기는 어렵다는 것은 이미 살펴본 바이다. 하지만 그렇다고 하여 파병지에서 계약을 체결하는 경우에 국가계약법의 절차를 무시하고 임의로 계약을 체결하는 경우에는 국고의 손실과 계약체결과정에 있어서 부정의 개입 등 여러 가지 문제점을 낳을 수 있다. 또한 자이툰 사단의 경우와 같이 민사작전을 주 임무로 하여 엄청난 예산을 사용하여 계약을 체결하는 경우에는 국가계약법상의 제반 규

626) 예를 들어 조약체결의 문제는 아니지만 자이툰 사단이 주둔한 지역의 쿠르드 자치정부의 정보기관인 아사이쉬가 자이툰 사단에 혹서기에 아사이쉬 근무인원들의 휴식을 위한 콘테이너의 지원을 요청하였는데, 이에 대하여 사단이 원칙적으로 콘테이너를 무상증여하는 것으로 방침을 정하고 군수품관리법상 규정에 의하여 군수품인 콘테이너의 증여를 위해서는 국방부장관의 승인이 필요하므로 그 승인을 받는 절차를 진행하는 과정에서 여름에 콘테이너를 필요로 했던 아사이쉬에게 가을인 9월이 되어서도 공여를 하지 못하는 사태가 발생하였다. 이러한 승인절차는 군수품의 엄격한 관리를 위해서 필요한 것이나 이미 부대규모가 축소되면서 곳곳에 사용하지 않는 콘테이너가 산재되어 있었고 자이툰 사단이 철수하는 경우에 콘테이너는 모두 공여를 하거나 매각을 하고 국내로 반입하지 않는 것으로 기본방침을 정하고 있었던 상황에서 너무 많은 수량이 아닌 일정한 수의 사용하지 않는 콘테이너 등의 군수품에 대해서는 사단장 등에게 증여나 매각의 승인 권한을 위임하는 것이 공여가 필요한 적절한 시기를 실기하는 우를 범하는 것을 피할 수 있다는 것을 고려하지 않고 원칙에 의해서만 문제를 해결하는 경우에 발생할 수 있는 대표적인 안타까운 사례였다.

정을 가능한 준수하여 계약체결절차를 투명하게 하고 세출에 있어서 낭비를 방지할 필요가 더욱 크다고 할 것이다.

따라서 파병지라는 이유만으로 현지 상관행 등을 고려하여 파병부대 계약담당공무원이 임의로 계약을 체결하는 것은 지양되어야 한다. 이를 위해서는 국가계약법상의 제 원칙을 가급적 준수하되 현지의 사정에 의해서 적용이 불가능한 부분에 대해서는 상급기관 등에 일정한 승인절차를 거쳐서 그 지역에 적용 가능한 국가계약법의 특칙을 통해서 계약이 체결될 수 있도록 할 근거규정들을 법률로써 제정할 필요가 있다[627]. 이와 같은 국가계약법의 특칙에 해당하는 파병지에서 국가계약체결의 문제를 규율하는 법률은 별도의 입법도 가능할 것이다.

한편 파병지역의 계약의 특수성은 파병임무수행과 관련된 특유의 문제들로 인하여 발생한다. 민사작전 뿐만 아니라 파병장병들을 위한 위탁급식계약이나 주둔지의 설치에 따른 공사계약, 영내복지시설의 위탁운영계약 등이 그 예가 될 것이다. 그러므로 이러한 사정을 고려하여 파병관련 기본법에 계약체결 부분을 두어 이에 포함시키는 것도 좋은 방안이 될 것이다.

하지만 이러한 입법과정은 복잡한 절차와 많은 시간이 소요되므로 법령의 정비를 통해서 이를 개선할 수도 있다. 즉 국가계약법시행령은 대통령령이므로 그 개정절차가 정부의 결심만으로 가능하므로 시행령상에 특칙을 인정하는 방안도 생각해 볼 수 있다. 또한 이러한 상위법령의 개정절차를 거치는 과정에서도 국방부 차원에서 파병과 관련된 최상위 규정인 국방부훈령인 국방부 해파규정에 해당 내용을 포함시키는 것은 현재 가장 빠른 시일 내에 시정이 가능한 방법이라고 보이며 각 군본부도 예산회계를 담당하는 부서에서 지금까지 파병지에서 쌓은 경험을 바탕으로 능력과 권한이 허락되는 범위에서 권위 있는 규정과 지침을 수립하여 파병부대에 계약업무를 지도해야 할 것이다.

(9) 재외국민과 관련된 문제

자이툰 사단과 같이 재외국민을 영내에 거주시키면서 재외국민 보호의무를 직접적으로 수행하는 경우에 부대 내에서 거주하는 재외국민에 대해서 일정한 통제범위를 정하여 부대의

627) 예를 들어 일정한 물자구매의 경우 국내업자들만을 대상으로 지명경쟁입찰방식의 계약체결절차를 거칠 특별한 이유가 없으므로 이러한 경우에는 중앙경리단을 통해서 전자입찰을 통한 정상적인 중앙계약을 추진하여도 전혀 계약업무를 수행하는데 문제가 없을 것임에도 불구하고 이러한 경우에도 파병지의 특성을 고려한다는 이유로 사단에서 정하는 방식에 의하여 5개 이상의 업체를 지명하여 지명경쟁입찰방식의 계약을 체결하고 있었는데 2007. 10. 법무참모부의 의견제시와 경리참모부의 업무개선 노력을 통해서 모두 국내업체를 상대로 입찰을 하는 경우에는 중앙계약을 추진하는 방향으로 제도개선을 건의하였다. 이와 같이 파병지에서도 국내 국가계약관련법령의 적용에 전혀 문제가 없는 경우에는 상급부대의 명확한 지침에 의해 국가계약법령을 최대한 준수하도록 하여 계약과 관련된 불필요한 오해의 소지를 불식시킬 필요가 있다.

통제를 인정하는 근거규정이 필요하다. 이러한 규정을 근거로 하여 부대임무수행과 교민보호를 조화시키기 위한 권위 있는 통제가 가능할 것이다. 물론 일차적으로 재외국민의 통제는 외교통상부 연락사무소가 전담하는 것이 바람직할 것이다. 하지만 부대의 임무수행을 고려하지 않고 연락사무소의 행정적인 판단에 의해서만 재외국민의 통제가 이루어지는 경우에는 부대의 임무수행 간 여러 가지 마찰이 발생할 수 있고, 자이툰 사단의 경우와 같이 도리어 연락사무소에 근무하는 공무원과 부대의 규정을 적용하려는 장병 간에 문제가 발생할 여지도 있다.

따라서 재외 공무원을 포함한 재외국민을 부대 영내에 거주하게 하는 경우 필요한 통제권한의 위임, 통제범위의 명확화, 이러한 통제에 불응하는 경우에 일정한 제재 등의 조치수단, 다른 국가기관과의 상호 권한과 책임의 범위 등을 명확하게 규율할 필요가 있다. 특히 부대 내에 거주하는 재외국민의 행동을 제약하는 경우에 반드시 국민의 기본권 제한의 문제를 발생시키므로 부대의 통제권한이 어느 범위까지 허용되는 것인지에 대해서는 법률에 근거를 두어야 할 것이다. 이러한 규정은 가급적 구체적으로 정해지는 것이 바람직하지만 다양한 상황 하에서 임무를 수행하는 부대의 여건을 고려하여 상황이 긴박한 경우에는 부대의 통제에 많은 융통성을 부여하는 일반조항의 형식의 규정도 마련되어야 할 것이다.

3. 각종 현행 규정의 정비

가. 군인 등 해파수당 규정의 정비

군인 등 해파수당 규정은 위에서 살펴본 문제점인 수당병급의 금지와 관련된 불명확한 규정과 중앙인사위원회의 월권적인 해석의 문제를 해결하고 파병지에서 여전히 특수임무를 수행하는 인원들에 대한 수당을 지급하지 않는 불합리한 점을 해소하는 방향으로 규정의 정비가 이루어져야 할 것이다. 따라서 대통령령에서 명확한 규정과 방침에 의해서 제수당의 지급여부가 결정될 수 있도록 해야하며 조종사, 군의관, 법무관 등과 같은 특수업무수행자들의 경우에도 우수한 자원들이 보람있는 가운데 소신 있는 파병임무를 수행할 수 있도록 하는 여건을 마련해 줄 필요가 있다.

또한 수당의 지급률을 계급이라는 하나의 기준으로만 지급할 것이 아니라 계급별로 복무기간을 고려하여 장기간 복무한 부사관들의 경우에 수당의 지급률을 단계적으로 규정할 필요성이 있다. 이것은 특히 장기간 근무한 중사이하 인원들에 대해서 절실히 요구되는 문제라고 할 것이다. 물론 군대는 계급이라는 기준의 중요성을 무시할 수 없지만 수당의 지급은 단지 계급에 따라서 지급한다는 것은 장기간 근무한 중사들의 경우에 상대적인 박탈감과 사기저하를 가져올 수 있으며 이러한 문제가 각종 수당의 병급을 금지하는 현행 수당지급관행과 결부되는 경우에는 더욱 그 피해가 커진다. 따라서 부사관들의 경우에는 적어도 10년 이상을 근무한 경우에는 수당의 지급률을 상향 조정할 수 있는 근거를 마련하는 것이 반드시 요구된다.

나. 국방부 해파규정의 정비

국방부 해파규정은 이미 살펴본 바와 같이 파병관련 기본 법률을 비롯한 상위법령이 없는 상태에서 현재 파병에 관련된 업무절차를 규율하는 최상위 규정이다. 따라서 현재의 체제 하에서는 파병부대의 업무와 관련된 사항들에 대해서 체계적이고 권위적인 지침을 제공하는 최상위의 지침으로서의 역할을 국방부 해파규정이 담당할 수밖에 없다. 하지만 국방부 해파규정에 의해서 파병업무를 처리하는 과정에서 여러 가지 문제점이 발생할 수 있고 이러한 문제점들을 해결하기 위해서 사단내규에 규정을 두는 방식이나 법무참모부나 상급부대 법무실의 법령해석을 통해서 문제를 해결해 오는 방식을 취하고 있는 것이 현실적이다.

이러한 문제점들을 해결하기 위해서 지금까지 파병부대에서 임무를 수행하면서 국방부 해파규정의 내용만으로는 명확한 업무처리가 불분명한 경우에 발생한 문제들을 분석하여 파병업무 수행에 대해서 통일적인 규율을 제공할 수 있도록 국방부 해파규정을 정비하여야 할 것이다. 물론 국방부 해파규정에 법규적 사항을 규정하는 것은 문제가 있다는 것은 이미 살펴본 바이지만 상위 법령이나 지침이 없는 무질서의 상태보다는 국방부 해파규정에서라도 해외파병과 관련하여 국내법령을 그대로 적용할 수 없는 예외적인 사항에 대해서 일정한 특례를 규정하여 일반적인 행정지침으로서 기능하도록 할 필요는 있다고 보인다.

따라서 국방부 해파규정에는 위에서 파병관련 기본법의 제정 시 포함되어야 할 내용들에 대해서 법률이 제정되기 전까지의 잠정적인 지침으로서 역할을 수행할 수 있도록 해당 내용들에 포함시켜야 한다. 즉 파병목적과 임무의 범위에 대한 일반적인 정의 규정, 근무기간에 대한 명확한 정의와 연장·단축의 절차 등에 대한 규정, 파병지의 각종 휴가에 대한 명확한 지침, 파병지역에서 운영되는 전문계약군무원에 대한 특례규정, 국가계약법의 적용이 제외되는 부분에 대한 지침, 파병지에서의 각종 손해배상과 관련된 규정, 영내에 재외국민이 거주하는 경우 이러한 재외국민의 통제나 지원 등과 관계된 규정, 군사법 절차에 대한 특별한 지침이나 규정, 파병지에서의 징계나 파병부적합 심의절차에 대한 규정, 동맹군이나 다른 외국기관 간의 군수지원에 대한 상호 정산에 관한 규정 등 파병임무를 수행하면서 직면하게 되는 국내에서 고려하지 못한 문제들에 대해서 국방부의 정책적 판단에 기초한 명확한 지침이 될 근거 규정들을 정비해야 할 것이다. 이러한 규정의 정비는 차후에 파병관련 기본법의 내용을 구성하는 기초가 될 것이다.

다. 육군 해파규정의 정비

육군 해파규정은 국방부 해파규정이 규율하는 사항들 중에서 육군이 해외파병임무를 수행하는 과정에서 필요한 육군차원에서의 통제지침과 업무처리절차를 규율하고 있다. 그러므로 국방부 해파규정에서 이미 규정하고 있는 부분을 반복적으로 규정에 포함시킬 필요가 없다. 즉 국방부 해파규정의 규정 내용과 부합하는 내용으로 이루어져야 하는 것은 물론이고 국방부 해파규정에서 명확히 규정되지 않은 부분에 대해서는 상급부대의 통제영역에 해당하는 사항에 대해서 별도 규정을 두어서는 안 될 것이다. 또한 국방부 해파규정의 규율 범위 안에서 육군에게 부여된 파병임무 수행을 위한 세부적이고 구체적인 지침들이 포함될 수 있도록 하여야 한다. 무엇보다도 상위 규정인 국방부 해파규정의 개정이 있었던 부분에 대해서는 적시에 규정의 해당부분에 대해서도 수정이 이루어져야 할 것이다.

따라서 국방부 해파규정에서 근무기간의 연장과 관련하여 각 군 참모총장이 정하기로 되어 있는 연장사유와 절차에 대한 규정, 현행 규정에서 현실적으로 운영과 일치하지 않는 검찰관 명령을 포함한 군사법기관의 관할 등 군사법절차 운영에 관한 규정, 파병부대의 복장과 지급기준에 대한 규정, 파병부대의 휴가시행에 있어서 구체적인 규정, 파병지에서 장병들의 점호, 영내생활, 병기의 휴대 등을 포함한 국내와 구별되는 복무에 대한 규정, 현지에서의 군수품 운용에 관한 규정, 경리 및 계약업무에 관한 특례 규정 등을 국방부 해파규정을 기준으로 육군에서 필요한 사항들을 세부적으로 규정될 수 있도록 전반적으로 정비해야 할 것이다.

라. 파병부대 내규의 정비

파병부대의 내규정비를 살펴보기 위해서 대표적인 파병부대인 자이툰 사단의 내규를 보면 지금까지 파병지역에서의 경험을 바탕으로 계속적인 개정을 거쳐서 2007. 9.에 파병부대의 표준내규로서 이용될 수 있을 정도로 많은 부분에 있어서 발전적인 규정으로서의 형태를 갖추었다. 하지만 자이툰 사단 내규에 포함된 많은 내용들은 예를 들어 계약업무내규나 동맹군 정산내규와 같이 상급부대로부터 지침이 하달되어야 할 사항들이 많이 포함되어 있다. 사단내규가 사단장이 규율하는 범위에서 효력을 갖는 내부 행정규칙에 불과하다는 성격상의 한계로 인하여 그 규율 범위나 규율의 강도에 있어서는 한계를 가질 수밖에 없다. 이러한 점을 고려한다면 파병부대의 내규가 상위규정의 규율체계가 불비한 관계로 내규의 성격상 규율하기 부적절한 내용을 담고 있다는 것은 파병부대의 내규를 정비에 앞서서 상위법령 및 규정의 정비가 우선되어야 한다는 의미를 가진다. 따라서 상위규정의 정비가 이루어진 후에는 파병부대에 구체적인 임무수행과 관련된 내규들이 정해지는 것이 순서가 될 것이다.

이러한 상위규정의 정비가 완비되고 나면 파병부대 내규는 상위규정에서 규정들에 의해서 사단장에게 권한이 위임된 사항들, 실제 임무 수행 간 필요한 방탄복을 비롯한 전투복장 착용 시기, 위병소 출입절차, 영외작전 등에 대한 세부 협조절차, 각종 영내 시설물의 배치, 관리, 이용 등에 관한 사항, 재외국민과의 협의체 구성, 각종 복지시설의 설치와 이용, 위탁급식업체를 비롯한 민간업체와의 계약체결 문제 등과 같은 구체적인 사항에 대해 세부적인 지침과 방침을 정하는 것을 내용으로 하여야 한다. 특히 파병부대 내규에는 파병지에서 장병들의 복무와 관련하여 특별히 발생하는 사실들에 대해서도 상위규정과 조화로운 규율이 이루어지도록 작성되어야 할 것이다. 예를 들면 파병부대의 영내생활에서 발생하는 각종 문제들에 대한 규제로서 간부들의 각종 점호 등 내무생활의 적용문제, 총기와 탄약의 관리 문제, 여군과 남군간의 관계에 대한 문제, 등화관제와 관련된 문제, 중동이나 아프리카와 같이 기온이 높은 지역에 파병된 경우에 각종 복장착용 문제 및 일과표 적용의 문제 등에 대해서 세부적이고 명확한 규정이 있어야 할 것이다.

VI. 결어

지금까지의 현행 파병관련 제 규정과 이러한 법 규정 체계가 가지고 있는 문제점들을 살펴본 후에 그 문제점들을 해결하기 위한 개선방향을 제시하는 순서로 매우 장황하고 정리되지 않은 상태에서 논의를 진행했다. 우리가 월남전이후로 오랜 파병역사를 가지고 있음에도 불구하고 파병과 관련된 일련의 법 규정이 체계적으로 제정되어있지 않은 것은 여러 가지 이유가 있을 수 있다. 월남전과 같은 경우에는 국토방위와 경제개발의 논리가 헌법 합치적이고 법치주의 원칙을 준수하는 가운데 파병이라는 군사행정작용이 이루어져야 한다는 생각을 압도했을 수 있다. 그리고 유엔의 평화유지활동에 참여하는 국제사회의 일원으로서 파병임무 수행과 관련하여서는 임무의 단편성과 파병임무에 대한 헌법적 의미에 대한 고민을 불러일으키지 않을 정도로 파병에 대해서 국민적인 공감대가 형성되어 상대적으로 법제화의 필요성을 감소시켰을 수 있다.

하지만 이라크파병의 경우에는 1진이 출발하는 과정에서 파병장병에 대한 환송식 후에 환송식장이 된 부대의 정문을 점거하고 파병을 반대하는 시위대를 피해서 공중으로 부대가 전개를 위해 공항으로 이동을 하는 등 실로 논란의 소용돌이 속에서 파병이 이루어졌고 현재 7진이 임무를 수행하고 있는 현 상황에서도 파병의 연장과 철수를 주장하는 세력들 사이에 팽팽한 긴장감과 논쟁이 계속 이어지고 있다. 이처럼 국군의 해외파병에 대해서 헌법소원을 비롯한 각종 분쟁이나 논란이 발생하고 이러한 영향으로 임무를 수행하는 장병들의 사기를 저하시키는 등 각종 현상들은 더 이상 국가안전보장이나 군사에 관한 행정작용이라는 이유만으로 불명확한 법률적 근거를 가지고 국가작용을 하는 것을 허용하지 않는다. 이제는 국가의 파병에 관한 공권력 행사에 대해서도 명확한 근거를 갖출 필요성이 강력히 요구되는 것이다.

따라서 지금까지 파병임무를 수행했던 다양한 부대들이 겪었던 헌법적, 법률적 문제점들에 대한 체계적인 연구를 통해서 우리가 향후 당면 가능한 다양한 파병임무를 규율하는데 필요한 내용들을 포함한 일련의 파병관련 법 규정 체계를 정비하려는 노력이 필요할 것이다. 이러한 노력들은 그동안 파병임무를 수행하면서 법률적인 문제를 가장 많이 고민한 파병을 경험한 법무관들로부터 시작되어 국방부 법무관리관실을 주축으로 하여 각 군 본부 법무실에서 체계적이고 심도 있는 토의를 거쳐서 이루어져야 할 것이다.

파병관련 법 규정 체계의 정비는 우선적으로 파병관련 기본법을 제정하려는 노력에 많은 비중을 두어야 할 것이다. 하지만 이와 더불어서 현행 파병관련 규정의 정비에도 동시에 관심을 기울여야 할 것이다. 법률과 법규명령을 제정하는 것은 헌법과 법률에 정해진 절차를 준수하여 이루어지다보면 많은 시간이 소요되는 것은 공지의 사실이다. 그러므로 이러한 장기적인 노력과 더불어 현행 규정에서 정비가 가능한 국방부 해파규정이나 각 군 해파규정의 체계적인 정비와 군인 등의 해파수당 규정의 정비 등은 당장에 실현이 가능한 부분이므로 이러한 규정들에 대한 정비에 대해서도 바로 관심을 경주해야 할 것이다.

지금까지의 논의는 필자의 짧은 파병경험과 파병지에서 수집 가능한 제한된 자료를 통해서 이루어졌기 때문에 논의 정확도가 떨어지고 논리의 편협함으로 흐른 경향도 있음을 부인할 수 없다. 그러나 파병임무를 수행하면서 체계적인 규정이 완비되지 않은 사정으로 인하여 구체적인 사안의 해결에 있어서 어려움을 겪을 때마다 느꼈던 파병관련 법 규정 체계의 정비 필요성에 대해서 나름대로 문제의식을 가지고 접근한 결과이므로 이러한 논의의 필요성이 있다는 점에 대해서 관심을 불러올 수 있다면 이글은 목적을 달성하는 것이라고 생각한다. 또한 이글에서 지적된 제반 문제점들을 통해서 앞으로 파병임무를 수행하게 될 법무관들이 파병임무 수행 간 직면할 수 있는 법률적인 문제점과 쟁점들에 대해서 일정한 방향과 예를 제공하는 길라잡이의 역할도 어느 정도는 수행할 수 있으리라 생각이 된다.

이글을 통해서 제시된 많은 문제점들에 더하여 파병임무 수행에 있어서 직면할 수 있는 많은 사안들에 대해서 이를 규율하는 규정 체계가 연구되어 합헌적이고 법치주의에 충실한 군사행정작용을 담보하면서 파병임무의 성공적인 수행을 위한 군사적인 필요성도 충분히 고려된 제반 규정들의 완비를 위해서 더욱 많은 관심과 노력이 경주되었으면 한다. 더 나아가 그러한 관심과 노력이 실질적인 입법 개선 등의 성과로 이어져 국군의 해외파병과 관련된 각종 법 규정체계가 완비된 상태에서 국군의 각종 해외 파병임무가 수행되는 결과가 도출되기를 바라마지 않는다.

참고 문헌

- 김남진, 중대한 공익상 필요와 법치행정의 실종, 법률신문 제319호, 2003.
- 최상무, 해외파병간 부대계약에 관한 법적고찰, 2005년 군사법논문.
- 이상재, 이라크 파병사단의 현지주민 피해복구제도 소개, 2005년 군사법논문.
- 류철호, 법령상 협의규정에 관한 검토, 법제, 2005.
- 노동부, 차별시정안내서 "기간제·단시간·파견근로자를 위한 『차별시정제도』를 알려드립니다", 2007.
- 국방부, 국방50년사 화보집, 1998.
- 국방부, 2006 국방백서, 2006.
- 국방부, 장병기본권 지침서, 2006.
- 국정홍보처, 국정브리핑, "해외파병에서 우리가 얻은 것들"(2007. 3. 7)
- 허영, 한국 헌법론(제4판), 박영사, 2004.
- 육군사관학교, 군사법원론, 일신사, 2004.
- 유지태, 행정법신론, 신영사, 2003.
- 계희열, 헌법학(중), 박영사, 2000.
- 임천영, 군인사법, 법률문화원, 2004.
- 장훈기, 정부계약제도 해설, 범신사, 1998.
- 유병화 외, 국제법 I, 법문사, 2000.
- The Judge Advocate General's legal Center & school. Operational Law Handbook(2006)

PART 2

국제법 분야의 쟁점

국방이라는 개념은 다른 국가나 혹은 국외의 무력집단 등의 의한 각종 위협에 대비하는 국가작용이라는 측면에서 군사적 법률관계를 규율하는 규범체계에서 국제법이 차지하는 비중은 매우 클 수밖에 없다. 국가 간의 무력충돌을 의미하는 전쟁을 규율하는 체계로서 전쟁법(Law of War) 혹은 무력충돌법(Law of Armed Conflict)은 국제법의 가장 중요한 분야이며 어느 분야보다도 보편적인 국제적 합의가 지속적으로 발전되고 있는 분야이다. 따라서 군사관련 법령관계를 이해함에 있어서 고민이 필요한 중요한 쟁점을 다수 찾아볼 수 있다. 본서에서 다루는 국제법 분야의 쟁점은 1. 한반도 주변국의 국제법관(國際法觀)에 관한 연구, 2. 새로운 무기체계의 등장에 따른 국제법적 문제, 3. 화학무기 사용에 대한 인도적 간섭과 보복적 화학무기 사용에 관한 연구(시리아 사태에 대한 국제사회의 대응을 중심으로)라는 세 편의 논문이다.

먼저 「한반도 주변국의 국제법관에 관한 연구」에서는 군사적 측면에서 국제법의 해석·적용을 하는 경우 우리와 군사적 이해관계를 가지고 있는 국가들의 국제법을 해석하고 활용하는 방법을 이해하고 이에 연관하여 접근할 필요가 있다는 측면의 문제제기이다. 현재 동아시아의 각 국가들은 공중과 해상의 영유권을 둘러싼 갈등을 중심으로 다양한 국제법적 주장들이 전개되고 있다. 특히, 중국의 일방적 방공식별구역 선포와 남중국해 영유권 주장 및 배타적 경제수역에서의 주권적 권리 주장 등으로 국제적인 갈등과 논쟁을 일으키고 있어 장차 우리나라와의 갈등 상황에 대해서도 국제법적 대응방안을 고려하기 위해서 중국 특유의 국제법관에 대한 이해를 위한 연구가 필요하다고 본다.

다음으로 「새로운 무기체계 등장에 따른 국제법적 문제」에서는 4차 산업혁명으로 지칭되는 인

공지능, 사물인터넷, 빅데이터 등의 기술의 비약적 발달에 따라 새롭게 등장한 무기체계인 사이버 공격, 무인기(Unmanned Ariel Vehicle), 그리고 자동화 무기(Autonomous Weapon System)는 전쟁을 규율하는 기존의 국제법 이론에 새로운 고려요소가 필요하다는 측면을 살펴보고자 한다. 새로운 무기체계를 개발하는 국가들은 이를 광범위하게 사용할 수 있는 허용규범을 찾으려고 하는 반면 기술후진국들은 새로운 무기체계의 사용을 국제법에 의해서 규제하고자 한다. 더욱이 자율무기(Autonomous Weapon)는 결정적인 공격행위를 인간의 통제 없이 스스로 결정하므로 국제법적인 책임 문제에 있어서 많은 다양한 쟁점을 발생시키고 있다. 따라서 새로운 무력 행사 수단으로 등장하는 첨단기술을 적용한 무기체계에 대한 실효적인 국제법적 규율방법에 국제적 합의 도출에 대한 접근방법을 고민할 필요가 있다.

마지막으로 「화학무기 사용에 대한 인도적 간섭 및 보복적 화학무기 사용에 대한 연구(시리아 사태에 대한 국제사회의 대응을 중심으로)」에서는 국제연합 체제 하에서 다른 국가에 대한 무력 행사를 허용하는 예외로서 국가 내의 심각한 인권침해 상황이나 인도주의적 위기를 해소하지 못하거나 유발하는 국가에 대해서 국제관습법상 인도적 간섭이나 보호책임 이론이 주장되는 상황에서, 2013. 8. 시리아 내전에서 화학무기가 사용되었다는 문제제기에 대해서 국제사회의 압력은 시리아가 마침내 화학무기 금지협정(CWC)에 가입하는 결과를 도출했다는 측면에 대한 우리의 시사점을 살펴보려고 한다.

시리아 사례는 화학무기 사용에 대해서 동일한 불법무기를 사용하는 복구를 금지하고 오히려 국제적 제재와 압력을 통해 다른 대량살상무기의 사용도 포괄적으로 억제하는 좋은 예가 될 수 있을 것이다. 특히 북한이 지속적으로 핵무기를 개발하고 탄도미사일을 발사하는 현 상황에서 북한의 도발에 대한 국제사회와 공조를 통한 실효적인 대응방안을 도출해야 하는 우리에게는 훌륭한 시사점을 제시하는 예가 될 수 있다.

한반도 주변국의 국제법관에 관한 연구

(Review on the Point of View of the neighboring Countries of Korean Peninsular on the international law)

요 약

법은 사회의 발전과 질서유지를 위한 기본적인 틀이라는 측면에서 그 법이 적용되는 각 사회의 정치, 문화, 경제 등의 가치체계가 반영되어 있다. 국제법 역시 국제사회에서 각 국가가 처한 지리적, 역사적, 환경적 요인과 정치적 관계 등을 반영하여 형성되기에 동일한 국제현상에 대해서 국가별 지역별로 다양한 국제법관에 입각한 법적 해석을 내놓기도 한다. 현재 동아시아의 각 국가들은 중국의 경제성장에 따른 지역적 영향력 강화와 일본의 보통 국가화 등으로 복잡한 환경 하에서 다양한 영역에서 교류와 경쟁이 확대되고 있으며 공중과 해상의 영유권을 둘러싼 갈등을 중심으로 다양한 국제법적 주장들이 전개되고 있다. 특히, 중국의 일방적 방공식별구역 선포와 남중국해 영유권 주장 및 배타적 경제수역에서의 주권적 권리 주장 등에 중국의 국제법관에 입각한 입장을 견지하고 있어 국제적인 갈등과 논쟁을 일으키고 있다. 이러한 상황 하에서 앞으로 전개될 가능성이 있는 우리나라와 주변국 간의 갈등상황에 대해서도 국제법의 기본원칙에 따른 작전법적, 국제법적 대응방안을 고려하기 위해서 중국 특유의 국제법관에 대한 이해를 위한 연구는 매우 의미 있는 작업이라고 생각된다.

주제어

국제법관, 사회주의적 국제법관, 주권절대의 원칙, 법률전, 남중국해방공식별구역(ADIZ), 영유권 분쟁, 영토분쟁, 배타적 경제수역(EEZ), 영토주권, 항행의 자유 작전, 유엔 해양법협약(UNCLOS), 구단선

한반도 주변국의 국제법관(國際法觀)에 관한 연구

(Review on the Point of View of the neighboring Countries of Korean Peninsular on the international law)

목 차

I. 서 론

일반적으로 국제법은 국내법과 구분하여 국제공동체를 규율하는 법이라 할 수 있다.[628] 국제법을 좀 더 세분하여 사적인 영역에서 국제법적 문제를 다루는 국제사법과 국가승인과 전쟁 같은 공적인 영역에서 국가 간의 관계 혹은 UN과 같은 국제기구와의 관계를 다루는 국제공법으로 나누기도 한다.[629] UN을 중심으로 한 오늘날의 국제공동체는 국제법을 통해서 국민국가를 넘어선 법의

628) 과거에는 국제법을 '국가 간의 법'이라고만 주로 정의하였으나 이제는 국제법의 적용범위가 수평적, 수직적으로 확대되고 있어 독립된 국가뿐 아니라 개인 등도 형사책임과 관련된 분야에서는 국제법의 주체로서 인정을 받고 있다. 자세히는 김대순, 국제법론, 삼영사, 2018, 2-7쪽 참조.

629) M.N.Shaw, International Law 1-2 (6th ed. 2008).

지배(a rule of law beyond the nation-state), 법의 국제적 지배(international rule of law)를 실현하려고 노력하고 있다.[630] 인권 등 전통적인 국내법의 영역이 국제인권법이라는 이름으로 국제적인 규율대상이 되는가 하면 국제적인 차원에서 개인적인 형사책임을 지우려는 노력들에서 개인이 제한적으로 국제법의 규율대상이 되기도 한다.[631] [632] 오늘날 국제인도법의 발달과 세계무역기구(WTO)를 통한 국제경제, 세계 경제로의 이행 등을 통해 법의 세계화의 물결이 밀려오고 있다. 이러한 측면을 고려하더라도 국제법의 기초단위를 구성해온 영토국가의 역할이나 입장이 무시될 수 없으며 우리는 국제공동체에 살고 있을 뿐 세계 공동체나 전 세계를 통일적으로 규율하는 세계법이 존재하는 것은 아니다.

일반적으로 법은 사회의 발전과 질서유지를 위한 기본적인 틀이라는 측면에서 각 사회의 정치, 문화, 경제 등에 대한 독특한 가치체계가 반영되어 있다. 국제법 역시 국제사회에서 각 국가가 처한 지리적, 역사적, 환경적 요인과 정치적 관계 등을 반영하여 형성되기에 현실과 조화를 이루지 않으면 그 효력을 인정받을 수 없다.[633] 따라서 동일한 국제현상에 대해서도 각 국가별로 다양한 환경요인을 반영한 국제법관에 입각한 법적 해석을 내놓기도 한다. 현재 동아시아의 각 국가들은 중국의 경제성장에 따른 지역적 영향력 강화와 일본의 보통 국가화 등으로 복잡한 환경 하에서 다양한 영역에서 국제적인 교류와 경쟁이 확대되고 있으며 공중과 해상의 영유권을 둘러싼 갈등을 중심으로 다양한 국제법적 주장들이 전개되고 있다.

특히, 중국의 일방적 방공식별구역 선포와 남중국해 영유권 주장 및 배타적 경제수역에서의 주권적 권리 주장 등에 중국 특유의 국제법관에 입각한 입장을 견지하고 있어 대한민국과 미국을 포함한 지역 주변국들과 국제적인 갈등과 논쟁을 일으키고 있다. 이러한 상황 하에서 중국의 독특한 국제법관에 대한 이해를 바탕으로 앞으로 전개될 우리나라와의 갈등상황에 대해서도 국제법의 기본원칙에 따른 작전법적, 국제법적 대응방안을 실제 심각한 갈등상황 발생에 앞서서 생각해보는 것은 의미 있는 작업이 될 것이다.

중국의 국제법관을 분석하기 위해서 먼저 국제법의 일반적인 발전과정과 그 과정에서 형성된

---

630) 김대순, 전게서, 2쪽.

631) 예를 들어 국제형사재판소는 2008. 7. 14. 제도사이드, 인도에 대한 죄 및 전쟁범죄의 죄목으로 아프리카 수단의 현직 대통령 오마르 알 바샤르에 대한 체포영장 발부를 요청하여 재판소 전심부가 2009. 3. 4, 2010. 7. 12. 등 2회에 걸쳐 모든 제목에 대해서 체포영장을 발부한 사례가 있다. 자세히는 전게서, 32쪽 참조.

632) 이러한 의미에서 국제법이 국가 간의 법으로만 작용하는 것이 아니고 국제법과 국내법의 주체 및 규율대상이 모호해 진다는 견해가 있다. 자세히는 전게서, 3쪽 참조.

633) M.N.Shaw, Supra. at 43.

보편적인 국제법 원칙들을 시간적인 순서에 따라서 살펴보고 이 결과를 기초로 해서 국제법관을 통상적으로 분류하는 방식에 따라 서구 중심의 전통 국제법관과 공산주의 국제법관, 제3세계 국제법관으로 나누어 정리를 해보도록 하겠다. 이후 다양한 국제법관과 대비되는 중국의 국제법관을 분석해 보고 중국의 국제법관이 적용된 대표적인 구체적 사례를 중국의 영토분쟁 해결과정, 해양영역 및 배타적 경제수역(Exclusive Economic Zone: EEZ) 관련 분쟁, 동중국해 방공식별구역 선포와 관련된 분쟁을 통해서 살펴보도록 하겠다.

Ⅱ. 본 론

1. 주변국의 국제법관 분석

가. 국제법의 역사적인 발달과정

(1) 국제법의 두 사조: 의사주의(법실증주의)와 보편주의(자연법론)

국제법의 유효성의 근거를 논하는 입장은 크게 두 가지로 나누어 볼 수 있다. 국가주권을 절대시하고 국가위에 존재하는 상위법 질서를 부정하는 국가의사주의(State voluntarism)와 국제법은 국제공동체의 개별 구성들의 의사와는 관계없이 존재하다는 보편주의(Universalism)가 그것이다.[634] 많은 경우에 의사주의는 법실증주의(Positivism)와 연결되고 보편주의는 자연법론(Naturalism)을 배경으로 한다.[635] 의사주의자들은 국제법은 국가 간의 조약과 관습에 의해서만 발생하며, 일반국제법의 강행규범도 국가의 의사에서 유래한 것으로 국제법과 국내법을 완전한 별개의 법질서로 이해하므로 극단적인 의사주의는 국제법의 주체도 국가만이 될 수 있다고 본다.[636]

반면 보편주의자들은 자연법이 국제법의 진정한 연원이므로 관습국제법의 구속력의 예외를 인정하는 '완강한 반대국가'(Persistent objector) 이론에 소극적인 입장을 취하면서 제3자를 구속하는 강행규범을 인정하는데 적극적이다.[637] 국제법의 강행규범도 자연법에서 그 근거를 찾으며 국가이외에 실체들의 국제법 주체성을 인정하는데도 적극적이면서 더 나아가 개인만이 국제법의 배타적 주체라는 견해까지 있다.[638] 한때 19세기부터 실용적이고 경험주의적 방식으로 실정법을 분석해야 한다는 켈젠의 순수법학이론을 바탕으로 한 실증주의적 주장들에 의해서 자연법적 논의들은 후퇴하였으나 20세기에 경험적 방식을 통한 자연법의 발견을 추구하는 사상들이 다시 대두되

---

634) 전게서, 7-8쪽.

635) 전게서; 자연법론은 Samuel Pufendorf(1632-94)에 의해서 주창되었는데 국제법을 완전히 자연법과 일치하는 것으로 보았고 국가의 실행에 따른 관습이나 조약의 유효성을 부정하고 절대적 가치의 이론적인 구성을 중요시 하였다. 반면 실증주의는 국제법과 자연법을 구별하고 현실적인 문제와 국가들의 실행을 중요시하는 경험론적인 접근법을 통해서 국제법의 존재를 식별하려고 하였다. 자세히는 M.N.Shaw, Supra. at 24-26 참조.

636) 김대순, 전게서, 7-8쪽.

637) 전게서.

638) 전게서, 8쪽

었고 특히 나치정권의 경험은 자연법에 반하는 부당한 법은 복종할 필요가 없다는 주장을 통해 자연법의 가치가 강조되었다.[639)]

생각건대 하나의 이론만으로 모든 국제법적 현상을 설명할 수는 없는 것이며 국제법의 효력과 정당성에 대해서는 개별 국가들이 주권을 고수하는 상황에서 의사주의와 보편주의의 자발적인 타협이 이루어지는 현상이 제3자인 일련의 국제재판소들의 조약해석을 통해서 이루어지고 있다.[640)] 또한 무력사용 금지와 인권의 존중과 같은 많은 오늘날의 국제법의 원칙들이 자연법의 개념에 뿌리를 두고 발전하였다는 점도 주목할 필요가 있다.[641)]

(2) 국제공동체의 발전과정

현대 국제법은 서유럽국가들이 세계를 지배하는 동안 이들을 중심으로 발전되어 왔으며 상대적으로 비유럽국가들의 국제법은 모두 사라지면서 이들이 유럽 중심의 국제법을 수용하는 한편 자신들의 이익에 배치되는 개별 규정을 개정하려고 노력하면서 발전하였다.[642)] 국제법을 형성하는 주체로서 국제공동체의 시발점은 30년 전쟁을 종결지은 1648년 베스트팔리아 평화조약을 기준으로 하여 유럽 국제법 즉 현대 국제법이 시작된 것으로 본다.[643)] 동 조약을 기점으로 로마교황과 신성로마제국에 예속되어 있던 3백 개 이상의 구성 국가들이 외국과 동맹을 체결할 권리를 공식적으로 인정받아 자기보다 상위의 존재를 인정하지 않는 주권독립국가에 기초한 근대 국제공

639) M.N.Shaw, Supra. at 49-54.

640) 전게서, 8-9쪽; 특히 조약해석의 법적근거는 1969년 비엔나 조약협약 제31조 내지 제33조에 담겨 있는 조약해석의 기술들인데 제31조는 해석의 일반원칙으로 조약을 성실하게 해석되어야 한다는 '신의성실의 원칙'을 도입하여 문언해석, 문맥의 전후관계를 고려한 해석, 목적론적 해석 방법을 제시하고 제32조에서는 제31조에 따른 해석을 통해서는 의미가 모호해지거나 분명치 않게 되는 경우, 명백하게 불합리하거나 터무니없는 결과를 초래하는 경우에 그 의미를 결정하기 위하여 보충적 수단으로 준비문서와 조약체결의 사정을 예시하고 있으며, 제33조에서는 조약정본이 두 개인 경우에는 정본 간에 차이가 있으며 특정 정본이 우선한다는 당해 조약규정이 있거나 당사국이 합의하지 않으면 각 언어는 동등한 효력을 가지며 번역문은 조약에 규정하거나 당사자가 합의한 경우에만 정본으로 효력을 갖는다. 특히 정본이 우선하는 경우를 제외하고 해석의 일반원칙과 보충적 수단으로도 제거되지 못하는 의미의 차이가 정본의 비교로 발견되는 경우에는 조약의 객체와 목적을 고려한 후 조약문과 최선의 조화를 이루는 의미를 채택해야 한다. 자세히는 전게서, 215-229쪽 참조.

641) M.N.Shaw, Supra. at 54.

642) 전게서, 10쪽.

643) 전게서, 10-11쪽 ; 동 조약은 과거의 적대행위는 영구히 잊어버리고 용서할 것을 규정하고 유럽의 평화를 보장하기 위해 평화에 대한 위협 또는 동 조약의 중대한 위반이 있더라도 피해국은 전쟁에 호소해서는 안 되며, 위반국도 적대행위로 나오지 않도록 권고하고 사건은 우호적 해결 또는 통상적인 재판절차를 거쳐야 하고, 3년간의 냉각기간을 규정하여 냉각기간이 지난 후 전쟁을 벌릴 권리를 가지며, 체약국들은 위반국들에 대해서 군사적 원조를 제공하거나 위반국의 군대가 자국의 영토를 통과하거나 주둔하는 것을 허용해서는 안 된다는 3가지 의무를 부여하여 무력사용을 억제하고 집단적으로 평화를 보장하기 위한 시도를 했다는 점에서 의미가 있다. 자세히는 전게서 15-17쪽 참조.

동체의 탄생을 초래한 것이다.[644)]

이후 국제공동체는 유럽의 국제법 질서 속으로 18세기 말과 19세기 초의 미국을 포함한 아메리카 식민지들이 독립을 획득하고 오토만 제국이 크리미아 전쟁(1853-1856)에서 영국, 프랑스와 함께 러시아에 대항하여 승리 후 파리강화회의에 참석하는 등 비유럽국가들이 편입되는 수평적 확대의 과정을 거쳤다.[645)] 또한 1920년 국제연맹 규약 제1조에서 어떤 국가든지 연맹의 회원이 될 수 있다고 규정함으로써 유럽적 공동체(European international community)가 보편적 공동체(universal international community)로 이행하여 수평적 확대가 완료되었다고 평가된다.[646)] 그러나 인종적 편견을 배제한 진정한 의미의 보편적 공동체는 1960년대 민족자결주의의 법원칙화와 제3세계 진영의 대두를 통하여 완성되었다고 본다.[647)] 국제공동체의 수평적 확대와 더불어 국가가 아닌 실체들도 제한된 범위에서 국제법 주체로서의 자격을 획득하기 시작하면서 수직적 확대도 진행되고 있는데 제2차 세계대전 이후 국제기구, 민족해방단체, 개인 등도 각기 정도를 달리하면서 법인격을 인정받고 있다.[648)]

(3) 국제공동체의 발전과정에 따른 국제법 이론의 전개

베스트팔리아 조약 이후 국제공동체의 발전과정은 역사적인 사건을 중심으로 크게 5단계로 나누어 설명하는 견해가 있다.[649)] 또한 19세기 이전과 20세기 이후 그리고 소련의 등장에 따른 공산주의 국제법 이론과 제3세계의 등장에 따른 국제법의 변화 등을 반영하여 나누어보는 견해도 있다.[650)] 이러한 견해들을 종합하여 볼 때 크게 1차 세계대전 이전의 식민지 확대의 시대와 국제연맹의 설립 및 소련의 등장, 제2차 세계 대전 이후 UN체제의 확립, 식민지 독립과 제3세계의 대두, 소련의 해체 및 얄타체제의 종식 등의 중요사건을 중심으로 4단계에 걸쳐 국제법의 전개와 일반적인 법원칙의 발전을 살펴보도록 하겠다.

제1차 세계대전 이전 19세기에는 아시아 국가들이 서구 국제법체계에 굴복하는 국제법 관계를

644) 전게서, 11-12쪽.

645) 전게서, 12-13쪽.

646) 전게서, 13쪽.

647) 전게서.

648) 전게서, 13-14쪽.

649) 전게서, 14-35쪽.

650) See M.N.Shaw, Supra. at 27-41.

형성하는 과정으로 미국 및 서유럽국가들은 일본, 샴, 이집트, 모로코를 포함한 일부 아시아·아프리카 국가들과는 소위 capitulation이란 서구국가 들에게 우월적 지위를 부여하는 불평등 조약을 체결하고 기타 아시아·아프리카 지역에 대해서는 식민지화(colonisation)를 추진하였다.[651] 또한 베스트팔리아 조약 이후 나폴레옹 전쟁을 거치고 체결된 1815. 9. 26. 러시아, 프러시아, 오스트리아 3국의 신성동맹조약(Holy Alliance Treaty), 1815. 11. 20. 파리에서 체결된 영국, 러시아, 프러시아, 오스트리아 간의 4국 동맹조약(Quadruple Alliance Treaty) 등 집단으로 평화를 보장하려는 시도인 유럽의 협조 사상이 대두되었다.[652]

이 시기의 특징은 모든 국가가 경제적, 사회적으로 평등하고 자유롭게 자신의 이익을 추구해야 한다는 자유방임주의(laissez-faire philosophy)에 기초한 서구문명의 기반 위에 국제법규가 발전하였고, 다음으로 식민제국을 건설한 국가들의 무력의 위협과 사용의 제약에는 소극적이었다.[653] 이 시기를 거치면서 조약법, 국내문제 불간섭, 국가면제, 외교면책, 영토주권, 공해자유와 무해통항권, 복구 및 전쟁법규, 국제인도법규, 비정규군과 민병의 전투원 자격인정 등을 포함한 현대 국제법의 기본 원칙들이 형성되었다.[654]

제1차 세계대전 이후 국제사회는 신흥 강대국인 미국이 영국과 세계제패를 경쟁하면서 유럽의 제국주의가 패전국들을 식민지지역을 위임통치(mandate)라는 새로운 형식으로 식민지경영을 하는 현상이 발생하였다.[655] 또한 1923년 이후 러시아가 혁명에 의해 소련이란 이름으로 서구진영 입장에서는 급진적인 민족자결주의를 주장하면서 약소국에 대한 경제적 강박과 불평등 조약을 비난하고 사회주의를 위해 노동자계급과 정당을 지원하겠다는 선언과 사유재산 보장의 원칙을 부정하면서 서구 국제법 체계에 도전하게 되었다.[656]

이 시기의 국제법적으로 가장 중요한 사건은 1920. 1. 20. 국제연맹이 창설되면서 베스트팔리

---

651) capitulation 체제는 협정당사국의 국적을 가진 유럽인들은 자국 동의 없이 추방되지 않으며, 유럽인들이 기독교 의식을 거행할 권리를 가지고 교회를 세울 수 있으며, 무역과 통상의 자유 및 관세면제를 향유하고, 영사재판을 받을 권리를 포함한다. 한편 식민지화를 위해서는 무주지 선점, 정복, 병합 등의 이론이 동원되었다. 자세히는 김대순, 전게서, 15쪽.

652) 전게서,16-18쪽

653) 전게서, 19쪽.

654) 특히 1899년과 1907년 헤이그 만국평화회의에서 다자조약 체결을 위한 외교회의에 약소국들이 다소간 참여가 허락되어 국제공동체의 보편화가 이루어졌으며 1899년 헤이그 평화회의에서 덤덤탄 금지선언 등 인도주의에 기초한 다수의 전쟁법규가 채택되었고, 각종 면제와 중립법규 등에서 보는 것처럼 모든 국가들의 요구를 충족시키기 위한 종류의 법규도 형성 발전되었다. 자세히는 전게서, 18-20쪽 참조.

655) 전게서, 22쪽.

656) 전게서.

아 체계에 기초한 집단안보체제를 구축한 것이지만 이 체제는 여러 가지 결함을 가지고 있었다.[657] 먼저 연맹은 창설당시 미국과 소련이 참여하지 않아 그 존속기간 대부분 유럽 중심의 조직으로 남아있었고, 일본이 1931년 중국침공과 함께 연맹을 탈퇴하였으며 독일의 연쇄적인 주변국 침공이나 소련의 1939년 핀란드 침공 등을 저지하지 못하였다.[658] 1928. 8. 27. 미국과 프랑스는 연맹체제의 결함을 제거하기 위한 '국가정책 수단으로서 전쟁 포기를 위한 일반조약(General treaty for the Renunciation of War as an Instrument of National Policy)을 체결하였으나 2차 대전의 참화를 막지는 못했다.[659] 하지만 국가의 무제한 무력사용에 제동을 걸어야 한다는 의견이 형성되기 시작했다는 점과 향후에 국제연합을 창설하는 기초를 제공했다는 점에서는 의미를 둘 수 있을 것이다.[660]

국제법의 다음 단계로의 발전은 UN의 수립에 따른 무력사용금지, 민족자결, 인권존중 등 진보적 원칙을 담은 UN헌장이 1945. 6. 26. 서명되고 같은 해 10. 24. 발표된 것이다.[661] UN은 국제연맹의 결함을 극복하기 위해서 유럽에서 미국으로의 현실세계의 힘의 이동을 반영하여 뉴욕에 본부를 두어 진정한 국제적 기구로 자리매김하고자 하였다.[662] 그럼에도 불구하고 UN을 통한 집단안보체제는 안전보장이사회 내에 5개의 상임이사국의 우월적 지위를 인정하고 총회에 대한 우위를 보장하고 있었으며 소련과 서구진영의 냉전(Cold War)은 헌장의 집단안보체제를 거의 가동되지 못하거나 변칙적으로 가동되도록 하였다.[663]

한편 제2차 세계대전 중 미국이 일본에 사용한 원자폭탄으로 인하여 핵무기라는 극단적인 물리력에 대해서는 국제기구가 국가주권을 제약하고 법치주의로 나아가는 미래 국제공동체의 구도와 심각한 갈등을 잉태하게 되었다.[664] 제2차 세계대전 이후에 국제공동체는 공산주의 중국의 등장, 사회주의 진영의 등장, 식민지 독립에 따른 식민제국의 붕괴로 근본적인 변화를 경험하였으며 신생독립국들은 사회주의 진영의 후원을 받아 주요 국제법규의 개정과 국제법의 법전화를 요구하였다.[665]

---

657) M.N.Shaw, Supra. at 30.

658) *Id.* at 30-31.

659) 파리규약(Pact fo Paris) 또는 켈로그-브리앙 규약(Kellogg-Briand Pact)으로도 명명된다. 김대순, 전게서, 23쪽.

660) M.N.Shaw, Supra. at 31.

661) 김대순, 전게서, 24-25쪽.

662) 탈식민지화의 진행 이후 신생독립국가들이 국제연합에 가입하면서 총회의 회원국이 192개국에 이르고 있어 이러한 진정한 세계 기구로서의 위용은 갖추어 졌다고 평가된다. M.N.Shaw, Supra. at 31.

663) *Id.* at 4.

664) 김대순, 전게서, 25쪽.

665) 전게서, 25-26쪽.

제3세계 국가들의 국제공동체의 진출 확대는 미국과 소련의 냉전을 지렛대로 사용하여 국제법의 보편화 민주화를 주창하였다.[666] 이들은 UN총회를 비롯한 대부분의 국제기구에서 지배력을 확립하고 국제법의 개정을 위한 시도를 통해 많은 부분에서 성공을 거두기도 하면서 결속된 힘을 이용하여 국제법 발전에 지대한 공헌을 했다고 평가할 수 있다.[667] 한편 미국과 소련을 포함한 핵보유국들은 자신의 핵무기 폐기는 거부하면서도 핵무기 확산을 억제하기 위한 NPT조약(Treaty on Non-Proliferation of Nuclear Weapons)을 1968년 체결하였다.[668]

사회주의 진영의 모체인 소련의 몰락으로 미소 양극체제는 해체되었고 1968. 8. 20. 브레즈네프가 체코의 민주화를 잠재우기 위해 군사적 간섭을 단행하면서 주창한 사회주의 국가의 주권제한론[669]이 철회되었다. 미소 양극체제 하에서 무용지물이던 UN헌장 제7장이 비교적 원활하게 가동되어 1990-91 이라크의 쿠웨이트 침공, 보스니아 내전, 소말리아, 르완다 사태 등에 인도적 간섭 및 전범재판을 위한 임시형사재판소 설치 등이 이루어졌다.[670] 1998년에는 상설 국제형사재판소(International Criminal Court:ICC)가 설치되었고 핵무기 사용을 전쟁범죄의 범주에 포함시켜야 한다는 인도의 주장은 5대 핵보유국의 반대로 기부되었다.[671] ICC를 포함한 다수의 국제적 성격의 형사재판소의 원활한 가동도 인간의 안전에 대한 국제공동체의 관심을 잘 보여주고 있다.[672] 또한

666) 전게서, 26-27쪽.

667) 주요한 예를 들면 UN 총회를 선전장으로 적극 활용하여 총회결의에 법적 구속력을 부여하려 시도하였으나 실패하였고, 민족자결과 인종평등의 법칙화를 요구하여 1966년 두 가지 UN인권규약이 채택되었으며, 형제애에 기초한 제3세대 인권(third-generation human rights) 개념을 제시하였으며, 국제관계를 규율하는 모든 기본원칙을 제3세계의 의견을 고려하여 개정해야 한다고 역설하여 1970년 UN총회에서 소위 우호관계선언(Declaration on Friendly Relations)이 채택되었고, 1982년 UN 해양법 협약을 통해서 전통해양법을 수정 보완하여 영해의 범위를 12해리로 확대하고, 배타적 경제수역과 군도수역이란 제도를 공식화하였으며 대륙붕을 새롭게 정의하고 심해저에 대해서는 인류의 공동유산 개념을 도입하였으며, 민족자결 실현을 위한 민족해방 투쟁을 합법화하였고, 1977년 제네바 협약 제1추가의정서 제47조 제1항에 '용병은 전투원 혹은 전쟁포로가 될 권리를 갖지 않는다.'고 하여 용병을 금지시켰다. 자세히는 전게서, 26-28쪽.

668) 전게서, 27쪽.

669) '주권제한론'의 핵심은 동유럽의 사회주의 국가는 자신의 발전경로를 스스로 결정할 권리가 있지만 전체 사회주의 진영의 결속을 해치지 않아야 한다는 것이다. 자세히는 전게서, 29쪽.

670) 전게서, 30-31쪽.

671) 전게서, 31쪽.

672) 2008. 7. 14. ICC검사는 수단의 현직 대통령 바쉬르에 대한 3개의 범죄에 대해서 체포영장을 청구하여 모두 발부 받았으며, 2011. 6. 27. ICC 전심부는 인도에 대한 죄의 혐의로 현직 리비아 국가원수인 가다피와 그의 차남과 군 정보국장 등 3명에 대한 체포영장을 발부하였으며, 2013. 7. 2.에는 세네갈의 아프리카 특별재판부가 차드의 전직 대통령 히센 하브레와 측근을 기소하였고, 9. 26. 시에라리온 특별재판부는 라이베리아의 전직 대통령 찰스 테일러의 유죄를 확정지었다. 2016. 3. 24.에는 보스니아 전쟁 기간 중 스르프스카 공화국의 초대 대통령 라도반 카라지치에게 구유고국제형사재판부가 징역 40년을 선고하였다. 자세히는 전게서, 32-33쪽.

2005년에는 인도적 간섭을 보호책임으로 지칭하면서 국제공동체의 책임과 의무로 전환시키고 주권에 대한 현대적인 제약의 근거로 제시되었다.[673)]

(3) 국제법의 일반 원칙 채택

전통 국제법은 국가의 주권평등과 국가의 무제한 무력사용이라는 지극히 모순된 두 원칙에 기초하고 있었고 국제법은 힘에 의하여 초래된 상황을 인정할 수밖에 없었다.[674)] 국제법 역사상 처음으로 국가의 행동을 규율하고 국제기구의 주요목표를 수립하는 기본원칙들을 한 개의 국제조약에 명시한 것은 UN헌장이다.[675)] 이후 개발도상국가와 사회주의 국가들은 UN헌장 상 원칙들을 확대하기 위한 국제법 기본원칙의 수정을 시도하여 1970. 10. 24. 'UN헌장에 따른 국가간의 우호관계 및 협력에 관한 국제법의 원칙선언'(Declaration on Principles of International Law concerning Friendly Relations and Cooperation among States in Accordance with the Charter of the United Nations, 이하에서는 '우호관계 선언'이라 한다.)을 총회에서 컨센서스로 투표 없이 채택하였다. 동 선언은 모든 국가를 수범자로 하고 있으나 총회의 결의로서 구속력은 없으나 UN헌장에 나타난 원칙들을 해석하는 국제공동체의 컨센서스를 나타낸 것으로 볼 수 있다.[676)]

우호관계 선언에 채택된 국제법의 일반원칙은 주권평등의 원칙, 불간섭의 원칙, 신의성실의 원칙, 무력의 위협 또는 사용 금지 원칙, 분쟁의 평화적 해결의 원칙, 민족자결의 원칙, 국제협력의 원칙 등 7개의 원칙을 포함하고 있다.[677)] 우호관계 선언에 포함된 것은 아니지만 인권존중의 원칙이 국제법의 일반원칙에 포함된다는 것은 아무도 이의를 제기하지 않는다고 본다.[678)] 우호관계 선언은 위 원칙들의 해석과 적용에 있어서 제 원칙들이 상호 연관되어 있으며 각 원칙들이 타원칙들의 문맥 속에서 해석되어야 한다고 언급하여 기본 원칙들이 상호 보충 또는 지지하거나 서로의 적용을 제약하는 관계에 있다.[679)]

---

673) 실제로 안보리는 2011. 2. 리비아의 민주화시위사태와 관련하여 3. 17. 보호책임의 논리에 근거한 '결의 1973'을 채택한 바 있다. 자세히는 전게서, 32쪽

674) 전게서, 368쪽.

675) 그러나 UN헌장도 일반적인 관습법규로 발전하지 않는 한 비회원국가들에게 적용될 수 없었고, 제2차 세계대전 이후 형성된 제3세계는 사회주의 진영과 더불어 대다수의 국제법에 의문을 품었다는 점에서 결함이 있었다. 자세히는 전게서 참조.

676) ICJ는 이 선언이 국제관습법을 반영하고 있다고 언급한 바도 있다. 자세히는 전게서, 369쪽 참조.

677) 자세히는 전게서, 369-396, 398-400쪽 참조

678) 전게서, 397-398쪽.

679) 예를 들어 무력사용금지, 분쟁의 평화적 해결, 신의성실 등은 상호 보충하고 지지하는 관계이나 인권존중 및 국제협력의 원칙은 불간섭의 원칙과 충돌하는 경향이 있다. 전게서, 400쪽.

나. 국제법관 개관

(1) 개 요

국제법에 대한 각 국가별 입장을 국제법관 또는 국제법에 대한 접근방식이라는 명칭을 사용하는데 국가별로 처한 환경과 역사관, 세계관 등에 의해서 서로 다른 국제법관이 존재할 수 있다.[680] 국제사회의 국가 간의 관계에 적용되는 국제법은 하나의 통일된 체계라고 보기는 어렵고 국제사회에서 국가별로 처한 현실에 따라 수개의 국제법관이 존재하여 동일한 문제에 대해서도 다양한 국제법적 견해가 충돌할 수 있다.[681] 각 국의 국제법관에 따라 이미 살펴본 국제법의 발전 과정과 그 과정에서 도출된 다양한 국제법적 원칙들에 대해서 동일한 용어를 사용하면서도 그 법률적 효과와 의미에 대해서는 다르게 해석할 수도 있다.

현존하는 국제법관을 대별하면 과거 제국주의를 정당화 또는 합법화하는 도구로 국제법을 활용하였다고 평가되는 유럽과 미국 중심의 전통국제법관, 국제법에 있어서 자주의 원칙을 최고의 원칙으로 하고 있는 공산주의 국제법관 그리고 과거 구미제국의 식민지에서 독립을 이뤄 낸 경험을 가진 제3세계의 국제법관 등 3가지로 나누어 보는 것이 일반적이다.[682] 중국의 국제법관을 살펴보기 위해서 먼저 이들 3가지 국제법관 중에서 전통국제법관을 제외한 공산주의 국제법관과 제3세계의 국제법관에 대해서 개략적으로 살펴보고자 한다.[683]

(2) 공산주의 국제법관

전통적인 막스이론에 따르면 법과 정치는 지배계급이 사회지배체제를 유지하기 위한 수단으로 본다.[684] 경제생활의 핵심은 생산수단의 소유에 달려있으며 자본과 노동의 적대관계는 결국 혁명으로 발전하여 노동자에 대한 착취가 없는 사회가 도래한다는 것이다.[685] 자본가 계급에 의해서 지배되는 민족 국가들은 사라지고 기존 국가들을 토대로 발전한 국제법도 결국은 사라진

680) 국방정보본부, 중국의 삼전, 2014, 39쪽; M.N.Shaw, Supra. at 1-2; R.R.Churchill & A.V. Lowe, The law of the sea 2-5 (3rd ed. 1999).

681) 한명섭, 남북통일과 북한이 체결한 국경조약의 승계, 한국학술정보, 2011, 154쪽.

682) 한명섭 전게서.

683) 전통 국제법관에서 대해서는 이미 국제공동체의 발달과 국제법 이론의 발전과정을 설명한 부분이 대부분 유럽중심의 전통국제법에 대한 설명으로 이루어져 있으므로 이 부분으로 갈음하도록 하겠다.

684) M.N.Shaw, Supra. at 31.

685) *Id.* at 31-32.

다고 본다.[686] 그러나 현실의 국제관계는 자본주의 국가들이 하루아침에 전부 공산주의 체제로 변화될 수 없었고 소련을 둘러싼 자본주의 국가들과 일정시간 공존할 수밖에 없는 것이므로 사회체제의 변화를 위한 중간단계를 상정하여 전통적 이론을 수정할 수밖에 없었다.[687]

Tunkin교수는 러시아의 10월 혁명은 여러 새로운 국제법 개념을 만들었다고 강조했다.[688] 이 새로운 개념은 3개의 서로 연관된 그룹으로 나누어 볼 수 있는데 (1) 사회주의 국가 간의 사회주의자 국제주의의 원칙, (2) 식민주의에 반대하는 국가와 민족의 평등과 자기 결정의 원칙, (3) 다른 사회제도를 가진 국가 간의 평화적인 공존의 원칙이 그것이다.[689] 혁명 이후에 완전한 공산주의로의 사회로 전환되는 단계가 시작되었다고 상정하면서 과도기의 국제법에 대해서 여전히 착취의 수단이라고 비판하면서도 그 유효성은 인정되는 시기였다.[690] Pashukanis는 국제법을 사회주의의 완전한 승리까지 적대적인 계급 간의 공존을 위한 법으로 표현했다.[691]

1930년대에는 소련은 레닌과 스탈린식 외교정책을 취하면서 국제법의 역할은 모든 국가를 구속하는 하나의 법률체계를 구성하는 것이 아니며 소련은 명시적으로 동의하지 않은 국제법에 구속되지 않을 것임을 분명히 하였다.[692] 2차 대전 이후에는 냉전체제가 형성되었다가 스탈린 사후 후르시쵸프의 등장으로 이전단계의 법이라던 국제법에 대해서 평화적 공존을 위한 법으로 개념의 변화가 있어 공산주의와 자본주의 국가 간의 전쟁은 더 이상 필요불가결한 것이 아니며 상호 관용과 협조의 개념이 도입되었다.[693] Tunkin교수는 사회주의와 자본주의로 구분되지 않은 하나의 국제법 체제를 인정하고 국제법은 규범에 구속되고자 동의한 국가 간에 성립하는 것이며 국가 주권, 다른 사회체제에 대한 인정, 평화로운 공존의 목적을 강조하는 한편 국제법의 준수를 위한 강제와 제재를 강조하여 실증주의가 소련의 사상에 영향을 미친 것을 발견할 수 있다.[694] 평화로운 공존은 국내문제에 대한 불간섭과 국가주권의 존중 원칙에 기초를 두고 있으며 어떠한 형태의 세계적

---

686) *Id.* at 32.

687) *Id.*

688) *Id.*

689) *Id.*

690) *Id.*

691) *Id.*

692) *Id.* at 33.

693) *Id.*

694) *Id.* at 33-34.

인 권위도 이러한 원칙을 훼손하는 것을 반대하였다.[695)]

Tunkin교수는 최초에는 지역적인 국제법 체제를 부정하였으나 공산주의 국가 간의 특수한 관계를 반영한 사회주의 법을 인정하는 것으로 선회하였는데 이것은 소련의 동유럽에 대한 간섭 특히 1968년 체코슬로바키아에 대한 개입에 영향을 받았다.[696)] 소련은 사회주의 국가들을 자본주의 국가들이 우세한 국제환경에서 보호하기 위하여 특히 국토의 완전성과 주권을 강조하였는데 이 경향은 제3세계 국가들의 많은 관심과 호응을 이끌어 냈다.[697)]

냉전체제가 종식되고 소련의 개혁·개방 정책이 추진되면서 평화공존의 개념이 변화되고 계급 투쟁이란 용어는 사라지고 현대 국제관계에서 더 이상 자본주의와 사회주의의 긴장관계는 주된 갈등요인이 아니라고 보면서 보편적 인간의 가치와 세계적인 문제를 공동으로 해결하는 노력을 위해 국제법의 중요성을 강조하게 되었다.[698)] 소련의 학자들과 정치 지도자들은 1968년 체코슬로바키아와 1979년 아프가니스탄에 대한 개입을 국제법에 위반한 행위라고 인정하고, 국제사회의 법질서와 법의 지배를 강화하기 위해서 법치주의에 입각하여 나라를 운영하고자 하였다. 또한 소련 정책에서 UN의 역할을 강조하는 것을 분명히 하였다. 1991년 소련이 붕괴되고 러시아가 외관상 서방의 정치체제를 받아들이면서 냉전체제 하에서의 냉혹한 양극체제의 갈등은 사라지고 유럽에서 불안정성이 확대되면서 UN의 역할 강화와 제한에 대한 논의가 역설적으로 강조되었다.[699)]

(3) 제3세계 국제법관

제2차 세계대전 이후 식민 제국주의 국가가 붕괴되면서 많은 신생 독립국가들이 생겨나면서 이들의 사회적, 경제적, 정치적 요구사항들은 기존의 유럽 국가들을 중심으로 형성된 기존 국제법 질서에 의해서 충족될 수 없었고 당연히 이들 신생국가들은 국제법 질서의 변화를 요구하게 되었다.[700)] 제3세계 국가들은 19세기부터 국제법에 반영된 서구의 지배를 가능하게 했던 원칙들을 거부하였으나 국제법 체제 자체를 거부하지는 않고 오히려 모든 국가의 주권 평등, 침략금지

695) *Id.*

696) *Id.* at 34; 소련의 브레즈네프가 주창한 사회주의 국가의 주권은 전체 사회주의의 결속을 헤치는 경우에는 제한될 수 있다는 주권제한론을 옹호하기 위한 이론이다. 자세히는 김대순, 전게서, 29쪽 참조.

697) M.N.Shaw, Supra. at 35.

698) *Id.* at 36.

699) *Id.* at 36-37.

700) *Id.* at 38-39.

와 국내문제 간섭배제의 원칙들을 강조하여 기존의 국제법 체제 안에서 자신들의 안보를 확실히 하고자 하였다.[701)]

국제법의 진정한 국제화는 유럽 중심의 국제법 체제가 붕괴되고 국제법 적용범위가 제3세계로 보편화되는 최근 50년 간의 기간에 이루어졌다고 볼 수 있다.[702)] 국제연합의 안전보장이사회와 국제사법재판소의 구성에도 이런 발전방향이 반영되었다.[703)] 특히 새로운 국가들의 영향력은 192개 회원국 중 대다수를 차지하는 UN 총회에서 제3세계 국가들의 공포와 희망, 우려가 반영된 다양한 결의와 선언들이 채택되도록 하는 과정에서 명확하게 드러난다.[704)] 제3세계 국가들의 대두로 국제법 체제를 포기할 것이라는 우려는 오히려 기존의 외교관계를 규율하는 규범과 무력사용을 억제하는 규범들과 같이 새로운 국가들이 국제법을 통해서 얻을 수 있는 이점을 향유하고자 하면서도 자신들의 이익에 반하는 규정들에 대해서는 변화를 요구하는 방향으로 표출되었다.

하지만 제3세계 국가들은 동일성을 가진 하나의 집단으로 보기에는 문화적, 사회적, 경제적 입장과 처지가 매우 다르기 때문에 다양한 정치적인 연합을 구성하고 다양한 국제적 이슈에 대해서 이해관계가 충돌하고 있다.[705)] 또한 냉전체제가 끝나고 미국과 소련의 협력관계가 증대되면서 경제법과 해양법 그리고 인권법과 같은 다양한 분야에서 분쟁의 축은 동서 간에서 남북 간으로 변경되고 있다.[706)] 이러한 요인들과 함께 세계화는 전통적인 보편주의와 개별주의에 또 다른 관심을 불러일으키는데 세계화에 따른 국경을 초월한 개인, 단체, 회사 간의 상호의존성은 서구문명의 보편화로 볼 수 있으나, 문화적 상대주의와 같은 개별주의는 인권유린에 대한 국제적인 비판과 감시로부터 벗어나게 하는 구실을 제공하기도 한다.[707)]

---

701) *Id.* at 39.

702) *Id.*

703) 예를 들어 국제사법재판소 규정 제9조는 주요한 세계의 문화와 법률체계가 법원에서 대표되어야 한다고 하고, 안전보장이사회의 10개의 비상임이사국 자리는 반드시 아프리카와 아시아 국가에게 배정되어야 하며, 2개는 남미 국가에게 배정되도록 하였으며, 국제법 위원회는 최근에 지형적인 배치를 고려한 구성을 늘리도록 하였다. Id. at 39-40.

704) *Id.* at 40.

705) *Id.* at 40-41.

706) *Id.* at 41.

707) *Id.* at 41-42.

다. 중국의 국제법관

(1) 중국의 국제법에 대한 접근법

중국의 국제법관에 대해서는 일부를 제외하고 상대적으로 많이 알려져 있지 않다. 먼저 중국은 서구의 국제법 개념은 국제사회에서 자본가 계급의 지배를 유지하기 위한 목적을 가지고 있다고 여겼다.[708] 또한 소련의 입장에 대해서는 부분적으로 받아들이고 있었으나 1950년대 중소 분쟁의 격화로 소련은 미-소 중심의 국제질서의 현상유지(status quo)에 주로 관심을 가지고 있다고 보고 소련의 평화공존이라는 개념에 대해서 특별한 의심과 혐오를 나타냈다.[709]

중국은 몇 가지 국제법 체계를 인정해 왔는데 서구국가의 국제법, 사회주의와 소련의 수정주의, 그리고 최종적인 사회주의의 확산 이후 보편적인 국제법 체계가 가능할 것이라는 것이다.[710] 중국은 또한 국제조약을 일차적인 국제법의 법원이라고 보고 많은 국제조약에 가입을 하고 다른 국가들처럼 의무를 이행하고 있다. 그러나 중국은 제국주의 시대에 체결된 영토의 합병과 관련된 불평등 조약에 대해서는 그 효력을 인정하지 않고 있다.[711] 전체적으로 중국은 국제법을 권력과 편의성, 그리고 이념과 연관된 국제 정치의 일부분으로 보고 있고 국제규범이 중국의 정책이나 이익과 일치할 경우에는 이를 준수하고 배치될 경우에는 이를 무시하는 태도를 보이고 있다.[712]

중국의 국제법관을 좀 더 세부적으로 살펴보기 위해서는 그 중심에 위치한 전통적인 유교 중심의 왕조국가에서 사회주의 혁명을 거쳐 온 중국의 독특한 역사에서 비롯된 주권에 대한 중국 중심적 시각과 법의 지배에 대한 서구와는 구별되는 중국 중심의 특유의 사상이 어떻게 중국의 국제법에 대한 입장을 구성하는지 살펴보아야 한다.[713] 더욱이 중국은 법률을 정치적, 국가적인 목적을 달성하기 위한 정보전의 일환인 법률전의 수단으로 활용하고 있다는 점도 중국의 국제법관을 분석하는데 반드시 살펴보아야 한다.

---

708) *Id.* at 37.

709) *Id.*

710) *Id.* at 38.

711) 특히 제정러시아가 19세기에 중국의 영토를 합병한 조약들에 대해서 무효를 주장하고 있다. Id.

712) *Id.*

713) 국방정보본부, 전게서, *39* 42쪽.

(2) 주권에 대한 중화 패권주의 입장

중국의 독특한 국제법관을 구성하는 첫 번째 특징적인 요소는 주권에 대해 중국을 중심으로 생각하는 중화사상에 입각한 일원론적인 태도이다.[714] 주권에 대한 일원론적인 입장은 주권은 나누어 소유할 수 없는 것으로 만약 필적할 상대가 있다면 해당 국가는 주권국이 아니라는 전국시대를 거치면서 형성된 유가적, 법가적 사상을 바탕으로 한다.[715] 중국은 세계 어느 나라보다도 역사를 중시하는 경향을 가지고 있으며 전국시대를 거치면서 형성된 패권국가에 대한 개념과 중국인들 사이에 존재하는 민족적 자긍심이 역내 모든 국가들에 대해서 중국이 대군주적 지위를 가져야 한다는 입장을 가지도록 하였다.[716] 중국은 주변국들이 다른 열강들과의 동맹이나 긴밀한 우호관계를 맺는 것을 막고 있다.[717] 이러한 중국의 태도는 국제질서, 합법성, 적법성을 판단하는 중국의 국제법관을 이해하는데 매우 중요하다.[718]

(3) 법의 지배에 대한 중국의 시각

중국의 독특한 국제법관을 구성하는 또 하나의 요소는 법에 지배에 대한 서방의 개념인 법이 자주적인 독립체로서 존재하면서 지배자와 피지배자에게 모두 적용된다는 의미로 이해되지 않고 법이 적을 방해하고 정치적 주도권을 장악하는 공격적 무기이며 통치자들이 주민들을 통치하는 통제수단으로 작용하는 것으로 이해한다는 점이다.[719] 법이 서구에서처럼 개인의 권리를 보호하는 개념으로 중국의 역사에서 중요한 자리를 차지한 적은 없었으며 사회는 규범과 제재가 아니라 유교적 모범과 도덕에 의해서 유지되어야 최선의 체제를 유지할 수 있다고 보았다.[720]

이러한 유교적 철학은 공산주의 혁명이 성공한 이후 계급간 투쟁을 강조하는 엄격한 막시즘과 레닌이즘에 의해서 대체되었다.[721] 중화인민공화국 초창기에 마오쩌뚱은 '법이 정치의 이념적 도구로 사용되어야 한다.'고 역설하였고 그 후 중국 공산당은 법을 국민을 통치하는 도구로 사용하였으

714) 전게서.

715) 국방정보본부, 전게서, 40쪽.

716) 전게서.

717) 전게서. 40-41쪽.

718) 전게서.

719) 이러한 의미에서 이를 법의 지배가 아닌 법을 이용한 지배라고 기술하기도 함. 자세히는 전게서. 41쪽.

720) M.N.Shaw, Supra. at 37.

721) *Id.* at 37-38.

며 오늘날에도 법은 일차적으로 당이 아닌 대중을 대상으로 적용된다.[722] 이러한 입장들은 '국제법은 중국의 국익을 보호하기 위한 무기로 사용될 수 있다'는 장쩌민의 1966년 선언과 '국제법의 특정 조항들에 완전한 제약을 받는다고 느낄 필요가 없다'는 인민해방군 작전편람에 반영되어 있다.[723]

(4) 중국의 법률전

법률전은 2003년 중국공산당 중앙위원회 및 중앙군사위원회가 승인한 정보전의 개념인 소위 심리전, 언론전, 법률전을 포함한 삼전의 하나로서 위의 3개 요소를 포함한 정치적 작전의 하나이다. 중국 인민해방군 정치공작조례 제2장 제18조에 정의된 법률전의 의미는 국제 및 국내법을 이용해 중국의 이익을 취하거나 법적으로 중국에게 유리한 입장을 구축하는 것을 목표로 하며 상대방의 행동반경을 축소하고 행동환경을 조작하여 국제적으로 중국을 지지하는 여론을 만들어 중국 인민 해방군의 정치적 영향을 관리하는데 사용될 수 있다.[724] 즉 법률전은 정치적 혹은 상업적 목표 달성을 위해 법률제도를 이용하는 것으로 영토와 자원의 영유권 주장을 위한 다양한 국제적 문제제기로부터 이를 정당화하기 위한 가짜 지도를 사용하는 것까지 포함한다.[725]

특히 중국의 법률전은 유엔해양법협약(UNCLOS)에 대한 중국의 해석을 중심으로 남중국해 분쟁에서 중국의 9단선 등 영유권 주장을 국제법 및 국내법적으로 합법적인 것으로 포장하기 위해서 법률체계, 제도, 혹은 규칙을 남용하여 법을 순수하게 정치적, 상업적 목적을 달성하기 위한 수단으로 이용하는 것이다.[726] 중국이 자국의 영유권 등 주장을 정당화하기 위해서 국제법을 이용하는 전략은 법을 다층화(Layering)하여 중국의 권리에 대한 최소한의 주장부터 최대한의 주장까지 어업관행과 행정활동으로부터 장시간에 걸친 중국의 법적권한을 주장하면서 한편으로는 역사적 권원을 주장하기 위한 고지도나 중국의 여권에 분쟁지역의 지도를 포함시켜 여기에 외국의 출입국 관리사무소가 비자를 찍도록 하여 국제적인 공인을 얻어내는 외관을 작출하려고 시도한다.[727]

---

722) 중국에서 법을 국가의 권한을 제한하는 수단으로 여기는 전통이 발전한 적이 한 번도 없다고 하거나 경제적 현대화와 함께 대다수 신규 규제들은 상법과 계약법에 초점을 두었고 형법이나 민법은 여전히 취약하고 국제법은 사실상 존재하지 않는다는 견해에 대해서는 김대순, 전게서, 41-42쪽 참조.

723) 전게서, 42쪽.

724) 전게서, 23쪽.

725) 전게서, 9쪽.

726) 전게서, 44쪽.

727) 전게서, 44-52쪽.

1992년 발효된「영해와 접속수역법」과 같은 중국 국내법에서 영유권 분쟁 지역인 동사군도, 서사군도, 중사군도 및 남사군도를 포함한 모든 도서들을 포함시켜 중국의 영유권 주장을 강화하기도 한다.[728] 1998년 제정한 중국의「배타적 경제수역 및 대륙붕에 관한 법」은 중국의 모든 영토에서 배타적 권리수역에 대한 권리를 주장하는 것으로 애매모호한 지도의 유형선 안에 지역전체에 대한 관할권을 법적으로 주장하기 위해서 국내법을 제정하는 방식을 취한 것이다.[729] 이러한 중국의 주장들은 UNCLOS에 규정된 자국의 연안을 따라 직선기선을 그리기 위한 조건들을 충족시키지 못하며, 역사적 수역(historic water)을 주장하기 위해서 필요한 효과적인 주권행사가 상당기간 지속되었다는 점, 중국의 주장이 타국가로부터 일반적인 인정이나 묵인을 얻었다는 입증이 없다는 점에서 중국의 방식으로 현상변경을 시도하면서 중국의 국내법으로 허울뿐인 적법성(veneer of legality)을 제공하는 것이다.[730]

2. 중국의 영토분쟁

가. 중국의 영토분쟁의 배경과 해결

(1) 영토분쟁의 배경

오늘날 중국은 건국과 함께 역사상 가장 광활한 영토를 점유하고 22,000 km의 육로 국경을 14개국과 18,000 km의 해안 국경을 6개국과 접하고 있어 이들 국가들과 영토분쟁을 경험했거나 진행 중에 있다.[731] 더욱이 최근에는 해양 자원 경쟁으로 역내 도서에 대한 영유권 분쟁이 새로운 쟁점으로 부각되고 있는 등 중국은 다양한 영토분쟁을 경험할 수밖에 없는 지리적인 요인을 가지고 있다.[732] 또한 중국은 19세기 제국주의 침략의 피해국가로 이들과의 불평등 조약을 체결하여 국가주권과 영토를 유린당한 역사를 가지고 있고 국경지역에 집거한 소수민족들의 통합과 영토보전을 위해서 영토 및 국경 문제에 있어서 민감한 반응을 보이고 있다.[733] 또한 중국은 과거 불평등 조약에 의해서 확정된 국경선과 현실적인 관할권을 가지고 있는 실질적 관할선, 역사적으로

---

728) 전게서.

729) 전게서, 52쪽.

730) 전게서, 51-52쪽.

731) 한명섭, 전게서, 154쪽.

732) 전게서, 154쪽.

733) 전게서.

형성된 전통적 관습선이 혼재하여 복잡하고 불명확한 국경선 획정 문제를 안고 있다.[734)]

(2) 중국의 영토분쟁 해결의 역사

중국은 건국 초기 불안정한 환경의 영향으로 국경문제에 대해서 잠정적으로 '불평등조약의 불계승과 현상유지'라는 원칙론만을 제시했을 뿐 본격적인 국경획정에 착수할 수 없어 거의 모든 인접 국가들과 새롭게 국경협상을 진행해야 하는 과제를 안고 있었다.[735)] 국경 협상은 1955. 11월 미얀마와 국경지역 무력충돌을 계기로 본격적으로 시작되었고 1960년에 미얀마와 국경협상이 체결되면서 국경문제 해결의 첫발을 디뎠다.[736)] 이후 중국은 네팔(1961), 북한(1962), 몽골(1962), 파키스탄(1963), 아프가니스탄(1963)과 각각 국경조약을 체결하였다.

1960년대의 대대적 영토문제 해결 노력에도 불구하고 인도, 베트남, 부탄, 라오스와의 국경획정은 마무리되지 못했고 특히 인도(1962), 소련(1969), 베트남(1979)과는 국경지역에서 무력충돌까지 발생했다. 무력충돌의 발생여부는 중국이 주장하는 불평등 조약 불계승의 원칙을 인정했는지 여부와 밀접한 관련이 있는데 불평등 조약 불계승의 원칙을 수용한 국가들과는 현상 유지 원칙 하에 순조롭게 기존의 국경선을 획정한 반면 이를 인정하지 않는 인도, 소련과는 국경에서의 무력 충돌 까지 발생하였다.[737)]

1980년대부터 중국은 영토분쟁 해결에 대한 기존의 태도를 변경하여 원칙론에 입각한 위협과 대결보다는 국경지역의 신뢰 구축과 비군사화와 관련된 협상을 추진하는 현실적이고 실리적인 태도를 취하였다. 또한 탈냉전 시기에 경제발전을 위한 평화적 안보환경 조성을 위해 국경문제에 적극성을 보여 라오스(1991), 러시아 서부 국경(1994), 카자흐스탄(1994), 타지키스탄(1999), 베트남(1999), 그리고 러시아와의 동부국경(2004) 문제를 연이어 해결하였다.[738)] 그 결과 중국은 인도, 부

---

734) 전게서, 154-155쪽.

735) 전게서.

736) 중국과 미얀마는 1894년 및 1897년 영국과 중국 간의 조약에 의해 영구차지된 남만 지방과 동부지역 3개 마을 지역으로 나누어 볼 수 있는데 남만 지방은 미얀마의 수상 우누가 역사적으로 미얀마의 영토가 아니라는 것을 인정하고 동부 3개 마을에 대해서도 중국의 주장을 받아들여 1960. 10. 1. 중국과 미얀마간의 국경조약을 맺어 135㎢에 달하는 3개 마을을 중국측에 반환하고 중국은 남방지방의 220㎢에 달하는 지역을 미얀마에 양도하였다. 중국과 미얀마의 국경분쟁 해결과정은 중국이 주장하는 역사적 전통적 관습선을 미얀마가 인정하도록 관철시킨 최초의 사례이다. 자세히는 전게서, 179-180쪽 참조.

737) 전게서.

738) 소련은 중국과 4,354km의 국경선을 접하고 있는데 1689년 네르친스크 조약 체결이후 양국간 국경문제가 해결된 2004년까지 300여년의 역사적 분쟁과정을 거쳤다. 중국과의 국경선은 대부분 동쪽 지역에 위치하고 있는데 서쪽 지역 국경선의 54km에 해당하는 지역이 1991년 소련연방이 해체되면서 중국과 중앙아시아 4개국의 국경선으로 변했기 때문이다. 소련은 1919. 7. 소비에트 정권이 수립되면서 제1차 대중선언을 통해서 제정 러시아가 중국 인민들에게 갈취해 간 모든 것을 인민들에게 돌려줄 것을 선언하고 1920. 9. 제2차 대중선언을 통해 제정 러시아가 중국과 맺은 불평등 조약을 폐기↘

탄과의 내륙영토 문제와 서사군도, 남사군도, 센카쿠 열도를 둘러싼 해양 영토분쟁을 제외한 나머지 분쟁은 모두 해결하였다.[739)]

나. 중국의 영토분쟁 해결에 대한 분석

(1) 영토분쟁 해결의 특징

첫째 중국은 영토 협상에서 상대국이 제국주의 시기에 체결된 불평등 조약 불인정의 원칙에 동의할 경우 일반적 경계를 현상유지 원칙에 따라 수용하고 상당수 분쟁지역에서 정치적 타결을 시도하여 1949년 이후 23회의 영토분쟁에서 17곳을 평화적으로 해결하였고 일반적으로 분쟁지역의 50% 미만을 획득하는 타협적인 태도를 취했다.[740)] 중국의 국력이 급격히 증강된 1990년대 이후에도 8개의 국경분쟁을 평화롭게 해결하여 약소국과의 영토분쟁에서 힘의 우위를 적극적으로 동원하지 않는 태도를 보였다고 평가된다.[741)]

둘째로 중국은 1949년 이후 1960년대와 1990년 초중반에 영토분쟁 해결에 적극적이고 전향적인 태도를 취했고 실질적인 외교적 성과를 이루어 냈다.[742)] 마지막으로 중국은 대부분의 영토분쟁을 평화적으로 해결한 반면 미얀마, 소련, 인도, 베트남과는 무력충돌을 강행하였다.[743)]

하고 중국에서 빼앗은 영토와 조계를 모두 무상으로 돌려줄 것을 선언하였다. 그러나 중국이 남북 정부로 분열되고 레닌이 사망하면서 소련의 중국 정책은 실현되지 않았고 1960년대 중국의 적극적인 회담요청에 1964. 2월 양국은 제1차 국경담판을 진행하는데 불평등조약에 기한 영토반환을 주장하는 중국과 합법적인 국제조약론에 근거한 소련의 입장이 맞서 결과를 보지 못하고 1969년 국경수비대 간의 충돌이 발생하는 등 무력분쟁이 끊이질 않다가 1985년 고르바초프의 신사고 외교정책을 기초하여 양국관계가 개선되면서 1987. 2.9. 제3차 국경담판을 통해 국제법 준칙에 근거하여 평화적인 협상과 양해와 양보의 정신을 기반으로 공정하고 합리적으로 변계 문제를 해결한다는 원칙에 동의하였다. 이후 쌍방 합의에 기초하여 '중소공동국경탐사위원회'가 구성되어 4년간의 협상을 통해 1991년 중소동단국경협정이 체결되었다. 서쪽 국경은 1991년 소련이 해체되면서 러시아, 카자흐스탄, 키르키스스탄, 타지키스탄 등 4개 국가와 접하는 상황으로 전환되어 이후 1992부터 1998년까지 공동국경탐사위원회에 의해서 동쪽 국경이 확정되었고, 2005. 4. 27. 중국 최고인민회의가 극동지역 하바로프스키 부근 3개섬에 대해 보충협정을 체결한 것을 비준하고 5. 25. 러시아 상,하원 역시 이 협정을 비준하여 300년간의 중소 국경문제가 모두 해결되었다. 결국 중소간의 국경문제는 정치적인 신뢰관계 회복을 통한 쌍방 간의 양보에 의해서 최종 해결되었으며 역사문제에서 시작해서 정치문제로 전환되는 국경분쟁의 특징을 그대로 보여준다. 자세히는 전게서, 161-165쪽 참조.

739) 전게서, 156쪽.

740) 전게서, 156-157쪽.

741) 전게서, 157쪽.

742) 전게서.

743) 전게서; 중국과 베트남과의 영토분쟁은 내륙 뿐 아니라 통킹만 일대 북부 해양 경계선 문제와 남사군도 및 부근해역의 영유권 문제 등 3개로 나누어 볼 수 있다. 내륙 국경 문제는 1999년 국경조약을 통해 해결되었으며 2000년에 통킹만의 영해와 대륙붕 구획 협정이 확정되어 현재는 남사군도 문제 해결을 위한 협상만이 진행되고 있는 상황이다. 중국과 베트남의

(2) 영토분쟁 해결의 원칙

중국이 영토분쟁 해결을 위해 고수하는 법리적 원칙은 중국 요녕대학 교수인 焦潤明이 다섯가지로 제시하였다. 첫째는 양국이 예부터 관할하던 전통적인 관습선을 존중한다는 원칙, 둘째로 강압적, 불법적, 비밀적인 국경선은 승인하지 않는다는 원칙, 셋째로 일방적으로 주장된 국경선은 승인하지 않는다는 원칙, 넷째 중앙정부로부터 권한을 위임받지 않은 상황에서 지방 당국이 체결한 모든 국경조약은 승인하지 않는다는 원칙, 다섯째 역사가 남겨놓은 국경문제는 쌍방 협상을 통해서 해결한다는 원칙이 그것이다.[744]

焦潤明은 국경분쟁에 중국이 적용해 온 5가지 원칙에 현대 국제법에서 국경분쟁을 해결하는 세 가지 원칙을 추가적으로 제시했는데 첫째로 국제법 원칙 선언이 발의한 7개의 원칙, 둘째 현상 승인의 원칙 또는 점유 유지의 원칙, 셋째 불평등 조약에 의해서 점유한 지역은 무효라는 원칙이다.[745]

(3) 영토분쟁의 해결 사례 분석

1945년 이후 2005년까지 중국의 영토분쟁 사례는 23건에 이르며 내륙에서의 영토분쟁 해결과정을 분석하면 다음과 같이 정리될 수 있다. 첫째로 중국의 영토분쟁은 영토획득 그 자체를 목적으로 한 사례가 없다고 본다.[746] 전쟁을 통한 영토획득이 가능한 상황에서도 유리한 지위만 확보한 이후 다시 상대국과 협상을 통해 분쟁해결을 하려고 시도했다는 면에서 중국의 영토분쟁은 국내의 정치적 요인이나 국제적 세력균형을 유지하기 위한 목적으로 진행되었다고 보는 것이다.[747]

영토분쟁 역시 서구 제국주의와의 불평등 조약인 1885년 청프 전쟁의 결과인 텐진조약에서 프랑스를 베트남의 보호국으로 승인하고 6개월이내 청과 베트남의 국경지역 조사 및 국경획정에 합의함으로써 1885-1900까지 국경획정 작업을 통해 국경을 획정하였는데 이후 1970년대 말 국경분쟁이 발생할 때까지 양국은 비교적 평화적인 관계를 유지하고 있었다. 1945년 베트남민주공화국이 수립되고 1950. 1. 중국과 베트남이 수교하면서 양국의 국경문제 협의가 시작되었는데 상호 이데올로기의 유사성 등에 따른 존중과 협력을 기반으로 평화적인 방법으로 양국 정부가 협의하기 전까지는 현상 유지를 존중하는 원칙 하에 국경문제를 다루어 오다가 1975. 4. 30. 베트남 통일을 전후로 양국 관계가 악화되어 1974년경부터 국경에서 잦은 무력충돌이 발생하고 1954년 설치된 양국간 철로접점이 베트남 영토 안쪽으로 300미터 더 들어왔다는 주장에서 비롯된 갈등은 1979. 2. 17. 중국이 베트남을 침략하는 국경전쟁으로 발전하였다. 전쟁은 중국의 일방적 승리로 끝나고 1989년 천안문 사태이후 1991년 양국의 관계가 정상화 된 이후 양국의 국경 및 영토문제에 대한 실질적인 담판이 재개되어 1999. 12. 30. 하노이에서 최종적으로 국경 조약이 체결되었다. 자세히는 전게서, 169-173쪽 참조.

744) 전게서, 157-158쪽.

745) 국제연합이 1970년 만장일치로 국제연합 헌장에 따른 '각국의 우호관계 수립 및 국제법 원칙 합작에 관한 선언'을 통과시키면서 7개의 국제법 기본원칙을 선언하였는데 불법적인 위협 및 무력사용 금지의 원칙, 국제분쟁의 평화적 해결의 원칙, 내정 불간섭의 원칙, 국제협력의 원칙, 모든 민족의 평등한 권리 및 민족 자결의 원칙, 주권평등의 원칙, 헌장에 따른 의무 이행의 원칙 등이 7개의 기본원칙이다. 자세히는 김대순, 전게서, 쪽 참조.

746) 전게서, 180쪽.

747) 전게서.

둘째로 중국은 영토분쟁 해결에서 평화적 해결의 원칙을 제시하고 외교적 타협을 통한 분쟁 해결 방식을 고수하려고 노력했다는 점이다. 베트남, 인도, 소련과의 무력충돌이 있었던 것도 사실이지만 전쟁이나 무력행사를 통해 영토문제를 종국적으로 해결한 것이 아니고 외교적 협상을 통한 문제해결 노력을 계속 했다는 것이다.[748)]

셋째, 중국의 영토분쟁의 직접적인 계기는 제국주의 시절의 불평등 조약에서 기인한 것으로 이와 같은 불평등 조약에 대한 상대국의 태도에 따라 중국의 대응방식에도 차이가 있었다는 것이다. 불평등 조약을 인정하지 않는 소련, 인도와는 무력충돌을 감행한 반면, 불평등 조약을 인정한 국가와는 비록 중국의 국력이나 협상 지위가 강하다 하더라도 상당부분의 영토에 대한 양보를 통해 합리적인 해결을 시도했다는 것이다.[749)]

넷째로 당사자 간의 해결원칙을 고수하였고 제3자나 다자간 협상을 지양하고 사법적 해결방식을 선택한 사례는 존재하지 않는다. 중국은 영토분쟁 해결방식 중에도 군사적 점령 등을 통한 일방적 해결이 가능한 상황에서도 이런 방식을 택하지 않았고 국제연합 등 제3자에 의한 해결방식도 택하지 않았으며 분쟁 상대방과의 직접 교섭을 통한 해결방식을 고수해 왔다.[750)] 중국이 이런 방식을 선호하는 이유는 당사자 간의 협상에서는 중국이 상대적인 대국의 위치에서 어느 정도 힘의 우위를 점하면서 유리한 입장에서 협상을 진행할 수 있다는 사고가 바탕에 깔려있다고 보인다. 또한 지역의 약소국들이 연합하여 중국에 대항하는 체제를 구성하는 것을 극도로 꺼리는 역사적 경험에서 전통적인 중국의 대외관계 원칙과도 관계가 있다. 중국은 타국 간의 문제를 다수 당사자와 또는 제3자가 개입하는 국제적인 문제로 발전시키기 보다는 중국과 당사자 간에 중국의 주도권이 확보된 상태에서 직접 협상을 통해 문제를 해결하려는 전통적인 대국주의 발현으로 볼 수 있다. 양자협상에 의한 방식은 당사자들이 최대한 통제권을 유지할 수 있고, 교섭결과를 수용하기 용이하며 비용이 적게 들고 장래 분쟁의 가능성도 줄어든다는 점에서 장점이 있는 것은 분명하다.[751)]

---

748) 전게서, 180-181쪽.

749) 그러나 이런 원칙이 몇몇 사례에서 발견되기는 하지만 확립된 것이라거나 이후 사례에서도 동일하게 적용될 것이라고 단언할 수는 없을 것이다. 자세히는 전게서, 181쪽 참조

750) 전게서, 181쪽.

751) 실제로 직접교섭은 영토분쟁을 해결하는 가장 효율적인 방식으로 2007년 기준으로 413건의 영토분쟁 사례 중 318건이 해결되었는데 이 중 양자 협정을 통한 종결유형이 123건, 도전국 포기가 71건, 제3자 개입이 69건, 국민투표 또는 분리 독립이 22건, 도전국의 무력점령이 19건, 점유국 포기가 14건으로 양자협정에 의한 해결사례가 다수를 차지한다. 자세히는 전게서, 181-182쪽 참조.

다섯째로 지방 당국이 체결한 국경조약은 인정하지 않으며 중국이 국민당 정부가 체결한 조약도 부인한 것은 이러한 원칙의 반영이라고 볼 수 있다. 마지막으로 전통적 관습선을 중시하여 양국의 행정적인 관할이 미친 범위, 장기적인 역사 발전 과정에서 서서히 형성된 지역을 중심으로 전통적 관습선을 인정하여 영토분쟁의 중요한 해결 원칙으로 인정하고 있다.[752]

중국의 영토분쟁 해결사례에서 중국의 관행은 유럽 중심의 국제법에서 형성된 영토취득과 상실과 관련된 일반원칙이나 법적 안정성을 중시하는 국제재판소의 판결 경향을 대체할 만한 새로운 원칙을 형성했다고 보는 것은 어려울 것이다. 따라서 중국과의 영토분쟁에 있어서는 중국의 관행을 국제법상 관행으로 대체하는 것은 쉽지 않을 것으로 보인다. 다만 중국이 현실적으로 확립된 국제법상 일반원칙이나 질서를 자국 중심의 원칙으로 대체하려는 움직임을 계속 보이고 있다는 측면에서 중국과의 영토분쟁 해결을 위해서는 중국의 분쟁 해결원칙과 관행에 대해서 지속적인 연구와 관심이 필요할 것이다.

3. 중국의 해양 영역 및 배타적 경제수역(EEZ) 관련 분쟁

가. 중국의 근해지역에 대한 통제권 확대 노력

(1) 중국의 근해지역 해양 영유권 및 배타적 경제수역 분쟁의 개요

중국이 영향력을 지속적으로 확대하려고 하는 중국의 근해 지역은 남중국해와 동중국해 그리고 황해를 포함하는 영역을 말한다.[753] 중국은 이 지역에서 다양한 해양 영유권 분쟁의 당사자이며 중요한 분쟁지역은 4개 정도의 지역으로 나누어 볼 수 있다. 먼저 남중국해의 파라셀 군도(중국명으로 서사군도)는 중국과 베트남 사이의 분쟁지역으로 중국에 의해서 점령되어 있다.[754] 남중국해의 스프레틀리 군도(중국명 남사군도)는 군도 전체에 대해서 중국, 대만, 베트남이 영유권을 주장하고 있고, 부분적으로 필리핀, 말레이시아, 브루나이가 영유권을 주장하고 있으며 브루

752) 전게서, 182쪽.

753) Ronald O'Rourke, Cong.Research Serv., RL42784, Maritime Territorial and Exclusive Economic Zone(EEZ) Dispute Involving China: Issues for Congress 1 (2017).

754) 이하에 사용되는 지명들은 해양영유권 분쟁에 대해서 중립적인 입장을 취하고 있는 미국이 통상적으로 사용하는 명칭을 사용하도록 하겠다. 자세히는 *Id.* at 7

나이를 제외한 각 나라들이 나누어 관할하고 있다.[755] 남중국해의 스카보로 사구(중국명 후안지안 섬)는 중국, 대만, 필리핀이 각각 영유권을 주장하고 있으며, 2012년부터 중국에 의해서 관할되고 있다.[756] 센카쿠열도(중국명 디아오유 섬)는 중국과 대만, 일본이 영유권을 주장하고 있으며 일본이 행정적인 관할권을 행사하고 있다.[757] 동중국해와 남중국해의 해양 영유권 분쟁은 오랜 역사적 배경을 가지고 있으며 지난 몇 년 사이에 어선들과 오일탐사 및 굴착장비들, 해안경비대, 군용기 등이 관련된 수많은 충돌을 야기할 정도로 분쟁의 정도가 매우 강해지고 있다.[758]

이 지역에서 중국과 주변국들의 해양 영유권 분쟁의 대상이 되는 객체들은 외관상 중요성을 인정하기 어려운 해상의 바위들과 암초들이지만 관련국들에게는 전략적, 정치적, 경제적으로 매우 의미 있는 해상 지형지물들이다.[759] 영유권 분쟁 수역의 지형지물들이 중요한 이유를 들어보면 먼저 매년 약 3조 4천억 달러에 이르는 국제무역 관련 상선들이 위 분쟁지역을 통과하고 있으며, 동중국해와 남중국해는 풍부한 수산자원과 원유 및 가스가 매장되어 있는 지역이고, 위 지역의 해상 지형지물들을 확보하는 경우 해양 영유권 주장과 법 집행을 위한 군사적이고 지리적인 이점을 제공한다.[760]

더욱이 중국 및 주변 국가들의 해양 영유권 주장들은 각국의 민족주의적인 정서와 연결되어 있기 때문에 각 국 정부들은 분쟁에서 양보하는 결정을 내리기가 어렵다는 특징을 가지고 있다.[761] 특히 중국은 미국과 분쟁 시 중국 본토에 대한 완충지대를 형성하고자 하는 의도와 남중국해에서 탄도미사일을 발사할 수 있는 미국의 핵추진 잠수함을 견제하는 해상 요새를 건설하려는 의도를 가지고 있다.[762] 또한 이 지역의 해양 영유권을 확보하는 것은 중국이 유라시아지역에서 패권국가로서의 지위를 확보하는데 도움이 된다고 판단하고 있다.[763]

---

755) *Id.*

756) *Id.*

757) *Id.*

758) 이러한 강도 높은 분쟁들은 주로 중국과 일본, 필리핀, 베트남 사이에 발생하였다. Id. at 8.

759) *Id.*

760) *Id.* at 2-3.

761) *Id.*

762) *Id.* at 3.

763) *Id.*

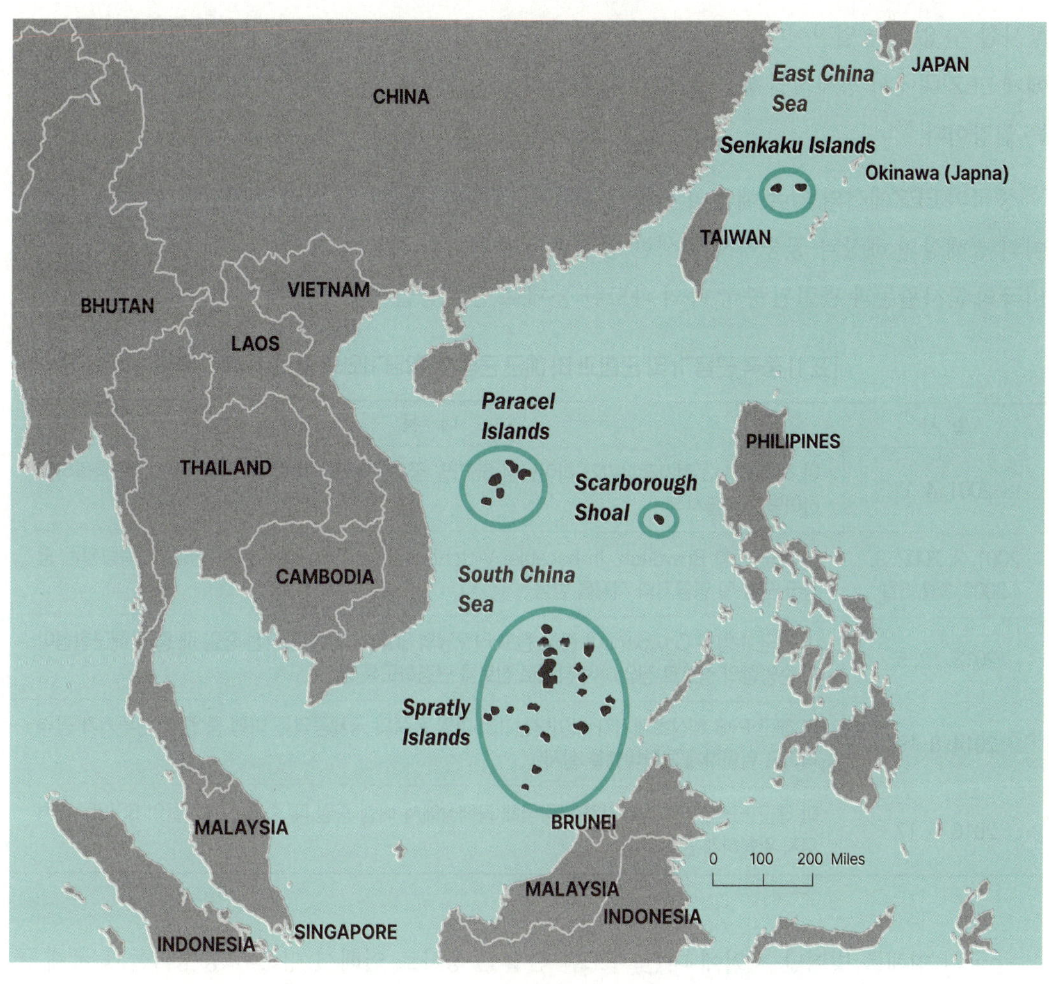

<그림 1> 중국의 주요 해상 영유권 분쟁지역과 관련 도서들

(2) 배타적 경제수역(EEZ)에서 중국의 권리와 관련된 분쟁

남동중국해에서의 해양 영유권 분쟁과 더불어 중국은 중국의 배타적 경제수역 내에서 작전활동 중인 외국의 군함들에 대해서 국제법적으로 통제할 수 있는지에 관해 (주로 미국과) 분쟁을 겪고 있다.[764] 미국과 대부분의 서방 국가들은 유엔해양법 협약(UNCLOS)이 연안국에게 배타적 경제수역 내에서 수산업 및 석유탐사와 같은 경제적 활동에 대해서는 주권적 권리를 부여한 반면 12해리의 영해지역을 벗어난 배타적 경제수역에서의 외국 군함의 활동을 규제하는 권리를

764) *Id.* at 9.

행사할 수 없다는 입장이다.[765] 하지만 중국을 포함한 일부 소수 국가들은 UNCLOS가 연안 국가에게 EEZ 내에서 경제적인 활동 뿐 아니라 외국의 군사 활동도 통제할 주권적 권리를 가지고 있다는 입장이다.[766]

중국의 EEZ에서의 외국 해군의 활동에 대한 통제권을 행사할 수 있다는 입장은 미국과 중국사이의 공해상의 해상과 공중에서 발생한 함정과 군용기와의 각종 충돌사건의 원인을 제공하였다. 미국의 군사활동과 관련된 중국 측의 과도한 통제로 인한 충돌사례는 아래 [표-1]과 같다.[767]

[표 1] 중국 군용기 및 군함과 미 해군 군함 및 항공기와의 사고 사례

일 시	내 용
2001. 4. 1.	미 해군 EP-3 전자정찰기가 하이난섬 65마일 국제공역에서 비행 중 중국 전투기와 충돌하여 하이난섬에 불시착
2001. 3, 2002. 9, 2009. 3월, 5월	미 해군 군함 Bowditch, Impecable, Victorious가 중국 EEZ에서 해상 정찰 및 측량활동 중 중국 군함 및 항공기의 저지를 받음.
2013. 12. 5.	미 해군 순양함 Cowpens이 중국 항모 라오닝의 30마일 밖에서 작전 중일 때 중국 해군함정이 미 순양함의 항로로 진입하여 강제로 진로를 변경하도록 함.
2014. 8. 19.	미 해군 P-8 해상초계기가 하이난섬 135마일 동쪽의 국제공역을 비행 중 중국 전투기가 공격적이고 위험하게 차단비행을 실시
2016. 5. 17.	미 해군 EP-3 전자정찰기가 남중국해 공해상에서 비행 중일 때 중국 전투기들이 50피트 근처까지 위험하게 근접 비행

중국의 영해를 벗어난 지역에 대한 과도한 관할권 행사로 인해서 미군과 동맹국들과 국제 공역과 공해상에서 군사작전 활동을 둘러싸고 갈등을 일으키고 우발적인 충돌의 위험성을 높이고 있으며 해양에서의 자유를 보장하려는 미국의 목표를 위협하고 있다.[768] 하지만 2014년 8월 이후 미국과 중국의 군사외교 당국은 위험한 차단행동을 줄여나가는 협상에 어느 정도 성과를 거두었고 국제적인 해상 우발조우에 관한 해상 우발 조우 규정 (Code for unplaned Encounter at Sea :

765) *Id.*

766) 이러한 입장을 취하여 12해리를 초과하는 공해상에서 외국 해군의 활동을 제약하는 나라는 방글라데시, 브라질, 버마, 캄보디아, 중국, 이집트, 인도, 이란, 케냐, 말레이시아, 북한, 파키스타, 포르투갈, 사우디 아라비아, 소말리아, 스리랑카, 시리아, 타일랜드, 우루과이, 베네수엘라, 베트남 등 27개의 국가로 파악된다. 특히 중국과 북한, 페루는 EEZ에서의 외국 군사 활동을 직접적으로 제지한 바 있다. 자세히는 Id. at 9-10참조.

767) *Id.* at 10-11.

768) *Id.*

CUES)에 대해서 2014년 4월에 서명식을 갖는 등 해양 충돌 위협을 감소시키기 위한 노력을 기울이는데 있어서 일부 진전을 보이고 있다.[769)]

나. 분쟁과 관련된 조약과 협정들

(1) 유엔 해양법 협약(UNCLOS)

유엔해양법 협약(United Nations Convention on the Law of the Sea : UNCLOS)은 1982년 12월 제3차 유엔해양법 회의에서 채택되어 1994년 11월에 발효된 조약으로 해양의 수상, 수중, 공중에서의 행동을 규율하는 국제 체제를 확립하였다.[770)] 동 조약은 EEZ를 국제법적으로 확립한 것을 비롯하여 영해와 EEZ에 관한 다양한 규정을 포함하고 있다. 2017. 2월까지 168개국이 조약에 가입하였으며 중국을 포함한 남동중국해의 분쟁지역 국가들(북한과 대만을 제외)은 모두 조약의 회원국들이다.

미국은 조약에 가입히지 않았으나 1983. 3. 10. 로널드 레이건 대통령이 UNCLOS에 대해서 현재 존재하는 해양법 및 관행들을 일반적으로 포함하고 있으며 모든 국가들의 이해관계를 조화롭게 반영하였다는 점에서 존중한다는 입장을 표명하였고 미국은 해양에서의 항해와 비행의 자유를 동 조약에 부합하는 방향으로 계속해서 실행해 나갈 것임을 분명히 하였다.[771)] UNCLOS는 미국이 가입한 1958년 4개의 해양법 협약인 영해 및 접속수역에 관한 협약, 공해에 관한 협약, 대륙붕 협약, 공해에서의 수산업 및 생물자원의 보존에 관한 협약에 기초해서 성안되었다는 점도 미국이 UNCLOS의 대부분의 규정을 존중한다는 근거가 될 수 있다.[772)]

(2) 1972년 해상에서의 충돌방지 협약(COLREGs)

미국과 150여 국가들(중국을 비롯한 남동중국해의 분쟁국가들(대만을 제외한)을 포함함.)은 모두 1972년 10월에 체결된 해양에서의 충돌방지 협약(Convention on international regulations for preventing collision at sea : COLREGs)의 회원국들이다. 이 조약은 체약국들에게 국제법적인 구속력을 가지고 있으며 공해상을 운행하는 군함과 준 군사조직이 활용하는 배를

769) *Id.* at 12.

770) *Id.*

771) *Id.* at 13-14.

772) *Id.*

포함한 모든 해상선박들에게 적용된다.[773] 미 국방부는 2013. 12. 5. 미 해군 Cowpens가 중국의 영해로부터 벗어나 국제해역인 하이난섬으로부터 32해리 떨어진 지점에서 작전 중일 때 2척의 중국 해군 군함이 미 해군 군함의 전방 선두 쪽으로 접근하여 미 군함이 충돌을 방지하기 위해서 급제동을 하여 겨우 100야드 전방에서 중국 군함들이 지나쳐 갔는데 이것은 중국이 COLREGs등 국제법을 위반한 행동이라고 비난한 바 있다.

(3) 2014년 해상 불시 조우 시 행동 규정(CUES)

2014. 4. 22. 미국과 중국, 일본을 포함한 21개 태평양 지역 해군들은 중국의 청도에서 열린 14회 서태평양 해군 심포지엄(Western Pacific Naval Symposiun : WPNS)에서 만장일치로 해상 불시 조우 시 행동 규정(Code for Unplanned Encounter at Sea : CUES)에 동의하였다. 동 규정은 해상에서 불시에 조우한 함정과 항공기들에게 발생할 수 있는 사고의 위험을 줄이기 위해서 적용되는 표준 안전절차, 기본 교신 및 기동 지침 등의 임의적인(Non-binding) 표준절차를 포함하고 있다.[774] 하지만 동 규정은 효력이 임의적인 것이고 단지 불시조우 시의 통신만을 규율하고 있을 뿐 실제적인 행동을 제약하는 효과가 없으며 그 규율범위가 군함만을 포함하여 중국의 실질적인 해상에서의 각종 충돌을 일으키는 주체인 해안경비정들을 규율하지 못하는 흠결이 있어 실질적인 충돌방지 효과에 의문을 제시하는 견해가 있다.[775]

이러한 문제점을 고려하더라도 미 해군은 현재까지 CUES는 잘 작동하고 있다고 평가하고 있으며 미국은 이러한 형태의 규정을 해안경비대의 함정들을 포함하는 것으로 확장하는 것을 희망하고 있다.[776] 2015. 9. 24-25.까지 있었던 시진핑 주석의 미국 공식방문 후 미 해안경비대와 중국의 해양경비대는 미 국방부와 중국 국방부가 2014. 11.에 체결된 MOU와 같은 해상에서의 조우 시 신뢰구축을 위한 행동 규정과 같은 목적을 가진 약정을 추진하기로 협의했다고 발표한 바 있다.[777] 따라서 앞으로 해양경비대 사이의 불시 조우와 관련된 충돌방지를 위한 행동규정을 협의해 나갈 것으로 예상해 볼 수 있다.

---

773) *Id.*

774) *Id.* at 16.

775) *Id.*

776) 이러한 움직임에 대해서 싱가폴과 말레이시아가 지지를 하고 있다고 전해진다. Id.

777) *Id.*

(4) 2014년 미-중간 공중 및 해상 조우에 관한 협약(MOU)

2014. 11. 미국 국방부와 중국 국방부는 공중 및 해상 조우 시 안전에 관한 협약을 체결하였다. 동 협약은 UNCLOS, COLREGs, 국제 민간항공협약(시카고 협약), 해양 군사안전 강화를 위한 자문기구 창설 협약(MMCA), CUES를 참조하였고 부록으로 해상에서의 조우 시 안전을 위한 행동 규정을 포함하고 있었다. 2015. 9. 15-18.까지는 공중에서의 조우 시 안전을 위한 행동 규정에 대한 추가 부록도 조인이 이루어 졌다.

(5) 남중국해 행동규약에 대한 협상

2002년 중국과 아세안 회원국 10개국은 남중국해 당사국의 임의적인 행동선언을 하였다. 동 선언은 남중국해에서 UNCLOS에서 인정된 해상 및 공중에서의 항해 및 운항의 자유를 존중하고, 영유권 및 관할권 분쟁을 위협이나 무력의 사용 없이 평화적인 방법으로 해결하도록 노력하며, 지역의 평화와 안정에 영향을 미치고 분쟁을 복잡하게 하거나 고조시키는 행동 무엇보다도 무인도를 유인화하기 위한 어떠한 노력도 하지 않으며, 남중국해의 평화와 안정을 증진시키기 위한 행동 규칙(Code of Conduct)을 채택하기 위해서 노력하기로 합의하였다.[778]

2011. 7. 중국과 아세안 국가들은 행동 선언을 이행하기 위한 사전 원칙들을 채택하였고 미국 정부는 2010년부터 중국과 아세안 국가들에게 행동선언에서 채택하기로 한 구속적인 행동 규칙을 구체화하도록 권유하였다.[779] 2017. 3. 8. 중국은 행동 규칙의 초안이 만들어 졌으며 중국과 아세안 국가들은 이에 만족한다고 발표하였고, 같은 해 5. 18-19.에 중국과 아세안 국가들이 초안에 동의했다고 보도되었다.

중국의 외교부 차관인 리쩐민은 미국을 겨냥해서 외부 세력들은 협상과정에 개입하지 말라고 요청했다고 보도 되었으며 2017. 8. 3. 중국과 아세안 국가들은 2페이지 분량의 초안에 동의를 했으나 중요한 부분에서 의견의 불일치를 남겨 놓았다.[780] 아세안 국가들은 중국의 행동 규칙 협상에 대한 갑작스러운 지지 태도가 이 지역에서 중국의 군사력을 증강하기 위한 시간을 벌기위한 술책으로 의심하고 있다고 보도되었다.[781] 어떤 평론가들은 중국이 행동규칙에 대한 협상을 지연시키

778) *Id.* at 17-18.

779) *Id.* at 18.

780) *Id.*

781) *Id.* at 18-19.

는 것은 대화를 하면서 분쟁지역의 권리를 취득하는 행동을 계속해 나가는 전술의 일종으로 묘사하고 있다.[782]

다. 중국과 필리핀 사이의 남중국해 관련 중재 결정

(1) 개 요

2013년 필리핀은 UNCLOS에 근거하여 남중국 해에서 역사적인 권리의 역할, 특정 해상 지형지물의 성격과 그 해상물이 가지는 해양 영역의 존부, 필리핀이 주장하는 중국의 UNCLOS 위반 행위에 적법성 여부 등에 대해서 중재판정을 신청하였고 중재판정부가 UNCLOS에 따라서 구성되었다.[783] 중국은 계속해서 중재판정을 받아들이거나 참여하지 않겠다는 입장을 표명했고 중재판정부가 이 사안에 대한 관할권을 가질 수 없다고 주장했다.[784] 하지만 중국의 반대와 주장들은 중재판정 절차가 진행되는데 아무런 영향을 미치지 못했으며 중재판정부는 사건과 관련된 여러 사안에 대해서 관할권을 가진다고 결정하였다.[785]

2016. 7. 12. 마침내 중재 판정부는 사건에 대한 결정을 내렸으며 결정의 내용은 예상한 것보다 훨씬 더 필리핀에 유리한 내용 이었다. 중재판정부는 중국이 주장하는 9단선은 법적근거가 없으며, 스프래틀리 군도의 어떠한 해상물도 독자적으로 12해리의 영해를 가질 수 없고, 중국이 점거하고 있는 3개의 해상물들도 아무런 해양 영유권을 형성할 수 없으며, 중국은 필리핀의 EEZ내에서 필리핀의 어선들의 작업을 방해하고, 해양 환경을 파괴하면서 해상물 위에 간척사업을 진행함으로 인해서 필리핀의 주권적 권리를 침해하고 있다고 결정하였다.[786] 특히 중국은 중재판정이 개시된 후에도 대규모의 간척사업을 계속 진행하고 필리핀의 EEZ내에 인공섬을 건설해서 회복 불가능한 해양환경의 피해를 가져왔으며 자연현상을 변경 시켜 증거를 파괴하는 행동으로 사태를 더욱 악화시키고 있다고 선언했다.[787]

---

782) *Id.* at 20.

783) *Id.* at 21.

784) *Id.*

785) *Id.*

786) *Id.*

787) 다만 중국과 필리핀의 군함과 해양경비정 간의 대치상황에 대해서는 군사적인 사안을 포함하고 있으므로 중재판정의 관할범위에 해당하지 않는다고 판단을 유보하였다. 자세한 중재판정의 내용에 대해서는 Id. at 21-22 참조.

UNCLOS에 따른 중재결정은 최종적이고 중국과 필리핀을 법적으로 구속하며 중국이 절차에 참여하지 않은 것은 효력에 영향을 미치지 않는다. 하지만 현실적으로 중재판정을 강제할 수 있는 절차는 없다. 미국은 중국과 필리핀에 중재 결정에 따라 행동할 것을 권고하였으나 중국은 결정은 무효라고 선언하였고 중재판정 직후에 취임한 필리핀의 새 대통령 두테르테는 중재판정 이행을 추진하지 않고 있다.[788)]

(2) 중재판정에 대한 중국의 입장

중재판정이 내려지자 중국은 공식적으로 이를 받아들이거나 인정하지 않으며 중재 결정은 무효이고 구속력이 없다고 선언하였다. 중재결정 이후 최초의 중국정부의 공식브리핑은 중국의 외교부차관인 리쩐민이 두 번에 걸쳐서 중재판정을 '쓰레기에 불과한 것'으로 '누구에 의해서도 집행될 수 없을 것'이라고 언급했다.[789)]

(3) 중재판정 1년 후의 상황 평가

2017. 7. 중재결정이 내려지고 1년 지난 후에 중국이 중재판정을 완전하게 무시하는 공식논평을 내놓았던 것과는 달리 실제로 중국은 중재판정의 결과를 완전히 무시하지 않고 분쟁지역에서 행동을 변화시켜 중재판정을 일부 수용하는 태도를 취하고 있다고 평가된다.[790)] 중국은 2017. 5. 1. 1995년부터 실시해 오던 남중국해 북부에 대한 3개월 반 기간 동안 일방적인 어업 금지조치를 내려 중재결정에 반하는 행동을 지속하였다.[791)] 또한 중재판정부가 필리핀의 대륙붕에 속한다고 결정한 간조노출지인 미스치프 암초에 대해서 거대한 해군기지와 활주로를 계속 건설하여 중재결정을 지속적으로 위반하고 있다.[792)]

하지만 중재결정 3개월 후인 2016. 10. 중국은 필리핀과 베트남 선박들에 대해서 스카보로 사주에서 어업활동을 재개하도록 허락하였고, 스프래틀리 군도나 스카보로 사주의 12해리를 넘는 구역에서 원유와 가스 시추작업을 중단하였다.[793)] 중국의 이런 행동은 UNCLOS를 준수하면서 일반

---

788) *Id.*

789) *Id.* at 24.

790) *Id.* at 23-24.

791) *Id.* at 23.

792) *Id.*

793) *Id.*

적으로 인정되는 국제적 규칙 안에서 해양 영유권을 주장하는 입장으로 선회하고 있다고 보인다. 이런 중국의 태도는 물론 중재결정을 완전히 준수하는 태도는 아니지만 적어도 의도적으로 중재결정을 위반하는 행동을 자제하고 있는 것으로 평가할 수 있다.[794)]

일부 평론가들은 국제법은 자체적인 집행력이 없기 때문에 국제법을 위반한 국가들에 대해서는 다른 국가들이 국제법을 위반한 행위에 대해서 국가적인 위신이나 명성에 흠집을 낼 수 있도록 비용을 부담시키지 않는다면 위반자에 대한 제재가 어려울 수 있다고 하면서 필리핀과 미국이 중국의 중재결정 위반행위에 대해서 비용을 지불할 수 있도록 하는 조치를 취하지 않은 것은 잘못된 것이라고 비판하는 견해도 있다.[795)]

마. 해상 영유권 분쟁에 대한 중국의 태도

(1) 9단선 지도

중국은 남중국해에 대한 권리를 주장하면서 소위 9단선 지도라는 것을 사용하고 있다(<그림 2> 참조). 이 지도는 남중국해의 90% 면적을 차지하고 있으며 주변국인 필리핀, 말레이시아, 브루나이, 베트남 등이 주장하는 EEZ와 중복되는 구역을 포함하고 있어 관습국제법을 반영한 UNCLOS에서 인정되는 영해를 훨씬 초과하는 지역을 포함하고 있다.[796)] 9단선 지도는 중국이 건국된 1949년 훨씬 이전에 주장되던 것으로 2009. 5. 7. 중국이 UN에 제출한 문서에 포함되어 있었는데 9단선 자체가 항상 일정한 것도 아니고 어떠한 경우에는 11단선이나 10단선 지도를 사용하기도 하고 있으며 중국이 9단선 내 모든 해상 구역에 대해서 주권을 주장하는 것인지 혹은 그것보다는 적은 권리를 주장하는 것인지조차 모호하다.[797)] 중국은 이러한 모호함을 유지함으로써 남중국해에서 자신들의 권리주장에 융통성을 유지하고 다른 국가들이 중국의 주장에 대해서 법률적으로 이의를 제기하거나 대응하는 것을 더욱 어렵게 만드는 목적을 가지고 있다고 보인다.[798)]

---

794) *Id.* at 24.

795) *Id.*; 국제법의 효력을 인정하는 근거로 국제법을 준수함으로써 얻을 수 있는 보상과 다른 국가들로 부터의 지지를 제시하는 입장은 M.N.Shaw, Supra. at 8.

796) Ronald O'Rourke, supra. at 25.

797) 중국은 9단선 지도를 제출하면서 해당 지역은 논란이 없는 중국의 주권을 인정받는 지역으로 중국 정부에 의해서 지속적으로 주장되어 왔고 국제사회에 널리 알려져 있다고 주장하였다. 자세히는 *Id.* at 25-27 참조.

798) 그러나 중국의 주장은 최소한 9단선 안에 있는 군도들에 대해서는 주권적 권리를 주장하는 것으로 이것은 1992년 제정된 중국 국내법인 '영해 및 접속수역에 관한 법'에 반영되어 있으며, 2014. 1. 1.부터 적용된 다양한 어업규정들이 남중국해의 많은 부분을 포함하고 있는 것을 고려할 때 어느 정도의 행정적인 통제를 하고자 하는 의도를 가지고 있다는 것은 분명하다. 자세히는 *Id.* at 27-28 참조.

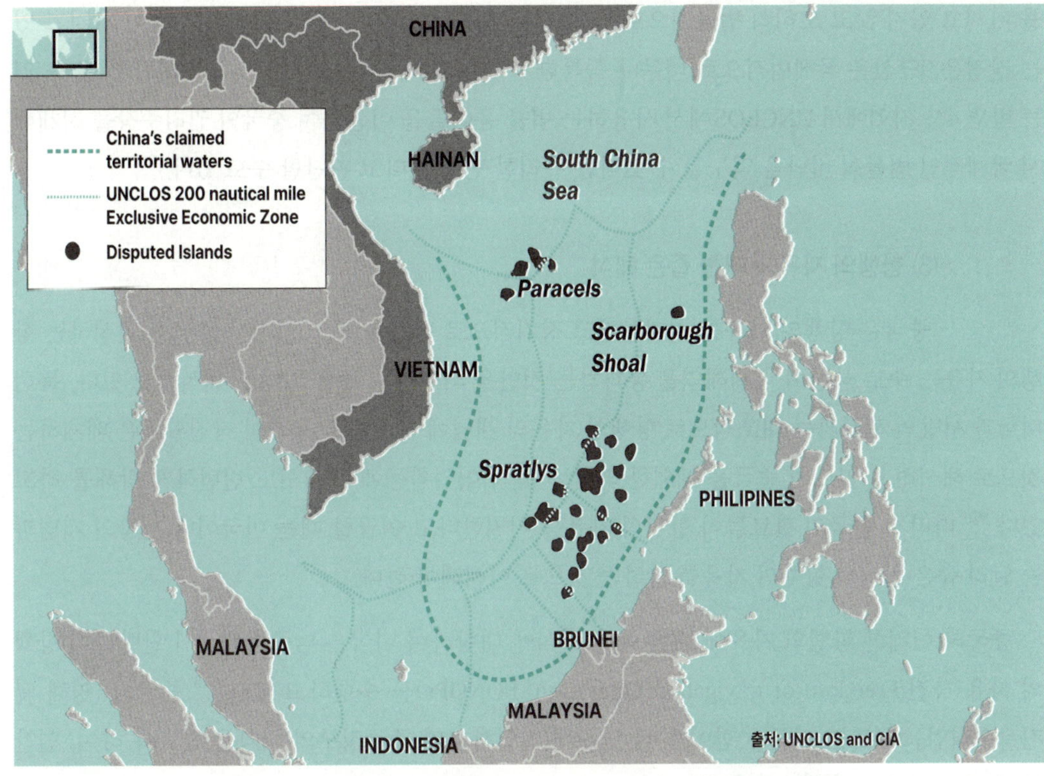

<그림 2> 9단선 지도와 중복되는 인접 국가 배타적 경제수역(EEZ)

(2) 4沙 군도지역에 대한 새로운 법적인 주장

2017. 9. 21. 美 언론은 중국정부가 새로운 법률전의 일환으로 남중국해에 대한 영유권을 주장하면서 '4沙'라는 용어를 중국 외교부 조약국 부국장인 마신민이 미 국무부 관리와의 미공개 회의에서 사용했다고 보도했다.[799] 중국은 기존에 주장하던 3개의 군도선에 네 번째 지역으로 홍콩에 근접한 북쪽지역의 프라타스 군도를 포함시켜 동사, 서사, 남사, 중사라는 이름으로 명칭을 붙여서 몇 가지 법률적인 주장으로 이 지역에 대한 주권적 권리를 주장하였다.[800]

중국의 4사라는 명칭을 사용한 새로운 해양 영유권 주장은 법률적으로 9단선보다 더 강한 논거

799) *Id.* at 28.

800) 마신민의 주장은 이 지역은 역사적으로 중국의 영해였으며 중국의 200해리 배타적 경제수역에 포함되는 지역으로 주권이 행사되는 지역이라는 법률적 근거를 제시했는데 회의에 참석했던 미국 관리들은 중국의 새로운 계략에 매우 놀랐다고 하면서도 공식적인 회의록에는 이러한 언급내용을 포함시키지 않았다고 한다. 자세히는 *Id.* 참조.

를 가지고 있지 않고 오히려 법률적으로 더 약점을 가지고 있다. 그러나 이러한 주장이 가지고 있는 장점은 9단선은 국제법적으로 너무나 독특한 주장이기 때문에 다양한 공격의 대상이 될 수 있는 반면 4사 지역에서 UNCLOS에서 사용하는 법률 용어들을 이용하여 중국의 권리주장을 전개해서 국제적인 법률적 비난을 억누를 수 있다는 유리한 면이 있다고 판단할 수도 있다.[801]

(3) 항행의 자유에 대한 좁은 해석

중국은 항행의 자유를 지지한다고 정기적으로 발표를 하고 있지만 중국이 인정하는 항행의 자유는 주로 상선이 국제해역을 통과하는 것만을 의미하는 좁은 의미로 해석하고 있다. 특히 미국과 서방의 해석과는 대조적으로 항행의 자유의 개념에 군함과 군용기의 작전활동은 배제하는 것으로 해석하고 있으며 중국을 제외한 외국 선박의 어업활동에 대해서도 빈번하게 방해를 하고 있다.[802] 따라서 중국의 관료들이 항행의 자유를 지지한다고 언급할 때는 미국이나 서방의 개념과는 달리 좁은 범위의 항행의 자유를 말하는 것으로 이해해야 한다.

중국의 이러한 항행의 자유에 대한 좁은 해석에 대항하여 미국은 남중국해에서 활발하게 항행의 자유 작전(Freedom of navigation Operation: FONOPs)을 수행하고 있다.[803] 중국의「영해 및 접속수역법」제6조는 외국 군함이 중국 영해에 진입하려면 중국정부의 허가를 받도록 하여, 연안국의 영해 내에서 자유롭게 무해통항권을 행사할 수 있다는 미국의 입장에서는 국제법적으로 위법하게 무해통항권 행사를 중국 국내법을 통해 통제하려는 것으로 본다.[804] 미국은 중국의 이러한 항행의 자유를 제한하는 주장에 대해서 다양한 형태의 항행의 자유작전을 수행하여 미국을 포함한 외국군함의 중국 영해 내에서 무해통항권 행사를 인정하도록 할 것을 압박하고 있다.[805] 미국의

801) *Id.* at 29.

802) *Id.* at 30.

803) 항행의 자유 작전은 미국의 군사력이 전 세계 어느 곳에든 자유롭게 투사되도록 하기 위해서 미 국방부가 국제법과 양립하기 어려운 과도한 해양권원 및 권리주장을 하는 경우 이를 인정하지 않는다는 미국의 의지를 명확히 하기 위해서 수행해 온 작전으로 2018. 5. 27. 미 해군 함정 2척이 파라셀 제도내의 우디섬과 트리섬 등을 포함한 몇몇 암석들의 기선 12해리 이내로 진입한 바가 있다. 미국은 12해리에 이르는 중국의 영해 내에서 중국정부의 허가 없이도 무해통항권을 행사할 수 있다는 것을 관철시키고, 중국이 만조시 바다에 잠기는 간조노출지나 인공섬 등을 이용해서 UNCLOS 제13조 제2항의 간조노출지 전부가 본토나 섬에서 영해의 폭을 넘는 거리에 위치한 경우 영해를 가지지 않는다는 규정에 반하는 12해리 영해주장을 봉쇄하고자 하는 목적이 있다. 자세히는 이기범, 항행의 자유작전이 무엇인가요?, 해군(Vol 492), 2018, 12-13쪽 참조.

804) 이기범, 전게서.

805) 전게서, 13쪽.

이런 행동에 대해서 최근까지 중국은 강력하게 항의와 물리적인 반발을 하고 있어 해상 충돌 가능성이 계속 증가하고 있다.[806)]

(4) Salami-Slicing 전략과 양배추(Cabbage) 전략

중국은 영토에 대한 권리를 주장할 때 상대방으로부터 강한 반발을 불러올 수 있는 개전사유(causus belli)에 이르지 않는 일련의 누적적 주장들을 통해 현상(Status quo)을 중국에 유리한 방향으로 변경하는 Salami-slicing 전략을 사용하고 있다고 평가된다.[807)] 일부 중국 관료는 분쟁지역의 섬을 어선들과 중국 해양경비정들, 마지막으로는 중국 해군 군함 등의 연속적인 층으로 둘러싸서 양배추의 잎처럼 감싸는 방식으로 통제를 강화해 가는 것을 양배추 전략이라고 부르기도 한다.[808)] 이러한 중국의 접근방식을 점진적 합병이나 점진적 침략이라고 부르거나 중국이 협상에 임하면서도 분쟁지역에 대한 통제를 취득하기 위한 행동들을 계속한다는 측면에서 '대화와 취득' 전략 이라고도 한다.[809)]

(5) 양자구도에 의한 분쟁해결 선호

중국은 해양 영유권 분쟁과 관련된 대화를 다자구도가 아닌 양자구도로 진행하는 것을 선호한다.[810)] 중국은 지역에서 상대적으로 대국의 지위를 가지고 있기 때문에 해양 영유권 분쟁이 국제적인 문제가 되는 것을 회피하고 양자 간의 회담을 통해서 우위를 점할 수 있다고 믿기 때문에 이런 태도를 취한다고 생각한다.[811)] 하지만 중국은 협상을 지연시키면서 자신에게 Salami-slicing

---

806) 2018. 9. 30. 미 해군 구축함 디케이터함이 '항행의 자유'(freedom of navigation operations) 작전의 일환으로 스프래틀리 군도(중국명 난사〈南沙〉군도) 인근 해역에 중국이 점유 중인 전초 기지 게이븐 암초(중국명 난쉰자오〈南薰礁〉)와 존슨 암초(중국명 츠과자오〈赤瓜礁〉) 12해리(약 22㎞) 이내 해역에 진입하여 10시간 가량 항해하던 중 중국의 뤼양(旅洋)급 구축함 한 척이 디케이터함을 따라붙더니 해당 해역을 떠날 것을 경고하면서 충돌직전의 위험한 거리까지 접근하는 사태가 발생했다. 미 태평양함대 대변인은 "중국 군함이 45야드(41)까지 접근하는 바람에 "디케이터함은 '충돌 방지' 기동까지 해야 했다"고 비난하면서 "미국은 국제법이 허용하는 곳이면 어디서나 계속 비행·항해하고 작전할 것"이라고 강조했다. 이에 중국 국방부와 외교부는 디케이터의 항행은 "중국의 주권과 안전을 심각하게 위협"한 행위로서 "중·미 양국 군사관계를 심각히 파괴하고 지역 평화와 안정을 해친다"고 비난했다. 중앙일보, 미·중 군함 남중국해서 41m 접근 충돌 위기 … 중시 출렁, 2018. 10. 3. 기사 참조.

807) Ronald O'Rourke, supra. at 31.

808) *Id.*

809) *Id.*

810) *Id.* at 33.

811) 따라서 중국이 아세안 국가들과 2002년에 행동 선언에 참여를 하고 후속하여 아세안 국가와 구속적인 행동 규칙에 대해서 협상을 벌이는 것을 이러한 중국의 양자협상 선호의 원칙에 비추어 볼 때 예외적인 행동이라고 평가한다. *Id.*

전략을 사용할 시간을 벌수 있도록 하는 정책을 추진하고 있다고 보인다.[812] 특히 중국은 해양 영토분쟁에 미국이 개입하는 것을 강하게 반대한다.

4. 중국의 동중국해 방공식별 구역 선포와 관련된 분쟁

가. 개 요

방공식별구역(Air Defense Identification Zone : ADIZ) 이란 국가가 자국의 안보를 목적으로 일정한 비행기의 즉각적이고 능동적인 식별, 위치, 운항통제 등을 요구하는 육상 또는 해상에 설정된 공중의 지정된 구역이다.[813] 많은 국가들이 국가안보를 목적으로 하나 또는 그 이상의 방공식별구역을 자신의 영해나 영토를 초과하는 상공에 설정하고 있으나 방공식별구역 설정이나 비행절차 등에 대한 국제적인 합의나 공감대가 형성되어 있지는 않다.[814] 중국은 주변국과 아무런 협조 없이 2013. 11. 23. 동중국해에 방공식별구역(ECS ADIZ)을 선포하고 당일 10시부로 효력을 발생한다고 발표하였다.[815] 중국의 ECS ADIZ는 중국과 영토분쟁 중인 일본의 센카쿠 열도와 한국의 기존의 방공식별구역이 포함되어 있어 많은 분쟁 가능성을 내포하고 있다. 특히 국제적인 공해 및 공역에서 군함 및 군용기의 항행의 자유를 주장하는 미국과 이에 대해서 소극적인 입장을 취하고 있는 중국 간에 많은 갈등이 촉발되었으며 중국의 ECS ADIZ 선포에 따라 향후 지속적인 갈등 가능성이 존재한다.

나. 중국의 방공식별 구역 선포

(1) 주변국의 방공식별 구역 및 항행의 자유와 관련된 국제법규

ADIZ를 가장 먼저 설치한 나라는 미국으로 1950년 상무부 장관이 행정명령으로 미국의 접속수역을 따라 ADIZ를 선포하였고 현재는 미국 본토와 알래스카, 괌과 하와이를 포함한 지

812) *Id.*

813) Ian E. Rinehart & Bart Elias, Cong. Research Serv., RL43894, China's Air Defense Identification Zone(ADIZ) 1 (2015).

814) *Id.* at 1-2.

815) *Id.* at 6-7.

역에 ADIZ를 지정하여 운영하고 있다.[816] 미국은 미국을 향해서 비행하거나 미국 내 또는 미국으로부터 출발한 항공기에 대해서만 통신과 비행기 식별 등 ADIZ에서의 절차를 적용하며 미국으로 향하거나 미국에서 출발한 비행기가 아니라면 ADIZ내에서 미국이 요구하는 절차에 따르지 않고 자유로운 비행이 가능하다.[817]

아시아 국가들 중에는 한국, 일본, 대만, 필리핀, 베트남, 버마, 인도가 적어도 20년 이전에 ADIZ를 설정하였다.[818] 일본은 2차 대전 이후 민간 방공 재건설 계획에 따라 JADIZ를 설정하였다가 1969년에 법제화하였다. 한편, 한국은 한국전쟁 중인 1951년 군사상 목적으로 비적대적인 민간 항공기의 능동적 식별을 위해서 KADIZ를 설정하였다. ADIZ에 따른 통제는 일본은 민간 항공기나 군용기에 대해서 일반적인 통제를 하지 않는다고 밝힌 반면 한국은 ADIZ에 진입하거나 영해나 영토로 진입하지 않고 ADIZ를 통과만하는 민간 항공기 및 군용항공기의 비행계획을 사전 제출하도록 요구하고 있어 상대적으로 엄격한 규칙을 적용한다.[819]

ADIZ는 일반적으로 각 국의 국경선이나 영해 등을 초과하여 설정되기 때문에 이에 대한 국제법적인 규율에 대해서는 많은 논란이 있다. 국제적인 민간 항공과 관련된 문제는 1944년에 체결되고 1947년에 발효된 민간항공 협약(Convention on Internatonal Civil Aviation : '시카고 협약'이라고도 함.)에 의해서 규율되고 있으나 동 협약은 ADIZ에 대해서는 규정된 바가 없다. 다만 각국은 자신의 영토와 영해의 상공인 영공에서 주권적 권리를 가지고 통제할 권리가 있으며 영공에서 민간 항공기를 접촉하는 경우에는 무기사용을 최대한 억제하고 이를 차단할 경우에도 최대한 승객의 안전을 보장하도록 노력하며 영공을 침범한 항공기는 강제로 착륙시킬 수 있다고 규정하면서도 영공 밖에서 운항하는 항공기에 대한 통제에 대해서는 침묵하고 있다.[820]

1982년에 체결된 UNCLOS에서도 영해와 육상에서의 국경선을 초월한 공중에서의 주권행사에 대한 국제적인 입장을 발견할 수 있다. 일반적으로 UNCLOS는 완전한 주권이 인정되는 12해리의 영해와 세관, 재정, 이민 및 위생관련 법령을 집행하기 위한 주권적 권리를 인정하는 24해리의 접속수역, 어업, 원유탐사, 해양오염 등 경제적 영향을 미치는 행위들에 대해서 주권적 권리를 인정하는 200해리의 EEZ를 인정하면서 모든 국가들의 해상에서의 자유 항해 및 상공에서의 비행의 자

816) *Id.* at 3.

817) *Id.* at 3-4.

818) *Id.*

819) *Id.* at 4.

820) *Id.* at 4-6.

유의 원칙을 인정하고 있다. 이 같은 항행의 자유와 관련하여 미국은 EEZ에서 자유로운 군사 활동을 보장해야 한다는 입장인 반면 중국은 EEZ에서 군용기나 군함의 항행의 자유를 인정할 수 없다는 입장으로 첨예하게 대립하고 있다.[821)]

(2) 중국의 ECS ADIZ에 대한 규율

중국은 2013. 11. 23. ECS ADIZ를 설정하고 이를 당일 10:00를 기해서 효과를 발휘한다고 발표하면서 국내법인 국방법(1997)과 민간항공법(1995), 기본항공규정(2001)을 그 근거로 들었다.[822)] ECS ADIZ는 중국의 항공정보구역(FIR)을 초과하여 일본이 행정적으로 통제하는 센카쿠열도와 한국이 행정적으로 통제하는 이어도를 포함할 뿐만 아니라 이미 설정되어 있는 한국, 일본, 대만의 ADIZ와도 중첩되는 문제를 가지고 있다.[823)] 더욱이 중국 국방부는 ECS ADIZ의 규정은 항공기가 중국의 영공을 진입하려는 의도를 가지고 있는지와 관계없이 적용된다고 발표하면서 항공기들에게 비행계획, 주파수, 비행표지 등을 사전 식별하도록 요구하면서 이에 따르지 않을 경우 중국 전투기들이 비상 방어조치를 취할 수 있다고 경고하여 관련국들로부터 우려를 가지도록 하였다.[824)]

---

821) *Id.* at 4-5.

822) *Id.* at 6-7.

823) 시카고 협약에 따른 국제항공기구인 ICAO는 전 세계를 구분하여 특정지역에서 어느 국가에 있는 어떤 공항이 항공 교통 서비스를 제공할 것인가를 결정하여 비행정보구역(Flight Information Regions : FIRs)을 지정하였으며 민간 항공기들은 언제나 지정된 항공 교통 통제관의 통제를 따르도록 되어있다. 많은 비행정보구역들은 공해상의 상공으로 확장되어 있다. 자세히는 Id. at 6-7 참조.

824) *Id.*

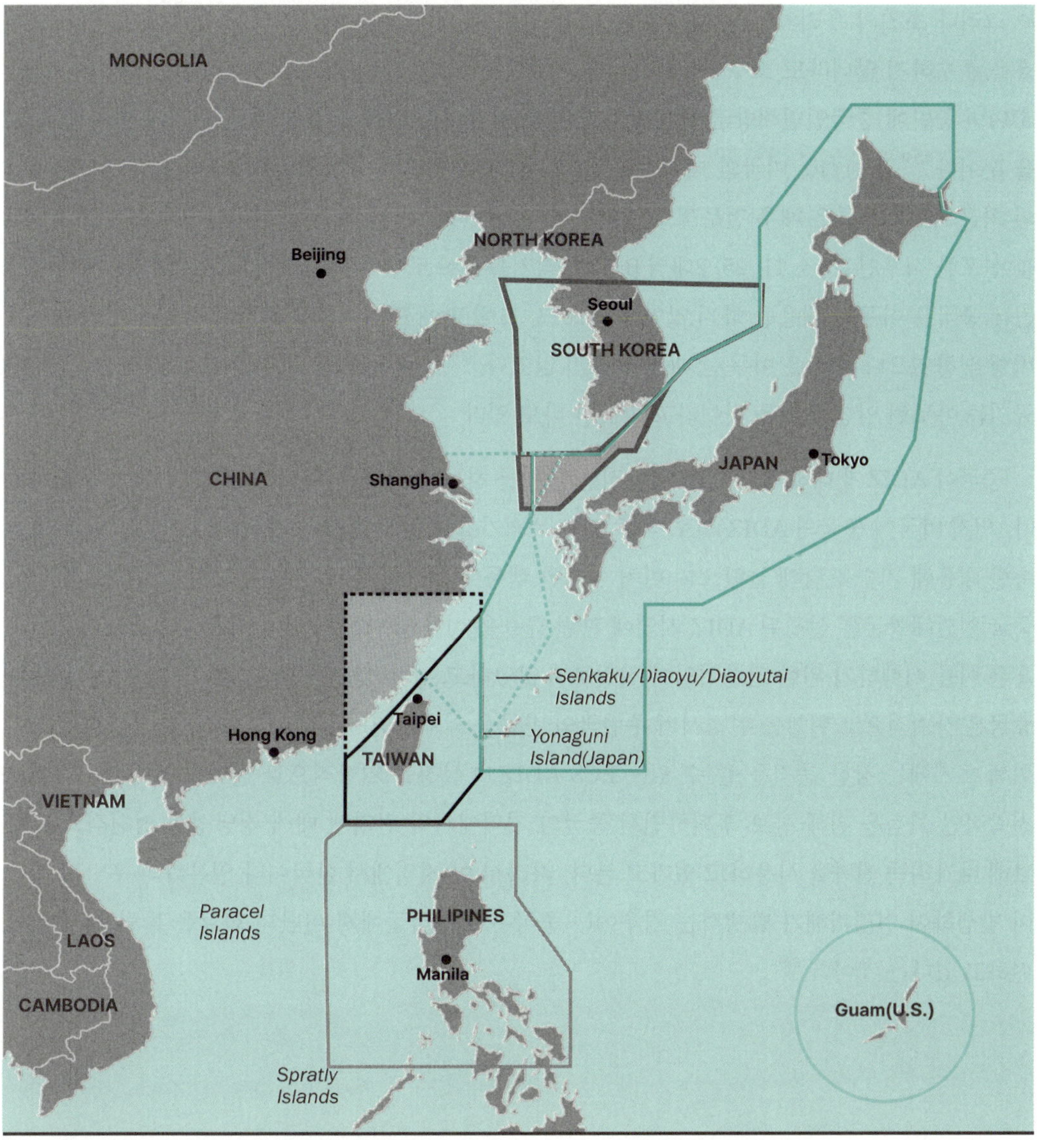

MONGOLIA
NORTH KOREA
Beijing
Seoul
SOUTH KOREA
CHINA
Shanghai
JAPAN
Tokyo
Senkaku/Diaoyu/Diaoyutai Islands
Taipei
Yonaguni Island(Japan)
Hong Kong
TAIWAN
VIETNAM
Paracel Islands
PHILIPINES
LAOS
Manila
CAMBODIA
Guam(U.S.)
Spratly Islands

Air Defense Identification Zones

- China
- Japna
- Philippines
- U.S.(Guam)
- S. Korea
  - *Post-Dec. 2013 extension*
- Taiwan
  - *portion not recognized by U.S.*

0 300 600 Miles

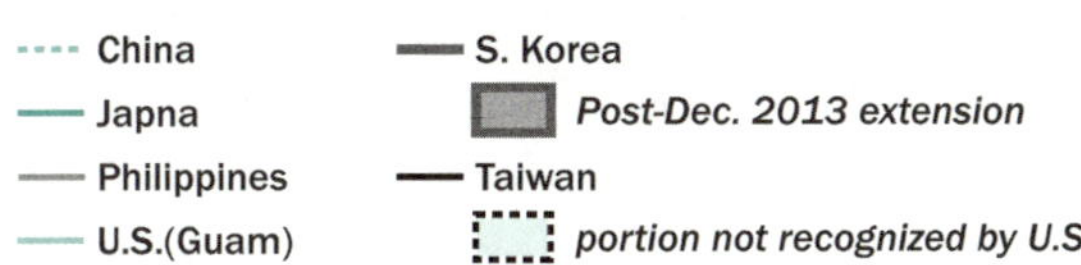

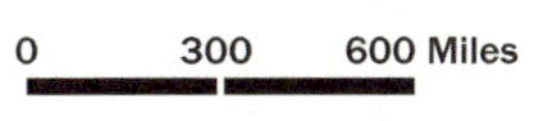

N

The U.S. government does not formally recognize China's ADIZ in the East China Sea. Graphic not to be used for navigation and is for informational purposes only.

그러나 초기의 우려와는 달리 중국은 ECS ADIZ를 진입하는 항공기에게 중국이 요구하는 규율을 준수하지 않더라도 소수의 경우를 제외하고는 적극적인 차단조치를 취하지는 않았다. 다만 2014년 중반에 중국인민해방군 공군기가 일본의 정찰기 주변을 근접 비행한 경우가 수차례 있었을 뿐이다.[825] 2014. 10. 미국의 태평양 공군 및 7함대 사령관은 중국인민해방군의 ECS ADIZ에서의 최근 차단비행들은 매우 전문적으로 이루어지고 있다고 평가했다.[826] 미국은 중국이 ECS ADIZ를 선포한 직후인 2013. 11. 25. 2대의 B-52 폭격기를 괌으로부터 출격시켜 ECS ADIZ를 비행하였는데 중국은 아무런 대응을 하지 않았으며 2013. 11월 말에 ECS ADIZ에 한국과 일본의 군용기가 비행을 하였으나 중국은 아무런 대응을 하지 않았다.[827] 중국은 또한 이 지역을 비행하는 민간 항공기는 아무런 영향이 없을 것이라고 발표한 바도 있다.

중국이 ADIZ에 대해서 비교적 제한적인 통제를 하는 것과 관련해서는 몇 가지 해석이 존재한다. 먼저 미국이 중국의 ADIZ 선포 직후 B-52 폭격기를 진입시킨 것과 관련해서 중국은 미국의 신속한 대응에 기습을 당해 놀랐으며 미처 이러한 행동에 대응할 준비가 되어 있지 않았다고 하면서 중국 인민해방군은 선포된 ADIZ 지역에 관련 규율을 이행할 만한 능력이 미흡하다고 평가하거나 혹은 이를 이행하기 위한 권한위임이 적절하지 않았다고 평가하는 견해가 있다.[828] 또 다른 견해는 중국은 장기적으로 현상을 변경시켜 주변국의 반발을 억제하면서 중국에 유리한 환경을 조성하기 위해 초기에는 강한 충격을 줄 수 있는 ECS ADIZ의 설정을 일방적으로 발표하면서 장기적으로 전략적인 이점을 위해 한보 후퇴하면서 중국의 지역에서의 권리에 대해 정당성을 점진적으로 확보해 나가려는 전략을 사용하고 있다고 본다. 따라서 이 지역에서 한국이나 일본과의 우발적 충돌이 발생하여 인명피해가 발생하는 경우에는 중국은 주변국들에게 비난의 화살을 돌릴 계기를 마련하고 있다는 것이다.[829]

---

825) 자세히는 Id. at 12-13 참조.

826) *Id.* at 10.

827) *Id.* at 11.

828) *Id.*

829) 이는 중국이 점진적으로 주장하는 국내법이나 국제법을 집행해 나가고 군사적 행동을 취해나가면서 주변국들의 희생을 강요하여 중국의 이익을 취해나가는 전술을 2005년부터 취하고 있는 것의 일환으로 ECS ADIZ를 선포했다고 보는 입장이다. 자세히는 *Id.* at 11-12 참조.

(3) ECS ADIZ 설정을 통한 중국의 목표

중국이 ECS ADIZ를 선포한 주요한 이유가 상징적이고 정치적인 수사인가 아니면 중국이 관할권을 주장하는 분쟁지역에 대해서 행정적인 통제를 하고자 하는 계획의 일환인지 논란이 있다.[830] 먼저 중국의 ECS ADIZ 선포를 상징적인 정치적 선언으로 평가하는 입장은 중국은 해당지역에서 군사적 통제를 실제로 집행하기 위한 능력이 없기 때문에 ADIZ의 선포는 시진핑으로 정권교체와 연계된 국내의 정치적인 압력과 분쟁을 누그러뜨리기 위한 정치적인 선언이라고 본다. 하지만 2010. 9월과 2012. 9월에 일본과의 정치적 갈등이 고조되었을 때와 같은 대규모의 반일 시위가 조직되지 않았다는 측면에서 반드시 정치적인 목적만을 가진 행동이라고 보는 것은 논리가 부족하다.

다음으로는 중국이 EEZ에 대한 국제법적인 주장들을 강화하기 위해서 ECS ADIZ를 선포했다는 견해도 있다. 중국의 ADIZ의 동쪽 끝부분은 중국의 확장된 동중국해의 EEZ의 동쪽 끝부분과 밀접하게 연이어 있기 때문이다.[831] 그 외에도 한국, 일본, 대만 등 주변국들이 모두 ADIZ를 선포하고 운영하고 있는 것과 균형을 맞추려고 한다거나 중국의 영해를 벗어난 국제 해역 및 공역에서 항행의 자유를 주장하는 미국의 해군 및 공군의 정찰활동에 대해서 반대하는 입장을 분명히 하기 위해서 ADIZ를 선포했다는 견해도 있다.[832]

한편 ECS ADIZ는 다른 나라들보다도 일본의 과도한 반발을 유발하기 위해서 설정되었다는 견해도 있다.[833] 중국의 ECS ADIZ가 특별히 일본을 목표로 설정되었다는 징표는 중국 국방부가 1969년에 중국 국경에서 130km 지점에 ADIZ를 설정한 어떤 국가의 130km에 이격되어 설정되었기 때문에 정당하다고 주장하였는데 그 어떤 국가는 일본을 지명하는 것이 외관상 분명했기 때문이다.[834]

830) 중국정부는 ECS ADIZ를 선포하기 이전에도 중국이 관할권을 가지고 있다고 주장하는 센카쿠 열도와 동중국해에 대해서 외국의 항공기에 대한 통제를 위한 규정이 존재했고 또한 외국 군용기에 대한 차단작전을 이미 수행하고 있었다고 주장하고 있다. 자세히는 *Id.* at 13 참조.

831) *Id.* at 14.

832) *Id.* at 14-15.

833) *Id.* at 14.

834) *Id.*

다. 국제적인 대응

(1) 미국의 대응

미국은 2013. 11. 23. 중국의 ECS ADIZ 선포이후 곧바로 헤이글 국방장관이 현상을 변경하여 지역의 불안정을 일으키는 행위로 중국의 ADIZ 선포는 미국의 군사 활동에 변경을 가져올 수 없으며 일본과 미국의 상호방위협정은 센카쿠열도에 적용된다는 점을 분명히 하였다.[835] 케리 국무장관도 동중국해의 현상을 변경하려는 중국의 일방적인 행동을 긴장을 고조시키고 우발적 충돌의 위험을 증대시키는 것으로 미국은 ADIZ 절차를 자국 영토에 진입할 의도가 없는 외국비행기에 적용하는 것을 인정하지 않을 것이며 중국은 ECS ADIZ 규정을 준수하지 않는 외국 항공기를 위협해서는 안 된다고 발표하였다.[836]

중국이 ECS ADIZ를 발표한 2일 후 美 해군은 연례적으로 시행해오던 일본 해상자위대와의 합동해상훈련은 美 해군 항공모함 조지워싱톤호가 이끄는 항모전단을 포함하여 실시한다고 발표하였고 美 공군은 2대의 B-52 폭격기를 괌에서 출발시켜 중국에 사전 통보 없이 ECS ADIZ 지역에서 훈련비행을 실시하였다.[837] 미 국방부 관리는 이후 미국은 계속적으로 센카쿠 열도 지역에서 군사훈련을 실시할 것이며 ECS ADIZ 설정에 따른 어떠한 사전 통보도 하지 않을 것임을 분명히 하였다.[838]

그러나 민간 항공사에 대해서는 미국 국무부는 2013. 11. 29. 중국이 ECS ADIZ를 선포한 이후 배포된 NOTAM(Notice to Airman) 규정을 준수하도록 권고하였는데 이것은 변화된 상황 속에서 민간항공기의 안전을 고려한 결정이었다.[839] 중국은 미국의 행동에 대해서 건설적 행동에 대해서 감사한다고 하면서 중국의 ECS ADIZ 규정을 민간 항공기도 준수하지 않은 것임을 분명히 한 일본을 비난하고 잘못된 행동을 교정하라고 강조하였다.[840] 이러한 미국의 입장에 대해서 국제 공역을 비행하는 민간항공기가 비행계획을 중국에 제출함으로써 미국이 중국의 일방적인 ECS ADIZ 선포의 유효성을 인정하는 것은 미국의 태도에 모순을 발생시키고 일본과의 정책 협조에 혼선을 발생시킨다고 비난하는 견해가 있다.[841]

---

835) *Id.* at 15.

836) *Id.*

837) *Id.*

838) *Id.* at 16.

839) *Id.*

840) *Id.*

841) 자세히는 *Id.* at 16-17 참조.

(2) 일본의 대응

일본은 중국의 ECS ADIZ 발표 직후 중국의 위험하고 일방적인 행동을 즉시 철회하도록 요청하였고 아베 신조 일본 총리는 중국의 행동은 일본에 아무런 영향을 미칠 수 없다고 선언하였다.[842] 중국의 발표 일주일 후에 일본의 군용기들은 사전에 계획된 훈련들을 중국의 ECS ADIZ를 통과하여 시행하였고 초기에 일본 민항기들이 중국의 ECS ADIZ 진입 시 비행계획을 제출하던 것을 일본 정부가 공식적으로 비행계획을 제출하지 않도록 다시 통제하였다. [843]

일본은 이후 중국의 행동을 좌절시키기 위한 일련의 조치를 취했다. 먼저 ICAO에 제안서를 보내 중국의 행동이 국제항공안전을 저해하는 행동인지에 대한 해석을 요구하였다. 또한 일본 의회는 중국의 ECS ADIZ 선포는 국제법 위반행위이며 중국정부는 즉각 이를 철회하라는 결의안을 발표하였으며 일본의 외무상인 후미오 키시다는 2014년 일본 의회 연설에서 일본은 공해상의 항행의 자유에 대한 국제적인 지지를 얻기 위한 노력을 계속할 것이라고 하였다.[844]

(3) 한국의 대응

한국은 일본에 비해서는 약하지만 중국의 ECS ADIZ 발표에 대해서 강한 유감을 표시했다.[845] 한국의 외무부 장관 윤병세는 2013. 11. 27. 중국의 행동은 이미 어려운 지역문제를 더욱 다루기 어렵게 만드는 행동이고 지역의 갈등과 경쟁을 고조시킬 것이라고 논평하였다.[846] 2013. 11. 28. 한국 국방부 관계자는 중국 당국과의 양자 회의에서 중국이 한국의 ADIZ와 중복되는 지역에 설정한 ADIZ를 철회할 것을 요청하였으나 중국 측은 이를 거절하였다. 이에 한국은 미국, 중국, 일본과의 협의를 거쳐 2013. 12. 8. KADIZ를 한국의 FIR과 일치하도록 확장하는 조치를 취하였다. 사전 협의절차를 거쳤다는 점과 한국이 공역에서의 비행의 자유를 존중한다는 측면에서 관련국들은 차분한 반응을 나타냈다. 특히 중국의 경우에는 한국의 비행안전을 위한 KADIZ의 확장이 중국의 ECS ADIZ 설정을 일정 부분 국제법적으로 정당화하는 논거가 된다는 측면을 고려한 태도라고 보이는 측면이 있다.[847] 하지만 중국과 일본, 한국의 ADIZ가 중첩되는 지역의 확대는 우발적인 충돌 가능성이 증대되는 것을 피할 수는 없을 것이다.

---

842) *Id.* at 18.

843) *Id.*

844) *Id.*

845) 일부 언론에 따르면 한국은 중국이 ADIZ를 발표하기 수일 전에 통보를 받았다고 한다. *Id.* at 20.

846) *Id.*

847) *Id.* at 21.

Ⅲ. 결 론

지금까지 살펴본 바와 같이 국제법은 적용되는 지역 및 국가의 시대별 정치적, 경제적, 지리적인 현실을 반영하여 변화하고 발전되어 왔다. 특히 우리나라가 속해 있는 동북아 지역은 중국과 일본이라는 패권 국가들이 시대와 상황에 따라 지역의 국제질서와 이를 규율하는 규범을 주도적으로 형성해 왔던 것이 현실이다. 최근에는 중국의 급속한 경제성장과 다양한 분야에서 지역의 헤게모니를 장악하려는 움직임 속에서 영유권을 포함한 다양한 국제적인 중국의 권리주장에 있어서 중국 중심의 국제법관에 입각한 법률전을 통한 중국의 이익을 실현하기 위한 노력들이 강화되고 있다.

중국의 국제법관을 특징적으로 나타내는 것은 먼저 중국은 사회주의 국가들의 국제법관에 기반을 둔 기존의 국제법은 자본주의 국가들이 세계를 지배하기 위한 도구라는 인식을 바탕으로 중국의 핵심이익을 수호하기 위해서 중국 중심의 새로운 국제법 질서를 형성하고자 한다는 점이다. 특히 조약의 국제법적 효력을 폭넓게 인정하면서도 과거 자신들이 제국주의의 침략적인 행태에 의해서 체결된 각종 조약에 대해서 효력을 부정하고 중국의 이익과 부합하는 국제조약에는 적극적으로 가입하여 중국의 입장에서 해당 조약을 해석, 적용하려는 노력을 기울이고 있다.

또한 중국은 국가주권 평등의 원칙에 대해서는 중화패권주의의 전통에서 지역에서 헤게모니를 장악하여 대군주적 국가의 지위를 유지하려는 태도를 기본으로 하여 타국의 주권 문제에 있어서도 중국의 이익과 부합하는 방향에서 국제적인 관계를 형성하려고 하고 있다. 대표적으로 중국은 자신들의 배타적 경제수역이나 방공식별구역의 규율에 있어서는 주권적 권리와 유사한 주장을 하는 반면 타국이 설정하거나 주장하는 동일한 구역에 대해서는 중국의 군함과 군용기를 빈번이 출입시키고 있는 것에서 중국의 이중적인 모습을 발견할 수 있다.

이러한 중국의 일원론적인 입장은 영토분쟁이나 해양 영유권 분쟁 등 다양한 외국과의 국제적인 분쟁에 있어서 각 분쟁국가와 중국과의 일대일 타협에 의한 문제해결을 선호하는 방식으로 나타난다. 중국은 자신들이 지역의 질서를 주도하는 국가라는 입장에서 다른 제3자나 국제기구가 중국과 관련된 국제분쟁에 개입하는 것을 극도로 피하려고 한다. 중국은 필리핀과의 해양 영유권 분쟁에서 중국도 가입한 UNCLOS에 따라 필리핀이 제기한 중재재판 절차에 협조하지도 않았을 뿐 아니라 최종 판결결과에 대해서도 휴지에 불과하다고 하면서 그 가치를 인정하지 않는 공식태도를 보이기도 하는 등 분쟁의 제3자 개입을 극도로 피하는 입장을 취하고 있다. 이러한 일대일 방식의 문제해결을 선호하는 태도는 중국의 우월적 지위에 입각한 문제해결을 통해 중국의 이익에 가장 부합하는 결과를 도출할 수 있다는 자신감과 여러 소국들이 연합하여 대국의 이익 추구에 도전하는 것을 방지해야 한다는 역사적인 경험에서 비롯된 태도로 보인다.

특히 중국은 법의 지배, 법치주의와 관련하여 법을 자주적인 독립체로서 권력을 통제하거나 국민의 권리를 보장하는 수단이라고 보기보다는 오히려 정치적인 수단으로 적을 공격하기 위한 무기이며 혁명을 위해 주민들을 통제하는 수단으로 인식하는 전통이 특히 정치지도자들을 중심으로 강하게 자리잡고 있다는 것이다. 더욱이 중국은 국제법을 중국의 이익을 보호하기 위한 무기로 사용될 수 있다고 하면서 법률전이라는 공식적인 명칭까지 사용하면서 정치적 작전의 수단으로 국제법적인 주장과 이에 대한 법적 논거들을 국내법 제정, 폭넓은 해상 영유권 주장과 해상 암초와 간조 노출지에 대한 대규모 간척사업 및 시설물 설치, 일방적인 방공식별 구역 선포 등 구체적인 국가의 실행과 현상의 변경 등을 통해 보완하고 발전시키고 있다.

중국의 남중국해와 동중국해에서 과도한 해양 영유권 주장을 둘러싸고 주변국을 포함한 미국 등과 다양한 분쟁이 발생하는 이유는 중국의 9단선 등 너무나도 중국 중심적인 국제법의 해석을 통한 주장이 관련국들의 입장에서는 기존의 국제법 질서에 위협이 된다고 생각되기 때문이다. 최근에도 미국과 중국은 경제적인 충돌에 이어서 미국의 B-52 전략폭격기가 2018. 9. 23-25일 사이에 중국이 영유권을 주장하는 남중국해를 비행한 데 이어 같은 달 27일 중국과 일본이 영유권 분쟁 중인 센카쿠 열도 일대의 동중국해에서 비행 훈련을 실시하며 무력시위를 벌였으며 중국도 남중국해에서 전투기 실탄 사격 훈련을 벌이며 맞불을 놓았다. 또한 중국은 동중국해의 양국 중간선 부근에 이동식 굴착시설을 세우는 도발 행위를 감행했다고 일본 요미우리신문이 29일 보도한 바도 있다.

그렇다고 하더라도 중국이 현재 국제공동체의 보편적인 틀 속에서 완전히 벗어난 독특한 국제법관을 가지고 모든 문제를 중국의 입장에서 유리한 방향으로만 해결할 수는 없을 것이다. 국제사회는 제1, 2차 세계대전 등 수 많은 역사적인 사건들을 거치면서 발전시킨 보편적인 국제법 질서에 의해서 유지되는 기본원칙들이 엄연히 존재한다. 그리고 국제법의 현실에서의 문제해결 능력이 때로는 강대국들의 실력행사를 통한 국제규범을 무시하는 국가실행에 대해서 강제력 행사를 통한 제재나 금지가 제한된다는 측면에서 의구심을 갖도록 하는 경우가 분명히 존재함에도 불구하고 자국의 입장에 대한 국제적인 지지의 획득 필요성이나 상호주의에 입각한 자국의 불이익 발생 가능성 등에 의해서 국제법 질서를 준수하게 하는 또 다른 형태의 강제력이 분명히 존재한다.

중국의 경우에도 자신들의 해양 영유권 주장을 독특한 9단선에 의해서 전개해 나가다가 최근에는 4사 지역에 대한 권리주장을 통해서 UNCLOS에 부합하는 용어들을 동해 법석인 권리를 주장을 시도하고 있다. 특히 2016년 필리핀과의 남중국해에 대한 중재판정에 대해서도 일고의 가치도 없다던 중국의 공식논평과는 달리 실제로 중국은 많은 부분에서 기존의 행동에 변화를 가져왔으며 또한 주변국들의 권리행사나 심지어 항행의 자유작전을 수행하는 미국에게도 법적인 정당성을 부여하는 효과를 준다는 점은 결코 간과할 수 없을 것이다.

결론적으로 대한민국을 둘러싼 주변국들의 대한민국의 이익과 충돌하는 국제법적 주장들에 대응하기 위해서는 먼저 그들의 국제법적 주장을 펼쳐나가는 기저에 해당 국가가 어떠한 국제법관을 가지고 있는지를 분석할 필요가 있다. 또한 그들의 국제법적인 주장들의 기존 국제법 질서와의 충돌하는 부분을 발견하여 이를 국제사회와의 공조를 통해서 해결해 나가려는 노력이 필요하다. 이를 위해서는 다양한 국제법적인 문제들에 대해서 보편적인 법적 견해가 형성된 경향을 충분히 이해해야 한다. 또한 각 나라별로 또는 국제사회가 어떠한 이익을 옹호하기 위해서 어떠한 국제법관에 입각하여 해당 문제를 접근하고 있는지 알아야 할 것이다. 이를 통해서 국제적인 무대에서 우리의 주장과 연대 가능한 국가들을 식별하여 국제적인 지지를 얻도록 해야 하며 특히 우리와 군사적인 교류가 활발한 국가들의 국제법적인 입장에 대해서도 깊은 이해가 우선되어야 할 것이다.

참고 문헌

- 김대순, 국제법론, 삼영사, 2018.
- 국방정보본부, 중국의 삼전, 2014.
- 한명섭, 남북통일과 북한이 체결한 국경조약의 승계, 한국학술정보, 2011.
- 이기범, 항행의 자유작전이 무엇인가요?, 해군(Vol 492), 2018.
- M.N.Shaw, *International Law* (6th ed. 2008)
- R.R.Churchill & A.V. Lowe, the law of the sea (3rd ed. 1999).
- Ronald O'Rourke, Cong.Research Serv., RL42784, *Maritime Territorial and Exclusive Economic Zone(EEZ) Dispute Involving China: Issues for Congress* (2017).
- Ian E. Rinehart & Bart Elias, Cong. Research Serv., RL43894, *China's Air Defense Identification Zone(ADIZ)* (2015).

새로운 무기체계의 등장에 따른 국제법적 문제

(International Law Issue concerning Emerging New Weapons Technologies)

요 약

기술의 발달에 따라 새롭게 등장한 무기체계로 사이버 공격, 무인기(Unmanned Airel Vechicle), 그리고 자동화 무기(Autonomous Weapon System)는 전쟁을 인도적인 차원에서 규율하고자 하는 기존의 국제법 이론에 대해서 새로운 고려요소를 발생시키고 있다. 무인기 등 새로운 기술을 전쟁에 사용하는 것을 금지해야 한다는 억제논리로부터 과연 언제 무인기를 사용하는 것을 허용해야 하는가, 신기술을 사용한 적대행위의 허용기준은 무엇인가, 무인기 자체에 대한 공격과 방어뿐 아니라 원거리에서 무인기를 조종하는 인원과 시설에 대한 적대행위를 허용할 것인가라는 실용적인 문제까지 전쟁법의 전 분야에서 신기술을 보유한 강대국과 기술을 보유하지 못한 국가들 사이에서 첨예한 의견의 대립이 발생하고 있다. 특히, 유엔헌장에 의해서 무력사용이 원칙적으로 금지되어 있는 현재에 무인기 등 새로운 무기를 통한 공격이 과연 유엔헌장의 무력사용금지 원칙에 부합하는가라는 근본적인 문제들에 대해서는 더더욱 의견의 대립이 심각한 수준이다. 하지만 현실적으로 무인기 등이 빈번하게 사용되고 있는 현실을 고려한다면 비현실적인 억제책보다는 보다 합법적인 사용을 통제할 수 있는 국제규범의 동의와 확립이 시급하다고 할 것이다.

주제어

사이버 공격, 무인기(UAV), 자동화 무기(Autonomous Weapons), 비엔나협약 제1추가의정서 필요성(Necessity), 구별성(Distinction)

새로운 무기체계의 등장에 따른 국제법적 문제

(International Law Issue concerning Emerging New Weapons Technologies)

목 차

I. 서 론

전쟁을 규율하는 국제법 체계는 국가의 합법적인 무력사용을 어떠한 조건에서 허용할 것인지 여부를 결정하는 기준을 제공하는 Jus ad bellum과 전쟁에서 허용되는 공격수단과 그 사용방법을 규율하는 Jus in bello로 일반적으로 구분되고 있다.[848] 사이버 공격수단이나 속칭 드론이라 불리는 무인전투기(Unmanned Airel Vechicle), 자동화 무기(Autonomous Weapons)와 같은 새로운 무기체계의 등장은 기존의 전쟁의 정당성(Jus ad bellum)과 전쟁행위의 적법성(Jus in bello)을 통제하는 전쟁법(Law of War) 내지 무력충돌법(Law of Armed Conflicts)의 법률체계에도 당연히 영향을 미치게 된다. 제네바 협약 제1추가의정서(이하에서는 '제1추가의정서'라 한다)에서는 제35

848 국방부, 전쟁법해설서, 2013, 19쪽; LTC Jeff A. Bovarinick, et al., Law of War DeskBook, USAJAGLCS, 8 (2011).

조에서 공격수단과 방법에 제한을 가하면서, 같은 의정서 제36조에서 새로운 무기를 개발하는 경우 각종 국제법규에 위반되는지 여부를 심사할 의무를 부여하고 있다.[849)] 따라서 새로운 무기체계를 사용하려는 국가는 당연히 제1추가의정서에 따른 의무에 의해서 해당 무기체계가 현행 국제법률 체계상 허용되는 것인지를 검토할 의무가 있다.

그러나 새로운 무기체계를 개발하여 기술적인 비대칭성으로 우위를 점하려고 하는 기술선진국으로서는 자국이 개발한 무기가 제1추가의정서에 따른 적법성 검토를 하면서 국제법상 허용되지 않는다고 판단할 가능성은 없다고 보아야 할 것이다. 국제법상 사용할 수 없는 무기체계는 처음부터 많은 자본을 투입하여 개발할 필요성이 없기 때문이다. 결국 새로운 무기체계의 등장과 관련하여 신무기를 개발하여 전략적, 전술적 우위를 점하려는 국가와 기술적 비대칭성으로 인해 열세에 놓일 수밖에 없는 국가 간의 의견대립이 발생할 수밖에 없다. 이러한 이유로 새로운 무기체계의 등장에 따른 전쟁법 내지 무력충돌법의 해석과 관련된 각국의 입장은 현재 혹은 미래에 무기를 사용하는 국가인가, 혹은 현재 또는 미래의 신무기의 공격대상 국가인가에 따라 다양한 방향으로 나타나고 있다.

새로운 무기체계의 등장에 따라 예상할 수 있는 신기술을 적용한 무기체계를 갖추지 못한 국가의 반응은 신무기의 사용자체를 국제법 위반이라고 주장하면서 금지하려는 움직임이다. 이러한 견해들은 새로운 무기체계가 유엔헌장 체제 하에서 무력행사의 일반적 금지원칙을 약화시킨다든지 혹은 기존의 전쟁법에서 무력행사 수단이나 방법을 제한하는 법률의 일반원칙인 예방조치(Precaution), 구별성(distinction), 비례성(Proportition) 등의 원칙에 위반된다고 주장한다.[850)]

하지만 사이버 공격수단이나 무인기 등이 이미 광범위하게 사용되고 있는 국제사회의 현실을 고려할 때 새로운 무기의 사용자체를 금지하려는 움직임은 그다지 실효성이 없어 보인다. 오히려 신기술을 보유한 국가를 중심으로 무인기와 사이버 공격과 같은 신기술의 광범위한 사용은 전면전의 위험을 줄이는 효과적인 수단으로 권장되어야 한다는 주장까지 나오고 있다.[851)]

그렇다면 이처럼 새로운 기술을 사용한 무기체계의 등장과 관련하여 국가별로 국제법적인 허용성 여부에 대한 입장의 대립이 첨예한 상황에서 과연 국제법적으로 새로운 무기체계를 금지하

849) Protocol Additional to the Geneva Conventions of 12 August 1949, and Relating to the Protection of Victims of International Armed Conflict, art. 35-36, June 8, 1977, 1125 U.N.T.S. 609 (hereinafter 'AP I')

850) 드론 공격에 관한 최근 UN의 입장은 2014. 3. 24. 유엔인권이사회 제25차 제3호 의제(A/HRC/25/L. 32) 참조.

851) See Jeremy Rabkin, John Yoo, A Return to Coercion: International Law and New Weapons Technologies, Geo. Mason L. Rev. 101 (2014).

거나 일정한 방식으로 규율하는 합의에 이를 수 있을 것인가라는 의문이 생긴다. 그리고 현실적인 이유에서 신기술을 적용한 무기체계의 사용을 허용할 수밖에 없다면 어떠한 국제법 이론을 적용하는 방식으로 새로운 무기체계를 사용을 해야 하는가와 관련하여 기존의 국제법상 원칙과 기준을 동일하게 적용해야 하는지 혹은 전혀 새로운 규율체계를 마련할 필요성이 있는지 여부 등에 대해서 살펴보는 것은 충분히 의미가 있다.

더욱이 자동화 무기의 사용과 관련해서는 원격조종되는 무인기 등과는 달리 결정적인 공격행위를 인간의 통제 없이 스스로 결정하는 방식이지만 기계 그 자체에 국제법적인 책임을 부여한다는 것은 제한된다는 측면에서 어떤 새로운 문제를 야기할 수 있는가를 살펴볼 필요성도 있다. 이하에서는 현재 많은 논란이 되고 있는 사이버 무기와 무인기, 그리고 자동화 무기체계의 등장에 따른 새로운 무력분쟁 내지 무력행사 수단과 관련된 효과적인 국제법적 규율방법에 국제적 합의가 도출될 수 있는지 여부를 검토해 보고 가능한 범위에서 바람직한 국제적 규율로의 접근 방향을 제시하고자 한다.

Ⅱ. 본 론

1. 새로운 무기체계의 등장에 따른 국제법적 문제제기

가. 전쟁법 규율체계 개관

전쟁법[852]이란 과거에는 "육상에서의 전쟁에서의 행동과 적대국들과 중립국사이의 관계에 적용되는 조약법과 관습법"을 의미하고 있었다.[853] 하지만 현대의 전쟁은 공중, 바다 혹은 우주로까지 그 무대가 확대되고 있으며 전쟁의 주체도 국가들 간의 분쟁에서 국가와 비국가행위자(Non state actor) 혹은 국가 내부의 민족들 간의 분쟁 등 다양한 형태로 발생하고 있다. 따라서 이러한 영역을 모두 규율하기 위해서 전쟁법도 부단히 발전하고 진화하고 있다. 이러한 상황을 반영하기 위해 국가 간의 충돌을 주로 규율하던 전쟁법이라는 명칭은 보다 다양한 형태의 무력분쟁을 규율한다는 의미에서 무력충돌법(Law of Armed conflict) 혹은 전쟁행위에서조차 인도주의적 한계 준수를 강조하는 입장의 국제인도법(International Humanitarian Law)이라고도 불리고 있다.

전쟁법은 국가가 여하한 조건하에서 합법적이고 도덕적으로 무력을 사용할 수 있는가라는 분야를 다루는 Jus ad Bellum과 전쟁 중 합법적이고 도덕적인 무력행사 방법을 규율하는 Jus in Bello의 두가지 분야로 분류되고 있다.[854] 이 중 합법적 무력행사와 관련된 Jus ad Bellum분야는 제2차 세계대전 이후 UN체제에 의해서 규범적으로는 강력히 통제되고 있다.[855] 즉 UN헌장 제2조

---

852) 전쟁이 발발하면 법은 침묵한다("Silent enim leges inter arma")라는 라틴어 속담은 BC 106-43 시대의 로마의 유명한 철학자이자 정치가인 Cicero가 한 말로 일반적으로 알려져 있다. 이러한 격언은 과거에는 전쟁과 법이 상존할 수 없는 것이라는 인식을 적나라하게 보여준다. 그러나 현대 국제사회는 수차례에 걸친 세계대전의 참상을 겪으면서 무력분쟁을 인도적인 범위 내에서 규율할 필요가 있다는 부분에 대해서 공감대가 형성되어 있다. LTC Jeff A. Bovarinick, et al., Supra, at 7.

853) LTC Jeff A. Bovarinick et al., Supra, at 8.

854) 한편, 과거에 역사적으로 경시된 개념이지만 최근에 발전된 분야로 전쟁이 끝나고 평화상태로 복귀하는 부분을 규율하는 Jus post Bellum에 관한 논의도 있다. 자세히는 *Id.* 참조.

855) 그러나 UN체제에 의한 무력사용에 대한 엄격한 규범적 통제와는 달리 현실적으로 유엔 체제하에서도 많은 나라들이 안전보장이사회의 승인 없이 전쟁을 일으켰으며, 서방 강대국들이 안전보장이사회를 통해 국제안보의 위협에 대응하려는 개입노력이 중국과 러시아의 거부권 행사에 의해 좌절될 수 있는 구조를 가지고 있어 실효적인 대응이 불가능 하다는 주장도 있다. 단적인 예로 시리아 사태의 경우 이러한 비동맹 강대국의 거부권 행사에 의해 미국과 그 동맹국들이 자국민을 100,000이상 죽이고 수 만명의 난민을 발생시킨 Assad 체제가 더 나아가 어떠한 국제적인 제재도 없이 민간인들을 포함한 반군지역에 화학무기를 쓰는 행위까지 자행하고 있는 내전을 종식시킬 수 없도록 방해하고 있으며, 또한 러시아가 우크라이나의 내부 갈등에 은밀하게 개입하는 것이나 크리미아를 공개적으로 병합 하는 과정에도 아무런 대안을 제시하지

제3항[856]에서는 분쟁의 평화적 해결원칙을 선언하고 같은 조 제4항[857]에서 회원국들은 국제관계에서 어느 국가의 영토보전이나 정치적 독립에 반하여 또는 UN의 목적과 양립할 수 없는 방법으로 무력의 위협이나 사용을 할 수 없도록 하였다. 여기에는 모든 무력사용으로 전쟁뿐 아니라 무력복구도 포함하여 모든 무력행사를 일반적으로 금지한 것이다.[858]

결국 UN체제하에서 국가가 국제법적으로 무력에 의해 분쟁을 해결하는 합법적인 방식은 유엔헌장 7장의 유엔안보리에 의한 실력행사나 유엔헌장 제51조에 의한 개별 혹은 집단적 자위권(Individual and Collective Self-Defense)의 행사로 매우 제한적이다.[859] 이중 자위권은 유엔헌장 제51조에 규정되기 이전부터 국제 관습법상 보장되던 모든 국가의 당연한 권리라고 여겨졌다. 이러한 자위권의 행사범위와 관련해서는 유엔헌장 제51조의 해석을 둘러싸고 다양한 견해가 대립하고 있다. 즉 유엔헌장 제51조의 자위권은 그 규정 문헌에 입각하여 국가에 실질적인 무력공격이 가해졌을 때(has suffered an armed attack), 안전보장이사회가 개입하기 이전까지만(Until the Security Council takes effective action) 가능한 것인가라는 논란이 있다.[860]

국제사회에서 위 문구에 대해서 엄격한 해석방식을 취하는 국가들은 유엔헌장 제51조에 의해서 예방적 자위권(anticipatory self-defense)을 포함한 관습법상 자위권은 분쟁의 평화적 해결과 국제적 질서의 보호라는 유엔의 목표에 역행하는 것으로 인정되어서는 안 된다고 본다.[861] 반면 미국을 포함한 다른 국가들은 국제적인 무력분쟁이나 위협이 발생했을 때 유엔 안보리의 국제평화유지에 있어서 역할이 무능력하다는 점을 강조하면서 유엔헌장을 폭넓게 해석하여 예방적 자위권을 포함한 관습법상 자위권은 주권국가의 선천적 권리로 유엔헌장에 의해서 협상을 통해서 포기될 수 없는 것이라고 주장한다.[862]

못했다고 하면서 현실적으로 UN체제에 의한 국제평화와 안전의 유지는 실효성이 없다고 본다. 자세히는, John Yoo, A Return to Coercion: International Law and New Weapons Technologeise, 5th ISSML 발표문 (2014. 9. 25.) 참조.

856) Charter of the UN Article2 3. All members shall settle their international disputes by peaceful means in such a manner that international peace and security, and justice, are not endangered.

857) Charter of the UN Article2 4. All members shall refrain in their international relations from the threat or use of force against the territorial integrity or political indepence of any state, or in sny other manner inconsistent with purpose of the United Nations.

858) 유병화 등 3인 공저, 국제법 Ⅱ, 법문사, 2000, 675쪽; 김대순, 국제법론, 삼영사, 2003, 899쪽

859) LTC Jeff A. Bovarinick et al., Supra, at 31.

860) *Id.* at 36.

861) *Id.* at 36-37.

862) *Id.* at 37.

한편, 전쟁 발발 이후 무력행사 방법을 규율하는 Jus in Bello분야의 전쟁법은 크게 제네바법과 헤이그법으로 분류된다. 제네바법은 전쟁의 희생자 보호에 관한 규율체계이며, 헤이그법은 전쟁의 수단과 방법(Means and Methods of Warfare)에 관한 규율을 그 내용으로 한다.[863] 헤이그법이 규율하는 전쟁의 수단(the Means)이란 전투에 사용되는 무기를 말하며, 방법(the Methods)이란 전투에 적용되는 전술을 의미한다.[864]

현대전쟁에서 군사적 공격의 대상이 되는 표적선정을 위한 결심은 군사적 필요성(Military necessity), 구별성(Distinction), 비례성(Proportionality), 그리고 인간성(Humanity)이라는 네 가지 법원칙이 규율하고 있다.[865] 이중 차별 혹은 구별의 원칙(Distinction)은 모든 전쟁법 원칙의 원조라고 불리는 것으로 제1추가의정서 제48조에 규정되어 있다.[866] 즉 군사적 공격은 전투원과 군사목표물에 지향되어야 하며 민간인이나 민간시설을 피해야 한다는 원칙이다.[867]

비례성의 원칙(Propotionality)은 제1추가의정서 제51조에 규정된 것으로 민간인의 인명이나 재산에 피해를 가져올 것으로 예상되는 공격으로 인한 명백하고 직접적인 군사적 이익이 더 커야 한다는 것이다.[868] 제1추가의정서 제57조의2는 지휘관은 공격목표가 민간인이거나 민간시설이 아니라는 것을 확실히 확인하기 위한 모든 가용한 예방수단(Precautions)을 활용하여 우발적인 피해와 손실을 최소화하거나 회피하고, 민간인의 생명이나 시설에 최소한의 위험을 야기하는 목표를 선정하여야 한다는 의무를 부여하고 있다.[869]

한편, 무기체계를 직접적으로 규율하는 접근방법은 두 가지로 나눌 수 있다. 첫째는 불필요한 고통을 금지하는 전쟁법원칙에 의한 것이고 둘째는 특정한 무기체계나 무기체계를 금지하는 조약법체계이다.[870] 제1추가의정서 제35조는 어떤 무력충돌에 있어서 전투수단 및 방법을 선택할 국가의 권리는 무제한적인 것이 아니며 과도한 상해와 불필요한 고통을 초래하는 무기의 사용을 금

---

863) 국방부, 전쟁법해설서, 2013, 21쪽.

864) LTC Jeff A. Bovarinick et al., Supra, at 139.

865) *Id.*

866) AP Ⅰ. art. 48 "Parties to the conflict shall at all times distinguish between the civilian population and combatant and between the civilian object and military objectives and accordingly shall direct their operations only against military objectives."

867) LTC Jeff A. Bovarinick et al., Supra, at 154.

868) *Id.* at 155.

869) *Id.* at 156.

870) *Id.* at 157.

지하고 있다. 또한 같은 의정서 제36조에서 새로운 무기체계를 개발한 국가는 해당 무기가 추가의정서 및 다른 국제법규에 위반하는지 여부 즉 군사적 효과와 비교하여 불필요한 고통을 주는지 여부, 군사적 목표와 비군사적 목표를 구별없이 공격하는지 여부에 대한 합법성 심사를 거치도록 규정하고 있다.[871) 872)] 특정한 무기체계에 대한 금지는 소형탄도에 대한 금지, 재래식 무기금지협약 제2수정협약인 소위 지뢰금지협약(CCW AP II), 화학무기금지협약(CWC), 생물학무기 금지협약(BWC) 등이 있다.[873)]

나. 새로운 무기체계 등장에 따른 전쟁법적 이슈

(1) 새로운 무기체계의 사용 자체에 관한 문제

역사적으로 살펴볼 때 새로운 무기체계가 등장하면 가장 먼저 시작되는 논의는 기존의 전쟁법 체계를 동원하여 새로운 무기체계의 사용을 금지하고자 하는 것이다. 현대에 등장한 새로운 무기체계에 대해서도 이처럼 그 사용을 금지해야 한다는 다양한 논의들이 있다.[874)] 다른 측면에서의 견해로 미국의 John Yoo 교수는 역사 속에서 발견되는 새로운 군사기술 사용을 막으려는 노력들은 실패하게 되어 있다고 단정적으로 이야기하고 있다.[875)] 예를 들어 중세 지도자들은 원거리에서 적군을 살상하는 것은 기사도에 반한다고 생각하여 석궁이나 화포 등 화기를 금지하려 했다. 또한 제1차 세계대전 이후, 비행기에 의한 공중폭격과 은밀한 잠수함 공격을 불법이라 규정하여 제한하려는 시도가 있었다. 하지만 역사적으로 위와 같은 노력들은 모두 실패하였다는 점에 주목할 필요가 있다는 것이다.

제1차 세계대전 후의 공중폭격과 잠수함에 의한 공격을 제한하려는 노력은 제2차 세계대전에서 완전히 무시되었다. 오히려 민간선박에 대한 잠수함 공격과 런던, 파리, 베를린 등의 민간인이

871) 국방부, 전게서, 233쪽.

872) 미국의 무기 적법성 심사에 관해서는 LTC Jeff A. Bovarinick et al., Supra, at 136-137.

873) *Id.* at 158-169.

874) 전반적인 새로운 무기체계 사용의 금지논의에 대해서는 John Yoo, A Return to Coercion: International Law and New Weapons Technologies, 5th ISSML 발표문 (2014. 9. 25.) 참조 : 드론에 관하여는 배종인, 국제규범의 형성과정과 그 촉진·장애 요인에 관한 고찰: 무인항공기에 대한 국제적 규제 움직임을 사례로 하여, 국제법평론 2012-11(통권 제36호) 2012. 10. 29. 75-76쪽; 신홍균, 무인항공기의 무력공격을 둘러싼 국제법상 쟁점에 관한 연구, 항공우주정책·법학회지, 제28권 제2호, 2013. 12. 30. 51-51쪽; Philip Alston, Report of the Special Rapporteur on extrajudicial , summary or arbitrary executions, A/HRC/14/24/Add.6(28 May 2010) 각 참조.

875) 자세히는 John Yoo, 전게발표문 참조.

밀집한 대도시에 항공기에 의한 공습은 기본적 관례가 되었다. 더욱이 미국은 일본과의 태평양 전쟁에서의 소모전을 끝내기 위해서 일본의 히로시마와 나가사키에 원자폭탄을 사용하기까지 했다.

현재 등장한 새로운 무기체계인 사이버 공격, 무인기, 더 나아가 자동화 무기 등에 대해서도 동일한 논의가 진행되고 있다. 그러나 역사적인 신무기에 대한 일반적 금지노력들이 모두 실패로 끝났다는 점을 상기한다면 결국 새로운 기술을 적용한 신무기들에 대해서 이를 금지해야 한다는 논의가 국제사회에서 영향력을 얻기는 어려울 것으로 보인다. 따라서 이러한 논의는 자연스럽게 새로운 무기체계의 사용시기와 방법에 대한 논의로 진행될 수밖에 없다.

(2) 새로운 무기체계의 사용 시기에 관한 문제

새로운 무기체계의 사용 시기와 관련하여서는 전쟁이 개시된 이후 즉 국가 간 교전상태에서만 그 사용을 허용할 것인가 아니면 주권국가의 무력행사가 허용시기를 확장하는 이론으로서 예방적 자위권(Anticipatory Self-defense) 혹은 선제적 자위권(Preemptive Self-defense)에 의해서도 실제 교전상태가 발생하기 이전에 적국이나 적대세력에 대한 사이버 공격이나 무인기에 의한 공격이 가능할 것인가가 논란이 되고 있다. UN체제 하의 정당한 무력행사를 인정하는 엄격한 통제기준을 회피하는 강대국들의 논리는 국제관습법상 자위권의 행사기준을 완화하거나 그 인정시기를 직접적인 적대행위 이전으로 확대하려는 방향으로 발전해 왔다. 새로운 무기체계를 통해서 군사기술면에서 비대칭성을 달성하여 우위를 점한 기술 선진 국가들로서는 당연히 위와 같은 폭넓은 범위의 다양한 국제관습법상 자위권을 근거로 한 새로운 무기체계의 사용 시기를 전쟁이전의 상태에서도 가능하다고 주장하면서 그 사용이 허용되는 시기를 앞당기고자 한다.

유엔헌장 제51조의 자위권은 개별적인 경우와 집단적인 경우로 나누어 볼 수 있다. 개별적 자위권은 국가의 영토의 완전성, 정치적 독립성, 해외 국민과 재산의 안전을 보호하기 위해서 행사될 수 있으며, 집단적 자위권은 위와 같은 자위권 행사의 요건 이외에 보호를 받기를 원하는 무력공격의 피해국가의 요청이 있어야만 한다.[876] 집단적 자위권의 이론에 의하면 제3국의 요청이 있는 경우에는 분쟁당사국이 아닌 국가의 경우에도 새로운 무기를 이용하여 제3국의 국경을 초월한 공격이 가능하여 무기의 사용가능 시기와 대상국가가 더욱 확장될 수 있을 것이다.

직접적인 무력공격 이전의 자위권의 행사와 관련해서는 예방적 자위권(Anticipatory Self-defense)과 선제적 자위권(Preemptive Self-defense)이 문제된다. 예방적 자위권은 1837년 캐롤

876) LTC Jeff A. Bovarinick et al., Supra, at 38-39.

라인 사건에서 당시 미국의 국무장관인 Daniel Webster와 영국의 외무부 Ashburton경 사이의 서한교환 과정에서 Webster장관이 국가는 무력행사를 요구하는 상황이 순간적이고 압도적이며 수단의 선택이나 심사숙고할 시간을 허용하지 않는 경우(the circumstances leading to the use of force are "instantaneous, overwhelming and leaving no choice of means and no moment for deliberation.") 예방적 자위권을 행사할 수 있으며 방어행동을 하기 전에 실제공격을 감수할 필요가 없다는 주장에서 기원한다.[877)]

선제적 자위권에 따른 무력행사는 미국의 2002년 국가안보전략(National Security Strategy)에서 예방적 자위권으로부터 선제적 무력행사로 그 개념을 확장시키는 행보를 취함으로써 등장했다. 미국의 무력공격 시기를 확장하려는 입장은 2006년 NSS에서 더욱 강화되어 북한이나 이란과 같은 불량국가들이 대량살상무기를 개발하려는 노력으로부터 국가안보를 보장하기 위해서 제시된 부시독트린에서 천명된 것이다.[878)] 위협이 심각하고 무력행사를 하지 않는 것의 위험이 커질수록 적의 공격 시기와 장소가 불확실성이 있더라도 무력행사를 할 필요성이 커진다는 원칙을 내세운 것이다.[879)] 즉 국가는 공격자가 공격을 하려는 입장을 분명히 하고, 대응을 지체하는 것이 방어자가 의미 있는 방어를 달성하는 능력을 방해하는 경우에는 공격이 개시되기 전이라도 합법적인 무력공격을 개시할 수 있다는 것이다.[880)]

현대국가들은 알카에다와 같은 테러리스트 집단 등 비국가행위자(Non state actor)들에 의한 무력공격에 대한 위협에도 대비할 필요가 있으므로 비국가행위자들에 대한 자위권의 행사와 관해서도 복잡한 법적 문제들이 발생한다. 특히 분쟁당사자가 아닌 제3국의 내부에서 공격을 자행하는 비국가행위자들을 다룰 능력이나 의사가 없는 국가(Host state Unwilling or Unable to deal with non state actor)에 대해서 피해를 입은 국가의 제3국의 국경을 침범한 공격의 합법성의 근거로 국가책임을 논하는 학자들이 있다.[881)] 이처럼 제3국의 국경을 침범하여 공격을 가하는 피해국가는 더 높은 수준의 자위권 행사의 필요요건을 입증할 책임이 있다고 본다.[882)] 이러한 견해에 입각하여 미국의 파키스탄 국경 내에 은신하고 있는 알카에다 요원이나 탈레반 대원을 공격하기 위

877) 예방적 자위권은 물론 필요성과 비례성의 원칙을 준수해야한다. 자세히는 *Id.* at 40 참조.

878) *Id.* at 41.

879) *Id.*

880) Michael Schmitt, Preemptive Strategies in International Law, 24 MICH. J. INT'L L. 513, 534(2003)

881) LTC Jeff A. Bovarinick et al., Supra, at 42.

882) *Id.*

한 무인기 운용이 국제법적으로 정당하다는 것이 미국정부와 이를 대변하는 학자와 군법무관들의 입장이다.[883)]

하지만 반대 입장의 국가들로서는 신기술의 무기체계도 역시 전쟁상태에서만 사용이 가능하다고 하면서 미국이 현재 알카에다 요원들을 공격하기 위해서 파키스탄 국경을 초월하여 무인기 등을 이용한 공격을 하고 있는 것은 전쟁상태라는 것을 인정할 수 없는 상황에서 불법적인 무력공격이라고 본다.[884)] 따라서 미국의 파키스탄 등 제3국에 대한 무인항공기에 의한 공격을 일반 형법이나 인권법(Human Rights Law)틀에서 보아야 한다고 주장한다.[885)] 이러한 입장에서는 전쟁이전에 사이버공격이나 무인기에 의한 공격에 따른 인명피해의 발생은 법적으로 허용되지 않는 처형이나 암살과 다를 바 없다고 본다.

이외에도 전쟁상태 이전에 자위권의 행사요건과 관계없이 국제사회의 평화유지를 위한 새로운 접근 방법으로서 사이버 공격이나 무인기 등 새로운 기술을 이용한 무기체계의 적극적인 운용을 통해서 더 파괴적인 재래식 무기의 사용이나 전면전을 방지할 수 있다는 새로운 주장도 제기되고 있다.[886)] 외교적인 협상 등이 실효성을 거둘 수 없는 알카에다 등의 테러단체나 북한, 시리아 등의 불량국가를 대상으로는 신무기 체계를 이용한 적극적인 공격을 통한 위협능력이 외교적 협상의 실효성을 높일 수 있다는 것이다.

(3) 새로운 무기체계의 사용 방식에 관한 문제

새로운 무기체계의 허용여부와 사용시기에 대한 논의보다 더욱 중요한 것은 결국 이러한 무기체계를 어떻게 운용할 것인가하는 사용방식에 대한 논의라고 할 수 있다. 유엔헌장에 의해서 무력사용이 허용되는 경우이거나 관습법상 자위권에 따른 사전 무력사용을 허용하는 상황이 아닌 그 이전이라도 새로운 무기체계의 적극적인 사용이 오히려 더 파괴적인 재래식 전쟁을 방지하고 국제평화의 유지에 도움이 된다고 하는 견해에서도 전쟁행위의 규칙을 무기체계의 허용여부 보다는 그 사용의 결과에 더 초점을 맞추어야 한다고 하면서 그 사용방식에 중요성을 강조한다.

---

883) *Id.*, 배종인, 전게논문, 73-74쪽.

884) 배종인, 전게논문, 73쪽.

885) 배종인, 전게논문, 73쪽.

886) John Yoo, 전게 발표문 참조.

무기체계의 사용방식을 통제하는 것은 제1추가의정서 상에 규정되어 있는 군사적 필요성(Military necessity), 구별성(Distinction), 비례성(Proportionality), 그리고 인간성(Humanity)이라는 네 가지 표적선정을 위한 법원칙일 것이다. 제네바협정 추가의정서 등 각종 국제조약들은 이처럼 무기체계의 사용방식이나 파괴성 등을 통제하기 위한 국제관습법을 통합하고 발전시키는 방향으로 개선되어 왔다. 한편, 제1추가의정서 제57조의2는 지휘관은 공격목표가 민간인이거나 민간시설이 아니라는 것을 확실히 확인하기 위한 모든 가용한 예방수단(Precautions)을 활용하여 우발적인 피해와 손실을 최소화하거나 회피하고, 민간인의 생명이나 시설에 최소한의 위험을 야기하는 목표를 선정하여야 한다는 의무를 부여하고 있다.[887]

새로운 무기체계와 관련해서는 이러한 법원칙들이 기존의 무기체계와 동일한 수준으로 적용될 것인가 아니면 더욱 높은 기준에 의해서 무기사용의 적법성을 판단해야 할 것인지가 문제된다. 또한 지휘관의 공격목표 결심이전의 예방수단 운용과 관련하여서도 무인기 등 더 강력하고 정확한 예방수난을 사용할 수 있는 측에 더 큰 사전주의의무를 부여해야 한다는 주장도 있다.[888] 미국은 이러한 견해에 반대하며 모든 가용한 예방수단을 사용하면 되는 것이며 지휘관의 결심의 정당성을 평가하는 것은 합리적 기준(Reasonableness Standard)에 의하여야 한다는 입장이다.[889]

한편, 무인기나 자동화 무기 등과 같은 구체적인 새로운 무기체계의 사용방식과 관련된 또 다른 국제법상 문제점들이 있다. 먼저 무인기는 실제공격이 이루어지는 장소와는 이격된 원거리에서 조종되고 있다는 점과 관련하여 직접적으로 공격을 조종, 통제하는 인원에 대한 전투원으로서의 지위 인정여부, 민간인이나 사설회사에 의해 운용되는 무인기의 경우에 이들의 지위와 정당한 군사적 목표물로서 공격 가능성 여부, 무인기 자체에 대한 국제법상 보호 필요성 등 무인기에 대응하는 국가들의 측면에서 다양한 국제법적인 이슈들이 등장할 수 있다. 또한 무인기의 수준을 뛰어넘어 공격시기와 장소를 스스로 결심하고 실행하는 자동화무기의 경우에는 과연 자동화 무기에 의한 공격에서 전쟁법 위반행위가 있었다면 누구에게 그 책임을 물을 것인가와 자동화 무기체계를 전쟁법상 보호의 대상으로 인정해야 하는가 등 흥미로운 문제점들이 발생한다.

887) *Id.* at 156.

888) LTC Jeff A. Bovarinick, et.el, Supra, at 156.

889) *Id.*

2. 새로운 무기체계와 관련된 국제법적 논의 검토

가. 새로운 무기체계의 사용을 금지해야 한다는 논의

(1) 새로운 무기체계의 사용을 전면 금지하자는 주장

새로운 무기체계의 등장에 따라 현행 국제법 체계 하에서 그 사용을 전면적으로 금지해야 한다는 의견들은 국제엠네스티와 같은 인권NGO나 인권법(Human Right Law)학자들을 위주로 주장되고 있다.[890] 새로운 무기체계에 의해 공격대상이 되는 국가나 단체들은 당연히 이러한 주장에 동조한다. 새로운 무기체계의 사용을 금지해야 한다는 주장은 여러 가지 이유를 그 논거로 한다.

첫 번째로는 새로운 무기체계들이 무기체계비용을 낮춤으로 전쟁비용을 낮추게 하고, 새로운 무기체계를 사용하는 국가로서는 사상자 발생을 낮춤으로 전쟁을 독려하게 된다고 우려한다.[891] 결국 새로운 무기체계를 사용하는 국가로서는 전쟁에 필요한 인력과 비용이 저렴하다는 측면에서 전쟁의 문턱을 낮추고 무력행사를 쉽게 결심할 수 있다는 것이다. 속칭 드론이라고 불리는 무인전투기에 대한 비난도 결국 조종사의 위험이 없이 유인기보다 더 낮은 비용으로 더 오랜 기간 동안 더욱 위험한 임무를 수행할 수 있다는 측면에서 무력행사를 더욱 손쉬운 선택사항으로 만들고 있다는 점에 집중되고 있다.[892] 현재 미국정부는 드론을 대테러(counter-terrorism) 작전의 일환으로 본격 사용하고 있다. 2011년 5월 미 해병대의 오사마 빈라덴 기습, 2011년 9월 Anwar al-Awlaki 사살, 2012년 4월 파키스탄 북부공습 등의 사례에서와 같이 테러요인을 제거하기 위하여 최근 적극적으로 활용되고 있는데, 미국의 입장에서 볼 때, 무인전투기는 자국군의 피해를 최소화할 뿐만 아니라, 기존 무력충돌에 비해서도 현저하게 비용이 적기 때문에 국방예산이 감축되고 있는 현 상황에서 계속 유력한 대테러전의 도구가 될 것으로 전망된다.[893]

둘째로 비평가들은 새로운 군사무기들이 국가가 전통적인 전쟁법 규율의 통제 밖에서의 무력행사를 가능하게 한다는 점에서 그 사용을 금지해야 한다고 주장한다.[894] 예를 들어, 2010년 유엔 특별조사관으로 임명된 Alston은 유엔 특별보고서에서 세계 곳곳에서 알카에다에 대항한다는 명

890) 배종인, 전게논문, 74쪽.

891) John Yoo, 전게 발표문.

892) 무인기에 대한 잘못된 오해에 대해서는 Michael W. Lewis, Legal Issues Governing UAV's and Autonomous Weapons, 5th ISSML 발표문 (2014. 9. 25.) 참조.

893) 배종인, 전게논문, 72-73쪽.

894) John Yoo, 전게발표문.

목 하에 미국이 운용하는 드론에 의한 공격에 대해서 "명확하게 규명되지 않은, 책임 없는 살인 권한은 미국이나 다른 나라가 생명권을 보호하고, 초사법살인(Extra Judicial Killing)을 막기 위한 국제 규칙들에 큰 손상을 가져오는 것으로서 특권이 될 수 없다."고 주장했다.[895] 더 문제가 되는 것은 무장드론을 사용하는 것은 오락을 하는 듯한 상태에서 살인을 하는 정신상태(PlayStation mentality)를 드론 운영자들에게 강화시킨다는 주장이다.[896] 이러한 주장은 Alston은 유엔 특별보고서에서 처음 언급되었으며 원거리에서 드론을 조종하는 사람들은 무력사용에 무디어지고, "플레이스테이션 정신"을 가지게 된다는 것이다.

새로운 무기체계에 대한 전쟁법 위반의 대표적인 문제점으로 지적되는 것이 표적선정에 있어서 구별성과 비례성의 원칙이 준수되지 않는다는 점이다. 드론 공격의 위법성을 주장하는 주된 논거는 드론에 의해서 엄청난 민간인 피해가 발생했으며 이러한 피해는 드론이 군사 목표물이외의 목표를 무차별적으로 공격한 증거라는 점을 든다.[897] 드론 공격에 의한 민간인 피해에 대해서 the New Americal Foundation의 보고서는 2004년 이래 파키스탄에서의 미국의 무인항공기 공습으로 인해 1,886-3,191명이 사망하였으며, 사망자의 약 15-16%를 민간인으로 추정하고 있다.[898]

국제인도법에 의한 표적선정과 무기운용의 측면에서 컴퓨터 바이러스에 의한 공격들도 결국은 민간인 시설이나 민간인들을 상대로 한 공격이 진행될 수 있으며 최초 일정한 제한적 목적을 가진 컴퓨터 바이러스에 의한 공격이라도 마치 신체적 바이러스처럼 의도된 목적 이외에 통제 불가능한 피해를 야기할 수 있다는 우려가 있다.[899] 또한 자동화 무기와 관련해서도 터미네이터라는 영화에서 보여주듯이 비인간적인 자동화 무기에 의해 저질러진 전쟁범죄에 대한 책임문제, 자동화 무기 자체에 대한 전쟁법의 적용제한 등으로 인해 이를 금지해야 한다는 주장이 제기된다.[900]

(2) 새로운 무기체계의 사용이 전쟁의 가능성을 높이지 않는다는 주장

새로운 무기체계가 등장할 때마다 이를 금지하려는 국제적 논의가 실패했다는 역사적 교훈은 이미 앞에서 살펴보았다. 세계 1차 대전 이후 국가들은 그들의 화학 및 생물학 무기 사용

895) Philip Alston, Supra, 참조.

896) Michael W. Lewis, 전게발표문.

897) 신홍균, 전게논문, 52쪽.

898) 배종인, 전게논문, 73쪽.

899) John Yoo, 전게발표문.

900) Michael W. Lewis, 전게발표문.

을 제한하는데 동의하였다. 그럼에도 불구하고 제2차 세계대전이라는 대규모 국제분쟁에서 각국은 화학무기를 비롯한 새로운 무기를 제한된 범위를 넘어서 혹은 제한되지 않은 공백을 이용하여 광범위하게 사용하였다. 하지만 새로운 무기체계의 사용을 금지하는 합의가 가능하더라도 그러한 금지규범은 전쟁법의 측면에서도 부정적인 효과가 더욱 크다는 주장이 있다. 새로운 무기체계의 제한적이고 정확한 공격목표에 대한 효과는 국제적인 분쟁에 있어서 강대국들 간의 갈등요소를 줄이고 협상의 상대방에게는 직접적인 위협수단을 명확히 인식시킴으로 인해서 분쟁의 해결을 종국적으로는 최소한의 피해를 발생시키는 협상을 통해서 달성하는데 더욱 유용하다는 결론에 도달할 수 있다는 것이다.[901)]

드론, 사이버무기, 그리고 다른 자동화된 군사로봇 등 새로운 기술의 무기체계의 사용을 금지하거나, 제한하려는 노력은 강대국들의 무력사용 비용을 증가시킬 것이다. 국제법이 자동화 무기나 무인기의 사용을 금지한다면, 국가들은 기존의 국제규칙에 의해서 대규모의 병력과 유인화된 전투기를 이용한 무력행사를 해야 할 것이다. 이러한 형태의 무력행사는 더 많은 사상자 및 비용을 발생시키고 국가들이 무력사용을 억제하는 효과가 있다는 것은 부정할 수 없다. 하지만 새로운 무기체계의 금지는 국제체계가 테러, 인권재앙, 대량파괴무기의 확산, 그리고 불법적인 침략행위 등을 막기 위해 무력행사가 꼭 필요할 때도 많은 비용과 인력의 희생을 요구하는 재래식 전쟁을 야기할 수밖에 없다는 점에서 문제가 있다.[902)]

더욱이 현행 국제법 체계에는 또 다른 문제점이 있다. UN체제 하에서 안전보장이사회를 중심으로 한 현 국제사회의 평화와 안전을 유지하려는 규범체계는 서구 국가들과 러시아, 중국 등의 국가들과의 국제문제에 대한 견해차이 등으로 인해 강대국들이 지역 전쟁, 인권적 재앙, 그리고 대량파괴무기(WMD)의 확산에 개입하는 것을 억제하고 있다. 이러한 국제기구의 구조적 한계는 국가들이 심각한 국제적 문제를 협력하여 풀어내는 능력을 감소시키고 있다.

이러한 상황에서 새로운 무기기술의 사용을 금지한 가운데 다음으로 생각해 볼 수 있는 것은 대화와 거래를 통한 외교적 방식에 의한 문제의 해결이다. 외교가 국가 간의 분쟁해결에 일정한 역할을 하지만, 구체적인 위협적 조치가 그 뒤에 깔려있지 않다면 외교적 거래는 실패할 확률이 매우 높다. 현실 세계의 외교는 무력행사를 고려해야 하는 국가 간의 분쟁해결에 있어서 당사국의 경제적 능력보다는 무력사용능력에 의해 좌우되는 경우가 더 많을 것이다. 특히, 아프리카 지역에서

901) John Yoo, 전게발표문.

902) John Yoo, 전게발표문.

어떤 군사지도자가 경쟁 민족 그룹을 그의 지역에서 몰아내려고 의도하는 경우, 드론공격과 같이 제한되고 구별된 군사적 압력 없이는, 서양식 외교노력을 심각하게 받아들이지 않을 것이다. 더욱이 알카에다와 같은 극단주의 테러리스트들은 아예 외교에 관심이 없을지도 모른다. 이러한 새로운 유형의 국제평화와 안전의 도전자들은 국제사회가 재래식 대규모 전쟁으로 그들의 행위를 제재하지 않는다는 것을 확신하는 순간 대량살상무기(WMD)의 확산이나 비인도적인 종족전쟁이나 종교전쟁을 지원을 할 수도 있다.

위와 같이 복잡한 국제평화의 위협상황에 효과적으로 대응하기 위한 전략적 선택에 있어서도 새로운 무기사용 금지가 영향을 미친다. 외교적인 협상에 실패하거나 혹은 외교적 협상에 관심이 없는 적들을 대상으로 한 무력행사에 있어서 정밀타격 드론이나 사이버 무기를 쓰지 못한다면, 그들은 더 파괴적인 재래식 무기와 전략을 사용해야 할 것이다.[903] 미국이 아프가니스탄과 파키스탄에서 의심되는 알카에다나 탈레반 지도자들을 드론을 이용한 표적공격(Targeted killing)을 하지 못했다면, 미국은 미사일공격, 공중폭격, 또는 보병에 의한 전면 침공까지 필요했을 수 있다. 이란의 핵시설을 마비시킨 미국과 이스라엘의 Stuxnet바이러스에 의한 사이버 공격도 같은 목표를 물리적 무기를 사용하여 달성하고자 하였다면 모든 부수적 민간영역의 피해 역시 감안했어야 할 것이다. 이러한 공격들은 군사 목표물 뿐 아니라 목표지역의 민간인들까지 피해를 발생시킨다. 결과적으로 기존의 전쟁법 체계를 준수하자는 목적으로서 새로운 무기의 사용을 금지하여 전쟁의 발발을 더 힘들게 만들겠다는 불명확한 의지는 오히려 전쟁법에 반하는 방향으로 더욱 파괴적인 전쟁을 일으키고 민간인을 더 해롭게 할 수 있다.[904]

그러나 새로운 무기체계는 중요 군사적 목표가 되는 인물과 시설에 대한 정밀하고 직접적인 공격이나 민간 기반시설에 피해를 가함으로서 대량살상을 일으키지 않고 협상에 적극적이지 않은 상대방에 대해서 강한 메시지를 보낼 수 있다.[905] 바이러스에 의한 네트워크 공격은 미사일이나 폭탄이 일으킬 수 있는 파괴력을 가질 수 있다. 바이러스는 적을 총알이나 폭발로 죽이지는 못할지 모르나, 에너지, 물, 금융, 교통, 그리고 통신 체계 조정을 파괴할 수 있다. 웹을 통한 공격이 댐이 인구밀접지역에 물을 내보내도록하게 하거나, 일정 지역으로의 전기흐름을 중단시킬 수 있다. 정밀타격 무기나 사이버 무기는 일시적으로 기반시설과 금융마켓을 마비시킴으로 상대방을 사상자나, 영구적 파괴 없이 압박할 수 있다.

903) John Yoo, 전게발표문.

904) John Yoo, 전게발표문.

905) John Yoo, 전게발표문.

따라서 새로운 무기체계의 사용은 적을 협상테이블로 데리고 올 수 있도록 전체 인구에 미치는 비치명적 피해인 외교적 또는 경제적 제재의 정당화에 비교될 수 있다.[906] 그러나 이 무기들은 외교를 보완하면서 함께 사용되는 방식이 되어야 할 것이지 그를 대체해서는 안 된다. 따라서 새로운 무기들은 UN체제 하에서 분쟁해결에 있어 주요국들의 입장 차이에 따른 개입의 한계를 극복하고 직접적인 강대국 간의 분쟁을 억제하는 가운데 위협과 무질서에 대한 적극적이고 효과적인 개입을 하는데 도움을 줄 수 있을 것이기 때문에 적극적으로 그 사용을 권장해야 한다고 주장되는 것이다.[907] 결국 문제의 핵심은 새로운 무기체계의 사용 허용여부가 아니라 어떻게 사용되어야 하는 사용규칙의 합의에 있다는 것이다.[908]

한편, 드론 등 무인 혹은 자동화 무기를 이용하는 가장 큰 장점인 승무원의 위험이 없다는 점에서 강대국이 전쟁의 부담을 줄여 무력행사의 가능성을 높이게 된다는 주장도 잘못된 인식이라는 주장이 있다.[909] 지난 10년간 미국은 이라크와 아프가니스탄 전쟁과정에서 유인항공기를 격추당한 사례가 없다는 점이 그 논거이다. 이것은 미국과 같이 우세한 공군력을 바탕으로 제공권을 확보한 상황에서 진행되는 전쟁에서 드론을 사용하는 것은 전투기 조종사의 생명을 절약하는 것과는 큰 관련성이 없다는 것을 보여준다. 따라서 현재의 상황에서 적어도 미국의 입장에서는 무인기가 무력행사의 가능성을 높인다는 것은 필연적인 연관성이 없다는 것이다.

(3) 새로운 무기체계가 전쟁법 원칙에 반하지 않는다는 주장

무인기 등 새로운 무기체계는 기존 전쟁법의 규율범위 밖에서 무력행사를 가능하게 한다는 비판과 관련해서는 미국정부를 중심으로 한 무인기 공격의 합법성을 주장하는 입장은 드론의 공격대상이 군사적 목표물이라는 점과 공격 역시 비례의 원칙과 필요성의 원칙에 입각하여 이루어진다는 점 등을 논거로 한다.[910] 이러한 주장은 은밀하게 진행되는 테러리스트의 공격에 대응하기 위한 드론을 이용한 무력공격은 전쟁법규의 차원에서 정당화된다는 전쟁상태론을 근거로 하

---

906) John Yoo, 전게발표문.

907) John Yoo, 전게발표문.

908) 국제적으로 그 사용을 제한하려는 시도에도 불구하고 각종 화기, 비행기, 그리고 잠수함들은 궁극적으로 규제 없이 사용되게 되었다. 이를 극복하기 위해 국가들은 구별 및 비례성 원리 등의 표적선정의 원칙을 이러한 무기들의 사용에 적용하였던 것이다; John Yoo, 전게발표문 참조.

909) Michael W. Lewis, 전게발표문.

910) 신홍균, 전게논문, 51쪽.

고 있다.[911] 미국은 알카에다 등 테러분자와 교전상태에 있기 때문에 드론공격에 대해서는 일반 형법이 아니라 전시 국제법이 적용되어야 하며, 무인항공기의 공격도 적법한 교전행위의 일환이기 때문이다.[912] 전쟁상태론은 테러리스트를 전투원으로, 은밀한 표적공격을 전쟁수행상의 공격행위로 간주하며 알카에다 등 테러리스트 무장단체에 가담한 자는 민간인으로서의 지위를 상실하므로 그에 대한 공격은 제1추가의정서나 국제관습법상 군사적 필요성, 비례성, 군사적 목표물 구별의 원칙이 준수되는 이상 국제법적으로 합법적인 교전행위라는 것이다.[913] 따라서 유엔인권이사회의 특별보고서 등이 주장하는 비사법적 살인이라는 비난에 대해서 이를 인정하지 않는다.

드론을 조종하여 실제 공격을 수행하는 인원들에 대한 오락으로 살인을 하는 듯한 정신상태(PlayStation mentality)를 강화시킨다는 주장에 대해서도 반론이 제기된다.[914] 2010년 Alston 유엔특별보고관에 의해서 이러한 주장이 되었을 당시에도 이미 더 많은 비율의 드론 운영자들이 다른 이라크와 아프가니스탄의 전투참가자들보다 외상 후 스트레스 장애(Post Traumatic Stress Disorder)에 시달리고 있다는 결과가 있었다. 드론 운영자들은 전장에서 격리시키는 것이 아니라 오히려 드론에 사용되는 기술과 고화질의 카메라는 운영자들을 그들이 표적으로 하는 사람들을 지난 100년간 어느 전장에 참가한 전사들보다도 가까운 거리에서 관찰하도록 만들었다.

드론 운영자들은 그들의 공격이 끝난 이후의 모습을 매우 자세하게 관찰하는 것 뿐 아니라 프로토콜에 의해서 그들이 공격할 표적에 대해서 공격전에 최소한 72시간 동안 관찰하도록 요구하고 있다. 이것은 표적의 생활 패턴을 분석하여 표적의 확실성을 높이고 또 어떤 시간과 장소에서 치명적인 공격이 이루어지는 것이 가장 효과적인지를 확실하게 결정하기 위한 것이다. 결과적으로 드론 운영자들은 그들의 미래의 피해자를 친구들과 식사를 하고, 가족들이 있는 집으로 돌아오고, 그들의 아이들과 놀아주는 보통 인간의 모습으로 관찰하게 된다. 드론 운영자들은 그들이 공격할 미래의 피해자를 인간으로서 관찰하고 나서 공격하도록 요구된다. 이처럼 드론에 의한 공격은 그 운용자들에게 오락을 하는 듯한 정신상태를 만들기보다는 다른 어떤 과거의 전투원들이 가졌던 것보다도 그들이 무엇을 하는 것인지에 대해서 더욱 확실한 인식을 갖게 한다는 것이다.[915] 따라서 이들이 마치 오락을 하는 듯한 감정으로 살인을 저지르게 된다는 주장은 현실을 전혀 고려하지 않

911) 신홍균, 전게논문.

912) 배종인, 전게논문, 73쪽.

913) 신홍균, 전게논문.

914) Michael W. Lewis, 전게발표문.

915) Michael W. Lewis, 전게발표문.

은 잘못된 주장이라고 본다.

드론 공격 등 새로운 무기체계의 운영에 의해서 많은 민간인 사상자가 발생하고 있다는 주장에 대해서도 반론이 제기된다. 새로운 기술의 무기들은 전장에서 죽음과 파괴를 줄일 수 있다는 것이다.[916] 민간기반시설에 대한 사이버 공격에 비견될 수 있는 경제적 제재의 경우 제재대상 국가로 하여금 충분한 음식과 의료복지를 민간인들에게 제공 못하게 함으로 사망을 야기한다고 주장된다. 하지만 경제제재와 마찬가지로 민간기반 시설에 대한 사이버 공격은 민간에게 물리적 해를 끼치려는 목표를 가진 것이 아니라 더 광범위한 물리적 전쟁이 야기할 수 있는 사상자를 예방할 수 있다는 점이 강조되어야 한다는 것이다. 민간 기반시설을 마비시키는 것이 민간인들이 그 체제의 진로 또는 체제자체를 바꾸도록 압박할 수 있다. 이러한 공격들이 민간에 피해를 줄 수 있지만, 전쟁에서처럼 생명의 손실이나 광범위한 물리적 상해를 부과하지 않는다.

또한 드론과 같은 정밀무기들은 중대한 무력교전의 필요를 경감할 수 있는 더 정확한 방식으로 무력을 사용하게 할 수 있다. 테러리스트 지도자들에 대한 드론 사용이 미국이 그 목적을 이루는데 대량으로 폭탄을 투하해야 하는 필요를 경감해 주었다. 일부 학자들은 2001년 알카에다 지도체계를 타격할 때 드론을 사용했다면 미군이 아프간에 침입하지 않았어도 되었을 것이고, 2003년 사담 후세인과 그 추종자들에게도 드론을 사용한 공격이 감행되었다면 미국이 주도하는 연합군의 침공은 필요 없었을 것이라고 주장한다.[917]

더욱이 이러한 신기술들은 전장에서 군사목표물에 대한 보다 차별적인 공격을 가능하게 한다. 로봇들과 발전된 정보체계는 민간인의 부수적 피해를 감소하도록 목표물을 선정하도록 하고 공격장소에 더 오래 체공할 수 있는 드론은 인간 조종사에 의한 오류를 감소시킨다.[918] GPS, 미니어처 컴퓨터들 그리고 원거리작동 기기들은 미사일이 구별된 목표물에 정확히 도달하도록 한다. 자동

---

916) John Yoo, 전게발표문.

917) John Yoo, 전게발표문.

918) 드론은 유인기에 비해서 몇 가지 이점을 가지고 있다. 가장 분명한 것은 조종사의 위협이 없다는 것이다. 하지만 드론이 유인기와 비교하여 광범위하게 이용되는 가장 중요한 이유는 상대적으로 적은 비용 때문이다. 다음으로 유인기에 비해서 드론이 우수한 점은 드론은 20시간까지 재급유 없이 공격지점을 실시간에 감시할 수 있다는 뛰어난 작전지속능력 때문이다. 하지만 드론은 약점도 가지고 있다. 프레데터와 같은 드론은 매우 느리고 유인전투기와 심지어 2세대 지대공 미사일과 같이 저성능 방공시스템에도 매우 취약하다. 이라크에서는 1970년대에 개발된 미그-25 전투기가 프레데터를 추락시킨 예가 있으며 현재 드론기술로는 전세대 기술의 전투기와도 경쟁을 할 수없다. 드론은 역시 신호교란에도 취약하다. 이란은 미국의 센티넬을 포획한 바가 있는데 상대적으로 드론의 상태가 깨끗한 점을 고려한다면 아마도 신호교란에 의해서 센티넬을 포획한 것으로 예상된다. 속도와 기동성과 같은 드론의 약점들은 기술의 개발에 의해서 극복될 수 있을 것이지만(비록 비용의 상승을 가져올 수 있더라도) 신호교란에 대한 약점은 드론의 성능이 아무리 개선되더라도 계속 남아 있을 것이다.; 자세히는 Michael W. Lewis, 전게발표문 참조.

화 무기 역시 엄격한 작동기준을 입력하는 경우 인간보다 전쟁법을 더욱 엄격하게 준수하게 조작할 수 있다.[919)]

특별히 드론공격과 관련해서 미국 관리들은 무인항공기의 우수한 성능에 힘입어 민간인에 대한 피해를 최소화하면서 목표물을 공격할 수 있어 비례의 원칙이 준수되고 있다고 주장한다.[920)] 실제로 기존의 무력충돌 과정에서 발생한 민간인 사상자 수들과 드론에 의해서 발생한 사상자 수를 통계적으로 비교하면서 드론 공격에 의한 민간인 사상자 수는 민간지역에서 필요한 표적만을 공격해야 하는 작전형태를 고려한다면 매우 적은 숫자라는 견해도 있다.[921)]

드론에 의해서 발생한 사상자수를 전 세계적으로 진행된 민간지역에서 대게릴라(Counter Insurgencies) 작전 중에 발생한 사상자의 수와 비교해 보면 이 둘 사이에 상당한 불일치가 있다는 점을 발견하게 된다. 비정규군이 민간인들 속에 숨거나 혹은 인간방패를 이용하는 전 세계에서 벌어진 대게릴라 작전[922)]에서 민간인들이 전투원들보다 많은 피해를 입었다. 어떤 경우에는 사상자 피해 중 80-90%가 민간인들에게서 발생했다. 그리고 이러한 비율은 최근에 발생한 이스라엘과 하마스의 분쟁에서도 동일하게 발생하고 있다.

드론에 의한 민간인 피해에 대한 통계를 일반적으로 확인할 수 있는 자료는 3가지가 있다(the New Americal Foundation, the Long War Journal, and the Bureau for Investigative Journalism). 이 3개의 사이트는 드론 공격에 의해서 발생한 민간인과 전투원 사상자의 수를 계수하려는 시도를 드론 프로그램이 시작된 이래 10년간 계속해 왔다. 이러한 사상자수 계수에는 일정한 불일치가 있지만 일반적으로 TBIJ가 이 세 가지 사이트 중에서 가장 높은 민간인 사상자수를 보여주고 있다.[923)] 다른 단체들에 비해 가장 높은 비율의 민간인 사상자수를 제시하는 TBIJ의 자료에 의할 때에도 20%의 민간인 사상자가 발생했다고 보도되었다. 더욱 중요한 것은 지난 2년간 파키스탄에서 발생한 민간인 사상자 비율은 3%에 지나지 않았다. 3%라는 것은 놀라울 정도로 낮은 수의 민간인 사상자가 발생했다는 것으로 드론의 민간인과 비정규 전투원을 구별하여 공격하는 탁월한 능력을 보여주는 것이다. 2010년에서 2011에 걸쳐서 변경된 표적선정 절차(Targeting

---

919) John Yoo, 전게발표문.

920) 신홍균, 전게논문, 52쪽.

921) Michael W. Lewis, 전게발표문.

922) 스리랑카의 타밀타이거, 러시아의 체첸반군, 이스라엘의 헤스볼라, 콜롬비아의 FARC와의 작전 등에서 민간인 피해 비율이다. 자세히는 Michael W. Lewis, 전게발표문 참조.

923) Michael W. Lewis, 전게발표문.

Procedure)는 이러한 민간인 사상자수의 감소의 주된 원인이다.

마지막 자동화 무기(Autonomous Weapons)가 무인기와는 달리 공격의 대상과 시기를 결정함에 있어서 인간의 통제를 받지 않는다는 점에서 전쟁법과 국제인도법의 인도주의적 요청을 준수할 수 없으므로 그 사용을 금지해야 한다는 논의에 대해서도 반론이 제기된다.[924] 다른 무기체계와 마찬가지로 자동화 무기도 국제인도법 상 무기자체의 적법성 검토의 대상이다. 제1추가의정서에 명시된 무기에 대한 적법성 검토(Weapons Review)를 통과하기 위해서는 해당 무기가 불필요한 고통을 유발하지 않으며, 구별의 원칙을 준수하면서 국제인도법에 부합하는 방법으로 사용될 수 있다는 점을 보여주어야 한다. 이러한 적법성 검토는 시력을 빼앗는 레이저 무기나 지뢰를 금지하는 결과를 낳았다. 어떠한 새로운 무기라도 반드시 구별의 원칙과 비례성의 원칙(Principles of distinction and proportionality)을 준수할 수 있다는 점을 증명해야 한다. 무기에 대한 적법성 검토를 통과하기 위해서 반드시 답변되어야 할 질문은 어떠한 기준을 충족시켜야 하는 점이다. 자동화 무기는 인간에 의한 것보다 더 높은 수준의 국제인도법의 준수 기준을 충족시켜야 하는가? 이러한 질문은 인간이 어떻게 국제인도법을 준수하고 있는지를 먼저 명확히 해야 한다.

우리는 최소한 기계가 개인을 사람보다 더 정밀하게 구별할 수 있다고 알고 있다. 발전된 안면인식 프로그램과 생물측정법은 인간의 눈보다 정확하게 사람을 인식할 수 있다. 그러나 자동화 무기에 대한 비판자들은 자동화 무기의 인간성의 결여와 기계로는 전혀 달성할 수 없는 인간의 직감에 따른 오인사격 등의 회피에 주목한다. 인간 경계병은 어떤 동작, 눈빛 등을 바탕으로 치명적인 공격을 하지 말아야 겠다는 결심을 유도하는 무엇인가를 읽어낼 수 있지만 기계는 이러한 요소들을 무시하고 공격을 할 수 있다.

이러한 인간의 감각들은 기계는 결코 감지할 수 없으며 이러한 감각들로 비극적인 사태를 방지할 수 있다는 것은 의심의 여지없는 사실이다. 하지만 동시에 인간에게는 인간성, 공포, 분노, 미움, 당황, 피로와 같은 감정들이라는 인간의 결정을 완벽하지 못하게 만드는 다른 특성들이 있다. 그리고 기계들은 공포, 분노, 피로 등으로 인해 비극적 사태를 초래할 수 있는 이와 같은 인간들의 특성을 가지고 있지 않다. 경험적으로 이러한 요소들에 의해서 어떠한 누적효과가 발생할 것인지는 확실하지 않다. 하지만 인간이 현재 국제인도법을 준수하면서 수행하는 역할들을 자동화 무기들이 더욱 잘 준수하면서 수행할 수 있도록 개발하는 것은 분명히 가능할 것이다.

다음 문제는 책임성(Accountability)의 문제이다. 자동화 무기에 대해서는 그들이 저지른 전쟁

924) Michael W. Lewis, 전게발표문.

범죄에 대해서 책임을 지울 수 없다는 비판이 제기된다. 분명히 우리는 전쟁범죄를 저지를 기계를 감옥에 보낼 수는 없지만 이러한 사실이 심각한 책임성의 공백을 가져오지는 않는다. 현재 국제법상 지휘책임에 관한 이론은 이러한 문제점을 해결할 수 있다. 자동화 무기가 저지른 전쟁범죄에 대해서는 이러한 범죄의 발생을 예상할 수 있었고 그럼에도 자동화 무기를 배치하도록 명령을 내릴 지휘관은 현재 자신의 부하가 저지른 예측 가능한 전쟁범죄에 대해서 지휘관이 책임을 지는 것과 동일한 원리에 의해서 책임을 부담해야 할 것이다. 현행 지휘책임의 이론에서와 마찬가지로 중요한 문제는 지휘관이 특정한 상황에서 자동화 무기를 운용함으로 인해서 전쟁범죄가 행해질 것이라는 점에 대해서 알아야만 했는가의 문제이다. 그렇다면 지휘관은 자동화 기계에 의한 전쟁범죄에 대하여 책임을 지는 것이다.

나. 새로운 무기체계의 사용 가능 시기에 관한 논의

(1) 새로운 무기체계의 사용 시기에 대한 엄격한 기준을 적용하는 견해

새로운 무기체계의 전면적인 금지가 비현실적이라는 이유에서 이의 사용을 허용하는 견해에 의하더라도 현행 무기체계와 마찬가지로 국제법상 무력행사가 허용되는 엄격한 요건 하에서만 그 사용을 허용하는 견해들은 현재 미국에 의해 주도되는 알카에다와 탈레반의 지도자들에 대한 은밀한 드론 공격 등 신무기를 이용한 공격을 불법으로 규정하고 있다. 즉 UN헌장 제7장의 절차에 따른 안전보장이사회의 결의에 따른 국제적인 무력행사나 제51조의 적국의 무력공격에 대항하여 행사하는 정당방위로서의 자위권 행사의 경우에만 드론이나 자동화 무기체계에 의한 공격이 국제법적으로 허용된다는 것이다.

이러한 견해에 의한다면 미국이 예방적 자위권이나 선제적 자위권이라는 견해에 입각하여 은밀하게 진행되는 알카에다나 탈레반 지도부나 인원들에 대한 드론 공격과 같이 최대한 적의 직접적인 공격이전으로 새로운 무기체계의 사용 시기를 앞당기려는 노력은 모두 불법이 될 것이다. 왜냐하면 알카에다는 국제법 주체로서 국가가 아니라는 점, 9/11사태를 비롯한 알카에다의 공격이 미국의 영토보전에 위해를 줄 정도는 아니라서 자위권의 발동요건을 충족할 수 없다는 점을 그 근거로 한다.[925] 특히, 9/11사태 이후 미국이 아직도 알카에다와 교전상태에 있다고 볼 수도 없다는 점에서 드론에 의한 표적공격은 암살이나 다를 바 없다고 주장한다.[926]

---

925) 신홍균, 전게논문, 50-51쪽.

926) 배종인, 전게논문, 73쪽.

또한 현재 미국의 드론 공격이 파키스탄 등 전쟁의 당사국이 아닌 제3자국의 영역에 은거하고 있는 탈레반이나 알카에다 요원들에 대해서도 이루어지고 있다는 점에서 집단적 자위권에 근거하더라도 당사국인 파키스탄의 요청이 없는 이상 미국의 드론공습은 파키스탄의 영공주권 침해이며 국제법상 허용될 수 없다고 주장한다.[927)]

사이버 공격의 경우에도 공격의 허용시기와 관련해서는 역시 같은 논의가 가능하다. 하지만 사이버 공격은 물리적인 공격력을 투사하는 것이 아니라는 점에서 직접적인 공격을 수반하는 드론이나 자동화 무기에 의한 자위권의 행사와는 다른 측면에서 논의가 되고 있으며 현재까지 사이버 공격에 의해 실제적인 인명피해가 발생한 것과 관련된 논란도 발생하지 않고 있어 전쟁 이전의 단계에서 사이버 공격이 가해진 것과 관련된 국제적인 논쟁은 드론에 비해서는 치열하지 않은 편이다.

(2) 새로운 무기체계의 사용 시기에 대해 적극적 확장을 시도하는 견해

새로운 무기체계의 사용을 직접적인 무력공격을 받기 이전에 적의 공격이 예상되는 시점으로 확장하려는 입장에서는 미국을 중심으로 선제적 자위권의 견지에서 주장되고 있다. 미국은 현재도 알카에다와 교전상태에 있으므로 전시국제법이 적용되는 상황으로 드론에 의한 공격은 적법한 교전행위라고 주장한다.[928)] 따라서 드론에 의한 표적공격 자체는 UN헌장 제51조에 따른 자위권의 행사에서 그 근거를 갖는다고 2013년에 드러난 미 법무성 보고서에 명시되어 있다. 위 보고서에서는 드론에 의한 무력공격이 전쟁법규의 기본원칙을 준수하는 방법으로 수행된다면 합법으로 간주한다.[929)]

새로운 무기체계의 사용이 대규모의 무력분쟁을 억제하고 각종 분쟁을 최소한의 인명피해를 통해 평화적인 방법으로 해결할 수 있는 전쟁에 미치지 않는 무력사용의 기회를 제공한다는 견해에서는 한발 더 나아가 무기체계의 사용 시기를 더욱 융통성있게 부여해야 한다고 본다.[930)] 새로운 무기체계는 국가가 더 쉽게 사용할 수 있고, 더 파괴적이고, 더 익명성을 가지고 있으므로 기존의 물리적 재래식 무기를 사용하는 무력충돌에 적용되는 현재의 국제법 규칙에 변화를 가져올 수 밖에 없다고 본다. 즉 사이버 공격이나 드론으로 민간 기반시설과 네트워크를 공격하는 것은 예기치 않게 민간인에게 더 많은 피해를 주거나 세계 경제의 예기치 않은 파괴와 같은 결과를 초래할

927) 배종인, 전게논문.

928) 배종인, 전게논문.

929) 신홍균, 전게논문, 47쪽.

930) John Yoo, 전게발표문.

수 있다. 그러나 그러한 공격들은 국가가 구체적인 전장이나 더 큰 정치적 무대에서 더 정확하게 무력을 사용할 수 있도록 함으로 인해 국제적 분쟁해결이 궁극적으로 협상으로 끝나는데 결정적인 기여를 할 수 있으므로 새로운 무기체계의 사용 시기에 대한 국제적 과잉규제는 국가안보 및 세계질서 유지를 보호하기 위해 필요한 장치들이 불필요하게 억제됨으로써 더 큰 피해 가능성을 높일 수 있다고 주장한다.

따라서 새로운 무기체계를 보유한 국가들이 국제평화와 안전의 유지를 위해서 적극적인 개입과 외교적 협상력을 강화하기 위해서는 유엔체제 하에서의 엄격한 무력행사 요건의 제한으로부터 새로운 무기체계의 사용을 분리시켜 생각할 필요가 있다는 것이다. 다만, 이처럼 국가들이 무력사용이 허용되는 상황이 확대 된다면 거기에 상응하는 jus in bello 규칙 또한 개혁해야만 한다. 그 변화의 방향은 물론 새로운 무기체계를 사용하는 국가들이 민간인에 대한 전체적인 피해를 줄이는 가운데 그들의 목적을 더욱 효과적으로 이루도록 하는 비례성의 원칙을 강화하는 방향으로 진행되어야 한다는 것이다.[931]

다. 새로운 무기체계의 사용방식에 관한 논의

(1) 새로운 무기체계의 사용방식에 관한 새로운 규칙의 필요성

새로운 무기체계는 기존의 무력충돌에서 공격수단과 방법을 통제하는 국제법적 규율을 충족시켜야 하는 것은 현행 국제법 체계상 당연한 요구이다. 여기서 더 나아가 새로운 무기체계에 대해서 이를 규율하는 특별한 규칙의 제정이 필요한지가 문제된다. 이러한 견해는 크게 새로운 무기체계도 단지 하나의 공격수단과 방법에 포함되므로 기존의 국제법 규정을 준수하면 될 뿐 새로운 규칙의 제정은 필요가 없다는 견해가 있다.[932]

한편, 새로운 무기체계의 사용 시기를 기존의 국제법상 엄격하고 융통성없는 무력행사 기준에 의해서 제한할 필요가 없다는 견해는 이처럼 확장된 무력행사 상황을 규율할 수 있는 새로운 규칙이 필요하다는 입장이다.[933] 사이버 공격이나 드론과 같은 새로운 무기체계는 더 제한적이고 정밀한 효과를 가져오기 때문에 이를 운용하는 국가에게 그 표적선정의 범위를 민간인 기반시설, 정보체계, 그리고 일반 시장까지 확장할 수 있도록 한다. 이처럼 확장된 표적선정의 자유는 군사적 목

931) John Yoo, 전게발표문.

932) 배종인, 전게논문, 73쪽.

933) John Yoo, 전게발표문.

표달성의 이익과 민간인 피해의 손해에 대한 엄격한 비례성의 원칙을 적용하여 상쇄하여야 한다는 것이다.

특히, 민간목표물에 대한 공격이 예견되는 사이버 공격 등에 대해서는 이스라엘과 웨스트 뱅크 사이의 보안벽과 같은 사례에서 그 가치를 발견할 수 있다. 일부 국가, NGO단체들, 그리고 ICJ 마저도 이스라엘의 보안벽은 민간인의 경제적 이동과 여행을 막는다고 하여 비난했고, 팔레스타인 사람들이 생업이나 의료, 기타 일상생활의 복지를 위해 통행을 하는데 막대한 피해를 끼친다는 것은 확실하다. 그러나 보안벽의 설치만으로도 이스라엘 내부의 테러공격을 90%까지 감소시켰음에도 불구하고 이스라엘의 팔레스타인 영토에서의 군사적 개입처럼 팔레스타인 민간인의 생명을 잃는 사태는 발생하지 않았다.

따라서 민간목표물일 수 있는 전자 및 이동수단 네트워크 등이 군의 노력에 기여한다는 약한 논리로 주로 민간에 이용되는 목표물에 대한 공격을 정당화하는 것이 아니라 새로운 무기체계에 의한 민간목표물의 공격은 전면전을 피할 수 있는 수단으로서 유용성을 가지기 때문에 허용될 수 있다는 것이다. 하지만 이처럼 민간목표까지 확장되어 구별성의 원칙이 약화되더라도 대규모 전면전의 방지라는 더 큰 군사적 목표의 달성과 대규모 사상자 발생의 방지라는 강화된 비례성의 원칙에 의해서 정당화될 수 있다는 것이다.

(2) 드론 공격에 대한 사용방식에 대한 규제

기본적으로 드론과 같은 무인항공기를 공격용으로 사용하는 것을 허용하거나 금지하는 특별한 국제법적 규율은 현재 존재하지 않는다. 다만 무인기를 사용하는 경우에는 다른 모든 무기체계와 마찬가지로 유엔헌장 등에 따른 무력행사의 제한과 전쟁법의 준수가 요구된다. 이러한 규율체계는 무인기와 유인기의 차이점은 단지 무기를 발사하는 단추를 항공기 안에서가 아니라 멀리 떨어진 지점에서 작동시킨다는 것뿐이라는 점에서 타당하다.[934)]

미국을 중심으로 드론 공격을 옹호하는 입장에서는 비록 드론은 그 크기와 임무에 있어서 다양하지만 이들의 사용을 규율하는 법률은 유인항공기를 규율하는 원칙들과 대부분 동일하게 필요성(Nessessity)과 비례성(Proportionality)의 요구조건을 충족시켜야 한다고 본다.[935)] 이러한 입장에

934) Group Captain Ian Scott Henderson, UAVs-The ADF's Current Involvement and Future Challenge, 5th ISSML 발표문 (2014. 9. 25.)

935) Michael W. Lewis, 전게발표문.

서 접근을 한다면 무인항공기를 조종하는 조종사들은 전투원으로 취급받게 된다. 이처럼 드론을 조종하는 인원들이 군인이 아닌 민간계약자들인 경우에 직접적인 군사적 표적이 될 수 있는지에 대한 논의가 있다. 간단하게 살펴보면 그 답은 가능하다는 것이다. 하지만 미국에서는 이러한 논의가 의미가 없는 이유는 최근 미군의 모든 드론 조종사들은 현역 미 공군소속이기 때문이다. 그들은 민간정부 기관이나 다른 군사기관으로부터 임무를 부여받을 수 있으나 드론은 사실상 현역 미 공군들에 의해서만 운영되고 있다.[936)]

미국의 드론공격에 반대하는 입장에서도 드론에 의한 표적공격을 국제인권법 및 국제인도법 위반으로 규정하면서 새로운 협약의 체결을 주장하지는 않고 있다.[937)] 그러나 정당화론이나 반대론 모두 무인전투기가 현대전 및 대테러전 수행에 있어서 새로운 양상을 초래하였으며, 기존 국제법의 적용에 대한 해석이나 지침이 필요하다는 점에는 공감하고 있다.[938)] Alston 특별보고관을 포함한 학자나 전문가들은 드론공격이 정당화되기 위해서 적법한 군사목표물 선정, 부수적인 민간 피해 최소화, 공격에 대한 영공국의 사전 허가, 실제 무력충돌 시에만 작전 수행 등 구체적이고 엄격한 요건들을 제안하고 있다. 이에 반해, 백악관 John Brennan 대테러 고문관은 드론공격에 대해 추상적이고 일반적인 수준에서 원칙을 설명한 바 있다.[939)] 제3의 의견으로서, Richard Falk 교수는 아군피해의 최소화, 영토적 제약 극복, 투명성이나 책임 회피, 전면전에 비해 정치적 제약 감소 등의 이점을 감안할 때 무인항공기의 활용은 불가피하다는 전망을 하면서, 무인공격기가 국제적 규제가 부재한 가운데 확산되고 이에 따라 전통 국제법이 희석되는 결과는 바람직하지 않기 때문에 차선책으로 비확산(non-proliferation) 문제를 포함하여 무인전투기가 허용되는 요건을 조속히 논의하여야 한다고 주장하고 있다.[940)]

(3) 자동화 무기(Autonomous Weapons)에 대한 사용방식에 대한 규제

유인기와 무인기의 법적인 유사성은 드론이 운영자의 통제와 단절되기 전까지는 유지될 수 있다. 하지만 인간의 간섭 없이 드론이 무기를 사용하는 결정을 내리게 된다면 이러한 법적

---

936) 이러한 변화 이전에 미 중앙정보국(CIA) 인원들이 드론을 운영했을 때에도 이러한 논의는 의미가 없다고 한다. 왜냐하면 중앙정보국 인원들은 현역군인들이 거친 것과 유사한 전쟁법 관련 교육을 모두 이수했기 때문이라는 것이다; Michael W. Lewis, 전게발표문.

937) 배종인, 전게논문, 73-74쪽.

938) 배종인, 전게논문.

939) 배종인, 전게논문.

940) 배종인, 전게논문.

인 유사성은 종료된다. 이 지점에서 자동화무기(Autonomous Weapons)에 대한 논의가 시작된다. 자동화 무기 운용과 관련해서는 두 가지 논의가 필요하다. 우리가 왜 자동화 무기를 원하는가 하는 부분과 이를 운용함에 있어서 어떠한 법적인 문제들이 발생하는가이다.[941)]

터미네이터라는 영화를 보면 자동화 무기에 대한 부정적인 인상을 발견할 수 있다. 이러한 문화적인 두려움이 자동화 무기의 개발과 사용에 대한 과장된 반대로 나아가게 한다. 이러한 터미네이터가 될 수 있는 위험성에도 불구하고 우리는 왜 자동화 무기를 원하는가? 이러한 이유를 이해하기 위해서는 OODA loop라는 개념을 이해할 필요가 있다.

OODA loop의 군사적 가치를 이해하는 것은 미래에 무기체계 획득을 결정하는데 중요성이 있다. 미공군 전투기 조종사에 의해 개발된 OODA loop는 전투 과정을 설명하고 이해하는 방법으로 인간의 전투 과정을 감시(Observe), 적응(Orient), 결심(Decide), 행동(Act)의 4단계로 구분한다. 이러한 개념은 동시에 전략적 그리고 전술적 적용이 가능하고 OODA loop를 빨리 수행하는 쪽이 전투에서 지대한 이점을 가질 수 있다. 자동화는 이러한 OODA loop의 수행시간을 비약적으로 단축시키는데 기여한다.

전술적으로 OODA loop는 전투기와 전투기가 접전을 벌이는 개별 전투에서 발전되었다. 단계를 적용하는 것을 생각해본다면 전투기 조종사는 먼저 내가 보고 있는 것이 무엇인지를 알아야 한다.(Observe) 그리고 어떤 전술을 내가 발견한 비행기에 적용해야 하는지에 대해서 기억해 내야 한다.(Orient) 그리고 적 비행기에 대항할 수 있는 적절한 전술을 선택해야 한다.(Decide) 그리고는 그 전술을 적절하게 적용해야 한다.(Act) 전투기에 장착된 레이더와 각종 센서들은 이미 OODA loop에서 감시와 적응부분을 단축하기 위해서 사용되고 있다. 조종사의 헬멧에 장착된 시각장치와 컴퓨터를 이용한 미사일 발사체계의 통합은 결심과 행동부분을 단축하기 위한 자동화 방법의 한 예가 될 수 있다.

만약 OODA loop가 전술적인 적용에만 의미가 있다면 이것은 자동화 무기의 개발을 촉진시키는데 까지 이르지는 않을 것이다. 하지만 OODA loop에 의한 전투 과정의 묘사는 작전술적이고 전략적인 수준에까지 적용될 수 있다. 이러한 예는 1940년 제2차 세계대전 당시 프랑스 전역에서 발견할 수 있다. 2차 세계대전 초기에 프랑스 최고 지휘부는 믿기 어렵게도 전화기가 사령부에 없었고 OODA loop 중 감시부분을 처리하기 위해서 오토바이 연락병을 운용하였다. 프랑스 지휘부가 독일군이 뫼즈(Meuse)강을 세당(Seden)에서 도하했다는 소식을 연락병으로부터 들었을 때 그들

941) Michael W. Lewis, 전게발표문.

은 자신의 부대들을 그 사실에 적응시켜야 했다. 그들은 또 이러한 새로운 사태에 대응하기 위하여 어떠한 조치를 취해야 하는지에 대해서 결심을 해야 했고 프랑스 9군을 몽코메(Montcomet)와 리임스(Reims) 사이로 후진 배치하라는 명령을 전달하도록 연락병을 다시 보내야만 했다.

하지만 OODA loop가 종료되고 9군이 프랑스군의 우익을 방어하기 위한 방어전선을 구축하는 조치를 취하기도 전에 독일군은 이미 몽코메를 통과하여 아베비일(Abbeville)을 향하여 진격 중에 있었다. 뫼즈강을 도하한 독일군 기갑부대의 진격은 참으로 경탄할 만한 것이었다. 독일군은 1940. 5. 18. 세당으로부터 해안까지 중간 지대인 생 깐땡(St. Quentin)을 통과하여 페론뉴(Peronne)까지 진격하였으며, 20일에는 아베비일이 함락되고, 21일에는 블로오뉴(Boulogne)가 독일군 공격 하에 놓이게 되어 영국원정군의 병참선은 차단되었으며 프랑스도 역시 남북으로 동강나고 말았다.[942] 독일군의 OODA loop가 프랑스군의 OODA loop보다 훨씬 간결했으며 전투수행을 위한 결심에서 프랑스 군은 1달 이상 뒤처져 있었다.

이러한 전투절차에 대한 이해는 폭넓게 받아들여졌고 결과적으로 전술적, 작전술적 혹은 전략적 차원에서든 OODA loop를 단축할 수 있는 어떠한 무기나 무기체계이든 우월성을 가지게 되는 것이다. 이처럼 OODA loop에 따른 전투 절차에 대한 이해가 존속되는 한 OODA loop를 수행하는 전투 절차에 소요되는 시간을 단축시킬 수 있는 자동화 무기를 개발하는데 대한 광범위한 관심은 지속될 것이다. 비록 자동화무기를 완전히 금지시켜야 한다는 요구가 있지만 방어목적의 자동화 무기는 수십년 전에 이미 배치되어 있다는 점도 인정되어야 할 것이다. 이것들은 미 해군함정에 30년 이상 사용되어온 근접무기 요격시스템 CIWS(Close in Weapon system)를 포함하고 있다. 그리고 삼성의 센트리도 대한민국의 비무장지대(DMZ)에 이미 배치되어 있다.

그러므로 이미 이처럼 자동화 무기가 사용되고 있는 상황에서 국제적인 자동화 무기 사용의 금지 노력이 그들의 발전을 막을 것이라는 주장은 잘못된 것이다. 그들이 이미 사용되고 있는 이상 우리가 결정해야 할 것은 어떠한 법률적 문제들을 자동화 무기들이 일으키는가 하는 점이다. 우리는 이미 간략하게 국제인도법의 준수, 자동화 무기에 의해 저질러진 전쟁범죄에 대한 책임문제에 대해서는 살펴보았다. 마지막 문제는 자동화 무기를 상대로 전쟁범죄를 저지를 수 있는가 하는 의문이다.

만약 우리가 일반적인 국제인도법 위반행위를 포로에 대한 부당한 대우나 학대 혹은 적군에게 접근하여 살해하기 위해서 배신행위를 하는 것으로 생각한다면 자동화 무기가 국제인도법 위반의

942) 육군사관학교, 세계전쟁사, 일신사, 1993, 333-335쪽.

피해자의 범주에 포함될 것인가에 대한 의문이 제기된다. 만약 자동화 기계가 항복을 하거나 포획되었을 경우에 그들을 부당하게 대우하거나 학대하는 것이 가능할 것인가 여부는 확실하지 않다. 유사하게 표면적으로 순전히 자동화 무기를 파괴하기 위한 배신행위가 국제인도법 위반행위가 된다고 보기는 어렵다. 단지 기계를 파괴하기 위하여 속이는 배신행위가 국제인도법 위반이라고 보아야 하는가? 이 질문에 답을 하기 위해서는 배신행위를 금지하는 목적의 기저에 무엇이 있는지를 살펴보아야 한다.

첫 번째 목적은 병사들이 전쟁법을 준수했다는 이유로 피해를 입는 것으로부터 보호하기 위한 것이다. 항복하는 적군을 수용한 병사나 부상당한 적군을 도와주는 행위를 한 병사가 위험을 당해서는 안된다. 그러나 이러한 행동을 한 병사를 보호하려는 목적은 기계에 대한 위해가 심각한 전쟁범죄로 보이지 않는다는 점에서 자동화 무기가 배치된 경우에는 적용될 여지가 없다.

그러나 배신행위를 금지하는 두 번째 목적은 적군이 배신행위를 하는 것에 대비하는 방식으로 인해서 민간인이 피해를 입는 것을 방지하기 위해서 배신행위를 금지하는 것이다. 만약 자동화 무기가 배신행위로 인해서 파괴되는 것을 방지하기 위해서 재설정되면서 예상되는 배신행위를 방지하기 위한 자동화 무기의 행위에 의해서 민간인 사상자가 발생할 가능성이 있다. 그러므로 자동화 무기를 파괴하기 위한 배신행위 역시 인간인 군인을 상대로 한 배신행위와 마찬가지로 불법적으로 보아야만 한다. 왜냐하면 양자 모두 그러한 배신행위로 인한 실제 위험은 자동화 무기가 조우하게 될 미래의 민간인들에게 발생할 것이기 때문이다.

3. 새로운 무기체계와 관련된 바람직한 국제규범 형성 방향

가. 새로운 무기체계를 규제하는 국제규범 형성 가능성

국제적으로 규제가 필요한 새로운 현상이 발생하였을 경우 국제규범이 형성되는 과정을 살펴보면 규제의 대상이 민간분야인가 혹은 군사분야인가에 따라 큰 차이점을 나타낸다.[943] 이러한 차이점을 무인항공기의 등장이라는 현상을 중심으로 살펴보면 국제민간항공 분야에서 규범의 형성은 ICAO를 중심으로 이루어지는데, ICAO는 시카고 협약과 그간 축적된 관행을 근거로, 여타 국제기구에 비해 상당히 진보된 국제입법 체제를 갖추고 있다. 국제항공에 관하여 어떤 규제의 필

943) 배종인, 전게논문, 78-80쪽.

요성이 대두되면 패널, 작업반, 연구그룹 등의 이름 하에 소수의 정부대표, 전문가, 산업계(항공사, 항공기 제조회사 등)를 모아 검토를 하고 이를 토대로 사무국 차원의 지침을 도출하거나, 항행위원회(ANC : Air Navigation Commission)의 심의를 거쳐 이사회가 시카고협약 부속서를 채택·개정하거나, 법률위원회의 심의를 거쳐 외교회의를 소집하여 협약을 채택하게 된다.[944] 이러한 과정을 요약하면 탈정치화된 규범의 논의과정, 전문가의 주도적 역할, 제도화된 절차에 따른 규범의 형성으로 정리할 수 있다.

반면 군사분야에서는 무인항공기에 대한 규제를 위한 규범의 형성에 관해 군사항공 분야에서 제기된 이슈는 전문 기술적, 가치 중립적이기보다는 인권이 결부되는 정치적, 윤리적인 성격이다. 이견을 좁히려는 동인도 부족하며, 또한 규범이나 지침을 형성해줄 만한 ICAO와 같이 구심점을 가진 유권적 기관이나 제도적 장치도 결여되어 있다. 규범에 관한 형성·논의 과정도, 전문가 중심의 기술적인 포럼에서 출발하는 것이 아니라, 처음부터 윤리적, 정치적 차원에서 논의가 제기되었다. 민간분야에서 무인항공기 논의가 제도화된 틀을 가지고 진전이 있었다면, 군사분야에서는 그러한 틀이 없이 유엔인권이사회[945], 언론이나 학계 등 공공의 채널을 통해서 문제가 제기되고 있지만, 정작 의미있는 규범이나 지침, 최소한 합의된 해석도 도출될 기미가 보이지 않고 있다. 이러한 갈등이 새로운 성문법을 도출할 가능성은 적어보이고, 지침이나 해석 차원으로 강등되어 논란이 계속될 것으로 전망된다.[946]

944) 배종인, 전게논문, 66쪽.

945) 학계와 언론 이외에, 무인항공기를 둘러싼 공방이 벌어지는 공식적이고 제도화된 틀이라면 유엔인권이사회를 들 수 있다. 유엔인권이사회도 이의(complaint) 접수 절차라든지 의견 표정 등을 통해서 인권규범에 대한 해석을 제시하거나 국제규범 논의에 방향을 제시할 수는 있겠지만, ICAO에 비교할 때 전문기술적이라기 보다는 주로 정치적인 이슈를 다루고 있으며 제도화된 입법절차는 결여되어 있다. 유엔인권이사회는 특별절차(special procedures)를 활용하여 국제인권법 학자인 Phlip Alston 교수를 특별보고관(Special Rapporteur)fh 선임하였고, Alston 특별보고관은 2010년 목표제거에 관한 보고서를 제출하면서, 무인공격기를 이용한 목표제거가 국제인도법과 국제인권법을 위반하는 틀 하에서 운영되고 있다고 비판하였다. Alston에 이어서 특별보고관으로 선임된 Heynees 교수도 무인항공기 공격에 관하여 투명하고 책임있는 초지를 취해줄 것을 미국정부에 요구하였다. 2012년 6월 제190차 유엔인권이사회 회기에서는 러시아, 중국, 파키스탄 등이 동 사안에 대하여 미국이 조사를 개시해야 한다고 주장하였다. 이에 대해 미국 정부는 "알카에다와의 무력분쟁의 과정에서 행해진 군사작전으로 인한 사안은 특별보고관의 권한위임 범위에 해당하지 않는다"는 입장을 표명하였다. 즉, 절차법적인 견지에서 무인공격기 사용은 무력분쟁, 즉 국제인도법에 관한 사항으로서 국제인권법을 다루는 유엔인권이사회의 관할 사항이 아니라는 것이나, 실체법적으로 미국은 자국의 입장을 적법한 교전행위이자 정당방위 논리로 방어하면서도 세부적인 내용에 관하여는 모호함을 유지하고 있다. 미 국무부 Harold Koh 법률고문은 "무인항공기를 이용한 작전을 포함한 미국의 목표 제거 관행은 전쟁법을 포함한 모든 적용가능한 법을 준수하고 있다는 것이 미 행정부의 검토의견이다"라고 하였다. 결국 미국정부는 정당방위나 적법한 교전행위의 일환이라는 원론적인 수준의 방어를 하면서도 미국이 주장하는 무력분쟁의 범위, 목표인물 선정에 대한 기준, 절차적 안전장치 등에 관한 구체적인 각론에 관하여는 모호한 태도를 유지함으로써 최대한의 유연성을 확보하려는 전략을 취하고 있는 것으로 보인다.; 배종인, 전게논문, 75-76쪽.

946) 배종인, 전게논문, 77쪽.

새로운 무기체계 전반에 걸쳐서도 통일된 규범형성은 같은 이유에서 매우 어려운 작업이 될 수밖에 없다. UN 및 저명한 학자들과 기관들에 의하면, 국가들은 자발적으로 새로운 기술을 적용한 무기들의 사용을 포기하고 엄격한 국제조약과 기관의 통제아래 있어야 한다고 주장한다. 근래의 조약들이 지상지뢰, 화학무기, 그리고, 생물학 무기를 전 세계에 걸쳐 금지하려는 노력을 계속하고 있고, 제네바 협정의 추가의정서와 같은 다른 조약들은 모든 무기들의 표적선정과 불필요한 고통을 일으키는 파괴성을 규제하려고 시도하고 있다. 동일한 접근방법으로 드론 사용에 있어서도 공개적으로 사용시기와 방법 등을 명시적으로 설명하는 더 높은 투명성을 요구하는가 하면, 일부 견해는 국제법적으로 허용되는 전통적인 무력충돌상황에서의 사용을 제외하고는 드론사용을 금지하자고 한다.[947)]

사이버무기는 더욱 심오하게 재래식 무기에 적용되는 전쟁법에 도전이 되고 있다. 사이버 무기는 물리적 존재나 직접적인 물리적 효과 없이 목표물의 지휘, 작전 그리고 통신체계를 방해한다. 심지어 국가들은 컴퓨터 공격을 이용하여 물건이나 생명의 손실까지 일으키는 것이 전쟁행위로 분류되어야 하는지에 관하여조차 합의점을 찾지 못하고 있다. 미국 등 서방국가들의 주요 대응은 사이버 무기에 대한 공유된 법적기준을 강화하기 위한 협력을 촉구하는 것이었으나, 주요 전체주의적 국가인 중국이나 러시아는 이런 접근을 규정하는 협약 자체에도 동의하지 않고 있다.[948)]

새로운 무기체계의 규제를 위한 규범형성의 답보 상태를 가장 잘 설명할 수 있는 이론적인 틀은 현실주의(realism)라고 한다.[949)] 무인기 등 신무기체계를 규율하기 위한 규범형성 과정에서 논란의 배경에는 신무기를 보유·활용하고 공격기술까지 운용할 수 있는 국가는 소수에 불과하다는 기술의 비대칭성, 이익의 불균형이라는 현실이 존재한다. 분명하게 이익이 나뉘고 피아가 확실하게 구분되는 현실적인 상황에서 보편적인 출발점을 찾는 것은 쉬운 작업이 될 수 없다. 군사 분야에서 기술력에 압도적 우위를 가지는 미국이 대테러 작전에 드론을 지속적으로 운용하는 과정에서 국가의 관행이 축적되어 나가겠지만 규율의 모호함은 계속 유지될 수밖에 없을 것이다.[950)]

그렇다고 국제적인 규범형성의 가능성이 반드시 어두운 것만은 아니다. 미국은 스스로를 인권중시 국가로 자부하고 있으며, 오바마 행정부도 국제법 존중의 태도가 자국에도 이익이라고 표명

947) 이러한 견해는 미국의 현재 드론 운용을 초사법적 살인이라고 비판한다.; Michael W. Lewis, 전게발표문 참조.

948) John Yoo, 전게 발표문.

949) 국가이익 및 힘의 균형과 같은 키워드로 요약될 수 있는 현실주의에 따르면, 자국의 안보이익을 희생하면서 국가간 협력을 추구할 이유가 없으며, 국제기구나 국제법이 국가의 행동양식을 바꿀 수 없다.; 배종인, 전게논문, 76-77쪽.

950) 배종인, 전게논문.

하였고, 인권 NGO, 학계 그리고 특히 유엔특별보고관을 중심으로 한 국제무대 등에서 압력이 가해질 때, 미국이 스스로 구체적인 가이드라인을 정해서 밝힌다거나 무인공격기가 남용되지 않도록 자체적인 통제체제(accoutability regime)를 만든다든지 하는 진전을 기대해 볼 수 있을 것이다.[951] 더욱이 미국이 영원한 기술우위국으로 남을 수 없다는 측면에서도 자신이 새로운 무기체계의 공격대상이 될 수 있다는 점에서 통일된 규범형성을 위한 적극적인 노력으로의 진전이 이루어질 가능성도 충분히 있다고 보인다.

한편, 강대국들의 직접적인 대규모의 군사충돌을 방지하기 위해서 그 이전 단계에서 미국 등 기술선진국들에 의한 새로운 무기체계의 적극적인 운용을 강조하는 입장에서는 새로운 무기체계들의 사용을 가능한 억제하려 하기보다는 더 큰 사용체제를 만들어야 한다고 주장한다. 예를 들어, 사이버공격은 더 많은 사상자를 내는 더 광범위한 분쟁을 대신하여 국가들이 정확한 공격지점을 구별하여 타격할 수 있도록 하여 안정성을 증진시킬 수 있다. 이러한 공격들은 다른 국가들에게 무력사용에 해당하는 일시적인 피해를 줄 수 있으나, 사망이나 영구적인 파괴를 일으키진 않는다. 따라서 이러한 새로운 기술을 통한 민간분야의 공격을 통해서 국제사회의 평화와 안정을 방해하는 정치세력의 국민들에 의한 자발적 교체 등을 담보할 수 있는 경우에 그 사용을 광범위하게 허용하는 새로운 규범체계를 형성하자는 것이다.[952]

나. 새로운 무기체계에 대한 바람직한 규범 형성 방향

이미 살펴본 바와 같이 국제적으로 규범형성 노력에 희망이 있다고 본다면 새로운 무기체계의 규율에 관한 법적 문제점은 어떻게 기존 전쟁법을 적용할 것인가에 중점이 있다.[953] 새로운 무기체계와 관련하여 그 사용을 전면 금지하는 규범화 작업은 기술의 비대칭성에 따른 이익의 불균형성으로 인하여 군사적 우위를 달성한 국가와 그렇지 못한 국가들 사이에서 순조롭게 진행될 가능성이 매우 희박하다. 따라서 새로운 무기체계를 규율하는 규범의 형성방향은 이의 전면적인 금지가 아닌 사용을 허용하는 시기와 사용방법에 있어서 기존의 전쟁법에서 요구하는 인도주의적인 요구를 모두 충족시킬 수 있도록 노력하는 것이 되어야 할 것이다. 따라서 이러한 인도주의적 요구와 관련된 문제들은 각 국가가 최초 새로운 무기에 대한 적법성 검토를 할 단계에서부터 추후

951) 배종인, 전게논문.

952) John Yoo, 전게 발표문.

953) Group Captain Ian Scott Henderson, 전게 발표문.

에 사용하는 단계까지 개별적으로 식별해야 한다.

사이버 무기, 무인기, 혹은 자동화 무기 등은 개발단계에서부터 제1추가의정서가 요구하는 적법성 심사를 통과할 수 있도록 스스로 통제할 수 있는 제도적 합의가 우선되어야 할 것이다. 제1추가의정서 제36조 혹은 국제관습법에 의해서 군대는 새로운 무기와 전쟁의 수단, 방법에 대해서는 적법성 확인절차(Legal review process)를 거쳐야 한다. 이 절차는 무기체계가 보통의 예상된 방법으로 사용될 경우 국가의 국제법적 의무를 준수하도록 보장하기 위해서 고안된 것이다.

아마도 무인기나 자동화 무기의 경우에는 이러한 적법성 검토절차를 매우 복잡하게 만들 것이다. 구체적으로 새로운 무기체계는 구별성의 원칙과 비례성의 원칙, 불필요한 고통의 금지 등 추가의정서상의 제반 법원칙을 준수할 수 있는 방식으로 사용가능한 것인지가 검증되어야 할 것이다.

한편, 무인기나 자동화 무기에 적용되는 기술의 우수성으로 인하여 기계로 전달되고 제공되는 정보와 관련해서 무인기 등 새로운 무기체계의 옹호론자들은 해당 무기체계의 지속적인 탐지능력의 높은 신뢰성으로 인해서 제네바협정 제1추가의정서(Additional protocol I)의 제57조에서 요구하는 표적에 대한 공격을 계획하고 시행하는 공격에 있어서 사전예방(Precaution)의 원칙을 충족시키는데 필요한 정보의 질과 양을 향상시킬 것이라고 주장한다.

그러나 표적선정을 위한 더 많은 정보를 가진 국가는 추가적인 정보를 올바르게 해석하고 적용하면서 운용자들의 인식능력에 과부하를 초래하지 않도록 하는 절차를 발전시킬 필요가 있다. 더욱이 국가들은 제한된 무인기자산을 운용함에 있어서 위의 제57조의 실현가능성(feasibility)의 요구사항을 충족시키기 위해서 반드시 무인기 등 고도의 정밀성을 가진 무기체계를 사용하여 표적에 대한 공격작전을 수행할 의무를 발생시키는 것이라는 상대적 불이익에 대해서도 고려할 필요가 있다. 한편, 이러한 발전된 기술의 무기를 보유한 국가에게 국제법적으로 더 많은 의무를 부여하는 접근에 대해서 미국은 반대하는 입장을 분명히 하고 있다.

다음으로 새로운 무기체계의 사용 시기에 대한 규범화 부분이다. 새로운 무기체계는 강대국 간의 전면전의 위험을 줄이는 목적으로 전쟁이전의 단계에서 협상을 통한 분쟁해결의 실효성을 높이기 위해서 폭넓게 운용되는 것을 허용해야 한다는 견해에 대해서는 먼저 새로운 무기체계에 의한 전면전의 단계에 이르지 않는 상대적으로 적은 범위의 고가치 표적에 대한 조금 더 정밀한 공격능력의 기술을 보유한 국가에게 무력행사의 비용과 부담을 감소시키면서 효과적인 외교적 협상을 위한 레버리지로 작용할 수 있다는 점에서는 그 유용성을 분명히 인정할 필요는 있다고 본다. 하지만 이러한 접근방식은 기술력이 우수한 국가가 반드시 국제평화와 안전의 유지라는 측면에서 도덕적, 규범적 정당성의 우위를 점하고 있는 경우에만 타당한 이론이다. 만약 이러한 기술을 보유한 국가가 오히려 국제평화와 안전을 위협하는 세력이라면 이러한 논의는 출발에서부터 그 의미를 찾을 수 없는 것이다.

따라서 위와 같은 논의는 미국과 같은 국가가 자신들의 기술적 우위를 문화적, 도덕적 우위로 오신한 가운데 발전시킨 다분히 특정 강대국 중심의 이론이라고 보인다. 따라서 미국 등 무인무기의 사용에 많은 융통성을 부여하려는 국가관행이 계속되는 현상은 별론으로 하더라도 현실적으로 위의 주장과 같은 방향으로 국제규범이 형성될 가능성은 새로운 무기체계를 전면적으로 금지해야 한다는 주장에 합의가 이루어지는 것만큼이나 매우 희박하다고 할 것이다. 다만 위와 같은 주장에서 높은 기술력으로 보다 정밀한 공격이 가능한 경우라면 민간표적에 대한 공격에 따른 군사적 이익이 부수적인 민간인 손해보다 훨씬 우세한 경우에만 공격을 허용해야 한다는 강화된 비례원칙을 적용해야 한다는 이론은 미국이 선제적 자위권 등을 주장하면서 은밀한 드론공격을 파키스탄 등 제3국의 국경을 초월하여서도 시도하는 과정에서 매우 심각하게 고려할 필요가 있는 부분이라고 보인다. 미국이 파키스탄 등 제3국에 은신한 알카에다 요원들에 대한 은밀한 드론공격을 하는 이유는 파키스탄이 미국의 안전을 위협하는 세력들에 대해서 적절한 통제를 할 능력이 없거나 혹은 의도가 없기 때문에 자위권 차원에서 공격의 범위를 확장하는 것이라고 주장하고 있다. 그렇다면 공격의 합법성을 주장하는 국가 측에서는 엄격한 수준에서 제3국이 국가책임을 다할 의사나 능력이 없다는 점을 입증해야 한다는 것을 규범적으로 정립해야 할 것이다.

다음으로 UN체제 하에서 규범적으로 강하게 통제되고 있는 합법적인 무력행사의 요건이나 자위권 행사의 요건을 충족시키기 이전 단계에 국제 관습법상 예방적 혹은 선제적 자위권을 행사한다는 명목으로 새로운 무기체계를 사용하는 경우를 금지하는 것은 미국의 국가관행으로 볼 때 이미 어려운 문제라고 보인다. 다만 이러한 선견적 무력행사에 대해서도 국제법 상 원칙인 비례성과 구별성의 원칙이 엄격하게 적용되어야 하는 것은 물론이고 무력행사의 요건이 충족되었음을 입증하는 투명한 절차가 구비될 수 있도록 하는 노력이 필요하다.

이것은 미국이 스스로 드론 공격절차에 있어서 비례성과 구별성의 요건을 충족시키는지 여부에 대한 검증절차를 강화하는 것을 통해서 지난 2년 간의 민간인 피해를 3% 범위로 축소시켰다는 주장에서 미국의 국가관행으로 확립되고 있다고 볼 여지도 있다. 하지만 공격 이전에 공격자의 입장에서 철저한 검증절차의 규범화만큼이나 중요한 것은 이러한 검증절차의 투명성과 상대방의 신무기체계에 의한 국제법 위반행위로 피해를 입은 국가가 위법한 공격행위에 의한 피해를 주장하는 경우 이를 조사하고 확인된 위반행위에 대해서는 국제적인 제재를 가능하게 하는 중립적인 조사기관과 절차의 규범적 확립도 함께 추진되어야 할 것이다. 이러한 측면에서 유엔인권이사회 역시 2014. 3. 24. 25차 회기의 제3의제에서 드론공격과 관련하여 사용기록의 유지에 있어서 투명성을 보장하고 언제든지 드론공격 과정에서 국제법 위반이 발생했다는 주장이 있는 경우에는 이를 즉시 조사할 독립되고 중립적인 조사절차를 마련해야 한다고 강조하였다.

또한 구체적인 무기체계별로 새로운 무기체계의 운용방법과 관련하여 기존의 제1추가의정서상 요구되는 표적선정의 제 원칙들이 동일한 기준에서 적용되어야 하는가 아니면 기계의 고도의 탐지능력과 정밀한 표적공격능력 등을 고려하여 더 높은 수준의 구별성, 비례성 등의 원칙이 적용되어야 하는가에 대한 합의가 이루어져야 할 것이다. 현재 무인기 등의 신무기체계를 적극적으로 활용하는 국가들은 기존의 국제법적 기준에 동일한 정도의 주의의무와 요구조건을 충족시키는 것으로도 무력공격에 있어서 공격수단과 방법의 정당성과 적법성을 확보할 수 있다고 주장한다. 하지만 드론 공격 등에 따른 민간인 피해발생에 대한 비난에 대해서 드론의 지속적이고 정확한 탐지능력과 우수한 정밀공격 능력으로 인해 다른 재래식 무기에 의한 공격보다 민간의 피해가 월등하게 적게 발생했다고 주장하는 입장을 견지하고자 한다면 당연히 기존의 일반 무기에 적용되는 표적선정의 원칙보다는 높은 기준에서 요구수준을 설정하는 것이 섣부른 무력행사를 방지하는 측면에서도 바람직할 것이다.

마지막으로 새로운 무기체계의 규제 규범형성의 방향으로 검토되어야 할 것은 비교적 세부적인 부분까지 신무기를 운용하는 방식에 대해서 기존의 전쟁법 원칙을 보완할 필요가 있는 분야에 대한 규범을 정비하는 것과 더불어서 장기적으로 현행 국제법 하에서 무력행사의 문턱을 낮추는 역할을 하는 사이버 무기, 무인기, 자동화 무기 등의 확산을 방지할 수 있는 방향으로의 논의의 발전이 필요하다. 이미 언급한 바와 같이 드론이 원거리에 위치한 미 본토에서 조종되어 파키스탄이나 아프가니스탄 산악지대에 은거한 탈레반 요원들을 적법한 군사적 목표물로 보고 공격하는 것을 국제법에 합치되는 교전행위라고 주장하는 입장을 그대로 뒤집어 보면 알카에다나 탈레반 대원이 미 본토에서 드론을 조종하는 인원이 근무를 마치고 집에 퇴근해 있는 경우에 이를 공격하거나 원거리에 위치한 조종시설에 대해서 예방적 자위권의 차원에서 공격을 하는 경우에도 합법적인 공격이라고 주장할 여지가 있다. 따라서 이처럼 은밀한 공격에 의한 국제법적으로 명확히 통제 가능하지 않은 영역에서의 무력행사에 의한 복구행위나 예방적 자위권 명목의 공격행위의 무차별적인 확산을 방지하기 위해서는 테러리스트들의 공격 못지않게 사이버 공격이나 드론 공격과 같은 새로운 무기체계의 비확산(Non-proliferation)을 위한 궁극적인 합의를 위해 노력이 필요하다.

Ⅲ. 결 론

사이버 무기, 무인항공기, 자동화 무기 등 새로운 기술을 적용한 무기체계의 등장은 기존의 국제법체계에 새로운 도전과 논란을 일으키고 있다. 이러한 논란의 배경에는 기술의 비대칭성, 이익의 불균형이라는 현실이 존재한다. 따라서 기술을 보유하지 못한 국가들 사이에서는 이익의 불균형을 극복하기 위해서 새로운 무기체계의 사용을 금지하고자 하는 이론적 주장을 발전시키고 있다. 또한 새로운 무기체계가 불러일으키는 국제평화와 안전에 대한 손쉬운 위협의 발생이라는 위험에 대해서 부정적인 시각을 가지고 있는 각종 인권NGO 등이 이러한 주장에 힘을 실어주고 있다. 새로운 무기체계가 가지고 있는 전투에 참가하는 인원의 인명손실의 위험과 전쟁비용의 감소라는 장점은 기술을 보유한 강대국들에게 무력행사의 가능성을 증대시키고 무력공격의 시기를 선제적, 예방적 자위권이라는 근거로 실제로 적국에 의한 무력공격이 개시되기 훨씬 이전으로 앞당길 수 있도록 한다. 반면 공격을 받는 국가의 입장에서는 은밀한 드론 공격 등에 의해서 일상생활 중에 민간인들이 부수적 피해를 입을 수 있으며, 사이버 공격은 직접적으로 민간 통신 혹은 산업시설에 타격을 입기도 하면서 구별성과 비례성의 원칙이라는 기존의 표적선정 원칙에 대한 중대한 위협이 발생하고 있다고 주장한다.

새로운 무기들은 강대국들에게 무력사용의 기회를 확대시키는 반면에 전면적이고 파괴적인 재래식 전쟁의 발생을 막는데 도움을 주고 필요한 정도의 무력을 더 정확하고 효과적으로 쓰는 기회를 제공한다고 하면서 기술적 우위를 가지고 있는 서방국가들에 의한 새로운 무기체계의 적극적 사용이 UN 등 국제기구가 국제적인 분쟁이나 인도적 재앙에 효과적으로 대응하지 못하는 현 상황에서 오히려 국제분쟁의 평화적 해결에 도움이 된다는 주장도 있다. 그러나 이러한 주장은 기술을 보유한 국가의 입장에서 주장하는 일방적이고 독선적인 견해이다.

오히려 국제사회는 기술의 발전이 가져온 새로운 무기체계의 사용과정에서 발생할 수 있는 여러 가지 인도주의적 문제점들을 기존의 국제법 질서 속에서 조화롭게 해결할 수 있도록 국제규범을 형성해 나가는 노력이 필요하다. 이러한 노력은 직접적으로 새로운 무기사용을 금지하려는 합의를 도출하려는 방향으로 진행되어서는 성과를 기대할 수 없다. 전쟁은 공정성이 추구되는 운동경기가 아니다. 기술력을 통한 비대칭적인 이점의 달성은 군사적 필요성에 있기 때문에 이러한 가능성을 최대화하려는 기술 강대국의 의도를 아무런 대가없이 포기하도록 하는 국제적인 합의는 역사적으로 불가능하다는 것이 입증되었기 때문이다.

다만 새로운 무기체계의 운용을 선도하는 국가들은 스스로 도덕적 우위를 자발적으로 유지하기 위한 자체적인 통제체제를 발전시키는 한편 국제사회도 이러한 노력이 계속될 수 있도록 인권 NGO, 학계 그리고 UN 등을 비롯한 공식적인 국제기구들의 종합적인 노력이 필요하다. 따라서 새로운 무기체계에 의해서 전통 국제법에 의한 무력행사의 규범적 통제체제가 희석되는 것을 방지하는 한편, 새로운 무기체계를 합법적인 틀 안에서 운용될 수 있도록 하는 요건을 조속히 규범화해야 할 것이다. 이러한 규범화의 방향에는 기술력의 발달에 따른 무기체계의 고도의 식별능력과 정확한 타격능력 등을 고려하여 기존의 국제법에서 요구하는 적법한 무기사용의 요건에 대한 더 높은 기준의 충족기준 설정, 공격자에 의한 엄격하고 투명한 자체검증 과정 확립, 기준을 위반한 공격에 대한 중립적인 조사기관에 의한 확인과 제재 등이 이루어질 수 있도록 진행되어야 할 것이다. 그리고 종국적으로 현재의 새로운 무기체계가 가지고 있는 무력행사의 가능성을 용이하게 하는 문제점을 해결하기 위해서 이러한 무기들의 비확산을 위한 종국적인 합의를 위해서도 지속적으로 노력해 나가는 것이 바람직할 것이다.

참고 문헌

- 유병화 등 3인 공저, 국제법 Ⅱ, 법문사, 2000.
- 김대순, 국제법론, 삼영사, 2003.
- 국방부, 전쟁법해설서, 2013,
- 육군사관학교, 세계전쟁사, 일신사, 1993
- LTC Jeff A. Bovarinick, et al., *Law of War DeskBook*, USAJAGLCS, (2011)

논 문

- 신흥균, 무인항공기의 무력공격을 둘러싼 국제법상 쟁점에 관한 연구, 항공우주정책·법학회지, 제28권 제2호, 2013. 12. 30.
- 배종인, 국제규범의 형성과정과 그 촉진·장애 요인에 관한 고찰: 무인항공기에 대한 국제적 규제 움직임을 사례로 하여, 국제법평론 2012-11(통권 제36호) 2012. 10. 29.
- Michael Schmitt, *Preemptive Strategies in International Law*, 24 MICH. J. INT'L L. 513 (2003)
- Jeremy Rabkin, John Yoo, *A Return to Coercion: International Law and New Weapons Technologies*, Geo. Mason L. Rev. 101 (2014).

기타 자료

- Philip Alston, *Report of the Special Rapporteur on extrajudicial, summary or arbitrary executions*, A/HRC/14/24/Add.6(28 May 2010)
- John Yoo, *A Return to Coercion: International Law and New Weapons Technologies*, 5th ISSML 발표문 (2014. 9. 25.)
- Michael W. Lewis, *Legal Issues Governing UAV's and Autonomous Weapons*, 5th ISSML 발표문 (2014. 9. 25.)
- Group Captain Ian Scott Henderson, *UAVs-The ADF's Current Involvement and Future Challenge*, 5th ISSML 발표문 (2014. 9. 25.)

3

화학무기 사용에 대한 인도적 간섭 및 보복적 화학무기 사용에 대한 연구 (시리아 사태에 대한 국제사회의 대응을 중심으로)

Research on Humanitarian Intervention against Use of Chemical Weapons and Retaliative Use of Chemical Weapons (Focusing on the reaction of international community on alleged Chemical attack by Syrian Government)

요 약

1945년 국제연합이 창설된 이후 국제관계에서 무력 행사가 금지되고 안전보장이사회를 통한 국제평화와 안전의 유지라는 기본원칙이 확립되었다. 그러나 자국의 영토나 정치적 독립의 침해에 대한 자위권의 행사와 국가 내의 심각한 인권침해 상황이나 인도주의적 위기를 해소할 능력이 없을 경우 이를 해소하기 위한 인도적 간섭이나 보호책임 이론에 따른 타국가의 개입은 국제관습법에 의해서 허용된다는 이론이 국제사회에서 강력하게 주장되고 있다.

한편, 화학무기는 국제조약에 의해서 완전히 그 사용이 금지된 유일한 대량살상 무기이며 이를 국제적, 혹은 국내적으로 사용하는 것은 국제형사범죄를 구성하는 것이다. 따라서 어떤 국가의 화학무기 사용은 인도적 간섭이나 보호책임을 통한 국제사회의 개입의 명분이 될 수 있다.

2013년 시리아 내전에서 화학무기를 사용한 것과 관련하여 이러한 측면에서의 국제사회의 압력은 시리아가 마침내 화학무기 금지협정(CWC)에 가입하는 결과를 도출했다. 시리아 사례는 화학무기 사용에 대해서 동일한 형태의 복구를 금지하고 오히려 국제적 제재와 압력을 통해 다른 대량살상무기의 사용도 포괄적으로 억제하는 좋은 예가 될 수 있을 것이다.

주제어

화학무기 금지협약(CWC), 인도적 간섭(Humanitarian intervention), 시리아사태(Crisis in Syria), 보호책임(R2P), 무력복구(military reprisal), 자위권(self defence), 관습국제법(customary international law)

화학무기 사용에 대한 인도적 간섭 및 보복적 화학무기 사용에 대한 연구 (시리아 사태에 대한 국제사회의 대응을 중심으로)

Research on Humanitarian Intervention against Use of Chemical Weapons and Retaliative Use of Chemical Weapons (Focusing on the reaction of international community on alleged Chemical attack by Syrian Government)

목　차

I. 서 론

UN체제 하에서 국제적 분쟁해결을 위한 무력행사는 일반적으로 금지되어 있으며 유엔헌장 제7장에 의해 안전보장이사회를 통한 강제조치만을 허용하고 있다. 한편, UN을 통한 강제행동의 독점원칙의 예외로 UN헌장 제51조에 의한 개별적 혹은 집단적 자위권행사와 같은 헌장 제53조에 의한 지역적 협정과 안보리 수권에 의한 강제행동을 허용하는 2개의 경우만을 허용하고 있다. 하지만 유엔체제 하에서도 국제관습법상 인정되던 국가의 무력행사를 정당화하는 사유로서 제3국내 존재하는 사람들의 신체와 재산에 대한 중대한 침해를 입을 절박한 위협에서 구하기 위해 제3국에 무력을 사용하는 '인도적 간섭'과 인도적 간섭의 범주에서 발전하여 자국민의 보호의무를 다하지 못하는 인도적 위기상황에 대한 예방과 재건까지를 포함한 '보호책임(R2P)'을 근거로 한 안전보장이사회의 승인을 통한 타국에 대한 무력개입의 허용여부가 국제적인 논쟁이 되고 있다.

이러한 인도적 간섭이나 보호책임을 근거로 국제적 혹은 비국제적 분쟁에서 전투원 혹은 민간인을 포함한 비전투원을 대상으로 화학무기를 사용하는 국가에 대해서 군사적인 개입이 허용될 것인가는 화학무기 사용에 대한 국제사회의 효과적인 대응과 더 나아가 분쟁에서 화학무기의 사용을 완전히 금지시키기 위한 국제사회의 노력이 나아갈 방향으로서 검토할 필요가 있다. 특히, 이러한 필요성은 최근 시리아에서 발생한 민간인에 대한 화학무기 사용에 대해서 미국 등 서방국가가 군사개입의사를 표시하는 가운데 러시아의 외교적 노력이 시리아를 화학무기의 개발, 생산, 비축, 사용금지 및 폐기에 관한 협약(Convention on the Prohibition of the Development, Production and Stockpiling and the Use of chemical weapon and on their Destruction, 이하 'CWC'라 한다.)에 가입시키고 화학무기를 폐기하는 절차를 진행하도록 한 사안에서 더욱 의미를 가진다고 할 것이다.

이하에서는 국제적 혹은 비국제적 분쟁에서 전투원 및 비전투원을 대상으로 한 화학무기 사용을 개별국가 주권의 절대성을 부인하고 제3국이 무력적으로 개입할 수 있는 인도적 위기상황이나 중대한 전쟁범죄로 볼 것인가? 이에 대해서 제3국이 개입하는 것은 일반적으로 허용될 것인가 혹은 안보리 등을 통한 UN체제 하에서의 간섭만이 허용될 것인가? 또한 어떠한 방향으로서 국제사회의 협력이 국제적으로 화학무기 사용을 효과적으로 대응하고 궁극적으로 그 사용을 완전히 금지시키는 조치가 될 수 있는지를 시리아 사태와 관련된 실제 사례를 중심으로 살펴보고자 한다.

한편, 화학무기 사용에 대한 국제적인 대응이 효과적이지 못 할 경우 화학무기의 공격을 받은 상대방이 국제법상 위법행위에 대한 복구(reprisal) 이론에 근거하여 동일한 위법행위로서 화학공격을 감행할 수 있도록 해야 하는가라는 문제도 논의의 필요성이 있다. 핵무기와는 달리 화학무기는 평상시 평화적 목적으로 사용하던 화학물질도 간단한 처리절차를 거쳐서 무기화할 수 있으므로 화학공격을 받은 국가로서는 손쉽게 동일한 보복수단을 마련할 수 있으며, 특히 적의 화학무기 공격으로 인하여 국가의 존망이 위태로울 경우에는 더욱 화학무기를 보복적으로 사용하고자 하는 유혹이 커질 수 있다. 이러한 측면은 핵무기의 사용에 대해서 국가의 생존이 위급할 경우 이를 위법하다고 할 수 없다는 ICJ의 판결과 관련해서도 핵무기 사용과는 어떠한 국제법상 차이점을 갖는지도 검토해볼 필요가 있다.

결국 복구이론에 의존한 보복적 화학무기 사용에 대해서도 이를 법이론적으로 금지시키려는 노력보다는 1차적으로 화학무기를 사용한 불법적인 공격을 허용하지 않도록 UN체제를 중심으로 한 국제사회가 단호하고 효과적인 대응체계를 수립하여 국제관행으로 확립시키려는 노력을 통해서 절대적으로 복구에 의한 대응이 필요한 상황이라는 논리를 불필요하도록 만드는 것이 필요하다는 측면에서 인도적 간섭이나 보호책임 이론에 의한 국제사회의 적극적 개입과 같은 맥락에서의 접근이 필요한 것이 아닌가라는 방향에서 검토해 보도록 하겠다.

Ⅱ. 화학무기 사용에 대한 인도적 간섭

1. 개 요

화학무기 사용에 대한 인도적 간섭의 허용여부를 살펴보기 위하여 먼저 현재 UN체제하에서 세계평화와 안전유지에 1차적 책임기관인 안보리에 의한 국제분쟁의 처리이외에 예외적으로 허용되는 합법적인 무력사용의 요건으로서 인도적 간섭과 보호의무에 따른 제3국의 무력간섭의 요건을 살펴보고, 화학무기의 국제적 혹은 비국제적 분쟁에서의 사용이 무력간섭을 허용하는 심각한 수준의 비인도적 사태의 기준을 충족시키는가를 검토할 필요가 있다.

이러한 이론적 검토를 바탕으로 최근에 시리아에서 발생한 반군지역에 대한 화학무기 공격으로 인해 천명이 넘는 사상자가 발생한 사안과 관련하여 국제사회의대응을 분석하여 인도적 간섭 혹은 보호책임 이론이 어떻게 실제 사례에 적용되었는지도 살펴보도록 하겠다.

2. 화학무기 사용에 대한 인도적 간섭

가. 국제연합 체제하에서의 무력사용

(1) UN 헌장과 무력사용 금지

제2차 세계대전이라는 엄청난 비극적 재난을 겪고 국제사회는 무력행사를 금지하기에 이르렀다. UN헌장은 제2조 제3항[954)]에서 분쟁의 평화적 해결원칙을 선언하고 같은 조 제4항[955)]에서 회원국들은 국제관계에서 어느 국가의 영토보전이나 정치적 독립에 반하여 또는 UN의 목적과 양립할 수 없는 방법으로 무력의 위협이나 사용을 할 수 없도록 하였다. 여기에는 모든 무력사용으로 전쟁뿐 아니라 무력복구도 포함하여 모든 무력행사를 일반적으로 금지한 것이다.[956)] 무력사

954) Charter of the UN Article2 3. All members shall settle their international disputes by peaceful means in such a manner that international peace and security, and justice, are not endangered.

955) Charter of the UN Article2 4. All members shall refrain in their international relations from the threat or use of force against the territorial integrity or political indepence of any state, or in sny other manner inconsistent with purpose of the United Nations.

956) 유병화 등 3인 공저, 국제법 Ⅱ, 법문사, 2000, 675쪽; 김대순, 국제법론, 삼영사, 2003, 899쪽

용의 금지는 회원국의 가장 핵심적인 의무의 하나이다.[957)]

(2) 안전보장이사회의 역할

안전보장이사회는 UN체제 하에서 국제평화와 안전의 유지에 관한 제1차적 책임(primary responsibility) 기관으로 회원국을 대신하여 신속하고 효율적인 행동을 취하여야 하며(제24조), 안보리의 결정은 회원국에 대하여 구속력을 가진다(제25조). 즉 안보리는 국제사회의 평화에 대한 위협, 평화의 파괴 또는 침략행위(any threat to the peace, breach of the peace or act of aggression)가 발생하면 이러한 사태나 행위의 유무를 결정하고, 국제평화와 안전을 유지하거나 회복하기 위한 조치를 취할지 결정해야 한다(제39조). 안보리는 1991년 이라크의 쿠르드족 탄압 사태, 1992년 소말리아 사태, 1993년 라이베리아 사태, 1993년 아이티 쿠데타 사태, 2006년과 2009년 북한의 핵실험 등을 국제평화와 안전에 대한 위협으로 규정하였다.[958)]

평화를 위한 위협 등이 있다고 판단되면 안보리는 일단 평화와 안전의 유지나 회복을 위한 권고를 할 수 있다(제39조). 권고의 내용은 제한이 없으며 전투행위의 즉각 중지, 병력의 철수 등이 될 수 있으며 강제성이 없으므로 자발적인 협조를 기대할 뿐이다.[959)] 나아가 안보리 결정의 집행을 위한 군사적, 비군사적 강제조치를 취할 수 있으며, 비군사적 조치가 불충분한 경우 국제평화와 안전을 회복하기에 필요한 군사적 조치를 결정할 수 있다(제42조).

비록 군사적 조치를 결정하더라도 UN은 상비 병력과 무기가 없으므로 회원국의 병력과 무기를 사용해야 하며, 애초 헌장 기초자들은 안보리가 특별협정을 체결하여 유사시 즉각 대비가 가능한 병력을 정하여 놓고 5개 상임이사국 대표로 구성된 군사참모위원회(military staff committee)가 지휘하도록 예정해 놓았다(제43조 내지 제47조). 그러나 UN창설 직후 시작된 냉전으로 특별협정은 체결되지 않았고 관련 조문은 사문화되었다.[960)] 결국 1990년까지 70개가 넘는 주요 전쟁은 모두 헌장 제7장 밖에 방치되었고, 평화의 파괴가 존재한다고 보아 국가들의 무력사용을 허용한 사례는 한국전이 유일하다.[961)]

---

957) 정인섭, 신 국제법강의, 박영사, 2012, 918쪽.

958) 정인섭, 전게서, 920쪽.

959) 정인섭, 전게서, 920쪽.

960) 정인섭, 전게서, 921쪽.

961) 김대순, 전게서, 919쪽; 1962년 미국과 소련의 쿠바미사일 위기는 미국의 일방적인 봉쇄조치로 대응하였고, 베트남전도 안보리의 손이 미치지 않았으며, 아랍과 이스라엘의 전쟁도 제7장에 의한 제재 위협만 되풀이 할 뿐 실제 조치는 이뤄지지↘

(2) 총회의 역할

UN헌장 상 안보리는 국제평화와 안전에 관한 1차적 책임기관이지만 배타적 책임기관은 아니다.[962] 즉 총회 역시 국제평화와 안전에 관한 문제를 토의할 수 있으며 회원국이나 안보리에 권고할 수 있다(제11조 제2항). 다만 안보리가 임무수행 중에는 안보리 요청없이 어떠한 분쟁이나 사태에 대한 권고도 할 수 없으며, 조치를 필요로 하는 사항은 토의의 전이나 후에 안보리에 회부되어야 한다(제12조).

안보리 기능마비 시 총회의 역할을 제도적으로 강화하기 위한 시도가 1950년 채택된 "평화를 위한 단결결의(Uniting for Peace Resolution)"이다. 이 결의는 한국전 시 소련의 거부권 행사로 인하여 안보리가 적절한 대응조치를 취할 수 없게 되자 탄생하였다.[963] 그 내용은 안보리가 국제평화와 안전의 유지를 위한 제1차적 책임을 완수하지 못할 때 총회가 회원국에게 집단적인 조치를 권고하기 위한 검토를 하도록 하고, 총회회기 중이 아닌 경우 안보리 9개 이상의 이사국 또는 과반수 UN회원국의 요청이 있으면 총회 비상특별회기를 소집하되 총회의 결정은 회원국에 대한 구속력은 없고 다만 국제평화와 안전을 위한 집단적 조치를 하는 회원국의 행동에 대해서 UN의 이름으로 정당성을 부여할 뿐이다.[964]

(4) 예외적 무력사용 허용요건

위에서 언급한 바와 같이 UN체제 하에서 국제적 분쟁해결을 위한 무력행사는 일반적으로 금지되어 있으며 유엔헌장 제7장에 의해 안전보장이사회를 통한 강제조치만을 허용하고 있다. 그리고 UN을 통한 강제행동의 독점원칙의 예외로 헌장 제51조에 의한 개별적 혹은 집단적 자위권행사와 헌장 제53조에 의한 지역적 협정과 안보리 수권에 따른 강제행동을 허용하는 2개의 경우만을 허용하고 있다.[965] UN헌장 51조의 자위권은 국가의 고유권리임을 인정하면서도 무력공격

않았고, 소련의 아프가니스탄 간섭(1979-1989)도 안보리의 주의를 끌지 못했다. 한편 한국전 당시 특별협정이 없어 제43조에 따른 군사력행사가 불가한 상황에서 안보리는 한국에 대한 군사적 원조를 권고하는 형식(결의 제84호)으로 16개국이 병력을 파견하였고, 1966년 로디지아의 독립에 대해서는 영국에 군사력 사용을 허가하는 방식을 취했으며, 1990년 이라크의 쿠웨이트 침공에 대해서는 헌장 제7장에 의한 조치임을 전제로 개별 회원국에게 무력사용을 허가하는 방식을 취하였다(결의 제678호). 자세히는 정인섭, 전게서, 921-922쪽 참조.

962) ICJ Report 1962, p. 163.

963) 유병화 등, 전게서, 714쪽; 정인섭, 전게서, 923쪽.

964) 정인섭, 전게서, 923쪽; 유병화 등, 전게서, 715-717쪽.

965) 김대순, 전게서, 899쪽.

(armed attack)이 발생한 경우, 자위권을 발동하여 조치를 취하되 그 내용을 안보리에 보고하도록 요구함으로써 자위권 행사내용을 검토하고, 안전보장이사회가 국제평화와 안전을 유지하기 위한 필요조치를 취할 때까지 행사할 수 있도록 시간적인 한계를 설정하여 안보리의 최종적 통제권을 포기하지 않고 있다.[966)]

여기에 더하여 UN체제 하에서도 국제관습법상 인정되던 국가의 무력행사를 정당화하는 사유로서 제3국내 존재하는 사람들의 신체와 재산에 대한 중대한 침해를 입을 절박한 위협에서 구하기 위해 제3국에 무력을 사용하는 인도적 간섭과 인도적 간섭의 범주에서 가급적 안보리의 결의를 통한 예방과 재건까지를 포함한 자국민의 보호의무를 다하지 못하는 인도적 위기상황에 대한 보호책임 (R2P)에 따른 타국에 대한 무력개입이 허용되고 또 필요하다는 견해와 이를 신제국주의적 개입(neo-imperialist intervention), 인도적 제국주의(humanitarian imperialism)라며 강대국의 횡포라고 비난하는 견해가 대립되고 있다.

상대빙의 불법행위로 피해를 본 국가가 그 피해를 배상받기 위하여 또는 그 불법행위를 중지시키기 위하여 같은 정도의 불법행위를 가해국가에 가하는 강제조치로서 복구(reprisal)도 그 자체는 국제법에 위반되지만 그 이전에 발생한 상대방의 불법행위로 인하여 위법성이 조각된다고 주장된다.[967)] 복구에 대해서는 보복적 화학무기의 사용과 관련하여 뒤에서 별도로 논의하겠다.

나. 인도적 간섭(Humanitarian Intervention)과 보호책임(R2P)

(1) 인도적 간섭

한 국가 내에서 심각한 수준의 비인도적 사태가 발생하고 있음에도 불구하고 당사국은 이를 수습할 의사나 능력이 없을 경우, 타국이 무력을 동원하여 그 사태를 종식시키려는 개입을 인도적 개입 혹은 인도적 간섭이라고 한다.[968)] 과거에는 대상국의 영토적 단일성이나 정치적 독립성을 해하려는 의도에서 감행된 개입이 아닌 한 이의 합법성이 대체로 긍정되었다. 그러나 UN헌장 하에서는 어느 국가의 국내 관할권 안에 있는 사항은 UN이 개입하지 않으며, 주권평등의 원칙과 무력사용의 금지원칙 등을 고려 시 현행법상 무력개입이나 간섭은 금지된다는 것이 일반론이다.[969)]

966) 정인섭, 전게서, 930-931쪽

967) 유병화 등, 전게서, 643쪽; 전게서, 901쪽; 정인섭, 전게서, 938쪽.

968) 정인섭, 전게서, 939-940쪽.

969) 유병화 등, 전게서, 651쪽.

하지만 목숨을 위협받는 무고한 현지 주민을 구할 수 있는 국제적인 수단이 없는 상태에서 개별 국가의 개입마저 금지하는 것은 비현실적이며, 개입국은 대상국의 영토적 단일성이나 정치적 독립성을 침해하려는 의도가 없으며, 비인도적 사태의 방지 또한 UN헌장의 목적이므로 영토국이 해결의사나 능력이 없을 경우 인도적 개입의 필요성은 인정되며 관습국제법상 인정된다는 견해가 있다.[970)]

그러나 인도적 개입은 강대국이 약소국을 대상으로 행하여 지는 것이며, 정치적 이해관계를 바탕으로 이루어지므로 남용 될 위험이 매우 크다. 1900년대 중국의 의화단에 의해 유럽인이 살해되자 유럽·일본 연합군이 이를 무력으로 진압한 것이 대표적인 예이다.[971)] 코소보에서 자행되던 잔학행위를 저지하려는 NATO의 1999년 세르비아 폭격은 UN의 승낙없이 이루어졌으나 국제사회의 용인을 받은 것이 사실이다. 그러나 1991년 이라크의 북부 쿠르드족 보호명분의 미·영·불 병력투입에 안보리가 병력사용을 허용하지 않았으며, 1994년 르완다사태나 남수단의 다푸르 사태에 대해서도 열강은 인도적 개입을 시도하지 않았다. 따라서 인도적 간섭을 전반적으로 지지하는 조약이나 해외에 인도적 개입이 가능한 국가도 소수의 강대국에 불과하다는 점에서 관습국제법형성에 필요한 일반적 관행과 법적확신이 확립되었는지도 불분명하다.[972)]

다만 현실적으로 다수의 무고한 생명이 위험에 처했는데도 안보리 등 국제사회가 사태해결을 위한 적시적 무력사용이 불가하거나 이를 허용하지 않는 경우 국가주권의 존중의 명분하에 죽어가야만 하는가에 대해서는 확답이 어렵다.[973)] 결국 인도적 무력간섭은 인도주의적 견지, 자기국민 보호 기타 국익 등 여러 가지 이유가 동시에 존재하며 그 중에 인도주의적 근거가 있다면 그만큼 그 합법성을 주장하기에 유리할 것이다.[974)]

(2) 보호책임

보호책임은 인도주의적 측면에서 인도적 간섭에 대한 UN의 참여를 강화하기 위한 이

970) 정인섭, 전게서, 940쪽.

971) 정인섭, 전게서, 940쪽; 김대순, 전게서, 909쪽.

972) 정인섭, 전게서, 942.

973) 이러한 견지에서 이스라엘이 우간다의 엔테베공항에 팔레스타인 게릴라에게 납치된 인질을 구출하기 위하여 특공대를 출동시킨 사례는 국제법 위반이라 비난할 수 있을지는 몰라도 도덕적으로 비난하기는 어려운 것이라는 견해로 정인섭, 전게서, 941-942쪽 참조.

974) 유병화 등, 전게서, 657쪽.

론이다. 냉전 종식 이후 제3세계에서 빈발한 내전에서 발생한 인도적 참화에 대해서 UN의 인도적 개입을 확대하지 못하면 인류는 새로운 양심의 대변자를 찾으려고 노력할 것이라는 1999 코피 아난 전 UN사무총장의 경고에 호응하여 캐나다 정부는 2000. 9. 개입과 국가주권에 관한 국제위원회(International Commission on Intervention and State Soverignty, 이하 'ICISS'라 한다)를 설치하고 인도적 목적의 개입과 주권에 관한 문제를 UN을 중심으로 한 국제시스템에서 어떻게 조화시킬 것인가에 대한 심층적인 검토에 착수하여, 2011. 9. 보호책임(R2P)이라는 보고서를 발간하였다.[975)]

이 보고서의 중심적 아이디어는 강대국들의 개입권리(right to intervene)가 아니라 모든 국가들이 자국 국민들을 잔악한 범죄행위로부터 보호할 책임이 있다는 것과 다른 나라들은 관련 국가가 그러한 책임을 완수할 수 있도록 돕는다는 것이다. 따라서 보호책임에는 1) 국민을 위험에 빠뜨리게 하는 내전이나 인위적인 위기들을 사전에 방지할 책임(the responsibility to prevent), 2) 제재나 국제 형사재판소 회부, 극단적 상황에서는 군사적 개입 등을 포함해 대응할 책임(the responsibility to react), 3) 군사적 개입 이후 재건 책임(the responsibility to rebuild)의 3가지 요소가 포함되어 있다.[976)]

ICISS의 보고서는 기존의 인도적 간섭이 일반적인 무력사용의 관점에서 접근했던 것과 달리 예방과 재건까지를 포함한 종합대책을 제시하면서, 인도적 보호를 위한 군사적 개입은 예외적인 조치로서 대규모 인명살상이나 인종청소가 일어나고 있거나 우려되는 상황에 한정하며, 정당한 의도와 최후 수단으로 활용되어야 하고, 비례성과 합리적 성공가능성이 고려되어야 한다고 명시하였다.[977)] 또한 모든 군사적 개입은 사전에 UN안보리의 승인을 받아야 하며, 상임이사국은 가급적 거부권을 행사하지 말아야 하며, 안보리가 군사개입을 거부할 경우 유엔총회의 평화를 위한 단결결의에 따라 논의하거나 해당 지역기구의 논의 후 안보리의 승인을 구할 수 있다고 견해를 제시하고 있다.[978)]

결국 현대의 주권개념은 더 이상 영토에 대한 절대적 통제라는 개념이 아닌 인권 존중이라는 조건부 권리이고, 국제사회는 대규모 비인도적 범죄행위를 예방하고 분쟁이 종식된 이후에는 그 사

975) 박동형, 리비아에 대한 '보호책임(R2P)' 적용 사례 연구, 국제정치논집 제52집 3호 (2012), 289쪽; 정인섭, 전게서, 942-943쪽.

976) 박동형, 전게논문, 290-291쪽.

977) 박동형, 전게논문, 291쪽.

978) 박동형, 전게논문, 291쪽.

회를 재건할 책임이 있다는 것이다. 한편, 2005. 9. 세계정상회담 결과 문서에 수록되어 2005. 10. 14. 유엔총회결의로 채택된 보호책임 조항에는 개별국가가 집단학살, 전쟁범죄, 인종청소, 인도에 반한 죄 등으로부터 주민을 보호하고, 국제공동체는 각 국가들이 이러한 책임을 수행할 수 있도록 도와주며, 유엔이 조기경보능력을 수립할 수 있도록 지원해야 한다고 명시했다.[979] 이것은 국제형사재판소의 4개 관할 범죄행위에 대해서만 R2P를 적용시키도록 적용범위를 축소시킨 것이다.

UN이 보호책임의 개념에 입각하여 적시적이고 적극적인 대응조치를 취했던 분명한 사례로 리비아 반정부 항쟁과정에서 카다피 정부에 의한 대량학살이 임박한 상황에서 UN을 중심으로 한 국제사회가 개입한 교과서적인 사안으로 평가받고 있다. 1969년 쿠데타로 집권한 이래 42년간 철권통치를 하던 카다피에 대한 국민들의 저항에 대해서 카다피는 탱크, 헬리콥터, 전투기까지 동원하여 공격을 하면서, 하야하기보다는 순교자가 되어 죽을 것이며 저항하는 바퀴벌레들은 공격하여 항복할 때까지 집집마다 청소할 것임을 공언하여 대규모 인명살상행위가 자행될 것임을 시사하였다.[980]

카다피정부의 강경대응에 따른 대규모 인명살상이 예견되자 아랍국가연맹(LAS)과 아프리카연합(Africa Union), 이슬람 회의기구(OIC) 등 국제사회가 강력히 대응할 것을 주장하고 미국을 비롯한 서방국가들도 카다피정부를 비난하였으며, 영국과 프랑스의 주도로 소집된 안보리에서 결의문 1970호를 통해서 리비아의 국민보호 책임을 확인하고, 무기금수, 카다피 등의 자산동결, 국제형사재판소 회부 등을 결의하였다.[981] 이후에도 카다피가 시위대들에 대한 대규모 폭력행사를 시사하자 안보리는 3. 17. 결의문 1973호를 통해 헌장 제7장에 입각한 비행금지구역을 설정하고, 회원국이 민간인 보호를 위한 모든 필요한 조치(All necessary measures)를 취하도록 하여 군사적 개입을 허용하였다. 이후 시작된 다국적군의 군사개입은 지상목표물에 대한 공격을 통해서 정부군의 장악지역을 평정하는데 기여하고 10. 20. 카다피가 반군에 피살됨에 따라 10. 24. 내전종식이후 안보리가 10. 26. 리비아내의 비행금지 구역 종료를 선언하고 NATO의 임무도 10. 31.부로 종료되었다.[982]

리비아 사태에 R2P원칙을 적용하여 국제사회가 군사적으로 개입한 것은 그 동안 발전시켜온 보호책임의 원칙을 실제 인도적 문제가 발생한 주권국가에 적용하여 무력 개입할 수 있는 전례

---

979) 박동형, 전게논문, 292쪽.

980) 박동형, 전게논문, 294-295쪽.

981) 박동형, 전게논문, 295-296쪽.

982) 박동형, 전게논문, 296-297쪽.

를 만들었다는 점과 UN이행계획에 따라 점진적으로 지역기구를 통한 설득, 비군사적 조치(결의문 1970호), 군사적 조치(결의문 1973호)의 압박강도를 높여가는 교과서적인 접근을 했다는 점에서 긍정적인 평가를 받는 반면, NATO군이 안보리 임무범위를 벗어나 반란군에 편승해 카다피 정권교체를 추구했다는 점은 국제사회에 보호책임의 장례적용에 있어서 중국과 브라질 등 'BRICS' 국가들로부터 신제국주의적 개입(neo-imperialist intervention), 인도적 제국주의(humanitarian imperialism)라는 비난을 받았다. 이러한 강대국의 약소국에 대한 내정간섭 내지 주권침해의 우려로 인해 현재 시리아에서 정부군에 대한 대규모 민간피해가 발생하고 있음에도 UN 안보리 중국, 러시아, 인도, 브라질 등이 UN 안보리 결의문 1973과 같은 결의문에 동의할 수 없다는 입장을 견지하고 있다.[983)]

보호책임은 ICISS가 보고서를 통해 개념을 제시한 이래 중요한 국제규범으로 정착되고 있다는 견해도 있으나[984)] 아직은 이를 인정하는 일반조약이 없고, 이를 이행하는 일반적인 관행도 성립되어 있지 않으므로 관습국제법에 이르지도 못했다고 보인다.[985)]

다. 화학무기 사용의 위법성과 인도적 개입 가능성

(1) 화학무기 사용금지에 대한 국제적 합의

화학무기는 유독성 화학작용제로서 적국의 인간, 동물 및 식물에 대한 직접 사용을 위해 고안된 전투수단이다.[986)] 화학무기는 목적물의 파괴없이 생물체에만 효과를 미치고, 넓은 지역에 대해서 지속적인 효과를 가지며, 다양한 종류를 개발할 수 있음에도 저렴한 비용이 든다는 군사적 유용성이 있으나, 사용효과의 불확실성, 기상의존성과 방호장비를 갖춘 경우의 효과성, 저장 또는 수송의 위험부담과 특히 민간인과 전투원에 구별이 불가한 피해를 입힌다는 점, 전쟁법의 기본원칙에 반하는 비기사도적인 무기라는 시각 등에서 1899년 헤이그가스선언 등을 통해 질식성, 유독성 가스의 살포를 유일한 목적으로 하는 발사체의 사용을 금지하여 그 사용을 규제해 왔다.[987)]

---

983) 문화일보, 안보리 시리아 제재 결의안 채책 무산, 거센 후폭풍, 2012. 2. 6.

984) 박동형, 전게논문.

985) 정인섭, 전게서, 943쪽.

986) 정운장, 국제인도법, 영남대 출판부, 1994, 297쪽.

987) 그러나 위 선언은 가스살포를 유일한 목적으로 하는 발사제반을 금지하였기 때문에 일반적으로 포탄을 발사하는 발사체를 통한 독가스사용을 전혀 규제하지 못하여 1차 대전당시 화학무기가 대량으로 사용되는 것을 방지하지 못하였다. 자세히는 정운장, 전게서, 294-298쪽 참조.

1925년 제네바 의정서에서는 화학무기의 사용을 직접 금지한 최초의 조약이지만 화학무기의 전시사용만을 금지하고, 금지대상인 화학무기의 범위가 불명확하며, 영국, 소련 등 다수의 제네바 의정서 체약국이 유보조항을 붙여 적국이 화학무기를 사용할 경우에는 자국도 화학무기를 사용하겠다는 소위 Second-Use를 행할 수 있도록 하여 사실상 구속력이 배제될 위험을 가지고 있었다.[988] 한편, 미국과 일본은 위 의정서에 서명조차 하지 않았다.[989]

이후에도 국제적 혹은 비국제적 분쟁에서 화학무기의 사용을 금지하려는 노력은 지속적으로 이루어져 왔다. 특히, 1980년대 제네바군축회의에서 화학무기 금지에 관한 협상을 시작하여 1993. 1. 15. 파리에서 화학무기의 포괄적(전면) 금지에 관한 협약인 화학무기의 개발, 생산, 비축, 사용금지 및 폐기에 관한 CWC 협약에 117개국이 서명을 하였다. 동 협약에 의하면 화학무기의 사용은 물론 개발, 생산, 비축을 금지하고 보유한 화학무기도 10년 내 폐기하도록 하는 한편 국제군축조약 중 최초로 강제사찰제도를 도입하는 등 강력하고 효율적인 검증체계를 갖추고 있었고 이를 위한 이행기구인 OPCW를 헤이그에 설치하면서 1997. 4. 발효되었다.[990] 위 협약은 화학물질의 대체용이성, 검증기술의 한계, 탈퇴조항에 따른 도피조항(escape clause)으로의 악용 등의 위험이라는 문제점에도 불구하고 화학무기에 대한 전면적, 포괄적 금지협약이라는 점에서 큰 의의를 가지고 있다.[991]

(2) 화학무기 사용의 위법성

화학무기 사용 등에 대한 포괄적 금지협약인 CWC는 현재는 최근 가입한 시리아를 포함한 189개국이 가입하여 국제적, 비국제적 분쟁에서 화학무기의 사용이 국제적으로 금지된 것이 동 협약을 비준한 가입국가들 사이에서는 조약법상으로 명확하다. 한편, 비가입국에게는 ICJ의 핵무기 사용의 합법성 관련 결정에 비추어 볼 때 국제관습법 상 그 사용이 금지된 것이 명확하다고 보인다.[992] [993] ICJ도 핵무기 사용의 적법성여부에 대한 판단에서 20년의 걸친 협상에도 불구

---

988) 정운장, 전게서, 299쪽; 허철, 화생방전의 역사적 고찰, 군사평론 제91호, 45쪽.

989) 허철, 전게논문, 45쪽.

990) 외교통상부, 현대국제법, 박영사,2001, 603쪽.

991) 정운장, 전게서, 304-305쪽.

992) 현재는 북한, 이집트, 앙골라, 남수단 등 4개국이 가입하지 않았으며, 이스라엘은 서명은 했으나 국내 비준절차를 마치지 않았다.

993) ICJ Report 226(1996). The first is aimed at the protection of the civilian population ...... distinction from combatants and non-combatants; states must never make civilians the object of attack and must consequently never use weapons that are incapable of distinguishing between civilian and military targets. According

하고 핵무기는 생물무기나 화학무기와 같은 포괄적 금지협약이 존재하지 않는다고 하면서 국가의 생존이 위험에 처한 극단적인 상황에서(in an extreme circumstance of self-defence, in which its very survival would be at stake) 핵무기의 예외적 사용가능성을 인정하는 반대해석에 의해서 화학무기의 사용은 국제적으로 금지된다는 것이 조약상 혹은 국제관습법 상 확립되었다는 해석이 가능한 듯한 판시를 하였다.[994)]

2004년에는 UN 안보리결의1540에서 모든 국가는 화학무기를 포함한 대량살상무기(WMD)와 그 투발수단에 대한 개발, 취득, 제조, 소지, 수송, 이전 혹은 사용하려는 의도를 가진 비국가행위자(non-State actors)들에 대해서 어떠한 형태의 지원도 제공하지 않도록 하는 의무를 부여하여 화학무기 사용행위가 테러단체 등 비국가행위자들에 의해서 이루어지는 것도 방지해야한다는 것을 명확히 하였다.[995)]

한편, 국제 형사재판소에 관한 로마규정(Rome statue of the International Criminal Court, 이하 '로마규정'이라 한다.)에서는 국제분쟁에서 민간인에 대한 공격 및 전시 화학무기 사용을 전쟁범죄로 규정하고[996)], 민간인에 대한 광범위하고 체계적인 공격을 통한 살해 등을 인도에 반하는 죄로 규정[997)]하고 있다. 따라서 국제적 분쟁에서 화학무기를 사용하여 전투원을 공격하거나 혹은 민간인에게 피해를 입히는 것은 허용될 수 없는 전쟁범죄 행위라고 볼 수 있다. 또한 내전 등의 비국제적인 분쟁에 있어서도 반군인 전투원과 일반 민간인에 대한 화학무기 사용은 CWC와 민간인에 대한 공격을 전쟁범죄와 인도에 반하는 죄로 규정한 로마규정에 입각할 때 전쟁범죄 혹은 국제법상 허용될 수 없는 반인도적 행위라고 볼 수 있다.

---

to second principle, it is prohibited to cause unnacessary suffering to combatants. The fundamental rules flowing from these principles bound all states, whether or not they had ratified Hague and Geneva Conventions, since they constituted intransgressible principles of international customary law.

994) ICJ Report 226(1996). Para. 58; In last two decades, a great many negotiations have been conducted regarding nuclear weapons; they have not resulted in a treaty of general prohibition of the same kind as for bacteriological and chemical weapons.

995) S.C. Resolution 1540 (2004).

996) ICC 규정 제8조 전쟁범죄 b (1) 민간인 주민 자체 또는 적대행위에 직접 참여하지 아니하는 민간인 개인에 대한 고의적 공격
(17) 독이나 독성 무기의 사용
(18) 질식가스, 유독가스 또는 기타 가스와 이와 유사한 모든 액체, 물질 또는 장치의 사용

997) ICC 규정 제7조 인도에 반하는 죄 1 이 규정의 목적상 '인도에 반하는 죄'라 함은 민간인 주민에 대한 광범위하거나 체계적이고 의식적인 공격의 일부로서 다음의 행위를 범하는 것을 말한다.
(a) 살해, (b) 절멸, (c) 노예화, (d) 주민의 추방 또는 강제이주

(2) 화학무기 사용에 대한 인도적 개입 가능성

전시 적국에 대한 화학무기 사용과 비국제적 무력충돌에서 전투원이나 민간인을 대상으로 한 화학무기 사용은 전쟁범죄 혹은 인도에 반하는 죄로 그 위법성이 매우 크다는 것은 이미 검토해 보았다. 그렇다면 이러한 사태가 자국민을 상대로 벌어지는 경우 대규모 인명살상행위로 연결된다면 당사국의 보호의지가 없는 경우로서 급박한 위협상황에 무력사용이 당사국의 영토적 단일성과 정치적 독립성을 침해하지 않는 일시적인 것이라면 인도적 개입을 인정하는 견해에 의해서는 충분한 무력개입의 요건을 만족시킨다고 할 수 있다.

또한 보호책임을 인정하는 견해에 의할 때도 2005년도 UN 정상회담에 따른 총회결의[998]에 의해서 인정되는 보호책임의 발동요건으로서 국가가 ICC관할범죄인 전쟁범죄와 인도에 반하는 죄를 저지르는 경우로서 해당 국가에게 국민에 대한 위험을 방지할 보호책임을 완수할 것을 권고하고 비군사적 조치를 통해서 시정을 시도한 후 마지막 수단으로서 안보리의 승인 혹은 총회의 권고에 의한 군사적 개입을 통한 사태의 해결 및 재건지원 등을 시도할 수 있을 것이다.

3. 시리아 사태에 대한 적용

가. 사안의 경과

(1) 시리아 사태에 대한 일반적인 고찰

시리아의 반정부 봉기는 아랍의 봄이라는 재스민 혁명의 반정부 시위물결에 영향을 받았다.[999] 2010. 12. 17. 튀니지 중부의 한 도시의 청과물 노점상 청년이 경찰의 단속에 항거해 분신자살한 소식이 인터넷을 통해 전국으로 퍼지면서 분노한 국민들에 의해 대규모 반정부 시위로 이어지고 이에 대한 경찰의 발포가 1987년 쿠데타 이래 튀니지를 23년간 통치해 온 벤 알리(Zine El Abidine Ben Ali)대통령을 2011. 1. 14. 사임하게 만든 소위 '재스민 혁명'의 불꽃은 이집트, 리비아, 예멘 등으로 이어지며 이 지역 국가들의 독재정권을 종식시키는 결과를 가져왔다.[1000] 시리아에서의 저항운동은 튀니지 및 이집트와는 달리 점진적으로 촉발되었다. 2011. 1. 26.부터 간헐적

998) UN Doc. A/Res/60/1 (24 Oct. 2005).

999) 서정민, 내부 갈등과 시리아 사태의 장기화, 한국이슬람학회 논총, 제22-3집, 95쪽.

1000) 박동형, 전게논문, 288쪽.

으로 이어지던 시리아의 반정부 시위가 3월 중순부터는 다라(Darra) 시 초등학생들의 반정부 낙서에 대한 체포와 고문사실이 밝혀지면서 전국적으로 확대되었고 시위대에 대한 실탄사격으로 주민이 사망하는 등 정부의 강경진압으로 시위는 더욱 확대되어 현재 2년 6개월 이상 지속되고 있다.[1001)]

시위대는 장기집권과 유혈진압의 책임을 지고 바샤르-알-아사드(Bashar al-Assad)대통령이 하야할 것을 요구하자 이에 맞선 시리아 정부는 부분적인 개혁조치와 시위대에 대한 무차별 진압으로 사태를 무마하려고 하였다.[1002)] 바샤르 대통령은 2012. 1. 10. 연설에서 시리아에서 발생하고 있는 사태는 이란과 히즈불라의 영향력을 약화시키려는 외부 세력의 무장폭동이며 시리아 안정을 해치려는 목적을 가진 무장폭동을 종식시키기 위해 철권(iron fist) 대응조치를 취할 것이라고 선언했다.[1003)]

튀니지, 이집트, 리비아, 예멘 등 반정부 시위에 의해서 장기독재 정권이 무너진 다른 아랍국가와는 달리 시리아의 반정부 시위는 비록 무장투쟁을 동반한 내전형태로 발전하였으나 수도 다마스쿠스에 대규모 시위군중이 몰리는 현상은 발생하지 않고 오히려 중소도시를 중심으로 시위가 진행되는 분열된 반정부 투쟁양상을 보이면서 내전사태가 장기화 되고 있다.[1004)] 시리아 사태의 장기화 요인은 먼저 시리아의 집권세력인 전체인구의 12%를 차지하는 시아파의 일파인 알라위(Alawi)파와 다수파인 수니파 무슬림이 정권을 잡을 경우 삶이 더 악화될 것을 고민하는 전체인구의 10%와 3%를 차지하는 기독교와 드루즈파를 포함한 25%가 반정부 시위에 대항하거나 적극 참여하지 않고 있다. 또한 9%의 인구를 차지하는 쿠르드족 역시 반정부 혁명에 적극 동참하지 않아 범국민적 투쟁이 아닌 수니파가 다수인 중소도시 위주의 시위가 진행되는 것이다.[1005)]

여기에 더하여 반정부 세력 역시 민족 및 종파로 분열되어 취약한 구조를 갖추고 있는 것도 사태가 장기화되는 배경의 하나이다. 현재 반정부 세력을 견인하는 조직은 시리아국가위원회(SNC,

1001) 서정민, 전게논문, 93-94쪽.

1002) 시리아 정부의 시위대에 대한 강경진압은 2011. 3. 18. 시위대에 대한 실탄사격으로 주민 7명이 사망한 이래, 4. 15. 다마스쿠스를 비롯한 전국 주요도시의 시위에 대해서 보안군이 저격수를 동원해 시위를 진압함으로써 이날 하루에만 88명이 사망했으며, 8월 라마단 기간 중에도 정부의 강경진압으로 수 백명이 사망하였으며, 발포를 거부한 탈영병과 정부군간의 교전도 발생했다. 11. 14.에는 시리아 전역에서 발생한 총격전으로 34명의 정부군과 12명의 탈영병이 사망하는 등 점차 내전 양상으로 발전하였다. 자세히는 서정민, 전게논문, 94-95쪽 참조.

1003) 서정민, 전게논문, 98-100쪽.

1004) 서정민, 전게논문, 100쪽.

1005) 서정민, 전게논문, 100-105쪽.

Syrian National Council)인데 2011. 9. 위원장에 선임된 갈리운(Burhan Ghalioun)이 파리에 거주하는 것을 비롯하여 위원의 절반이상이 해외에서 망명생활을 하고 있어 바샤르 정권에 정면 대항하는데 한계를 보이고 있다.[1006]

또한 혁명의 전위부대인 자유시리아군(Free Syrian Army)과 SNC와의 협력이 독자적인 군사국(military bureau) 설치, 정치적 물질적 지지의 미약 등을 이유로 균열이 있었으며, 정부에 반기를 든 무스타파장군이 독자적인 고위군사혁명위원회(Higher military Revolution Council)을 창립하여 자유시리아군 지도부와 갈등하는 등 분열조짐을 보이는 가운데 바샤르 정권 퇴출이라는 공동목표를 위해 느슨한 협력을 지속하고 있다.[1007] 더욱이 시리아 반군에는 알카에다와 연계된 무장단체이자 미 정부에 의해 테러조직으로 지정된 알 누스라(Al-Nusra)가 포함되어 반군 내에 상당한 영향력을 행사하면서 자유시리아군 등 시민군과 알카에다 연계조직 간에 갈등이 감지되고 있다.[1008]

(2) 시리아 사태에 대한 국제사회의 대응

이와 같은 사태의 장기화 와중에 국제사회의 대응은 효과적일 수 없었다. 우선 국제분쟁의 일차적 해결책임을 지고 있는 UN안전보장이사회의 상임이사국인 러시아와 중국이 시리아에 대한 제재나 개입에 부정적인 입장을 견지하고 있었으므로 UN안전보장이사회 차원의 공식대응은 불가능한 것이었다. 중국은 2012. 4. 안전보장이사회에서 시리아 사태와 관련하여 바샤르 대통령의 하야를 결의하려는 것에 대해서 거부권을 행사한다.

2012. 3. 25. UN과 아랍국가연합(LAS)의 공동특사인 코피아난과 시리아 정부는 시리아의 무력사태를 종식시키기 위한 6대 중재안[1009]에 합의하고, 우선적으로 같은 해 4. 10.까지 인구밀집 지역으로의 병력의 이동을 중지시키고, 위 지역에 대한 중화기에 의한 공격을 중지하고, 위 지역으로부

1006) 서정민, 전게논문, 106-107쪽.

1007) 서정민 전게논문, 108-109쪽.

1008) 김진아, 국제사회의 시리아 군사개입 딜레마, 한국국방연구원 동북아정세분석, 4쪽.

1009) 6개 평화중재안은 1) 특사와 협력하여 시리아가 주도하는 정치적 절차를 거쳐서 시리아 국민의 정당한 열망과 관심을 논의하기 위해서 필요한 대담자를 임명하고, 2) 민간인을 보호하고 국가를 안정시키기 위하여 모든 세력들은 전투를 중단하고 UN에 의한 정전상태를 감시하도록 하고, 3) 전쟁에 피해를 입은 모든 지역에 대한 인도적 지원이 가능토록 하며, 4) 평화 및 강제로 억류된 인원의 석방을 강화하며, 5) 언론인의 시리아내 통행의 자유 및 차별없는 비자발급을 보장하고, 6) 법적으로 보장된 집회 및 결사의 자유를 보장하기 위해 노력한다는 내용이다. 자세히는 S. C. Resolution 2042(2012) Annex 참조.

터 주요병력을 철수시키기로 하였고, 반군측도 정부가 위와 같은 조치를 취한다는 전제하에 위 제안에 동의하여 일응의 휴전협정이 성립된 듯 보였다.[1010] 같은 달 12일에는 일부에 대해서는 그 이행이 감지되고 있다는 보고도 특사 측으로부터 있었다.[1011]

2012. 4. 14.에는 UN안보리가 휴전상태를 감시하기 위한 30명의 정전감시단의 파견을 안보리 결의 2042호를 만장일치로 통과시켰으며, 같은 달 21일에는 감시단의 규모를 300명으로 증원하는 결의 2043호를 역시 만장일치로 통과시켰다.[1012] 같은 해 6. 30.에는 UN, LSA, 중국, 프랑스, 러시아, 영국, 미국, 터어키, 이라크, 쿠웨이트, 카타르, EU 외교 및 안보정책 고위대표들이 참여하는 시리아 최종코뮤니케에서 시리아 정부와 반군측을 포함한 협의체를 통해 사태를 평화적으로 해결하기 위한 액션플랜을 제시하기도 하였다.[1013]

그러나 시리아 정부는 정전감시단의 파견을 앞두고 4. 15.에는 반군의 거점도시인 홈스에 집중포격을 하였다.[1014] 또한 2012. 7. 12.에는 하마 인근 트렘사(Treimseh) 마을에서 정부군이 탱크와 헬리콥터 등 중화기를 동원하여 인구밀집 지역을 무차별 포격함으로써 다수 민간인을 살해하여 코피 아난 특사의 6개 평화중재안, 안보리 결의 2042·2043호를 명백히 위반하는 행위를 하였다.[1015] 2013. 3. 나토군은 시리아 접경에 미사일을 배치하고 미국은 4월에 시리아 반군에게 6000만 달러의 군사비를 지원하는데 반해 러시아와 중국은 시리아 정부군에게 군사비와 무기를 공급한다.

이런 와중에 지난 8. 21. 반군지역인 수도 다마스쿠스의 외곽도시 구타(Ghouta)지역에 시리아 정부군이 화학무기를 통한 공격을 하여 1,300여명이 숨지고 3,600여명이 부상을 당했다는 주장이 제기되었다. 미국 등 서방국가가 보호책임(Responsibility to protect, 이하 'R2P'라 한다)에 입각한 군사개입 의지를 즉각 표명하였다.[1016] 이처럼 국제사회의 압력이 거세지자 바샤르 대통령은 8. 25. UN조사단의 화학무기 사용의심 현장 조사를 허용하면서 화학무기를 사용한 것은 정부군이 아니라 반군이라고 주장했다. 러시아도 두마위원장인 알렉세이가 화학무기 사용은 반군의 자작극이

1010) S. C. Resolution 2042(2012).

1011) S. C. Resolution 2042(2012).

1012) S. C. Resolution 2042(2012); S. C. Resolution 2043(2012).

1013) S. C. Resolution 2118(2013) Annex II.

1014) 아시아투데이, 시리아반군 "국제 휴전 감시단에 협조할 것", 2012. 4. 15.

1015) 외교통상부 보도자료, 시리아 트렘사(Treimseh) 사태에 관한 외교부 대변인 성명 (2012. 7. 16.).

1016) 동아일보, 시리아 화학무기 대응 미 군사개입 초읽기, 2013. 8. 26.

라고 시리아 정권을 지원했다.[1017)]

중국, 러시아 등은 시리아의 국내문제에 대한 인도적 간섭 내지 보호책임(R2P)을 근거로 한 군사개입에 반대하면서 주권국가의 영토의 존속과 정치적 독립성을 강조하는 가운데 평화적 사태해결을 거듭 주장하였다. 이런 와중에 8. 29. 영국의회도 시리아에 대한 군사제재에 대한 동의안을 부결시킨 반면 같은 달 30. 의회의 동의없이 시리아에 대한 군사제재에 동참이 가능한 프랑스는 '화학무기로 민간인을 죽인 아사드를 응징하고자 하는 프랑스의 뜻은 흔들림이 없다'는 올랑드 대통령의 입장발표로 미국에 대한 지지를 보였다.[1018)] 정작 미국의 오바마 대통령은 같은 달 31일 시리아 군사행동에 대해서 의회의 승인을 받겠다고 한발 물러서는 모습을 보였다.[1019)]

이러한 와중에 러시아는 시리아와의 외교적 협상을 통해 화학무기를 폐기하도록 하는 방안을 제안하였고, 미국도 이에 대해 외교적 협상과 협상 실패에 대비한 군사공격 대비 태세를 갖추는 방식으로 군사적 압박과 협상을 병행하는 방향으로 선회하면서 오바마 대통령은 의회표결을 연기하도록 요청하였다. 한편, 시리아는 9. 12. CWC협약에 전격 가입하면서 화학무기 금지기구(OPCW)에 넘길 화학무기 보유 사실 및 이는 이스라엘의 공격에 대비한 것이라고 발표했다.

시리아의 이같은 움직임은 화학무기를 국제기구의 통제에 맡기고 CWC에 가입하는 조건으로 미국을 포함한 서방국가들이 군사개입을 하지 않는 것을 골자로 하는 러시아 중재안을 따른 것이다.[1020)] 이에 따라 화학무기 금지협약 가입국은 189개국이 되었으며, 북한, 이집트, 앙골라, 남수단 등 4개국만이 미가입국으로 남았고, 이스라엘은 가입 서명은 했으나 의회 비준이 이뤄지지 않았다.[1021)]

9. 13. UN조사단이 시리아 현지에서 조사를 마치고 보고서를 제출하였는데, 보고서는 2013. 8. 21. 시리아 내에서 구타(Ghouta) 일대에서 분쟁당사자들 사이에 어린이를 포함한 민간인에 대해

1017) 위 동아일보 기사; 러시아는 시리아 정부는 화학무기 사용할 계획이 없음을 수차례 공식적으로 확언하였으며, 화학무기 사용은 용납할 수 없으며 국제사회로부터 단호한 대응이 있을 것이라는 것을 분명히 하면서도 화학무기로 반군 6명이 사망했다는 것은 외부세력의 무장개입을 도발하려는 의도라고 보았다. 또한 시리아내의 사태의 유일한 해결방법은 대화와 협상이며, 러시아 정부는 안보리 결의 2042·2043과 제네바 코뮤니케에 기반하여 시리아 정부, 반대세력, 주요국과들과 접촉을 계속하고 있다고 하였다. 자세히는 인터넷 웹사이트 환경뉴스, 러시아 정세(http://www.eishub.or.kr/06_News/03_General_Listasp?idx=28326&readyn=READ) 참조.

1018) 연합뉴스, 오바마 시리아 반전카드 후 불-영 엇갈린 행보 부각, 2013. 9. 1.

1019) 한국일보, 오바마 "시리아 공습, 의회 승인 먼저 받겠다.", 2013. 9. 1.

1020) 연합뉴스, 시리아 화학무기금지협약 가입, 유엔 환영, 2013. 9. 13.

1021) 연합뉴스, 위 기사.

서도 상대적으로 대규모로(on a relatively large scale) 지대지 로켓을 이용하여 화학무기인 사린 신경가스가 사용되었다고 결론지었다.[1022] 하지만 사용의 주체가 누구인지는 명확히 밝히지 않아 시리아 정부의 부담을 덜어주었다는 지적이 있었다.

UN안전보장이사회는 9. 27. 시리아에 있는 모든 화학무기를 2014. 6.까지 폐기하는 결의안을 채택했다. 결의안에 따라 사무총장은 10일 안에 UN의 역할에 대한 권고안을 마련하고, 화학무기 금지기구(OPCW)는 결의안 채택 30일 이내에 이행점검사항을 안보리에 보고해야 하며, 10월 말까지 화학무기 폐기계획에 대한 이행점검계획을 수립할 계획이다.[1023] 이 결의안에는 시리아가 화학무기 폐기를 이행하지 않으면 헌장 제7장에 따라 군사개입을 허용한다고 규정하였으나 군사개입 시 안전보장이사회의 추가 결의를 거쳐야 하고 상임이사국인 중국과 러시아가 군사개입에 반대 입장인 점을 고려 시 실효성이 없다는 지적이 있다.[1024]

그러나 러시아도 '시리아가 우리를 속인다면 기존입장을 바꿀 수 있다'는 강경한 경고를 보냈고, 존 케리 미 국무장관은 '시리아가 화학무기를 폐기하지 않으면 상응하는 대가를 치를 것'이라고 경고한 점 등을 고려할 때 시리아 정부의 합의 파기는 쉽지 않을 것이라는 전망이 있다.[1025] 이 경우 기존에 군사개입을 천명해 온 미국이나 프랑스의 제재에 대해서 국제사회의 반대가 강력한 지지를 얻기 어려울 것이라는 점도 예상이 가능하다.

10. 1. 20명의 전문가로 구성된 OPCW 사찰단이 시리아에 도착하여 미국, 러시아 합의 및 UN 안보리 결의안에 따라 시리아 화학무기 폐기를 위한 사전조사를 벌이기 위해 레바논을 통해 시리아에 입국했다. 반기문 사무총장은 같은 달 13일 시리아 화학무기 해체를 위한 UN-OPCW 합동조사·해체단 UN측 대표로 시그리드 카그 UNDP 사무차장를 지명하고 시리아 정권의 화학무기 폐기과정을 감독하는 임무를 부여하였다.[1026] 한편, 2013년 노벨평화상이 시리아 화학무기 해체작업을 맡은 OPCW에 돌아가면서 이들이 금지하고 폐기하려는 화학무기에 대한 관심도 높아지고 있다.[1027]

1022) UN mission to Investigate Allegations of the use of Chemical Weapons in the Syrian Arab Republic, Report on Allegation of the use of Chemical Weapons in the Ghouta area of Damascus on 21 August 2013, 5 (2013. 9. 13.)

1023) 한국일보, "내년 6월까지 시리아 화학무기 폐기" 안보리 만장일치 채택, 2013. 9. 29.

1024) S.C. Resolution 2118 (2013) 21 Decides, in the event of non-compliance with this resolution, including unauthorized transfer of chemical weapons, or any use of chemical weapons by anyone in Syrian Arab Republic, to impose measures under Chapter Ⅶ of the United Nations Charter; 한국일보, 위 기사.

1025) 한국일보, 위 기사.

1026) 뉴스1코리아, '시리아 화학무기 해체' 유엔 대포에 UNDP 차장보 지명, 2013. 10. 14.

1027) 뉴스1코리아, OPCW 노벨 평화상, 시리아 화학무기 해체 속도 더하나, 2013. 10. 13.

나. 시리아 사태에서의 화학무기 사용에 대한 국제적 대응 검토

(1) 인도적 개입 혹은 보호책임에 따른 개입 가능성

먼저 인도적 개입과 관련하여 코소보사태를 예로 들면 시리아의 경우에는 화학무기를 사용하기 이전에 이미 정부에 의해서 대규모 인명살상이 이루어지고 있었다는 점에서 인도적 개입요건으로서 심각한 수준의 비인도적 사태의 발생이라는 요소는 매우 강하다고 할 수 있다. 시리아 인권관측소는 지난 2011년 3월 전쟁시작 이래 30개월간 시리아에서 최소 11만 5,206명이 사망했으며 이중 4만 1,533명은 정부군, 반군에도 속하지 않은 일반 시민이고 여기에는 6,087명의 어린이와 4,079명의 여성이 포함되어 있다.[1028] 여기에 더하여 정부군은 일반시민을 포함한 지역에 화학무기를 사용하여 1300여명의 사망자를 발생하게 하였다면 인도적 간섭의 필요성은 더욱 커진다고 할 것이다.

당사국은 이를 수습할 능력이 있는가라는 부분에서는 화학무기를 사용하고 현재도 내전에서 평화협상 등에 소극적인 시리아 정부는 이를 수습할 능력이 없다고 보인다. 결국 다른 개별국가들이 시리아의 영토적 단일성이나 정치적 독립성을 해하지 않는 범위에서 시리아 내의 비인도적 사태를 종식시키기 위해서 군사적인 개입을 할 여지는 충분하다고 보인다.

다음으로 보호책임에 따른 군사적 개입은 시리아가 국민들에 대해서 화학무기를 사용하는 등의 사태를 악화시켜 자국민에 대한 보호책임을 이행하지 못하고 있는 상황이며, 이것은 전쟁범죄나 인도에 반하는 죄를 범하는 상황으로 매우 예외적인 군사개입이 요구되는 상황이라 할 수 있다. 특히, 국제사회는 코피아난 특사를 통한 평화중재안의 제의, 안보리 결의안 2042·2043호, 제네바 코뮤니케 액션플랜 등을 통해서 비인도적 사태를 대화와 협상을 통해서 종식시키려는 노력을 지속해 왔으나 그 효과가 없는 상황이었다. 따라서 시리아내의 극단적인 상황을 해소하고 군사적 개입이후 재건책임을 완수할 수 있다면 군사적 개입을 할 요건은 충분하다고 보인다. 다만 문제가 되는 것은 군사적 개입의 합리적인 성공가능성과 안보리의 승인 문제가 남는다.

시리아의 내전을 분석해 보면 아사드 정권이 아직도 일부 국민의 이익을 대변하고 있으며 무정부 상태에 도달하지 않았다는 견해에서 시리아 분쟁의 약자인 반군에게 군사적 원조를 제공하거나 군사적으로 개입하는 것은 분쟁을 더욱 장기화하는 것이며, 시리아 민족 및 종파 구성의 다양성, 반군 내 이슬람 과격세력의 영향력 확대 등을 고려한다면 시리아 정권의 붕괴이후에 힘의 공백

1028) 경향신문, 시리아 화학무기 폐기작업 시작, 3년 내전에 사망자 11만 5000명, 2013. 10. 1.

은 시리아의 평화가 아닌 더 복잡한 분열과 갈등을 가져올 수 있으므로 이것은 군사적 개입의 합리적인 성공가능성 혹은 사태종식 후의 재건가능성 측면에서 오히려 사태를 악화시킬 가능성이 있다는 견해가 있다.[1029)]

또한 안보리의 승인문제는 이미 검토한 바와 같이 상임이사국인 중국과 러시아의 군사적 개입에 대한 강한 반대와 영국의회의 군사개입 승인이 거부된 상황을 고려할 때 안보리의 승인을 통한 보호책임의 이행을 위한 군사적 개입은 불가능하다고 보아야 한다. 그렇다면 총회의 결의를 통한 평화를 위한 단결결의를 이용하여 총회의 권고를 통한 개입이 가능할 수 있으나 역시 이러한 경우에도 군사적 개입에 대한 견해대립이 있을 수 있어 원만한 합의에 의한 의결을 도출하기는 쉽지 않을 것으로 보인다.

결국 시리아의 화학무기 사용에 대해서 무력개입을 한다면 미국, 프랑스 등 이미 개입의지를 강력하게 밝힌 강대국들을 중심으로한 인도적 개입에 근거한 개별국가의 군사적 개입이 될 가능성이 크다. 이러한 군사적 개입은 인도적 간섭이나 보호책임에 대한 일반적인 조약이나 국제관습법이 확립되지 않은 상황을 고려할 때 국제적으로 큰 지지를 이끌어내기도 쉽지는 않을 것이다. 더욱이 이 경우 군사적 개입의 합리적 성공가능성은 보호책임에 대한 요건 검토시 살펴본 바와 같이 시리아 내전의 특수한 상황을 고려할 때 시리아의 평화실현에 있어서 최선의 결과를 가져올 것이라는 확신을 하기는 쉽지 않다.

그러나 시리아에 대한 군사적 개입의 압력이 가시적일수록 시리아는 평화적 방법에 의한 문제의 해결에 적극적으로 임하게 하는 작용으로서는 충분히 의미를 가질 수 있다. 실제로 러시아가 시리아와 화학무기 사용을 포기하는 조건으로 군사개입을 중단하는 내용의 합의를 도출해 낸 것은 러시아의 외교적 협상력이외에 미국, 프랑스 등의 적극적인 군사개입 의지 표명도 분명히 큰 역할을 하였을 것임은 분명하다. 이런 측면에서는 군사적 개입 의사표명이 사태의 평화적 해결을 위해서 반드시 필요한 요소였다고 볼 수 있다.

(2) 러시아의 외교적 협상에 따른 결과의 평가

미국과 서방국가가 시리아가 반군지역의 반군 및 민간인을 상대로 화학무기를 사용한 이후 바로 군사개입의 의지를 표명하자 러시아는 화학무기가 시리아 정부가 사용했다는 증거가 없다면서 군사개입에 대해서 반대의사를 표명하였고, 평화적인 방법으로 사태를 해결하기 위한

1029) 김진아, 전게논문, 2-5쪽.

국제사회의 노력을 주문하였다. 미국의 오바마 대통령은 미 의회 승인을 통해서라도 무력개입을 강행할 의지를 보이자 러시아는 시리아의 아사드대통령과 협상을 통해 시리아가 UN 감시 하에 화학무기를 폐기하고 화학무기 사용을 포기하는 의미로 CWC에 가입토록 하는 성과를 이끌어냈다.

이를 통해서 세계에서 CWC협약에 서명하지 않은 국가는 북한을 포함한 4개의 국가만이 남았으며 세계는 화학무기 사용을 완전히 금지하는 것에 한걸음 더 가까이 다가가게 되었다. 이러한 성과는 평화적으로 사태를 해결하려고 노력해 온 러시아의 외교적 협상에 매우 큰 의미를 부여할 만 하다. 그러나 이러한 성과는 역시 시리아의 화학무기 사용에 대해서 국제사회의 무력사용을 포함한 강력한 응징의지를 보여주기 위한 미국과 유럽국가들의 군사개입 의지 표명도 매우 큰 역할을 했다는 점을 간과해서는 안 될 것이다.

시리아가 협상을 통해서 화학무기를 전면 포기하게 된 것은 결국 비인도적 화학무기 사용에 대해서 국제사회가 무력개입도 마다하지 않을 것임을 표명함으로써 가능하게 되었다고 보인다. 따라서 시리아가 실효적인 화학무기 폐기의 절차로 나아가기 위해서는 러시아나 중국 등의 국가들도 시리아가 약속을 어기고 UN 안보리 결의안에 따라 2014. 6.까지 화학무기를 완전 폐기하지 않았을 경우에 대비한 강력한 제재조치에 대해서도 국제사회의 공통된 의견을 마련하도록 지속적으로 노력할 필요가 있다.

결국 군사적 방법이든 비군사적 방법이든 혹은 양자의 혼합을 통한 방법이든 화학무기를 비롯한 위법한 전쟁수단의 사용에 대해서는 국제사회가 절대로 용납하지 않고, 필요시에는 인도적 간섭이나 안보리의 결의를 통한 보호책임에 입각하여 군사적으로 개입할 수 있다는 것을 확고한 국제관례로 확립시킨다면 장차 국제적 혹은 비국제적 무력분쟁에서 화학무기를 사용하는 일은 훨씬 많은 고민과 위험부담을 하지 않고서는 불가능한 것이 될 것이며 궁극적으로 인간의 전쟁수단으로서 화학무기를 완전히 추방하는 가장 효과적인 수단이 될 것이다.

Ⅲ. 화학무기 사용에 대한 보복적 화학무기 사용

1. 전·평시 화학무기 사용 가능성

가. 전시 화학무기의 사용 가능성

화학무기는 이미 살펴본 바와 같이 제조기술이 간단하고, 생산비용이 저렴한 반면 그 피해범위 및 지속시간이 광범위하여 무기로서 운용성이 매우 뛰어나다. 실제로 1차 대전에서는 1915. 4. 22. 벨지움의 이프레스(Ypres) 부근 이불 서방의 참호에 독일군과 대치하던 프랑스, 캐나다 연합군의 참호에 독일군이 염소가스로 공격을 하여 중독자 14,000명, 사망자 약 5,000명, 포로 2,478명의 피해를 입힌 것을 시작으로 1917년에도 영국과 독일이 서로 겨자 작용제를 사용하는 등 총 9만명이 넘는 사망자가 화학작용제에 의해서 발생하였다.[1030] 2차 대전 중에도 독일군은 Tabun, Sarin 등 다량의 화학작용제를 개발하여 유태인에 대한 인체실험으로 총 370만명 정도가 가스에 의한 대학살을 당했다.[1031]

북한은 CWC에 가입하지 않은 국가로서 1961년 김일성의 화학전 선언에 따라 연구 및 생산시설을 통한 화학무기 개발을 시작하여, 1980년대 화생방 무기개발에 주력하여 화학무기 생산능력을 보유하고 각종 화학무기를 2,500-5,000톤 정도 보유하고 있는 것으로 파악되고 있다.[1032] 따라서 북한은 전시에 현재 보유한 다량의 화학무기를 장사정포 및 미사일 등 각종 투발수단을 이용하여 전·후방 각지에 공격할 의도를 가지고 있다.

시리아도 CWC협약 가입이전에 내전 중에 반군지역에 화학무기인 사린가스 공격을 한 것으로 의심을 받고 있으며, CWC협약 가입 선언을 하면서 이스라엘의 공격에 대비하여 화학무기를 보유하고 있다고 인정하면서 전시 화학무기 사용의사가 있었음을 명백히 하였다.

1030) 허철, 전게논문, 38쪽.

1031) 허철, 전게논문, 39쪽.

1032) 김상겸 등 2인, 북한의 뉴테러리즘과 대응책, 통일정책연구 제18권 2호, 2009, 80쪽.

나. 평시 테러에 의한 화학무기 사용 가능성

생화학 무기는 저비용 고효율의 매혹적인 수단이기에 평시에 테러범이나 테러단체들이 선호하는 무기가 되었다. 예를 들어 도심 1평방킬로미터를 파괴하는데 비행기 폭격은 2,000달러, 핵무기는 800달러, 화학무기는 600달러, 생물무기는 1달러가 든다고 한다.[1033)] 특히 생화학 테러는 직접적인 증거를 찾는데 한계가 있으며 국제적인 책임과 비난으로부터 제한적으로 자유로울 수 있어 이를 테러에 활용할 가능성은 매우 크다.[1034)]

실제로 미국의 9.11사태에서 탄저균을 이용한 생화학 테러를 통해서 5명이 사망하고, 워싱턴 DC의 상원건물을 소독하는데 1달에 2,300만 달러의 비용이 소비되었다. 한편, 화학무기 테러는 1995. 3. 20. 일본의 신흥 종교단체인 옴 진리교에 의해서 자행된 도쿄 지하철 사린가스 방출로 인해 12명이 사망하는 사태를 통해서 그 위력이 입증되었다.[1035)] 특히, 시리아와 같이 화학무기를 보유하고 있던 국가가 극심한 내전을 겪는 와중에 극단주의자들에 의해서 화학무기가 탈취되거나 하는 경우에는 그 무기가 테러의 수단이 되어 제3국에 막대한 피해를 입힐 수 있다는 점은 국제사회에서 매우 우려되는 점이라고 할 것이다.

2. 복구이론에 대한 검토

가. 예외적 무력행사의 요건으로서 복구

복구(reprisal)란 상대방의 불법행위로 피해를 본 국가가 그 피해를 배상받기 위하여 또는 그 불법행위를 중지시키기 위하여 같은 정도의 불법행위를 가해국가에 가하는 강제조치의 방법이다.[1036)] 복구는 위법한 군사적 조치를 통해 무력에 의하여 이루어질 수도 있고, 무력에 의하지 않을 수도 있다. 복구행위 그 자체는 국제법에 위반되지만 그 이전에 발생한 상대방의 불법행위로 인하여 위법성이 조각된다고 보고 예외적인 무력행사의 이유가 된다고 본다.[1037)] 따라서 위법한 선행행

1033) 김상겸 등, 전게논문, 80쪽.

1034) 김상겸 등, 전게논문, 81쪽.

1035) 김상겸 등, 전게논문, 81-82쪽.

1036) 유병화, 전게서 643쪽; 김대순, 전게서, 901쪽; 정인섭, 전게서, 938쪽.

1037) 정인섭, 전게서, 938쪽.

위에 대한 복구는 위법하지는 않지만 자국에 피해를 준 비우호적 행위에 대해서 같은 정도의 조치를 취하는 보복(retorsion)과는 의미에서 차이가 있다.[1038]

제1차 세계대전 이전까지의 전통적인 국제법은 복구의 발동요건과 관련하여 어떠한 제한도 가하지 않았으며, 해외 자국민의 피해를 명분으로 한 무력복구는 사실상 강대국의 특권처럼 여겨져 19세기는 무력복구의 황금기였다.[1039] 그러나 제1차 세계대전 이후 전쟁의 부분적인 금지와 함께 무력복구에 대한 요건이 제시되기도 하였다.

복구의 합법성을 판단하는 요건에 관해서는 독일과 포르투갈 사이에 있었던 Naulilaa Incident Case의 중재판정에서 제시되었다. 이 사건은 1914년 10월 포르투갈이 아직 중립국이던 시절 서남아프리카 독일식민지 지역으로부터 독일군인 3명이 포르투갈의 식민지인 앙골라의 Naulilaa에 와서 언어가 통하지 않는 오해가 발생하였고 이 때문에 독일군인 3명이 살해되자 독일은 즉시 복구행위(Reprisal)로서 군대를 파견해 Naulilaa요새를 공격하였다. 위 사안과 관련하여 베르사유 강화조약에 기초해서 설치된 국제중재재판소는 독일의 행위를 위법하다고 판시하였다.[1040]

Naulilaa Case에서 제시된 복구의 합법성 요건은 1) 복구의 상대방 국가가 국제법을 위반하였을 것, 2) 복구를 행사하기 전에 불법행위의 결과를 회복하기 위한 다른 적절한 조치를 취했을 것, 3) 이런 조치가 아무런 효과가 없을 것, 즉 복구를 위한 무력사용이 절대적으로 필요할 것(if absolutely necessary), 4) 복구조치가 문제된 불법행위에 비하여 지나치지 않을 것, 즉 복구와 불법행위 사이에 비례성 내지 균형(proportionality)이 유지될 것이라는 최소한의 법적규제를 위한 기준을 제시하였다.[1041]

보통 복구라고 하면 평화 시 불법행위를 억제하기 위한 수단으로 사용하는 강제적 수단을 말한다. 무력복구는 일견 전쟁과 유사하지만 복구에는 전쟁의사(intention of war)가 없으므로 선전포

1038) 보복의 실례로는 1960년대 미국어선이 어업수역을 설치한 국가와 충돌을 일으키자, 1965년 미국정부는 개정된 공공원조법 제620조를 통하여 이런 조건으로 미국배를 나포하는 국가에 대해서는 원조를 주지 않겠다고 예고를 한 것이나, 1981년 7월 이란정부는 이란과 적대관계에 있는 이라크와 영사관계를 설정한 한국정부에 대해 이란주재 한국 외교관 수를 감축하라고 요구한 것이나, 1967년 6월 5일 시작된 6일 전쟁 이후 이스라엘의 아랍영토 점령 등 강경정책에 항의하여 프랑스는 이스라엘에 대한 무기판매를 점차 제한한 것이나, 1985년 영국과 소련은 각각 자기 나라에 체류하는 상대방의 외교관, 신문기자, 영사주재원을 수십명씩 스파이 혐의로 추방한 것을 들 수 있다. 자세히는 유병화 등 3인 공저, 전게서, 643쪽 참조.

1039) 정인섭, 전게서, 939쪽; 김대순, 전게서, 901쪽.

1040) 자세히는 Portugal v. Germany, (1928) 2 RIAA 1012 참조.

1041) 김대순, 전게서, 901-902쪽, 유병화 등, 전게서, 650쪽. 참조.

고가 있을 수 없으며, 무력사용의 범위도 일시적, 제한적이어서 양국관계가 전시관계에 돌입하는 것은 아니었다.[1042] 그러나 이러한 구분은 명백한 것도 아니므로 구분이 곤란하거나, 복구가 확대되어 가다가 전쟁으로 되는 경우도 많았다.[1043]

평시 복구와 구분하여 전시에도 복구라는 형태로 교전국의 한쪽이 전쟁법규를 위반하면 이에 대한 대응조치로서 다른 교전국도 전쟁법규를 위반하거나 교전국들이 전쟁수행 행위와 관련하여 일방이 화학무기를 사용하면 타방도 금지된 무기를 사용함으로써 전쟁법규를 넘어서는 조치를 취하는 것을 전시복구라고 한다.[1044] 특히 2차 대전 중에는 Nazi독일이 무력복구를 남용함으로써 그 심각한 문제가 충분히 인식되었다. 예컨대 Nantes에서 독일군 사령관이 암살되자 1941. 10. 22. Bordeaux, Nantes, Chteaubriant에서 99명의 인질을 처형하였으며, 이탈리아에서 Nazi특수부대 SS요원이 암살되자 1944. 3. 24. 이탈리아인 인질 335명을 처형한 Fosses Ardreatines학살사건이 있었다.

전시복구의 문제를 실정법에서 다룬 것은 1977년 전에는 1907년 10월 18일 헤이그 4협약 및 부속규칙, 1949년 8월 12일 포로대우에 대한 제네바 제3협약 제87조 제3항처럼 단편적인 법규에서 구체적인 전시복구를 금지하였다. 그러나 1977년 6월 10일 제네바 제1의정서는 민간인 및 문화재와 기타 민간인 생존에 필수적 재산에 대한 전시복구를 명시적으로 금지시켰다.

이처럼 2차 대전 중 Nazi독일의 무력복구 남용은 전후 UN헌장의 의해 무력행사 전체를 일반적으로 금지하게 되면서 UN 회원국들은 국제관계에서 어느 국가의 영토보전이나 정치적 독립을 거슬러서 또는 UN의 목적과 양립할 수 없는 방법으로 무력의 위협이나 사용을 할 수 없도록 강력히 규제하고 있다. 헌장은 보다 효과적인 국제분쟁 해결방안이 UN체제 내에서 마련되었다는 전제에서 자위권의 행사에 해당하지 않는 무력복구는 금지하고 있다.[1045] UN총회는 각국이 무력행사를 수반하는 복구를 삼가야 한다는 결의를 채택한 바도 있다.[1046]

1042) 정인섭, 전게서, 939쪽; 유병화 등, 전게서, 643쪽.

1043) 예를 들어 멕시코 혼란기에 프랑스인에 대한 손해배상을 요구하며 시작된 1830년대 멕시코와 프랑스의 분쟁은 1838년 4월 16일 프랑스가 멕시코 해안을 봉쇄하는 것으로 시작하여 결국 11월 30일 멕시코가 전쟁을 선언하였다. 유병화 등, 전게서, 644쪽 참조.

1044) 유병화 등, 전게서, 648-649쪽.

1045) 정인섭, 전게서, 939쪽; 유병화 등, 전게서, 651쪽.

1046) U.N.G.A. Resolution 2625(XXV), 24, Oct, 1970 Declaration on Principles of International Law concerning Friendly Relations and Cooperation among State. "States have a duty to refrain from acts of reprisal involving use of force."

그러나 UN의 안전보장 체제가 적절히 작동하지 못하고 국제사회가 위법행위 국가를 적절히 응징하지 못하는 경우에도 무력복구가 금지된다고 보아야 하느냐에 의문이 제기되고 있다.[1047] 무력복구의 적법성 여부와 무관하게 현실적으로 무력복구는 빈번하게 사용되고 있으며 국제법의 규범과 현실사이에 간격을 보여주고 있다.[1048]

나. 자위권과 무력복구에 대한 검토

(1) 개 요

위법행위에 대한 국제사회의 적절한 대응부재에 대해서 무력복구로 대처를 허용해야 한다는 견해는 특히, 반복적인 테러공격이나 게릴라 공격에 대해서는 무력대응이 필요하다고 주장하기도 한다.[1049] UN체제에 의한 국제분쟁의 해결 원칙이 확립됨에 따라 무력복구는 자위권 행사요건에 해당하는 경우에만 허용된다고 하는 견해도 있다.[1050] 또한 실제로 대부분의 강대국들이 자위권의 행사라고 주장하는 사안들이 결국은 무력복구의 형태였다는 점에서 자위권과 무력복구의 차이점이나 행사요건에 대해서 주목할 필요가 있다.

(2) 자위권과 복구의 비교

자위권의 행사요건에 대해서는 국가가 전쟁에 호소할 수 있는 권리를 국제법이 통제하지 못하던 시절에는 전통적으로 영미법 국가에서는 1837년 Caroline호 사건에서 제시된 필요성이 급박하고, 압도적으로 다른 수단을 택할 여지나 숙고의 여유가 없을 경우에 인정되며(instant, overwhelming, leavig no choice of means and no moment for deliberation), 그 내용이 비합리적이거나 과도한 행사가 되어서는 안 된다(involving nothing unreasonable or excessive)는 기준을 관습국제법적 표현으로 인정하였다.[1051]

한편, 관습법상 자위권과 구별되는 UN헌장 51조상의 자위권은 그 행사가 안보리의 사후심사가 된다는 점, 자위권은 무력공격에 대해서만 발동할 수 있다는 점, 자위권은 안보리가 국제평화와 안

1047) 정인섭, 전게서, 939쪽.

1048) 유병화 등, 전게서, 651쪽.

1049) 정인섭, 전게서, 939쪽.

1050) M.N. Shaw, International Law, 1130 (6th ed. 2008)

1051) 정인섭, 전게서, 930쪽.

전을 유지하기 위하여 필요한 조치를 취할 때까지만 허용된다는 점, 그리고 자위권은 개별적으로 뿐 아니라 집단적으로도 행사될 수 있다는 점에서 차이를 가진다.

ICJ는 Nicaragua사건에서 UN헌장 51조의 자위권에 대해서 많은 의견을 제시했다. 먼저 자위권 행사를 안보리에 보고했는지 여부는 해당국가가 자위권을 행사하고 있는지에 대한 스스로의 확신을 보여주는 요소라고 보았다.[1052] 또한 자위권의 내용이 무력공격에 비례하고 또한 대응에 필요한 조치 범위에서만 정당화될 수 있다고 해석하였다.[1053] 자위권의 행사대상인 무력공격은 반드시 정규군뿐 아니라 비정규군이나 무장단체, 용병의 무력행사도 그 규모와 효과에 따라서 무력공격에 해당할 수 있으나, 단순히 반군에 대한 무기나 병참지원과 같은 행위는 무력공격에 해당하지 않는다고 보았다.[1054] ICJ는 또한 자위권은 조약상 권리는 물론 관습국제법 상의 고유의 권리로 병존하고 있으며, 헌장의 내용이 관습법 상 자위권을 모두 포함하고 있지 않으므로 헌장 51조가 규정하지 않은 부분은 관습국제법에 의해서 보완될 수 있다고 보았다.[1055]

복구와 자위권 행사를 비교하여 보면 먼저 그 목적면에서 자위권 행사는 국가안전이나 본질적인 이익을 보호하기 위해서 꼭 필요한 경우인데 반하여 복구행위는 손해배상이나 그런 불법행위를 다시는 못하게 한다는 징벌적인 성격을 가지며, 요건에 있어서도 자위권 행사는 위급한 상황에서 안보리 등 다른 조치를 기다렸다가는 국가의 안전이나 본질적 이익에 회복할 수 없는 손해를 입는 그런 경우이어야 하나, 복구행위는 불법행위가 있는 후에도 그 손해를 배상하기 위한 압력수단으로 사용되는 경우가 있다는 점에서 차이를 두는 견해가 있다.[1056] 그러나 이후에서 검토하는 바와 같이 자위권 행사를 주장하면서 실제로는 복구를 한 사례들이 많다는 점에서 위 구분은 특별한 의미를 두기가 어렵다.

(3) 자위권 행사를 주장한 복구사례 검토

1986년 4월 미국의 레이건 대통령은 1985년 12월 비엔나 및 로마공항에서 미국인에 대한 테러가 발생했고 그 배후에 리비아의 지원이 있다고 하면서 리비아의 트리폴리와 벵가지

1052) Military and Paramilitary Activities in and against Nicaragua, Nicaragua v. U.S.A.,1986 ICJ Reports 14, Para. 200.

1053) *Id.* at Para. 176.

1054) *Id.* at Para. 195.

1055) *Id.* at Para. 176.

1056) 유병화 등, 전게서, 644쪽.

를 공중폭격하였다. 공격 후 레이건은 자위권이 이 작전의 배후목적으로 이 작전은 UN헌장 51조와 완전히 일치한다(self defence is the purpose behind the mission a mission fully consistent with Article 51 of the UN charter)라고 주장했다. 이에 대해서 테러공격은 미국 영토 밖에서 일어난 것으로 미국영토에 대한 무력공격이 아니고, 테러에 대처할 다른 방안이 존재했으며, 미국의 군사적 공격행위는 테러행위와 그 범위와 결과에서 비례가 맞지 않으며, 다수의 무고한 시민을 사망하게 하였고, 미국의 공격행위는 자국민에 대한 공격행위에 대해서 반드시 보복하는 미국의 전통을 과시하기 위한 것이라는 관점에서 자위권 행사요건에 해당하지 않는다는 견해가 있다.[1057] 위 행위는 자위권의 행사라는 명목 하에서 상대방의 불법행위에 대해서 위법한 공격으로 복구를 한 것이라고 보이고 유엔 헌장 51조의 자위권의 범위에 포섭된다고 보기는 어렵다. 다만 복구라도 다른 적절한 조치의 가능성과 최후수단성, 비례성의 측면에서 적법한 행위라고 보기는 어려울 것이다.

1998년 6월 26일 클린턴 정부는 조지부시 전 대통령에 대한 이라크정부의 암살음모를 응징하기 위해서 바그다드의 이라크 정보부 중앙청사에 대한 미사일 공격을 감행하면서 이는 UN헌장 51조에 의거한 조치라고 주장하였다. 또한 1998년 8월 20일 케냐와 탄자니아의 미국대사관에 대한 폭탄테러로 250명 정도의 사망자를 발생시키자 공격 약 2주 후에 미국의 함정들이 홍해와 걸프만에서 75-80발의 크루즈 미사일을 발사하여 화학무기제조시설로 의심되는 수단의 제약공장과 회교테러리스트들의 근거지로 생각되는 아프가니스탄의 6개 테러기지를 각기 폭격하였다. 이에 대해서 클린턴 대통령은 헌장 제51조에 따른 자위권의 발동 및 2주전 케냐와 탄자니아 주재 미국대사관 폭격에 대한 보복행위(retaliation)라고 하였다.[1058] 위 무력행위는 클린턴이 스스로 밝힌 바와 같이 보복행위로서의 성격이 강하여 헌장 51조에 의해서 정당화될 수 없음이 명백하다고 볼 여지가 많다. 더욱이 공격이 있는 후 2주 후에 테러리스트들의 기지를 공격하는 것은 사후 복구적인 성격이 강하다고 하겠다.

1057) 김대순, 전게서, 903-904쪽.

1058) 김대순, 전게서, 904-905쪽; 정인섭, 전게서, 931-932쪽.

3. 화학무기 사용에 대한 복구의 허용여부

가. 화학무기 사용에 대한 복구의 요건 성립 여부

1925년 제네바 의정서에 의한 화학무기 금지협약은 무력충돌 시 적국이 협약을 위반하여 1차적으로 화학무기를 사용하는 경우에 대해서는 자국도 화학무기를 사용하겠다는 의미로 적국이 본 의정서의 금지사항을 준수하지 않을 경우 자국도 본 의정서에 의한 구속을 받지 아니한다는 유보조항을 가지고 있었다. 결국 무력 충돌 시 상대방의 불법적인 화학무기 사용에 대해서는 전시복구로서 2차적으로 위법한 화학무기를 공격을 명시적으로 인정함으로써 무력충돌 시 협약의 구속력을 사실상 배제하였다.

그러나 1997. 4. 발효된 CWC협약은 화학무기의 사용을 포괄적으로 금지하고 있을 뿐 아니라 생산, 비축을 금지하고 보유하고 있는 화학무기의 폐기의무까지 부여하고 있는 전면적 화학무기 사용금지 조약이므로 제네바 의정서에 의한 명시적인 2차적 공격권의 유보는 허용될 수 없다. 그렇다면 상대방이 화학무기를 가지고 불법적인 공격을 개시하는 경우 국제관습법 상의 복구이론에 의하여 보복적인 화학무기 공격이 가능할 것인가가 문제된다.

복구(reprisal)를 위해서는 먼저 상대방의 국제법을 위반한 불법행위가 있어야 하는데 화학무기를 사용한 공격은 당연히 중대한 국제법위반이며 비록 공격국이 CWC협약의 가입자가 아니라도 화학무기의 사용금지는 전쟁의 수단으로서 금지하여 로마규정 상에서도 전쟁범죄로 명시적으로 규정하고 있는 이상 확립된 국제관습법이라고 보아야 하므로 그 위법성에는 별다른 차이를 발견할 수 없을 것이다. 그러므로 상대방의 선행 위법행위 요건의 인정에는 별다른 어려움이 없을 것이다.

다음으로 복구를 행사하기 이전 불법행위의 결과를 회복하기 위한 적절한 조치를 취했을 것, 무력복구를 행사하기 위한 절대적 필요성이 있을 것, 복구와 불법행위 사이에 비례성 내지 균형성을 유지할 것이라는 요건들과 관련하여 화학무기에 대해서 동일한 정도의 화학무기로 공격을 하는 것은 비례성과 균형성에서 문제가 없다고 볼 여지가 있으나 과연 무력복구를 행사할 절대적 필요성이나 결과회복을 위한 적절한 다른 조치가 동일한 화학공격 이외에는 다른 방법이 없는가가 문제될 여지가 있다.

적의 화학공격과 동일한 범위의 피해를 입히기 위해서는 동일한 방식의 화학무기 공격을 하는 것이 가장 손쉬운 방법일 수 있다. 또한 국제평화를 위협하는 화학무기를 사용한 대규모 테러행위에 대해서는 범죄행위자들에 불과하므로 국제인도법을 적용할 여지가 없다는 주장도 가능할 수 있다.[1059] 따라서 화학무기를 통한 복구행위도 위법성을 조각시킬 수 있다고 주장할 여지도 있다.

더욱이 어떤 면에서는 화학무기보다 더 비군사적 목표와의 구별이 없이 막대한 민간인 피해를 유발하고, 환경적으로도 엄청난 재앙을 가져오는 핵무기에 대해서도 국가의 위기상황에서는 핵무기의 예외적 사용을 허용하는 ICJ 결정을 고려할 때 화학무기에 대응하여 화학무기를 사용하지 않으면 국가의 존망이 위태로운 극단적인 상황에서 핵무기를 보유하지 못한 국가로서는 손쉽게 핵무기와 같은 효과를 발휘하는 가난한 자의 핵무기(Poorman's Nuke)라 불리는 화학무기를 통해서 위기상황에 대처할 수 있다는 주장도 가능하다. 만약 핵무기와 달리 화학무기 만은 국가적 존망이 위급한 상황에서도 사용이 금지된다고 보는 것은 핵무기를 보유하지 못한 약소국들만을 부당하게 차별하는 것이라는 반론이 분명히 제시될 수 있기 때문이다.

실제로 1925년 제네바 의정서의 비준을 거부한 미국의 상원의원 에드워드는 독가스는 타 무기에 비해서 사용 시 효과 면으로나 사용 후의 영향력 면으로나 잔혹성이 적은 무기라고 하는 것을 실증하는 정보를 가지고 있다고 하면서 병기의 잔혹성이라고 하는 것을 들어본다면 고성능 독약의 유탄이 더욱 크다고 하였다. 그는 잔혹성과 인도적인 면이라는 요청에서 본다면 독가스 등 화학무기 보다는 오히려 고폭탄의 사용을 규제하는 조약체결의 필요성이 있다고 주장하면서 화생무기는 다른 무기체계와 비교할 때 오히려 인도적인 면으로 유효하다고 주장하기도 하였다.[1060] 결국 미국도 과거에는 화생무기가 인도적인 면에서 가장 우려되는 무기라고 보지 않았고 따라서 이를 금지하는 제네바 의정서에도 가입을 거부하였던 것이다.

하지만 화학무기는 기본적으로 공격 시 비군사적 목표와의 구별이 제한되고 전투원에게도 불필요한 고통을 주는 무기로서 그 전면적 사용을 금지하자는 협약에 전 세계 대부분의 국가가 가입하고 있는 유일하게 일반적 사용금지 협약이 존재하는 불법무기이다. 그렇다면 화학무기는 어떠한 상황에서도 사용을 포기하기로 한 것으로 보고 다른 무기를 사용해서 적의 공격에 대한 보복을 행하는 것이 바람직할 것이다. 그리고 화학무기 사용에 대한 종국적인 제재조치는 UN안보리를 포함한 국제사회에 의해서 진행되도록 하여야 할 것이다. 즉 이번 시리아 사태를 계기로 화학무기를 사용한 국가는 국제사회가 절대로 용인하지 않는다는 확고한 UN회원국들의 관행을 확립하여 화학무기를 사용함으로써 얻는 이득보다 국제사회의 막대한 제재로 인한 불이익이 훨씬 크다는 것을 국제관습법화하는 노력이 요구된다.

1059) 정인섭, 전게서, 959쪽.

1060) 허철, 전게논문, 제46쪽

핵무기의 예외적 사용을 허용한 ICJ의 판결에 대해서도 핵무기를 보유한 강대국의 입장을 어느 정도 반영한 결정으로 보이나 장기적으로는 화학무기의 완전금지의 예를 바탕으로 핵무기도 어떠한 상황에서도 사용해서는 안되는 것으로 발전시켜나가는 것이 바람직하다. 그렇지 않고 오히려 핵무기를 사용할 수 있다는 예외적인 결정에 의존하여 이미 국제적으로 일반적 사용금지 협약이 체결된 화학무기에 대해서도 예외적인 사용이 가능하다고 판단하는 것은 핵무기를 포함한 모든 비인도적인 대량살상무기를 장기적으로 금지시키려는 국제적인 노력의 결과를 오히려 더욱 악화시키는 방향으로 후퇴시키는 것이다. ICJ도 위 판결에서 핵무기와 달리 화학무기는 일반적으로 사용을 금지하는 국제협약이 있으므로 핵무기와는 다른 사용금지 범위에 속하는 무기체계로 보고 있으며 결국 핵무기의 경우에도 국제적인 일반적 포괄적 사용금지 협약이 체결된다면 국가적 존망이 위급한 극단적인 상황에서의 핵무기 사용도 국제법위반행위가 될 수 있다는 것을 반증하는 것으로 이해하여야 할 것이다.

Ⅵ. 결 론

국제적 혹은 비국제적인 내란 등의 국내분쟁에서 화학무기를 사용하는 것은 전투원에 대한 것이건 혹은 민간인에 대한 것이건 심각한 인도적 범죄 및 전쟁범죄를 구성한다. 따라서 만약 어떤 국가가 자국국민을 대상으로 화학무기를 사용하는 경우에는 인도적 간섭 혹은 보호의무에 입각하여 제3국이 무력개입을 허용할 여지가 있다. 다만 이러한 무력개입에 있어서는 무력개입의 다른 조치에 의한 사태의 개선이 불가능한 경우 최후수단으로서 비인도적 사태의 위법성과 비례성을 이룬 가운데 이루어져야 하며, 합리적인 성공 가능성이 보장되어야 할 것이다. 무력개입이 실패로 끝나거나 혹은 국민들의 생활을 더욱 불안정하게 만들 세력이 득세하도록 하는 것은 결코 인도적 간섭이나 보호의무의 목적을 달성하는 것이 아니기 때문이다.

이러한 측면에서 시리아의 내전과정에서 화학무기가 사용된 것에 대해서 미국 등이 군사개입 의지를 표명한 것은 국제법상 타당한 조치라고 볼 여지도 있으나 최후수단성이나 합리적 성공가능성 등의 측면에서는 의문점이 존재하는 것도 사실이다. 이러한 상황에서 러시아의 외교적인 노력이 병행되어 결과적으로 시리아가 CWC협약에 가입하고 화학무기를 전면 사용중단하고 보유중인 화학무기를 폐기하기로 결정을 한 것은 인도적 간섭과 외교적 협상이 조화를 이뤄 매우 적절한 결과를 이뤄낸 것이라고 보인다. 다만, 시리아가 UN안보리의 결의안을 충실히 이행하여 화학무기를 폐기하고 2012. 6. 30. 합의에 따라 시리아 주도하에 평화적으로 분쟁을 종식시키기 위한 회의를 진행하는 것에 대해서 성실한 이행이 보장되지 않을 경우에는 안보리 상임이사국을 비롯한 모든 국가들이 확고한 제재의사를 가지고 있어야 현재의 평화적인 노력의 결과가 결실을 맺을 수 있을 것이다.

시리아의 사태에 대한 국제사회의 대응은 화학무기의 사용에 대해서는 사용국가가 사용에 따른 이익을 훨씬 상회하는 불이익을 당한다는 것을 보여주는 모범적인 사례로 국제사회가 끝까지 관리를 해야 할 것이다. 즉 평화적, 외교적 노력을 통한 개별국가의 영토와 정치적 독립을 보전한 가운데 문제를 해결하지만 효과적인 해결이 제한될 때는 강력한 무력제재까지 포함한 단계적 조치를 통해서 어떠한 환경과 조건 하에서도 화학무기의 사용은 금지된다는 국제사회의 단호한 결의를 입증할 필요가 있다.

이러한 국제관행이 확립된다면 화학무기 사용에 대해서 복구이론을 통해서 화학무기를 통한 보복을 하고자 하는 유혹에 대해서도 가정 효과적인 대안으로서 작용을 할 수 있을 것이다. 즉 개별국가는 화학무기를 사용하는 경우의 불이익이 화학무기를 통한 전술적 이익보다 훨씬 크다는 것을 명백히 인식하도록 하여 비록 상대방이 화학무기를 사용하더라도 정상적인 공격수단을 이용하여 대응하면서 국제사회의 공동대응을 통한 제재를 이용하여 문제를 해결해 나가도록 국가관행을 확립할 필요가 있다. 그런 관행이 확립된다면 국가의 존망이 위태롭다는 극단적인 상황을 이유로 화학무기를 사용하고자 하는 유혹에 대해서도 효과적으로 대처할 수 있을 뿐 아니라 현재 CWC 협약 밖에 머무르고 있는 북한을 포함한 4개국도 시리아와 같이 화학무기를 궁극적으로 포기하는 길로 인도하는 지름길이 될 것이다.

참고 문헌

- 유병화 등 3인 공저, 국제법 Ⅱ, 법문사, 2000.
- 외교통상부, 현대국제법, 박영사, 2001.
- 정인섭, 신 국제법강의, 박영사, 2012.
- 정운장, 국제인도법, 영남대 출판부, 1994.
- 김대순, 국제법론, 삼영사, 2003.
- M.N. Shaw, *International Law* (6th ed. 2008)

국내 논문

- 서정민, 내부 갈등과 시리아 사태의 장기화, 한국이슬람학회 논총, 제22-3집.
- 박동형, 리비아에 대한 '보호책임(R2P)' 적용 사례 연구, 국제정치논집 제52집 3호 (2012)
- 김진아, 국제사회의 시리아 군사개입 딜레마, 한국국방연구원 (2013)
- 김상겸 등 2인, 북한의 뉴테러리즘과 대응책, 통일정책연구 제18권 2호
- 허철, 화생방전의 역사적 고찰, 군사평론 제91호.

국외 자료

- *Certain Expenses of the United Nations*, 1962 ICJ 163.
- *Military and Paramilitary Activities in and against Nicaragua* (Nicar v. U.S), 1986 ICJ Reports 14.
- *Legality of the Therat or Use of Nuclear Weapons*, 1996 ICJ Reports 226.
- *Declaration on Principles of International Law concerning Friendly Relations and Cooperation among States*, G.A. Res 2625(ⅩⅩⅤ), (Oct. 24, 1970)
- S.C. Resolution 1540 (2004).
- S.C. Resolution 2042 (2012).
- S.C. Resolution 2043 (2012).
- S.C. Resolution 2118 (2013).
- *Report on Allegation of the use of Chemical Weapons in the Ghouta area of Damascus on 21 August 2013*, UN mission to Investigate Allegations of the use of Chemical Weapons in the Syrian Arab Republic (2013. 9. 13.)

PART 3
법무병과 운영 분야의 쟁점

육군 법무병과는 1946년 7월 20일 군정법령 제86호에 의해 조선경비대 총사령부에 법무처가 그 모태가 되어 해방 이후 혼란기와 한국전쟁 등 국가적 위기상황에서 군내 군법질서 뿐 아니라 대한민국 전체의 국법 질서를 유지하여 대한민국의 근·현대사에 중추적 역할을 수행해 왔다. 이처럼 군사적인 분야에서 법치주의를 구현하고 장병의 인권을 보장하는 법무병과의 임무는 지휘관을 보좌하여 전승의 기초가 되는 군법질서를 유지하고 군사작전 간 발생할 수 있는 각종 국내 및 국제적인 법률문제를 처리하는 것이다. 군대 내 법률전문가를 두고 지휘관의 작전 수행 등 전쟁수행 전반에 법률적 조언을 제공하여 국제법규에 부합하는 인도적인 방식으로 무력행사가 이루어지도록 하는 것은 헌법에 의해 국내법과 동일한 효력을 가지는 국제조약에 따른 법적 의무이기도 하다.[1061]

따라서 군내 법치주의를 실현하고 장병의 인권을 보장하며 평시의 강력한 군사력을 유지하고 전시에는 국제인도법에 부합하는 방식으로 전쟁을 수행하여 국가의 안전을 보장하도록 하는 법무병과의 운영과 관련된 쟁점들은 강한국방을 위한 군사법률 관계를 논하면서 빠뜨릴 수 없는 분야이다. 법무병과의 운영과 관련된 쟁점을 논의하기 위해서 「군 구조 개혁 및 법조 환경변화에 대비한 법무병과 미래비전」과 「군법무관 정원관리에 관한 연구(군법무관 정원법 제정 필요성을 중심으로)」라는 2개의 논문을 살펴보고자 한다.

1061) 제네바협약에 대한 제1추가의정서 제82조 (군대 내의 법률고문) 체약당사국은 항시 그리고 충돌 당사국은 무력충돌 시 필요한 경우에, 제협약 및 본 의정서의 적용에 관하여 그리고 이 문제에 있어 군대에 시달되는 적절한 지시에 관하여 적절한 수준에서 군 지휘관에 대한 자문을 하게 될 법률 고문들의 확보를 보장하여야 한다.

먼저「군 구조 개혁 및 법조 환경변화에 대비한 법무병과 미래비전」이라는 논문은 저자가 2015년 육군본부 법무과장 직책을 수행하면서 군사법제도 개혁에 대한 국민적 요구와 군사 분야 법률 지원 소요가 크게 증가하고 있던 시기에 당시를 기준으로 10년 후인 2025년에 어떠한 모습을 갖추어야 하는가에 대한 구상을 제시한 것이다. 당시에는 멀게만 느껴지던 2025년이 어느새 3년도 남지 않은 상황이지만 그 당시에 고민했던 문제들은 현재도 해결되지 않았거나 혹은 더욱 심각한 도전적 상황을 부여하고 있다는 점에서 그 당시의 고민을 통해 비전으로 제시된 방안들은 여전히 현재의 법무병과가 직면한 도전들에 대해서 유용한 해법들을 담고 있으며 다시 한번 적용을 위한 노력이 필요한 미래 비전들이라고 생각된다.

다음으로「군법무관 정원관리에 관한 연구(군법무관 정원법 제정 필요성을 중심으로)」에서는 현재 군법무관의 정원 구조가 과거 변호사 인력획득이 제한되던 시기에 형성된 것으로 현재 업무의 성질과 양, 군사법체계의 신뢰성 확보, 조직 내 정상적인 인력관리 등을 고려할 때 많은 문제점을 내포하고 있다는 점을 지적하면서 군법무관의 정원관리 체계에 대한 재설계 필요성을 제시하고 있다.

현대의 더욱 복잡 다난해지는 국가안보를 둘러싼 법률관계에 있어서 가장 중추적인 역할을 수행하는 법률가 조직인 군법무관 정원의 획기적 확대와 군법무관의 신분보장을 통한 우수인력 확보 및 군사법제도를 포함한 군내 법치주의 구현의 수준향상이 필요하다. 이러한 측면에서 본 논문은 별도의 법률로 정원을 관리하는 판사와 검사의 경우와 마찬가지로 군법무관의 정원도 개별 정원법을 제정하여 일반 군인의 정원에서 분리하여 별도 관리하는 방안을 추진할 필요성이 있다는 점에 대해서 심도 있는 고찰의 기회를 제공할 것이다.

군 구조 개혁 및 법조환경 변화에 대비한 법무병과 미래비전

(The Vision of JAGC responding Reformation of the Armed Forces Structure and Environmental Changes in the Legal Profession)

요 약

군사법제도 개혁에 대한 국민적 요구와 군사 분야 법률지원 소요의 비약적 증가는 법무병과에게 끊임없는 변화를 요구하고 있다. 이러한 요구에 부응하는 차원에서 법무병과가 앞으로 10년 후인 2025년에 어떠한 모습을 갖추어야 하는가에 대한 구상은 현재 진행 중인 지휘구조의 변경을 포함한 군 구조 개혁과 법조시장 전면 개방과 로스쿨 제도 정착에 따른 법조인력 양성방법의 변화라는 법조환경의 거대한 변화에 대해서 예민한 전망을 바탕으로 이루어져야 한다. 군 구조 개혁과 법조환경 변화에 대한 분석은 법무병과에 요구되는 업무와 이를 수행하기 위해 필요한 인력구조를 염출하는데 기초를 제공할 것이다. 인력요소는 법무병과의 가장 중요한 업무수행 수단이며 어떻게 법무병과 인력을 신분별로 획득하고 교육하여 인력을 운영하고 병과에서 분리된 이후에는 어떠한 분야에서 활용이 가능할 것인가는 매우 중요한 문제이다. 따라서 법무병과의 비전은 미래 변화에 부응할 수 있는 업무수행 체계와 인력구조에 대한 기본방향을 제시하고 병과미래에 대한 전략적 준비와 동시에 병과원들에게 미래에 대한 비전을 제시할 수 있어야 할 것이다.

주제어

군 구조 개혁, 법조시장 개방, 로스쿨 제도, 법무병과 비전, 정원구조 재설계, 인력획득 방안, 신분별 경력관리 모델, 법무병과 교육체계

군 구조 개혁과 법조환경 변화에 대비한 법무병과 미래 비전[1062)]

(The Vision of JAGC responding Reformation of the Armed Forces Structure and Environmental Changes in the Legal Profession)

목 차

I. 서 론

육군 법무병과는 1946년 7월 20일 군정법령 제86호에 의해 조선경비대 총사령부에 법무처가 창설된 것을 그 시초라고 할 수 있다.[1063)] 그 이후 법무병과는 해방 이후 혼란기와 한국전쟁, 1961. 5.

1062) 본 논문은 저자가 2015년 육군본부 법무실 법무과장으로 재직할 당시 작성한 것으로 최우수논문으로 선정되어 2015년 군사법논집 제20집에 첫 번째 논문으로 수록되었던 것이다. 그 당시에는 2025년은 법무병과를 혁신적으로 발전시킬 비전을 구현할 수 있는 충분한 시간이 있는 기간으로 여겨졌으나 2023년이라는 시간의 흐름에도 불구하고 당시에 달성하고자 하던 많은 목표들은 아직도 많은 노력이 필요한 상황이라는 점에서 본 논문의 논의틀은 아직도 활용성이나 실효성 면에서 충분한 가치를 가지고 있다.

1063) 육군본부 법무감실, 정책참고 자료집, 1986, 5쪽, 육군본부, 법무약사, 1975, 37쪽.

16. 군사정변 이후 전국 비상계엄 상황 등 국가적 위기 상황에서 군사재판을 운영하여 군내 질서 뿐 아니라 대한민국 전체의 국법질서를 유지하는데 중대한 기여를 하여왔고 이를 통해 대한민국의 근·현대사에 중추적 역할을 수행해 왔다.[1064] 유구한 대한민국의 역사와 함께한 병과의 임무는 시대에 따라 부분적인 표현에 있어서는 일부 변화가 있어 왔지만 지휘관을 보좌하여 전승을 보장하는 기초가 되는 군법질서를 유지하기 위한 군사법 운영과 각종 법률문제를 처리하는 것이 핵심 임무였다.[1065] [1066] 현 육군본부 직제에서도 법무실장의 임무를 군사법원 및 군검찰 운영, 참모총장이 명하는 법무 업무에 관한 사항의 처리 등에 있어서 참모총장을 보좌하는 것 등으로 규정하고 있다.[1067]

하지만 지금까지 고정변수처럼 생각해 왔던 군사법제도 운영 등 병과의 임무가 현재 다양한 방향에서 도전과 변화요구에 직면하고 있다. 먼저 군 내부적으로는 전시작전통제권의 전환을 전제로 하여 1군 사령부와 3군 사령부를 통합한 지상 작전사령부의 창설과 군단 위주의 작전수행을 위한 군단 기능 확대 등의 부대 및 지휘구조의 변경이 진행되고 있어 제대별 법무병과의 임무·기능에 대한 재검토가 필요하게 되었다. 또한 법무병과의 가장 핵심임무로 분류되었던 군사법원과 군검찰을 통한 군사법제도의 운영이 윤 일병 사망사건을 계기로 그 전문성과 공정성 면에서 심각한 국민적 불신을 받게 되었으며 국회의 병영문화개선특위에서는 군사법제도를 폐지하는 권고안을

1064) 1948년 경 당시 김완룡 법무처장이 북로당 관련 비밀서류를 입수하고 조사하려 하였으나 미군측이 이를 가벼이 여겨 사건관련 비밀서류를 몸에 지니고 다니다가 괴한의 습격에 두부에 칼을 맞고 서류를 빼앗기기도 하고, 공산분자의 색출에 가혹한 기준을 적용하였던 방첩대(CIC)의 활동에 억울한 희생자가 발생하지 않도록 군법운영에 세심한 주의를 기울였다는 기록이 발견되는 점을 고려할 때 극심한 혼란상황 하에서 최소한의 인력과 장비를 가지고 군사법을 운영하던 법무병과 선배들은 국가의 존립을 지키려는 국방목적을 실현하면서도 군사법의 정의를 실현하기 위해서도 최선의 노력을 기울였음을 알 수 있다. 자세히는, 육군본부, 전게서, 37-50쪽 참조.

1065) 1975년 발간된 법무약사에 나타난 병과의 임무는 군사법의 운영 및 감독, 군사법 행정에 관한 사항, 국가를 당사자로 하는 소송수행, 군 복형수에 대한 형정 업무, 기타 법률에 관한 사항을 관장함으로써 지휘관을 보좌한다고 규정하고 있으며, 그 세부기능은 군법회의 운영 및 군 검찰 사무에 관한 사항, 군법회의 소송 기록 관리 및 형정에 관한 사항, 법률의 유권해석, 법률상담 및 군법교육, 군사법 관계 법령 및 규정의 제정, 개정 및 폐지에 관한 입안, 민·국간 소송 및 군의 사고에 대한 배상금 지급에 관한 사항, 군사법 행정업무 및 인사운영에 대한 협조, 비상계엄 시 계엄 군법회의 운영, 기타 군사법 운영에 관한 사항으로 규정하고 있다.;육군본부, 전게서, 63쪽.

1066) 1985년 법무감실에서 발간된 정책참고 자료집에서는 병과의 임무를 참모총장에 대한 법률적 보좌, 군사법 운영 및 감독, 기타 법률에 관한 전반적인 업무관장으로 제시하고, 기능은 군법회의 운영 및 지휘감독, 법률상담 및 인권옹호 활동, 범죄예방활동, 법령의 유권해석, 국가배상 및 소송업무, 기타 법률에 관한 업무로 규정하고 있다.; 법무감실, 전게서, 8쪽.

1067) **육군본부 직제[대통령령 제25461호, 2014.7.16., 일부개정] 제7조 (법무실장)**
② 법무실장은 다음 각 호의 사항에 관하여 참모총장을 보좌한다. <개정 2014.7.16.>
1. 군사법원 및 군 검찰의 운영
2. 군의 형사정책
3. 법령의 제정·개정 및 법규의 관리
4. 법령 해석 및 법률 자문
5. 소송·배상 및 행정심판
6. 징계에 관한 업무
7. 계약안 및 조약안 검토
8. 장병의 인권보장
9. 참모총장이 명하는 법무업무에 관한 사항의 처리

채택하기도 하였다.[1068] 국방부에서도 군사법제도 전반에 대한 그 운영상의 독립성, 공정성, 전문성에 대한 국민의 불신에 직면하여 평시에는 사단급 군사법원을 폐지하고, 평시 심판관 제도와 관할관 확인·감경권을 원칙적으로 폐지하는 등 획기적인 방향으로 군사법제도를 개선하는 정부입법안을 국회에 제출하고 이를 입법예고한 상황이다.[1069]

한편, 시대를 관통하여 변화하지 않은 것이 있다면 법무병과가 부여된 임무를 수행하는 핵심자원은 물적인 요소가 아니라 바로 사명감 있고 우수한 역량을 가진 젊은 법조인들과 그 보조인력 등 인적자원이라는 사실이다. 하지만 지속적으로 우수한 법조 인력과 그 보조 인력들을 법무 병과원으로 획득하고 활용하기 위해서는 현재 군과 법조환경을 둘러싸고 일어나고 있는 변화에 대해서도 예민한 관심을 기울일 필요가 있다. 인력획득과 관련하여 관심을 기울여야 할 군 구조 개편과 관련된 부분은 장차 미래군단 위주의 임무수행 역량 강화와 간부 위주의 병력구조로의 변화이다. 또한, 법조환경에 있어서 의미 있는 변화는 법률시장 완전 개방에 따른 외국 대형로펌과의 경쟁구조 형성과 법학전문 대학원 제도의 정착에 따른 법조인력 공급 급증과 일정한 법조경력을 가진 인원 중에서 판사를 임용하는 소위 법조일원화 제도의 도입이다. 이러한 변화에 대해서 어떠한 대응을 통해서 우수 인력을 확보하고 어떻게 그들을 운용할 것인가는 법무병과의 변화된 임무에 대한 대응 못지않게 중요한 것이다.

이하에서는 법무병과를 둘러싼 군 내부 및 외부 환경의 변화 요소들에 대해서 분석을 하고 이를 바탕으로 법무병과가 10년 후 2025년에 국민과 군으로부터 어떠한 요구사항에 직면하고 어떠한 모습으로 자리매김을 하고 있어야 하는지의 청사진을 병과비전 2025라는 모습으로 제시하고자 한다. 미래의 법무병과 비전 2025의 지향목표는 병과가 군으로부터 신뢰받는 꼭 필요한 조직이자 사회에서도 경쟁력 있는 안보관련 전문 법조직역으로서의 위상을 갖추는 것이다. 이러한 청사진을 제시하기 위해서 먼저 병과를 둘러싼 대·내외적 환경변화를 평가하고 이를 바탕으로 병과에 요구되는 사항을 도출한 후 이에 대응하는 미래 병과의 모습을 제시하도록 하겠다. 미래 병과비전을 제시하는 것만으로도 매우 복잡한 논증이 필요하므로 병과운영에 대한 지식이 일천한 해·공군 법무병과에 대한 문제는 다음에 다루기로 하고 육군 법무병과를 중심으로 문제를 다루도록 하고, 제시된 병과 미래비전을 어떻게 구체적으로 연도별로 실현할 것인가도 역시 추가적인 연구과제로 남겨두고자 한다.[1070]

1068) 군 인권개선 및 병영문화혁신 특별위원회, 군 인권개선 및 병영문화혁신 특별위원회 활동결과보고서, 2015. 7., 19쪽. (이하에서는 '특위 보고서'라고 한다.)

1069) 국방부 공고 제2015-94호(2015. 5. 11) 군사법원법 일부개정법률(안) 입법예고 참조.

1070) 이하에서 '법무병과'라고 함은 육군 법무병과만을 의미하는 것으로 한다.

Ⅱ. 본 론

1. 국가안보와 육군 법무병과의 역할

가. 국방정책 및 육군의 목표와 역할

(1) 국가안보전략과 국방정책

대한민국 국군의 사명은 대한민국의 자유와 독립을 보전하고, 국토를 방위하며 국민의 생명과 재산을 보호하고 나아가 국제평화의 유지에 이바지함을 그 사명으로 한다.[1071] 국방부는 급변하는 안보환경 속에서 국가안보목표[1072]와 국방목표[1073]를 구현하기 위해 '정예화된 선진 강군'을 국방비전으로 설정하고 이를 달성하기 위한 7개 기조를 설정하였다.[1074] 7대 국방정책 기조는 확고한 국방태세 확립, 미래지향적 자주국방 역량 강화, 한미군사동맹 발전 및 국방외교협력 강화, 남북관계 변화에 부합하는 군사적 조치 및 대비, 혁신적 국방경영과 방위산업 활성화, 자랑스럽고 보람있는 군 복무 여건 조성, 국민존중의 국방정책 추진 등이다.[1075]

(2) 대한민국 육군의 목표와 역할

국군조직법 상 대한민국 육군의 주임무는 지상작전을 주임무로 하고 이를 위하여 편성되고 장비를 갖추며 필요한 교육 · 훈련을 하는 것이다.[1076] 이를 달성하기 위한 대한민국 육군의 목표는 「국가방위의 중심군」으로서 '1. 전쟁억제에 기여한다. 2. 지상전에서 승리한다. 3. 국민편익을 지원한다. 4. 정예강군을 육성한다.'로 설정되어 있다.[1077] 육군 목표를 달성하기 위한 참모총장 지

1071) 대한민국 헌법 제4조, 군인복무규율 제4조 제2호.

1072) 박근혜 정부의 국가안보목표는 영토·주권 수호와 국민안전 행복, 한반도 평화 정착과 통일시대 준비, 동북아 협력 증진과 세계 평화·발전에 기여로 설정하고 이를 달성하기 위해 튼튼한 안보태세 구축, 한반도 신뢰프로세스 추진, 그리고 신뢰외교 전개를 3대 전략기조로 설정하였다(국방부, 2014 국방백서, 2014, 34-35쪽).

1073) 국방목표는 외부의 군사적 위협과 침략으로부터 국가를 보위하고 평화통일을 뒷받침하며 지역의 안정과 세계평화에 기여하는 것이다(전게백서, 37쪽).

1074) 전게백서.

1075) 전게백서, 38쪽.

1076) 국군조직법 제3조 제1항.

1077) 육군은 육군의 비전을 함축하여 육군만의 특성으로 표현할 수 있는 차별화된 상징어 제정에 대한 대내외적 요구에 부응

휘목표는 국민과 소통하고 국민의 신뢰를 받는 강한 육군으로의 도약이다.[1078]

PART 1 PART 2 PART 3

나. 육군 법무병과의 임무와 기능

육군 법무병과는 병과장인 장관급 장교인 법무실장을 중심으로 군사법원법에 따른 군사법제도와 군인사법상 징계제도를 운영하여 군기강을 확립하고, 기타 지휘관의 특별참모로서 부대지휘와 관련된 법무업무에 대해서 지휘관을 보좌한다.[1079)] [1080)]

법무병과장인 법무실장의 육군본부 직제와 육군업무분장예규 상의 기능은 군사법제도의 근간인 군사법원 및 군 검찰의 운영을 지도·감독하고, 육군의 형사정책을 수립한다. 또한, 육군과 관련된 법령의 제정·개정 및 법규의 관리업무와 관련 법령 해석 및 법률 자문 업무를 수행한다. 이러한 법제업무로 분류되는 업무는 군의 운영과 관련된 모든 법률의 총체에 대한 제정·개정, 법규관리 뿐 아니라 관련 법률의 해석·적용에 대한 자문 업무를 수행하는 것으로 소위 작전법 관련 업무

하여 2007년 6월 12일에 '(21C) 국가방위의 중심군'을 육군의 전략브랜드로 제정하였다. 이후 국회 업무보고, 지상군 페스티벌, 각종 대외 세미나 및 대내외 정책설명 시 '국가방위의 중심군'을 사용한 결과 육군의 비전과 역할을 가장 잘 표현하고 있는 것으로 평가되었으며, 이를 '육군목표'에 반영하자는 대내외의 공감대가 확산되었다. 이에 육군은 2007년 11월 22일 육군정책회의를 개최하여 기존 육군목표의 주부에 포함되어 있던 "국가방위의 주력"을 대신하여 "국가방위의 중심군"을 포함하기로 결정하고 참모총장 결재를 거쳐 2007년 12월 10일 연말 주요지휘관 회의 시 새로운 육군목표를 공포하였다(육군정보포탈 육군 소개(http://hub.army.mil/menu.es?mid=aa0103010100) 참조).

1078) 현 참모총장은 제45대 김요환 대장이며, 참모총장 지휘목표의 세부목표는 적 도발 즉응태세 확립, 비대칭 우위의 능력구비, 선진병영 기반조성이다(육군 정보포탈 지휘의도(http://hub.army.mil/menu.es?mid=aa0102010000) 참조.)

1079) **육군본부 직제 제3조 (참모부서)** ① 참모부서는 일반참모부와 특별참모부로 구분한다.
② 육군본부에 일반참모부로 기획관리참모부 · 인사참모부 · 정보작전지원참모부 · 군수참모부 · 정보화기획실 및 동원참모부를 둔다. <개정 2014.7.16.>
③ 육군참모총장(이하 "참모총장"이라 한다) 밑에 특별참모부로 비서실장 · 정훈공보실장 · 감찰실장 · 법무실장 · 헌병실장 · 시설실장 · 의무실장 · 군종실장 및 육군개혁실장을 둔다.

야전군사령부령 제8조 (부서와 부대의 설치) ① 사령부에 필요한 참모부서와 부대를 둔다.
② 제1항의 참모부서의 설치와 업무분장에 관한 사항은 육군참모총장이, 부대의 설치 · 임무와 조직에 관한 사항은 국방부장관이 정한다.

군단사령부령 제8조 (부서와 부대의 설치) ① 군단사령부에는 필요한 참모부서와 부대를 둔다.
② 제1항의 참모부서의 설치와 업무 분장에 관한 사항은 육군참모총장이 정하고, 부대의 설치 및 임무 · 조직에 관한 사항은 국방부장관이 정한다. [전문개정 2011.8.3.]

보병사단령 제3조 (부서와 부대의 설치) ① 사단은 사단사령부와 필요한 전투부대 · 전투지원부대 및 전투근무지원부대(이하 "건제부대"라 한다)로 구성한다.
② 사단사령부의 참모부서의 설치와 업무 분장에 관한 사항은 육군참모총장이 정하고, 건제부대의 설치 및 임무 · 조직에 관한 사항은 국방부장관이 정한다. [전문개정 2011.8.3.]

1080) 육군본부 직제 제7조 제2항 참조.

중 일부로 분류할 수 있을 것이다.[1081] 전쟁 상황에서는 전시(계엄) 군사법원의 운용과 각종 법률지원 업무 등 전시 법무업무 지원이 원활하게 이루어지도록 전시 법무지원계획을 발전시키는 것도 법무실의 핵심 기능이다.

육군이 당사자가 되는 소송 · 배상 및 행정심판에 있어서 육군을 대리하거나 해당 위원회에 육군의 의견을 제출하고 배상에 대해서는 배상심의위원회를 운영한다. 육군의 징계에 관한 업무를 총괄하여 육군본부와 예하부대의 징계업무를 지도·감독하는 것도 중요한 법무실의 기능이다. 이 외에도 계약 및 조약안의 검토, 장병의 인권보장을 위한 육군 인권정책 종합계획 및 중·장기계획 수립 및 추진과 각종 장병 기본권 보장활동, 그리고 참모총장이 명하는 법무업무에 관한 사항을 처리한다. 군내 법치주의를 확립하기 위한 장병 군법교육과 범죄예방활동도 법무병과에 부여된 주요한 기능이다.

2. 병과의 미래를 둘러싼 내·외부 환경 평가

가. 외부환경 평가

(1) 개 요

병과의 미래비전 수립과 관련하여 우선적으로 그 영향을 고려하여야 할 외부환경 평가의 대상은 법조환경의 변화이다. 법조환경의 변화 중 가장 주목해야 할 부분은 법률시장 개방과 법학전문대학원(이하 '로스쿨'이라 함) 제도의 도입에 따른 법조인 양성 패러다임의 변화이다. 주지하는 바와 같이 병과의 주된 임무수행 자산은 우수한 인력자원이며 병과의 핵심인력이 법조인들로 구성된 법무관이라는 사실은 부인할 수 없을 것이다. 따라서 법조환경이 어떻게 변화하는지를 면밀히 관찰하여 우수한 법조 인력이 병과로 지속적으로 유입될 수 있고 또한 병과에서 부여된 임무를 수행함으로 인해 법조환경의 변화에도 불구하고 경쟁력 있는 법조인으로 성장할 수 있는 기회제공이 가능해야 할 것이며, 전역 등으로 사회로 진출하는 경우에도 민간영역에서 필요로 하는 인재가 될 수 있도록 병과의 미래비전을 설계할 필요가 있다.

다음으로 병과의 핵심 임무영역의 하나인 군사법제도에 대한 외부의 평가와 요구사항에 대해서도 예리한 분석이 필요하다. 특히, 2014년도의 연이은 병영 내 악성사고들과 그 사건처리에 있

1081) 작전법이란 군사 작전에 직접적으로 영향을 미치는 국내법, 외국법, 국제법들의 총체를 말한다(U.S. Dep'T of Army, FM 1-04, Legal Support to the Operational Army(18Mar2013), 5-3).

어서 여러 가지 문제점에 대한 국민의 지적은 군사법제도에 대한 근본적인 불신을 낳았으며 군사법제도 운영 전반에 있어서 광범위한 개혁을 요구하는 목소리가 더욱 커지고 있다. 이처럼 현재 군사법제도를 둘러싼 비판적인 시각과 의견들에 대해서 정확한 평가를 하여야 하며 이를 바탕으로 어떻게 문제점들을 보완하고 적절한 개선방안을 제시할 것인가는 병과 미래비전에 반드시 포함되어야 한다.

(2) 법률시장 개방

법률시장 개방이란 어느 한 국가에서 인정받는 변호사 등 법률전문직의 자격을 취득, 보유한 사람이 자격을 취득하지 않은 다른 국가에서 법률서비스를 제공하도록 허용하는 것을 말한다.[1082] 법률시장 개방의 가장 주요한 배경은 1980년대부터 세계무역기구(WTO)를 중심으로 우루과이 라운드에서 시작된 통상 자유화와 전 세계적인 개방에 대한 논의이며, 대한민국은 2001년 도하개발아젠다(DDA) 서비스 협상에서 법률서비스 시장 개방에 대해 본격적으로 논의에 참여하였다.[1083] 이 때 까지는 법률시장의 개방은 요원한 문제로만 여겨졌으나 최근 우리나라의 세계 선진 경제권과의 자유무역협정(FTA) 확대와 더불어 법률서비스 산업은 단계적으로 개방되고 있다.[1084] 2012. 11.까지 통상협상을 통해서 우리나라와 법률시장 개방을 약속한 국가는 칠레, 싱가포르, 인도를 포함하여 9개 국가이며 이 중에 현재까지 우리나라에 적극적으로 진출하고자 하는 외국 로펌들은 영국과 미국계 로펌이므로 우리나라 법률시장의 개방은 실질적으로 2011. 7. 1. 발효된 한·EU FTA 및 2012. 3. 15. 발효된 한·미 FTA의 내용에 따라 이루어진다고 보아야 한다.[1085]

각 FTA협정은 협정 발효 후 5년 이내에 3단계에 걸쳐 점진적으로 법률시장을 개방하여 결국 외국로펌이 우리나라 로펌과 합작기업(Joint Venture Firm)을 설립하고 국내변호사를 고용하여 법률서비스를 제공할 수 있다.[1086] 2015. 8월까지 우리나라에 총 26개의 외국로펌이 외국법자문법률

1082) 이소현, FTA에 따른 한국 법률시장 개방과 우리의 대응, 「국제법무」제5집 제1호, 제주대학교 법과정책연구소(2013. 5. 20), 41쪽.

1083) 전게논문.

1084) 최남석, 법률서비스 시장개방과 규제개혁의 경제적 효과 분석 -법률서비스 수출확대를 중심으로-, 규제연구 제22권 제1호(2013. 6), 98쪽.

1085) 이소현, 전게논문, 42쪽; 이상수, 국제법률시장의 변화와 MDP, 법과 사회 42호(2012. 6.), 131쪽.

1086) 한·미 FTA를 살펴보면 법률시장 단계적 개방은 부속서 Ⅱ(Annex Ⅱ)에 규정되어 있는데 1단계 개방은 업무 영역과 제한의 설정에 초점을 맞춘 반면 2,3단계 개방은 자본 투자 등 지역 법률서비스 시장에 대한 외국법자문사의 실질적인 접근에 초점을 두고 있다. 1단계는 발효일을 기준으로 하는 개방으로 미국 로펌의 대표사무소(외국법자문법률사무소, Foreign Legal Consultant Office, FLC Offices) 개설 및 미국에서 자격을 취득한 변호사가 그 자격을 취득한 관할지역에 관한↘

사무소 설립인가를 받았으며 이중 가장 많은 로펌을 진출시킨 나라는 미국으로 총 21개의 로펌이 설립인가를 받았으며, 다음으로 영국이 총 5개의 로펌이 설립인가를 받았다가, 2014. 6. 24. DLA Piper UK LLP가 설립인가를 취소하여 총 4개의 외국법자문법률사무소를 운영하고 있다.[1087] 한국에 진출한 영국로펌들은 2016. 7월부터, 미국로펌들의 경우에는 2017. 3월부터는 합작투자기업(Joint venture) 설립과 한국 변호사 고용이 가능해지기 때문에 법률시장에서 한국 로펌과 외국 로펌간의 치열한 경쟁이 예상된다.

이처럼 법조시장이 완전 개방된다면 어떤 현상이 발생할 것인가? 먼저 법률서비스 공급자 측면에서 법률서비스 산업 자체의 선진화 및 경쟁력 강화가 가능하고 송무 중심의 한국 법률시장에서 비송무 분야가 활성화되는 쪽으로 변화가 예상된다.[1088] 또한 기업 자문 분야에도 더 많은 경험과 노하우를 축적한 외국 로펌과의 협력으로 국내 로펌들의 해외 역진출 기회로 삼을 수도 있다.[1089] 그러나 외국로펌에 의한 국내 법률시장의 잠식과 로펌의 경영비용 증가에 대한 우려도 제기된다.[1090]

법률서비스 수요자 측면에서는 외국 로펌에 대한 접근성이 향상되고 전 세계적인 네트워크를 통해 기업이 다른 나라 법률이나 국제규약 등에 자문을 신속하게 제공받을 수 있는 원스톱서비스(One-stop service)를 통해 국내기업의 경쟁력이 향상될 것이다.[1091] 더욱이 3단계 개방이 되면 일반시민도 외국로펌에 소속된 한국변호사를 통해 국내 소송업무를 저렴한 가격으로 의뢰할 수 있으며 법률서비스 수요자의 일상적인 의사결정과 행동에도 법의 영역이 확대될 수 있으며 법을 통한 분쟁해결 방식이 일반화 될 것이다.[1092] 하지만 부정적인 측면으로 장기적으로 시장의 형태가

법 및 국제공법에 관하여 대한민국에서 외국법자문사(FLC)로서 법률자문서비스를 제공할 수 있다. 인도와 EFTA가 1단계 개방에 합의했다. 2단계 개방은 협정 발효일로 2년을 기점으로 FLC는 대한민국 로펌과 협력약정을 체결하여 국내법사무와 외국법사무가 혼재된 개별사건을 공동처리 후 수익분배가 가능하다. ASEAN(라오스, 말레이시아, 미얀마, 베트남, 브루나이, 싱가포르, 인도네시아, 캄보디아, 태국, 필리핀 등 10개국)과 페루가 2단계 개방에 합의하였으며, 미국과 EU도 현재 2단계 개방상태이다. 3단계 개방은 협정 발효일 후 5년을 기점으로 한국로펌과 미국 회사의 합작투자기업 설립이 허용되며 일정한 요건을 조건으로 대한민국 변호사를 파트너 또는 소속 변호사로 고용할 수 있으나 미국로펌이 한국 변호사를 직접 고용할 수는 없다. 대한민국은 합작투자기업의 의결권 또는 지분비율에 제한을 가할 수 있다. 미국, EU, 콜롬비아가 3단계 개방에 합의하였다. 자세히는 이소현, 전게논문, 45-46쪽; 최남석, 전게논문, 98-99쪽 각 참조.

1087) 2015. 8. 13.자 법무부고시 제2015-278호까지 확인한 현황이며, 자세한 외국법자문법률사무소 설립인가 현황에 대해서는 법무부 고시 "외국법자문사법 제17조 제1항에 따른 설립인가"를 참조할 것(http://gwanbo.korea.go.kr)

1088) 이소현, 전게논문, 51쪽.

1089) 전게논문.

1090) 전게논문.

1091) 이소현, 전게논문, 52쪽.

1092) 최남석, 전게논문, 99쪽.

대형 로펌 중심의 과점시장(Oligopoly)으로 변화하면 가격 결정력을 상실한 소비자는 일률적인 고가 수임료를 감당하게 될 가능성이 있다.[1093] 법률시장이 완전 개방되기 이전인 2014년 무역수지 적자가 7억달러에 이르고 매년 증가추세에 있을 정도로 국내 로펌의 해외 법률시장에서 경쟁력은 취약한 편이며 특히 이러한 현상은 외국로펌에 지불하는 비용뿐 아니라 국내기업과 기관의 경영 전략이나 영업비밀 유출 위험이 더 큰 문제가 될 수 있다는 지적도 있다.[1094]

이처럼 법조시장 개방에 따른 대형 외국 로펌들의 국내 진입이 가시화 되고 있는 상황에서 우리 법률산업 현황의 문제점을 집어보면 먼저 국내로펌의 생산성과 글로벌 경쟁력이 외국로펌에 비해 매우 낮다는 점이 지적된다.[1095] 한국 기업들의 해외진출과 관련된 투자, 자금조달, 인수합병, 기업 거래가 활발해지면서 발생하는 분쟁해결 등 지속적으로 증가하는 법무서비스의 수요를 해외로펌에 의존하고 있으며 국내 송무 부분은 내수산업이라는 인식 하에 주요 국내로펌은 외국로펌과의 경쟁력 강화보다는 국내 시장 점유율을 높이는데 집중해 왔다. 이러한 상황은 국내로펌이 외국로펌에 비해 고객 중심의 서비스에 대해 경쟁력이 낮아지는 결과를 가져왔다.[1096]

또한 우리 법률서비스 산업의 생산성이 매우 저열한 편이어서 법률서비스 산업의 사업체 수와 종사자 수가 매년 증가하고 있으나 사업체별 매출액은 오히려 감소하고 있는 실정이다.[1097] 이처럼 법률시장이 어려운 이유는 변호사 수의 급증을 첫 번째로 들 수 있다. 변호사 수는 2001년 5,136명에서 2014년에는 18,708명으로 약 3.6배 급증했으며 법무법인의 수도 2001년 209개에서 2014년 848개로 약 4배가 늘었다.[1098] 이러한 현상은 국내 로펌의 영세성과 합쳐진다면 경영합리화의 요구가 거세지는 한편, 세계 최대 규모의 영미계 로펌이 국내로 진출하는 시장개방의 상황에서 국내 법

1093) 다만, 이는 대형로펌이 관심을 가지는 고급 법률시장에 한정되는 이야기이며 오히려 수익성이 낮은 하급 법률시장에서는 공급의 증가로 법률비용이 인하될 수 있다는 시각도 존재한다(이소현, 전게논문 참조).

1094) 주간동아, 법률시장 완전 개방 우물 안 벗어날 기회, 974호(2015. 2.), 16쪽 참조.

1095) 2009-2011년까지 연평균 5억달러의 법률서비스 분야 무역수지 적자를 가져왔으며, 우리나라의 부동의 최대로펌인 김앤장의 경우에도 2011년 총 매출액이 5,000억에 달하지만 변호사수와 매출액 기준으로 글로벌 100대 로펌에 평균에 미치지 못하고 있는 실정이다(최남석, 전게논문, 100-101쪽, 105쪽 각 참조).

1096) 국내 중대형 로펌의 해외진출은 중국, 동남아, 남미, 러시아지역 등으로 확대되고 있다. 최근 10년 동안 15개국에 35개 현지사무소 및 102개의 해외현지 일자리가 창출되었다. 그러나 국내 최대 로펌인 김앤장은 해외사무소를 운영하지 않고 있다(최남석, 전게논문, 103쪽).

1097) 그러나 법률서비스의 생산성 하락은 시장의 전반적인 경기침체의 단기적인 현상일 수 있다는 견해도 있다(최남석, 전게논문, 105쪽 참조).

1098) 주간동아, 공룡 로펌들, 먹잇감 싸움 시작됐다, 974호(2015. 2.), 11쪽.

률서비스 산업의 낮은 국제 경쟁력에 대한 우려는 더욱 커질 수밖에 없다.[1099)]

이러한 상황에서 국내 변호사는 국제 기업거래 자문 분야에서 미국변호사에 비해 영어로 법률자문을 제공하는데 있어서 경쟁력이 떨어지고 국제중재나 국제소송의 경우에도 경쟁력이 뒤지고 있어 한국기업관련 대형국제소송이 발생할 때마다 한국의 대형로펌이 해외메이저 로펌에게 수임경쟁에서 뒤처지고 있다.[1100)] 그렇지만 국내로펌은 국제적 역량을 갖춘 변호사를 양성하기 보다는 해외 주요로펌에서 실무경험을 쌓은 한국인 변호사를 외국변호사(FLC)로 영입하고 있다.[1101)]

그리고 대형로펌의 해외진출이 지연되고 중소형 로펌의 경우에는 영세성으로 인하여 해외진출이 어려운 형편이다. 국내 최대로펌인 김앤장은 현재 해외 현지사무소를 운영하지 않고 있으며, 국내 법률시장의 2위 경쟁관계에 있는 태평양과 광장은 중국에만 해외사무소를 두고 있으며, 세종의 경우에는 중국과 독일에만 현지 사무소를 개설하였다.[1102)] 이러한 상황임에도 불구하고 국내로펌의 해외진출을 돕기위한 원스탑 토탈서비스를 제공하기 위한 세무법인, 회계법인과의 동업을 허용한다든가, 해외진출보험제도 등 실질적인 법률서비스 정책은 부재한 상황이다.

이러한 상황에서 국내 로펌들은 국내진출 외국 기업과 해외진출 국내 기업에게 법률서비스 수출을 확대하기 위해서는 국내 로펌의 전문화, 조직화, 대형화가 이루어져야 한다. 먼저 로펌의 전문화를 위해서는 주니어 변호사들의 전문성을 강화하기 위하여 자체 세미나와 해외연수프로그램을 제공해서 변호사의 역량을 강화해야 한다.[1103)] 한국의 대형로펌들과 소속 변호사들에게 미국, 영국 등 해외에서 유학과 실무 경험을 쌓도록 기회를 제공하고 경영대학원(MBA)이나 특수 금융과정 학습을 적극 권장해야 한다.[1104)] 또한 법조인 양성의 패러다임에 있어서도 변화가 필요하다. 즉 로스쿨 학생 등 예비법조인들에 대해서 자신의 진로를 능동적으로 설정하고 그에 필요한 외국어 능력을 기르며, 국제기구나 해외 로펌 등에서 제공하는 인턴십 기회를 적극적으로 활용하여 법

1099) 2011년 기준으로 우리나라 5대 로펌의 매출액이 1000억원 수준으로 변호사 일인당 매출액이 5억원 안팎을 기록한데 비해 글로벌 100대 로펌의 경우 평균 변호사 수가 1000명이고 평균 매출액이 약 8억달러에 이르고 있다(최남석, 전게논문, 106쪽).

1100) 최남석, 전게논문, 106쪽.

1101) 최남석, 전게논문; 특히 이러한 현상은 기존에 해외연수가 재충전의 성격을 가지고 업무역량을 기르는 기회가 되었다면 로펌들의 수익성 악화에 따라 해외연수제도를 줄이거나 김앤장의 경우에는 해외 로스쿨로 연수를 떠나 외국변호사 자격증을 취득하던 방식의 연수보다는 해외 로펌이나 기업에서 실무를 익히는 쪽으로 연수방향을 틀었다. 자세히는 주간동안, 현실로 다가온 로펌 위기론, 974호(2015. 2.) 14-15쪽 참조.

1102) 최남석, 전게논문, 107쪽.

1103) 최남석, 전게논문, 111쪽.

1104) 이소현, 전게논문, 54쪽.

률실무 경험을 갖추기 위해 노력할 필요가 있다.[1105)]

다음으로 로펌의 전문화를 기반으로 로펌의 대형화를 이루기 위해서는 영미계 대형 로펌들과의 전략적 제휴, 합작투자, 인수합병을 활용해야 한다. 로펌 대형화를 통한 경쟁력 제고는 소위 복수 전문직 간의 동업(Multidisciplinary Practice, 이하 MDP)을 허용하여 one-stop service의 제공을 통한 경쟁력 제고에 그치지 않고 로펌의 대형화, 효율화, 극단적인 상업화를 통해서 경쟁력을 높이려는 시도가 필요하다는 견해도 강력히 등장하고 있다.[1106)] MDP의 전면허용과 관련해서는 변호사의 직무상 독립성, 비밀유지의무, 이익충돌회피의무 등 각종 직무윤리와 양립할 수 없으므로 이를 허용해서는 안 된다는 견해[1107)]가 있으나 호주나 영국의 경우 비변호사의 로펌경영 등 다양한 형태의 MDP를 허용하여 극단적인 상업화를 통한 경쟁력 강화를 시도하고 있는데 해외에서는 물론 법률시장의 개방으로 인해 국내에서도 이들과 경쟁해야 하는 한국 로펌의 입장에서는 결국 골목상권을 보호한다고 하면서 외래의 월마트는 허용하고 토종 이마트는 금지하는 불합리한 결과에 이를 수도 있다.[1108)]

다음으로 전문화, 조직화를 수반하지 않는 대형화의 단점을 극복하기 위해 로펌 내적으로 소속변호사의 업무역량 평가 제도를 확충하고 대외적으로는 소속변호사의 국제적 역량을 지속적으로 개발해야 한다.[1109)] 전문성이 없는 자질이 부족한 변호사를 그 숫자만 늘려서 로펌의 몸집을 키우고 낮은 수임료를 책정하여 사건을 수임하는 경우 소송에서 패소하거나 자문이 제대로 이루어지지 않을 경우 로펌전체의 평판에 부정적인 영향을 미칠 수 있으므로 로펌 내적으로는 변호사의 개별역량 확충을 장려하고 평가 제도를 확립해야 하며 대외적으로 로펌 전체에 대한 긍정적 이미지가 형성되도록 로펌의 대형화가 조직화 및 전문화와 병행되도록 해야 한다.[1110)]

(3) 로스쿨 제도에 따른 법조인 양성 및 활용의 변화

과거 사법시험을 통해서 소수의 법조인들을 배출하던 방식은 법조인들만을 위한 진입장벽이라 보는 국민들로부터 다수 법조인의 경쟁을 통한 양질의 법률서비스를 저렴한 비용으로

1105) 대한변협 역시 로스쿨 협의회와 협조를 통해 로스쿨 교육과정 개선, 외국어 교육과 국제법률실무 교육 강화를 추진하고 있다(이소현, 전게논문, 54-55쪽 참조).

1106) 이상수, 국제법률시장의 변화와 MDP, 법과사회 42호(2012. 6.), 131쪽.

1107) 이상수, 전게논문, 126-130쪽 참조.

1108) 이상수, 전게논문, 131-132쪽.

1109) 최남석, 전게논문, 112쪽.

1110) 최남석, 전게논문.

제공받고자 하는 요구가 커지면서 2001년 43회 사법시험부터는 매년 합격자를 천 명씩 배출하여 법조인의 수가 급격히 증가하는 현상이 발생하였다. 그러나 사법시험을 통한 법조인 양성체계는 비효율적인 면이 지속적으로 지적되었다.[1111] 또한 앞서 논의한 법률시장의 완전개방을 고려할 때 현재 법조인 양성체계의 질적 제고와 경쟁력 강화라는 문제의식에 따라 2007년7월 3일 오랜 산고 끝에 "법학전문대학원의 설치 및 운영에 관한법률"이 국회를 통과하여 2009년 3월부터 입학생을 받아 2012년부터 로스쿨을 통해 한해 사법연수원 수료자를 포함하여 이천 명 이상의 법조인을 배출하게 되었다.[1112] 2012년 이후부터 사법연수원과 로스쿨 출신 변호사들이 대량으로 배출되면서 현재 등록변호사가 2만명에 육박하는 18,708명에 이르고 있으며, 2011년 개정된 변호사법에 따라 최소 3명 이상으로 구성된 법무법인 수도 819개에 달한다.[1113]

현재 로스쿨은 강원을 포함한 서울권역에 15개 대학과 지방 4개 권역에 10개 대학 등 총 25개 대학이 설치 대학으로 인가를 받았으며 배정정원은 수도권 대학이 1,140명(57%), 지방대학이 860명(43%)에 이른다.[1114] 로스쿨 제도 도입으로 법조인 양성의 패러다임은 시험에 의한 선발에서 교

1111) 사법시험은 응시자격에 아무런 제한을 가하지 않고 있어 법과대학 뿐 아니라 전 대학의 고시학원화를 가져왔으며, 사법연수원의 교육도 법조의 전문화 및 국제경쟁력 강화라는 시대적 요구를 충족하지 못하고, 다른 직역으로 진출하는 연수생들에 대해서 충분한 연수기회를 제공하지 못한다는 지적이 있으며, 상당수의 연수생들이 변호사로 진출하고 있음에도 임시 법원공무원으로 임명 후 국가예산으로 연수를 시키는 것은 적절치 않다는 비판이 있다(신범철, 조관호, 유영철 공저, 법학전문대학원 출범에 따른 군 법무인력 양성 및 전문성 제고 방안, 2009, 43쪽).

1112) 신범철 등 공저, 전게보고서, 42쪽.

1113) 주간동아, 공룡 로펌들, 먹잇감 싸움 시작됐다, 974호(2015. 2.), 10쪽.

1114) 신범철 등 공저, 전게보고서, 44-46쪽.

구분		대학명	배정인원
서울권역		서울대	150명
		고려대, 성균관대, 연세대	120명
		이화여대, 한양대	100명
		경희대	60명
		서울시립대, 아주대, 인하대, 중앙대, 한국외대	50명
		강원대, 건국대, 서강대	40명
배정인원 합계			1,140명
지방권역	대전권역 (170명)	충남대	100명
		충북대	70명
	광주권역 (300명)	전남대	120명
		전북대	80명
		원광대	60명
		제주대	40명
	대구권역 (190명)	경북대	120명
		영남대	70명
	부산권역 (200명)	부산대	120명
		동아대	80명
배정인원 합계			860명

육을 통한 양성으로 변경되었으며 제도 개선의 요점은 다양성, 전문성, 국제경쟁력 등으로 요약될 수 있다.[1115] 현재 일부 논란이 있지만 계획대로라면 2017년 이후에는 사법시험은 폐지되고 모든 법조인은 로스쿨 제도를 통해서 양성되게 된다. 이러한 로스쿨 제도의 특징은 많은 수의 변호사를 배출한다는 점이 가장 먼저 인식이 되지만 다양한 수준에서 급증하는 법률서비스 수요에 전문적이고 효율적으로 대처하고 변화하는 국제 상황에 대응할 수 있는 '우수한 법률가'를 양성하여 우리사회의 법치주의에 기여한다는데 주된 목적이 있다.[1116] 지금까지 네 차례에 걸쳐 6,000여명의 로스쿨 출신법조인들이 배출되었으며 앞으로는 로스쿨 출신 법조인이 다수를 형성하게 될 수밖에 없다. 그렇다면 지금까지 배출된 로스쿨 출신 법조인들은 로스쿨 출범 시 목적한 바대로 사법연수원을 통한 법조인 양성체계에서의 문제점을 해소하고 전문성과 국제경쟁력을 갖춘 인원들로 교육되었는가를 평가해 보는 것은 앞으로의 인력획득, 교육, 활용 등의 계획을 수립하기 위해서 의미 있는 작업이다.

연구결과에 의하면 로스쿨 출신과 사법연수원 출신 간의 여성비율은 각 40%와 46%로 사업연수원 출신의 비율이 약간 높았으며 경력법조인 중 18%가 여성이라는 점과 비교하면 모두 여성비율이 크게 늘었다.[1117] 로스쿨 출신은 평균 연령이 33.9세이고 연수원 집단은 평균 연령이 34.1세였으며, 로스쿨 입학과 사법연수원 입소에 걸린 시간은 평균 2.7년과 3.3년으로 큰 차이가 없었다.[1118] 출신학부를 비교하면 로스쿨 집단은 지방대인 비율이 17.4%인 반면 연수원 집단은 10.5%에 불과했고, 출신학부가 서울대학교인 비율은 로스쿨 31.5.%, 연수원이 35.3%로, 소위 SKY대학 출신은 로스쿨이 55.5%, 연수원이 61.6%로 차이를 보여 로스쿨 제도를 통해 출신학교의 다양성은 획기적으로 신장되었다.[1119] 법학전공자의 비율은 로스쿨이 40%, 연수원이 80%로 더욱 다양한 경험과 지식을 가진 인원이 법조직역으로 진출하고 있다.[1120] 한편, 가구소득(월 1천63만원:1천89만원)이나 부모의 사회적 배경에서는 로스쿨과 연수원 집단 간에 유의미한 차이는 나타나지 않아 소위 '로스쿨은 돈스쿨'이라는 비난은 근거가 없는 것으로 보인다.[1121]

1115) 이재협, 이준웅, 황현정, 로스쿨 출신 법률가, 그들은 누구인가? - 사법연수원 출신 법률가와의 비교를 중심으로, 「서울대학교 법학」제56권 제2호(2015. 6), 368쪽.

1116) 이재협 등, 전게논문, 368-369쪽.

1117) 전게논문, 380쪽.

1118) 전게논문, 381쪽.

1119) 전게논문, 382쪽.

1120) 전게논문, 383쪽.

1121) 전게논문, 383-390쪽.

법학교육에 대한 만족도를 수요자인 로스쿨 및 연수원 졸업자들에게 물어본 결과 로스쿨 출신의 로스쿨 교육에 대한 만족도는 5점 척도 중 3.67점으로 높은 편이었으며 만족하지 않는다는 응답은 9.7%에 불과했다.[1122] 교육과정 중 과외활동 경험은 로스쿨 교육이 사법연수원보다 다양한 것으로 나타났고, 로스쿨 출신들은 법학수학 기간이 짧다는 항간의 인식과는 달리 수학기간이 충분하다고 평가하고 있었지만 '실무교육과 실습기회' 측면에서는 상대적으로 부정적으로 평가했다.[1123] 또한 교육분야별 만족도에 있어서는 양집단 모두 민사법, 형사법, 상사법 등 전문지식 교육의 만족도는 상대적으로 높은 반면 환경법, 국제법, 조세법, 국제거래법에 대해서는 상대적으로 만족도가 낮았다.[1124] 이러한 반응은 현재 로스쿨에서 특성화 교육이 의미 있게 진행되지 않고 있다고 볼 수 있다.[1125]

직무역량 신장과 관련된 만족도는 연수원 집단이 7점 만점에 4.63점, 로스쿨이 4.25점으로 중간 이상의 긍정적인 만족도를 보였으며 항목별로는 로스쿨의 경우에는 판례 등 기타 법률지식, 법률적 분석/추론 능력, 문제해결 능력에 대한 만족도는 상대적으로 높은 반면, 협상력, 국제적 역량, 계약관련 업무에 대한 친숙도 교육 만족도는 상대적으로 낮았다.[1126] 취업 시 영향과 관련해서는 연수원 집단은 연수원 성적, 출신학부 명성 등이 중요한 요인으로 작용했다는 응답이 많았고, 로스쿨 집단에서는 개인적 능력, 출신학부, 모의재판/논문 발표경험, 이전직장 경력, 이전근무 경험이 상대적으로 중요한 요인으로 작용했다는 응답이 높게 나왔다.[1127]

경력법률가들의 로스쿨 출신 및 연수원 출신 법조인에 대한 평가는 직장 내와 직장 외를 막론하고 연수원 집단이 로스쿨 집단보다 대체로 긍정적인 평가를 받았으며 항목별로는 회의, 재판 등 약속준수는 로스쿨 집단이 긍정적 평가를 받은 반면 실무적인 능력인 판례, 법률적 분석/추론 능력, 법문서 작성능력에서는 연수원 집단이 높게 평가를 받았다.[1128] 로스쿨 집단이 국제적 업무 수행능력에서는 연수원 집단보다 우수한 평가를 받은 반면 실무적 역량평가에서는 낮은 평가를 받은 점을 고려한다면 앞으로 로스쿨 교육이 실무역량을 강화하는 방향으로 개선되어야 할 것이다.[1129]

1122) 전게논문, 390쪽.

1123) 전게논문, 391-393쪽.

1124) 전게논문, 394쪽.

1125) 전게논문, 395쪽.

1126) 전게논문.

1127) 전게논문, 397쪽.

1128) 전게논문, 398-400쪽.

1129) 이재협 등, 전게논문, 400-401쪽.

인성평가에 있어서도 연수원 집단이 로스쿨 집단보다 상대적으로 긍정적인 평가를 받았는데 자긍심/공익에 대한 고려, 동료에 대한 희생정신, 공정성 및 객관성 등에서 가장 큰 평가 차이가 있었다. 하지만 이러한 비교평가는 40세 미만의 경력법조인 집단에서 일관되게 로스쿨 출신들에 대해서 부정적인 평가가 많았으며 40대 이상의 경력법률가들은 대체로 긍정적으로 평가를 했다는 점에서 평가자가 처한 지위와 역할에 따라서 그 평가가 달라졌다고 볼 수 있으며 40세 미만 경력법조인들의 경우에는 로스쿨 출신 법조인들이 자신들과 경쟁관계에 있다는 인식 때문에 상대적으로 인색한 평가를 했다고 추론할 수도 있을 것이다.[1130)]

로스쿨 제도의 도입과 함께 변화하는 것은 로스쿨 출신 변호사들을 어떻게 기존의 법조직역으로 받아들이는가 하는 부분이다. 먼저 변호사의 경우에는 변호사법 제31조의2에 변호사시험합격자의 수임제한 규정을 두어 로스쿨을 마치고 변호사시험에 합격하여 변호사의 자격을 가진 자(제4조제3호에 따른 변호사)는 법률사무종사기관에서 통산하여 6개월 이상 법률사무에 종사하거나 연수를 마치지 아니하면 사건을 단독 또는 공동으로 수임할 수 없도록 제한을 하고 있다. 이것은 위의 로스쿨 출신 법조인들의 자체 교육과정에 대한 평가와 경력법조인 평가에서 나타난 바와 같이 실무경험과 실무와 관련된 직무교육이 부족하다는 점을 고려하여 일정기간의 실무연수 기간을 부여한 것으로 보아야 한다.

다음으로 검사의 경우에는 검찰청법 제29조에 검사의 임명자격은 변호사의 자격이 있는 사람으로 하여 로스쿨 출신에 대해서도 사법연수원 수료자와 차별 없이 검사로 임용을 받도록 규정을 하고 있으나 임명 후 교육과정이나 직무연수에 있어서 많은 차이를 두고 있다. 먼저 연수원 출신의 경우에는 초임검사로 임용된 이후 1달 이내 법무연수원에서 5주의 직무교육을 받으며 9월경에 다시 3주의 직무교육을 실시한다. 반면 로스쿨 출신의 초임검사는 임용 후 4월부터 10개월간 법무연수원에서 직무연수를 받으며 그 이후 3개월간 초임검사로서 지도검사의 지도를 받으며 수습기간을 가진다.[1131)]

판사의 경우에는 법조일원화 제도의 도입에 따라 법원조직법이 개정되어 제42조 제2항에서 판사는 10년 이상 판사·검사·변호사나 변호사 자격이 있는 사람으로서 국가기관, 지방자치단체 등에서 법률에 관한 사무에 종사한 사람, 변호사 자격이 있는 사람으로 공인된 대학의 법률학 조

1130) 전게논문, 403-404쪽.

1131) 한편 군법무관을 마치고 임관된 로스쿨 출신 검사들의 경우에는 연수원출신과 마찬가지로 5주와 3주의 단기 직무교육만을 법무연수원에서 실시한다.

교수 이상으로 재직한 사람 중에서 임용하도록 하였다.[1132] 법조일원화 제도는 바로 시행되는 것은 아니며 개정법에 대한 부칙을 두어 2013. 1. 1.부터 2017. 12. 31.까지는 3년의 법조경력을, 2018. 1. 1.부터 2021. 12. 31.까지는 5년의 법조경력을, 2022. 1. 1.부터 2025. 12. 31.까지는 7년의 법조경력을, 그 이후부터는 위 제42조 제2항을 적용하여 10년의 법조경력을 갖춘 사람 중에서 판사를 임용하는 것으로 단계별로 법조일원화를 시행하도록 하고 있다. 따라서 앞으로 판사로 임용되기 위해서는 3년, 5년 등 연도별로 단계적으로 요구되는 법조경력을 충족시켜야 하는 것이다.

(4) 군사법제도에 대한 개선 요구

2014년 4월에 발생한 윤 일병 사건이 7월 한 시민단체에 의해서 공개되면서 군사법제도 전반에 대한 국민적 불신이 극대화되었고 그 여파로 기존에 논의되던 군사법제도에 대한 개선요구가 국회와 언론을 중심으로 매우 강력하게 대두되었다. 이 문제는 윤 일병 사건과 22사단 임 병장 사건의 여파로 구성된 민·관·군 병영문화 혁신위원회와 국회에 구성된 군 인권개선 및 병영문화혁신 특별위원회(이하 '국회특위'라고 한다.)에서 논의되었고 각 위원회는 개선안을 정책건의 형식으로 제시하였다.

국회특위에서는 정책건의를 통해 군사재판의 독립성·공정성 등에 대한 국민의 불신이 팽배하여 이를 해소하고 군인들도 법관에 의해 재판받을 권리를 실효성 있게 보장하기 위해서 군사법원은 폐지하고 관할관 제도 및 확인조치권, 심판관 제도도 더불어 폐지를 하는 한편, 일반법원 산하에 특수법원으로 군사법원을 두거나 지방법원 합의부에 군사부를 설치하는 방안을 제안했다.[1133] 군검찰 및 군사법 경찰제도의 운영 개선과 관련해서는 공정성의 침해가 우려되는 사건은 상급검찰부로 관할이전을 의무화하고, 군검찰관의 호칭을 '군검사'로 변경하며, 군 사법경찰관을 지휘관으로부터 독립시키고 국방부 검찰단장은 장관급 이상으로 격상시키는 한편, 변호인 접견실이 없

1132) **법원조직법 제42조 (임용자격)**

① 대법원장과 대법관은 20년 이상 다음 각 호의 직(직)에 있던 45세 이상의 사람 중에서 임용한다.

1. 판사·검사 · 변호사
2. 변호사 자격이 있는 사람으로서 국가기관, 지방자치단체, 「공공기관의 운영에 관한 법률」 제4조에 따른 공공기관, 그 밖의 법인에서 법률에 관한 사무에 종사한 사람
3. 변호사 자격이 있는 사람으로서 공인된 대학의 법률학 조교수 이상으로 재직한 사람

② 판사는 10년 이상 제1항 각 호의 직에 있던 사람 중에서 임용한다.

③ 제1항 각 호에 규정된 둘 이상의 직에 재직한 사람에 대해서는 그 연수를 합산한다. [전문개정 2014.12.30.]

1133) 전게 특위보고서, 19-20쪽.

는 등 열악한 현 군사법원과 육군교도소의 시설을 개선하고, 군 검찰의 전문성 향상을 위해 보직관리와 교육프로그램을 운영하도록 제안하였다.[1134]

연이은 대형사고에 따른 군사법제도 개선요구는 법제사법위원회를 중심으로 군사법원법 개정 논의에도 활기를 띠도록 만들었다. 그동안 각 의원들에 의해서 제기된 개정 법률안들이 정부발의 개정안과 함께 활발하게 법안심사 소위에서 심사가 되고 있다. 개정안에는 정청래의원이 대표 발의한 심판관을 폐지하는 간단한 내용을 포함한 것[1135]으로부터 군사법원법을 폐지하고 군사법원의 조직 등에 관한 법률, 군검찰의 조직 등에 관한 법률 및 군 형사소송법을 대체 입법하는 이상민 의원대표 발의의 군사법원법 폐지법률안[1136]까지 다양한 내용의 법률안이 포함되어 있다.

이상민 의원안과 민홍철 의원안, 전해철 의원안[1137]은 대체로 비슷한 내용으로 지역군사법원과 지역검찰단을 설치하여 관할관을 국방부 장관으로 제한하거나 이를 폐지하고 각급 군사법원장에 의한 사법행정사무를 지휘·감독 하도록 하고, 지역검찰단에 대해서는 국방부 장관이 일반적인 지휘·감독을 하고 구체적 사건에 대해서는 고등검찰단장만을 지휘하도록 하는 내용을 담고 있다.[1138]

군사법제도에 대한 개선요구는 군사법제도를 운영하는 군법무관으로 구성된 검찰관과 군판사들의 지휘관으로부터의 부당한 영향으로부터 자유롭지 못하여 그 독립성, 투명성 및 공정성에 대해서 불신과 또한 단기장교 또는 경험 없는 초임 법무장교 위주로 운영되는 검찰관들에 대해서는 전문성마저 의심을 받고 있다는 문제의식으로부터 비롯된다. 따라서 이러한 문제의식들에 대해서 충분히 설득가능한 대안을 제시할 수 있도록 군사법제도 운영에 있어서 외형적이고 제도적인 면과 운영요원들의 자질과 능력과 관련된 부분에 있어서 실질적이고 근본적인 변화를 추진해야 할 것이다.

1134) 전게 특위보고서, 21쪽.

1135) 군사법원법 일부개정안(정청래의원 대료발의, 의안번호 6834), 2013. 9. 13. 참조.

1136) 군사법원법 폐지법률안(이상민의원 대표발의, 의안번호 11388), 2014. 8. 13. 참조.

1137) 군사법원법 전부개정법률안(전해철의원 대표발의, 의안번호 15660), 2015. 6. 19. 참조.

1138) 다만 민홍철의원 발의안에는 군검찰은 사단급 이상 부대에서 운영하는 현행 체계를 유지하되 다만 국방부 검찰단장을 장관급 장교로 임명하여 그 권위와 기능을 강화하도록 하고 있다. 자세히는, 군사법원법 일부 개정법률안(민홍철의원 대표발의, 의안번호 16022), 2015. 7. 8. 참조.

나. 내부환경 평가

(1) 개 요

법무병과에 부여된 기본적인 임무는 군조직의 일부로서 군이 요구하는 임무와 기능을 완벽하게 수행하는 것이다. 따라서 군의 임무수행 환경의 다양한 변화에 따라 병과에 요구되는 기능과 역할이 어떻게 변화할 것인가는 미래비전을 설정하기 위해 정확하게 분석되어야 한다. 가장 먼저 고려해야 할 사항은 군의 임무수행 체계에 많은 변화를 가져올 전시 작전통제권 전환에 따른 군 지휘구조 변화와 군 구조개혁이다.

이와 더불어 법무병과는 다양하고 빠르게 변화되는 안보환경 하에서 전 방위 군사대비태세의 유지로부터 실전적인 교육훈련에 이르기까지 군의 임무수행에 요구되는 법률지원 소요에 대해서 전문적인 법률지원이 가능해야 한다. 우리 군의 주된 위협인 북한이 핵과 탄도미사일 등 대량살상무기(WMD)의 개발, 사이버 공격과 소형 무인기 침투, 접적지역 무력도발 등으로 지속적으로 안보상황을 위협하는 가운데 일본, 중국, 러시아 등이 군사력을 경쟁적으로 증강하고 있다는 점에서 다양한 미래위협에 대비하기 위해 요구되는 군의 역할과 기능에 대한 분석이 필요하다.[1139] 특히, 미래의 우리 안보환경에 심대한 영향을 미칠 것으로 예상되는 중국이 시도하는 법률전(法律戰)과 같은 새로운 방식의 전략에 대해서도 가장 직접적인 대응방법을 제공하는 것은 법무병과의 중요한 역할이 될 것이다.

다음으로 군사법제도에 있어서는 외부에서의 개선요구를 수용하여 국방부에서 군사법원법에 대한 국방부 입법(안)을 제출한 상황이다. 법무병과는 군사법제도와 징계제도 등을 운영하여 엄정한 군의 기강을 확립하여 법과 규정에 근거한 완벽한 임무수행 태세를 갖추는데 기여할 것을 요구받고 있다. 군사법제도를 운영하는 법무병과에게 군내부의 특별사법제도로서의 특성을 실현하기 위한 합목적성과 사법제도로서의 합법성을 조화 있게 고려하여 전문성 있는 직무수행 능력을 갖출 것이 요구되는 것이다. 이를 실현하기 위해서 국방부 개선 법률(안)에 따라서 군사법 조직을 포함한 병과의 미래 조직/기능이 재정립되어야 할 것이다.

법무병과 법률서비스의 수요자인 군의 구성원들이 병과에 바라는 모습이 무엇인가에 대한 현장의 목소리를 듣고자 하는 노력도 필요하다. 이를 위해서 군에서 대대장과 연대장직을 우수하게 마치고 육군본부 등 정책부서의 과장직책을 수행하고 있는 인원과 정책부서에서 총괄장교의 임무

1139) 전게백서, 13-30쪽 참조.

를 수행하고 있는 인원들을 대상으로 법무병과에 바라는 모습을 진솔하게 제시해 주도록 의견수렴을 해 보았다. 그 결과를 분석하여 병과의 미래비전에 직접적 수요자들이 바라는 병과의 모습을 최대한 구현하도록 노력하는 것도 꼭 필요한 작업일 것이다.

(2) 전시작전통제권 전환과 군 지휘구조 변경

한국전쟁이 발발하고 1950. 7. 14. 이승만 대통령이 맥아더 유엔군 사령관에게 현 적대행위가 지속되는 한 한국군의 일체의 '작전지휘권'을 이양한다는 서한에 대해 같은 해 7. 16. 맥아더 사령관이 동의답신을 보냄에 따라 유엔사로 이양되었던 한국군의 '작전지휘권'은 1954년 '작전통제권'으로 명칭이 변경된 이후 1978년 '전략지시 1호'에 따라 한·미 연합사가 창설되고 한국군의 작전통제권을 행사하는 것으로 되었다가, 1994년 '전략지시 2호'에 의해 정전 시 작전통제권은 한국 합참의장이 행사하는 것으로 전환되었다.[1140] 2007. 1. 한미상설군사위원회는 2012. 4. 17. 전시작전통제권을 한국군에게 전환하는 것으로 합의하였다가 이후 천안함 폭침, 연평도 포격 등 여러 안보정세의 변화에 따른 우려를 반영하여 전환 시기를 2015. 12.로 연기하여 한국군이 주도하고 미군이 지원하는 新연합방위체제로 변경하기로 하였다.[1141]

하지만 2014. 10. 양국은 제46차 한미안보협의회(SCM)에서 전시작전통제권의 전환 시기를 재연기하기로 합의하였다. 즉 일정한 시기를 정하지 않고 한국군이 핵심 군사능력을 구비하고 북한 핵·미사일 위협에 대한 필수 대응능력을 구비하며 전시작전통제권 전환에 부합하는 한반도 및 역내 안보 환경이 되었을 때라는 조건을 전시작전통제권 전환시기로 정한 것이다. 따라서 전시작전통제권 전환의 조건을 구비하기 위한 군사능력의 강화가 군구조 개편 및 지휘구조 변화의 방향이 될 것이다.

이러한 측면에서 합참에 군정기능이 일부 이양되고 1, 3군 사령부가 통합하여 창설되는 지상작전사령부는 군령기능을 주로 수행할 것이다. 또한 기존의 군사령부의 기능은 군단으로 이양되고 군단은 작전지역이 확대되어 능력이 보강될 것이다. 군의 병력은 감축되어 일부 군단과 사단이 해체되며 병력은 간부위주의 구조로 변경될 것이다. 이와 같은 군의 기능과 구조의 개편에 따라 각급 부대 법무참모부의 임무와 역할, 편성, 기능에 대해서도 적절한 재조정이 필요할 것이다.

1140) 이상철, 한번도 정전체재, 한국국방연구원(2012), 111-117쪽.

1141) 이상철, 전게서, 118-121쪽.

(3) 다양하게 변화하는 안보환경에 대응한 군의 임무와 기능

우리 군의 군사대비태세는 북한의 각종 도발에 대비한 조기경보 및 위기관리체계의 발전, 침투 및 국지도발 대비태세 유지, 전면전 대비태세 유지, 즉응동원태세의 확립이 필요하며 또한 초국가적 비군사적 위협에 대비하기 위하여 테러 대비태세를 강화하고 사이버전 대비태세를 구축하는 한편, 재난·재해 위협에 대한 대비태세도 구비해야 한다.[1142] 또한 북한의 핵·대량살상무기(WMD) 위협에 대한 대응능력을 강화하기 위한 킬 체인과 한국형 미사일 방어체계의 단계적 발전을 추구하면서 화학·생물 위협 대비 능력 발전과 국방 우주력을 발전시키는 방안도 추진하고 있다.[1143] 특히, 최근 합동참모본부의 군구조개혁추진관은 미래 군사력 운용 개념혁신을 주도해 개전 초 대규모 피해 방지를 위한 능동적이고 선제적 군사력 운용 등 새로운 한국군의 군사력 운용방안을 제시할 것이라고 밝혔다.[1144] 한편, 북한의 다양한 안보위협에 효과적으로 대응하기 위해서는 모든 국가방위 요소를 유기적으로 통합하기 위한 민·관·군·경 통합방위태세를 확립해야 한다.[1145] 또한 적의 사이버 공격행위에 대한 방어와 적에 대한 사이버 공격을 위해서 해킹이라는 행위를 사용하는 것에 대한 법적인 의미에 대해서도 계속해서 논란이 될 것이다.[1146]

한편, 실전적 훈련으로 전투준비태세를 완비하기 위해서 우리 군은 물론이고 한·미 연합방위태세를 강화하기 위한 각종 연합연습과 훈련을 포함하여 실전적인 교육훈련을 실시해야 할 것이다.[1147] 실전적인 교육훈련과 관련해서는 훈련장 주변의 주민들과의 갈등을 어떻게 지혜롭고 합법적으로 해결할 것인가가 큰 문제로 대두되고 있다. 국민들은 안보라는 문제로 인해서 자신들의 권리가 제한되거나 침해되는 것에 대해서 더 이상 용인하지 않고 있으며 이러한 상황을 실전적인 훈련을 위한 승진훈련장과 같은 각종 실사격 훈련장 건설 및 운영에 대한 반대시위나 비행장 소음소송, 제주 해군기지 건설반대 시위 등의 예에서 쉽게 발견할 수 있다.[1148]

이 뿐만이 아니라 군의 임무수행을 위한 군정작용과 군령작용을 둘러싼 다양한 법적문제의 영

1142) 전게백서, 49-55쪽.

1143) 자세히는, 전게백서, 56-61쪽 참조.

1144) 연합뉴스, 군, 미래 군사력 운용개념 바꾼다…"개전초 선제적 운용", 2015. 6. 26.

1145) 전게백서, 62-64쪽 참조.

1146) 조선일보, 국방부 "기무사, 국정원 해킹의혹과 전혀 무관", 2015. 8. 12.

1147) 전게백서, 65-74쪽 참조.

1148) 지난 4-5월에는 포천 시 군 사격장 피해주민들이 영평·승진사격장 대책위원회를 구성하여 미8군 사령부 인근과 국회의사당 정문 앞에서 안전대책마련 및 사격장 폐쇄까지 요구하는 시위를 한 바도 있다(연합뉴스, 포천 軍사격장 피해주민들 28일 국회앞에서 대책 촉구, 2015. 5. 27.).

역은 매우 다양하며 여기에 대한 법적인 문제제기와 합법성에 대한 도전도 계속 증가하고 있다. 특히 최근에는 종교적 신념에 의한 입영거부에 대해서 하급심 판례가 엇갈리고 있으며 헌법재판소에서는 2015. 7. 9. 이 문제에 대해서 병역법 조항이 헌법에 위반되는지 여부를 공개변론을 통해 심리하기도 하였다.[1149] 또한 대체복무를 허용하는 병역법 개정안이 17·18대 국회에 모두 제출되었다가 회기 만료로 폐기되었고, 19대 국회에도 같은 내용을 담은 법안이 제출되어 있는 상태다.[1150] 군형법 제92조의5 추행죄에 대해서도 헌법재판소와 대법원이 이러한 행위를 처벌하는 것이 헌법에 반하지 않는다고 결정한 바 있으나 현재 동성결혼을 합법화하려는 움직임과 함께 많은 도전이 예상된다.[1151]

미래 군의 임무를 분석하면서 안보위협 요소로 북한만을 상정할 수는 없다. 현재 국제사회는 미국 우위의 국제질서가 유지되는 가운데 지역 강국 부상 등 국제질서의 변화를 요구하는 도전 요인들도 증가하고 있다.[1152] 특히 동아시아 지역은 경제 분야의 상호의존성은 증대되고 있으나 안보분야에서의 협력은 높지 않은 '아시아 패러독스' 현상이 지속되고 있다.[1153] 일본은 2013. 12. 외교·안보분야의 컨트롤타워로서 '국가안전보장회의'를 발족하고 국제사회에서의 일본의 역할을 확대하는 '적극적 평화주의'를 제시하면서 2014. 7.에는 집단적 자위권 행사가 가능하도록 헌법 해석을 변경하였고 지속적으로 전력증강을 하고 있다.[1154] 중국 역시 2009년부터 미국에 이어 세계 2위의

1149) 뉴시스, 양심적 병역거부'유죄·무죄" 엇갈리는 법원 시각, 2015. 8. 12.

1150) 전게기사.

1151) 헌법재판소는 추행죄를 처벌하는 것은 군 내부의 건전한 공적생활을 영위하고 이른바 군대가정의 성적 건강을 유지하기 위하여 제정된 것으로서, 주된 보호법익은 '개인의 성적 자유'가 아니라 '군이라는 공동사회의 건전한 생활과 군기'라는 사회적 법익이라고 하면서 헌법에 반하지 않는다고 결정하였다(헌법재판소 2002. 6. 27. 선고 2001헌바70 전원재판부 참조). 또한, 대법원은 개인적 성적 자유를 주된 보호법익으로 하는 형법 등에서 말하는 추행이라함은 객관적으로 일반인에게 성적 수치심이나 혐오감을 일으키게 하는 선량한 성적 도덕관념에 반하는 행위로서 피해자의 성적 자유를 침해하는 것이라고 할 것이지만(대법원 2002. 4. 26. 선고 2001도2417 판결), 개인적 성적 자유를 주된 보호법익으로 하는 형법 등에서 말하는 '추행"의 개념과 달리 군형법 제92조에서 말하는 '추행'이라 함은 계간(항문 성교)에 이르지 아니한 동성애 성행위 등 객관적으로 일반인에게 혐오감을 일으키게 하고 선량한 성적 도덕관념에 반하는 성적 만족 행위로서 군이라는 공동사회의 건전한 생활과 군기를 침해하는 것을 의미하고, 이에 해당하는지 여부는 행위자의 의사, 구체적 행위태양, 행위자들 사이의 관계, 그 행위가 공동생활이나 군기에 미치는 영향과 그 시대의 성적 도덕관념 등을 종합적으로 고려하여 신중히 결정하여야 한다고 하면서, 육군 중대장이 소속 중대원들의 젖꼭지 등 특정 신체부위를 비틀거나 때린 사안에서, 장소의 공개성, 범행시각, 피해자들이 불특정 다수인 점 등에 비추어 군이라는 공동사회의 건전한 생활과 군기를 침해하는 비정상적인 성적 만족 행위라고 보기 어려우므로, 군형법 제92조의 추행죄에 해당하지 않는다고 판시하였다(대법원 2008. 5. 29. 선고 2008도2222).

1152) 전게백서, 8-12쪽.

1153) 전게백서, 13쪽.

1154) 전게백서, 15-16쪽.

국방비를 지출하면서 육군, 해군, 공군의 전력을 현대화하고 강화하고 있으며, 제2포병은 핵 및 재래식 탄도 미사일의 정밀타격능력을 강화하면서 달 표면에 착륙을 성공시키는 등 우주강국 건설도 추진하고 있다.[1155] 러시아도 '국가안보전략 2020'과 '군사독트린'에 따라 강력한 군사력을 통한 주권수호와 국익을 추구하는 '적극방어' 전략을 표방하면서 강한 러시아 건설을 기치로 국방개혁도 추진하고 있다.[1156]

일본, 중국, 러시아는 모두 우리와 역사적으로나 현재에도 안보문제에 있어서는 부정적 측면을 가지고 있어 해당국들의 군사력 증강이나 안보정책의 변화는 우리 군의 국방목표 설정에 있어서 반드시 고려가 필요하다. 특히, 중국, 러시아는 한·미 동맹에 대항하여 북한과 우호적인 관계를 유지하고 있으며 역사적으로는 한국전쟁 당시 북한을 지원한 예도 있다. 특히, 중국의 경우에는 2003년부터 심리전, 언론전, 법률전을 통칭하는 삼전을 통해 전쟁의 효율성과 정당성을 확보하려는 노력을 기울이고 있다.[1157] 이 중 법률전은 중국의 행위들을 법적으로 유효하다고 정의하며 국제 사회의 적대국, 중립국 및 민간 관계자들 간에 국가의 행위를 다루는 법적 기준을 모호하게 만들어 영토 또는 자원을 차지하기 위한 법을 제정하거나 위조하는 행위를 말한다.[1158] 법률전의 측면에서 중국은 지난 7. 2.에는 새로운 국가안전법을 제정하여 대만을 중국의 주권, 통일, 영토수호에 포함시켜 그 적용범위를 확대한 것과 관련하여 대만 당국이 강력히 반발한 바 있다.[1159]

위에서 언급된 분야들은 모두 다양한 영역에서 복잡한 국내법과 국제법의 관계를 망라하는 작전법 법률지원 소요를 내포하고 있다. 작전법이란 군사 작전에 직접적으로 영향을 미치는 국내법, 외국법, 국제법의 총체를 말한다.[1160] 중국의 법률전도 작전법의 전략적 활용이라고 볼 수 있다. 우리나라의 경우에는 중국의 법률전과 관련하여 방공식별구역 중첩 문제가 발생한 바 있으며 북한의 급변사태 시 중국의 개입을 위한 여건 조성을 위해 법률전을 사용할 여지도 있다.

하지만 이러한 다양한 위협에 대비한 군사대비 태세에 대해서 충분한 작전법 지원역량을 갖추

1155) 전게백서, 17-18쪽.

1156) 전게백서, 18-19쪽.

1157) 국방정보본부, 중국의 삼전(China: The Three Warfares), 2014, 23-24쪽.

1158) 중국은 법률전을 삼전 중에서도 특히 중요한 역할을 수행하며 독립적으로 사용할 수 있는 군사기술이면서 언론전에 사용될 자료를 제공하는 역할을 수행한다고 하고, 이를 위해 위조지도를 사용하는 행위, 기타 국제 협약들의 선택적인 부분들만 이용해 중국의 이익을 취하는 행위, 남중국해 내 중국의 영향력을 강화하기 위해 산샤(三沙)시나 서사군도를 지방 도시로 설정하는 법적왜곡 행위를 시도하고 있다(국방정보본부, 전게서, 24쪽 참조).

1159) 연합뉴스, 대만, 중국 국가안전법 적용범위 확대에 '발끈', 2015. 7. 2. 참조.

1160) U.S. Dep'T of Army, FM 1-04, Legal Support to the Operational Army(18Mar2013), 5-3.

지 못하고 있는 것이 현재 우리 법무병과의 현주소이다. 특히, 중국의 법률전에 대해서는 국방부 차원에서 육·해·공군 법무병과의 통합된 노력과 대응이 필요함에도 불구하고 실효적인 대응이나 노력이 전무한 상황이다. 이러한 현실에 대한 비판은 특히 사이버전 분야에서 우리 정부와 군은 사이버 안보전략, 사이버전 작전계획, 교전 규칙 등을 구체적으로 만들어 놓지 못한 상태이며 이에 따라 북한의 계속되고 있는 사이버 테러에도 보복조치 등 적극적이고 구체적인 대응을 하지 못하고 있다는 정부 소식통의 말을 인용한 신문기사를 통해서 날카롭게 지적되고 있다.[1161]

(4) 국방부 군사법제도 개선 추진(안)

이미 언급한 바와 같이 대외적으로 국회와 언론을 중심으로 군사법제도의 독립성, 공정성 그리고 전문성에 대한 불신과 우려에 따른 개선요구가 거세고 이에 따라 많은 개선 입법안들이 국회에 제출되어 법안심사 중에 있다. 국방부도 이러한 지적들을 겸허히 받아들여 현행 군사법제도는 지휘관의 절차 전반에 광범위한 관여를 허용하여 운영상 독립성, 공정성, 전문성이 미흡한 실정이라는 점을 인정하고 다만, 남북이 대치하고 있는 현 안보상황을 고려하여 군사법제도의 기본 근간은 유지하되 軍특수성과 일반사법이념이 균형을 이루도록 평시에는 사단급 보통군사법원을 폐지하고, 심판관 제도를 원칙적으로 폐지하는 등 개선을 통해 군사법제도 및 운영 전반에 대한 국민적 신뢰를 확보하기 위한 군사법원법 개정안을 국회에 제출하고 입법예고하였다.[1162]

주요한 내용을 살펴보면 육군은 사단급 이상, 해군은 함대급 이상, 공군은 비행단급 이상의 부대에서 설치·운영하고 있는 군사법원을 폐지하고 군사법원을 군단급으로 격상하여 설치하고, 평시 심판관 제도를 원칙적으로 폐지하여 군판사 3인으로 재판부를 구성하며 군형법위반 범죄 등 군사범죄 중 일부 범죄에 대하여 예외적으로 심판관을 운영함으로써 군사재판의 독립성과 공정성을 제고하고자 하였다.[1163] 군사법원 관할관이 재판 결과를 최종적으로 확인하는 관할관 확인·감경권도 일부 지휘관의 부적절한 감경권 행사로 인해 무분별한 지휘권 남용이라는 지적을 수용하여 평

1161) 국군사이버 사령부가 국회에 보고한 자료에 다르면 지난 2009년 부터 2013년까지 북한 사이버 공격에 따른 피해액은 약 8600억원에 달하고 2010년 부터 2013년까지 군에 대한 사이버 공격은 6392건이 있었지만 이에 대한 보복 조치를 선언하거나 행동에 옮긴 적이 없다. 자세히는, 조선일보, '우리 군, 사이버전 교전규칙도 없다.', 2015. 7. 25.

1162) 전게 국방부 공고 참조.

1163) 심판관 제도는 군판사의 부족한 군 경험과 군사 지식을 보완하고, 법률적 판단에 치중하는 군판사의 단점을 보완하는 제도로서 헌법재판소도 합헌성을 인정하고 있으나 상명하복의 군조직의 특수성에 의하여 심판관은 관할관의 의중을 고려하여 재판에 임할 가능성이 있고, 재판절차에서 형식적인 위치만 가질 우려가 있으며, 재판의 독립성과 법관에 의한 재판을 받을 권리를 침해할 우려가 있다고 보아 평시에 이를 폐지하기로 하였다(전게 공고문 참조).

시에 원칙적으로 이를 폐지하고 관할관이 감경권을 행사할 수 있는 대상범죄와 감경범위를 법률로 엄격히 제한하였다. 또한 지휘관과의 관계나 부당한 관여로 인하여 수사의 공정성 침해가 우려되는 사건은 상급부대 검찰부로 이송할 수 있도록 하여 군 수사의 독립성과 공정성을 향상시키고자 하였다.

국방부가 제출한 군사법원법 개정안은 그동안 군사법제도 개선이 불가하다는 입장에서 벗어나 전향적인 입장에서 민·관·군 병영혁신 위원회의 개선 방안을 적극 수용한 입장에서 작성되었고, 국회에서도 국방부 개정안을 상당히 진일보한 것으로 평가하고 있어 법률로써 통과될 가능성이 매우 크다. 따라서 앞으로 개선안에 따른 군사법제도를 어떻게 운영하여 그동안 지적되었던 군사법제도의 독립성, 공정성, 전문성에 대한 문제제기에 대해 실질적인 개선을 실현할 것인가에 대한 구체적 고민이 필요하다.

구체적인 사건처리와 관련된 군사법제도의 운영에 있어서 문제가 되는 것은 군의 고위직과 관련된 사건이나 여군에 대한 성폭력 사건에 있어서 사건의 축소·은폐의혹이나 솜방망이 처벌과 관련된 논란이 우선적으로 거론되었다. 따라서 이러한 문제를 해결할 수 있는 공정성과 성폭력 사건에 대한 전문적이고 엄정한 처리가 가능한 전문성을 가진 전담 수사 및 재판조직의 보강이 필요하다. 또한 군내 사업추진과 관련된 방산비리는 이적행위와 다름없다는 국민적 비난에도 불구하고 민간검찰과의 특별수사팀을 구성하기 이전까지는 별다른 적발실적이 없었던 것도 군사법기관의 전문성과 능력을 불신하게 하는 요인이 되었다.[1164] 따라서 군의 투명한 운영과 관련된 방산비리를 비롯한 각종 군 특유의 비리를 적발하는 전문수사능력의 보강도 고려되어야 한다.

(5) 군 내부에서 바라는 법무병과의 모습

육군본부 및 정책부서 과장들과 총괄장교 170명에게 미래 법무병과 발전방안 수립 계획을 홍보하고 의견을 수렴한 결과를 종합하여 군 내부에서 병과에게 바라는 사항을 정리해 보았다[1165] 먼저 업무수행 측면에서는 좀 더 개방적이고 적극적인 자세로 찾아가는 서비스가 필요하다고 하면서 인터넷이나 인트라넷을 통한 법률상담, '김영란 법' 등 공직생활에 영향을 미치는 법

1164) 특별수사팀에 의해 적발된 방위사업의 비리규모는 해군 8402억원, 공군 1344억원, 육군 45억원 등 9800여 억원에 달하였으며, 현재 400억원 대의 육군의 무인정찰기 사업이 수사대상이 되면서 방위사업 비리에 대한 수사방향이 그 동안 비리규모가 적게 적발되었던 육군으로 확대되고 있다(중앙일보, 이규태 중개한 무인정찰기도 의혹.... 육군으로 수사확대, 2015. 8. 17. 참조).

1165) 무작위로 전 군 대령급 주요과장 및 중령급 총괄장교들에게 국방망 이메일을 통해서 의견을 수렴한 결과 32명 정도가 병과에 대해서 관심을 가지고 의견을 보내왔다. 이 분들에게 깊은 감사의 말씀을 전한다.

령개정 사항 등은 적극적으로 교육이 되도록 지원 등을 바라고 있었다. 다양한 사례집, 길라잡이, 세미나 등을 개최하여 부대 운영과 관련된 법률 정보를 제공해 주고 지휘관 관련 법규교육을 강화해 달라는 요구도 있었다. 평시 법무서비스의 확대를 통해 친숙하고 도와주는 병과이미지를 희망하고 야전 지휘관과 의사소통을 강화하고 1일 중대장이나 1일 대대장 경험행사 같은 것을 통해서 일반장교와 융화되어 특권의식을 버리기를 희망하면서 홍보마인드를 가지기를 권고하기도 했다.

한편, 병과의 폐쇄적이고 경직된 업무수행 자세를 문제 삼으면서 법무관들에게 스스로 특별하다고 느끼면서 행동하고 상급자에 대한 경례 등 군대예절 및 군인기본자세가 부족하다는 지적도 있었다.[1166] 법무관들이 수당, 진급 등에서 특혜를 보고 있다는 점에서 좀 더 군에 대해서 의무감을 느끼면서 근무를 했으면 좋겠다는 지적도 있었다. 특히 사단급에 배치된 단기장교들의 군에 대한 이해부족을 문제 삼고 장기자원의 사단급 배치를 희망하고 있었다. 같은 사안에 대해서 제대별, 법무장교별로 다른 의견을 제시하는 경우를 지적하면서 사명감 있고 의지 있는 인원을 야전 창끝 부대에 충원해 달라는 의견도 있었다.

군사법제도와 관련해서는 개선의견을 내놓은 인원들은 의외로 군사법제도가 지휘관으로부터 독립되어 사회와 비교해서 합리적인 수준에서 양형이 이루어지기를 희망하는 의견이 많이 있었다. 즉 군대 내라도 검찰과 법원은 독립된 기관으로 기능을 해야 하며 '제 식구 감싸기'보다는 투명하게 운영되어 군사법원도 군대라는 선입견을 없애야 한다는 의견이 다수 있었다. 군사재판은 군사령부 이상에서 이루어져야 하고 지휘관의 관여범위도 정확히 법정화해야 한다는 국방부 개선안에 근접한 의견도 있었다.

군사법 요원들에 대해서는 자신들의 잘못이 있다면 겸허히 인정을 하고 담당사건의 처리 및 재판결과에 대해서 승패에 있어서 책임을 지는 시스템을 확립할 필요가 있다고 지적했다. 특히 검찰 인사제도와 관련해서는 전문성을 확보하고 예하부대에 우수자원을 보직하라는 의견이 있었다. 군판사와 검찰관에게는 존경받는 인품을 요구하면서, 검찰관은 지휘관과 헌병과의 소통시간을 확대할 필요가 있다고 희망했다.

1166) 법무관들의 부조리나 비위사례를 다수 정리하여 솔선수범하는 자세를 강조하여 이러한 문제에 대한 개선이 필요하다는 취지의 의견도 있었다.

3. 환경변화에 대응한 요구사항과 비전(VISION) 2025

가. 요구사항 분석

(1) 외부환경 변화의 평가에 따른 요구사항 분석

외부환경 변화 중 가정 먼저 고려할 법조환경의 변화의 두 축은 법률시장의 개방에 따른 법률서비스 시장의 경쟁강화와 로스쿨 제도의 도입에 따른 법조인 양성 및 활용에 있어서 패러다임의 변화이다. 법조환경의 변화양상에서 우리가 살펴보아야 하는 것은 앞으로 우리가 인력획득을 위해 경쟁을 하고 획득된 인력을 효율적으로 운영하기 위해서 어떠한 법조인들이 양성되어 배출되는지에 대한 정보를 통해 법무관 경력을 거치면서 경쟁력 있는 법조인으로 성장하여 병과에서 분리된 이후에도 민간영역에서 계속적으로 성공적인 법조인으로서의 생활이 가능하도록 요구사항과 방법들을 도출해 내야 한다.

먼저 법률시장 개방은 국내 법률서비스 산업의 영세성과 국제적인 경쟁력이 취약하다는 점, 그리고 국제적 역량을 갖춘 변호사 양성과 해외 사무소 운영 등에 있어서 초대형 로펌들도 매우 소극적이라는 사실들로부터 병과의 미래를 설계함에 있어서 요구되는 사항들을 도출할 수 있다. 즉 병과의 보직과정과 위탁·보수교육 과정 등을 통해서 국제적으로 경쟁력 있는 법조 인력으로 성장할 수 있도록 보직운영과 교육과정을 설계할 필요가 있다. 또한 다양한 해외근무경험을 보장할 수 있도록 적정한 직위의 해외근무 직위를 신설하여야 할 것이다. 여기에는 해외파병기회도 적절히 활용될 수 있도록 발전시켜야 한다. 또한 국내 로펌들이 조직화, 전문화, 대형화의 측면에서 여러 가지 전문직역간의 동업 제한 등으로 한계가 있다는 부분과 차별하여 어떻게 법무관으로서의 업무수행이 다양한 전문직역과의 조직적인 협업관계를 경험하는 기회가 되도록 할 것인가를 구상해야 한다.

로스쿨 제도의 도입과 관련해서는 먼저 로스쿨 교육을 통해 다양한 전공과 경력을 가진 인원이 다양성, 전문성, 국제경쟁력을 갖춘 변호사로 양성될 수 있다는 측면과 다수의 변호사를 안정적으로 확보할 수 있다는 면이 법무병과의 신규모집에는 긍정적인 요소로 평가될 수 있을 것이다. 하지만 여성의 비율이 40%로 증가한 부분과 평균 나이가 33.9세라는 부분은 남성이 다수로 이루어지고 연령 정년제도가 있는 군인신분을 고려할 때는 여러 가지 문제점이 도출될 수 있다.

또한 로스쿨 출신 변호사들의 실무능력에 대한 교육성과에 대해서 로스쿨 교육의 수요자들은 대체로 만족하고 있는 반면 이들의 직무능력에 대한 동료평가는 부정적인 측면이 많다는 점은 신규 획득인원에 대한 직무교육 및 연수가 어느 정도 수준에서 이루어져야 하는지에 대한 고려를 필요로 한다. 특히 자긍심, 희생정신, 공익에 대한 고려, 공정성, 객관성이 부족하다는 평가에 대해서는 사법연수원 출신과는 달리 시보라는 공직생활을 경험한 것이 아니라 학생 신분에서 바로 군인으로 임관된다는 점에서 발생하는 특성임을 고려해서 양성 및 보수교육 과정에서 반드시 교육이 고려되어야 할 사항이다.

로스쿨 출신 변호사들의 신규임용 후 보직 시 고려되어야 하는 사항은 법조직역별로 일정 기간 직무연수를 요구하고 판사의 경우에는 우리가 비전 달성의 목표연도로 하는 2025년까지는 7년의 법조경력을 요구하여 임용한다는 사실이다. 따라서 실무보직을 할 경우 사법직위인 검찰관의 경우에는 적어도 1년 이상의 실무경력을 가진 자 중에 임명을 해야 하며, 군판사의 경우에는 배석판사는 7년 이상, 부장판사는 10년 이상의 근무경력을 가진 자 중에 임명하는 등 일정한 실무경력을 고려하여 보직을 운영하여야 한다. 또한 각 제대별 참모부에 인력을 배치할 때 업무지도를 통한 실무능력 향상이 가능하도록 각 직책별로 근무경력에 차이를 두어 보직하여야 한다.

다음으로 군사법제도의 개선과 관련해서는 군사법제도의 독립성, 공정성, 전문성에 대한 불신에서 비롯된 폐지론을 불식시키기 위해 제도적인 외관을 독립성과 공정성이 보장될 수 있도록 개선하고, 보직관리와 교육프로그램을 통해서 전문성을 향상하도록 하되 성폭력, 방산비리, 구타·가혹행위, 자살사고 등 군내 특수한 사건사고 별로 전문 분야별 전담조직을 편성하고 그에 상응하는 전문교육이 이루어질 수 있도록 하는 부분이 반드시 포함되어야 할 것이다.

(2) 내부 환경 변화 평가에 따른 요구사항 분석

내부 환경 평가를 통해서는 군에서 요구하는 다양한 임무를 완벽히 수행할 수 있도록 준비된 군에 꼭 필요한 조직으로서 법무병과의 위상을 확립하기 위해서 요구되는 사항들을 분석해야 한다. 먼저 전작권 전환과 군 구조 개편 등과 관련하여 각 제대별 기능과 임무에 부합한 법무병과의 임무와 기능을 분석하여 조직/기능을 재설계하여 변화된 임무수행 과정에 합법성을 보장할 수 있는 능력을 발휘해야 한다. 또한 북한의 전면전 위협으로부터 사이버 공격, 비정규전을 포함한 각종 테러, 핵·탄도미사일 등 대량살상무기(WMD) 등 다양한 위협에 대비한 작전활동 뿐 아니라 교육훈련 등 군의 제반 임무수행 과정에서 발생하는 법률적 문제들을 모두 원활히 지원할 수 있는 작전법 지원역량을 갖추어야 한다. 작전법 지원역량과 관련해서는 특히 해외파병 임무를 포함한 국제적인 분쟁에 있어서 각종 법률적인 문제들에 대해서는 국제적인 업무능력을 바탕으로 전문적인 지원역량을 갖추어야 하며, 대한민국과 안보적인 갈등이 가능한 일본·중국과의 영유권 분쟁, 중국의 법률전을 바탕으로 한 해양 영향력 확대와 북한 내부문제의 무력개입 등에 대해서도 확실한 대응능력을 갖추어야 할 것이다.

또한 군의 제반활동에 있어서 법치주의의 요구를 실현하기 위해서 국민과의 사이에 각종 법적인 문제제기와 갈등을 합법적으로 해결하고 군의 정당한 권리를 보호할 수 있는 능력을 갖추어야 하며, 법과 규정에 의한 부대지휘와 인권이 보장된 병영 환경을 위해서 각종 군법/인권 교육이 지휘관을 중심으로 이루어질 수 있도록 교육자료 지원과 지휘관에 대한 교관화 교육 등을 제공할 수 있는 역량이 갖추어져야 한다. 군을 운영하는 핵심 요원인 각급 제대 지휘관들에게 법과 규정에 의한 부대관리에 관한 법규교육을 충분히 제공할 수 있는 역량도 필요하다.

군사법제도 개선과 관련해서는 국방부에서 국회에 제출한 법률안을 실행하기 위한 조직/인력 운영과 물적 시설 확충을 위한 계획이 수립되어야 한다. 또한 군사법제도에 대한 군 내부의 불만과 불신에 대해서도 적절한 교육을 통해서 군의 특성을 고려하여 사법정의 실현과 조화를 이룬 가운데 군사법제도가 운영될 수 있도록 군에서 군사법제도를 유지하는 근본이념에 합치하도록 군 특성을 반영한 순정 軍事犯에 대한 양형기준 마련 등 제도적인 정비와 군사법요원에 대한 적절한 교육이 이루어 질 수 있도록 해야 한다.

또한 군 조직의 일원으로서 법무병과가 우수한 장기인력들이 예하부대에 배치되어 군의 특성을 이해한 가운데 전투병과 및 타병과 장교들의 신뢰와 존경을 받으며 근무할 수 있도록 인력구조 및 보직체계를 개선하고 병과원들에 대한 교육도 강화하여야 한다. 병과원들 스스로도 먼저 군조직으로부터 신뢰받고 존경받는 조직이 될 수 있도록 장병과 함께하고 장병을 위하는 병과로서 법무병과의 이미지를 구현해 나가야 할 것이다.

나. 병과비전 2025 설계를 위한 지향목표

지금까지 내·외부 환경변화를 평가하여 병과에 요구되는 사항들을 분석하여 10년 후 미래 병과의 청사진으로서 병과비전 2025를 설계하기 위한 지향목표를 제시한다면 먼저 국가안보를 위해 군에 요구되는 다양한 임무 수행을 완벽한 작전법적 지원과 엄정한 군사법제도 운영을 통해 보장하는 한편 매력 있고 경쟁력 있는 전문 법조직역으로서 위상을 확립하여 우수한 인재들이 원활하게 획득, 활용, 분리 후 사회의 민간분야에서 중용되는 인사 환류가 이루어지고 국민들로부터 그 전문성과 공정성에 대해서 신뢰를 받을 수 있는 조직으로 발전하는 것이라고 정리할 수 있다. 즉 군의 제반 임무에 대한 법률지원 능력을 갖추어 군에 꼭 필요한 조직인 동시에 경쟁력 있는 전문 법조직역으로서 위상이 확립된 조직이 병과의 지향목표가 되어야 할 것이다.

PART 1

PART 2

PART 3

4. 비전(VISION) 2025 추진 중점 및 정책과제

가. 추진 중점

(1) 개 요

병과 미래비전의 지향 목표는 다양한 군의 임무환경에 부합하는 능동적, 적극적 법률지원이 가능한 군으로부터 신뢰받는 조직이자 매력 있는 전문 법조직역으로 평가받는 조직으로 자리매김하는 것이다. 이러한 지향목표를 달성하기 위한 추진의 중점은 미래에 병과가 처할 대내·외적 환경을 분석한 결과를 바탕으로 4가지로 설정을 하여 보았다. 먼저 임무수행 환경 변화에 대응한 법무병과의 조직/기능을 재정립하고, 엄정하고 신뢰받는 군사법제도를 운용하여야 하며, 군에게 부여된 다양한 임무수행에 법률지원 능력을 구비하고, 병과원의 전문역량을 강화하여야 한다.

(2) 환경변화에 대응한 조직/기능 재정립

환경변화에 대응한 조직/기능 재정립이란 추진중점을 달성하기 위한 세부 정책과제는 병과정원구조의 재설계와 업무수행체계 개선이다. 지금까지 언급한 대·내외 환경변화에 대응하여 군내에서 신뢰 받고 대외적으로도 매력 있는 법조직역으로 인정받는 조직이라는 목표를 달성하기 위해서는 먼저 법무병과의 정원구조를 장기위주 법무관으로 운영이 가능하도록 재설계할 필요가 있다. 장기위주 정원구조는 병과원의 직무 전문성을 향상시키고 상위직으로 적정 진출률을 보장하여 직업성을 높여 조직의 경쟁력을 향상시키는데 기본 전제조건이다. 다음으로 장기위주 정원구조를 바탕으로 병과에 부여될 임무와 기능을 재분석하여 병과의 업무수행체계를 제대별·기능별로 단계적으로 조직화·체계화하여야 한다. 위와 같은 세부 추진과제들은 아래의 나머지 추진중점들을 달성하는 기초가 되는 매우 중요한 과제들이다.

(3) 엄정하고 신뢰받는 군사법제도 운영

엄정하고 신뢰받는 군사법제도의 운영을 위해서는 군사법원 운영 개선, 육군 검찰단 창설, 군검찰 업무수행체계 개선, 군사법원 및 군검찰 업무 전문성 강화의 세부 정책 과제를 선정하였다. 먼저 군사법원법 개정 취지에 부합하는 군사법원 조직을 재설계하고 여기에 따라 어떻게 군판사인원을 선발하고 배치하여 운용할 것인가에 대한 군사법원 운영을 개선하여야 한다. 다음으로 육군 검찰단을 창설하여 참모총장의 검찰지휘권을 보장하고 육군 검찰업무를 체계화할 필요가 있다. 육군 검찰단으로부터 사단 검찰부로 이어지는 군검찰 업무수행 체계를 개선하는 것도 필요하다. 끝으로 군사법제도에 대한 불신의 원인이 되는 군사법원 및 군검찰의 전문성에 대한 의문을 불식시키기 위하여 각 수사기능 및 재판기능별로 전문성을 강화할 필요가 있다.

(4) 다양한 임무환경에 대한 법적 지원능력 구비

군 조직의 일부로서 법무병과는 군에 부여되는 다양한 작전환경 하의 임무수행 태세를 완비하는데 충분한 법적지원이 가능한 능력을 구비하고 있어야 하므로 그 세부 정책과제로는 작전법 지원역량 강화, 장병 인권보호 및 복지차원의 법률지원 역량 구비, 법률지원 및 송무수행 능력 강화, 징계처리 절차 개선, 군법/인권교육 역량 강화로 선정하였다. 군의 다양한 작전 임무수행에 시의적절한 법률적 지원이 가능하도록 작전법 지원역량을 강화하는 것은 병과의 가장 기본이 되는 임무이다. 또한 장병의 권리를 보호하고 필요한 경우 법적인 지원을 제공할 수 있도록 장병 인권보호를 위한 제도를 정비하고 장병 복지 차원에서 법률적인 지원이 가능하도록 분야와 역량을 구비하여야 한다. 또한 국가와 군의 정당한 이익을 지키기 위한 법률지원 및 송무 수행 능력을 강화하고, 병과의 군법/인권 교육역량을 강화하여 지휘관들에 대한 법과 규정에 의한 부대지휘가 가능하도록 법규교육 기회를 제공하고, 장병들에게 실질적인 전쟁법, 인권교육, 군법교육이 지휘관을 중심으로 이루어질 수 있도록 교관화 교육체계를 확립하고, 고급 지휘관 요원들에게는 작전법, 군행정법 등의 기본적인 법률소양을 갖출 수 있는 교육이 가능하도록 발전시켜야 한다.

(5) 兵科員 역량 강화

병과원 역량 강화를 위한 정책과제는 먼저 우수인력이 병과로 유입될 수 있도록 우수인력 획득방안을 추진하고, 병과원 인사관리 제도를 개선하며, 병과원 교육체계를 개선하고, 국제경쟁력을 강화하기 위한 교육 및 근무기회 확대하며, 법무통합망을 통한 업무수행체계를 개선하고, 군에서 신뢰와 존경을 받는 법무병과원 위상 확립, 분리 후 진출가능 직위를 개발하는 것으로 하였다. 병과원 역량을 강화하기 위해서 업무에 대한 전문성이 강화되어야 한다. 이를 위해서 병과원 인사관리 제도를 조직/기능 재정립을 통해 개선된 업무수행체계와 연동하여 개선하여야 한다. 병과원 교육 체계도 전문성 개발을 위한 직무연수 및 위탁교육 제도와 직무능력 향상을 위한 보수교육 체계를 획기적으로 개선하기 위해서 법무학교 설립 등을 추진해야 한다.

국제경쟁력을 강화하기 위한 해외 직무연수 확대, 파병업무 전문화, 해외파견 근무 직위 확대 등을 추진하여야 한다. 또한 병과의 업무성과가 종합적으로 평가되고 환류될 수 있는 법무통합망(JAGC-Net)을 통한 업무수행체계를 확립하여야 한다. 또한 이러한 업무수행 체계를 통해서 병과원들의 업무수행 성과가 정확하게 평가되는 업무평가 체계를 구축하여 신상필벌이 이루어지는 것도 필요하다.

군에서 신뢰받고 존경받는 법무병과원의 위상을 확립하기 위한 조치들도 필요하다. 먼저 군을 이해하고 군에서 필요로 하는 법률지원 소요를 적극적으로 발굴하고 지원하기 위해서는 선발단계에서부터 군조직에 대한 사명감을 가진 우수인력을 선발하여 양성과정 및 보수교육 과정을 통해서 군을 이해할 수 있도록 충분한 교육이 가능해야 한다. 이를 위해서 육군대학은 오프라인 과정으로 수료할 수 있도록 하고, 고군반 과정에서도 군사학 과목을 확대하여야 하며, 기타 군과 유대를 강화할 수 있는 부대 활동에 적극 참여하는 풍토가 조성되어야 한다.

병과에서 분리된 이후 사회에서도 중요하게 활용될 수 있는 병과원의 전역 후 진출가능 직위를 최대한 개발하여야 한다. 병과원의 역량을 강화하기 위해서는 먼저 언급한 환경변화에 대응한 조직/기능 재정립, 엄정하고 신뢰받는 군사법제도 운영, 다양한 임무환경에 대한 법적 지원능력 구비 등 추진 중점들이 모두 달성되어야 가능하다. 또한 병과원 역량 강화의 기본이 되는 우수인력 획득도 나머지 역량 강화방안이 실효적으로 추진된다면 병과는 군과 사회에서 인정받는 법조직역으로 누구나 병과의 일원이 되고 싶어 하는 상황일 것이므로 힘들이지 않아도 달성될 수 있는 것이다.

나. 세부 정책과제

(1) 환경변화에 대응한 조직/기능 재정립

(가) 병과 정원구조 재설계

먼저 법무관의 인력구조를 장기위주의 인력구조로 변경시켜야 한다. 설문조사를 통해서 확인된 군 내부에서의 법무병과에 대한 불만은 사단급 부대 법무장교들이 업무를 처리할 때 군에 대한 이해가 부족한 상황에서 납득하기 어려운 결정과 처분들을 했다는 것들이다. 또한 제대별로 동일사안에 대해 다른 법률해석을 내리는 경우, 군대 예절 등 군인 기본자세를 갖추지 못하고 사명감 없는 인원들이라는 야전 창끝부대 지휘관·참모 경험자들의 부정적 인상들은 모두 법무병과의 현 정원구조 상 특히 사단급 실무부대에는 단기 위주의 인력운영이 불가피하다는 점에서 기인한다. 물론 대다수의 단기장교가 최선을 다해서 열심히 근무하고 있으나 9주 교육을 받고 임관한 단기법무장교들에게 3년의 복무기간 동안 군을 이해하고 수 십년 군 생활을 이어온 사단급 부대의 지휘관과 참모의 생각을 고려하여 100% 만족할 수 있는 법률지원을 하라는 것은 요구자체로 부당하고 실현 불가능한 것이다. 따라서 적어도 사단급 참모직위는 장기인원으로 운영 가능하도록 계급별 정원 구조를 개선해야 한다.

국방부 전체 법무인력 조직을 보면 2014. 10월 기준으로 장기 법무장교는 전체 법무장교 560여 명 중 39.3%에 해당하는 219명으로 구성되어 있다.[1167] 육군의 경우에는 2015. 8월 기준으로 전체 법무장교 320명 중 165명이 장기복무자로 51.56%가 장기복무자인 점에서는 국방부 전체 인력사정보다는 양호한 편이지만 장기복무자의 평균 복무연수가 8.3년에 불과하여 근무경험이 풍부한 인원들로 구성되었다고 보기에는 매우 취약한 구조이다.[1168]

이미 살펴본 바와 같이 법조인 중 10년 이상의 경력을 가진 사람 중에서 법관을 선발하는 법조일원화 제도의 취지를 고려할 때 육군 장기법무관들의 근무경력은 평균적으로 이에 미치지 못하고 있다는 점에서 전문성을 가진 인력구조라고 보기 어렵다. 이러한 현상은 현재 육군의 법무관 계급 정원구조에서 태생적으로 발생할 수밖에 없다. 현재 육군 법무관의 정원구조는 장군 2, 영관 133명, 위관 202명으로 전체 337명 중 59.9%가 위관장교이며 이중 10년 이상을 복무 가능한 중령 이상의 정원은 50명으로 전체 정원의 14.8%에 지나지 않는다.

현재의 정원구조를 유지해서는 전문성 있는 법률지원에 많은 제한사항이 있고 예하부대의 검찰, 징계, 법제 등 제반 법무 업무처리 과정에 육군본부에서 직접 확인·감독·통제해야 하는 불합리한 시스템이 될 수밖에 없다. 특히 이러한 업무체계는 평시에는 어느 정도 그 임무수행이 가능하다고 하더라도 만약 전시에 법무업무가 폭증하게 된다면 육본 차원의 지원 및 통제가 불가능할 것이다. 따라서 육군 법무병과의 정원구조를 장기중심의 정원구조로 바꾸고 전문성 있는 업무 지도·감독이 군단을 중심으로 가능하도록 군단급 법무참모를 대령으로, 사단급 법무참모를 중령으로 반드시 편성하여야 한다.[1169]

따라서 적어도 육군 법무장교의 정원구조는 현재 338명을 기준으로 장기는 장군 2명, 대령 25,

1167) 국방부, 군사법원 현황보고, 2014. 10. 8쪽 참조.

1168) 법무실, 윤후덕의원실 국정감사 요구자료 답변서 참조.

1169) 하지만 이러한 기본적인 요구사항에 대해서도 국방부 조직과는 법무업무에 대해 단편적인 이해를 바탕으로 군단 법무참모의 직무 값(Job Value)이 중령이면 충분하다고 분석하고 있다. 지난 2015. 4. 21. 필자가 군단법무참모를 대령편제로 하는 방안에 대해서 국방부가 부정적으로 검토를 하고 있다는 사실을 육군본부 편제과로부터 확인하고 국방부를 조직과를 방문하여 설명하는 과정에서 군단 법무참모의 직무 값은 중령이 타당하다는 확신에 찬 의견을 가지고 있었다. 하지만, 이것은 아무런 근거가 없을 뿐 아니라 과거 인력확보가 어렵던 시기에는 대위급 군단참모가 운영된 점도 있었고 그 정도의 업무수준을 군단 법무참모의 직무로 파악하고 있는 잘못된 견해이다. 군단급 일반, 특별참모가 대령으로 편성된 것은 군단장에게 대령급 참모장교의 보좌가 필요하다는 판단에서 이루어진 것이며 법무참모 역시 군사전문성과 법률지식을 갖춘 대령이 군단장을 보좌할 필요가 있다는 점에서는 의문의 여지가 없다.

중령 75, 소령 110명, 대위 40명 정도가 되어야 하며 나머지 인원들인 86명을 단기장교로 운영하여야 한다. 이렇게 되면 장기인원 비율은 전체 법무장교의 74%를 달성하고 이 중 30%가 15년 이상을 복무한 중령급 이상 법무관으로서 군사법 제도와 작전법 분야의 전문성을 가진 법무관들로 구성된 전문 법조 인력의 최소한의 외관을 갖출 수 있다. 또한 꼭 필요한 주요 사단급 참모를 중령으로 운용하여 야전에서의 요구사항인 창끝 전투부대에 필요한 법률지원과 지휘조언이 가능한 인력이 보직·활용되는 것이 가능해질 것이다. 가능하다면 현재 단 1명도 편성되어 있지 않은 병과 교육 부수인력도 법무관의 경우 전체 정원의 7%에 해당하는 24명(대령 1명, 중령 3명, 소령 10명, 대위 10명), 부사관의 경우 4명(원사 1명, 상사 1명, 중사 2명)을 확보하여야 할 것이다.[1170)]

장기위주의 인력구조는 뒤에서 더 자세히 논의하겠지만 우수 장기인력 확보를 위해서도 반드시 필요하다. 즉 장기 법무관을 직업으로 선택하여 선발된 인원 중 적어도 75%가 중령이 되고 50%가 대령으로 진출할 수 있는 인력구조를 갖추어야 할 것이다. 이 정도의 진출률은 병과의 전문성 향상 뿐 아니라 우수인력확보를 달성하기 위한 최소한의 전제조건이다. 또한 정원구조가 개선되기 전까지는 현재의 정원구조로 일정한 진출률을 보장하기 위해서 적정 근무기간을 경과한 선배 중·대령들의 용퇴하는 분위기를 만들어 나갈 필요도 있다.

군인의 정원관리를 선진화하고 특히 상위계급의 정원 제한을 위해서 군인정원 통제를 위한 법률을 제정해야 한다는 의견도 있다.[1171)] 하지만 대부분의 공무원들의 정원이 대통령령으로 통제되고 있고 군인의 경우에는 대통령의 군통수권을 보장하기 위한 측면과 전쟁이라는 국가비상사태에 대비하기 위한 측면에서 위와 같은 주장을 그대로 수용하는 것이 정원관리를 선진화하는 것이라는 의견에 동의할 수는 없다. 그러나 현재 법률로 정원을 통제하는 대표적인 직역이 바로 법관과 검사라는 점에서 군사법요원 중 군판사와 군검찰관의 정원만은 별도로 계급별 정원을 법제화하여 군사법원법에 포함시키는 것도 함께 고민해 볼 가치는 있다.[1172)]

1170) 교육훈련이 군의 기본적 임무로서 자리매김하기 위해서는 교육부수 병력을 부수가 아닌 필수 병력으로 별도 정원으로 정립하는 교육 부수병력 법제화도 필요하다는 견해도 있다(김종탁, 이은정, 군군정원관리의 선진화 방향, 한국국방연구원(2015. 5), 6-7쪽 참조).

1171) 김종탁 등, 전게논문, 1-3쪽.

1172) 각급 법원 판사 정원법, 검사정원법 참조.

(나) 업무수행체계 개선

업무수행체계의 개선은 병과의 업무수행체계를 육군본부에서부터 예하 사단급 법무참모부에 이르기까지 체계적인 업무수행과 지도·감독체계가 이루어지도록 하자는 것이다. 이는 군사법제도의 개선에 따라 군사법 운영요원의 전문성을 강화하기 위한 보직체계의 강화와도 연관되어 있다. 미래 병과에 요구되는 사항에서 분석된 바와 같이 병과의 업무체계가 전문성이 떨어지고 제대별로 동일사안에 대해서 다른 결론을 내리는 등 일관성 및 신뢰성에도 문제를 제기하는 의견이 있다는 점에서 병과의 업무수행체계를 개선하여 전반적으로 병과업무수준을 향상시키고 전문성과 일관성을 유지하기 위한 조치들이 필요하다.

이를 위해서는 먼저 육군본부, 군사령부, 군단, 사단급 부대의 업무와 기능에 대해서 세밀한 분석을 통해서 단계적으로 수준 높은 업무를 수행할 수 있도록 업무체계를 구축하여 상급제대에서 하급제대에 대한 업무 지원 및 지도·감독이 가능하도록 재구성해야 한다. 따라서 군사법 업무에 있어서는 검찰관 뿐 아니라 법원서기와 검찰수사관의 경우에도 상급제대가 더 권위 있는 업무수행과 지도·감독이 가능하도록 업무 재분배 뿐 아니라 편제계급과 인력을 구성하여야 하며 법제, 작전법 지원, 인권업무 등에 있어서도 동일하게 업무 및 인력편성이 이루어져야 한다. 따라서 계급 편성도 군사령부, 군단, 사단에 이르기까지 각 업무별로 단계적으로 이루어져야 한다.[1173]

또한 이러한 계급구조와 더불어 각 제대별 업무분야도 세분화 분석을 통해서 제대의 인력구성과 능력에 따라 수행 가능한 업무만을 담당하도록 분담을 해주고 상급부대에서 보다 전문적이고 복잡한 분야에 대해서는 업무를 지원하는 체계를 갖추어야 한다. 이것은 병과원 역량 강화와도 연계된 것으로 법무통합망을 비롯한 전산화된 업무망을 통해서 업무에 대한 지시·보고 체계를 구축하고 이를 통해서 체계적인 업무 지도·감독을 시행할 뿐 아니라 각 제대별·기능별 업무수행 성과의 평가도 가능한 체계로 지속적으로 발전시켜 나가야 한다.

(2) 엄정하고 신뢰받는 군사법제도 운영

(가) 군사법원 운영 개선

신뢰받는 군사법 제도의 핵심은 군사법원 운영에 있어서 독립성, 전문성, 신뢰성을 제도적으로 그리고 실제 운영면에 있어서도 여하히 확보할 것인가에 대한 것이다. 먼저 군사

1173) 예를 들면 군사령부-군단-사단에 대해서 단계적으로 작전법 장교는 중령-소령-대위(징계교육장교 등이 임무수행), 검찰관은 중령-소령-대위, 법원서기는 상사-중사-하사, 검찰수사관은 원사-상사-중사 등으로 단계적으로 업무지도·감독이 가능하도록 편성해야 한다.

법원법 개정을 위한 국방부 법률안에 입각하여 군사법원을 운영하기 위해서 재판부를 어떻게 구성할 것인가를 구체적으로 구상해야 한다. 일단 군판사의 운영은 재판부는 1개의 부가 대령급 재판장 1명에 중령급 군판사 2명, 소령급 군판사 2명과 재판연구관 대위 1명으로 구성되어 1군 지역에 1개부, 2작사 지역에 1개부, 3군 지역에 2개부, 육본 지역에 2개부로 운영이 되어야 한다. 거점법원은 경기북부, 용인지역, 원주지역, 육본지역, 대구지역, 경남지역, 전남지역으로 구분하여 재판정을 운영하고 영장재판은 각 군단별 법정을 유지하여 순회 출장재판 형식으로 진행할 수 있을 것이다.

군사법원에 군판사는 일반 법원의 법관임용에 3년, 5년, 7년의 법조경력을 요구하는 법조일원화의 단계별 추진계획과 연계하여 동일한 실무경력을 갖춘 인원 중에서 가장 우수한 인력들로 선발하여 최소 2년 이상 보직하도록 해야 한다. 그리고 이들 중 판사임무 수행 간 우수한 직무역량 평가를 받은 인원은 참모직위 등을 마친 후 다시 군판사로 재보직 되도록 운영하여 특기별 인사관리가 자연스럽게 이루어지도록 해야 한다.

또한 군판사들의 전문성을 향상하기 위해 이들에 대한 직무연수를 확대하고 군판사반 교육을 내실화하는 한편 육군 군사법원 재판부와 재판연구부는 군판사들의 실무교육을 주도할 수 있도록 하여 실무와 연계된 실질적 직무교육이 가능하도록 할 필요가 있다. 군사법원 서기업무도 제대별로 전문화하기 위해서 육군본부 법원서기의 편제를 준위로 상향한 것과 더불어 군사, 군단, 사단급에 상사, 중사, 하사로 법원서기가 단계적인 계급 구조로 보직되도록 하고 군사 법원서기에 의해서 군단 및 사단 법원서기의 업무 지도·감독이 이루어져서 전문성 있고 발전적인 서기업무가 가능하도록 해야 한다.

군내 다발범죄 및 성범죄 등 군의 대 군신뢰도와 단결을 심대하게 해치는 범죄에 대해서는 전문성을 가진 특별재판부를 편성하여 운영하는 한편, 군사법원으로서의 특성을 반영할 수 있도록 순정 군사범 등에 대한 양형기준 확립 등 꾸준한 연구활동이 육군본부 군사법원을 중심으로 이루어져야 한다. 또한 전시군사법원과 계엄군사법원 등 전시임무수행체계에 대해서도 운영개념과 방법 등을 실질적으로 정립하여야 한다. 이러한 기능수행 능력을 평시에 확보해 놓는 것이 군사법원 폐지논란에 대해서 가장 확실한 반대 논리를 제공할 수 있는 근거가 될 수 있음에도 불구하고 법무병과가 현재 이런 부분에 대해서 얼마나 전문성 있고 구체적인 필요성과 운영방안을 확립하고 있는지는 의문이 아닐 수 없다.

(나) 육군검찰단 창설

국방부 군사법원법 개정안은 검찰부는 각 사단 검찰부를 유지하되 수사공정성 침해가 우려되는 사건의 경우에는 상급부대 검찰부로 관할을 이전하는 것을 내용으로 하고 있다.[1174] 개정법과 같이 상급부대에서 중요사건을 처리하도록 지도·감독하는 업무체계를 위해서는 참모총장의 검찰지휘권을 강화하고 군단급 및 작전사령부급 부대에는 검찰업무 유경험자인 소령급 검찰관을 2명 이상 배치하고 육군본부 검찰부와 수직적인 지휘체계를 확립해야 한다. 이를 위해서는 장기적으로 5년 내에 육군 법무실에서 검찰부 인원들을 분리하여 육군 검찰단을 육군 직할부대로 창설할 필요가 있다.[1175]

육군 검찰단 창설은 육군의 검찰업무를 체계화하기 위한 전제조건이 된다. 현재는 집행기관인 검찰부가 참모부서인 법무실의 일부 과의 형태로 편성되어 있어 선진화된 조직구조라 보기 어렵다. 또한 육군 직할부대로 편성된 군사법원과는 달리 참모부로 운영해야 할 특별한 필요성도 없다. 오히려 군검찰 조직을 참모조직으로부터 독립시켜 운영하는 것은 군사법 조직의 외관상 독립성과 공정성을 향상시키는 방안이 될 수 있으며 국방부의 조직구조와도 조화를 이룰 수 있다. 또한 육군본부 정원통제에 묶여서 조직을 개편하고 개선하는데 융통성이 결여되어 상황변화에 따라 다양한 임무/기능별로 조직을 개편할 수 없다. 육군 검찰단이 법무실로부터 독립되어 육군 직할부대로 편성된다면 이러한 문제점이 해결될 것이다.

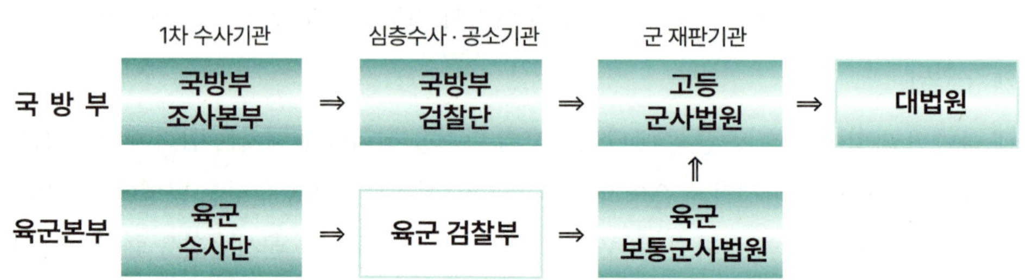

〈국방부와 육군본부 수사 및 재판절차별 기관 비교〉

1174) 전게 국방부 공고 참조.

1175) 이러한 취지에서 2017-2021년 중기부대계획에 검찰단 창설관련 내용을 포함시켰다. 육군 검찰단 창설은 2008년도에 처음으로 본격적으로 추진되어 2009년 부대계획에 반영될 예정이었으나 이후 병과 내 사정변화로 인하여 추진계획이 철회되었다. 자세히는 육군본부 법무실, 업무보고(2008. 4.), 13쪽 참조.

육군 검찰단장은 고등검찰부장이 겸직하는 방안 혹은 별도로 검찰단장을 임명하는 방안이 있을 것이다. 하지만 지휘체계상의 문제점과 현행 군사법원법규정과의 논리적인 충돌을 방지하기 위해서는 검찰단장은 고등검찰부장이 대리하는 것이 자연스러울 것이다.[1176] 현재 국방부 검찰단은 군검찰부의 조직에 관한 규정(대통령령 제16862호, 2000. 6. 27., 제정)에 의해서 창설되었으나 제2조의 규정 내용은 군사법원법과 반드시 일치하는 것은 아니다.[1177] 육군본부 보통검찰부장도 대령급으로 편성을 하되 검찰단장과는 서열이 낮은 대령을 임명하면 될 것이다. 검찰단 보통검찰부에는 특수수사팀(방산비리, 공안, 수뢰죄, 업무상 횡령·배임죄 등 직무범죄담당), 성범죄 전담팀, 일반 형사팀 등으로 전문분야별 수사팀을 편성하여 운영하고, 고등검찰부에는 사이버 · 첨단 범죄수사 및 디지털 포렌식 전문팀을 편성하되 각 팀별로 준위급 전문수사관을 편성하여 전문화 · 특성화를 달성해야 한다.

1176) **군사법원법 제36조 (군검찰부)**

① 군검찰부는 검찰사무를 관장한다.

② 군검찰부는 고등검찰부와 보통검찰부로 하고, 고등검찰부는 국방부와 각 군 본부에 설치하며, 보통검찰부는 보통군사법원이 설치되어 있는 부대와 편제상 장관급 장교가 지휘하는 부대에 설치한다. 다만, 국방부장관은 필요할 때에는 군검찰부의 설치를 보류할 수 있다.

③ 고등검찰부의 관할은 관하(관하) 각 부대 보통검찰부의 관할사건에 대한 항소사건·항고사건 및 그 밖에 법률에 따라 고등검찰부의 권한에 속하는 사건으로 한다. 다만, 각 군 본부 고등검찰부는 필요한 경우 그 권한의 일부를 국방부 고등검찰부에 위탁할 수 있다.

④ 보통검찰부의 관할은 대응하는 보통군사법원의 관할에 따른다. 다만, 군사법원이 설치되어 있지 아니한 부대에 설치된 보통검찰부의 관할은 다음 각 호와 같다.

1. 군검찰부가 설치되는 부대의 장의 직속부하와 직접 감독을 받는 사람이 피의자(피의자)인 사건
2. 군검찰부가 설치되는 부대의 작전지역·관할지역 또는 경비지역에 있는 자군부대에 속하는 사람과 그 부대의 장의 감독을 받는 사람이 피의자인 사건
3. 군검찰부가 설치되는 부대의 작전지역·관할지역 또는 경비지역에 현존하는 사람과 그 지역에서 죄를 범한 「군형법」 제1조에 해당하는 사람이 피의자인 사건

⑤ 국방부 또는 각 군 본부의 보통검찰부는 제4항에도 불구하고 장관급 장교가 피의자인 사건과 그 밖의 중요 사건을 관할할 수 있다. [전문개정 2009.12.29.]

1177) **군검찰부의 조직에 관한 규정 제2조 (국방부검찰단)**

① 군사법원법 제36조제2항의 규정에 의하여 국방부에 설치된 고등검찰부 및 보통검찰부에 관한 사무(관련 범죄정보업무를 포함한다)를 관장하고, 국방부 소관의 소송업무를 수행하기 위하여 국방부장관소속하에 국방부검찰단을 둔다.

② 국방부검찰단에 국방부검찰단장(이하 "단장"이라 한다)을 두되, 단장은 군법무관인 장관급장교 또는 영관급장교로 보한다.

③ 단장은 국방부장관의 명을 받아 소관사무를 통할하고, 소속직원을 지휘 · 감독한다.

④ 단장이 궐위되거나 부득이한 사유로 직무를 수행할 수 없을 때에는 선임부장의 순서로 그 직무를 대행한다.

(다) 군검찰 업무수행체계 개선

이미 수차례 언급한 바와 같이 군검찰 업무수행 체계를 개선하여 육군본부 검찰부와 예하부대 검찰부 간에 단계적이고 수직적인 지휘체계를 확립해야 한다. 육군 검찰지휘체계의 최상부에는 육군본부 검찰단이 위치를 하고 군사령부 검찰부, 군단 검찰부, 사단 검찰부로 이어지는 유기체적인 군검찰동일체로서 임무수행이 가능하도록 편성과 관련법령을 정비하여야 한다. 이러한 조치를 통해 예하부대 사건처리에 관할관의 부당한 간섭으로 인해 사건의 실체가 왜곡될 수 있다는 외부의 불신을 불식시키고 각 검찰부 별로 처분의 통일성을 이루어 신뢰받는 검찰처분이 가능할 것이다.

또한 검찰관으로 임무를 수행할 인원들에 대해서는 적어도 민간검찰에서와 마찬가지로 적어도 1년 이상 실무경력이 있는 인원 중에서 일정한 직무연수를 거친 후 임무수행이 가능하도록 하여야 하며, 경력있는 검찰관들이 군단급 이상 상급 부대에 보직되어 업무 지도·감독과 조언이 가능하도록 편성하여야 한다. 육군 검찰단은 종행교 법무학처와 연계하여 군검찰 실무연수 및 소집 교육 등을 주도하고 필요한 교육계획 수립, 교육자료 및 교관 제공이 가능하도록 검찰연구관을 운영하는 등 실무와 교육이 연계된 검찰업무체계를 구축하도록 노력해야 한다.

군검찰 업무수행 체계의 개선의 핵심은 검찰 수사조직의 체계화에 있다. 검찰수사업무는 검찰수사관들에 의해서 전문성을 가지고 이루어 지도록 하여야 한다. 이를 위해서 검찰 수사관 조직도 육군본부 검찰단으로부터 예하부대 검찰수사관 까지 각 특수수사 영역을 체계화하여 이를 지역별, 제대별로 분할하여 전문수사관제도를 발전시켜야 한다. 예를 들면 검찰단 특수수사팀장이나 성범죄전담팀장은 군사, 군단, 사단 검찰수사관들로 이어지는 특수수사 관련 전문 검찰수사관들을 편성·유지하고 전문성 강화를 위한 주기적인 세미나, 워크숍, 소집 교육 등을 실시하고, 해당 사건이 발생하였을 경우에는 발생 제대, 지역별로 파견 등의 방법을 통해 통합된 전문 수사 인력이 운영될 수 있도록 하여야 한다. 이러한 파견 수사관 운영방식은 평상시 업무가 없을 때에는 과도한 인력편성이 있는 듯한 외관을 해소하고 유사시에는 임무수행을 위한 인원을 충분히 확보할 수 있다는 측면에서 많은 장점이 있다. 그러나 파견 나온 인원의 원 소속 부대는 엄청난 업무 부담을 느낄 수밖에 없으므로 최대한 지역과 제대를 고려하여 이러한 부담을 최소화하는 한편, 예하부대의 부사관 편성도 강화하는 것이 병행되어야 한다.

(3) 다양한 임무환경에 대응한 법무 지원능력 구비

(가) 작전법 지원역량 강화

작전법은 군사 작전에 직접적으로 영향을 미치는 국내법, 외국법, 국제법의 총체라고 할 때 그 범위는 정말 광범위하다. 미국 법무관학교에서 발생한 작전법 교재에 포함된 법들은 전쟁법, 인권법, 교전규칙(ROE), 국제조약과 주둔군 지위협정들(SOFAs), 정보작전(Information Operation), 비전투원 탈출 작전(NEO), 해양·공중·우주법, 수용 작전(Detainee Operation), 대민작전, 예비군 관련 작전, 예산회계법, 긴급 및 파병지 계약, 비상시 민간인 생필품 지원작전, 외국 및 파병지 손해배상 청구, 작전 시 환경법, 행정법, 법률지원, 형사법, 합동작전(Joint Operation), 전술적 결심수립 절차 및 작전계획, 작전법 센터 등을 다루고 있다.[1178] 현재 병과원들 중에 여기에 열거된 분야들과 관련된 법령에 정통했다고 자부할 수 있는 인원이 매우 제한될 것이다. 이처럼 우리의 작전법 지원능력이나 업무체계는 매우 단편적이고 전문적이지 못하다.

이러한 상황을 개선하기 위해서 작전법 연구기능을 강화하고 작전법 업무수행을 체계화하기 위해서 육군본부 작전법 장교, 군사령부 작전법 장교, 군단급 작전법장교와 사단 법무참모 및 작전법 업무 수행인원 간에 업무적인 지도·감독이 가능하도록 근무경력이나 전문성을 고려한 인력운영이 이루질 수 있어야 한다. 또한 합동 참모본부 법무실까지 연계하여 작전법 전문가로 성장할 수 있는 미 법무관 학교(JAGC School) 위탁교육, 미 작전법 센터 파견근무까지 포함한 인사관리 방안을 개발하여야 한다. 이러한 경우 함께 관리되어야 할 직위는 육군본부, 각 작전사, 군단급 작전법 장교, 합동참모본부 직위, 미 작전법 센터 파견근무, 합동대, 종행교 작전법 교관(향후 작전법 센터로 통합 추진) 등이 있을 것이다. 또한 작전법 전문인력의 경우에는 육군대학 정규과정, 합동참모대학 과정 등의 교육도 이수할 수 있도록 하여야 한다. 이를 위해서는 일정 수 이상의 교육부수인력을 정원에 확보할 필요가 있다.[1179]

궁극적으로는 다양한 형태의 전·평시, 현행 및 장차작전 지원 및 미래 교리 발전 업무, 전훈 분석 업무, 해외파병부대에 대한 작전법 지원 업무, 합동전력 발휘를 위한 합동부대 작전법 지원, 중국의 법률전을 포함한 주변국의 위협에 대한 대응 등 다양한 작전법적 요구사항을 충족시키기 위해서는 종핵교 법무학처 작전법 교관과 합동대학교 작전법 교관, 그리고 필요시 해·공군 작전법

1178) *JAGLC&C, Operational Law Handbook*(2011), table of contents.

1179) 자세히는 병과원 교육체계 개선부분을 참조할 것.

관련 실무인력을 포함하여 작전법 센터를 창설할 필요가 있다.[1180] 작전법 센터는 작전법 교리 연구 뿐 아니라 전투병과 장교들을 대상으로 작전법 교육기능도 강화할 수 있으며 전시에는 합동참모본부 법무실로 통합 운용하여 통합된 전투력 발휘와 전시 법무지원 업무를 효율화할 수 있을 것이다.

(나) 다양한 임무수행에 대한 법률지원 및 송무 수행 능력 강화

이미 살펴본 바와 같이 군의 모든 임무수행 과정에서 법적인 문제의 검토는 필수불가결하게 되었다. 특히, 대민요소를 가지고 있는 작전이나 사업추진 간에는 갈등관리를 위한 세밀한 법률검토가 필요하다. 이러한 다양한 법률적 수요를 충족시키기 위해서는 법무실 법제과의 역량을 대폭 강화해야 한다. 특히 군의 작전을 포함한 각종 행정작용들에 대해서 국민들로부터 법적인 이의제기가 더욱 늘어날 수밖에 없는 상황을 고려하면 국가이익 수호를 위해서 송무업무에 대한 역량도 함께 강화해야 하므로 송무팀을 포함하고 있는 법제과의 편제/조직을 보강할 필요성은 더욱 크다. 따라서 법제과장은 대령급 장교로 보직을 하고 법제계획장교와 송무팀장을 모두 중령급 장교로 편성하여야 한다. 이를 통해서 육군본부 법제과를 중심으로 예하부대까지 체계적인 법제 및 송무업무가 이루어져 군의 각종 사업과 업무추진 간 합법성을 강화하고 불필요하게 국가이익이 침해되는 행위를 방지해야 할 것이다.

(다) 장병 인권 보호 및 법률지원 역량 강화

장병인권보호의 핵심업무는 법률전문가로 구성된 법무실 인권과를 통해서 수행되어야 한다. 하지만 육군본부에서는 고충처리 관련 민원은 인권과와 감찰실에서 처리를 하고, 성관련 민원이나 사고신고 등은 양성평등관련 업무는 양성평등센터에서 분리하여 취급되고 있다. 양성평등센터에는 법무관 1명을 지원하고 있을 뿐이다. 이러한 범 인권관련업무를 효율적이고 체계적으로 추진하기 위해서는 육군 인권센터를 추진하여 종합적인 인권상담, 구제, 고충처리, 인권종합발전업무 등이 이루어지도록 해야 한다.

또한 장병들의 법률지원업무를 담당하기 위해서 인권과와 법제과의 관련업무를 통합/조정할 필요도 있다. 장병들은 '김영란 법'과 같이 공직수행과 관련된 큰 변화를 가져오는 법률의 개정 등

1180) 작전법 센터는 미 법무관 학교와 마찬가지로 뒤에서 언급할 종행교 법무학처를 발전시킬 법무학교와 함께 위치하여 인력을 공유하고 교육과 실무지원이 연계될 수 있도록 하여야 한다. 이러한 점을 고려할 때 작전법 센터의 위치는 합동군사대학이 위치한 자운대 지역이 적절할 것이다.

이 있으면 적절한 시기에 교육이 이루어지기를 희망하고 있다. 이 뿐만 아니라 군복무 환경의 지리적, 시간적 제한 때문에 법률지식의 부족으로 인해 사회생활에서 발생하는 민·형사상 사건과 관련하여 예기치 않은 손해를 입는 경우도 있다고 한다. 따라서 장병들의 법률지원이 가능한 분야를 청렴, 민사, 가사 관련 법률상담이나 인사 관련 보직해임, 징계항고 등에 대한 법률지원이나 국선변호 등으로 폭넓고 전향적으로 검토를 하여 법무관들에 의한 적절한 법적인 도움이 장병복지 차원에서 이루어 질 수 있도록 업무체계를 정립하여야 한다. 또한 사전에 장병들에게 필요한 법률지식을 제공할 수 있는 간행물[1181]이나 일정주기별 시사법률 등도 꾸준히 제작하여 제공하여야 한다. 이러한 분야와 관련하여 법무병과와의 접근성을 향상시키기 위하여 전화, 인터넷, 인트라넷 등 각종 매체를 활용하여 24시간 장병 법률지원 소요를 제기할 수 있는 시스템의 구축도 함께 추진되어야 한다.

(라) 군법/인권 교육체계 정립

장병들을 대상으로 한 전쟁법을 포함한 군법/인권교육은 관련 법령에 의해서 지휘관들이 주관하여 실시하여야 할 의무로 규정되어 있다.[1182] 지휘관들이 주관하여 교육을 실시한다고 하여도 전문적인 교육내용이나 실제 강의는 법무관들에 의해서 제공되거나 실시되어야 한다. 하지만 시의적절한 교육이 적어도 週단위로 이루어지려면 각 지휘관들이 교관능력을 갖출 수 있도록 사전 교육이 실시되어야 하고 이것이 법무관들에게 부여된 임무라고 할 것이다.[1183] 종합행정학교 법무학처에서는 초군반 과정을 담당하는 학교별 교관들을 대상으로 군법교육 전문 강사 양성과정을 운영할 예정이다. 이러한 교육을 통해서 어느 정도는 교관소요를 충족시킬 수 있으나 원하는 수준의 전문적인 교육이 이루어지기는 어려운 점이 있다. 따라서 종행교 정도의 수준이 아니라 전문적인 군법, 인권교육 전문 강사반을 운영할 수 있는 교관정원이 어느 정도 확보된 별도의 교육기관으로 법무학교를 신설할 필요가 있다.

법무학교는 육·해·공군 법무관들이 함께 근무하는 합동부대 형식의 기관으로 운영을 하여

1181) 2013년 법제과에서 발행한 '군 간부들이 꼭 알아야 할 법률지식 100(2013. 7)'의 경우 장병들에게 상당히 유용한 내용을 많이 담고 있는 좋은 간행물의 예이다. 현재도 인트라넷 법무홈페이지 법무간행물란에서 찾아볼 수 있다(http://db2.army.mil:7092/awafbd/board/skinA/view.jsp?tname=jagcboard04&idx=0&num=6&page=1).

1182) 군인복무규율 제10조의2 제2항, 국방부 인권업무 훈령, 전쟁법 준수 훈령, 육군규정 177 전쟁법준수 보장 규정 제6조, 178 인권업무 규정 제9조, 170 법무규정 제8조 등 참조.

1183) 2015년 전반기 초군반 집중 인성교육 기간에 군법교육에 법무관들이 대거 투입된 경우가 있었지만 법무실까지 총 동원된 노력에 비해서는 교육 수요자들의 만족도는 높지 않았던 이유는 교관 수의 제한으로 인해서 50명 이상의 대규모 강의가 이루어져 실제적인 토의식 교육이 불가능했기 때문이다.

육·해·공군의 모든 인권/군법 교육 전문강사반을 연중 운영할 수 있어야 한다. 이외에도 성폭력 전문 강사반, 청렴교육 전문 강사반, 양성 평등 전문 강사반 등 군에서 필요로 하는 특성화 교육을 위한 과정도 신설할 수 있을 것이다.

법무학교에서는 군 지휘관 요원들을 대상으로 이루어지는 각 제대별 지휘관리과정에서의 법과 규정에 의한 부대지휘에 관한 교육을 전문화하여 진행할 수도 있을 것이다. 또한 합동대에서 이루어지는 작전법 강의도 보다 전문적으로 육·해·공군의 작전법적 이론을 통합한 과정으로 교육이 가능할 것이다. 또한 군의 고급 지휘관으로서 필요한 헌법, 행정법 등 법치행정과 관련된 기본 법률들도 강의가 가능하여 지휘관들의 법률소양을 크게 향상시킬 수 있을 것이다.[1184] 이를 위해서 계급별 신분별로 사단장반, 연대장반, 대대장반, 중대장반, 사단, 연대, 대대 주임원사반 등 다양한 제대별로 꼭 필요한 법률지식을 전달하는 과정도 별도로 개설할 필요가 있으며 군사법원 운영을 위한 관할관반도 별도 편성할 필요가 있다.[1185]

(4) 兵科員 역량 강화

(가) 우수인력 획득 방안 추진

2011년 국방부에서 의뢰한 군법무관 인사관리 제도 개선에 관한 연구결과에 의하면 로스쿨 제도의 정착이후 병과의 인력획득 전망은 어두울 것으로 예측했으나 이 예상은 완전히 빗나갔다.[1186] 현재는 적어도 로스쿨 출신 법무관들의 신규모집은 일정한 경쟁률을 유지하고 있다. 앞으로 이러한 추세를 유지하여 우수한 병과원을 획득하기 위해서는 다양한 홍보방법을 개발하는 것도 중요하지만 홍보할 만한 내용을 확보하는 것이 더욱 중요하다. 이를 위해서 앞서 언급한 정원구조 개선을 통한 장기위주 인력구조 및 적정 진출률 보장 달성, 업무체계 개선을 통한 전문성 향상, 신뢰받는 군사법제도 운영 등이 우선 달성되어야 할 것이다.[1187] 로스쿨 졸업생 중 40%가 여

1184) 실제로 5급 공무원으로 채용되거나 승진하기 위해서는 행정학이나 행정법 과목을 매우 전문적으로 공부하고 시험을 치러서 합격해야만 가능하다는 점을 고려하면 군 지휘관들에게 헌법, 행정법에 대한 일정한 법률지식은 필수적이라고 할 것이다.

1185) 이를 위해서는 미 법무관 학교에 개설된 교육과정을 참고할 필요가 있다. 자세히는 병과 교육체계 개선부분에 제시된 JAGLC&S, Course Catalog(2015), pp 17-77을 참고할 것.

1186) 안보경영연구원, 군법무관 인사관리제도 개선에 관한 연구(2011, 1), 15쪽.

1187) 특히, 적정 진출율 보장이라는 측면에서는 현재의 정원구조인 대령 12명, 중령 36명으로는 신규모집을 위해 법무관으로 임용되면 적정 진출율을 보장한다는 홍보를 하는 것이 제한되는 측면이 있다. 따라서 병과정원 구조가 목표한 바와 같이 대령 25명, 중령 75명으로 획기적으로 개선되기 전까지는 중·대령 선배 법무관들이 연금수혜에 필요한 기간을 충족시킨 이후에는 과감하게 용퇴하는 문화도 조성할 필요가 있다.

성이라는 측면과 현재 법무병과의 여성 인력구조를 보더라도 우수 여성인력의 확보를 위해서는 모성보호 방안도 병과차원에서 고려되어야 할 것이다.

또한 위탁교육 후 전과제도, 로스쿨 출신, 우수한 단기장교에서의 장기선발[1188], 기존 법조인 활용 방법 등 다양한 인력획득 방법을 통해서 병과 내에 건전한 경쟁구도를 유지할 필요도 있다.[1189] 준·부사관의 경우에도 개방형 인력획득 제도를 도입하여 타병과 장기선발 인원 중 부사관을 선발하여 서기 전형시험을 거쳐 전과제도를 통해 병과원을 충원하는 방안과 민간선발을 병행하여 운용하여 우수인력 확보와 건전하게 경쟁하는 분위기를 조성하여야 한다. 이러한 개방형 획득제도의 근간은 각 획득방법에 따라서 군 경력과 실무경력 등의 차이를 고려하여 합리적인 방법으로 공정한 경쟁을 통해 업무성과에 따라 능력을 인정받고 진급 등의 인사가 이루어질 수 있는 제도가 확립되고 병과원들 사이에서 이러한 공정한 경쟁구도에 대한 신뢰가 이루어 질 수 있도록 관리되어야 한다.

(나) 인사관리 제도 개선

병과의 인사관리는 일정한 보직을 거치는 동안 경쟁력 있는 전문가로서 능력을 기를 수 있도록 이루어져야 한다. 병과원 인사관리 중에 가장 문제가 되는 것은 전문성과 특기 개발 등은 고려하지 않고 검찰, 법원, 행정업무 등 다양한 직역에 대해서 격오지 서열 위주로 보직이 이루어지고 있다는 것이다. 이를 해소하기 위해서 군법무관별로 육군 인사관리 제도상 직무특기를 부여하여 검찰과 법원 특기로 분류를 하고 전문영역과 업무영역을 구분하여 부특기를 신설하며, 군법무관시험, 사법시험, 로스쿨, 국제변호사 등을 법무공인자격으로 특기부호를 신설하자는 의견이 있다.[1190] 하지만 이러한 의견은 실제로 특기를 검찰과 법원으로만 분류하기에는 다양한 업무분야에서 전문성을 고려한 인사관리가 필요하다는 점에서 일부의 요소만을 고려한 문제가 있고 위에서 열거한 자격이나 특기들이 많은 부분 인사관리 기록상 이미 표시되어 관리되고 있지만 실제 인사운영에 반영하는 것은 별개의 문제라는 점에서 특기별 인력운영을 어떻게 할 것인가는 좀 더 고민이 필요하다.

1188) 우수 단기장교에서 장기 장교를 선발하는 제도는 단기장교들의 복무의욕을 고취시킬 뿐 아니라 여성비율이 40% 이상을 차지하는 현재 연수원이나 로스쿨 출신 변호사들을 대상으로 한 인력획득 과정에서 발생할 수 있는 높은 여성비율에 대해서 보정하는 효과도 기대할 수 있다.

1189) 전게 보고서에서는 안정적인 장기 군법무관 확보를 위해서 최소 5명(육군 3명, 해군 1명, 공군 1명)의 위탁교육을 통한 전과인원을 확보해야 한다고 주장했지만 육군의 경우 매년 3명의 인원을 위탁교육을 통해 양성하는 것은 인사관리에 부담을 주고 과도한 것으로 보인다(안보경영연구원, 전게 보고서, 92-93쪽).

1190) 전게보고서, 102-108쪽 참조.

먼저 군사법 직위와 관련해서 살펴보자. 앞으로 검찰관은 1년 이상 실무경력을 가진 인원 중에서 임명을 하고 실무교육을 강화하여 업무실적을 평가하여 우수인원은 상급부대 검찰관으로 다시 임명을 하여 관리를 하고, 검찰관들 중에 가장 우수하게 평가받은 인원은 육군본부 혹은 국방부 검찰단에 보직되도록 관리가 되어야 한다. 군판사의 경우에는 법조일원화의 단계적 적용시기와 맞추어 3년, 5년, 7년 이상의 실무경력을 가진 인원 중에 직무능력, 성품 등 주위의 평가 등을 반영하여 우수인원 중에 선발하여 2년 이상 보직되도록 하고 이후 우수한 평가를 받은 인원을 계속하여 육군 군사법원, 국방부 보통부 및 고등부에 계속 보직되도록 관리하여야 한다. 즉 군사법 직위의 인원들은 개인의 희망특기와 업무능력, 주위의 평판 등을 고려하여 우수한 직무능력과 성품을 가진 인원들로 엄선하여 보직할 필요가 있다.

그 외에 작전법, 법제, 인권, 송무, 획득, 국제법 관련 업무도 전문성 있는 인원의 보직이 필요한 분야이다. 이러한 분야는 군사법 직위와는 달리 개인의 희망을 최대한 고려하여 개인별로 특성화하여 관련 직위에 지속적으로 보직될 수 있도록 인사관리가 되어야 한다.[1191] 물론 각 분야별로 위탁교육과 실무연수 교육 등도 연계하여 이루어지면 더욱 바람직할 것이지만 이러한 특기별 인사관리는 병과에서 일정한 특기개발 인사관리 유형을 제시하고 개인이 스스로 개발해 나가는 것이 더욱 융통성이 있고 실현 가능성도 크다고 할 수 있다. 특히 각 업무분야별 전문성이 있는 우수한 인원들은 반드시 종합행정학교 혹은 신설될 법무학교 등의 교관경력을 거칠 수 있도록 하여야 한다.

이러한 인사관리를 위해서는 장교뿐 아니라 준·부사관들의 경우에도 제대별로 상위 제대일수록 수준 높은 업무를 수행할 수 있도록 업무수행 체계를 발전시키는 과제와의 연계가 반드시 이루어져야 한다. 같은 법원서기라도 군단급 법원서기보다는 군사령부 법원서기 혹은 육군 군사법원 및 고등군사법원의 법원서기가 더욱 전문성을 가지고 업무지도·감독이 가능하여야만 전문적 인사관리 및 업무의 지속적 발전이 가능하다. 이러한 제대별 단계적 업무의 전문화는 모든 분야의 업무절차에 대해서 동일하게 이루어져야 한다.

로스쿨을 통해 양성되는 인원들의 40%가 여성이고 현재 법무병과의 여성인력도 장기인력의 35.75%인 59명이 여성(소령이하 인력의 경우에는 44.7%인 55명이 여성임)이라는 측면을 고려하여 인사관리와 관련해서 제도적인 고려가 필요하다.[1192] 병과에 진입한 여성인력이 결혼, 출산, 양육 등의 사유로 경력의 단절이 발생하여 인사상 불이익이 발생하지 않도록 모성보호를 위한 인사

1191) 작전법 분야 전문적 인사관리 방안은 작전법 지원역량 강화 부분에서 이미 제시된 안을 참고할 것.

1192) 현재 법무병과 전체 장기 인원은 165명이며 이중 59명이 여성으로 35.8%가 여성인력으로 구성되어 있다. 소령이하 장기인원은 123명이며 이중 55명이 여성으로 그 비율은 44.7%에 달한다.

관리 방안이 고민되어야 한다. 또한 신규 모집되는 법무관들의 연령이 결혼적령기이거나 출산이 많은 시기라는 점을 고려해서 병과 업무에서 공백이 발생할 가능성이 있으므로 이를 정원구조 상부수병력을 반영해야하는 근거로 제시되어야 한다. 모성보호가 가능한 인사관리제도는 우수한 여성인력을 확보하는 성과도 있을 것이다.

진급업무와 관련해서는 적정인원이 상위직으로 진출을 보장하는 정원구조 개선을 바탕으로 현재 실시하고 있는 임시진급 제도를 대위에서 소령 진급 시에는 전원에게, 소령에서 중령 진급 시에는 우수인원을 대상으로 우수 장기인력 확보라는 목표를 위해서 지속적으로 적용하여야 한다. 그러나 대령 진급에 있어서는 2025년에는 임시진급 제도를 유지하기에는 어려움이 있을 것이다. 오히려 직업성 보장을 위해서 중령 정체기간을 길게 하고 대령은 정상진급을 하는 구조로 개선이 불가피할 것이다. 또한 현재 정원구조에서는 일정기간을 근무한 중·대령급 선배장교들의 경우에 후배들의 진출을 위해 용퇴하는 문화도 필요하다. 이러한 경우에도 현재 로스쿨 출신 변호사들의 평균 나이가 33.9세라는 점을 고려해서 중령 진급시기를 적절히 조절하여 소령 연령 정년에 도달해서 중령 진급을 못하고 전역하는 인원이 발생하는 것은 최대한 방지해야 할 것이다.

(다) 업무자료 통합 시스템 및 업무평가 시스템 구축

병과원 전문성 향상을 위해서 앞으로의 모든 업무자료는 업무자료를 통합하는 시스템에 각 기능별로 통합되어 언제든지 필요한 인원이 해당 자료를 찾아서 업무를 할 수 있도록 지원되어야 한다. 이를 위해서 잭-넷의 구성을 업무분야별로 편리하게 자료를 축적하고 찾아볼 수 있도록 지속적으로 개선해야 한다. 또한 전문적이고 복잡한 법률검토가 필요한 민감한 사안일수록 상급부대에서 우선적으로 검토되어 해당 자료가 게시되고 필요한 갑론을박을 거쳐 최선의 해결책이 잭-넷에 공유되어 모든 제대가 일치된 의견을 가지고 업무를 처리하도록 하여 병과의 업무수행에 대한 신뢰도를 높여야 한다.

각 업무분야별, 제대별 업무실적에 대한 정확한 평가도 업무망을 통한 평가와 직접적인 지도방문을 통해서 가능하도록 업무평가 시스템을 구축할 필요가 있다. 병과원 업무평가시스템은 2008년도에 업무능력과 성과를 반영할 수 있는 일 중심의 평가를 통해서 신상필벌을 통해 공직기강을 확립하고 성과측정 위주의 업무시스템을 정착시키기 위해서 시험적용 한 바 있다.[1193] 정확하고 공정한 업무평가시스템은 업무를 발전시키고 직무교육 소요를 도출하며 조직의 효율성을 바탕으로

1193) 육군본부 법무실, 2008년 전반기 법무 정책목표 추진 성과분석 회의, 53-66쪽; 육군본부 법무실, 2008년 후반기 법무업무 성과분석 회의, 44-45쪽 각 참조.

개편소요를 염출하고 전문적인 인사관리를 위한 개인별 전문성과 직무역량을 평가하는 기초가 될 수 있다. 따라서 온라인과 오프라인을 통한 객관적인 직무성과 평가시스템을 구축하는 것은 반드시 필요하다.

(라) 교육체계 개선

법무관의 전문성 향상의 핵심은 특성 있는 군사법 및 작전법 전문가로서 군법무관의 직무능력을 갖출 수 있도록 업무설계와 함께 전문성을 강화할 수 있는 보수교육 체계를 정립하는 것이다. 현재 군법무관의 보수교육이라고 할 수 있는 과정은 종합행정학교 법무학처를 중심으로 이루어지는 법무사관반(2.5주), 로스쿨 인원을 대상으로 하는 군사법 실무연수반(8주), 고군반(4주), 법무참모반(1주), 격년제로 실시하는 영관반(1주) 그리고 부사관 과정인 초급반(8주), 중급반(4주), 고급반(4주)이 전부이다.[1194] 군판사들의 교육에 대해서는 과거에는 종합행정학교에서 1주 과정의 교육이 있었으나 현재는 고등군사법원에서 실시하는 군판사 실무연수로 통합되어 해당 과정은 폐지된 상황이다.[1195]

반면 로스쿨 교육과정에서는 기본적인 헌법, 민법, 형법 및 소송법 위주의 교육이 집중 편성되어 있다. 또한 대학원 과정으로서의 한계와 계속 낮아질 변호사 시험 합격률 등으로 인하여 군법무관 후보자의 사전 전문성 확보를 위한 교육과정으로서의 역할은 매우 제한될 것으로 예상된다.[1196] 이처럼 로스쿨 제도를 통해서는 군법무 과정 교육이 전혀 없는 상황에서 군법무관이 된 이후에도 제대로 된 양성교육 및 보수교육 과정이 없다면 앞으로 전면적으로 로스쿨 출신 법무관들에 의해서 업무가 이루어지는 경우에는 결국 실무에서의 도제식 교육을 통해서 전문성을 키워 나갈 수밖에 없다는 결론에 이른다. 하지만 이러한 방식은 야전에서 업무를 지도·감독하는 상급자가 누구냐에 따라서 천차만별의 수준과 내용의 교육이 될 수밖에 없을 것이고 병과전체의 균형된 업무능력 배양기회를 부여한다는 측면에서는 전혀 바람직한 결과를 기대할 수 없다.

1194) 육군본부, 14년 학교교육계획, 2014, 205쪽; 육군본부, 15년 학교교육계획, 2015, 222쪽 각 참조.

1195) 육군본부, 전게서, 2015 참조.

1196) 신범철, 조관호, 유영철 공저, 법학전문대학원 출범에 따른 군 법무인력 양성 및 전문성 제고 방안, 2009, 99-106쪽 참조. 참고로 미국 로스쿨의 경우에는 조지타운 대학의 경우에 무력사용과 분쟁해결 세미나 (International law seminar: Use of force and Conflict resolution), 국제/국가안보법 (International/National Security law), 국가안보관리 (Managing National Security), 전쟁법 세미나 (Law of War Seminar), 테러리즘 세미나 (Law of Terrorism Seminar), 전쟁과 평화 세미나 (War and Peace Seminar:New Thinking about Causes of War and War Avoidance) 등 자연스럽게 국가안보법 전문가인 군법무관으로 사전 준비가 가능한 과목들이 다수 편성되어 있다. 자세히는, 신범철 등 공저, 전게서, 104쪽 참조.

따라서 장기적으로 병과 양성 보수교육을 담당할 가칭 법무학교를 신설할 필요가 있다. 이를 위해서는 종행교 법무학처의 교육을 더욱 확대하고 교육인원을 확충하여야 한다. 여기서는 종행교 일반병과 교육의 확대와 연계하여 추진할 필요가 있으며 이를 중심으로 단일 독립학교로서 법무학교를 별도로 설립하는 것을 추진할만 하다. 특히 육, 해, 공군의 삼군교육을 통합하여 실시한다는 측면에서 합동대가 있는 자운대 지역이 가장 적절하며 작전법 센터도 함께 통합하는 방안이 필요하다.[1197]

법무학교에 신설할 과정은 병과원의 전문성을 향상할 수 있는 기능별 과정으로 검찰관반, 군판사반, 징계업무 과정, 작전법 과정, 인권업무 과정 등이 되어야 하며, 또한 직무 연차별로 초군반, 고군반, 영관반 과정을 유지하되 그 내용은 아래와 같이 편성하여야 한다. 한편 로스쿨 제도 도입에 따라 실시되는 군사법 실무연수반 등 보수교육 과정에는 필수 실무 지식, 직무 윤리관련 내용 등 정확한 교육소요를 바탕으로 필수 기간 동안 최적의 교육을 실시해 부임 전 야전공백을 최소화 해야 한다.

과정명칭	교육시기	교육내용
초군반	임관 직후	직무윤리 교육 위관급 실무관련 교육
고군반	임관 3년 차	사단참모 및 소령급 실무관련 교육
영관반	임관 10년차	군단참모 및 정책부서 중령급 실무관련 교육

한편, 부사관들을 위한 초급반, 중급반, 고급반 이외에 전문과정으로서 공안수사 과정, 성범죄 수사과정, 과학수사 과정, 금융 및 추적 수사 등 전문 수사과정, 국제공조 수사과정 등이 개설되어야 할 것이다. 참고로 미 법무관 학교의 경우에는 2015년에 온라인 강좌 17개, 소집교육 강좌 62개가 개설되어 있으며 기간도 길게는 10개월의 대학원 과정(Graduate Course)부터 3일짜리 직무윤리 업무 과정(Ethics Counselor Course)까지 다양한 코스에 장군부터 부사관 까지 다양한 신분을

1197) 앞의 군법/인권교육 역량 강화 부분에서 언급한 바와 같이 합동군사대학의 육군대학 과정에서 작전법 과목도 법무학교에서 교관이 담당하는 방법으로 시행할 수 있을 뿐 아니라 좀 더 전문적인 군사행정법 등 영관급 장교인 고급 공무원으로서 필요한 법률적 소양을 높이기 위한 과목의 개설도 가능할 것이다.

교육하고 있다.[1198]

병과원들의 직무교육 뿐 아니라 병과원의 역량을 강화할 수 있는 국·내외 위탁교육도 최대한 확대하여야 한다. 특히, 국내 위탁교육의 경우에는 법원의 사법연수원, 법원 공무원 교육원, 검찰 법무연수원, 경찰 공무원 교육원 등 기존의 실무위탁 이외에 각급 법률전문대학원 등의 전문 과정에 대해서도 필요한 과정을 개설요청을 하는 등 적극적인 직무연수 확대를 추진하여야 한다. 필요하다면 작전법 전문가를 위한 육대 정규과정, 합동참모대학 과정, 국방대학교 안보과정 등에도 교육인원이 파견될 수 있도록 해야 한다. 이처럼 다양한 장기간의 교육을 병과의 업무수행에 공백에 대한 부담 없이 시행하기 위해서는 장기교육 파견인원들을 부수병력으로 반드시 정원에 반영하여야 한다.

(마) 국제적 전문성 강화

법무병과에서 경력을 쌓은 것이 국제적인 전문성을 갖춘 역량있는 법조인되는 길이라면 우수인력 획득은 당연히 이루어지고 병과에서 분리된 이후에도 법조시장이 개방된 법률서비스 시장에 꼭 필요한 인재로 인정받을 수 있을 것이다. 따라서 국제적인 업무역량을 기르는 기초가 되는 해외 유학 등 위탁교육과 다양한 직무연수 기회를 최대한 다양하게 확보하여 많은 인원들이 재직 중 외국어 능력을 습득할 수 있도록 해야 한다.

또한 해외에서 근무를 통해서 직무역량을 향상하고 국제적인 감각을 향상시키기 위해 해외 근무가능 직위를 개발하여야 한다. 현재는 해외에서 근무할 수 있는 직위는 방위사업청 소속으로 국제계약지원단 법무담당으로 3년간 파견근무가 가능하다. 여기에 더하여 과거에 추진하던 미 작전법센터 파견근무도 추진하여야 한다. 해외근무의 영역도 미국으로만 한정하지 말고 동북아의 강국으로 우리나라와 많은 안보적 이해관계에 있는 중국, 러시아, 일본 등의 국가에 대해서도 위탁교육 뿐 아니라 파견근무가 가능한 자리를 확보하기 위해서 노력할 필요가 있다.[1199] 해외파병도 병과원이 해외근무 경험과 함께 실제적인 작전법 지원업무를 경험할 수 있는 소중한 기회이므로 다양한 직책과 계급의 파병업무 기회를 확대해야 한다. 이러한 파병임무를 수행한 경험은 미래에 UN 등에 진출하는데도 도움이 된다.

1198) 자세히는 JAGLC&S, Course Catalog(2015), pp 17-77; 양재도, 귀국보고서(2008), 2-8쪽 각 참조.

1199) 특히, 중국의 경우에는 법률전을 적극적으로 활용하는 것과 관련하여 우리 병과의 직접적인 대비노력이 필요하다는 논리를 바탕으로 유학 및 대사관 파견근무 등을 추진한다면 실현 가능성이 크다고 보인다.

(바) 군에서 신뢰와 존경을 받는 병과원 위상 확립

법무조직은 군 조직이라는 근본적인 문제에 대해서 병과원 모두가 공감대를 형성하여 군으로부터 꼭 필요한 조직이라는 신뢰와 군에서 사법업무를 담당하는 인원으로서의 임무에 걸맞는 존경을 받을 수 있는 위상을 확립하기 위한 노력이 필요하다. 이를 위해서는 병과원 모두가 군복을 입은 군인이라는 생각을 항상 잊지 말아야 하며 부대에서 진행되는 모든 업무에 관심을 가지고 훈련과 행사 등에 적극 동참하는 자세를 가져야 한다.

또한 사무실에서 기다리기보다는 스스로 각 부대를 방문하고 찾아가는 서비스를 제공하려고 노력해야 한다. 야전 실상을 이해하기 위한 노력도 지속적으로 하여야 한다. 예를 들면 각 부대 지휘관과 협조하여 일일 중대장, 대대장, 연대장 등 동참식 체험 근무를 실시하는 등 다가서서 이해하려는 모습을 보여주고 실제로 야전 실무에서 지휘관들과 장병들이 느끼는 어려움과 이에 따른 적절한 법률지원 소요를 개발하려고 노력하여야 한다.

공·사 간의 생활에 있어서도 군인 기본자세를 견지하는 것은 물론이고 청렴하고 모범적인 생활태도를 견지하여야 하며 복장이나 용모를 비롯한 모든 행동거지에 있어서 남에게 본이 될 수 있도록 해야 한다. 남을 판단한다는 직책은 매우 피곤한 것이다. 스스로에게 엄격하지 않으면서 남에게만 혹독한 잣대를 들이대는 판단자의 모습으로는 군법무관은 결코 존경받을 수 없을 것이다.

(사) 분리 후 진출 가능 직위 개발

법무관들과 법무 준·부사관들의 정원구조를 아무리 개선해도 군은 기본적으로 상위직책이 하위직책보다는 적은 숫자로 구성될 수밖에 없다. 따라서 일정한 수의 병과원들은 결국 병과에서 분리되어 사회에 조기 진출해야 한다. 물론 병과에서 최상위직까지 진출하더라도 언젠가는 군에서 전역하여 사회로 진출해야 한다. 결국 군에서 분리된 이후의 대비는 시간의 선·후에 있어서 차이가 있을 뿐 모든 병과원들에게 공통된 사안이다. 따라서 병과에서 직무를 수행하는 동안 민간영역에서 필요로 하는 전문성이 자연스럽게 개발되어야 한다. 다시 말하면 분리 후 진출가능 직위 개발은 병과의 직무수행이 전문적인 역량을 개발하는데 적합하도록 체계적으로 이루어지도록 구성되는 것에서 출발한다.

한편, 분리 후 다양한 직위로 진출하는 선배들의 모습은 당연히 우수한 인력을 새로이 획득할 수 있는 가장 좋은 홍보자료도 될 것이다. 이러한 차원에서 병과에서 이미 전역한 선배들이나 현재 전역을 준비하는 인원들의 경우에 다양한 직역으로 진출이 가능하도록 개인적인 노력을 하는 한편 병과차원에서도 이러한 노력을 지원하기 위한 방안을 적극적으로 모색해야 한다.

법무관들의 경우에는 지금까지 변호사나 다른 공공기관이나 공조직의 법률사무 관련 업무인 국방부 법무관리관이나 방위사업청 법무담당관, 주한 미군기지 이전사업단이나 군인공제회 법무실장 등 직역에 진출하였다. 하지만 앞으로는 더욱 다양한 분야의 공직과 민간영역으로 진출하려는 노력과 시도를 할 필요가 있다. 우리가 도전해 볼 만한 자리는 여러 곳에 있다. 예를 들자면 방위사업청 계약관리본부 여러 직위, 병무청, 조달청, 법제처, 행정자치부, 국가인권위원회, 국민권익위원회, 방송통신위원회 등 다양한 진출 가능한 직책을 발굴해야 한다. 담당업무 역시 소극적으로 법무관련 지원을 하는 업무 뿐 아니라 법률 전문지식을 바탕으로 적극적으로 정책을 입안하고 이를 실현시키는 다양한 영역에 활동하여야 한다.

학계로 진출하는 경우에도 법학전문대학원이나 법과대학 위주로 과목을 선정하여 노력을 기울이는데 그치지 않고 각 대학별로 군사학과에 군사법 관련 과목이나 군사행정 관련 과목을 개설하게 하도록 하는 방안 등 다양한 방향으로 진로를 모색해야 한다.[1200] 부사관들의 경우에도 부사관학과에 다양한 과목들에 대해서 강의가 가능하도록 사전에 정보를 수집하고 직무수행과 관련해서 전문성을 갖추도록 노력하여 진출이 가능하도록 하여야 한다.[1201] 부사관 학과뿐 아니라 군사학과에 예비역 행정관 자리도 부사관들을 선발하는데 법무병과 부사관 정도의 자질이면 충분히 다른 병과 출신 부사관들과의 경쟁에서 좋은 결과를 낳을 수 있으리라 본다.

1200) 현재 육군과 협약을 체결한 군사학과는 총 13개 대학이다.

1201) 현재 국내 49개 대학에 72개과가 부사관 학과를 신설하여 있으며 이중 28개 학교에 일반 부사관학과가 설치되어 있어 법무부사관의 진출이 가능하고 경북 대구의 영남이공대학교의 경우 부사관 경찰계열 학과에 60명의 학생을 선발하도록 협약이 체결되어 있다.

Ⅲ. 결 론

지금까지 논의한 법무병과 비전 2025의 청사진을 제시해 보면 먼저 국방분야 법률전문가로서 전문성을 인정받고 각종 작전환경에 대응하는 전문적인 직무역량을 갖춘 경쟁력 있는 전문 법조 직역으로 거듭나기 위해서 법무병과의 인력구성은 장기법무관이 75%로 계급별 정원은 장군 2명, 대령 25명, 중령 75명, 소령 110명, 대위 40명으로 편성하고, 정원의 나머지는 단기장교로 운용하여야 한다.[1202] 장기위주의 정원구조는 상위직으로의 적정 진출률 보장을 위해서도 반드시 필요하다.

부대구조 개편과 함께 법무참모부의 편성을 사단급은 중령 참모, 소령급 검찰관, 위관급 징계장교, 검찰수사관, 인권 및 징계업무담당관으로 편성을 하고 군단급 참모는 대령, 검찰관은 소령 내지 중령으로, 작전사급은 대령 참모와 중령급 검찰관이 편성되어야 한다. 업무수행 체계도 사단에서 육본으로 이어지는 체계적인 업무지도·감독이 이루어지도록 개선해야 한다. 이를 위해서는 통합 업무망(JAGC-Net)이 획기적으로 개선·운용되어 사단부터 육본까지 신경조직처럼 법원, 검찰, 징계, 인권, 법제, 기타 법률지원 업무 등 전 법무업무 분야에 걸쳐서 상하좌우로 신속한 의사소통, 업무지도·감독 및 자료공유가 가능하여야 할 것이다.

한편 군사법 제도 운영과 관련하여서는 먼저 육군 검찰업무 체계를 선진화하고 검찰업무의 독립성 보장을 위하여 육군 검찰단을 창설하여 예하부대 검찰부에 대한 수사지휘 및 지원능력을 확보할 것이다. 따라서 육군의 검찰지휘 체계는 육군 참모총장을 정점으로 검찰단장, 군사령부 검찰부장, 군단 검찰부장, 사단 검찰부장으로 이어지는 단일체로서의 구조를 확보하여 일관성 있고 권위 있는 검찰권이 엄정하게 행사될 수 있을 것이다. 군사법원은 군단급 군사법원으로 재판업무를 통합하되 6개 권역으로 6개의 재판부를 재판부장 대령 1명, 배석 군판사 중령 2명, 영장전담 소령 군판사 2명, 재판연구관 대위 1명, 법원서기 상사, 중사 각 1-2명으로 구성을 하여 6개의 부를 운영을 하여 2025년에는 적어도 7년 이상 경력을 가진 인원이 재판부를 구성하여 판결업무를 수행할 수 있도록 하여 군사법원의 전문성과 권위가 대폭 향상될 것이다.

병과원의 전문성을 향상시키기 위하여 병과보직 체계가 판사, 검사, 작전법 분야, 교관 직위, 인권, 법제, 송무 등 특기별로 지정되어 운영될 것이고 이러한 분야의 대표자들은 대령급 과장으로

1202) 만약 단기법무사관 인원들에 대한 병역의무 이행과 관련된 문제가 제기된다면 그 부분은 정원을 초과하여 단기 법무관을 운용하는 방법으로 해결해야 할 것이다.

보직될 것이다. 참모업무는 공통으로 수행을 하되 그 외 실무보직을 수행할 때에는 전문성이 향상될 수 있도록 운영되어야 한다. 특히 병과원의 전문성 향상을 위한 보수교육을 담당할 법무학교가 작전법 지원능력 확충을 위한 작전법 센터 설립과 병행하여 추진되어 병과교육과 작전법 연구업무를 담당하는 기관으로서 역할을 충실히 수행할 것이다. 특히 법무학교에서는 병과원의 실무능력을 향상시키고 전문성 있는 법조직역으로서 군법무관의 위상을 확립하기 위한 군판사반, 검찰관반, 법무참모반, 영관반 등 다양한 병과보수 교육 과정을 개설하고 운영할 뿐 아니라 필요시 일반 장교들의 경우에도 관련 교육을 실시할 수 있는 일반 참모요원들을 위한 작전법 과정 등도 운영할 것이다.

법무학교와 작전법센터는 병과원의 전문성 향상 뿐 아니라 병과에 대한 야전의 교육소요와 작전법 지원소요를 충족시키는 역할도 담당할 것이다. 법무학교에서는 학교기관 군법교관, 야전 대대급 인권교관, 병영생활상담관 등에 대한 군법교육 뿐 아니라 합동대학의 육군대학 과정 학생장교들과 각 지휘관리과정 예비 지휘관들에게도 필요한 작전법, 군행정법, 군법·인권교육을 실시하고 또한 각종 병과학교의 군법교육 지원업무도 담당할 것이다. 작전법센터는 다양한 적의 위협에 대한 적시적 대응을 위한 제반 작전활동에 대한 법률지원으로부터 육군의 모든 부대 운영 전반에 걸쳐서 발생하는 법률적 문제들에 대해서 야전으로부터 법률지원 소요가 있으면 권위있는 법률적 해결방안을 제시하는 중심적인 역할을 담당할 것이고 각종 훈련과 작전활동에서 발생한 작전법적 문제들에 대해서 전훈분석을 통해 장차 작전 및 훈련에 제공하는 업무도 수행할 것이다. 무엇보다도 각종 작전법 관련 임무수행에 있어서 모범 안을 제시하고 필요한 실무참고자료와 야전교범을 제시하는 통합연구센터로의 역할을 수행할 것이다.

제반 임무수행 및 사업추진 간 법률지원 역량과 송무수행 능력을 강화하기 위하여 법제과의 편제를 보강하여 과장은 대령으로, 법제계획장교와 함께 송무팀장도 대령으로 편제를 보강할 것이다. 필요하다면 국선변호, 성범죄 피해자 국선변호 업무까지 총괄하는 법률지원단을 창설하는 것도 좋을 것이다. 다양한 분야에서 온라인과 오프라인을 통한 장병 법률지원을 확대하여 장병복지 개념으로 법률구조 형태의 지원이 가능하도록 통합업무망을 통한 법률상담, 전화상담 등이 가능한 시스템을 구성하는 방안도 추진해야 한다.

우수병과원의 확보는 적정진출이 보장되는 정원구조, 전문성을 강화할 수 있는 인사관리 및 교육기회 제공 그리고 전역(분리)이후의 경력관리까지 체계적으로 연결될 수 있을 때 자연스럽게 이루어질 것이다. 우리 병과가 국민과 군에 신뢰받는 능력 있고 꼭 필요한 조직으로 인정받는다면 당연히 현재와 같이 로스쿨 시스템으로 많은 법조인이 배출되는 환경에서는 많은 신규 법조인들에게 매력있는 직역으로 인정받을 수 있을 것이다. 준·부사관들에 있어서도 마찬가지로 획득, 인사관리, 분리 후 진로까지 어느 정도 희망을 발견할 수 있는 청사진을 제시할 수 있도록 관리가 되어야 우수인력의 확보가 가능할 것이다.

이를 위해서는 가장 우선적으로 앞에서 언급한 바와 같이 상위직으로의 적정진출을 보장할 수 있는 정원구조로 설계되어야 한다. 정원구조가 정상화되기 이전까지는 적정 근무기간 경과 후 선배들이 용퇴하는 문화도 필요하다. 또한 병과에 근무하는 동안 특정분야에 전문성을 확보할 수 있는 업무수행체계와 보직운영이 이루어져야 한다. 여성인력의 모성보호를 고려한 경력관리도 이루어져야 한다. 또한 일정한 실무경력 이후에는 지속적인 교육 기회가 제공되어 교육과 업무가 적정하게 균형을 이룰 수 있도록 단계별로 유학 및 위탁교육, 병과보수 교육 등의 기회가 균등하게 보장되어야 할 것이다. 내실 있는 교육을 위해서 충분한 교육부수 인력을 확보하는 것도 반드시 실현되어야 한다.

전역 후 진로와 관련해서는 기존에 수로 진출하던 법률관련 분야보다는 다양한 분야의 공직과 민간 영역의 정책을 수립하고 추진하는 분야에 진출하도록 노력할 필요가 있다. 또한 학계로 진출하는 경우에도 법학대학 혹은 법학전문대학원 위주로 진출하는 것보다는 군사학과 등 다양한 분야에 진출을 할 필요가 있으며 부사관들도 학군단 예비역 행정관 등 다양한 분야로의 진출방향을 모색해 볼 필요가 있다.

지금까지 검토한 내용은 10년 뒤인 2025년의 병과비전을 큰 틀의 결론적인 청사진만을 제시하는 한계를 가지고 있다. 물론 제시된 결론 역시 정답이 아니며 실제로 미래 병과를 책임지고 이끌어 가야 할 10년 후의 병과 주역들에게 더욱 구체적이고 실현가능한 방안들을 매년 단계적으로 추진해 나갈 과제들을 도출해 내기 위한 브레인스토밍의 단초를 제공한다는데 의미를 두었다. 이를 위해서 가능한 다양한 분야와 많은 주제들에 대해서 앞으로의 변화방향을 예측하는 자료를 제공하기 위해서 노력을 기울였지만 미래 비전에 대한 결론 부분은 여전히 개인적인 견해의 한계를 넘지 못했다.

하지만 여기에 제시된 청사진은 미래의 병과가 반드시 구현해야 할 모습들을(비록 일부에 불과할지는 모르지만) 분명히 담고 있다. 다만 병과의 미래비전이 공허한 말잔치가 아니라 실제로 추진할 목표들로 도출되고 실현해 나가기 위해서는 지속적인 현실과 환경변화에 대한 냉철한 분석에 기초를 두고 있어야 한다. 또한 미래의 주역이 될 병과원들의 공감대를 형성하고 타당성을 인정받을 수 있을 때에야 비로소 추진력을 가지고 지속적으로 실행될 수 있을 것이다.

따라서 여기에 제시된 미래 비전들에 대해서 어떻게 구체화하여 2025년에 실제로 구현할 것인가에 대해서 연도부대계획, 중기부대계획에 따른 인력편성과 예산에 대한 연도계획과 중기계획에 단계적으로 반영하여 하나하나 현실화시켜나가서 궁극적으로 원하는 목표에 달성하려는 계획적인 접근이 요구된다. 성경에 자신의 창대한 미래에 대한 꿈을 이야기하는 요셉에 대해서 꿈꾸는 자라고 비웃는 형제들의 모습이 나온다. 법무병과의 모든 구성원들은(특히 2025년의 주역이 될 젊은 병과원들) 지금까지 이야기한 병과의 미래비전에 대해서 요셉의 형들과 같은 태도가 아니라 꿈을 함께 공유하고 실현하기 위해 노력하는 자세를 가져야 하지 않을까? 우리 병과원 모두가 '한 사람이 꾸는 꿈은 꿈에 불과하지만 함께 꾸는 꿈은 현실이 된다.'는 말을 가슴에 품고 최고의 노력을 함께 기울여 나가기를 제안한다.

참고 문헌

- 육군본부 법무감실, 정책참고 자료집, 1986.
- 육군본부, 법무약사, 1975.
- 국방부, 2014 국방백서, 2014.
- 이상철, 한번도 정전체재, 한국국방연구원(2012)
- 국방정보본부, 중국의 삼전(China: The Three Warfares), 2014.
- U.S. Dep'T of Army, FM 1-04, *Legal Support to the Operational Army* (18Mar2013)
- JAGLC&C, *Operational Law Handbook*(2011)
- JAGLC&S, *Course Catalog*(2015)

논문

- 이소현, FTA에 따른 한국 법률시장 개방과 우리의 대응, 「국제법무」제5집 제1호, 제주대학교 법과정책 연구소(2013. 5. 20)
- 최남석, 법률서비스 시장개방과 규제개혁의 경제적 효과 분석 -법률서비스 수출확대를 중심으로-, 규제연구 제22권 제1호(2013. 6)
- 이상수, 국제법률시장의 변화와 MDP, 법과사회 42호(2012. 6.)
- 신범철, 조관호, 유영철 공저, 법학전문대학원 출범에 따른 군 법무인력 양성 및 전문성 제고 방안, 2009.
- 이재협, 이준웅, 황현정, 로스쿨 출신 법률가, 그들은 누구인가? - 사법연수원 출신 법률가와의 비교를 중심으로, 「서울대학교 법학」제56권 제2호(2015. 6)
- 김종탁, 이은정, 군군정원관리의 선진화 방향, 한국국방연구원(2015. 5)
- 안보경영연구원, 군법무관 인사관리제도 개선에 관한 연구(2011, 1)

기타자료

- 국방부 공고 제2015-94호(2015. 5. 11) 군사법원법 일부개정법률(안) 입법예고
- 육군정보포탈 육군 소개(http://hub.army.mil/menu.es?mid=aa0103010100)
- 육군 정보포탈 지휘의도(http://hub.army.mil/menu.es?mid=aa0102010000)
- 법무부 고시 "외국법자문사법 제17조 제1항에 따른 설립인가" (http://gwanbo.korea.go.kr)
- 군사법원법 일부개정안(정청래의원 대료발의, 의안번호 6834), 2013. 9. 13.
- 군사법원법 폐지법률안(이상민의원 대표발의, 의안번호 11388), 2014. 8. 13.
- 군사법원법 전부개정법률안(전해철의원 대표발의, 의안번호 15660), 2015. 6. 19.
- 군사법원법 일부 개정법률안(민홍철의원 대표발의, 의안번호 16022), 2015. 7. 8.
- 법무실, 윤후덕의원실 국정감사 요구자료 답변서
- 국방부, 군사법원 현황보고, 2014. 10.
- 육군본부 법무실, 업무보고(2008. 4.)
- 육군본부 법무실, 2008년 전반기 법무 정책목표 추진 성과분석 회의(2008. 7. 10.)
- 육군본부 법무실, 2008년 후반기 법무업무 성과분석 회의(2008. 12. 12.)
- 육군본부, 14년 학교교육계획, 2014.
- 육군본부, 15년 학교교육계획, 2015.
- 양새노, 귀국보고서(2008)

2

군법무관 정원관리에 관한 연구 (군법무관 정원법 제정 필요성을 중심으로)

(The Vision of JAGC responding Reformation of the Armed Forces Structure and Environmental Changes in the Legal Profession)

요 약

기본적으로 모든 국가기관의 조직과 정원은 국민의 세금에 의해서 운영되는 만큼 헌법과 법령에 근거를 가지고 있어야 하며 업무의 성질과 양을 고려하고 다른 기관 등과 조직, 기능상 중복이 없도록 적정규모로 편성되어야 한다. 군법무관의 정원관리 체계는 군법무관은 변호사 자격을 가진 법무과 장교이므로 헌법, 국군조직법, 국방조직 및 정원에 관한 통칙 등에 따르고 있다.

현재 군법무관의 정원구조는 과거 변호사 인력획득이 제한되던 시기에 형성된 것으로 현재 업무의 성질과 양, 군사법체계의 신뢰성 확보, 조직 내 정상적인 인력관리 등을 고려할 때 많은 문제점을 내포하고 있다.

따라서 군법무관의 정원관리 체계에 대한 재설계는 군법무관의 업무 성격과 양, 특히 군사법제도에 대한 국민적 신뢰확보 측면에서 군법무관 정원의 획기적 확대 등 정밀한 접근이 필요하다. 더욱이 일반적인 공무원 정원을 대통령령으로 관리하는 것과 분리하여 법률로 정원을 관리하는 판사와 검사의 경우를 면밀히 검토하여 군법무관의 정원도 국방개혁과 함께 정원확대가 제한되는 일반 군인의 정원에서 분리하여 별도 관리하는 방안을 추진해야 할 것이다.

주제어

군법무관 정원법, 정부조직법, 행정기관의 조직과 정원에 관한 통칙, 국가공무원 총정원령, 국군조직법, 국방조직 및 정원에 관한 통칙, 국방조직 및 정원관리 훈령, 검사 정원법, 각급법원 판사 정원법

군법무관 정원관리에 관한 연구 (군법무관 정원법 제정 필요성을 중심으로)[1203]

(The Vision of JAGC responding Reformation of the Armed Forces Structure and Environmental Changes in the Legal Profession)

목 차

1203) 본 논문은 2016년 저자가 국방부 검찰단장으로 재직하면서 육군 법무병과 창설 70주년 기념 논문집을 발간하는데 법무정책 분야에 대한 논문을 작성해 달라는 요청에 따라 작성하여 제출한 것으로 위 기념논문집의 첫 번째 논문으로 게재된 것이다. 군법무관의 정원을 판사, 검사와 마찬가지로 별도의 법률을 제정하여 관리하는 것은 국방분야에 보다 전문적인 법률지원을 제공할 수 있는 경력직 군법무관을 다수 확보하고 군사재판의 판사와 검사 역할을 수행하는 군법무관의 신분을 보장하여 군사법제도의 신뢰를 제고하기 위해서 반드시 필요한 조치라고 생각된다.

I. 서 론

국방조직에서의 정원이란 '국방조직 및 정원관리 훈령'(이하 '정원관리 훈령'이라 한다.) 제3조에 따르면 조직체의 임무 또는 과업을 가장 효율적으로 수행할 수 있는 적정 인력으로서 해당연도의 가용예산과 획득전망을 고려한 군별·계급별 인원의 상한선을 말한다.[1204] 군법무관은 군에서 복무하는 변호사 자격을 가진 육·해·공군 법무과 장교들이라고 정의할 수 있다.[1205] 따라서 군법무관의 정원관리 역시 전체 국방조직의 일원으로 관리되고 있으므로 국방 정원관리 법령체계에 입각하여 관리되어야 한다. 즉 군법무관의 정원은 군법무관의 임무와 과업이 무엇인지 그리고 이를 가장 효율적으로 수행할 수 있는 적정인력은 얼마 인지, 해당연도의 가용예산과 획득전망은 어떠한지, 또한 이상의 제반 사정을 고려할 때 각 계급별로 상한선은 얼마로 선정해야 하는지를 판단하여 결정되어야 할 것이다.

먼저 임무와 과업 면에서 보자면 군법무관은 군에서 복무하는 변호사 자격을 가진 육·해·공군 법무과 장교이며, 법무과란 군인사법상 병과를 의미한다.[1206] 군법무관이 어떤 임무를 수행해야 하

1204) **국방조직 및 정원 관리 훈령 [국방부훈령 제1737호, 2014. 12. 11. 일부개정] 제3조(정의)**
4. "정원"이란 조직체의 임무 또는 과업을 가장 효율적으로 수행할 수 있는 적정 인력으로서 해당연도의 가용예산과 획득전망을 고려한 군별·계급별 인원의 상한선을 말한다.

1205) **군법무관 임용 등에 관한 법률 [법률 제11165호, 2012.1.17., 일부개정] 제2조 (정의)**
이 법에서 "군법무관"이란 육군·해군·공군의 법무과 (법무과) 장교를 말한다.

제3조 (임용 자격)
군법무관은 다음 각 호의 어느 하나에 해당하는 사람 중에서 임용한다.
1. 군법무관 임용시험에 합격하여 사법연수원의 정하여진 과정을 마친 사람
2. 판사, 검사 또는 변호사 자격이 있는 사람
3. 사법시험에 합격하여 사법연수원의 정하여진 과정을 마친 사람

1206) 군인사법에서 병과를 기본병과와 특수병과로 나누고 기본병과의 종류는 대통령령으로 정하도록 한 반면 법무과는 특수병과로서 법률에 명시되어 있다. 자세히는 아래 군인사법 참조.
군인사법 [법률 제13775호, 2016.1.19., 일부개정] 제5조 (병과)
① 군인의 병과는 각 군별로 기본병과와 특수병과로 구분하되, 특수병과는 다음 각 호와 같이 구분한다.
1. 육군
가. 의무과(의무과): 군의과, 치의과, 수의과(수의과), 의정과(의정과) 및 간호과
나. 법무과
다. 군종과(군종과)
2. 해군: 의무과, 법무과 및 군종과
3. 공군: 의무과, 법무과 및 군종과
② 제1항에 따른 각 군별 기본병과의 종류는 대통령령으로 정한다.

는지는 결국 군 조직에서 법무과가 수행하는 임무가 무엇인가를 분석하여야 하는데 이는 단일 법령에 명시되어 있지 않으므로 각종 국방관련 조직법 및 작용법을 종합적으로 해석하여 결정하여야 한다. 하지만 재론의 여지가 없는 군법무관의 대표적인 임무는 군사법원법에 규정된 바와 같이 군사법제도의 핵심기능인 군판사와 군검사의 직책을 수행하는 것이다. 또한 정부조직법상 국방부와 그 소속기관 직제(대통령령 제27041호, 2015. 3. 22. 일부개정, 이하 '국방부 직제'라 한다.)상 혹은 국군조직법상 국군조직의 일원으로서 국방부 장관의 법무관리관으로부터 사단장의 법무참모까지 군사작전을 포함한 제반 군사 행정작용에 있어서 적법성을 보장하기 위한 지휘관의 법률조언자로서의 역할을 수행하는 것도 중요한 임무의 하나가 될 것이다.

군조직의 특수성은 전쟁수행이라는 임무의 특수성에서 비롯되는 조직의 완결성이라는 면을 주목해야 한다. 따라서 군 조직에는 정부의 행정각부에 해당하는 제반기능을 모두 수행할 수 있도록 조직·편성되어 있다. 국방부만 살펴보아도 경찰작용을 하는 조사본부, 건설관련 업무를 담당하는 시설본부, 법무부의 역할을 수행하는 법무관리관실과 법원, 검찰의 업무를 수행하는 고등군사법원과 국방부 검찰단 등이 설치되어 있다. 따라서 각 조직별로 정원관리의 방식과 체계를 결정할 때도 각 조직의 기능별 임무를 고려하여 일반 공무원을 포함한 유사한 기능의 국가기관의 정원관리는 어떻게 이루어지고 있는지 또 그러한 방식으로 정원관리가 이루어지는 이유는 무엇인지를 고려해야 할 것이다.

일반적으로 공무원의 구체적인 정원은 헌법과 정부조직법에 의해서 조직된 각 행정각부의 임무와 기능을 고려하여 대통령령인 '행정기관의 조직과 정원에 관한 통칙'(이하 '행정기관 정원 통칙'이라 한다.)이나 '국가공무원 총정원령' 등으로 통제하는 시스템을 취하고 있다. 특수경력직 공무원인 국군의 정원도 대통령령인 '국방조직 및 정원에 관한 통칙'(이하 '국방정원 통칙'이라 한다.)에 의해서 관리되고 있다. 그러나 일부 경력직 공무원 중에는 그 정원을 별도의 법률로 정하여 엄격하게 통제하고 있는 경우가 있는데 사법부에서 재판을 담당하는 판사들과 행정부처인 법무부의 산하인 검찰청의 검사들의 정원은 각각 '각급법원 판사정원법'과 '검사정원법'이라는 별도 법률에 의해서 국회의 엄격한 통제를 받으며 관리되고 있다.

군인을 포함한 국가 공무원의 정원을 구체적으로 결정하고 통제할 권한을 일반적으로 대통령령으로 정할 수 있도록 하여 대통령에게 부여한 것은 대통령의 행정부의 수반이자 국군통수권자로서의 지위를 확고히 하기 위해서 정원결정의 재량권을 부여한 것으로 판단할 수 있다.[1207] 하지

1207) **헌법 제66조** ④행정권은 대통령을 수반으로 하는 정부에 속한다.
제74조 ① 대통령은 헌법과 법률이 정하는 바에 의하여 국군을 통수한다.

만 행정부처인 법무부의 소속청인 검찰청의 검사의 경우에도 별도의 법률체계로 '검사 정원법'을 유지하는 것은 준사법기관인 검사의 신분적 보장을 통해서 법무부장관이나 대통령의 영향으로부터 독립성을 보장하기 위해서 국회가 제정하는 법률에 의해서 직접적으로 검사의 정원을 관리하겠다는 입법자의 결단으로서 의미를 가지고 있다. 판사의 정원도 사법부의 수장인 대법원장이 그 규모를 정하도록 하지 않고 법률에 의해서 그 정원을 정하도록 한 것도 사법부의 독립의 핵심 내용인 법관의 신분보장과 밀접한 관련이 있다고 하겠다.

최근 국군의 정원도 대통령령이 아닌 법률에 의해서 관리해야 한다는 일부 견해가 있다.[1208] 군인의 정원관리를 선진화하고 법치주의를 실현하면서 특히 상위계급의 정원 제한을 위해서 군인정원 통제를 위한 법률을 제정해야 한다는 것이다.[1209] 하지만 대부분의 공무원들의 정원이 대통령령으로 통제되고 있고 군인의 경우에는 대통령의 군통수권을 보장하기 위한 측면과 전쟁이라는 국가비상사태에 대비하기 위한 측면에서 위와 같은 주장을 그대로 수용하는 것이 정원관리를 선진화하고 국군의 정원관리에서 법치주의를 실현하는 것이라고 보기에는 여러 가지 이견이 존재할 수 있다. 하지만 현재 법률로 정원을 통제하는 대표적인 직역이 바로 판사와 검사라는 점에서 그 기능 및 역할 등의 측면에서 군판사와 군검사의 역할을 수행하는 군법무관의 정원에 대해서는 별도의 계급별 정원을 군사법원법에 근거를 두고 별도의 정원법으로 법제화하는 것은 충분히 고려해 볼 가치는 있다. 행정기관 공무원 중에서도 국가공무원 총정원령의 제한을 받지 않도록 명시된 특정직 경력직 공무원이 검사라는 점을 고려할 때도 군법무관정원법의 법제화 필요성을 검토할 때 시사하는 바가 크다고 할 것이다.[1210]

한편 군인의 정원은 2005년 12월에 국방부가 수립한 국방개혁 기본계획(2006~2020)에 따라 병력위주의 양적 군 구조에서 정보·지식 중심의 질적 군구조로 전환하기 위한 국방개혁의 진행방향에 따라 전체적으로 감소하고 있다.[1211] 국방개혁에 따른 병력감소의 추진방향에는 병력구조의 정예화라는 개념에서 간부비율을 전체 병력의 40%까지 확대하는 것도 함께 계획되어 있으나 국방개혁의 틀 속에서 군사법제도에 대해서 지속적으로 제기되는 위헌론과 불신을 극복하고 이를 유

1208) 김종탁, 이은정, 군군정원관리의 선진화 방향, 한국국방연구원(2015. 5) 참조.

1209) 김종탁 등, 전게논문, 1-3쪽.

1210) **국가공무원 총정원령 [대통령령 제25751호, 2014.11.19., 타법개정] 제2조(총정원)** ① 행정기관에 두는 국가공무원 정원의 최고한도(이하 "총정원"이라 한다)는 29만3,982명으로 한다. <개정 2013.3.23.>
② 다음 각호의 정원은 총정원에 포함하지 아니한다. <개정 2012.5.23.>
4. 검사정원법에 의한 검사의 정원

1211) 국방부, 2014 국방백서, 78쪽.

지하기 위한 부분은 전혀 반영되지 않아 군법무관의 정원을 증원하는 부분은 고려되지 않고 있다. 더욱이 육군 법무관의 정원구조는 과거 장기 군법무관의 획득이 극히 제한되던 당시에 설정된 것으로 현재는 장기 군법무관의 획득이 어느 정도 양호한 환경 하에서는 군사법원의 전문성 강화와 장기 군법무관의 직업성 보장을 위해 오히려 대폭적인 정원의 확대가 필요하다. 하지만 육군의 경우에는 현재 병력 위주의 군대를 기술 집약형 군구조로 개편하기 위해서 11만 여명을 감축하는 계획을 추진하고 있어 이 와중에 군법무관의 정원을 증원하는 방안을 포함시키는 것은 전투병력 감소를 더욱 가중하는 측면이 있다는 점에서 국방개혁의 방향을 고려할 국방정원 관리체계의 틀 안에서 군법무관 정원구조를 확대하는 것은 매우 어려운 일이다.

결국 현재의 국군의 정원구조 속에서 국방개혁 방향까지 고려할 때 군법무관의 정원을 적정히 유지하여 군사법제도의 신뢰를 회복하고 제반 군사작전의 적법성을 보장하기 위한 기능과 임무를 수행하기 위한 정원 현실화에는 여러 가지 제한사항이 존재한다. 여기에서 각급 기관의 국가 공무원 정원을 관리체계에서 예외로 인정되는 검사정원법이나 각급법원 판사 정원법의 취지를 적극 반영하여 '군법무관 정원법'을 제정하는 것을 적극 고려할 필요성이 제기된다. 기술집약형 군 구조 개편을 통한 '선진 정예 강군 육성'이라는 국방개혁 목표보다는 사회적, 헌법적 요구사항에 부합하는 방향으로 국민으로부터 신뢰받는 군사법제도를 유지하고 군사작전의 적법성을 여하한 여건에서도 보장할 수 있는 전문 법률가 집단으로서 군법무관들의 정원구조를 설계하기 위한 목적을 가지고 군법무관의 정원법의 필요성을 판단해야 한다는 점을 강조하고 싶다.

이하에서는 군법무관의 정원을 국방목표 달성과 법무병과에 부여된 임무를 효율적·능률적으로 달성하기 위해서 어떠한 방식으로 책정하고 관리하는 것이 합리적인 접근방법인가를 살펴보기 위해서 먼저 국가 공무원의 정원관리 체계를 개관하고, 군법무관의 정원 책정 및 관리의 기준으로 반드시 고려되어야 할 민간 판사와 검사들의 정원관리 체계를 살펴보도록 하겠다. 그 다음으로 현행 국군 정원관리 체계 속에서 군법무관 정원관리가 이루어지는 경우의 문제점과 한계에 대해서 분석하고 이에 대한 해결책을 단기적인 방안과 장기적으로 군법무관 정원법을 제정하는 방안으로 나누어 제시해 보고자 한다. 특히 군법무관 정원법의 제정 필요성은 군사법제도에 대한 지속적인 위헌성 논란과 국민적 불신에 대응하는 측면에서 군사법제도의 신뢰성을 유지하고 군법무관들의 전문성을 향상하기 위한 방안으로 군법무관의 직업성 보장과 적정 진출률 보장을 포함한 신분적 보장 측면에서도 함께 검토될 필요성이 있다.

Ⅱ. 국가 공무원 및 국방조직의 정원관리 체계

1. 개 요

현재 공무원의 '정원'의 의미를 헌법과 법률에 명시적으로 규정하고 있는 부분은 발견할 수 없다. 다만 헌법에 헌법재판소의 재판관과 같이 공직자의 인원을 정확히 제시한 경우[1212]를 제외하고 공직자의 수를 법률에 정하도록 위임[1213]하거나 국군의 조직이나 행정 각부의 조직을 법률로 정하도록 하면서 해당 법률인 정부조직법이나 국군조직법에서 공무원의 정원을 법률로 정하게 하도록 하면서 해당 법률에서 정원이라는 용어를 사용하고 있다.[1214] 예컨대 정부조직법에서는 명시적으로 정원이라는 용어를 사용하여 공무원의 정원은 대통령령으로 정하도록 하면서 행정기관에 배치하는 정무직 공무원의 정원은 법률로 정하도록 하고 있다.[1215] 이에 따라 행정기관 정원 통칙이 제정되어 있다. 한편 공직선거법의 국회의원 정수나 법원조직법에 따른 각급법원 판사 정원법이나 검찰청법에 따른 검사 정원법과 같이 법률로써 그 정원을 정하고 있는 경우도 있다. 한편 국군 조직법에서는 각군 본부 및 해병대 사령부의 직제와 각군 소속의 부대와 기관 설치의 필요한 사항을 대통령령으로 정하도록 하면서 직접적으로 정원이라는 용어를 사용하고 있지는 않다.[1216] 하지만

1212) **대한민국 헌법 제111조** ②헌법재판소는 법관의 자격을 가진 9인의 재판관으로 구성하며, 재판관은 대통령이 임명한다.

1213) **대한민국 헌법 제41조** ②국회의원의 수는 법률로 정하되, 200인 이상으로 한다.

1214) **대한민국 헌법 제74조** ②국군의 조직과 편성은 법률로 정한다.
제96조 행정각부의 설치·조직과 직무범위는 법률로 정한다.

1215) **정부조직법 [법률 제13593호, 2015.12.22., 일부개정] 제8조(공무원의 정원 등)** ① 각 행정기관에 배치할 공무원의 종류와 정원, 고위공무원단에 속하는 공무원으로 보하는 직위와 고위공무원단에 속하는 공무원의 정원, 공무원배치의 기준 및 절차 그 밖에 필요한 사항은 대통령령으로 정한다. 다만, 각 행정기관에 배치하는 정무직공무원(대통령비서실 및 국가안보실에 배치하는 정무직공무원은 제외한다)의 경우에는 법률로 정한다.
② 제1항의 경우 직무의 성질상 2개 이상의 행정기관의 정원을 통합하여 관리하는 것이 효율적이라고 인정되는 경우에는 그 정원을 통합하여 정할 수 있다.

1216) **국군조직법 [법률 제10821호, 2011.7.14., 일부개정] 제14조(각군본부 등의 설치 등)** ⑤ 각군본부 및 해병대사령부의 직제와 그 밖에 필요한 사항은 대통령령으로 정한다.
제15조(각군 부대와 기관의 설치) ① 각군의 소속으로 필요한 부대와 기관을 설치할 수 있다.
② 제1항에 따른 부대와 기관의 설치에 필요한 사항은 법률이나 대통령령으로 정한다. 다만, 대통령령으로 정하는 단위 이하의 부대 또는 기관의 설치에 필요한 사항은 국방부장관이 정하되, 국방부장관은 그 권한의 일부를 대통령령으로 정하는 바에 따라 각군 참모총장에게 위임할 수 있다.
③ 제2항 단서에 따라 해군참모총장에게 위임된 사항 중 해병대에 관하여는 해병대사령관에게 권한을 재위임할 수 있다. <신설 2011.7.14.>

이러한 법률조항에 따라서 국방 정원 통칙과 각군 본부 직제 등이 제정되어 정원관리의 기준과 원칙을 제시하고 있다.

이상에서 살펴본 바와 같이 정원의 법률적 정의 규정은 없으나 관련 규정 등을 종합하여 해석하여 보면 정원이란 국가기관의 헌법상·법률상 부여된 임무의 성질과 업무량 등을 고려하여 가용예산의 제약 하에서 능률적으로 국가기관과 행정조직 등을 운영하기 위해서 합리적인 기준을 가지고 책정된 계급별(직급별) 운영인력의 총수(상한선)라고 볼 수 있다. 국가기관별 공무원의 정원은 가용예산의 제약이라는 전제 하에서 부여된 임무의 성질과 양을 고려하여 가장 효율적으로 산정되어야 한다. 이를 위해서 국민의 대표에 의한 직접적인 통제가 필요하거나 기관장 등으로부터 판사와 검사와 같이 그 신분적인 독립성이 특별한 보장이 요구되는 경우에는 국회가 법률로써 직접 관리하는 방법을 취하고 있고, 행정각부나 국군조직과 같이 행정부 수반이자 군 통수권자인 대통령에 의해서 관리되는 것이 바람직한 경우에는 대통령령으로써 구체적인 내용을 정하도록 하고 있다.

2. 국가공무원의 정원관리 체계

가. 행정 각부 공무원의 정원관리 체계

(1) 정원관리의 기본원칙 및 목표

헌법 제96조는 행정 각부의 설치·조직과 직무 범위를 법률로써 정하도록 하고 있고, 이에 따라 제정된 정부조직법 제8조는 각 행정기관에 배치할 공무원의 종류와 정원 등은 대통령령으로 정하도록 하고 있다. 다만 각 행정기관에 배치되는 정무직 공무원의 경우에는 대통령 비서실과 국가안보실에 배치하는 정무직 공무원을 제외하고는 법률로써 정하도록 하였다. 이에 따라 정부조직법과 다른 법령에 의하여 설치되는 국가행정기관의 조직 및 정원의 합리적인 책정과 관리를 위한 기준을 정함으로써 능률적인 행정조직의 운영을 기하기 위한 목적으로 제정된 대통령령이 행정기관 정원 통칙이다.

위 통칙에 따르면 조직과 정원을 관리하는 목표는 행정기관별 업무의 성질과 양에 따라 업무수행을 위한 적정규모가 유지되도록 하고, 다른 행정기관의 조직과 기능상의 중복이 없어야 하며, 종합적이고 체계적으로 편성되도록 하는 것이다.[1217] 또한 행정기관의 기능과 업무량이 변경될 경우

1217) 행정기관 정원 통칙 제3조

에는 그에 따라 행정기관의 조직과 정원도 조정되어야 한다.[1218] 행정기관의 조직과 정원을 규정하는 대통령령은 정부조직법에 따른 중앙행정기관 단위로 정하고 그 명칭을 해당 기관 직제로 정하도록 하였으며 해당 직제에는 해당 기관의 설치와 그 소관업무, 하부조직과 그 분장업무, 직위에 부여되는 계급, 공무원의 종류별·계급별 정원, 기타 행정기관 운영에 필요한 사항을 정하도록 하였다.[1219] 정원관리의 목표 등을 고려할 때 행정기관을 설치하고자 하는 경우에는 업무의 독자성과 계속성, 기존 행정기관과의 업무 중복성 여부, 업무의 성질과 양으로 보아 기존 행정기관의 기구개편 등으로 그 업무를 수행할 수 없을 만한 타당성이 있을 것 등의 요소를 고려해야 한다.[1220]

한편, 공조직(관료조직)은 파킨슨의 법칙에 따라 시간이 경과할수록 커지면서 상위계급(직급)의 정원이 점점 늘어나는 경향이 있다.[1221] 따라서 정부는 1998. 12. 31. 공무원 정원관리의 효율화를 도모하고 공무원 정원의 동결 기조를 정착함으로써 작은 정부를 실현하기 위하여 행정기관에 두는 국가공무원 정원의 최고한도를 정하고, 주기적인 정원감축계획의 수립·운용을 통하여 총정원의 범위 안에서 정원운영의 합리성을 제고하기 위하여 '국가공무원 총정원령'(이하 '총정원령'이라 한다.)을 대통령령 제15995호로 제정하였다. 총정원령은 행정기관에 두는 국가공무원 정원의 최고한도를 27만3,982인으로 정하고, 국회·법원·헌법재판소·선거관리위원회 및 감사원의 국가공무원, 정무직공무원, 검사 및 교원 등의 정원은 총정원에 포함하지 않는 것으로 하였으며(령 제2조제2항), 행정자치부장관은 3년마다 정원감축계획을 수립하여 국무회의의 의결을 거쳐 시행하도록 하되, 최초의 정원감축계획은 2001년부터 시행하도록 하였다(령 제3조 및 부칙 제2항).

그러나 박근혜 정부는 2013년에 총정원령을 일부 개정하여 국민의 안전을 최우선으로 하는 창조적이고 유능한 정부를 구축하기 위하여 정부 기능을 효율적으로 재배치하는 내용으로 「정부조직법」이 개정됨에 따라 경찰 2만명을 증원하는 등 정부 인력을 탄력적으로 운영할 수 있도록 총정원 상한을 기존의 27만3,982명에서 29만3,982명으로 확대하는 한편, 관계 중앙행정기관의 장으로 하여금 총정원 범위에서 국가공무원 총정원이 유지될 수 있도록 중기인력운영계획을 수립하도록 하여 공무원의 총정원을 증원하였다. 개정된 총정원령에서도 검사의 정원은 총정원에 포함되지 않고 별도로 정하는 것으로 하고 있다는 것은 이미 살펴본 바이다.

1218) 행정기관 정원 통칙 제3조

1219) 행정기관 정원 통칙 제4조

1220) 행정기관 정원 통칙 제6조

1221) C. N. Parkinson이 제창한 사회생태학적 법칙으로 공무원의 수는 해야 할 일의 경중, 때로는 일의 유무와 관계없이 상급 공무원으로 진출하기 위하여 부하의 수를 늘일 필요가 있다는 사실 때문에 일정한 비율로 증가한다는 법칙이다. 김종탁 등, 전게논문, 2쪽 참조.

(2) 정원 관리 절차

행정부 공무원의 정원관리의 총괄적인 책임은 행정자치부 장관에게 있으며 중앙행정기관장은 소관 기관의 정원관리에 대한 책임이 있다. 행정자치부장관은 매년 3월 말일까지 당해 연도의 정부행정조직의 관리·운영방침과 다음 연도의 기구개편안 및 소요정원안의 작성에 필요한 기준을 정한 정부조직관리지침을 수립하여 국무총리의 승인을 얻어 중앙행정기관의 장에게 통보하여야 하고, 중앙행정기관의 장은 당해 기관과 그 소속기관의 기구와 정원을 조정할 필요가 있다고 인정할 때에는 제1항의 지침에 따라 다음 연도의 기구 개편안과 소요 정원안을 작성하여 당해 연도 4월 말일까지 행정자치부장관에게 제출하여야 하며, 행정자치부장관은 이를 검토하여 다음 연도의 기관별 소요기구와 정원을 책정하여야 한다.[1222] 이와 같이 책정된 소요기구와 정원에 관한 직제 등의 제정 또는 개정에 필요한 조치는 다음 연도 중에 그 소요시기에 따라 행한다. 다만, 다음 연도 1월 중에 시행하여야 할 기구와 정원의 경우에는 당해 연도에 이를 행할 수 있다. 또한 중앙행정기관의 장은 당해 연도 중에 긴급히 기구와 정원을 조정할 필요가 있다고 인정할 때에는 정부조직관리지침에서 정한 바에 따라 기구개편안과 소요 정원안을 행정자치부장관에게 제출할 수 있다.[1223] 또한 행정자치부장관은 다음 연도의 기관별 소요기구와 정원의 책정결과를 당해 연도 6월 말일까지 기획재정부장관에게 통보하여야 하며, 기획재정부장관은 통보된 정원의 범위 안에서 다음연도의 인건비예산을 편성하여 조직 운영에 예산상 조치를 해야 한다.[1224]

정원은 계급별·직급별 또는 고위공무원단에 속하는 공무원의 경우에는 공무원의 종류별로 배정하되 행정기관의 업무의 양 및 성질에 따라 정하고, 직급 또는 고위공무원단에 속하는 공무원으로 보하는 직위에 해당하는지의 여부는 업무의 성질 · 난이도 · 책임도 및 다른 행정기관과의 균형 등을 고려하여 정한다.[1225] 1개의 직위에는 1개의 직급 또는 직무등급을 부여하고 다만, 업무의 성격이 특수하거나 1개의 직위에 2개 이상의 이질적인 업무가 복합되어 있는 경우에 한하여 복수직급으로 할 수 있으나 일반직과 별정직의 복수직을 부여할 수 없다.[1226] 기관별 공무원의 정원은 행정기관별 · 계급별 · 직급별 또는 고위공무원단에 속하는 공무원의 경우에는 공무원의 종류별로 배정하며 행정기관장은 배정된 정원을 초과하여 공무원을 임용하거나 임용제청할 수 없다. 다만, 상

1222) 행정기관 정원 통칙 제8조

1223) 행정기관 정원 통칙 제8조

1224) 행정기관 정원 통칙 제9조

1225) 행정기관 정원 통칙 제23조

1226) 행정기관 정원 통칙 제23조

위직급에 결원이 있을 때에는 그 결원의 범위에서 같은 직렬의 바로 아래 하위직급(상위직과 하위직의 복수직급인 경우에는 그 중 하위직급의 바로 아래 하위직급을 말한다)의 공무원을 임용하거나 임용제청할 수 있다.[1227]

중앙행정기관의 장은 1년 이상의 파견근무 등의 일정한 사유가 있는 경우에는 기관별 · 계급별 또는 고위공무원단에 속하는 공무원의 경우에는 공무원의 종류별 별도 정원을 운용할 수 있으며 이 때 미리 행정자치부장관과 협의하여야 하고, 인사혁신처장은 별도 정원 및 그 기간의 연장 등에 관하여 행정자치부장관에게 협의를 요청하여야 한다.[1228] 또한 중앙행정기관의 장은 육아휴직과 이에 따른 결원보충이 활성화되도록 필요한 경우 매년 해당 기관의 통상적인 육아휴직자 수의 범위에서 별도정원을 운용할 수 있다.[1229]

행정자치부장관은 정부행정조직을 효율적으로 관리·운영하기 위하여 각급 행정기관의 행정수요 및 업무량 판단, 기구 및 정원의 운영실태, 기능배분의 적정성, 다수 중앙행정기관과 관련되는 기능의 수행체계 등을 분석 · 평가할 수 있다.[1230] 행정자치부장관은 위 분석결과에 따라 관계 중앙행정기관의 장에게 시정 또는 보완을 요청할 수 있으며, 행정기관의 장은 조치결과를 행정자치부장관에게 통보하여야 한다.[1231] 한편, 중앙행정기관의 장은 효율적인 조직관리 및 운영을 위하여 해당 기관에 대한 조직진단을 실시할 수 있으며 행정자치부장관에게 필요한 지원을 요청할 수 있다.[1232] 행정자치부장관은 필요 시 행정기관에 대한 정원감사를 실시하고, 그 결과를 해당 기관에 통보하여야 하고 필요한 시정 또는 개선을 요구할 수 있으며, 시정 또는 개선을 요구받은 기관의 장은 조치 결과를 행정자치부장관에게 통보하여야 한다.[1233]

중앙행정기관의 조직 및 정원 운영의 자율성을 보장하고 합리화를 도모하기 위하여 국립대학을 포함한 행정자치부장관이 지정하는 중앙행정기관의 경우 중앙행정기관별 인건비 총액의 범위 안에서 조직 또는 정원을 운영하는 총액인건비제를 운영할 수 있다.[1234] 한편, 중앙행정기관의 장

1227) 행정기관 정원 통칙 제24조
1228) 행정기관 정원 통칙 제24조의2
1229) 행정기관 정원 통칙 제24조의3
1230) 행정기관 정원 통칙 제27조의2
1231) 행정기관 정원 통칙 제27조의2
1232) 행정기관 정원 통칙 제27조의2
1233) 행정기관 정원 통칙 제28조
1234) 행정기관 정원 통칙 제29조

은 그 기관의 업무량 증감과 그에 따른 인력수요의 변화 등을 감안하여 부처별 중기인력운영계획을 수립하여 매년 4월 말까지 행정자치부장관에게 제출하고, 행정자치부장관은 부처별 중기 인력운영계획을 종합하여 매년 9월 말까지 각 중앙행정기관별 또는 주요 기능별로 정부 중기 인력운영계획을 수립하여야 한다.

나. 법관 및 검사의 정원관리 체계

(1) 법관 정원관리 체계

법관의 정원은 제헌 헌법과 1949. 9. 26. 법률 제51호로 제정된 법원조직법에 의해서 대법관의 수는 9명 이내로 하고 다른 판사는 법률로써 그 정원을 정하도록 하는 체계를 유지하여 왔다.[1235] 현행 법원조직법은 대법관의 수는 14명으로 정하고 대법관이 아닌 판사의 수는 따로 법률로 정하도록 하면서도 각급 법원에 배치할 판사의 수는 대법원 규칙으로 정하도록 하여 각급 법원별 조직 구조와 정원에 대해서는 대법원의 재량을 인정하고 있다.[1236] 또한 법관 외의 법원공무원은 대법원장이 임명하며, 그 수는 대법원규칙으로 정하도록 하여 법관의 정원관리와는 별도의 체계를 유지하고 있다.[1237]

법관의 정원은 대법원의 규칙으로 정하지 않고 별도의 법률로써 정하도록 하는 것은 사법기능의 의의와 특질인 사법권 독립과 관련하여 살펴보아야 한다. 사법기능은 구체적인 쟁송을 전제로 신분이 독립된 법관의 재판을 통해 법을 선언하고 법질서의 유지와 법적 평화에 기여하는 비정치적인 인식기능이라고 할 수 있다.[1238] 사법기능은 국가의 통치기능 중에서도 합법성이 가장 중시되는 기능으로 일체의 정치적 고려나 합목적성의 판단으로부터 해방되어야 하는 비정치적 국가작용이다.[1239] 우리 헌법은 제101조 제1항에서 사법권은 법관으로 구성된 법원에 속한다고 규정하여 사

1235) **법원조직법[시행 1949.8.15.] [법률 제51호, 1949.9.26., 제정]**
제5조 대법원에는 대법관, 고등법원 지방법원에는 판사를 둔다.
대법관의 원삭는 9명이내로 하고, 판사의 원삭는 다른 법률로써 정한다.

1236) **법원조직법 제4조(대법관)** ① 대법원에 대법관을 둔다.
② 대법관의 수는 대법원장을 포함하여 14명으로 한다.
제5조(판사) ③ 판사의 수는 따로 법률로 정한다. 다만, 제2항의 각급 법원에 배치할 판사의 수는 대법원규칙으로 정한다. [전문개정 2014.12.30.]

1237) **법원조직법 제53조(법원직원)** 법관 외의 법원공무원은 대법원장이 임명하며, 그 수는 대법원규칙으로 정한다.

1238) 허영, 한국헌법론, 박영사, 2011년, 1024-1025쪽.

1239) 허영, 전게서, 1024쪽.

법권을 입법부와 행정부로부터 독립한 법원에 맡기어 3권 분립의 헌법질서를 구현하고 있다. 실질적인 사법권의 독립은 제도와 의지가 함께 상승작용을 하여야 하며 합리적인 제도와 법관의 투철한 관직사명이 함께 요구된다.[1240)]

사법기능은 독립된 법관에 의해 구체적인 쟁송을 전제로 한 비정치적 인식기능이라는 의의와 특질을 고려할 때 사법부의 조직 및 기능상 독립이 절대적으로 필요하다.[1241)] 그뿐 아니라 법관의 신분보장도 사법권의 독립을 위한 불가결한 요소이다. 사법권의 독립이란 법관이 사법기능을 수행하는데 있어서 누구의 간섭이나 지시도 받지 아니하고 오로지 헌법과 법률에 의하여 그 양심에 따라 독립하여 심판하는 것을 말한다.[1242)]

사법부의 독립을 위해서 법원이 조직상 입법부와 행정부와 분리되어 독립되어야 하며, 법원의 기능 또한 타국가기관이나 사회적 압력단체 뿐 아니라 법원 내부적으로나 소송당사자로 부터도 기능상 독립되어 있어야 한다.[1243)] 따라서 법관은 오로지 헌법과 법률 그리고 자신의 법관으로서의 직업적 양심에만 기속되어 독립하여 심판하여야 한다. 또한 사법부의 독립은 법관에 대한 완전한 신분보장에 의해서만 법관의 기능상 독립을 강화하여 성과를 올릴 수 있다.[1244)] 우리 헌법은 법관의 신분보장을 위해서 법관자격의 법정주의, 법관의 임기제, 법관 정년의 법정주의를 채택하고 신분상 불리한 처분사유를 법률로써 정하고 있으며 법원조직법에서는 법관의 정원은 법률로써 정하도록 하여 법관의 신분보장을 강화하고 있는 것이다.

법관의 정원을 규정한 법률체계는 1956. 10. 22. 법률 제399호로 제정된 하급법원 판사정원법에서 그 정원을 292명으로 정하였던 것이 3차례에 걸쳐 개정되면서 1961. 4. 10.에 개정된 법률 제593호에 의해서 그 수를 341명까지 증원하였고, 이후 1963. 12. 16. 법률 제1529호로 각급법원 판사 정원법으로 제정되면서 376명으로 정원을 늘리고 하급법원 판사정원법은 폐지되었다.[1245)] 이후 각급

1240) 허영, 전게서.

1241) 허영, 전게서, 1037쪽.

1242) 허영, 전게서, 1038쪽.

1243) 허영, 전게서, 1039-1041쪽 참조.

1244) 허영, 전게서, 1043쪽.

1245) 이 법에 따라 증원되는 판사의 정원 370명 중 50명의 증원은 2015년 1월 1일부터 시행하고, 60명의 증원은 2016년 1월 1일부터 시행하며, 80명의 증원은 2017년 1월 1일부터 시행하고, 90명의 증원은 2018년 1월 1일부터 시행하며, 90명의 증원은 2019년 1월 1일부터 시행한다. 자세히는 법제처, 국가법령정보사이트 참조. (http://www.law.go.kr/lsSc.do?menuId=0&subMenu=2&query=%ED%95%98EA%B8%89%EB%B2%95%EC%9B%90%ED%8C%90%EC%82%AC%EC%A0%95%EC%9B%90%EB%B2%95#undefined).

법원 판사 정원법은 16차례 개정 되면서 판사의 정원을 지속적으로 증원하여 왔다. 판사정원은 8차 개정인 1986. 12. 23. 법률 제3856호로 개정 때 1,124명으로 증원하여 최초로 1,000명 선을 넘은 이후 마지막 개정인 16차 개정인 2014. 12. 31. 법률 제12951호 일부 개정법률에서는 판사의 정원을 기존의 2,844명에서 3,214명으로 2015년부터 2019년까지 5년에 걸쳐 증원하도록 규정하였다.[1246)]

판사의 정원을 급격하게 증원해 온 이유는 주로 소송 건수의 지속적인 증가로 인한 각급 법원 판사의 업무량 과중을 해소하여 신속·공정한 사법서비스를 제공하기 위한다거나 법조인 선발인원의 증원에 따라 법관수급 규모를 조정하기 위한다는 등 실무적인 측면이 없는 것도 아니다. 그러나 국가 경제력의 성장과 더불어 공판중심주의 형사재판 및 국민의 사법참여를 성공적으로 이루기 위하거나 급변하는 사법 환경에 대응하고 심리시간을 충분히 확보하여 국민들에게 보다 나은 사법서비스를 제공하기 위한 것과 같이 국민의 사법서비스의 질을 향상시키겠다는 근본적인 이유로 보아야 할 것이다.[1247)] 이러한 태도는 전체 국가공무원의 총정원을 정하고 공무원의 정원 증가를 전체적으로 억제하고 있는 일반적인 국가 공무원 정원관리의 원칙에서 크게 벗어난 모습이라는 점에서 그 특징을 찾아볼 수 있다.

(2) 검사의 정원관리 체계

검사는 행정부 중 하나인 법무부 소속 검찰청 소속 특정직 경력직 공무원이지만 주로 대통령령에 의해서 규율되는 일반적인 행정각부 공무원의 정원관리체계와는 별도로 법률에 의해서 그 정원이 관리되고 있다. 그 이유는 검사가 검찰제도의 연혁과 검찰청법 제4조 검사의 직무에 명시된 공익의 대표자로서 지위와 형사사법 절차에서 준사법기관으로서의 지위와 밀접한 관련이 있다.[1248)] 검사는 형사절차 전반에 법의 실현을 수호하는 법의 수호자로서의 지위를 갖는다.[1249)] 검

1246) 법제처, 국가법령정보 사이트 참조
(http://www.law.go.kr/lsRvsRsnListP.do?lsiSeqs=166366%2c112283%2c78762%2c72191%2c49691%2c2557%2c2556%2c2555%2c2554%2c2553%2c2552%2c2551%2c2550%2c2549%2c2548%2c2547%2c2546%2c2545&chrClsCd=010102)

1247 위 국가법령정보 사이트 참조.

1248) **검찰청법 제4조(검사의 직무)** ① 검사는 공익의 대표자로서 다음 각 호의 직무와 권한이 있다.
1. 범죄수사, 공소의 제기 및 그 유지에 필요한 사항
2. 범죄수사에 관한 사법경찰관리 지휘 · 감독
3. 법원에 대한 법령의 정당한 적용 청구
4. 재판 집행 지휘 · 감독
5. 국가를 당사자 또는 참가인으로 하는 소송과 행정소송 수행 또는 그 수행에 관한 지휘·감독
6. 다른 법령에 따라 그 권한에 속하는 사항

1249) 사법연수원, 검찰실무 I , 2016, 15쪽.

사의 주된 업무 영역인 수사와 공소는 재판과 마찬가지로 사실규명을 위한 정의와 객관성, 불편부당성이라는 사법적 이념에 따라서 수행되어야 한다.[1250] 우리나라는 제헌 헌법에서 법원을 사법부로 칭함에 따라 사법은 법원이 행하는 재판만을 의미하고 사법관은 판사만을 의미하는 것으로 좁게 이해되어 왔다.[1251] 따라서 종래 사법관으로 이해하던 검사를 재판권자인 판사와 구별하기 위해서 준사법기관이라 칭하게 되었다.[1252]

검찰청법 제4조는 검사를 공익의 대표자, 국민전체의 봉사자라고 규정하고 있다. 검사는 형사소송의 단순한 당사자가 아니라 진실과 정의의 원칙을 따라 실체적 진실을 추구하는 공익의 대표자로서 피의자, 피고인의 정당한 이익도 보호하여야 할 객관의무를 지닌다. 또한 검찰관은 개개의 검사에게 속하고 개별검사가 관청으로서 검찰권 행사의 권한을 가지고 스스로 국가의사를 결정·표시하는 권한을 가진 독립된 단독관청이다.[1253] 검찰권 행사의 공정성을 확보하고 외부로부터의 부당한 간섭을 방지하기 위하여 검사는 법관에 준하는 신분보장을 받는다.[1254] 즉 검찰총장은 임기 2년이 보장되어 있고, 검사는 탄핵 또는 금고 이상의 형을 선고받은 경우를 제외하고는 파면되지 아니하며, 검사의 정원·보수 및 징계에 관한 사항을 법률로써 정하도록 하고 있다.[1255] 위와 같은 사항들을 법률로써 정하도록 한 것은 검사에 대한 외부의 영향을 배제하여 검사의 지위와 처우를 확고히 하자는데 그 취지가 있다.[1256]

검사의 정원에 대해서는 1949년 12. 20. 법률 제81호로 제정된 검찰청법 제27조에서 정원에 관한 사항을 따로 법률로써 정하도록 하였지만 검사를 제외한 다른 검찰청 직원의 정원은 다른 공무원들과 마찬가지로 대통령령으로 정하도록 하였다.[1257] 이에 따라 1956. 10. 22. 제정된 검사정원법은 검사의 정원을 190명으로 정하였다.[1258] 이후 검사정원법은 총 17차례 개정되었으며 1차 개

1250) 독일에서는 검찰을 법원에 대응하여 법원과 독립적으로 재판 권력에 위치하는 형사사법의 기관이라고 한다. 사법연수원, 전게서, 16쪽 참조.

1251) 사법연수원, 전게서, 17쪽.

1252) 준사법기관이라는 용어는 재판기관인 법원을 조직상으로 독립시킨 일본식 용어가 도입된 것이다. 자세히는 전게서 참조.

1253) 사법연수원, 전게서, 18쪽.

1254) 사법연수원, 전게서, 19쪽.

1255) 전게서.

1256) 전게서.

1257) 법제처, 국가법령정보 사이트 참조.
(http://www.law.go.kr/lsSc.do?menuId=0&p1=&subMenu=1&nwYn=1§ion=&tabNo=&query=%EA%B2%80%EC%B0%B0%EC%B2%AD%EB%B2%95#undefined)

1258) 법제처, 국가법령정보 사이트 참조.

정인 1961. 4. 10. 법률 제594호에서 검사정원을 220명으로 증원한 이래로 12차 개정인 1995년 12. 6. 법률제 5012호에서 검사의 정원을 기존의 987명에서 1,287명으로 1,000명이상으로 증원하였고, 2014. 12. 31. 법률 제12953호로 17차 개정된 현행법에서는 검사의 정원을 기존의 1,942명에서 2015년부터 2019년까지 5년에 걸쳐 350명을 순차 증원하여 2,292명으로 늘어나도록 하였다.[1259]

검사의 정원을 지속적으로 증원한 주된 이유는 사건의 증가추세에 따른 검사정원의 부족으로 인한 사건처리 지연으로 사회정의 실현과 인권옹호에 막대한 지장을 초래한다는 점과 범죄의 흉악화, 지능화, 국제화되는 다양한 양상에 능동적으로 대응하고 컴퓨터 범죄 등 신종범죄에 효과적으로 대응하는 한편, 다방면에 걸친 국민의 법률적 수요에 적극적으로 부응하기 위한 점 등이 주로 제시되었다.[1260] 이외에도 공판중심주의의 강화와 판사 증원에 대응하고, 국민참여재판의 확대 등에 따른 공판업무의 증가 뿐 아니라 최근 여성 검사의 증가에 따른 육아휴직의 급증 등도 검사정원의 증원 사유로 들고 있다. 검사의 정원 역시 국가 경제력의 증대와 함께 국민들에게 수준 높은 형사사법 서비스를 제공하기 위해서 법관의 증원에 대응하여 검사의 수를 내폭 증원하면서 검찰조직에서 남녀평등의 고용환경을 제공하기 위한 목적도 달성하고자 하고 있는 것이다.[1261] 검사의 정원관리 역시 일반 국가공무원의 총정원을 정해서 그 증원을 극도로 억제하고 있는 일반적인 국가 공무원 정원관리의 원칙에서 예외적으로 대폭적인 증원이 이루어지고 있다는 점에 주목할 필요가 있다.

다. 국방 조직의 정원관리 체계

(1) 국방 정원관리의 기본 원칙 및 목표

국방 정원관리의 기본원칙은 국방정원 통칙에 규정되어 있다. 국방정원 통칙은 국군조직법과 다른 법령에 따라 설치되는 부대와 기관의 조직 및 정원을 합리적으로 책정하기 위한 기준을 규정하고 있다.[1262] 국방조직과 정원을 규정하는 법령은 그 명칭을 "○○직제" 또는 "○○령"으

(http://www.law.go.kr/lsRvsRsnListP.do?lsiSeqs=166367%2c81907%2c72190%2c49692%2c4600%2c4599%2c4598%2c4597%2c4596%2c4595%2c4594%2c4593%2c4592%2c4591%2c4590%2c4589%2c4588%2c54836&chrClsCd=010102)

1259) 법제처, 국가법령정보 사이트 참조.

1260) 전게 국가법령정보 사이트 참조.

1261) 전게 국가법령정보 사이트 참조.

1262) **국방정원 통칙 제1조 (목적)** 이 영은 「국군조직법」과 다른 법령에 따라 설치되는 국군의 부대와 기관의 조직 및 정원을 합리적으로 책정하고 관리하기 위한 기준을 규정함을 목적으로 한다.

로 하고 직제 등에는 설치와 임무, 지휘관 등의 임명과 그 직무, 하부조직과 그 분장업무, 직위에 부여되는 계급(직급), 예하부대의 설치, 정원에 관한 사항, 그 밖에 부대 또는 기관의 운영에 필요한 사항이 포함되어야 한다.[1263]

정원관리 통칙 상의 조직과 정원은 국방목표의 달성을 위한 적정 규모가 유지되도록 하여야 하며, 자원의 효율적 운용과 업무의 능률성을 고려하여 종합적이고 체계적으로 편성되어야 한다. 국군의 정원은 안보환경과 군사전략, 전력 구조 및 배치, 군 및 부대 구조의 발전에 따라 조정되어야 한다.[1264] 특히, 합동참모의장, 각군 참모총장, 해병대사령관, 국방부 직할부대장 또는 직할기관장은 그 기구나 정원을 조정하려는 경우에는 부대별 기구 개편 안 및 소요 정원 안을 국방부장관에게 제출하여야 하며, 국방부장관은 이를 검토하여 부대 또는 기관별 필요 기구와 정원을 책정한다.[1265]

국방부장관은 국군의 정원 수준과 군별 · 계급별 정원을 대통령의 승인을 받아 정한다. 다만, 법령에 따라 국가기관 · 교육기관 또는 연구기관에 파견 중인 인원은 정원이 따로 있는 것으로 보며, 교육 중인 무관후보생은 국군의 정원에 포함하지 아니하고 그 정원을 따로 정하여 관리한다. 군무원의 정원은 합동참모의장, 각군 참모총장, 해병대사령관, 국방부 직할부대장 또는 직할기관장의 건의를 받아 국방부장관이 기획재정부장관과의 협의를 거쳐 정한다. 국방부장관은 위와 같이 책정된 정원을 군별 · 계급별로 배정한다. 다만, 해군의 정원은 해군과 해병대로 구분하여 배정하고, 국방부 직할부대 및 직할기관의 정원은 별도로 배정한다.[1266]

(2) 국방 정원관리 절차

국방정원 통칙 상의 기본목적과 목표에 입각하여 정원관리 절차를 구체화한 국방부 행정규칙이 정원관리 훈령이다. 정원관리 훈령 제3조 제4호에서 정원을 조직체의 임무 또는 과업을 가장 효율적으로 수행할 수 있는 적정 인력으로서 해당연도의 가용예산과 획득전망을 고려한 군별·계급별 인원의 상한선이라고 정의하고 있다. 따라서 정원판단의 기본은 해당 군사조직 등의 임무 또는 과업에 대한 분석이 전제되어야 한다.

부대 및 기관의 편성은 임무 및 과업분석으로부터 시작된다. 임무 또는 과업의 분석은 부대 또는 기관의 편성단계에서부터 이루어져야 하며, 업무를 분할할 때는 임무를 명확히 세분화 하되, 중

1263) 국방정원 통칙 제4조
1264) 국방정원 통칙 제3조
1265) 국방정원 통칙 제7조
1266) 국방정원 통칙 제6조

복·누락·편중되지 않도록 해야 한다.[1267] 제2단계는 편성 구조를 결정하는 단계로서, 수행하여야 할 과제를 분석하여 부서 및 부대를 설정하고, 각 부서 및 부대 간 기능수행 절차와 책임을 규정한다. 제3단계는 자원을 할당하는 단계로서 부대 또는 기관의 설치 절차에 따라 편성의 기초 작업이 끝나면 정원과 장비를 할당한다.

부대 및 기관편성의 원칙은 조직을 합리적이고 적절하게 구성하여 조직의 목표를 효과적으로 달성할 수 있도록 하여야 한다. 특히 지휘권은 부대 또는 기관의 임무 수행을 위한 직접적 통제수단으로서 획일적인 계통을 통해 행사될 수 있도록 모든 명령과 지시는 단일화된 조직체계를 통해 최고 지휘감독권자가 내릴 수 있도록 단일화되도록 하고 동급의 기구 상호 간에는 협조적인 체계를 유지할 수 있도록 하여야 한다.[1268] 또한 지휘관은 지휘계통을 통해 예하 부대(서)장 및 부하의 수준에 적합한 업무의 일부를 위임할 경우에는 업무수행에 따르는 책임과 이에 상응하는 권한을 함께 부여하여야 한다.[1269]

국방정원관리의 원칙은 적정 정원관리를 위하여 조직·정원·인력·인사관리의 기준 및 절차를 준수하여야 하며, 모든 부대계획은 배정된 정원 범위에서 계획 및 시행되어야 한다는 것이다. 모든 부대 및 기관의 인력은 정원에 따라 관리가 되도록 하여야 하며, 현재원은 계급별 정원 범위에서 1개 직위에 1명의 정원을 책정·운영한다. 또한 부대 또는 기관의 창설, 해체, 개편에 따른 편제의 조정은 각 군 또는 군 이외의 부대 및 기관에 배정된 정원 범위에서 시행되어야 하며, 정원의 변동 사유가 발생되는 편제의 조정은 국방중기부대계획에 반영하여야 한다.[1270] 해당연도 국군정원은

1267) **정원관리 훈령 제8조(부대 또는 기관의 편성단계)** ① 제1단계는 과업을 결정하는 단계로서 부여된 임무수행을 위하여 수행 가능한 특정업무로 분할하는 과정이며, 업무를 분할 할 때에는 임무를 명확히 세분화 하되, 중복·누락·편중되지 않도록 한다.
② 제2단계는 편성 구조를 결정하는 단계로서, 수행하여야 할 과제를 분석하여 부서 및 부대를 설정하고, 각 부서 및 부대 간 기능수행 절차와 책임을 규정한다.
③ 제3단계는 자원을 할당하는 단계로서 부대 또는 기관의 설치 절차에 따라 편성의 기초 작업이 끝나면 정원과 장비를 할당한다.

1268) 정원관리 훈령 제9조 참조.

1269) 정원관리 훈령 제9조 제5항

1270) **정원관리 훈령 제13조(정원관리 원칙)** ① 적정 정원관리를 위하여 조직·정원·인력·인사관리의 기준 및 절차를 준수하여야 하며, 모든 부대계획은 배정된 정원 범위에서 계획 및 시행되어야 한다.
② 모든 부대 및 기관의 인력은 정원에 따라 관리가 되도록 하여야 하며, 현재원은 계급별 정원 범위에서 운영되어야 한다.
③ 1개의 직위에는 1명의 정원을 책정한다.
④ 부대 또는 기관의 정원은 전시편제 전환 필수소요를 고려하여 평시 임무수행에 필요한 최소한의 인원을 책정하여야 하며, 동일 유형으로 편성된 부대의 정원도 임무와 특성에 따라 상이하게 책정할 수 있다.
⑤ 부대 또는 기관의 창설, 해체, 개편에 따른 편제의 조정은 각군 또는 군 이외의 부대 및 기관에 배정된 정원 범위에서 시행되어야 하며, 정원의 변동 사유가 발생되는 편제의 조정은 국방중기부대계획에 반영하여야 한다.

장군직위를 포함하여 전년도 12월말까지 책정 및 배정한다.[1271)]

정원의 변동사유가 발생하는 편제의 조정을 위한 국방중기부대계획서는 국방정책과 군사전략 구현을 위하여 제기된 향후 5년 간의 군 지휘구조, 부대창설·해체·개편 등의 소요를 국군의 정원 범위에서 검토·조정하여 중기 대상기간에 시행할 부대계획을 수립함으로써, 연도부대계획 및 정원계획 수립과 인력계획수립에 필요한 지침을 제공하기 위하여 작성한다.[1272)]

국방중기부대계획의 기준년도 계획과 각군 및 국방부 직할부대(기관)에서 제기한 연도부대계획 요구서를 기초로 부대의 창설 · 해체 · 개편 등을 연도별 정원 범위에서 시행하기 위해서 연도부대 계획을 작성하여 F+1년 부대계획의 시행과 인력운영 계획수립의 근거가 되도록 한다. 연도부대계획은 국방중기부대계획에 이미 반영된 시행계획을 기본으로 각군 및 국방부 직할부대(기관)는 F+1년도 연도부대계획 요구서를 고려하여 작성하고 F년 6월말까지 국방조직 및 정원관리체계를 이용하여 합참 및 국방부에 제기하여야 한다. 다만, 해군의 경우 해병대사령부의 소요 요구서를 첨부하여 제출하며, 국방부 직할부대(기관)는 연도부대계획 보고 시 부대개편과 관련되는 해당 군에도 동일내용을 통보한다. 국방부 기획조정관은 실무조정회의를 한 후에 F년 9월말까지 연도부대계획을 확정 후 국방조직 및 정원관리체계로 시달(통보)한다.[1273)]

연도부대계획 심의는 연도부대계획 관계관인 기획조정관을 위원장으로 15인의 위원으로 구성된 실무조정회의에서 부대계획과 관련된 소요정원의 책정, 획득, 배정의 적합성, 부대계획과 관련된 시설계획의 효율성 및 타당성, 창설 및 운영예산의 획득전망, 관련 법령 및 법규 준수 상태 등을 심의한다.[1274)]

1271) 정원관리 훈령 제14조 제6항

1272) 정원관리 훈령 제26조 참조.

1273) 정원관리 훈령 제28조 참조.

1274) **정원관리 훈령 제29조(연도부대계획 검토체계)** ① 연도부대계획 검토 시 다음 사항을 적용한다.
1. 전투부대 부대계획은 합참의 작전성 검토결과를 수용하되 편제 및 병력은 조정 가능하며, 비전투부대에 대한 합참의 검토의견을 참고한다.
2. 연도부대계획 보고 지연으로 정밀 검토기간이 미확보된 경우 해당 군(기관)의 부대계획은 국방부 검토기준을 우선 적용하여 조정 · 통제한다.

② 연도부대계획 심의는 연도부대계획 관계관으로 구성되는 실무조정회의에서 행하며, 실무조정회의의 구성과 심의내용은 다음 각 호와 같다.
1. 실무조정회의는 위원장을 포함한 15인의 위원으로 구성하며, 위원장은 기획조정관이 되고, 위원은 국방부의 재정계획담당관, 조직관리담당관, 인력관리과장, 인적자원개발과장, 교육정책과장, 인력운영예산담당관, 군수기획관리과장, 시설기획과장, 합참의 부대기획과장, 전력기획과장, 작전기획과장, 육 · 해 · 공군 본부 부대계획과장이 되며, 간사는 조직관리담당관이 겸임한다. 다만, 해병대 부대계획에 관한 사안 심의시 해병대사령부 작전계획처장이 실무조정회의에 참석한다.

중기부대계획에서 연도부대계획으로 이어지는 체계적인 국방조직관리 및 조직의 안정성, 연도부대계획 내실화 등을 위해 원칙적으로 연도부대계획에 미 반영된 수시부대계획은 허용되지 않는다. 다만 정책적으로 결정된 국가적 주요사업 추진이 해당연도에 반드시 필요한 경우, 해외파병 또는 복귀, 긴급한 군사안보 수요 발생 등 외교·안보 목적상 불가피한 경우, 조직관련 법령 등의 제·개정에 따른 경우, 조직진단 등을 통해 부대 감편으로 부대계획 소요가 발생한 경우에는 예외적으로 수시부대 계획에 의하여 정원의 변동 및 부대개편을 내용으로 하는 수시부대계획을 국방부장관에게 제출 및 시행할 수 있다.[1275] 위의 사유에 해당하지 않는 경우에는 부대개편 소요는 현행 조직 범위 내의 업무 프로세스 개선, 자체 인력 재배치 등을 통해 우선 대처하여야 한다.[1276]

수시부대계획을 시행할 사유가 있어 이를 시행하는 경우의 절차는 먼저 각군 및 국방부 직할부대(기관)는 수시부대계획 소요가 발생했을 경우, 수시부대계획 요구서를 작성하여 수시부대계획 시행 3개월 전까지 국방조직 및 정원관리체계로 국방부장관(참조: 기획조정관)에게 승인 건의하며, 필요시 합참의장(참조: 전략기획본부장)에게 작전성 검토를 요청하되, 편제표(안)과 함께 개요(목적, 배경, 국방중기계획 반영내용), 계급별(직급별) 소요병력 및 해결방안, 부대계획 시행후 정원결산 등을 포함하여야 한다. 합참은 각군 및 국방부 직할부대(기관)로부터 수시부대계획 요구서에 대한 검토 요구를 받은 경우, 이를 검토하여 2개월 전까지 국방부에 의견을 제시한다. 국방부 기획조정관은 관련사실 및 합참의견을 확인하고, 제 분야의 타당성을 검토하여 수시부대계획 시행 1개월 전까지 확정 시달(통보)한다.[1277]

---

2. 심의내용
   가. 부대계획과 관련된 소요정원의 책정, 획득, 배정의 적합성
   나. 부대계획과 관련된 시설계획의 효율성 및 타당성
   다. 무기, 장비, 물자획득 및 운영계획의 타당성
   라. 창설 및 운영예산의 획득전망
   마. 관련 법령 및 법규 준수 상태
   바. 책정된 부수병력의 적절성

1275) **정원관리 훈령 제31조(수시부대계획)** ①연도부대계획에 미 반영된 수시부대계획은 조직의 안정성, 연도부대계획 작성의 내실화 등을 위해 원칙적으로 불허하되, 다음 각호의 어느 하나에 해당하는 불가피한 경우에만 시행할 수 있다.
1. 정책적으로 결정된 국가적 주요사업 추진이 해당연도에 반드시 필요한 경우
2. 해외파병 또는 복귀, 긴급한 군사안보 수요 발생 등 외교·안보 목적상 불가피한 경우
3. 조직관련 법령 등의 제·개정에 따른 경우
4. 조직진단 등을 통해 부대 감편으로 부대계획 소요가 발생한 경우

1276) **정원관리 훈령 제31조(수시부대계획)** ② 제1항 각 호에 해당하지 않는 부대개편 소요는 현행 조직 범위 내의 업무 프로세스 개선, 자체 인력 재배치 등을 통해 우선 대처하되, 다음 연도 연도부대계획에 반영하여 국방부장관에게 요청한다.

1277) 정원관리 훈령 제31조 제3항 참조

(3) 국방개혁과 관련된 국방 정원관리 방향

국방부는 2005. 12월에 국방개혁 기본계획(2006~2020)을 수립하고 병력위주의 양적 군 구조에서 정보·지식 중심의 질적 군구조로 전환하기 위한 국방개혁을 진행하여 왔다.[1278] 이후 국방개혁에 관한 법률에 근거하여 2-3년 주기로 국내외 안보정세와 국방개혁추진실적을 분석·평가한 결과를 토대로 기본계획을 수정 보완해 왔다.[1279] 2012. 8월에 천안함 피격, 연평도 포격 등 북한의 다양한 군사위협과 국내외 안보환경 변화요소를 추가로 반영한 국방개혁 기본계획(2012~2030)을 수립하여 현존 위협과 미래 위협 등 국방환경 변화와 국방과학기술 발전을 고려하여 국방개혁 목표연도를 2020년에서 2030년으로 변경하였다.[1280]

이러한 배경에서 2014년 3월 국방개혁 기본계획(2012~2030)의 기조를 유지하면서 안보환경 변화를 반영한 국방개혁 기본계획(2014~2030)을 수립하였다.[1281] 위 계획에 의거하여 군구조 분야는 북한의 비대칭 위협과 국지도발 및 전면적 위협에 동시 대비할 수 있는 능력을 구비하고 병역자원 감소에 대비하여 간부를 증원하는 등 정예화된 병력구조로 개선해 나갈 것이다.[1282] 국방운영분야는 실전적 교육훈련과 효과적 인력운영을 통해 전투력을 향상시키고 동원체제 개선과 예비전력 정예화, 물류체계 개선을 통한 군수운영 혁신 등 고효율의 선진 국방운영체계를 구축해 나갈 것이다.[1283]

군구조 개혁 추진방향은 미래전 수행에 적합한 정보화·첨단화 네트워크 중심의 환경에서 공세적 총합작전 수행이 가능한 구조로 전환하는데 목표를 두고 있다.[1284] 지휘구조는 미래 한반도 작전환경과 합동성을 고려하여 우리 군의 병력구조는 북한의 비대칭전력과 국지도발 및 전면전 위협에 동시대비할 수 있는 능력을 우선 구비하고 상비병력 규모를 2022년까지 52.2만 명으로 감축할 예정이다. 상비병력은 첨단 무기체계의 전력화 시기를 고려하여 현실성 있게 점진적으로 감축해 나갈 것 이다.[1285]

1278) 국방부, 전게백서, 78쪽.

1279) 전게백서.

1280) 전게백서.

1281) 전게백서, 79쪽.

1282) 2013년부터 2014년까지의 국방개혁 주요 성과 중 군구조 개혁과 관련해서는 2006년부터 20-14년까지의 기간동안 상비병력이 5만 1천 명이 감축되었고 간부 비율을 5.1%로 확대되었다. 자세히는 전게백서, 79쪽 <도표4-1> 국방개혁 주요 성과(2013~2014년) 참조.

1283) 전게백서.

1284) 전게백서.

1285) 전게백서, 80쪽.

병력감축과 병행하여 병력구조를 정예화하기 위해 육·해·공군의 간부 비율은 2025년까지 40% 이상을 목표로 하고 있다.[1286] 미래전 양상에 부합하도록 정보·기술 위주의 질적 첨단구조로 군을 정예화하기 위해 육군 병력은 38만 7천명을 유지하고, 해군·해병대·공군은 현 정원 내에서 부대를 개편해 나갈 것이다.[1287] 상비병력 감축 현황은 <도표 1>과 같다.[1288]

<도표 1> 상비병력 감축 계획

2014년 말		2022년 말	
육군	49.5만여 명	육군	38.7만여 명
해군	4.1만여 명	해군	4.1만여 명
해병대	2.9만여 명	해병대	2.9만여 명
공군	6.5만여 명	공군	6.5만여 명
계	63 만명	계	52.2만명

(4) 국방개혁과 관련된 국방 정원관리 선진화 방향 논의

우리 군은 2007년부터 국방개혁에 관한 법률에 근거하여 '선진 정예 강군 육성'을 목표로 국방개혁을 추진해 오면서 기술집약형 군구조 개편과 연계하여 현역병력을 감축하면서 부사관 증원 등을 통한 간부 비율을 상향 시키고 있으나 국방예산이 예상보다 더 제한되면서 애초의 국방개혁 추진일정이 조금씩 늦어지고 있다.[1289] 2014년 3월에 발표한 '국방개혁 기본계획 2014~2030'에도 2022년까지 상비병력규모를 현재의 63.3만 명에서 52.2만 명으로 감축한다는 큰 줄기는 변함이 없으며 이에 따라 2022년까지 기술집약형 군구조 개편과 연계하여 현역병을 감축하는 대신에 부사관을 증원함으로써 각군별 간부비율을 애초의 계획대로 40% 이상 유지할 목표는 여전히 유효하다.[1290]

이러한 가운데 국군정원은 국방정원 통칙과 정원관리 훈령에 의해서 관리되고 있는 것은 국군정원관리에 있어서 선진국 수준에 맞는 법치주의가 잘 구현되지 않는 문제가 있다는 지적이 있다.

1286) 전게백서.

1287) 전게백서.

1288) 전게백서.

1289) 김종탁 등, 전게논문, 1쪽.

1290) 전게논문.

국방개혁과 연계한 국군 정원관리를 선진화하기 위해서는 국군정원에 대한 법적관리를 통한 합리적 통제를 강화하기 위해서 '국군 정원법'을 제정하거나 부족한 법령을 개정하여 법치주의 정신을 고양해야 한다는 견해가 있다.[1291] 관료조직은 '파킨슨 법칙'에 따라 시간이 경과할수록 커지면서 상위계급(직급)의 정원이 점점 늘어나는 경향이 있다. 이러한 경향을 방지하기 위하여 미국은 미 법전에 부사관 최상위 두 계급과 영관장교의 계급별 정원 상한, 장군의 정원과 계급별 정원 상한 등을 규정해 놓고 있는 것처럼 우리도 법률에 의한 국군정원 관리체계를 도입해야 한다는 것이다.[1292]

미국의 경우에는 미 법전 제10권(US Code Title 10) 제2장 제115조에는 국회가 선발예비군 정원을 포함하여 매년 현역 총정원을 인가하도록 규정되어 있고, 제31장 제517절에는 부사관 최상위 두 계급(E8과E9) 정원의 상한을 정하고 있으며, 제32장 제523절에는 장교 총정원 크기에 따른 영관장교의 군별·계급별 상한을 정하고 있다.[1293] 또 제32장 제525절과 제526절에는 장군의 정원과 계급별 정원 상한을 정하고 있다.[1294]

미국의 예에서 보는 것처럼 국군의 정원관리에 있어서 장교 정원구조의 합리적 조정과 상위계급 정원의 제한을 위한 법 제정이 필요하다는 것이다.[1295] 우리 군은 1981~1986년 기간에 장군과 대령 정원의 하향 조정을 추진한 적이 있지만 이후 장교의 상위계급 정원이 점점 늘어왔다.[1296] 그리고 우리 군은 1989년 3월과 1993년 12월 두 차례 군인사법 개정을 통해 장교 정년 연장을 추진한 결과 진급공석이 줄어들어 진급률 저하가 예상되자, 어느 정도의 진급률 보장을 위해 진급공석보다 진급을 많이 시킴으로써 특히 중령과 대령은 정원 초과 현상이 발생하게 되었다.[1297] 이러한 과거 정원 초과 현상이 정원 확대 조치로 이어짐으로써 장교의 상위계급 정원은 더 늘어나게 되었다. 앞으로도 정년 연장의 필요성이 높아지고 있는데 부응하여 정년을 연장한다면 장교의 상위계급 정원 증가 경향은 지속될 것이라 판단된다. 정년 연장에 따라서 인력 운영비용 뿐 아니라 연금 수혜자도 증가하게 되어 연금에 대한 비용부담도 함께 고려한다면 병력운영비의 상당한 증가가 불가피할 것이다.[1298]

1291) 김종탁 등, 전게논문, 3-7쪽 참조.

1292) 전게논문, 2쪽.

1293) 전게논문.

1294) 전게논문.

1295) 전게논문 3쪽.

1296) 전게논문.

1297) 전게논문.

1298) 전게논문.

이러한 여건을 감안할 때 중장기적으로 병력운영비 절감을 위해서 상위계급 인원 감축 대책을 적극적으로 강구할 필요가 있으며 이러한 감축 조치는 추진하기가 쉽지 않을 뿐 아니라 장기간의 추진을 요하는 사안이다.[1299] 이를 위해서는 법 제정을 통해 특별명예전역제도를 한시적으로 강도 높게 시행한다면 그 추진기간을 줄일 수도 있을 것이나 이해관계 집단으로부터 상위계급 인원 감축에 대한 공감대를 끌어내기 쉽지 않기 때문에 법 제정을 추진하려면 상당한 부담이나 어려움이 예상된다.[1300] 따라서 상위계급 정원의 증가를 제한하기 위한 법적조치를 취하여 우리 군도 장군 정원을 장교 총정원의 몇 % 이내로 제한하고, 영관계급은 장교 총정원 크기에 따른 계급별 정원 구성비의 상한(이하 '정원구조'라 한다)을 설정하는 등의 내용을 포함하는 「국군정원법」(가칭)을 제정하여 시행할 필요가 있다는 것이다.[1301]

참고로, 미국은 장교와 부사관의 상위계급 정원을 법적으로 제한하고 있는 대표적인 나라이다. 예로서, 장군 정원은 장교 총정원의 0.75% 이내로, 소장~대장 정원은 장군 정원의 50% 이내로, 중장~대장 정원은 15.7% 이내로, 대장 정원은 중장~대장 정원의 25%이내 등으로 제한하고 있고, 장교 총정원 크기에 따른 영관계급 정원의 상한도 제한하고 있다. 부사관 최상위계급(E9)의 정원은 사병(士兵) 총정원의 1.25% 이내로, 또 E8 계급의 정원은 2.5% 이내로 제한하고 있다.[1302]

위와 같은 논의에 대해서 살펴보면 국군 정원관리가 대통령령과 국방부 훈령에 의해서 이루어지고 있기 때문에 선진화되지 못했고 국군 정원의 상위직을 감축하는 방안도 실효적으로 시행되고 있지 못하고 있다는 현상을 해소하기 위해서 법제화를 통해서 문제를 해결해야 한다는 견해에 대해서는 좀 더 정밀한 접근이 필요하다고 생각된다. 위 견해는 미국의 국군에 대한 정원관리가 연방의회가 만든 법률에 의해서 이루어지고 있는 것을 선진화된 모델로 전제하고 이에 따라 군의 상위직을 일정한 비율로 통제하고 있으므로 상위직이 비대화되는 현상도 막을 수 있다는 견해를 바탕으로 논의를 전개하고 있다. 그러나 현재 국군의 정원관리상의 문제점은 법제화를 통해서 일거에 해소할 수는 없다. 위 논문에서도 인정하는 바와 같이 상위직의 비대화를 법률을 통해 일거에 해소하는 것은 그 과정에서 발생 가능한 마찰요소들을 생각할 때 매우 어려운 문제이기 때문이다. 또한 판사, 검사 등 일부 국가 공무원을 제외한 행정각부의 공무원 및 국군의 정원을 대통령령에 의해서 관리하도록 한 입법자의 결단은 국방 행정 목적 달성을 위한 대통령에 대한 재량권과

1299) 전게논문.

1300) 전게논문.

1301) 전게논문.

1302) 전게논문, 3-4쪽.

권력분립의 원칙을 존중하는 입장에서 비롯된 것이지 어떤 방식의 정원관리가 더 선진화되었다고 평가할 것은 아니라고 보인다.

오히려 국방개혁을 통한 병력감축을 추진하면서 상위직을 단계적으로 감축하고 국군정원의 운영을 효율화하는 것은 법제화에 의해서 일거에 이루기 보다는 국군의 총정원 범위 내에서 상위직 비율을 일정하게 제한하는 방향으로 국방정원 통칙이나 관련 직제령 등 대통령령에 명시적으로 규정하는 것이 훨씬 융통성있고 갈등요소를 최소화하는 방향에서 추진이 가능할 수 있다. 일반 공무원의 경우에도 총정원수를 국가공무원 총정원령이라는 대통령령에 의해서 통제를 하고 있다는 점을 고려해도 규율방식을 법률로 할 것인가 행정입법으로 할 것인가는 입법적 결단의 문제이지 선진적인 방식과 후진적인 방식의 문제로 접근할 것은 아니다. 국군의 정원의 경우에는 안보환경, 군사전략, 전력 구조 및 배치, 군 및 부대구조의 발전 등 다양한 상황 변화에 따라 신속하게 대응할 필요가 있다는 점에 국회의 의결이 필요한 법률보다는 국군의 통수권자이자 행정부 수반인 대통령에 의해서 규율되는 것이 오히려 더 적합할 수도 있는 것이다.

Ⅲ. 군법무관의 정원관리 실태

1. 군법무관의 정원관리 체계

가. 군법무관 정원관리 법령 체계 개관

군법무관은 변호사 자격을 가진 법무과 장교이므로 군법무관 정원관리와 관련된 법령체계는 기본적으로 국방 조직의 정원관리 관련 법률체계 속에서 이해되어야 한다. 즉 군법무관들은 법무과 장교들이므로 군무법관들의 정원을 편성하기 위해서는 국방정원 통칙과 정원관리 훈령에 따라 과업을 결정하기 위해 부여된 임무수행을 위한 특정업무를 분할하고, 수행 과제를 분석하여 각 부서간 기능수행 절차와 책임을 규정하여 편성구조를 결정하며, 정원과 자원을 할당하는 자원할당을 거쳐서 법무조직 및 기관의 정원을 결정해야 한다.[1303]

법무병과 및 군법무관들에게 부여된 임무는 법무관들이 배치된 기관 및 부대의 설치와 관련된 직제 및 부대령 등을 분석해야 한다. 참고로 법무관리관실의 임무는 국방부 직제(대통령령 제27041호, 2015. 3. 22. 일부개정) 제8조에 군사법제도 운영과 군 수사기관 지도·감독, 군법무관 선발·관리 및 제도개선, 법제업무, 규제개혁 업무, 장병인권보장의 업무에 있어서 차관을 보좌하는 것으로 규정되어 있다.[1304] 한편, 육군 법무실장의 임무는 육군본부 직제(대통령령 제25461호,

---

1303) 정원관리 훈령 제8조 참조.

1304) **국방부와 그 소속기관 직제 제8조(법무관리관)** ① 법무관리관은 고위공무원단에 속하는 일반직공무원으로 보한다.
② 법무관리관은 다음 사항에 관하여 차관을 보좌한다. <개정 2010.7.21.>
1. 군 사법제도에 관한 계획 및 그 시행의 지도·감독
2. 군사법원의 운영과 군 검찰기관, 군 수사기관 및 군 교도소에 대한 지도·감독
3. 일반 사법기관 및 검찰기관과의 협조
4. 형의 집행·사면·감형·복권 및 가석방에 관한 사항
5. 군 보안관찰처분 및 군 사회보호처분에 관한 사항
6. 군법무관의 선발·관리 및 군법무관 제도의 개선
7. 법제·사법에 관한 대국회 관련 업무
8. 법령안의 입안·심사 등 입법 추진 총괄
9. 국방정책, 외국과의 군사협정 및 국제 계약에 관한 법적 검토 및 지원
10. 특별배상심의회의 운영 및 지구배상심의회의 지휘·감독
11. 국방부 소관의 국가를 당사자로 하는 소송 및 국방부장관을 상대로 하여 제기된 행정소송의 지휘·감독
12. 행정심판·소청 및 징계에 관한 사항
13. 부내 규제의 정비 및 규제개혁에 관한 사항
14. 군내 인권정책 및 장병기본권 보상 등에 관한 사항
15. 군내 인권 관련 국제협약에의 가입 및 시행에 관한 사항

2014.7.16. 일부개정)에 군사법원 및 군 검찰이 운영, 법령 및 법규의 관리, 소송 및 배상·행정심판 업무, 징계업무, 장병인권 보장, 기타 참모총장이 명하는 법무업무에 관한 사항을 처리하여 참모총장을 보좌하는 것으로 규정되어 있다.[1305]

위와 같은 조직관련 법령을 분석하여 법무병과의 국방 조직에서 일차적 임무는 현역 장교로써 국방부 법무관리관실 등을 비롯한 국방부 본부에서부터 합동참모본부와 각 군 본부, 군사령부, 군단, 사단 등 전술제대의 참모부에까지 편성되어 지휘관의 각종 행정작용의 적법성을 보장하는 법무참모의 역할을 수행하는 것이므로 군법무관의 정원구조를 결정하기 위한 임무분석도 헌법과 국군조직법, 정부조직법, 행정기관 정원통칙, 국방정원 통칙, 정원관리 훈령, 육군본부 직제령을 포함한 각종 부대 직제령 및 부대령 등에 규정된 관련 규정들을 분석하여 정원 구조를 결정하고 관리하여야 한다.

한편 군법무관의 정원 중 군판사와 군검사로서 군사법제도의 핵심역할을 수행하는 측면에서는 헌법과 군사법원법, 그리고 국방정원 통칙 제2조 제2호에 의해서 규율되는 국군조직법 및 국방정원 통칙 등 다른 법령에 따라 설치되는 수사 또는 재판을 주임무로 하는 군사조직을 규율하는 정원관리 법령 등으로 이어지는 체계 속에서도 이해되어야 한다. 먼저 군사법원의 경우에는 헌법 제110조 제1항, 제3항, 군사법원법, 국방정원 통칙 제2조 제2호 등 관련규정, 군사법원 조직에 관한 규정(대통령령 제23203호, 2011.10.10. 일부개정), 각군 본부 직제, 군사령부, 군단, 사단, 비행단 등 각급 부대령, 정원관리 훈령 제3조 제3호[1306]로 이어지는 규정체계 속에서 살펴보아야 한다. 구

1305) **육군본부 직제 제7조 (법무실장)**
① 법무실장은 장관급 장교로 보한다.
② 법무실장은 다음 각 호의 사항에 관하여 참모총장을 보좌한다. <개정 2014.7.16>
1. 군사법원 및 군 검찰의 운영
2. 군의 형사정책
3. 법령의 제정·개정 및 법규의 관리
4. 법령 해석 및 법률 자문
5. 소송·배상 및 행정심판
6. 징계에 관한 업무
7. 계약안 및 조약안 검토
8. 장병의 인권보장
9. 참모총장이 명하는 법무업무에 관한 사항의 처리

1306) **정원관리 훈령 제3조(정의)** 이 훈령에서 사용하는 용어의 정의는 다음과 같다.
1. "국방조직"이란 국방목표를 달성하기 위한 임무·기구·기능·정원 등이 유기적으로 결합된 부대 또는 기관의 체계적 총체를 말한다.
2. "부대"란 국군조직법에 따라 설치되는 국군의 모든 편성체를 말하며, 기관을 제외한 군사조직 단위를 말한다.
3. "기관"이란 국군조직법에 근거를 두고 다른 법령의 적용을 받아 설치되는 교육, 연구, 시험, 특수목적의 조사, 수사 또는 재판 등을 주 임무로 하는 군사조직 및 군사법원을 말한다.

체적으로 군사법원에 두는 군인과 군무원의 정원은 군사법원 조직에 관한 규정 제5조에 의해서 국방부장관이 정하도록 되어 있으며 이에 따라 국방부 고등군사법원 편제표에 의해서 고등군사법원의 정원이 책정되어 있으며, 각군 본부 및 예하 군사법원은 각 부대령 및 편제표에 의해서 정원이 관리되고 있다.[1307]

한편 군검찰 조직은 국방부 검찰단의 경우에는 헌법적 근거를 행정각부의 설치근거를 규정한 제96조에서 찾아야 하며 정부조직법, 군사법원법, 국방정원 통칙 제2조 제2호 등 관련규정, 군검찰부 조직에 관한 규정(대통령령 제16862호, 2000.6.27.제정), 정원관리 훈령 등을 통해서 정원이 관리되고 있으며 군사법원과 마찬가지로 국방부 검찰단의 정원은 군검찰부 조직에 관한 규정 제4조에 의해서 국방부 장관이 정하도록 하고 있다.[1308] 각군 본부 및 군사령부급 이하에 설치된 검찰부의 경우에는 국군의 조직과 편성에 대한 헌법적 근거인 헌법 제74조 제2항, 국군조직법, 군사법원법, 국방 정원 통칙, 각군 본부직제 및 각급 부대령, 정원관리 훈령, 각급 부대 편제표로 이어지는 법령체계 속에서 관리되고 있다.

이상에서 살펴본 바와 같이 군법무관의 정원관리는 국방조직 정원관리 규정체계 속에서 관리되고 있다는 측면에서 국방목표 달성을 위한 적정규모가 유지되어야 하며, 자원의 효율적인 운용과 업무의 능률성을 고려하여 종합적이고 체계적으로 편성되어야 한다. 또한 안보환경과 군사전략, 전력구조 및 배치, 군 및 부대구조의 발전에 따라 조정되어야 한다.[1309] 한편 군법무관은 정원도 정원관리 훈령에 따라 평시와 전시로 구분하여 책정 및 관리하며, 평시 정원은 평시 편제병력과 부수병력을 포함하고, 전시정원은 전시 편제병력과 부수병력으로 구성되어야 한다. 따라서 각급 제대별 군법무관 정원이란 국방부·각군본부 및 해병대사령부는 편제병력과 부수병력을 포함하고, 합참·국방부 직할부대(기관)·각군 예하부대는 편제병력 그 자체를 말한다.[1310]

그러나 이처럼 국방 정원관리의 측면에서만 군법무관의 정원을 관리한다면 군법무관이 군사법요원으로서 임무를 수행하는 경우에 고려되어야 할 요소인 일반 법조기관에서도 요구되는 일정기간의 재판 및 수사경력과 여기에서 비롯되는 고도의 법률적인 전문성, 수사와 공소, 재판에 있어서 장병들에게 보다 양질의 형사사법 서비스를 제공해야 한다는 요소 등이 고려될 수 없다는 점에서

1307) **군사법원의 조직에 관한 규정 제5조 (군사법원의 정원)** 군사법원에 두는 군인과 군무원의 정원은 국방부장관이 정한다.

1308) **군검찰부의 조직에 관한 규정 제4조 (군검찰부의 정원)** 군검찰부에 두는 군인 및 군무원의 정원은 국방부장관이 정한다.

1309) 국방정원 통칙 제3조 참조.

1310) 정원관리 훈령 제12조

과연 군법무관의 정원을 국방조직의 정원관리 법령체계에 포함해서 관리하는 것이 바람직한 것인가 하는 문제의식을 갖지 않을 수 없다.

나. 군법무관 정원 운영 실태

현재 법무장교의 총 편제인원은 584명이다.[1311] 육군의 경우에는 현재 법무장교의 정원은 337명이고 편제인원은 332명, 부수병력은 5명이 책정되어 있다. 2016. 3월 기준으로 육군 법무장교 운영인력은 340명이며 이중 장기복무 법무장교는 165명, 단기복무 법무장교는 175명으로 장기장교의 비율은 48.5%에 이른다. 세부적인 육군 법무장교 편제·정원·운영인력 현황은 〈표 2〉와 같다.

<표 2> 법무장교 편제·정원 및 운영인력 현황

구분	준장	대령	중령	소령	대위	중소위
편제(정원)	2(2)	12(13)	37(37)	87(88)	119(122)	75(75)
인원현황	2	9	37	68	148(장기:49)	76

국방부 전체 법무인력 조직을 보면 2015. 12. 31. 기준으로 장기 법무장교는 전체 법무장교 565명 중 40.5%에 해당하는 229명 이다.[1312] 육군의 경우에는 2016. 3월 기준으로 전체 법무장교 340명 중 165명이 장기복무자로 51.56%가 장기복무자인 점에서는 국방부 전체 인력 사정보다는 장기 법무장교의 비율이 높다. 하지만 전체 장기복무자의 평균 복무연수가 8.3년에 불과하여 근무경험이 풍부한 인원들로 구성되었다고 보기에는 매우 취약한 구조이다.[1313]

민간법원 판사의 경우에는 법조일원화 제도의 도입에 따라 법원조직법이 개정되어 제42조 제2항에서 판사는 10년 이상 판사·검사·변호사나 변호사 자격이 있는 사람으로서 국가기관, 지방자치단체 등에서 법률에 관한 사무에 종사한 사람, 변호사 자격이 있는 사람으로 공인된 대학의 법률학 조교수 이상으로 재직한 사람 중에서 임용하도록 하였다.[1314] 법조일원화 제도는 개정법 부칙

1311) 국방부, 군사법원 현황보고, 제343회 법제사법위원회(2016. 6. 28), 8쪽.

1312) 국방부, 전게 현황보고.

1313) 법무실, 윤후덕의원실 국정감사 요구자료 답변서 참조.

1314) **법원조직법 제42조 (임용자격)**
① 대법원장과 대법관은 20년 이상 다음 각 호의 직(직)에 있던 45세 이상의 사람 중에서 임용한다.

에 따라 2013. 1. 1.부터 2017. 12. 31.까지는 3년의 법조경력을, 2018. 1. 1.부터 2021. 12. 31.까지는 5년의 법조경력을, 2022. 1. 1.부터 2025. 12. 31.까지는 7년의 법조경력을, 그 이후부터는 위 제42조 제2항을 적용하여 10년의 법조 경력을 갖춘 사람 중에서 판사를 임용하는 것으로 단계별로 시행하도록 하고 있다. 따라서 앞으로 판사로 임용되기 위해서는 3년, 5년 등 연도별로 단계적으로 요구되는 법조경력을 충족시켜야 하는 것이다.

이와같이 법조인 중 10년 이상의 경력을 가진 사람 중에서 법관을 선발하는 법조일원화 제도의 취지를 고려할 때 육군 장기법무관들의 근무경력은 평균적으로 이에 미치지 못하고 있다는 점에서 전문성을 가진 인력구조라고 보기 어렵다. 이러한 현상은 현재 육군의 법무관 계급 정원구조에서 태생적으로 발생할 수밖에 없다. 현재 육군 법무관의 정원구조는 장군 2, 영관 133명, 위관 202명으로 전체 337명 중 59.9%가 위관장교이며 이중 10년 이상을 복무 가능한 중령이상의 정원은 50명으로 전체 정원의 14.8%에 지나지 않는다.[1315)]

2. 군법무관 정원관리 체계의 문제점

가. 변화된 장기 군법무관 획득인원 관리를 미반영한 정원 구조

군법무관 정원구조는 과거 10년 이상 복무자 대부분이 전역을 하여 10년 이상을 복무하는 장기자원 획득이 원활하지 못하여 상위 계급 정원을 운영하지 못하던 시기에 형성된 것으로 상위 직위가 기형적으로 적게 편성된 인력구조이다. 과거 군법무관 시험을 통해서 주로 장기법무관을 획득하던 시기에는 군법무관 임용법에 따른 10년의 장기복무 후 변호사의 자격을 부여하도록 한 규정을 이용하여 변호사 활동을 위한 방책으로 장기 법무장교를 지원하는 인원이 대부분 이었다. 따라서 10년의 의무복무가 끝난 이후에는 대부분 변호사 직역으로 개업을 하는 방식으로 전역을 하였다.

---

1. 판사·검사·변호사
2. 변호사 자격이 있는 사람으로서 국가기관, 지방자치단체, 「공공기관의 운영에 관한 법률」 제4조에 따른 공공기관, 그 밖의 법인에서 법률에 관한 사무에 종사한 사람
3. 변호사 자격이 있는 사람으로서 공인된 대학의 법률학 조교수 이상으로 재직한 사람

② 판사는 10년 이상 제1항 각 호의 직에 있던 사람 중에서 임용한다.

③ 제1항 각 호에 규정된 둘 이상의 직에 재직한 사람에 대해서는 그 연수를 합산한다. [전문개정 2014.12.30.]

1315) 자세히는 송광석, 군 구조 개혁 및 법조환경 변화에 대비한 법무병과 미래비전, 군사법논집 제20집(2016), 19-24쪽 참조.

하지만 2005년 군법무관 시험이 폐지된 이후 장기 법무장교 선발을 사법시험, 로스쿨 출신 중에서 선발하는 것으로 변경되었고 현재 장기 군법무관을 지원하는 인원들은 이미 변호사 자격을 획득한 인원들로 변호사 자격 보다는 군법무관으로서 복무하는 것을 평생직장으로 생각하고 있다. 현재는 로스쿨 제도의 도입과 함께 2012년 이후 매년 장기복무 인원을 20명 정도 안정적으로 획득하고 있으며 10년 이상 복무자의 다수가 장기복무를 위해 계속 군에서 복무하고 있다.

이처럼 장기장교를 매년 20명씩 안정적으로 선발하는 이유는 단기 자원위주의 인력구조를 장기자원위주로 개선할 목적을 가지고 있다. 그 이유는 로스쿨 제도의 도입과 함께 로스쿨 출신 변호사들을 기존의 법조직역으로 받아들이는 방식에 있어서 기존의 사법연수원을 통해 변호사를 양성하던 시기와는 차이를 두고 있다는 점에 주목할 필요가 있다. 이것은 실질적으로 사법연수원과 비교하여 로스쿨 제도를 통해서 배출되는 변호사들의 경우 실무적인 소양이 부족하다는 공감대에서 비롯된 것이다.

예컨대 변호사의 경우에는 변호사법 제31조의2에 변호사시험합격자의 수임제한 규정을 두어 로스쿨을 마치고 변호사시험에 합격하여 변호사의 자격을 가진 자(제4조제3호에 따른 변호사)는 법률사무종사기관에서 통산하여 6개월 이상 법률사무에 종사하거나 연수를 마치지 아니하면 사건을 단독 또는 공동으로 수임할 수 없도록 제한을 하고 있다. 다음으로 검사의 경우에는 로스쿨 출신도 사법연수원 수료자와 차별 없이 검사로 임용을 받도록 규정을 하고 있으나 임용 후 교육과정이나 직무연수에 있어서 많은 차이를 두고 있다. 먼저 연수원 출신의 경우에는 초임검사로 임용된 이후 1달 이내 법무연수원에서 5주의 직무교육을 받으며 9월경에 다시 3주의 직무교육을 실시한다. 반면 로스쿨 출신의 초임검사는 임용 후 4월부터 10개월간 법무연수원에서 직무연수를 받으며 그 이후 3개월간 초임검사로서 지도검사의 지도를 받으며 수습기간을 가진다.[1316]

판사의 경우에는 법조일원화 제도의 도입에 따라 법원조직법이 개정되어 제42조 제2항에서 판사는 10년 이상 판사·검사·변호사나 변호사 자격이 있는 사람으로서 국가기관, 지방자치단체 등에서 법률에 관한 사무에 종사한 사람, 변호사 자격이 있는 사람으로 공인된 대학의 법률학 조교수 이상으로 재직한 사람 중에서 임용하도록 하였다.

이처럼 로스쿨 제도 도입에 따라 장기법무관들도 로스쿨 출신들을 모집해야 하는 현실에서 군사법제도를 일반 사법제도와 비교하여 그 전문성이나 장병들에게 양질 혹은 동질의 사법서비스를

1316) 한편 군법무관을 마치고 임관된 로스쿨 출신 검사들의 경우에는 연수원출신과 마찬가지로 5주와 3주의 단기 직무교육만을 법무연수원에서 실시한다.

제공하기 위해서는 현재와 같이 단기 법무관들이 군판사나 군검사의 역할을 수행하는 것은 지양하고 일정한 경력을 갖춘 장기인원들이 군판사와 군검사의 직책을 수행하도록 하기 위해서는 장기위주의 정원구조를 가지고 있어야 한다. 하지만 현재의 정원구조로는 장기 위주의 인력운영이 불가능하다.

앞에서 언급한 바와 같이 현재 육군 법무병과는 장기위주 인력운영을 위해서 2012년 이후 20여명의 장기 법무장교를 지속적으로 선발해 오고 있다. 이에 따라 대부분 단기장교에 의해서 운영되어 오던 법무병과의 인력구조와 업무체계에도 획기적인 개선이 이루어지고 있다. 현재의 인력구조에서 앞으로도 매년 장기자원을 20명씩 획득 시 17년에는 장기 법무장교가 전체 직위 340개 중 178명으로 법무병과 최초로 단기장교보다 장기장교의 인력이 많아지게 되며, 18년에는 198명, 19년에는 211명으로 증가될 것으로 예상된다.

이와 같이 획득 인원의 증가에도 불구하고, 현재 편제 및 정원구조는 과거 장기인력 획득이 제한되던 시기에 설정된 정원구조에 기초를 두고 있는 2012년 편제 및 정원구조가 그대로 유지되고 있다. 2012년 정원과 대비하여 현재 대령은 1명도 증원되지 않았으며, 중령 2명, 소령은 3명이 각 증원되었으나 위관급 정원은 9개가 삭감되었다. 이러한 정원구조에서는 2017년 이후부터는 대위로 임관한 장기 법무장교들이 소령으로 진출하거나 소령에서 중령, 중령에서 대령으로 진출하는 것이 매우 제한되는 상황이 올 수밖에 없으며 이는 심각한 진급적체로 이어질 수 있다. 예를 들어 2016년 대령진급 대상인원은 20여명에 이르지만 진급공석은 2개 이상을 획득하기 어려운 것이 현실이다.

또한 일정기간의 사법시험 준비와 학부졸업 후 다시 3년의 법학전문대학원의 과정을 마치고 법무관으로 임관하는 장기 법무장교들의 평균 임관나이가 31세에 달하고 있어 이들의 직업성을 보장하기 위해서는 중령이상의 상위직의 정원이 턱없이 부족한 현실이다. 이는 상위직 정원의 향상뿐 아니라 군법무관의 연령정년의 제한을 완화하는 방법 등도 고려해 볼 수 있을 것이다. 하지만 이것은 본 논문의 주제와 벗어나는 것이므로 기회가 된다면 별도의 기회에 논의하도록 하겠다.

나. 군사법원 폐지론(위헌론) 등에 대응한 독립성, 전문성 보장 미흡

(1) 최근 군사법제도에 대한 개선요구 및 진행경과

2014년 4월에 발생한 윤 일병 사망사건이 7월 한 시민단체에 의해서 공개되면서 촉발된 군사법제도 전반에 대한 국민적 불신과 그 여파로 기존에 논의되던 군사법제도에 대한 개선요구가 국회와 언론을 중심으로 매우 강력하게 대두되었다. 이 문제는 윤 일병 사건과 22사단 임 병장 사건의 여파로 구성된 민·관·군 병영문화 혁신위원회와 국회에 구성된 군 인권개선 및 병영문화 혁신 특별위원회(이하 '국회특위'라고 한다.)에서 논의되었고 각 위원회는 개선안을 정책건의 형식으로 제시하였다.

국회특위에서는 정책건의를 통해 군사재판의 독립성·공정성 등에 대한 국민의 불신이 팽배하여 이를 해소하고 군인들도 법관에 의해 재판받을 권리를 실효성 있게 보장하기 위해서 군사법원은 폐지하고 관할관 제도 및 확인조치권, 심판관 제도도 더불어 폐지를 하는 한편, 일반법원 산하에 특수법원으로 군사법원을 두거나 지방법원 합의부에 군사부를 설치하는 방안을 제안했다.[1317] 군검찰 및 군사법 경찰제도의 운영 개선과 관련해서는 공정성의 침해가 우려되는 사건은 상급검찰부로 관할이전을 의무화하고, 군검찰관의 호칭을 '군검사'로 변경하며, 군 사법경찰관을 지휘관으로부터 독립시키고 국방부 검찰단장은 장관급 이상으로 격상시키는 한편, 변호인 접견실이 없는 등 열악한 현 군사법원과 육군교도소의 시설을 개선하고, 군 검찰의 전문성 향상을 위해 보직관리와 교육프로그램을 운영하도록 제안하였다.[1318]

국방부도 이러한 지적들을 겸허히 받아들여 현행 군사법제도는 지휘관의 절차 전반에 광범위한 관여를 허용하여 운영상 독립성, 공정성, 전문성이 미흡한 실정이라는 점을 인정하고 다만, 남북이 대치하고 있는 현 안보상황을 고려하여 군사법제도의 기본근간은 유지하되 軍특수성과 일반사법이념이 균형을 이루도록 평시에는 사단급 보통군사법원을 폐지하고, 심판관 제도를 원칙적으로 폐지하는 등 개선을 통해 군사법제도 및 운영 전반에 대한 국민적 신뢰를 확보하기 위한 군사법원법 개정안을 국회에 제출하였다.[1319] 이 개정안은 2015. 12. 9. 국회 본회의를 통과하여 법률 제13722호로 2016. 1. 6.부로 시행되었으며 주요 개정사항 등은 법정신축, 군법무관 인력운영 사정개선 등을 고려하여 2017. 7. 7.부터 시행되도록 하였다.

주요한 내용을 살펴보면 육군은 사단급 이상, 해군은 함대급 이상, 공군은 비행단급 이상의 부대에서 설치·운영하고 있는 군사법원을 폐지하고 군사법원을 군단급으로 격상하여 설치하여 전군에 83개 군사법원을 30개로 축소하였다. 또한 무자격자에 의한 재판이라는 비난이 집중되던 평시 심판관 제도를 원칙적으로 폐지하여 군판사 3인으로 재판부를 구성하며 군형법위반 범죄 등 군

1317) 전게 특위보고서, 19-20쪽.

1318) 전게 특위보고서, 21쪽.

1319) 국방부 공고 제2015-94호(2015. 5. 11) 군사법원법 일부개정법률(안) 입법예고 참조.

사범죄 중 일부 범죄에 대하여 예외적으로 심판관을 운영하되 재판장은 선임 군판사가 되도록 함으로써 군사재판의 독립성과 공정성을 제고하고자 하였다.[1320]

군사법원 관할관이 재판 결과를 최종적으로 확인하는 관할관 확인·감경권도 일부 지휘관의 부적절한 감경권 행사로 인해 무분별한 지휘권 남용이라는 지적을 수용하여 평시에 원칙적으로 이를 폐지하고 관할관이 감경권을 행사할 수 있는 대상범죄와 감경범위를 법률로 엄격히 제한하였다. 또한 지휘관과의 관계나 부당한 관여로 인하여 수사의 공정성 침해가 우려되는 사건은 상급부대 검찰부로 이송할 수 있도록 하여 군 수사의 독립성과 공정성을 향상시키고자 하였다.[1321]

개정된 군사법원법은 그동안 군사법제도 개선이 불가하다는 입장에서 벗어나 전향적인 입장에서 민·관·군 병영혁신 위원회의 개선 방안을 적극 수용한 입장에서 개선요구를 상당부분 수용한 측면이 있다. 따라서 앞으로 개정 군사법원법에 따른 군사법제도를 어떻게 운영하여 그동안 지적되었던 군사법제도의 독립성, 공정성, 전문성에 대한 문제제기에 대해 실질적인 개선을 이루어 낼 것인지에 대한 신중한 접근이 필요하다.

더욱이 개선된 군사법원법이 아직 시행되지도 않았는데 최근 구성된 여소야대의 제20대 국회에서는 야당 법사위원들을 중심으로 군사법제도를 폐지해야 한다는 주장이 상존하고 있다. 언론 역시 군사법기관의 업무수행 실태에 대해서 지속적인 관심을 가지면서 일부 오해의 시선을 가지고 군사법제도의 폐지논의를 촉발시키려고 하고 있다는 점도 간과할 수 없다.[1322] 따라서 군사법제도에 대한 다양한 위헌론의 논거에 대해서 지속적인 관심을 가지고 이러한 논거에 대응하여 제도를 개선하기 위한 노력이 지속되어야 한다.

(2) 군사법제도 위헌론에 대한 고찰

군사법제도에 대한 위헌론의 주된 근거는 첫째, 군사법원에 관한 헌법규정이 제5장 법원 편에 있음에도 불구하고 군사법원과 군검찰이 국방부장관과 각 군 참모총장 아래 조직되어 운용되고 있는 것은 권력분립과 사법권 독립의 원칙에 대한 중대한 침해라는 것이다.[1323] 군사법원법

1320) 국방부, 법무백서, 국방부 법무관리관실, 2016. 5., 371-380쪽 참조.

1321) 국방부, 전게 법무백서, 381-386쪽.

1322) 세계일보, 국방검찰단 3년간 기소'0'…"제식구 감싸기", 2016. 6. 12.
(http://m.segye.com/view/20160612001698, 2016. 6. 24. 최종검색)

1323) 서재덕, 군사법제도의 구조에 관한 비교연구, 서울대학교 박사학위 논문, 2008, 18쪽; 오경식, 김범식, 이현정, 현행 군사법제도의 발전방향 연구 최종보고서, 한국형사소송법학회, 13쪽.

제6조가 군사법원에 관한 사항을 대통령에 위임한 것도 헌법의 권력분립의 원리에 반하며, 군사법원법 제6조 제45항은 헌법에서 위임받은 군사법원의 조직에 관한 사항을 동일하게 대통령령에 포괄적으로 위임하고 있어 포괄위임금지의 원칙에 반한다고 본다.[1324]

둘째로 헌법상 법원은 독립성, 전문성, 민주성의 원리로 조직되어야 하고 군사 법원도 관할권이 특수할 뿐 그 구성이나 운영이 법원과 동일해야 하므로 군사법원의 관할과 조직, 권한, 재판관의 자격 특수성으로 인하여 인정될 수 있는 최소한의 부분을 제외하고, 군사법원도 위 3가지 원리에 구속되어야 함에도 불구, 이러한 3가지 법원구성의 원리는 전혀 반영되지 않아 위헌이라는 논리도 있다.[1325] 현행 군사법제도 상 심판관과 군판사의 전문성이 부족하여 전문성이 구현되지 않고, 관할관의 심판관과 군판사 임명, 법무참모를 통한 공공연한 개입으로 재판의 독립성의 원리가 침해될 뿐 아니라 군사법원의 구성은 관할관이 자신의 부하를 임명하므로 재판부 구성의 민주성 원리에도 위배되어 현행법상 군사법원 제도는 헌법에 위배된다는 것이다.[1326]

셋째 민간 검찰의 경우에는 검찰청법, 법원은 법원조직법으로 분리되어 있는데 군검찰 조직은 별도의 법률이 아닌 군사법원법에 규정되어 군검찰과 군사법원의 분리를 통한 군사재판의 공정성 확보라는 군사법제도의 기본 이념에 반하므로 위헌이라는 견해도 있다.[1327] 추가적으로 군사법원 제도는 조직 및 구성을 유지하기 위한 하부규정이 제대로 규정되어 있지 않아 군 사법제도의 구체적인 기관들이 법적근거 없이 설치되었다는 비판도 있다. 즉 사단, 군단, 군사령부 보통군사법원의 경우 군사법원법상 설치근거 이외에 어디에도 조직규정이 없으며 검찰부도 국방부 검찰단을 제외한 사단, 군단, 군사령부, 육군본부 검찰부의 경우 조직규정이 없다는 것이다.[1328]

이상 위헌론에서 공통적으로 제기되는 지적은 군사법원 조직의 독립성이 확보되지 않아 재판의 공정성을 침해하기 때문에 헌법상 권력분립주의 또는 법원의 구성원리 특히 독립성의 원칙에 위반된다는 것이다.[1329] 군사법원 조직의 구성단계부터 독립적이지 못하여 국방부에 설치되어 운영된다는 점이나 재판부 구성에 있어서 독립성이나 전문성을 갖추지 못한 지휘관이나 심판관 등의 개입과 지휘관 사법이라 할 수 있을 정도로 관할관 중심의 현행 군사법제도는 현행 헌법 상의

1324) 서재덕 전게논문; 오경식 등, 전게보고서.

1325) 송기춘, 군사재판에 관한 헌법학적 연구, 공법연구 제33집(제3호), 2005, 282-286쪽.

1326) 서재덕, 전게논문, 19쪽.

1327) 서재덕, 전게논문.

1328) 오경식 등, 전게논문. 13-14쪽.

1329) 서재덕, 전게논문.

위헌적 제도로 폐지되어야 한다는 입장이다. 위와 같은 견해는 현행 군사법원의 특별법원으로서 지위나 군 통수권이나 지휘권과 전혀 관련이 없는 순수한 일반법원과 같은 재판기관으로만 파악하는 관점에서 당연한 것이다.[1330)]

위에서 제기되는 군사법원 위헌론의 논거들은 헌법적, 법률적 근거를 가지고 일일이 반박 가능한 것은 사실이다. 군사법원은 헌법이 유일하게 인정하는 특별법원이며 예외법원으로 특징을 인정한다면 행정사법이나 지휘관 사법이라는 비판은 타당하지 않을 수도 있다. 법률의 근거규정들 역시 군사법원이 국방부 등 행정기관으로부터 사단급 전술제대에까지 설치되어 있다는 점에서 그 근거규정을 군사법원법, 국방행정조직 관련 법령, 국군조직법령 관련 규정을 포괄적으로 해석하여 찾아본다면 반드시 포괄위임원칙에 반한다고 볼 것도 아니다. 하지만 위헌론에서 제기된 논거들은 군사법제도의 독립성, 전문성, 민주성을 향상시켜 지휘권을 보장하고 군기강을 확립하는 가운데 군 형사사법절차의 대상인 장병들의 인권보장을 확실하게 하는 양질의 사법서비스를 제공하고자 하는 개선방향을 도출하기 위한 근거로는 매우 가치가 있는 주장들이라고 보인다. 따라서 이러한 위헌론의 주장들을 여하히 군사법제도의 개선에 반영할 것인지에 대한 적극적이고 진지한 접근이 필요하다.

(3) 군사법제도 개선요구를 반영하지 못하는 군법무관 정원구조

군사법제도에 대한 개선요구는 군사법제도를 운영하는 군법무관으로 구성된 검찰관과 군판사들의 지휘관으로부터의 부당한 영향으로부터 자유롭지 못하여 그 독립성, 투명성 및 공정성에 대해서 불신과 또한 단기장교 또는 경험 없는 초임 법무장교 위주로 운영되는 검찰관들에 대해서는 전문성마저 의심을 받고 있다는 문제의식으로부터 비롯된다고 보인다. 따라서 비록 군사법원법이 개정되어 많은 부분에서 기존의 비판의 대상이었던 심판관 제도나 관할관 확인조치권을 제하는 등의 개선이 이루어졌지만 제도적인 면 뿐 아니라 군사법원에 대한 불신을 충분히 불식시킬 수 있도록 군사법제도를 운영하는 군법무관들의 자질과 능력과 관련된 부분에 있어서 실질적이고 근본적인 변화가 필요하다.

구체적인 사건처리와 관련된 군사법제도의 운영에 있어서 문제가 되는 것은 군의 고위직과 관련된 사건이나 지휘관의 영향에 의해서 외부로 알려지길 꺼리는 사건에 대해서 투명하고 공정한 처리가 되지 않을 것이라는 불신이다. 이것은 군법무관들이 지휘관에 소속된 부하 장교라는 측면

1330) 서재덕, 전게논문.

에서 독립성이 충분히 보장되지 못하고 있다는 점에 대한 우려에서 비롯된다. 다음으로 군판사나 군검사들의 전문성 부족에 대한 불신도 군사법제도에 대한 비판이 집중되는 주요한 요인이다. 특히 윤일병 사건의 경우에는 사망사건을 처리한 주임 군검사가 1년차 단기 군법무관이라는 점에 사회적 비난이 집중되었다.

이러한 비난들에 대해서 적절한 대응을 할 수 없는 것이 현행 군법무관 정원구조이다. 이미 살펴본 바와 같이 50%이상을 단기 법무장교에 의해서 인력운영을 해야 하는 상황에서 사단급 부대에까지 검찰관을 배치해야 하므로 결국 단기 군법무관에 의해서 수사 및 공소제기가 주로 이루어질 수밖에 없는 현실이다. 또한 군판사의 경우에는 최대한 장기인원을 보직하려고 노력하고 있으나 해·공군의 경우에는 현실적인 장기 운영인력의 제한으로 인하여 단기 군법무관에 의한 군판사 업무수행을 감수할 수밖에 없으며, 육군의 경우에도 일부 지역에 대해서는 단기 장교를 군판사로 운영하고 있다. 문제는 장기 군판사 역시 재판경험이 일천한 인원들이라는 점이다. 이것은 상위직의 정원이 제한되어 다양한 경험을 한 인원을 군판사로 임명할 수 있을 정도의 정원구조가 갖추어지지 않았기 때문에 발생하는 현상이다.

더욱이 2017. 7. 7.부터 시행되는 개정 군사법원법에는 제23조 제1항에 군판사는 각 군 참모총장이 영관급 이상의 소속 군법무관 중에서 임명하고, 국방부 및 직할통합부대 군판사는 국방부장관이 영관급 이상 소속 군법무관 중에 임명하도록 하였으며, 제26조 제1항에서는 기존에 심판관이 반드시 포함되던 보통군사법원 재판부를 원칙적으로 3인의 영관급 군판사가 재판관의 임무를 수행하도록 하였다.

한편, 제22조에서는 군사법원의 구성을 규정하면서 제3항에서 심판관이 재판관으로 지정되더라도 재판장은 선임군판사가 임무를 수행하도록 하여 반드시 군법무관이 재판장의 임무를 수행하도록 하고 있다. 이와 같은 개정 군사법원법을 시행하기 위해서는 현재의 영관급 이상 법무장교의 정원으로는 상당한 제약이 따를 수밖에 없을 것이다. 원칙적으로 평시 심판관 운영을 폐지한 상황에서 1개 재판부에 3명의 군판사가 필요하다고 본다면 보통군사법원의 수를 83개에서 30개로 축소하더라도 전군적으로 90명의 영관급 군판사가 필요하기 때문이다.[1331]

또한 현재와 같이 중령, 대령 등 상위직책이 매우 제한된 숫자로 구성된 인력구조에서는 결국 치열한 경쟁을 통해서 상위직 진출이 가능하다. 여기에서 군판사나 군검사가 지휘관에 종속될 것이라는 우려가 출발하는 것이다. 현재 정원관리 체계 하에서는 수사 및 재판을 담당하는 인원의

1331) 국방부, 전게 법무백서, 374-375쪽.

신분보장이 별도의 정원법에 의해서 관리되는 민간 판사, 검사와 비교할 때 매우 미흡하다는 결론에 도달하게 된다. 특히 정원관리가 국방정원 관리체계 속에서 이루어지기 때문에 정원구조를 개선하여 상위직을 증원하거나 정원을 확대하기 위해서는 지휘관의 의도를 벗어나서 독립적이고 공정한 사법제도 운영에 있어서 일정 부분 한계가 존재할 수 밖에 없다는 것은 부인할 수 없을 것이다. 결국 군사법제도의 개선에 있어서 정원관리 측면에서의 최종적인 목표는 군법무관들의 신분보장을 통한 사법업무의 독립성 보장을 달성할 수 있도록 정원구조를 설계하여야 한다는 것이다.

다. 새로운 전략환경의 변화에 대한 대응 미흡

법무병과에 부여된 기본적인 임무는 군조직의 일부로서 군이 요구하는 임무와 기능을 완벽하게 수행하는 것이다. 따라서 군의 임무수행 환경의 다양한 변화에 따라 병과에 요구되는 기능과 역할이 어떻게 변화할 것인가는 정원구조를 설계하기 위해 반드시 분석되고 반영되어야 한다. 가장 먼저 고려해야 할 사항은 군의 임무수행 체계에 많은 변화를 가져올 전시 작전통제권 전환에 따른 군 지휘구조 변화와 군 구조개혁이다. 이와 더불어 법무병과는 다양하고 빠르게 변화되는 안보환경 하에서 군의 임무수행에 요구되는 법률지원 소요에 대해서 전문적인 법률지원이 가능해야 한다.

우리 군의 주된 위협인 북한이 핵과 탄도미사일 등 대량살상무기(WMD)의 개발, 사이버 공격과 소형 무인기 침투, 접적지역 무력도발 등으로 지속적으로 안보상황을 위협하는 가운데 일본, 중국, 러시아 등이 군사력을 경쟁적으로 증강하고 있다는 점에서 다양한 미래위협에 대비하기 위해 요구되는 군의 역할과 기능에 대한 분석이 필요하다.[1332] 특히, 미래의 우리 안보환경에 심대한 영향을 미칠 것으로 예상되는 중국이 시도하는 삼전 중 법률전(法律戰)과 같은 자국의 무력행사의 정당성을 확보하려는 새로운 방식의 전략에 대해서도 가장 직접적인 대응방법을 제공하는 것은 법무병과의 중요한 역할이 될 것이다.[1333]

이러한 상황에 적절히 대응하기 위해서 다양한 직책을 수행하여 다양한 전략·전술 환경 하에서 지휘관에 대한 적시적이고 전문적인 군사사항에 대한 법률지원이 가능한 경력을 갖춘 장기 군법무관이 다수 확보되어 있을 필요가 있다. 그러나 현재의 정원구조는 이미 살펴본 바와 같이 단기장교 위주의 임무수행이 이루어지고 있으며 각 군의 주요 전술제대인 사단, 함대사령부, 전투비행

1332) 전게백서, 13-30쪽 참조.

1333) 국방정보본부, 중국의 삼전(China: The Three Warfares), 2014, 23-24쪽.

단의 법무참모가 단기군법무관들이 주로 배치되어 주요지휘관에게 법률조언을 하고 있다는 점은 문제가 아닐 수 없다. 그렇다고 현행 국방정원 관리체계에서 장기 군법무관의 상위직을 대폭 확대하는 조치는 국방개혁의 방향 등과 연계하여 판단할 때 특히, 11만의 병력을 감축해야 하는 육군의 입장에서는 매우 어려울 것이다. 즉 현행 군법무관 정원구조와 정원관리체계에 의해서는 이러한 문제들에 대한 획기적인 해결이 불가능하다고 보인다.

Ⅳ. 군법무관의 정원관리 개선방안

1. 단기적 개선방안

가. 개 요

위에서 제시된 현행 군법무관 정원구조의 문제점을 개선하기 위해서 현행 군법무관 정원관리체계 하에서 단기적으로 조치가 가능한 개선방안은 군법무관의 편제 · 정원구조를 장기 위주로 개선하고, 중령이상 영관급 상위직을 전체정원의 30%가 되도록 증원하는 것이다. 이러한 접근을 통해서 군법무관 정원구조의 기형적인 모습을 현행 정원규모를 유지한 가운데서 단기적으로 해결할 수 있을 것이다. 이러한 단기적인 정원구조 개선은 현행 국방정원 관리체계를 통해서 이루어져야 하므로 군사법제도 개선, 전시작전통제권 전환, 군 구조개혁 등의 임무환경의 변화를 고려해서 군 구조개혁에 따른 편제시안, 중기부대계획, 연도부대계획 등에 관련 내용을 순차적으로 반영시키는 절차를 통해서 F+5년 이내에 단계적으로 진행되어야 할 것이다.

나. 장기 위주 편제·정원구조로 개선

위에서 제시된 현행 군법무관 정원구조의 문제점을 개선하기 위해서는 군법무관의 편제·정원 구조를 장기 위주로 개선해야 한다. 먼저 법무관의 인력구조를 장기 위주의 인력구조로 변경시켜야 한다. 위에서 언급한 것과 같이 현 정원구조 상 사단급 실무부대에는 단기 법무관 위주로 인력운영이 불가피하다. 9주 교육을 받고 임관한 단기 법무장교들에게 3년의 복무기간 동안 군을 이해하고 수십년 군 생활을 이어온 사단급 부대의 지휘관과 참모의 생각을 고려하여 100% 만족할 수 있는 법률지원을 하라는 것은 요구자체로 부당하고 실현 불가능한 것이다.

현재의 정원구조를 유지해서는 전문성 있는 법률지원에 많은 제한사항이 있고 예하부대의 검찰, 징계, 법제 등 제반 법무 업무처리 과정에 국방부 · 육군본부 등 상급 제대에서 직접 확인 · 감독 · 통제해야 하는 불합리한 시스템이 될 수밖에 없다. 특히 이러한 업무체계는 전시 법무업무 폭증 시에는 상급부대의 지원 및 통제가 불가능하다는 점에서 전쟁을 준비하는 군조직의 정원구조로서 매우 문제가 있다. 따라서 법무병과의 정원구조를 장기중심의 정원구조로 바꾸고 전문성 있는 업무 지도 · 감독이 군단을 중심으로 가능하도록 군단급 법무참모를 내령으로, 사단급 법무참모를 중령으로 반드시 편성하여야 한다.

PART 1 PART 2 PART 3

따라서 적어도 육군 법무장교의 정원구조는 현재 337명을 기준으로 장기인원 비율은 전체 법무장교의 75%이상이 되도록 하여야 한다. 이 중 30%가 15년 이상을 복무한 중령급 이상 법무관으로서 군사법 제도와 작전법 분야의 전문성을 가진 법무관들로 구성된 전문 법조 인력의 최소한의 외관을 갖출 수 있도록 할 필요가 있다. 또한 꼭 필요한 주요 사단급 참모를 중령으로 운용하여 야전에서의 요구사항인 창끝 전투부대에 필요한 법률지원과 지휘조언이 가능한 인력이 보직·활용되는 것이 가능해질 것이다.[1334)]

다. 영관급 정원의 대폭 증원

전문성있는 법률지원과 군사법제도 운영을 위해서 장기 위주의 정원구조로 개선하는 과정에서 적정 진출률과 직업성을 보장하기 위한 계급구조도 반드시 함께 고려되어야 한다. 장기 인력을 확보하기만 하고 일정한 진출률을 보장하여 직업성을 강화하지 않는다면 결국 과거 10년 복무 후 전역을 하는 인원이 다수를 이루던 시기의 인력운영 상황으로 회귀할 것이다. 이러한 경우에 장기복무 군법무관이라도 군을 자신의 평생직장보다는 변호사 개업이나 다른 법조직역으로 진출하기 위한 통로로만 생각할 것이므로 장기 위주 정원구조를 통해 달성하고자 했던 군사법률 전문가로서 군법무관들의 역할은 기대하기 어려울 것이다.

따라서 육군의 예를 들어 337명의 현재의 정원구조 하에서 장기는 장군 2명, 대령 25명, 중령 75명, 소령 110명, 대위 40명 정도가 되어야 하며 나머지 인원들인 85명을 단기장교로 운영하여야 한다. 이러한 정원구조라면 정원의 30%가 15년 이상을 근무한 경험있는 군법무관들로 이들을 사단급 법무참모, 각급 군사법원 군판사, 군단급 군검사 등으로 활용할 수 있어 군의 임무수행 및 군사법제도에 대한 불신도 해소할 수 있을 것이다.

또한 이미 살펴본 바와 같이 개정 군사법원법을 시행하기 위해서는 중령이상 군법무관이 육군의 경우 49개의 보통군사법원이 16개로 축소되는 것을 감안하더라도 48명이 필요하게 된다. 그리고 적어도 주요 재판부의 재판장 임무를 수행할 군법무관은 대령급으로 보직해야 할 것이므로 육군본부와 각 군사령부급 이상 부대와 수도권역의 재판부에 재판장 임무를 수행할 인원들만 대령급으로 보직하더라도 3명이상의 군판사임무를 수행할 대령급 군법무관의 증원이 필요한 것이다.[1335)]

1334) 자세히는 송광석, 전게논문, 40-43쪽 참조.

1335) 국방부, 전게 법무백서, 371-375쪽 참조.

이처럼 상위직 영관급 정원구조의 확대는 군사법제도의 독립성 보장을 위한 군법무관의 신분보장과 직업성 보장 그리고 나아가서 우수 장기인력 확보를 위해서도 반드시 필요하다. 즉 장기법무관을 직업으로 선택하여 선발된 인원 중 적어도 75%가 중령이 되고 50%가 대령으로 진출할 수 있는 인력구조를 갖추는 것은 병과의 전문성 향상 뿐 아니라 신분보장을 통한 독립성 보장 그리고 우수인력확보를 달성하기 위한 최소한의 전제조건이다. 또한 현재 로스쿨 출신 변호사들의 평균 나이가 33.9세라는 점을 고려해도 중령 진급시기를 적절히 조절하여 소령 연령 정년에 도달해서 중령 진급을 못하고 전역하는 인원이 발생하는 것은 최대한 방지해야 할 것이다.

2. 군법무관 정원법 제정

가. 개 요

앞에서 현행 군법무관 정원관리의 문제점을 해소하기 위한 단기적인 접근방법으로 현재의 군 정원관리체계 속에서 군법무관 정원구조를 장기위주로 재설계하면서 중령이상 상위직을 대폭 증원하는 방안을 추진하는 방안을 제시하였다. 하지만 이러한 방안은 실제로 편성업무를 담당했던 실무자들의 입장에서 실현시키는 것이 무척 어렵다는 점은 공지의 사실이다. 법무병과의 정원구조를 개선하고 상위직을 증원하여 전문성, 독립성을 갖춘 장기 군법무관에 의해서 군사법 업무를 비롯한 제반업무가 처리되어야 한다는 점에 대해서는 모두가 공감을 하지만 제한된 예산 하에서 방대한 국방정원을 관리해야 하는 국방조직업무 담당자들의 입장에서는 법무병과의 요구사항을 그대로 수용하기에는 많은 현실적 제약이 존재하기 때문이다. 특히, 기술집약형 선진 강군 육성을 통해 전투위주 임무수행을 강화하기 위한 국방개혁의 틀 속에서 많은 병력을 감축해야 한다는 압박을 받는 육군의 입장에서 전투임무와 직접 연관이 없는 법무병과의 인력을 대폭 증원한다는 것은 한계가 있다고 보인다.

따라서 장기적으로 군법무관의 정원관리를 군사법제도를 운영하는 군사법요원으로서, 판사와 행정부 공무원이지만 국가공무원 총정원령에서 적용제외 대상으로 별도 관리되는 검사의 경우와 같이 일반적인 국방정원 관리에서 분리하여 별도의 정원법을 통해서 군법무관의 정원을 관리하는 것이 오히려 실효성 있고 유일한 군법무관 정원관리의 문제점을 해소하기 위한 방안이 될 수 있을 것이다.

나. 군법무관 정원법 제정 필요성

군법무관의 정원법을 제정할 필요성은 여러 가지 측면에서 논거 제공이 가능하다. 첫째로 이미 살펴본 바와 같이 국방정원 관리체계를 가지고는 군법무관 정원구조가 가지고 있는 문제점을 해소할 수 없다는 점을 고려해야 한다. 특히, 군구조개혁과 함께 추진되는 병력감축의 기조 하에서 군법무관의 정원을 특히 중령이상의 상위직을 대폭 증원해야 한다는 요구는 그 논거의 타당성과 관계없이 현실적으로 실현하기에 많은 제약이 존재한다. 이것은 군법무관의 증원 필요성이 아무리 크더라도 총정원의 개념을 가지고 상위직을 억제해야 한다는 기본적인 군구조 및 정원구조 개선방안과 상충되는 것이다. 검사정원법에 의해서 일반 행정부 공무원과 별도 정원으로 관리되는 검사들의 예를 고려할 때도 군판사와 군검사 임무를 수행하는 군법무관을 국방정원 관리체계와는 별도의 법률로 관리하여야 할 필요성은 충분하다고 하겠다.

심지어 국군정원 관리를 선진화하기 위해서 법제화가 필요하다고 주장하는 견해도 결국은 군의 상부구조를 구성하는 대령이상 상위직의 증원을 입법적으로 억제하기 위해서 '국군정원법'을 제정해야 한다는 입장이라는 점을 고려한다면 국방 정원관리의 틀 속에서 군법무관의 임무와 역할에 부합하는 정원구조로 개선을 해 나가는 것은 어려움이 있다는 점을 인정할 수밖에 없다. 따라서 국군의 정원관리체계와는 별도로 군법무관 정원법을 제정하여 군법무관 정원구조를 개선·관리할 필요가 있다.

둘째로 군사법제도 폐지론을 비롯한 각종 위헌 논란에 대해서 효과적인 대응책으로서도 군법무관 정원법의 제정이 필요하다. 이러한 논거는 민간 사법제도를 운영하는 사법관인 판사와 준사법기관인 검사의 경우에 일반적인 공무원의 정원관리와는 별도로 국회에 의해서 제정된 법률에 의해서 정원이 관리되고 있다는 점에서 접근해서 본다면 매우 타당성 있다. 판사와 검사의 정원을 별도의 법률로 관리하는 가장 큰 이유는 앞에서 살펴본 바와 같이 판사, 검사의 신분적 보장을 통한 사법업무의 독립성을 보장하기 위한 것이다.

또한 판사정원과 검사정원을 별도 법률로 관리함으로써 발생한 현상은 일반적으로 공무원의 총정원을 정하여 그 증원을 극도로 억제하고 있는 것과는 달리 지속적으로 대폭 증원되어 왔다는 점이다. 예를 들자면 판사의 경우에는 1956년 제정된 하급법원 판사정원법에서 그 정원을 292명으로 하였다가 그 이후 현행 판사 정원법까지 총 19차례 개정되면서 그 정원을 3,214명까지 11배 대폭 증원하였다. 검사의 경우에도 1956년 제정된 검사정원법에서 190명을 정원으로 하였다가 17차에 걸쳐 개정을 하면서 현행 검사 정원법은 2,292명을 정원으로 하여 12배로 증원을 하였다.

판사와 검사의 급격한 증원의 주된 이유는 소송건수의 지속적인 증가나 범죄의 다양화 · 지능화·첨단화·흉악화·국제화와 사건의 증가추세, 법조인 선발인원의 증원에 따른 수급조절 등 실무적인 이유도 있으나 국가 경제력이 신장됨에 따라 공판중심주의와 국민의 사법참여 등을 통해서 사건에 대한 충분한 심리시간을 보장하고 국민들에게 보다 질 높은 사법서비스를 제공하겠다는 측면이 강하게 작용한 것으로 판단된다. 특히 검사정원의 증가사유로는 여성검사의 증가에 따른 육아휴직의 급증으로 육아휴직 여건을 보장하기 위한 측면도 제시하고 있는 것이 흥미롭다.

이러한 측면에서 군사법요원으로서 군검사와 군판사의 임무를 수행하는 군법무관들도 별도의 정원법에 의해서 그 신분적 보장을 강화하는 경우 군사법제도에 대해 쏟아지는 군법무관의 전문성과 독립성 부족에 대한 비난은 많은 부분 해소될 것이다. 또한 국방정원의 감축 압박상황 하에서 국방 정원과 분리된 별도의 군법무관의 정원을 법률로 관리하는 경우 양질의 군사법서비스 제공을 위한 군법무관의 정원 증가문제를 해결할 수 있을 것이다. 특히, 로스쿨을 통해 양성되는 인원들의 40%가 여성이고 현재 법무병과의 여성인력도 장기인력의 35.75%인 59명(소령이하 인력의 경우에는 44.7%인 55명이 여성임)에 달한다는 측면에서 볼 때 이러한 사유까지 정원증원의 사유로 고려하는 검사정원법과 같이 군법무관 정원법에 의해서 모성보호와 양성평등을 구현할 수 있는 인사관리가 가능한 정원구조로의 개선도 가능할 것이다.

다. 군법무관 정원법 제정 추진 방향

먼저 군법무관의 정원관리를 국방정원 관리체계와는 별도로 관리하는 군법무관의 정원법을 제정하기 위한 필요성에 대한 공감대를 군 내·외부에 형성하기 위한 체계적인 설득작업이 진행되어야 할 것이다. 이러한 업무의 추진은 국방부 법무관리관실을 중심으로 진행되어야 할 것이지만 군내 공감대 형성을 위해서는 각군본부 법무실뿐 아니라 군단급이상 법무참모들의 역할도 매우 중요하다. 군단급 이상 지휘관 및 참모들은 모두 군에서 중요한 직책을 수행하고 있는 중견간부들로서 이들에게 공감대를 얻는다면 장기적으로 군법무관 정원법을 제정하려는 노력에 많은 지원을 받을 수 있을 것이기 때문이다.

실제로 입법이 추진된다면 국회의 국방위원회와 법제사법위원회에 대한 설득과 공감대 형성작업도 필요할 것이다. 군법무관 정원법 제정을 위한 국회의 동의를 얻어내기 위해서는 먼저 군사법제도의 헌법적 의의와 그 유지 필요성에 대한 설득이 필요하다. 또한 군사법제도의 신뢰성과 독립성 보장을 위해서 군법무관의 신분을 법관 및 판사에 준하는 수준으로 보장할 필요가 있으며 그러한 조치의 일환으로 군법무관의 정원은 판사와 검사에 준하여 별도의 정원법으로 관리되어야 한다는 부분에 대해서도 공감대가 형성되어야 한다.

V. 결 론

현재 군법무관의 정원관리는 국군의 정원관리 체계 속에서 이루어지고 있다. 현재 군법무관의 정원구조는 과거 장기 군법무관의 원활한 획득이 제한되던 시기에 편성된 것이기 때문에 많은 문제점을 내포하고 있다. 즉 법학전문대학원의 출범 등으로 장기 군법무관 획득 업무가 비교적 원활하게 이루어지고 있어 상위직 군법무관의 정원확보가 시급함에도 불구하고 현행 국방 정원관리 체계 하에서는 법무병과의 중령이상 직위의 급격한 증원이 극히 제한되는 것이 현실이다. 또한 군사법제도에 대한 지속적인 불신과 폐지논란에 대응하기 위해서 군법무관들의 신분보장과 전문성을 강화하기 위한 방안을 추진하기 위해서 장기위주 정원구조로의 개선과 상위직 정원의 확대가 필요하지만 이 역시 예산의 제한과 정원감축의 압박 하에 있는 국방정원 관리체계에서는 그 추진이 제한될 수밖에 없다.

따라서 군법무관의 정원관리를 국방정원관리체계에서 분리하여 별도의 정원관리체계를 구축하는 방법으로 군법무관 정원법을 제정할 필요성이 있다. 이것은 조직의 임무와 기능을 고려하여 정원을 배정·운영하는 정원관리의 기본원칙에 오히려 부합하는 것이다. 국방 정원관리 체계는 군의 주된 임무인 전투임무 수행위주로 정원배분의 우선순위를 고려할 수밖에 없다. 또한 판사 정원법이나 검사 정원법에서와 같이 군사법제도를 운영하는 요원들의 정원을 책정할 때 고려되어야 하는 국민에게 보다 양질의 사법서비스를 제공하여야 한다는 요구 등은 반영될 여지가 매우 적다고 할 것이다.

하지만 군법무관의 정원관리에서는 어쩌면 군사적인 요구사항들보다는 판사와 검사의 정원 확대의 논리로 제시되는 이유들에 대해서 더욱 많은 고려요소를 두어서 정원이 관리되어야 할 필요성이 매우 크다고 할 수 있다. 더욱이 판사와 검사가 별도의 정원으로 관리되는 것은 모든 정치작용으로부터 독립성과 공정성이 요구되는 사법절차의 제반 결정들에 대해서 판사와 검사의 신분보장을 통한 독립성을 강화하고자 하는 입법자의 결단이 포함되어 있다는 측면에서 군법무관의 정원도 별도의 법률에 의해서 관리되어야 할 필요성은 매우 크다고 할 수 있다.

군법무관의 정원을 국방정원 관리체계에서 분리하여 별도의 정원법으로 규율하는 경우 군 지휘부의 입장에서는 전투병력의 감축과는 관계없이 군사법제도의 전문성과 독립성을 향상시키기 위해서 별도의 정원을 증원시킬 수 있는 근거를 가지게 된다는 점에서 매우 유리한 것이다. 또한 군법무관의 정원을 법률로 관리하는 경우 군법무관도 판사 및 검사에 준하는 신분보장을 받을 수 있으므로 군사법제도에 대한 독립성과 전문성에 대한 비난과 불신을 해소하는데 결정적인 역할을 할 수 있을 것이고 국회는 직접적으로 군사법제도를 운영하는 정원에 대한 통제권한을 보유하게 되어 권력분립의 원리도 실현되는 효과를 가질 수 있을 것이다.

군법무관 정원법을 통해서 군법무관의 정원을 별도로 관리하는 것은 장기 군법무관위주의 인력운영을 가능하게 하고 중령이상 상위직 군법무관정원의 대폭적인 증원을 통해서 지휘관의 지휘권 행사에 대한 적극적인 법률지원과 신뢰받는 군사법제도의 운영을 가능하게 할 수 있다는 점에서 군 내부로부터도 충분히 지지를 받으면서 추진이 가능한 사안이라고 할 것이다. 또한 군 외부적으로도 군사법제도의 헌법적 가치와 존치 필요성, 그리고 신뢰받는 군사법제도의 운영을 위한 군법무관의 신분보장 강화 필요성에 대한 공감대 형성이 함께 추진되어야 할 것이다.

참고 문헌

- 허영, 한국헌법론, 박영사, 2011년
- 사법연수원, 검찰실무 Ⅰ, 2016
- 국방부, 2014 국방백서, 2014.
- 국방정보본부, 중국의 삼전(China: The Three Warfares), 2014.
- 국방부, 법무백서, 국방부 법무관리관실, 2016. 5.

논문

- 김종탁, 이은정, 군군정원관리의 선진화 방향, 한국국방연구원(2015. 5)
- 송광석, 군 구조 개혁 및 법조환경 변화에 대비한 법무병과 미래비전, 군사법논집 제20집(2016)
- 서재덕, 군사법제도의 구조에 관한 비교연구, 서울대학교 박사학위 논문, 2008
- 오경식, 김범식, 이현정, 현행 군사법제도의 발전방향 연구 최종보고서, 한국형사소송법학회
- 송기춘, 군사재판에 관한 헌법학적 연구, 공법연구 제33집(제3호), 2005

기타 자료

- 국방부, 군사법원 현황보고, 제343회 법제사법위원회(2016. 6. 28)
- 육군본부 법무실, 윤후덕의원실 국정감사 요구자료 답변서
- 법제처, 국가법령정보사이트(http://www.law.go.kr)
- 국방부 공고 제2015-94호(2015. 5. 11) 군사법원법 일부개정법률(안) 입법예고